雷达气象学

（第二版）

张培昌　杜秉玉　戴铁丕　编著

气象出版社
China Meteorological Press

内 容 简 介

本书系统地论述了天气雷达，特别是多普勒天气雷达探测气象目标的基础理论、探测方法、资料分析和反演、以及对各种天气系统监测等方面的内容。全书共分十六章。第一至第四章是雷达气象的基础，第五章为雷达探测准确度与能力，第六至第八章是雷达探测的强度和速度信息进行处理和反演的原理及方法，包括定量测定降水量。第九章是双线偏振多普勒雷达探测技术，第十章为对基本类型的强度回波与速度回波识别和分析，第十一至十五章是各种天气系统回波的辨识与监测，第十六章对我国新一代天气雷达系统作简介。书中每章末附有小结，便于读者明确要点。

本书可作为本科院校有关专业的教材或教学参考书，也可供从事天气、大气物理、大气探测的技术人员和研究人员参考。

图书在版编目(CIP)数据

雷达气象学/张培昌，杜秉玉，戴铁丕编著．--北京：气象出版社，2000.11(2023.7重印)

ISBN 978-7-5029-3050-9

Ⅰ.雷…　Ⅱ.①张…　②杜…　③戴…　Ⅲ.气象雷达-气象观测　Ⅳ.P412.25

中国版本图书馆CIP数据核字(2000)第58482号

出版发行：气象出版社

地　　址：北京市海淀区中关村南大街46号　　**邮政编码**：100081

电　　话：010-68407112(总编室)　010-68408042(发行部)

网　　址：http://www.qxcbs.com　　**E-mail**：qxcbs@cma.gov.cn

责任编辑：林雨晨　　**终　　审**：周诗健

责任校对：王丽梅　　**责任技编**：赵相宁

封面设计：博雅思企划

印　　刷：三河市百盛印装有限公司

开　　本：720 mm×960 mm　1/16　　**印　　张**：32

字　　数：670千字

版　　次：2001年1月第2版　　**印　　次**：2023年7月第10次印刷

定　　价：88.00元

前　言

雷达的英文名字“Radar”是由词组“Radio Detection and Ranging”缩写而成，即无线电探测和测距的意思。确切地讲，就是用无线电方法发现并测定空间目标的位置。

雷达气象学是第二次世界大战期间随着微波雷达的使用开始发展起来的一门新兴边缘学科。它的基本内容包括气象回波形成的理论、探测的方法与技术，以及探测资料的分析应用等诸多方面。

从1950年代开始已有一些国家先后建立起了天气雷达探测站网，主要用于警戒强对流灾害性天气。同时，也把它作为研究大气物理的重要手段。到1960～1970年代，随着半导体技术、数字技术以及计算机技术引入到天气雷达中来，使它形成了一个系统。其主要特征是信息数字化、控制自动化，专门设置了信号处理器及终端处理设备。1980年代全相干脉冲多普勒天气雷达开始研制，其中具有代表性的是美国于1990年代正式进行业务布网的WSR-88D型雷达。同时，能作实时处理的双线偏振多普勒天气雷达的改造也获得成功。我国在1960年代末开始着手研制和生产711型X波段测雨雷达，1970年代又生产了713型C波段天气雷达作为正式布网之用。1980年代研制出具有数字处理系统的714 S波段天气雷达。同时，开始从国外引进多普勒天气雷达。到1990年代已生产出714CD、714SD型脉间相干多普勒天气雷达及C波段3824型全相干多普勒天气雷达。1999年中美合资北京明视达雷达有限公司在对美国WSR-88D进行改进的基础上，生产出第一部先进的S波段全相干脉冲多普勒天气雷达，它已作为中国气象局新一代布网的天气雷达。

天气雷达回波的形成有两种机制，第一种是由降水粒子的后向散射形成的。其中球形降水粒子散射的理论在1940～1950年代已获得圆满解决；1960年代Asano推导出了均质椭球形粒子散射的精确解；后来，中国学者嵇驿民等又对分层旋转椭球形粒子及锥球形粒子散射场求得了解析解。至于任意形状降水粒子散射场的近似解及数值解已有多种方法可以获得。第二种是由于晴空大气折射指数不均匀产生的后向“散射”或内反射而形成的回波。在解释这种回波形成机制方面，1960年代苏联学者塔塔尔斯基提出的《湍流大气中波的传播》理论被许多学者所公认。

将雷达参数与气象目标参数联系起来的是雷达气象方程，在普遍的雷达气象方程中关键是要确定目标物的雷达截面。Probert-Jones1961年推导出的雷达气象方程被较为普遍的采用。但它基本上只适用于满足瑞利散射的“小球形”降水粒子。随着定量测量要求的提高及双偏振雷达的使用，需要建立各种非球形降水粒子的雷达气象方程。

它本质上依赖于对各种形状降水粒子散射解的获得。张培昌推导出了小旋转椭球粒子群旋转轴不同取向时的几种雷达气象方程解析形式。另外,随着不同形状、相态降水粒子衰减截面函数表示式的建立,雷达气象方程中衰减项的订正,也可以通过迭代算法、逐库算法等得到一定的解决。

雷达资料的处理,在采用先进的信号处理、数据处理及自动标校后,既可确保资料的质量,又可与计算机相连接进行运算和处理,其中包括采用新的数字视频积分技术、消除地杂波技术、提取多普勒信息的有效方法,以及解决测速和测距模糊等一系列措施。1992 年美国完成升级的 Cimarron 双线偏振多普勒天气雷达设计了新的信息处理系统,可以从回波信号中实时提取差示反射率因子、双程差示传播相位变化以及正交偏振相关系数等偏振信息。

在雷达资料分析与应用方面,通过理论研究、实际样本试验和程序设计,已开发出一系列产品。其中包括基数据产品、物理量产品、多普勒速度反演流场特征量产品、灾害性天气监测与识别产品、用雷达资料作临近预报产品等。雷达资料用于人工防雹、消雹,识别降水粒子形状、相态、取向,估算粒子谱参数等方面也已显示出其独特的优点。许多国家建立的雷达一雨量计站联合测定区域降水系统,在水库蓄放、防汛抗洪中发挥着重要作用。随着对雷达资料反演理论与反演技术的提高,把多普勒天气雷达信息反演成三维流场,液态含水量分布,以及位温和气压扰动场,并用于中尺度气象数值预报模式的试验,目前已取得可喜进展。雷达资料与常规气象资料的同化,将大大弥补中小尺度天气数值预报中格点资料的不足,从而提高模式的预报效果。

本书是对 1988 年出版的《雷达气象学》进行重要修改后重新编写而成的。这次编写考虑了以下几方面的情况:(1)多普勒天气雷达已成为各国布网的新一代天气雷达的主流,因此,在第八章中加强了这方面的内容,并在第十章中增加了对多普勒速度模拟图像与实际图像的识别。(2)双线偏振多普勒天气雷达将在云、降水物理以及人工影响天气等方面获得推广应用,同时也是目前布网雷达进一步升级的目标。因此,在书中增加了第九章,专门对这方面有关内容作一介绍。另外,在第二、第三章中增添了有关小椭球粒子群的内容,以配合双线偏振探测的需要。(3)雷达较精确地定量估测区域降水是新一代天气雷达的重要探测内容之一。我们把原书第七章中有关回波涨落与平均以及雷达定量测定降水这两部分内容在本书中分成六、七两章分别作介绍。在第六章中增加了对离散信号进行数字视频积分处理,以及平均处理既可降低识别系数,同时又使回波边缘分辨率变低等内容。在第七章中增加了用雨量计测值校准雷达估测降水强度的各种方法和适用于测定区域降水总量的气候 $Z\text{-}I$ 关系。(4)由于多普勒天气雷达增加了多普勒速度及其方差等信息,并能在一定条件下反演出流场的一些特征量,这样在回波识别与分析应用方面新增了许多有用信息。因此,第十章到第十五章采用了新的探测资料和研究成果,对原书中相应内容进行了重新编写,以适应目前实际业务发展的需要。(5)为了使读者对新一代天气雷达系统组成有一个较完整的概念，书中增添了第十六章专门对此作介绍。

雷达气象学作为大气科学类专业的本科生教材，以着重介绍基本原理、方法和分析应用技术为主，书中有些内容涉及较深的基础和较广的知识，我们只给出主要结论或只作简要说明。实际教学内容可根据学时数作适当删选，有的可留作自学。本书由张培昌负责主编。全书共分十六章，第一、二、三、六、七、八、九、十六章为张培昌所写。第十一、十二、十三、十四、十五章为杜秉玉所写，第四、五、十章为戴铁丕所写。本书也可供从事天气、大气物理、大气探测的技术人员、研究人员在工作中参考。

本书中引用了中国气象科学研究院雷达组、中科院兰州高原大气物理研究所、河南省气象台、上海市气象台、安徽省阜阳市气象台和福建省气象台等单位的一些论文资料及所提供的天气雷达回波图片，为此向这些单位表示感谢。

编著者
2000 年 10 月

目　录

第一章　气象目标对雷达电磁波的散射

气象目标对雷达电磁波的散射，是雷达探测大气的基础。大气中引起雷达波散射的主要物质是大气介质、云、降水粒子等。其中大气介质的散射包括大气气体分子的散射，以及大气介质折射率分布不均匀引起的散射与反射。云、降水粒子的散射情况随相态、几何形状不同而异。表示气象目标散射特性的物理量有雷达截面，即后向散射截面，雷达反射率以及雷达反射率因子。雷达回波功率是由有效照射体积内所有气象目标产生的。

本章首先阐述散射的一些基本知识，然后较详细地对不同相态的球形粒子和旋转小椭球粒子的散射特性进行讨论，最后，对晴空回波的散射机制作一扼要说明。

§1.1　散射的基本知识

现在先讨论一下散射现象，单个球形粒子的瑞利散射(Rayleigh scattering)和米散射(Mie scattering)，以及粒子群的散射。

1.1.1　散射现象及散射特性

当电磁波束在大气中传播，遇到空气介质或云滴、雨滴等悬浮粒子时，入射电磁波会从这些介质或粒子上向四面八方传播开来，这种现象称为散射现象。散射开来的电磁波称为散射波，如图1.1所示。

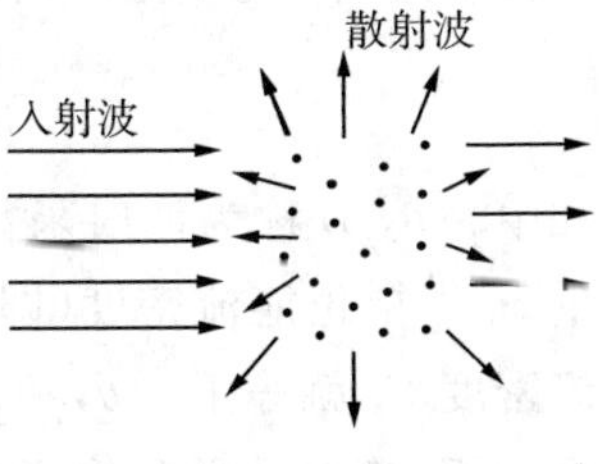

图1.1　入射波与散射波

日常生活中遇到的散射现象很多，夜间从侧旁能看到探照灯的光束，厚云密布的白天仍有一定的亮光等都是光散射的结果。

雷达波束通过云、降水粒子时将被散射，其中有一部分散射波要返回雷达方向，被雷达天线接收，在雷达显示器上就反映有回波信号。

粒子产生散射的原因是：粒子在入射电磁波极化下作强迫的多极振荡，从而发出次波，这就是散射波。粒子对入射电磁波的散射，只改变电磁波的传播方向，没有使电磁形式的能量转化为别的形式的能量。但当入射电磁波在粒子介质内部传播时，有一部分电磁能会被吸收并转化为热能，这就是粒子对电磁波的吸收。粒子对入射电磁波的散射和吸收，其能量均取自于入射电磁波，故使原入射方向上的电磁波能量受到衰减。

粒子散射电磁波的能力，和粒子的大小、形状、以及它的电学特性有关。由于数学处理上比较困难，目前只能对圆球形、圆柱形、椭球形等少数几种几何形状比较简单的粒子的散射做出精确的解析解。气象上云滴、雨滴等粒子一般可以近似地看做是圆球形或椭球形。当雷达波长 λ 确定后，球形粒子的散射情况主要取决于粒子直径 d 和入射波长 λ 之比。对于 $d \ll \lambda$ 的小球形粒子的散射，称为瑞利散射。$d \approx \lambda$ 的大球形质点的散射，称为米散射。下面分别讨论这两种散射的情况。至于不均匀大气介质对电磁波的散射与反射机制，在本章最后一节讨论。

1.1.2 单个小球形粒子的散射——瑞利散射

研究单个小球形粒子的散射，就是要搞清楚这个小球形粒子在入射波作用下散射到各方向去的能量在空间是怎样分布的？总共散射掉多少能量？

1.1.2.1 *散射函数或方向函数 $\beta(\theta,\varphi)$*

为了定量地描述散射能量分布的方向性，我们首先引进散射函数或方向函数。设 S_i 为入射的平面电磁波的能流密度（量纲是：能量/(时间·面积)），S_s 为散射电磁波的能流密度。先假定粒子是各向均匀散射的，那么在以粒子为中心的距离 R 处的球面上任何地方接收到的散射能流密度为

$$S_s = \frac{S_i}{R^2}\beta \tag{1.1}$$

这是根据能量守恒，并考虑到这一部分能量被粒子所吸收，故乘上一个系数 β。

实际上，粒子散射是各向不均匀的，在以粒子中心为原点的球坐标中，我们可以把系数 β 改写成 $\beta(\theta,\varphi)$，以表示散射的方向性，则上式可写为

$$S_s = \frac{S_i}{R^2}\beta(\theta,\varphi) \tag{1.2}$$

式中 $\beta(\theta,\varphi)$ 称为散射函数或方向函数。$\beta(\theta,\varphi)$ 的意义从(1.2)式分析可知，当入射波能量 S_i 为单位能流密度（即 $S_i = 1$）时，在离粒子中心单位距离（即 $R = 1$）处的散射波能流密度 S_s 就等于 $\beta(\theta,\varphi)$。应注意，这仅是数值上相等，$\beta(\theta,\varphi)$ 的量纲不是能流密度，而是面积。当 R 的单位取米(m)时，$\beta(\theta,\varphi)$ 单位是 m^2。要具体知道粒子散射的方向性，必须了解 $\beta(\theta,\varphi)$ 的具体函数形式。一般说来，$\beta(\theta,\varphi)$ 是一个复杂的函数，下面先讨论小球形粒子瑞利散射时 $\beta(\theta,\varphi)$ 的函数形式。

1.1.2.2 *瑞利散射时 $\beta(\theta,\varphi)$ 的函数形式*

根据以下五点假设：

(1)产生散射作用的粒子半径 r 比入射波长 λ 小得多，即 $r \ll \lambda$；

(2)散射粒子的电学特性是各向同性的；

(3)散射粒子不带自由电荷；

(4)入射波是周期变化的平面偏振波；

(5)散射粒子不是导电体，复折射指数* m 不太大。一般云滴、小雨滴对厘米雷达波的散射可以认为满足以上条件。当雷达波是平面偏振波时，可以得到瑞利散射在球坐标（见图 1.2(a)）中的方向函数为

$$\beta(\theta,\varphi)=\frac{16\pi^4 r^6}{\lambda^4}\left|\frac{m^2-1}{m^2+2}\right|^2(\cos^2\theta\cos^2\varphi+\sin^2\varphi) \tag{1.3}$$

式中 φ 是任意散射方向与 $x-y$ 平面之间的夹角，θ 是任意散射方向在 $x-y$ 平面上的投影与入射波能流密度方向之间的夹角（见图 1.2(b)）；$m=n-\mathrm{i}k$ 是复折射指数；n 是普通的折射指数；k 是吸收系数；$|(m^2-1)/(m^2+2)|^2$ 表示复数模的平方。

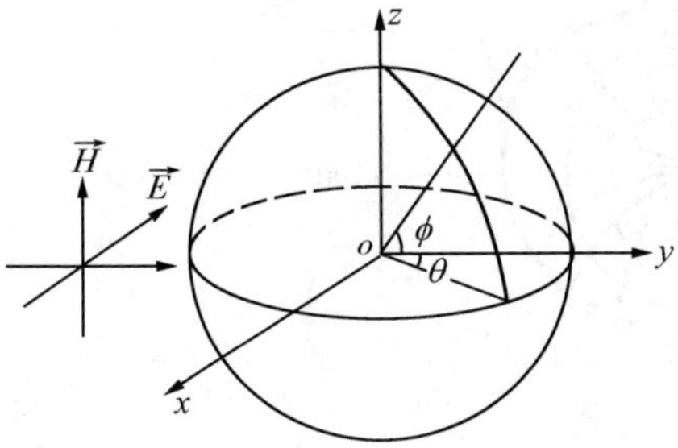

(a)三维球坐标与直角坐标

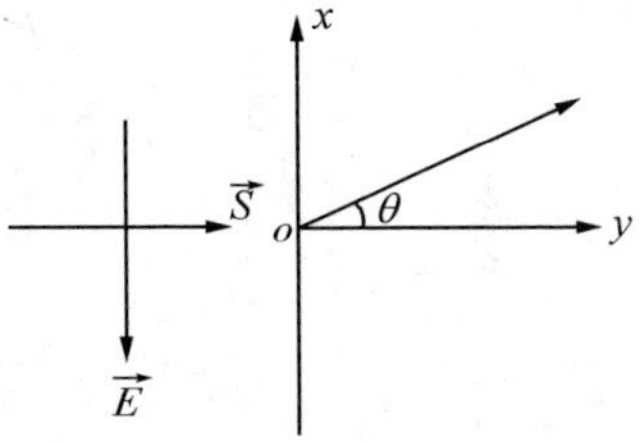

(b) 二维极坐标与平面直角坐标

图 1.2　电磁矢量与坐标

瑞利散射方向函数在 $x-y$ 平面上的几何图形如图 1.3(a)所示，在 $y-z$ 平面上的几何图形如图 1.3(b)所示，在整个三维空间中的图形如图 1.3(c)所示。

当雷达波长及粒子大小和相态一定时，λ,r,m 都是常数，在 $x-y$ 平面上，即 $\varphi=0°$，(1.3) 式可写成 $\beta(\theta)=C\cos^2\theta$。其中 C 为常数，因此，在 $\theta=0°$、$180°$ 时 $\beta(\theta)$ 有最大值，即粒子的前向散射和后向散射为最大；在 $\theta=90°$、$270°$ 时 $\beta(\theta)$ 有最小值，并且等于零，即粒子无侧向散射。

1.1.2.3　瑞利散射的总散射功率和散射截面

把(1.3)式代入(1.2)式后，可以得到瑞利散射时的散射能流密度公式

$$S_s=\frac{S_i}{R^2}\frac{16\pi^4 r^6}{\lambda^4}\left|\frac{m^2-1}{m^2+2}\right|^2(\cos^2\theta\cos^2\varphi+\sin^2\varphi) \tag{1.4}$$

由(1.4)式可知，对于半径 r 一定的小球形粒子，当 S_i,R,θ,φ,m 也一定时，散射的能流

---

* 复折射指数(Complex index of refraction)，物理学上称为复折射率，本书中“折射指数”为气象学上的习惯称法，严格地，应称“折射率”。全书未作改动，希读者注意称呼上的差异。——出版者注

密度 S_s 正比于$\frac{1}{\lambda^4}$，即雷达波长越短，散射越强。若雷达波长一定时，在满足瑞利假设 $r \ll \lambda$ 的前提下，粒子半径越大，散射越强。

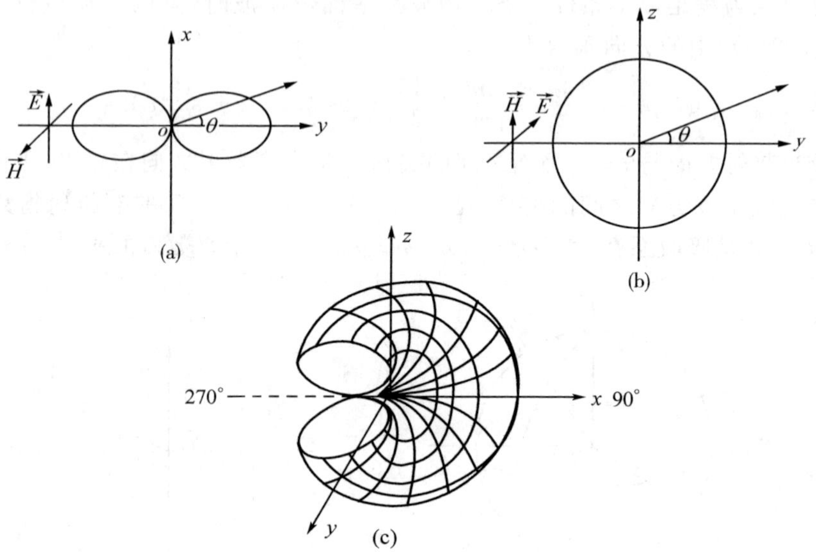

图 1.3　瑞利散射方向性图

(1.4)式给出的是粒子散射到某一方向去的能流密度公式，它反映了粒子散射能流密度在空间的分布情况。若要知道粒子在单位时间内向四面八方一共散射掉多少能量，即粒子的总散射功率，只要以粒子为中心作一个球面，对整个球面上的散射能流密度进行积分，即得

$$P_s = \oiint S_s \mathrm{d}A = \oiint \frac{S_i}{R^2}\beta(\theta,\varphi)\mathrm{d}A$$

式中 P_s 表示总散射功率，$\mathrm{d}A$ 是球面上的一块小面积元。根据立体角定义：$\mathrm{d}\Omega = \frac{\mathrm{d}A}{R^2}$，上式可写成

$$P_s = S_i\int_{4\pi}\beta(\theta,\varphi)\mathrm{d}\Omega \tag{1.5}$$

令

$$Q_s = \int_{4\pi}\beta(\theta,\varphi)\mathrm{d}\Omega \tag{1.6}$$

则(1.5)式可改写为

$$P_s = Q_s \cdot S_i \tag{1.7}$$

因为在(1.7)式中 P_s 是总散射功率，其量纲为能量 / 时间，S_i 是能流密度，其量纲为能量 /(时间 · 面积)，所以 Q_s 的量纲是面积，称 Q_s 为单个粒子的散射截面。由(1.7) 式可

知，总散射功率 P_s 等于入射波能流密度 S_i 乘以散射截面 Q_s，因此粒子的总散射能力可以用这样一个散射截面 Q_s 表示：凡射到这个截面上的入射波能量都被散射掉了，入射波在原前进方向上的能量将因粒子散射而减少，单位时间内减少的能量是 $Q_s \cdot S_i$ 。

在满足瑞利散射条件下，散射截面的具体函数形式可以由(1.3)式代入(1.6)进行积分而得到

$$Q_s = \frac{128\pi^5 r^6}{3\lambda^4}\left|\frac{m^2-1}{m^2+2}\right|^2 = \frac{2\lambda^2}{3\pi}\alpha^6\left|\frac{m^2-1}{m^2+2}\right|^2 \tag{1.8}$$

式中 $\alpha = \frac{2\pi r}{\lambda}$ 。由(1.8)式可见，瑞利散射时，散射截面的大小与粒子的物理性质、半径、入射波波长等有关。

1.1.3　单个球形粒子的散射——米散射

当球形粒子的 $\alpha = \frac{2\pi r}{\lambda} > 0.13$ 时，用瑞利公式计算会产生误差，随着 α 增大，瑞利散射公式就不适用。米氏建立了包括“大”、“小”球形粒子在内的普遍的球形粒子散射理论，并导出了散射函数的表示式，下面简要地叙述一下米氏理论的假设和结果。

1.1.3.1　米氏理论所作的几点假设

(1)粒子是球形的，粒子内外都不含自由电荷，散射粒子不是导电体；

(2)粒子内、外介质是均匀各向同性的，粒子外介质一般是空气或真空；

(3)入射电磁波随时间作简谐变化。

1.1.3.2　米氏理论的结果

从普遍的电磁理论出发，根据以上假设条件分析因散射粒子存在而造成的电磁场扰动，最后得到球形粒子散射的解。如果入射波是平面偏振波，则散射波有以下几点性质：

(1)散射波是以粒子为中心的球面发散波。

(2)散射波是横波，且是椭圆偏振波。

(3)散射波和入射波同频率。

(4)散射波能流密度是各向异性的。大部分能量集中在 $\theta = 0°$ 附近的向前方向上，一般说来 $\alpha = \frac{2\pi r}{\lambda}$ 愈大，向前散射的能量占全部散射能量的比重愈大，如图 1.4 所示。

(5)散射波性质与入射波波长 λ、散射粒子半径 r、粒子及环境的物理特性等有关。

球形粒子对电磁波散射的物理实质是：当交变的入射电磁波遇到直径与波长可以比拟的介质球时，在介质球上因极化而产生交变的、复杂的电荷分布，并存在复杂的电荷梯度及电流分布，介质球就产生磁效应。交变的、复杂的电和磁的变化，可以用电和磁的多极子表示，多极子的振荡过程，就是介质球产生散射波的过程。空间某一点上的

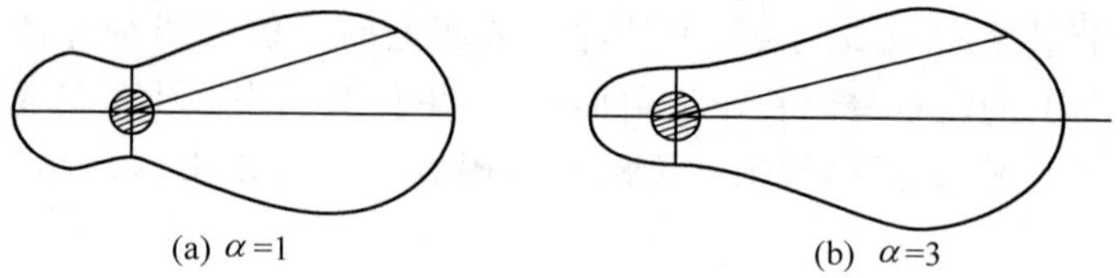

图 1.4　球形粒子的散射方向性图

散射电场，就是各阶极子在该点产生的场的叠加值。

1.1.4　粒子群的散射

上面讨论了单个粒子的散射，而雷达探测实际大气中的云、雨时，接收到的散射是由一群粒子共同构成的。下面讨论粒子群的合成散射与单个粒子散射之间的关系。

1.1.4.1　*粒子群散射造成瞬时回波功率的脉动*

使用常规测雨雷达探测降水时，若信号没有经过视频积分处理，则在距离显示器上可以看到降水回波呈现不断涨落的脉动现象。在平面位置显示器上，这种涨落使得降水回波边缘显得模糊。造成降水回波涨落现象的原因是由于同时散射能量到天线处的许多降水粒子之间相对位置不断发生变化，从而使各降水粒子产生的回波到达天线的行程差也发生不规则的变化。在探测云时也有类似的现象，只是云的回波脉动要弱得多。为了具体地说明这个问题，下面先分析两个降水粒子造成的回波。

设从粒子"1"和"2"同时散射到雷达天线处的电场强度 E_1，E_2 分别为

$$\begin{cases} E_1 = E_{1m}\cos(\omega t - kR_1) \\ E_2 = E_{2m}\cos(\omega t - kR_2) \end{cases} \tag{1.9}$$

式中 E_{1m}，E_{2m} 分别是粒子"1"和"2"产生的返回到天线处的散射电场振幅；ω 是散射波的角频率；t 表示时间，则 ωt 是发射波相位随时间变化的数值；$k=\dfrac{2\pi}{\lambda}$，称为圆波数，它表示单位距离相位的变化值，其中 λ 为波长；R_1，R_2 是粒子"1"和"2"到雷达天线之间的距离。如果取到达天线时的时刻 $t=0$，则 kR_1，kR_2 就是它们同时散射到天线处散射波的初相位值。若粒子"1"，"2"与天线之间可以近似地看做在同一条直线上（见图 1.5），它们在天线处产生的合成回波电场可以当做传播方向、振动方向以及频率都相同的光波叠加问题处理。这时合成电场为

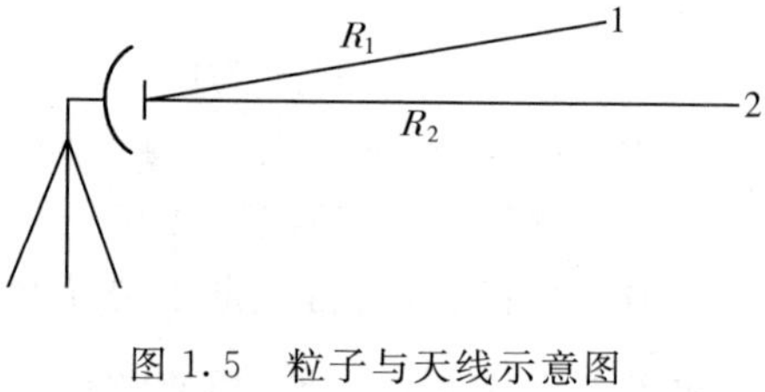

图 1.5　粒子与天线示意图

$$E = E_{1m}\cos(\omega t - kR_1) + E_{2m}\cos(\omega t - kR_2) \tag{1.10}$$

应用两角差的余弦公式，(1.10)式可改写成

$$E=(E_{1m}\cos kR_1+E_{2m}\cos kR_2)\cos\omega t+(E_{1m}\sin kR_1+E_{2m}\sin kR_2)\sin\omega t \quad (1.11)$$

因为 E_{1m}，E_{2m} 以及 kR_1，kR_2 都是常数，故可令

$$(E_{1m}\cos kR_1+E_{2m}\cos kR_2)=E_m\cos\theta \quad (1.12a)$$

$$(E_{1m}\sin kR_1+E_{2m}\sin kR_2)=E_m\sin\theta \quad (1.12b)$$

把以上两式平方后相加可得

$$E_m^2=E_{1m}^2+E_{2m}^2+2E_{1m}E_{2m}\cos k(R_2-R_1) \quad (1.13)$$

由(1.12a)和(1.12b)可得

$$\tan\theta=\frac{E_{1m}\sin kR_1+E_{2m}\sin kR_2}{E_{1m}\cos kR_1+E_{2m}\cos kR_2} \quad (1.14)$$

从(1.13)和(1.14)可见，E_m 和 θ 确实可以由 E_{1m}，E_{2m}，kR_1，kR_2 等常数决定。把(1.12a)、(1.12b)式代入(1.11)式后，合成回波电场可写为

$$E=E_m\cos\theta\cos\omega t+E_m\sin\theta\sin\omega t=E_m\cos(\omega t-\theta) \quad (1.15)$$

由(1.15)式可知，粒子“1”和“2”的回波在雷达天线处叠加后，其合振动的振幅为 E_m，初相位为 θ，频率与原单个粒子的回波频率相同。

雷达上显示的是回波功率。从物理学中知道，振动的功率密度与振动的振幅有关。因此，要分析回波脉动原因，必须对合成回波振幅变化情况作分析。将(1.13)式开平方后得

$$E_m=\sqrt{E_{1m}^2+E_{2m}^2+2E_{1m}E_{2m}\cos k(R_2-R_1)} \quad (1.16)$$

从(1.16)式可见，回波信号振幅 E_m 的大小和两个粒子回波的行程差(R_2-R_1)的大小有关。当(R_2-R_1)$=n\lambda(n=0,1,2,3,\cdots)$，$k(R_2-R_1)=2n\pi$ 时，$E_m=E_{1m}+E_{2m}$ 为最大值。这时若 $E_{1m}=E_{2m}$，则 $E_m=2E_{1m}$，即合成波的振幅是单个波的振幅的两倍。由于回波功率密度正比于 E_m^2，故这时合成回波强度将是单个回波强度的 4 倍，雷达所显示的信号就会特别强。当

$$(R_2-R_1)=(2n+1)\frac{\lambda}{2},\cos k(R_2-R_1)=-1$$

这时合成回波振幅 $E_m=E_{1m}-E_{2m}$ 为最小值。若 $E_{1m}=E_{2m}$，则 $E_m=0$，雷达显示器上无回波信号。当(R_2-R_1)的值介于以上两者之间变化时，合成回波的振幅或强度也在以上两者之间变化。

若产生回波的波束照射体积内共有 N 个粒子，它造成的合成回波的场强应为

$$E(t)=\sum_{i=1}^{N}E_i\cos(\omega t-kR_i)=\sum_{i=1}^{N}E_i\cos(\omega t-\varphi_i)$$

式中 $\varphi_i=\frac{2\pi}{\lambda}R_i$ 是第 i 个粒子的回波初相位。

由于降水粒子大小不同，降落速度也不同，大小水滴之间的相对位置(R_j-R_i)，

$(i,j=1,2,3,\cdots,N,i\neq j)$ 会不断发生变化。云滴、雪片降落速度差别不如雨滴大，因此回波脉动以雨滴最为显著。另外，风的切变和对流运动造成的湍流也使云滴、降水粒子之间相对位置发生无规则的变化，引起回波的脉动。应该指出，在测雨雷达探测中，波长 λ 很小（厘米量级），k 值较大，因粒子间相对位置无规则变化引起的相位差变化相对地比较迅速，造成回波涨落也较大。

从以上讨论知道，粒子群内各粒子之间的无规则运动，使粒子群造成的瞬时回波功率表现出脉动性。那么，对于处在某一固定距离上具有一定滴谱分布的云、雨，就不能测得确定的回波功率瞬时值与它相对应，即粒子群造成的回波，不能简单地看做各个粒子单独产生的回波的叠加值。雷达气象工作者，希望对于一定的滴谱分布能有一个较稳定的回波功率值与它相对应，这样才能通过测定这个较稳定的回波功率值去了解与滴谱分布有关的降水强度、含水量等情况。下面进一步讨论一下这个较稳定的回波功率值是否存在，如何获得。

1.1.4.2　粒子群散射功率的平均值造成回波功率的稳定

粒子群造成的回波功率对时间的平均值是较稳定的，而且在数值上等于每个粒子各自产生的回波功率的总和。

假设云滴或降水粒子彼此之间没有相互作用，即相互独立；它们在空间的分布也是无规则的，因此所散射的回波也具有完全不规则的相位。

为了简便，仍以两个粒子为例。把(1.13)式两边对时间作平均可得

$$\frac{\int_0^t E_m^2\mathrm{d}t}{\int_0^t \mathrm{d}t}=\frac{\int_0^t[E_{1m}^2+E_{2m}^2+2E_{1m}E_{2m}\cos k(R_2-R_1)]\mathrm{d}t}{\int_0^t \mathrm{d}t}$$

或

$$\overline{E}_m^2=E_{1m}^2+E_{2m}^2+\frac{2E_{1m}E_{2m}\int_0^t\cos k(R_2-R_1)\mathrm{d}t}{\int_0^t\mathrm{d}t}$$

式中 t 是时间，$\overline{E}_m^2$ 表示 E_m^2 对时间的平均值。上式右边第三项根据粒子之间彼此独立且作无规则分布的假设，$k(R_2-R_1)$ 值随时间将作迅速的、不规则的变化。在极短时间内可以认为 $k(R_2-R_1)$ 出现各种数值的机会是随机的，但在相对说来足够长的时间内可以认为它们出现各种数值的机会相等，即($k(R_2-R_1)$ 等于某一数值 φk 的机会和等于 $(\varphi k+\pi)$ 的机会应该相等。因此对于足够长的时间 t，就有 $\int_0^t\cos k(R_2-R_1)\mathrm{d}t=0$，上式便可写为

$$\overline{E}_m^2=E_{1m}^2+E_{2m}^2 \tag{1.17}$$

(1.17)式说明，两个粒子的散射在天线处产生的回波功率密度的时间平均值，等于每个粒子各自产生的回波功率密度的总和。

上面结论可以推广到N个粒子。假设雷达波束中有N个云滴或降水粒子，它们同时在天线处产生回波，则天线接收到的总的回波功率在一个载波周期内的时间平均值 P_r 为

$$P_r = \frac{1}{T}\int_{t-T/2}^{t+T/2} E^2(t)\mathrm{d}t = \frac{1}{T}\int_{t-T/2}^{t+T/2}\left[\sum E_i\cos(\omega t - \varphi_i)\right]^2\mathrm{d}t$$

积分后可得

$$P_r = \frac{1}{2}\sum_{i=1}^{N} E_i^2 + \sum_{i\neq j}^{N} E_i E_j\cos(\varphi_j - \varphi_i)$$

当对足够长的时间作平均时，同样分析可得

$$\overline{P}_r \propto \sum_{i=1}^{N} E_{im}^2 \tag{1.18}$$

式中 E_{im}^2 可以代表来自第 i 个粒子的回波功率。(1.18)式说明来自某一块波束体积内 N 个粒子回波功率的时间平均值，等于各个粒子的回波功率的和。因此，只要对回波功率 P_r 取适当的时间平均值，它就有比较稳定的数值。这种合成波功率等于各单个波功率之和的现象，物理上称为"非相干波"。

§1.2　球形水滴和冰粒的散射

本节先引进描述球形粒子散射特性的一些物理量，如雷达截面(后向散射截面)、雷达反射率与反射率因子、等效反射率因子等。然后讨论球形干冰球，外包水膜的融化冰球以及冰水混合球等在瑞利散射区和米散射区内对雷达波的散射。

1.2.1　单个球形粒子的雷达截面或后向散射截面

雷达天线接收到的只是粒子散射中返回雷达方向(即 $\theta = \pi$ 方向)的那一部分能量，这部分能量称为后向散射能量。因此，对探测云、雨等有意义的是粒子的后向散射。前面已指出，粒子在各方向的散射情况可以用散射函数描述，故后向散射可用 $\theta = \pi$ 时的后向散射函数进行描述。对于普遍的球形粒子，根据米氏散射理论，其后向散射函数 $\beta(\pi)$ 可以表示为

$$\beta(\pi) = \frac{1}{4k^2}\left|\sum_{n=1}^{\infty}(-1)^n(2n+1)(a_n - b_n)\right|^2 \tag{1.19}$$

式中 $k = \dfrac{2\pi}{\lambda}$；$a_n$，$b_n$ 为散射场的系数。

在满足 $\alpha = \dfrac{2\pi r}{\lambda} \ll 1$ 的瑞利散射条件下，后向散射函数为

$$\beta(\pi) = \frac{16\pi^4 r^6}{\lambda^4}\left|\frac{m^2-1}{m^2+2}\right|^2 \tag{1.20}$$

经过距离 R 散射到天线处的散射能流密度据公式(1.2)可改写为

$$S_s(\pi) = \frac{S_i}{R^2}\beta(\pi) \tag{1.21}$$

假设散射粒子以 $S_s(\pi)$ 向四周作球面波形式的各向同性散射，则通过以 R 为半径的球面的总散射功率为 $S_s(\pi)4\pi R^2$，以符号 σ 表示总散射功率与入射波能流密度之比，即

$$\sigma = \frac{S_s(\pi)4\pi R^2}{S_i} \tag{1.22}$$

σ 的量纲是面积，故称 σ 为雷达截面或后向散射截面。将(1.21)式代入上式得

$$\sigma = 4\pi\beta(\pi) \tag{1.23}$$

由(1.22)可见，雷达截面 σ 的意义是：以入射波能流密度 S_i 乘上雷达截面 σ，得到一个散射粒子的总散射功率；当散射粒子以这个总功率作各向同性散射时，散射到天线处的功率密度正好等于该粒子在天线处造成的实际的后向散射能流密度。因此，我们可以从粒子的雷达截面的大小去了解它所造成的后向散射的大小。这就是引进雷达截面这个物理量的原因。

对于普遍的球形粒子，雷达截面 σ 的具体函数形式可以由(1.19)式代入(1.23)式得到，如(1.24)式所示

$$\sigma = \frac{\pi r^2}{\alpha^2}\left|\sum_{n=1}^{\infty}(-1)^n \cdot (2n+1)(a_n - b_n)\right|^2 \tag{1.24}$$

瑞利散射条件下，小球形粒子的雷达截面 σ 的函数形式可以由(1.20)式代入(1.23)式得到

$$\sigma = \frac{64\pi^5 r^6}{\lambda^4}\left|\frac{m^2-1}{m^2+2}\right|^2 = \frac{\pi^5 D^6}{\lambda^4}\left|\frac{m^2-1}{m^2+2}\right|^2 \tag{1.25}$$

表 1.1　不同温度与波长时水和冰的 n,k 等值

水	温度(℃)	$\lambda=10$cm	$\lambda=3.21$cm	$\lambda=1.24$cm	$\lambda=0.62$cm	冰　　粒
n	20	8.88	8.14	6.15	4.44	1.78
	10	9.02	7.80	5.45	3.94	
	0	8.99	7.14	4.75	3.45	
	−8	—	6.48	4.15	3.10	
k	20	0.63	2.00	2.86	2.59	2.4×10^{-3}(0℃)
	10	0.90	2.44	2.90	2.37	7.9×10^{-4}(−10℃)
	0	1.47	2.89	2.77	2.04	5.5×10^{-4}(−20℃)
	−3	—	—	2.55	1.77	
$\left\|\frac{m^2-1}{m^2+2}\right\|^2$	20	0.928	0.9275	0.9193	0.8926	0.197
	10	0.9373	0.9282	0.9152	0.8726	
	0	0.9340	0.9300	0.9055	0.8312	
	−8	—	—	0.8902	0.7921	
$\mathrm{Im}\left(\frac{m^2-1}{m^2+2}\right)$	20	0.00474	0.01833	0.0471	0.0915	2.2×10^{-4}(−20℃)
	10	0.00688	0.0247	0.9615	0.1142	3.2×10^{-4}(−10℃)
	0	0.01102	0.0335	0.0807	0.1441	9.6×10^{-4}(0℃)

式中 $D = 2r$ 是粒子的直径。由(1.25) 式可知,要具体计算瑞利条件下雷达截面 σ 的值,必须知道在不同波长 λ 下,不同温度 T 时的普通折射指数 n、吸收系数 k 等数值。表 1.1 给出了这些数值。

1.2.2 雷达反射率与反射率因子

雷达天线接收到的是一群大小不同的云、雨滴的后向散射功率的总和。假定组成这群云、雨滴的粒子是互相独立、无规则分布的,则这群粒子同时在天线处造成的总散射功率平均值,等于每个粒子散射功率的总和。为此,我们定义雷达反射率为单位体积内全部降水粒子的雷达截面之和,并以 η 表示,即

$$\eta = \sum_{i=1}^{N} \sigma_i \tag{1.26}$$

由于雷达截面 σ_i 可以反映一个粒子后向散射在天线处造成的回波功率的大小,故 η 值可以反映单位体积内一群云、雨滴在天线处造成的回波功率的大小。引进雷达反射率 η 的目的,不仅是为了考虑单位体积内云、雨滴的数目,而且还考虑到云、雨滴谱的分布情况所造成的每个粒子的不同。设以 n 表示粒子的数密度,$n(D)\mathrm{d}D$ 表示单位体积内云、雨滴直径处于 $D \sim D + \mathrm{d}D$ 之间的粒子数,那么雷达反射率 η 可以表示为

$$\eta = \int_0^{\infty} n(D)\sigma(D)\mathrm{d}D \tag{1.27}$$

雷达观测到的回波功率 $\bar{P}_r$ 不仅和云、雨粒子的大小、多少有关,还和雷达本身的参数、粒子群离雷达的距离等因子有关。因此,对于同一群云滴或雨滴,使用不同波长的雷达,或在不同的距离上进行观测,回波功率也将不同。故不能简单地通过回波功率的比较来了解云、雨的不同情况。雷达反射率的大小虽然在一定程度上反映了云、雨粒子群的情况,但它还与雷达波长等有关。所以,用不同波长的雷达所取得的 η 值不能通过直接比较来了解云、雨情况是否存在差异。为了使不同波长雷达所观测到的云、雨等情况可以直接比较,我们引进雷达反射率因子这个量。把瑞利散射的雷达截面公式(1.25) 式代入(1.27) 式后得

$$\eta = \frac{\pi^5}{\lambda^4}\left|\frac{m^2 - 1}{m^2 + 2}\right|^2 \int_0^{\infty} n(D)D^6\,\mathrm{d}D \tag{1.28}$$

令

$$Z = \int_0^{\infty} n(D)D^6\,\mathrm{d}D \tag{1.29}$$

这里 Z 值就是雷达反射率因子。于是(1.28)式可写为

$$\eta = \frac{\pi^5}{\lambda^4}\left|\frac{m^2 - 1}{m^2 + 2}\right|^2 Z \tag{1.30}$$

由(1.29)式可见,Z 值的大小只取决于云、雨滴谱的情况,它既可通过云雾物理观测的方法求得,也可以通过第三章中将介绍的雷达气象方程推算出来。由(1.29) 式还可知,

雷达反射率因子 Z 和粒子直径的六次方成正比，这是一个重要的结论，说明少数大水滴将提供散射回波功率的绝大部分。图 1.6 是典型的雨滴大小分布和各种大小雨滴形成的 Z 值。由图可见，数目很多的小雨滴形成的 Z 值很小，而数目不多的大雨滴对 Z 值贡献大，即大雨滴对观测到的回波功率起着主要作用。

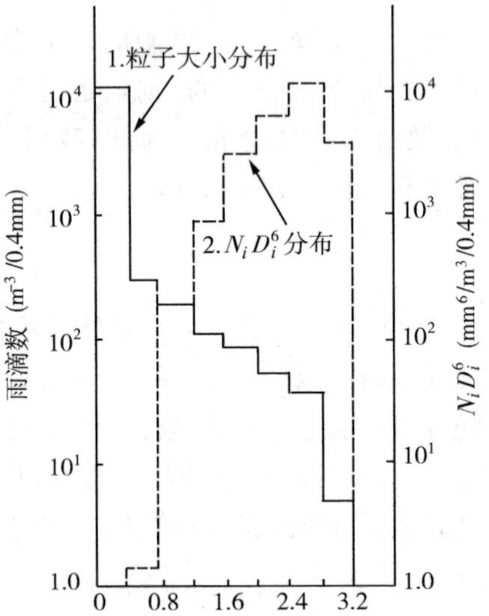

图 1.6　雨滴大小分布和每隔 0.4mm 的粒子的 $n_iD_i^6$ 分布（取自 Battan，1962）

1. 雨滴大小的典型分布；　2. 相应的 Z 值分布

1.2.3　瑞利后向散射与米后向散射的比较和等效反射率因子

1.2.3.1　瑞利后向散射与米后向散射的比较

把瑞利后向散射截面 σ_R 和米后向散射截面 σ_M 进行比较的原因有两个：第一，由于反映小球形粒子雷达截面的公式(1.25) 比较简单，因此了解它的适用范围很重要；第二，对于大雨滴、球形冰雹等降水粒子，$\frac{2\pi r}{\lambda} \ll 1$ 的条件不能满足，瑞利公式不能使用，这时后向散射截面要用复杂的(1.24) 式计算。实际工作中为了免去复杂的计算，常事先根据(1.24) 式、(1.25) 式计算的结果作出 $\frac{\sigma_M}{\sigma_R}$ 随 α 变化的关系曲线，如图 1.7 所示。这样，在应用时可以先由粒子的大小求出 σ_R，再用图 1.7 确定 σ_M。由图 1.7 可以看出：

(1) 当 $\frac{\pi D}{\lambda} < 0.13$ 时，即 $D < 0.04\lambda$ 时，瑞利散射和米散射近似一致，故对于 $D < 0.04\lambda$ 的球形粒子，其雷达截面 σ 可以用(1.25)式计算而无需加以订正。

考虑到雨滴最大可能的直径为 6mm，故只有波长 10cm 雷达可以使用瑞利公式

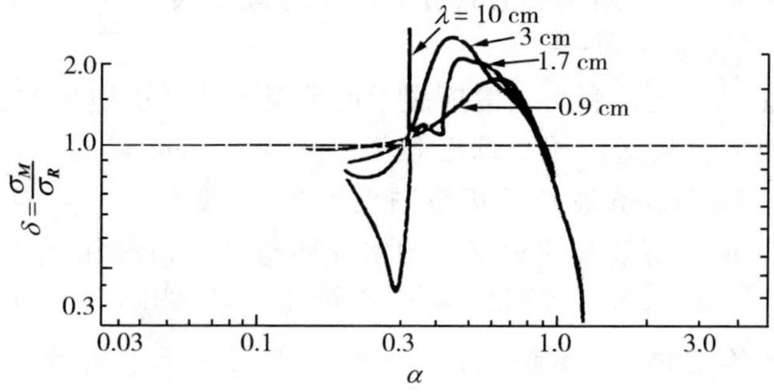

图 1.7　σ_M/σ_R 与 α 的关系(取自 Battan,1962)

(1.25)。这时 σ_R 与实际相比,误差不超过 20%。表 1.2 给出了现用气象雷达工作波长以及采用瑞利公式不必引入订正的水滴最大半径 r 和最大直径 D 。

表 1.2　采用瑞利近似时的水滴临界大小

λ (cm)	10	5.5	3.2	0.86
r (mm)	2.0	1.1	0.6	0.17
D (mm)	4.0	2.2	1.2	0.34

(2)当 $0.13<\frac{\pi D}{\lambda}<0.32$ 时,除波长等于 0.9cm 那条曲线外,其它都是瑞利后向散射截面大于米后向散射截面,所以在这个范围内用瑞利公式(1.25)求得的雷达截面将比实际情况要大,订正值是负的。

(3)当 $0.32<\frac{\pi D}{\lambda}<0.9$ 时,水滴的米后向散射截面比瑞利后向散射截面大,最大可达六倍左右。这时用瑞利公式(1.25)求得的雷达截面将比实际雷达截面小,订正值是正的。

确定比较符合实际的 σ_M 的方法是:先按(1.25) 式计算出单个球形水滴的 σ_R,再用图 1.7 查得$\frac{\sigma_M}{\sigma_R}$ 值,然后根据

$$\sigma_M=\frac{\sigma_M}{\sigma_R}\cdot\sigma_R \tag{1.31}$$

的关系式算出此球形粒子的 σ_M 值。例如,使用 3.2cm 波长的雷达,对于直径 $D=0.4$cm 的大水滴,σ_M 是 σ_R 的 2.3 倍。而 0.4cm 大小的水滴在对流云降水中是经常遇到的。

观测表明,通常云滴半径只有 5～10μm,最大也不超过 50μm;而雨滴的半径一般都在 0.25～1.5mm 之间,其中以 0.35～0.45mm 范围内为最多,也有大于 2mm 的,但当半径大于 3mm 时水滴有时会在气流作用下发生破裂。所以,一般厘米波测雨雷达对于云滴,瑞利公式是完全适用的。当采用 5.6cm 和 10cm 波长雷达时,瑞利公式对绝大多数的雨滴也适用。当采用 3.2cm 波长雷达时,就要引进相应的订正;但水滴半径

在 0.5～1.0mm 范围内时，用瑞利公式计算的雷达截面误差不超过 20%～30%。

1.2.3.2 等效反射率因子

反射率因子 Z 是从用瑞利后向散射表示的反射率公式中引出的。因此，第三章中用 Z 表示的雷达气象方程只适用于小球形粒子。当用 3.2cm 或 5.7cm 短波长雷达探测强降水或冰雹，以及用 10cm 波长雷达探测大冰雹时，瑞利条件不成立，这时用此雷达气象方程求得的 Z 值就不能与代表降水的实际滴谱分布情况相对应，故只能说是等效的 Z 值，以 Z_e 表示。因此，等效反射率因子 Z_e 的意义是：能够产生同样回波功率 $\overline{P}_r$，与小球粒子的 $\sum D_i^6$ 等效的 Z 的数值。引进 Z_e 值后，即使在米散射情况下，只要以 Z_e 值代替 Z 值，雷达气象方程仍可保持瑞利散射时的简单形式。除了根据对回波功率的测量，用雷达气象方程推算 Z_e 值外，对于实际的大球粒子分布如何确定 Z_e 值呢？由于 Z 值与瑞利散射的反射率相对应，Z_e 值与米散射的反射率相对应，故有

$$\frac{\sum \sigma_M}{\sum \sigma_R} = \frac{Z_e}{Z}$$

于是可得

$$Z_e = Z \cdot \frac{\sum \sigma_M}{\sum \sigma_R} = \frac{\lambda^4}{\pi^5} \left| \frac{m^2 - 1}{m^2 + 2} \right|^{-2} \sum \sigma_M \tag{1.32}$$

式中 λ，σ 分别用 cm 及 cm^2 为单位，Z_e 值用 mm^6/m^3 为单位。进一步化简为

$$Z_e = \left(10^6 \frac{\lambda^4}{\pi^5} \left| \frac{m^2 - 1}{m^2 + 2} \right|^{-2} \right) \sum \sigma_M \tag{1.33}$$

因此，在直接计算 Z_e 值时，应先测定实际粒子的滴谱，然后使用公式(1.25)及图 1.7 求出 σ_M，再利用(1.33)式算出 Z_e 值。

1.2.4 球形干冰粒对雷达波的散射

计算球形干冰粒的雷达截面仍可使用普遍的(1.24)式。在满足瑞利散射条件下可用(1.25)式。从这些公式可以看出，球形干冰粒的雷达截面仍然只和粒子的性质、大小、以及入射波波长等有关。图 1.8 表示雷达截面与粒子直径之间的关系。图中曲线是根据公式(1.24)作出的。纵坐标是以粒子的几何截面 $\frac{\pi D^2}{4}$ 为单位表示的雷达截面，又称为标准化后向散射截面，以 σ_b 表示，即 $\sigma_b = \frac{\sigma}{\pi D^2/4}$；横坐标是以雷达波长 λ 为单位表示的粒子直径。计算中水的复折射指数 m_w 采用波长近于 1cm，温度为 0℃时的值。冰的复折射指数 m 也取 0℃时的数值。从表 1.1 可见，冰的复折射指数几乎与波长无关。下面分别讨论一下干冰球在瑞利散射区和米散射区的情况。

1.2.4.1 瑞利散射区

在瑞利散射区内，干冰球散射有以下特点：

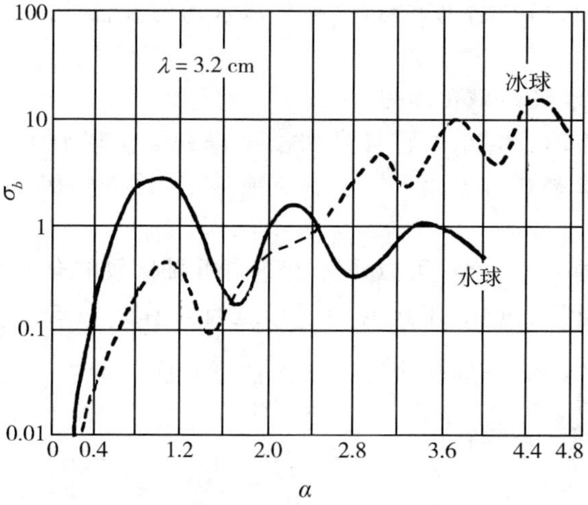

图 1.8　标准化后向散射截面 σ_b 与 $\frac{D}{\lambda}$ 的关系

(1)由于冰的折射指数 m_i 小于水的折射指数 m_w，据瑞利散射要满足的第五个条件：$m\frac{2\pi r}{\lambda} \ll 1$。因此冰粒满足瑞利散射的半径可以比水滴大。

(2)计算表明：$\left|\frac{m^2-1}{m^2+2}\right|^2_{水} = 5\cdot\left|\frac{m^2-1}{m^2+2}\right|^2_{冰}$，即水滴散射要比同半径冰粒散射大 5 倍，则有 $\sigma_w = 5\sigma_i$，所以干冰球回波只有同体积的水球回波的 1/5。

(3)由图 1.8 可见，当 $\alpha \ll 1$ 时，$\frac{\sigma}{\pi D^2/4} \ll 1$，即雷达截面比粒子的几何截面要小得多。当 D 增大时，雷达截面 σ 按 D^6 关系变大，这是因为从单个偶极子看，粒子的直径大小不同，在外场作用下产生的偶极矩大小也不同，振荡时产生的散射强度大小也将不同。

1.2.4.2　米散射区(指不包括瑞利区以外的范围)

从图 1.8 可以看出，在米散射区有以下特点：

(1)当 $\alpha = 0.3 \sim 3.1$ 时，随着 $\frac{D}{\lambda}$ 值增大，$\frac{\sigma}{\pi D^2/4}$ 作振动式的变化。在有些 α 值点处，$\frac{\sigma}{\pi D_2/4} \approx 1$，即雷达截面等价于粒子几何截面。

(2)当 α 在 1.6 附近，冰球粒子的雷达截面 σ_i 开始比水球粒子的雷达截面 σ_w 大。在 $\alpha \geqslant 3.7$ 时，大冰球粒子的 σ_i 甚至可以比同体积水球的 σ_w 大 10 倍左右，这可以说明为什么雷达探测到大冰雹时回波特别强。

1.2.5　正在融化的球形粒子的散射

从气象上的实际降水物情况看，正在融化的球形粒子可以粗略地归结成两种简单的模式：一种是外包水膜的融化冰粒，一种是冰水均匀混合球。下面对这两种模式分别进行讨论。

1.2.5.1 外包水膜的融化冰球

气象上像云中雪球、冰粒、冰雹等高密度冰晶粒子降落到 0℃层以下时开始融化，或者它们遇到冷水滴碰并时表面上蒙上一层液体水，这些情况都可以近似地看成是圆球形水包冰球。

对于外包水膜的融化水球，可以作为由不同折射指数的介质所形成的同心球处理。其后向散射截面仍可用普遍的米氏式(1.24)进行计算。但式中系数 a_n，b_n 是 m_i，m_w，α_i，α_w 的函数(下标 i 和 w 分别代表冰与水的情形)，而 $\alpha_i=\frac{\pi D_i}{\lambda}$，$\alpha_w=\frac{\pi D_s}{\lambda}$，其中 D_i，D_s 分别是冰球和水膜的外直径。

1. 瑞利散射区

当 $\alpha_i \ll 1$ 时，系数 a_n，b_n 的表示式中高次项可以略去。图 1.9 是 $\alpha_i=0.126$ 时的计算结果。图中纵坐标是外包水膜的融化冰球后向散射截面 σ_m 与全部融化为水滴时的后向散射截面 σ_n 的比值，横坐标则为外包水膜厚度占的百分比。由图可见，3cm、10cm、0.9cm 波长的曲线很接近。随着融化水膜的增厚，融化冰球的 σ_m 值迅速增大。例如，一个半径为 0.2cm的冰球，当有 $\frac{1}{10}$ 的半径融化时，$\frac{r_0-r_i}{r_0}=0.1$ 对于10cm波长的入射波产生的后向散射截面 σ_m 已接近于同半径水滴后向散射截面 σ_n 的 80%。对于其它波长的情况也相似。

2. 米散射区

对于外包水膜的大冰球，Herman 和 Battan(1961)应用完整的米散射理论对

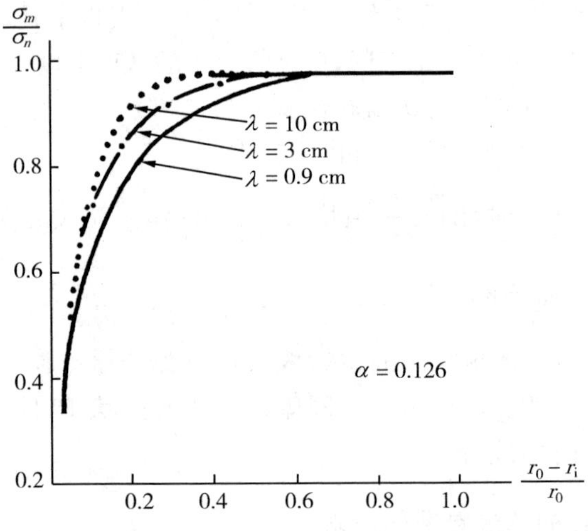

图 1.9 后向散射截面随冰球外包水膜厚度的变化关系

（r_0 是整个粒子的半径，r_i 是冰核部分的半径）

3.21cm、4.67cm 以及 10cm 波长时的情况作了计算。冰球直径从 0.2cm 到 8.0cm；水膜厚度从 10^{-8}cm 增加到全部由水组成。计算结果绘在以标准化后向散射截面 σ_b 为纵坐标，以水膜厚度为横坐标的图 1.10 中。图中仅给出波长等于 3.21cm 时不同直径冰球的曲线。由图可见，直径 $D \geqslant 2$cm的冰球融化时，随着水膜的厚度增大，其雷达截面将减小。当 $D \leqslant 1$cm 时，随着水膜的厚度增大，雷达截面将增大。对于 4.67cm 波长，和上面相应的直径是 $D \geqslant 4$cm 及 $D \leqslant 3$cm。对于 10cm 波长，由于一般大小的固态降水粒子属于瑞利散射区，故在融化过程中雷达截面总是增加的，除特别大的粒子例外。要使融化冰球的 σ_m 值和纯水球时的 σ_n 值一样，对于 3.21cm 波长需要有 5mm 的融化厚度；对

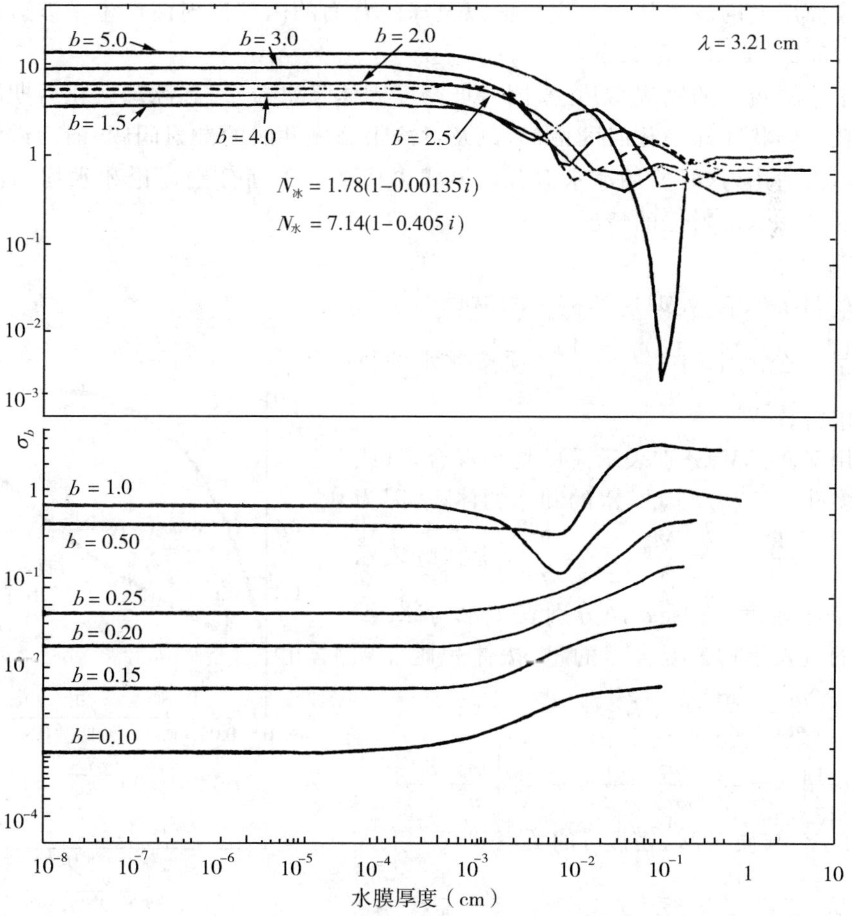

图 1.10　外包水膜冰球在 3.21cm 处的标准化后向散射截面

b 值代表整个球的半径(cm)

于 4.67cm 波长需要有 7mm 的融化厚度；对于 10cm 波长需要 1～2cm的融化厚度。当半径小于以上融化厚度数值时，融化冰球的 σ_m 值一般都超过同体积纯水的 σ_n 值。

实际观测到融化的大球形粒子的雷达截面并不像理论值那么小，这是由于粒子降落时水膜不能维持太厚的缘故。另外，由图 1.8 可以看出，当 $\frac{\pi D}{\lambda}>1$ 时，冰球的标准化后向散射截面可以大于同体积水球的 10 倍以上。因此，可以联想到融化中的较大冰球在外包水膜的情况下，其后向散射截面一般说来是减小的。但 σ_m 值随水膜厚度的变化则表现为时增时减的波动情况；在某些情况下，σ_m 值的变化范围甚至可以超过图 1.8 所示的纯水球和纯冰球的标准化后向散射截面极限值。这种情况的发生，估计是由于从球前表面反射的波和从冰水交界面以及球的背面的内部反射波产生干涉造成的。

1.2.5.2　冰水均匀混合球

对于结构疏松的潮湿雪片、雪团等低密度固体降水粒子，和冰球融化后期冰核破碎时或多孔海绵状冰球融化时的情形，以及过冷水滴碰并时的散射问题，前面讲的同心球模式已不再适用，这时要用冰水混合球模式去代替。下面分别讨论冰水均匀混合球在瑞利散射区和米散射区的情况。

1. 瑞利散射区

在瑞利条件下，处理这类模式的简单办法是将瑞利散射公式中的 $\left|\frac{m^2-1}{m^2+2}\right|^2$ 项按冰水的体积比来求得。

设用 V, V_w, V_i 分别表示总的均匀混合球（或融化的多孔海绵状球）的、水的和冰的体积。因为 $V=\frac{M_w+M_i}{\rho}, V_w=\frac{M_w}{\rho_w}, V_i=\frac{M_i}{\rho_i}$，其中 M 表示质量；ρ 表示密度；下标 w, i 分别表示水与冰，没有下标的量表示均匀混合球的量。按体积比计算混合球的 $\left|\frac{m^2-1}{m^2+2}\right|^2$ 时，有

$$\left|\frac{m^2-1}{m^2+2}\right|^2=\frac{V_w}{V}\left|\frac{m_w^2-1}{m_w^2+2}\right|^2+\frac{V_i}{V}\left|\frac{m_i^2-1}{m_i^2+2}\right|^2$$

用 V, V_w, V_i 与质量 M、密度 ρ 的关系式代入上式后得

$$\left|\frac{m^2-1}{m^2+2}\right|^2=\frac{\rho}{M_w+M_i}\left[\frac{M_w}{\rho_w}\left|\frac{m_w^2-1}{m_w^2+2}\right|^2+\frac{M_i}{\rho_i}\left|\frac{m_i^2-1}{m_i^2+2}\right|^2\right] \tag{1.34}$$

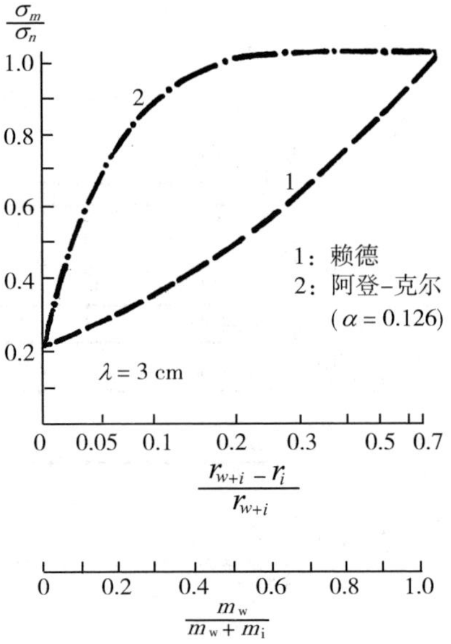

图 1.11　融化冰球后向散射与$\frac{\text{融化质量}}{\text{总质量}}$或$\frac{\text{融化半径}}{\text{总半径}}$的函数关系图

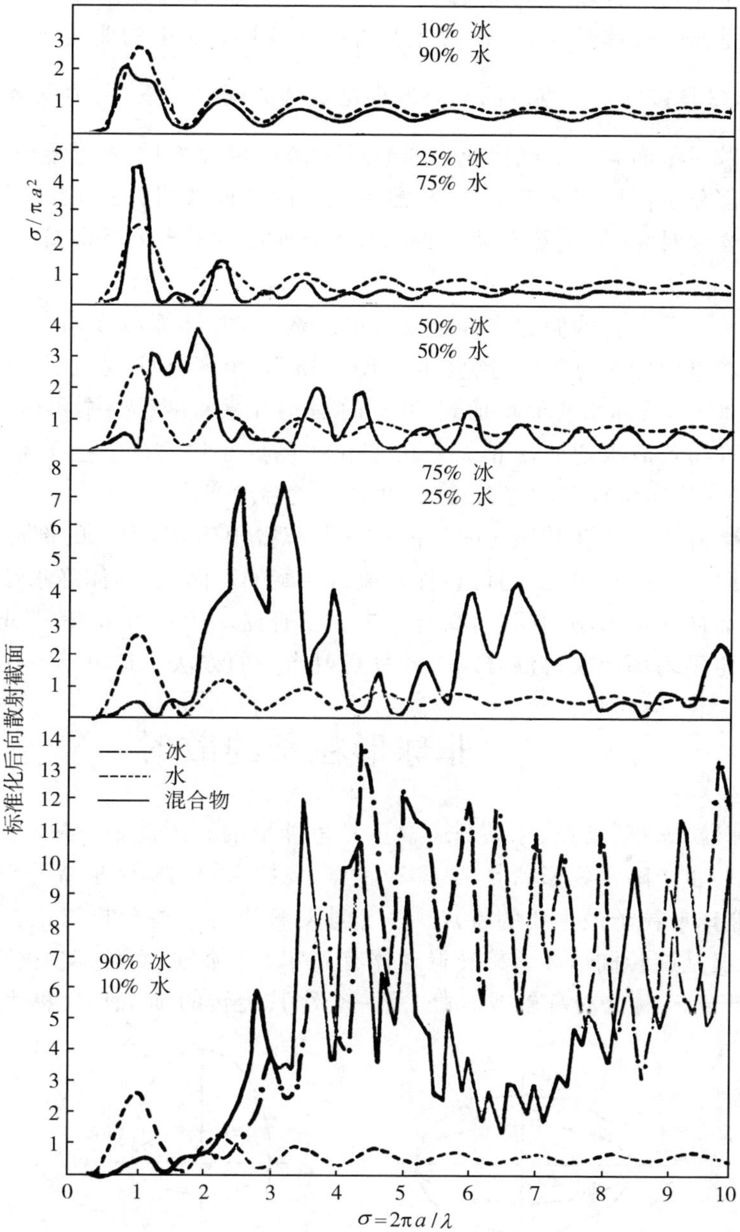

图 1.12　海绵状冰球的标准化后向散射截面(Battan 和 Herman,1962)

只要知道冰水体积比,据(1.34)式就可算出混合球的 $\left|\frac{m^2-1}{m^2+2}\right|^2$ 值,然后用瑞利散

射公式可以求出均匀混合球或多孔海绵状融化小球的后向散射截面。应该指出，只有当两种混合物质是非吸收体时，(1.34) 式才严格成立。图 1.11 中的曲线 1 是按赖德的理论得到的。曲线 2 是按阿登－克尔的同心球理论得到的同一关系。图中纵坐标$\frac{\sigma_m}{\sigma_n}$是部分融化冰球后向散射截面与全部融化成水球时后向散射截面之比，横坐标用融化质量部分或融化半径部分所占比例来表示。比较图中 1、2 两条曲线可知：冰水均匀混合球(或多孔海绵冰球含水时)σ_m 值随融化水量的增加而增加要比外包水膜冰球时慢得多。

2. 米散射区

仍可用冰水均匀混合的假定来确定复折射指数 m，并计算冰水均匀混合球的 σ 值在不同液体水含量时随 α 的变化情况，如图 1.12 所示。由图可见，当 $\alpha > 3$ 时，若液体水含量增大，σ 就减小，液体水含量增加到 50% 时，σ 值几乎将减小一个量级，近于纯水的数值；当 $\alpha < 3$ 时，若液水增加，σ 值减小的变化幅度要小得多。总之，当液体水量增加时，图中最大的 σ 值向 α 较小的方向移动，并且最大幅度变小。

由于对固体降水粒子及其融化的具体过程了解得很不够，而水的部分混合物又是高吸收物质，使用方程(1.34)式的可靠性是值得怀疑的。因此，固体降水粒子融化及过冷水滴碰并对后向散射影响的问题，尚有待进一步研究。1982 年布伦(Bohren)提出了另一种通过确定平均场而获得混合球等效复折射指数的方法。这里不再作介绍。

§1.3　非球形粒子的散射

大水滴、冰粒、冰雹、雪花、冰晶等通常不是呈球形的。因此，有必要了解形状变化对散射的影响。由于降水物形状复杂，多种多样，要按它们的实际形状分别处理是很困难的，只能就非球形粒子最主要的特点——非球对称进行一些分析讨论。在非球对称中最简单的情况是旋转椭球体。旋转椭球体有 a，b，c 三个轴，而且其中两个相等，相等的两个轴(如 $b = c$) 称为对称轴或直径，另一个绕其旋转的轴(如 a) 称为旋转轴或主

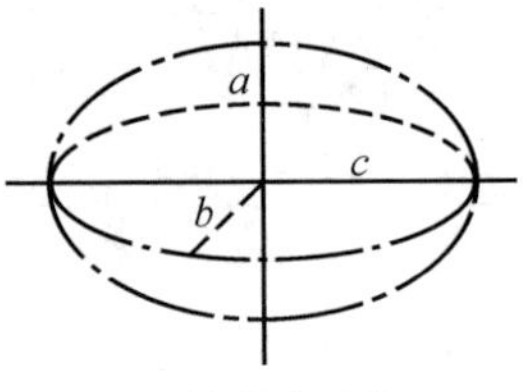

(a) 旋转扁椭体

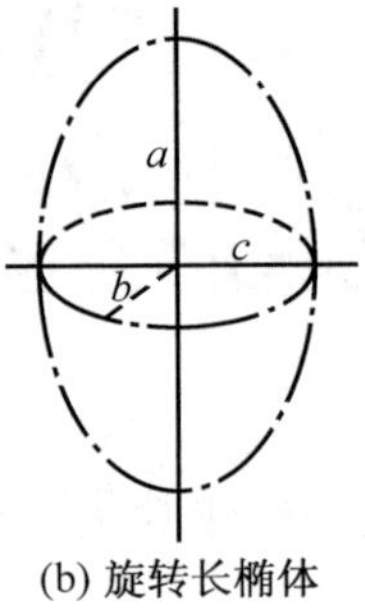

(b) 旋转长椭体

图 1.13　旋转椭球

轴。当 $a < b = c$ 时，是以椭圆的短半轴作为旋转轴而得到的椭球体，如图 1.13(a)所示，是扁旋转椭球体，圆片状的冰晶、扁的大雨滴可以近似地看成是旋转扁椭球体；当 $a > b = c$ 时，是以椭圆的长半轴作为旋转轴而得到的椭球体，如图 1.13(b)所示，是长旋转椭球体，柱状冰晶可以近似地看成是旋转长椭球体。下面首先讨论小椭球体的散射问题。

1.3.1　介质小椭球体的散射

介质小椭球的散射，仍可看做是偶极散射。我们先给出椭球沿三个轴线方向的偶极矩的表示式，然后再分析这种散射的一些性质。

1.3.1.1　介质小椭球体的偶极矩

对小椭球体散射问题的定量研究，都是建立在以下三点基本假设基础上的。

(1)散射粒子是旋转椭球体；

(2)散射粒子的尺度较入射波波长小，可以认为近似满足瑞利散射条件。即椭球体的散射可以看做仅是电偶极子辐射引起的；

(3)入射波是平面偏振波，在椭球体粒子中感生出三个正交的偶极矩，这三个偶极矩分别和椭球体的三个轴平行。

至于形状更复杂、尺度更大的非球形粒子的散射，目前只能取得一些近似解，尚无法求得完整的解析解。

设椭球状粒子的半轴为 a,b,c，它的电导率为 ε，按连续介质电动力学的理论，沿椭球三个轴线方向的偶极矩 P_a,P_b,P_c 可以表示为

$$\begin{cases} P_a = E_a\left[\dfrac{abc}{3}\dfrac{\varepsilon-1}{1+(\varepsilon-1)F_a}\right] \\ P_b = E_b\left[\dfrac{abc}{3}\dfrac{\varepsilon-1}{1+(\varepsilon-1)F_b}\right] \\ P_c = E_c\left[\dfrac{abc}{3}\dfrac{\varepsilon-1}{1+(\varepsilon-1)F_c}\right] \end{cases} \tag{1.35}$$

式中 E_a,E_b,E_c 是入射波电场沿 a,b,c 三个方向的分量；F_a,F_b,F_c 是由椭球形状所决定的因子，它与体积无关，故称为形状因子。F_a,F_b,F_c 的表示式分别为

$$F_a = \frac{abc}{2}\int_0^\infty \frac{\mathrm{d}s}{(s+a^2)R_s}$$

$$F_b = \frac{abc}{2}\int_0^\infty \frac{\mathrm{d}s}{(s+b^2)R_s}$$

$$F_c = \frac{abc}{2}\int_0^\infty \frac{\mathrm{d}s}{(s+c^2)R_s}$$

其中
$$R_s = \sqrt{(s+a^2)(s+b^2)(s+c^2)}$$

而 s 是代表椭球坐标(ξ,η,ζ)中任意一个量。显然，上述积分是属于第二种椭圆积分。

对于一般旋转椭球,形状因子可以用基本函数表示。例如,对于 $a > b = c$ 的长旋转椭球体,其偏心率为 $e = \sqrt{1 - \frac{b^2}{a^2}}$,则形状因子可表示为

$$\begin{cases} F_a = \frac{1 - e^2}{2e^3}\left(ln \frac{1 + e}{1 - e} - 2e\right) \\ F_b = F_c = \frac{1}{2} - \frac{1}{2}F_a \end{cases} \tag{1.36}$$

对于 $a < b = c$ 的旋转扁椭球体,偏心率为 $e = \sqrt{1 - \frac{a^2}{b^2}}$,则有

$$\begin{cases} F_a = \frac{1}{e^2}\left(1 - \sqrt{\frac{1 - e^2}{e^2}}\,\text{arcsin}e\right) \\ F_b = F_c = \frac{1}{2} - \frac{1}{2}F_a \end{cases} \tag{1.37}$$

我们将(1.35)式简写成

$$\begin{cases} P_a = gE_a \\ P_b = g'E_b \\ P_c = g'E_c \end{cases} \tag{1.38}$$

其中

$$\begin{cases} g = \frac{abc}{3}\frac{\varepsilon - 1}{1 + (\varepsilon - 1)F_a} \\ g' = \frac{abc}{3}\frac{\varepsilon - 1}{1 + (\varepsilon - 1)F_{b,c}} \end{cases} \tag{1.39}$$

是沿 a 轴方向及 b、c 轴方向的整个椭球的极化系数。$F_{b,c}$ 表示 F_b 或 F_c 。

在满足瑞利散射的条件下,散射波功率正比于电偶极矩的平方。因此,有了以上椭球体偶极矩的表示式后,可以进一步讨论椭球体散射的一些性质。

1.3.1.2　介质小椭球体散射的一些性质

(1)由于散射功率与偶极矩平方成正比,而偶极矩表示式(1.38)中整个椭球的极化系数 g,g' 是正比于椭球体积 V 的,所以散射功率将正比于 V^2 。对于球形粒子,$V = \frac{4\pi r^3}{3}$,故散射功率与 r^6 成正比,这是瑞利散射的结论。对于非球形粒子,根据上面的关系推知,其散射强度是和同体积球的半径的 6 次方成正比。

(2)由(1.39)、(1.38)式可见,形状因子 F_a,F_b,F_c 影响极化系数 g,g',再影响偶极矩 P_a,P_b,P_c。在(1.39)式中形状因子 F_a,F_b,F_c 对 g,g' 的影响是通过$(\varepsilon - 1)F_{a,b,c}$ 这一项起作用的,因此,形状因子 F_a,F_b,F_c 只有在介电常数$\varepsilon = m^2 \neq 1$时才对 g,g' 有影响,并影响 P_a,P_b,P_c。例如,水滴的 $\varepsilon_w = 80$,冰粒的 $\varepsilon_i = 3$,故非球形情况下水滴的非球形对散射的影响要比冰粒大。对于雪,$\varepsilon_s = 1$,形状因子就不起作用,因此,非球形的雪花可

以当做同体积的雪球处理。如果在水滴情况下，$\varepsilon_w - 1$ 是常数，这时非球形情况不同，F_a, F_b, F_c 不同，对 g, g' 的影响也将不同。对于形状一定的同一椭球体，例如，$a > b = c$ 的长旋转椭球体，据(1.36)式，并将其中 $\ln\dfrac{1+e}{1-e}$ 项进行幂级数展开后计算可得 $F_b = F_c > F_a$，再据(1.39)式就有 $g_a > g_b = g'$，即长轴旋转椭球在长轴方向的极化系数 g 较其它方向上大；因此当入射电场和长轴方向完全平行时，在长轴方向产生的偶极矩和散射功率也比较大。既然 F_a, F_b, F_c 的值为恒定小于 1 的正数，故 F_a, F_b, F_c 对 g, g' 以及 P_a, P_b, P_c 的作用总是使它们增大的。但 F 值又随方向 a, b, c 不同而不同，所以它们对 g, g' 以及 P_a, P_b, P_c 的影响情况又将各不相同。至于整个椭球粒子的后向散射，应是各个偶极矩分量 P_a, P_b, P_c 在后向方向上产生的散射功率的总和。

(3)当椭球粒子在空间取向不同时，在椭球各轴方向感应出的偶极矩 P_a, P_b, P_c 也各不相同。因此，小椭球粒子后向散射的大小，与粒子在空间所取的方向有关。例如，当入射电场 $\vec{E}^0$ 和椭球的长轴平行时，产生的偶极矩和后向散射就大；反之，当粒子取向使入射电场 $\vec{E}^0$ 与长轴正交时，产生的偶极矩和后向散射就小。总之，由于椭球粒子极化系数的非对称性，它的后向散射功率将随粒子在空间所取方向不同而不同。

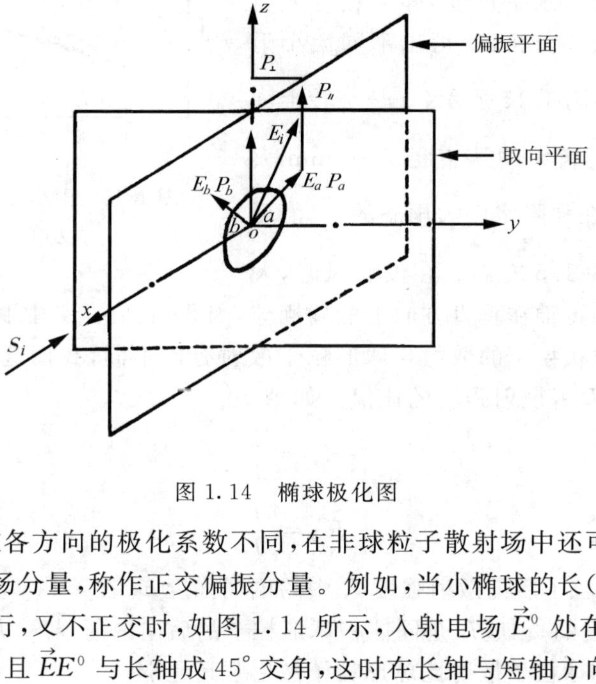

图 1.14　椭球极化图

(4)由于椭球在各方向的极化系数不同，在非球粒子散射场中还可能出现和入射电场相垂直的散射电场分量，称作正交偏振分量。例如，当小椭球的长(或短)轴方向和入射电场方向既不平行，又不正交时，如图 1.14 所示，入射电场 $\vec{E}^0$ 处在一个包括长轴与短轴的椭圆平面内，且 $\vec{E}E^0$ 与长轴成 45° 交角，这时在长轴与短轴方向上受到相同的电场分量 $E^0\cos45°$ 的作用，由于长、短轴方向上极化系数不同，形成的偶极矩也各不相同。故这时既有和入射电场方向平行的 $\vec{P}$ 的分量 $P_{/\!/}$，它振荡时产生和入射电场 $\vec{E}^0$ 同方向的平行散射电场分量 $E'_{/\!/}$，也称作平行偏振分量；另外，又将出现和 $\vec{E}^0$ 正交的偶极矩分量 $P_\perp$，它振荡时产生和 $\vec{E}^0$ 垂直的散射电场 $E'_\perp$，也就是出现了正交偏振分量。由于一般雷达只能接收和它所发射的电场方向相同的平行偏振分量的信号，因此，要接收正交偏振的散射必须在天线上增加使用另外的天线设备。

(5)由于冰粒的 $\varepsilon_i(=m_i^2)$ 值基本上与波长 λ 无关，水滴的 $\varepsilon_w(=m_w^2)$ 值与波长 λ 关系密切。因此，与 $(\varepsilon-1)\cdot F$ 有关的 g 值是否与波长有关，将看是水滴或冰粒而定。特别当水滴的形状偏离球形较远时，波长 λ 对 g 的影响将更大。

(6)当折射指数 m 是复数时，g 和 g' 一般也是复数，其虚部可以反映出相位关系。因此，入射波激发产生的在粒子中的振荡偶极矩在时间上落后于入射场，不过，除了在波长较短时虚部分量很大外，这一影响通常是不重要的。

1.3.2 变形大水滴的散射

高速垂直下落的大雨滴在不滚动时，由于下降过程中空气动力学的作用将使其形状不再保持球形，它在垂直方向上被压缩，变成具有扁平的底和较大的水平尺度，即形状变成扁的了。根据雨滴照片分析，曾得出不同大小雨滴变形的 $\frac{c}{a}$ 值，如图 1.15 所示（a 是旋转半轴值）。由图可见，雨滴大约从直径 2～3mm 大小开始发生变形，在强降水中大雨滴的 $\frac{c}{a}$ 值可以达到 2，一般约为 1.5 左右。在没有风时，大雨滴可以看成是旋转轴在垂直方向上的扁椭球，因此，它们在空中取向近于完全一致。

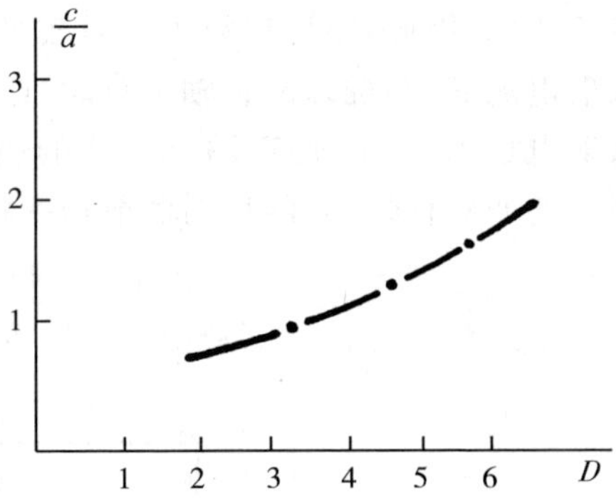

图 1.15 雨滴形变值 c/a 随直径大小的变化关系

为了分析椭球状粒子的散射与球形粒子散射有何不同，我们选择具有同样体积的粒子作比较，求取两者散射强度的比值。如令

$$\begin{cases} K_x = \dfrac{I_x}{I_s} \\ K_y = \dfrac{I_y}{I_s} \end{cases} \tag{1.40}$$

式中 I_x, I_y 是椭球粒子后向散射强度 I_r 中的电场强度 E'_r 在 x 和 y 方向上的分量 E'_x 及 E'_y 对后向散射强度的贡献。I_s 是同体积球形粒子的后向散射强度。从 K_x、K_y 大于 1 或小于 1 可以了解椭球粒子散射比球形粒子散射强还是弱。

下面对 3.2cm 波长雷达水平发射的垂直偏振波和水平偏振波这两种情形分别进行讨论。

1.3.2.1　水平发射垂直偏振波

参见图 1.16，并通过对 I_x, I_y, I_s 的具体计算，可得

$$\begin{cases} K_y = \left(\frac{g}{g_0}\right)^2 \\ K_x = 0 \end{cases} \tag{1.41}$$

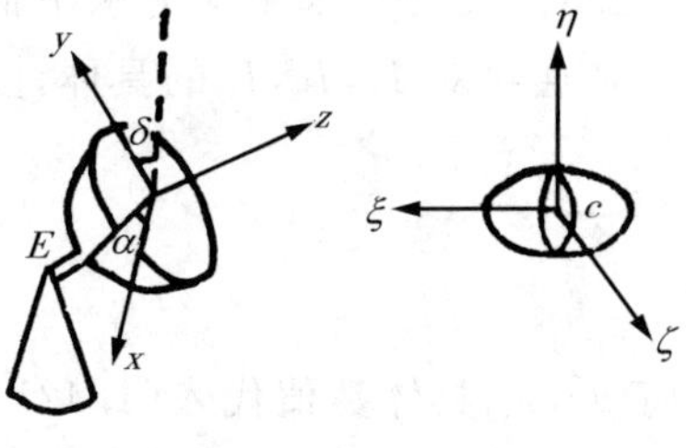

图 1.16　非球形粒子的散射

其中 g_0 是球形粒子的极化系数。(1.41) 式表明：K_y 值取决于 g，而 g 又取决于旋转椭球的偏心率 e 或长短轴之比 $\frac{b}{a}$，故可以认为当粒子体积不变时 K_y 值将随 $\frac{b}{a}$ 值变化而变化。另外，从式 $K_y = \frac{I_y}{I_s}$ 说明 K_y 反映的是与入射电场 $\vec{E}^0$ 同方向的散射电场强度之比，即相对入射电场来讲，是属于平行偏振分量时非球形粒子和球形粒子散射强度之比。故 K_y 值也可以反映 $\frac{\sigma_{/\!/}}{\sigma}$ 的大小，$\sigma_{/\!/}$ 表示椭球体散射中平行偏振分量造成的后向散射截面，σ 是同容积球体散射时的后向散射截面。将 g'，g_0 的具体数值代入 (1.41) 式后，把计算结果作成图，如图 1.17(a) 所示。由图可见，雨滴愈扁，即 a 值愈小，$\frac{b}{a}$ 值愈大，K_y 值愈小，且 $K_y < 1$。这说明在此情况下旋转扁椭球的回波强度比同体积圆球形雨滴要小。例如，当 $\frac{b}{a} = 2$ 时，$K_y = 40\%$。这就相当于椭球粒子的 $\sigma_{/\!/}$ 只有球形粒子的 σ 值的 40%。应指出，$\sigma_{/\!/}$ 的大小与天线仰角有关。随着天线仰角的抬高，入射波就不是呈水平发射，这时因入射方向改变后在扁椭球长轴方向感生出的偶极矩将变大，故 $\sigma_{/\!/}$ 值也将变大。同时，还将出现正交偏振分量。

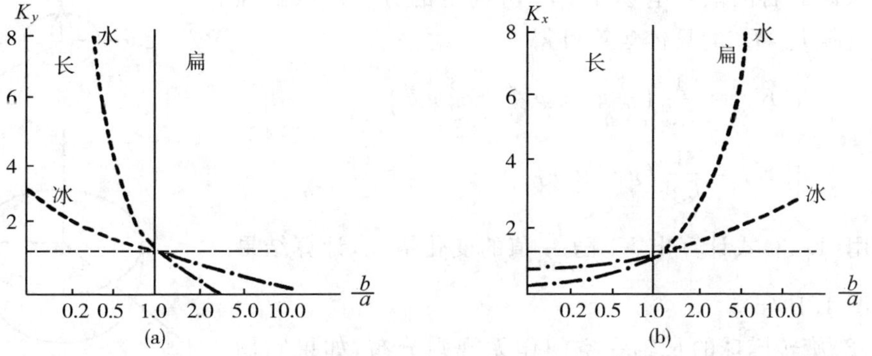

图 1.17　K_y 值与 $\frac{b}{a}$ 之间的关系

(a)表示入射波是水平发射垂直偏振波时的情形；(b)表示入射波是水平发射水平偏振波时的情形

1.3.2.2　水平发射水平偏振波

通过对 I_x,I_y,I_s 的具体计算,可得

$$\begin{cases} K_x = \left(\dfrac{g'}{g_0}\right)^2 \\ K_y = 0 \end{cases} \tag{1.42}$$

将 g',g_0 具体数值代入(1.42)式后,可得到 K_x 随椭球长短轴之比 $\dfrac{b}{a}$ 变化的情况。计算结果作成图 1.17(b)。由图可见,发射水平偏振波时雨滴愈扁,即 $\dfrac{b}{a}$ 值愈大,散射回来的能量愈大。对最大雨滴的最大变形 $\dfrac{b}{a}=2$ 时,$\sigma_{/\!/}$ 为同容积圆球形雨滴的两倍。但应注意,由于这时旋转椭球在垂直方向没有感生出偶极矩,故这时不会出现正交偏振分量。

1.3.3　雪和非球形冰晶等的散射

雪或冰晶在云中或在下降过程中,以及非球形大水滴在风较大时由于乱流作用,其旋转轴可能有各种取向。如果它们出现各种取向的机会相等,这时散射能量将与入射波偏振方向无关,只取决于旋转椭球的长短轴之比 $\dfrac{b}{a}$、介质的介电常数 ε_c 和粒子的体积 V。下面把非球形降水粒子看做是长的旋转椭球体,即 $\dfrac{b}{a}<1$,并分两种情形进行讨论:

(1)旋转椭球的长轴处在水平面内作无规则排列,而雷达波沿垂直方向发射,电向量 $\vec{E}^0$ 和 x 轴相合时,如图 1.18 所示。通过对 I_x,I_y 以及同体积球体的后向散射电场在 x,y 方向上的分量对散射强度的贡献 I_{sx},I_{sy} 的具体运算可得

$$\begin{cases} K_x = \dfrac{1}{4g_0^2}\left(\dfrac{3}{2}g^2 + gg' + \dfrac{3}{2}g'^2\right) \\ K_y = \dfrac{1}{8g_0^2}(g-g')^2 \end{cases} \tag{1.43}$$

再使用(1.43)式计算出 K_x 随 $\dfrac{b}{a}$ 值的变化情况,计算结果作成图 1.19(a)。

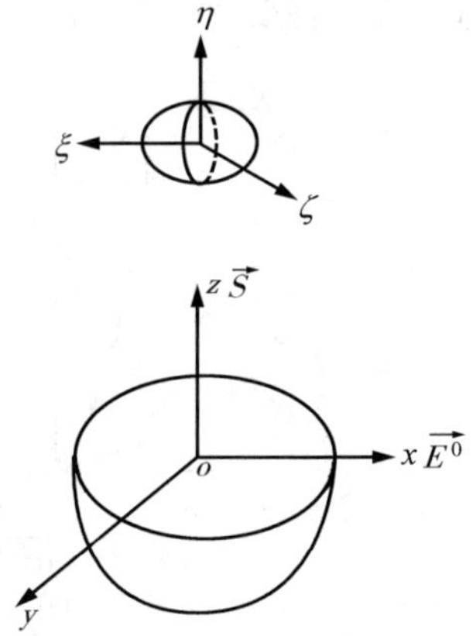

图 1.18　雷达波与旋转椭球之间的关系

(2)旋转椭球的长轴在空间作无规则分布,如果它们各种取向的机会相等,则散射强度将与入射波的偏振方向无关,即雷达波沿任意方向发射都不会影响回波强度。我们取电向量 $\vec{E}^0$ 与 x 轴相重合,经计算后可得

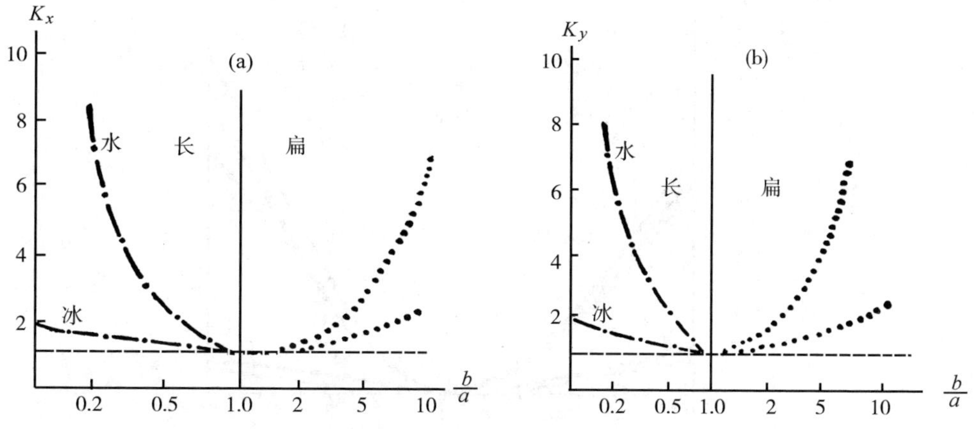

图 1.19　K_x 随 $\frac{b}{a}$ 值变化的关系

(a)长旋转椭球体的长轴在水平面内作无规则分布；(b)长旋转椭体的长轴在空间作无规则分布

$$\begin{cases} K_x = \dfrac{1}{5g_0^2}\left(g^2 + \dfrac{4}{3}gg' + \dfrac{8}{3}g'^2\right) \\ K_y = \dfrac{1}{15g_0^2}(g - g')^2 \end{cases} \tag{1.44}$$

再使用(1.44)式计算出 K_x 随 $\frac{b}{a}$ 值变化情况，计算结果作成图 1.19(b)。

由图 1.19 可见，在以上两种情况下，粒子的非球形特性都使它们比球形时散射更多的能量。但对非球形的干冰晶体而言，形状因子影响不太大，只有当非球形的冰晶体出现部分融化，表面包有一层水膜时，形状因子才可能有较大的影响。这时大致可以用图 1.20 中水的曲线来代表。

如果冰晶是扁旋转椭球或长旋转椭球，并作无规则分布，雷达波分别取不同波长，则 $\frac{\sigma_{/\!/}}{\sigma}$ 与 $\frac{a}{b}$ 的关系如图 1.20 所示。

由图 1.19、图 1.20 可以获得以下几点结果。

(1)与球形粒子相比，任意取向的扁椭体和长椭体的平行偏振分量后向散射截面都有不同程度的增大。

(2)同样形状的无规则分布的椭球粒子，介电常数大的粒子(如水滴)其平行偏振分量后向散射截面要比介电常数小的粒子(如冰粒)大得多，即水椭球的 $\sigma_{/\!/}$ 比同样情况下冰椭球的 $\sigma_{/\!/}$ 要增大很多。例如，对 3cm 和 10cm 波长的雷达，当水扁椭球的 $\frac{a}{b}$ 值为 0.1 以及水长椭球的 $\frac{a}{b}$ 值为 10 时，其 $\sigma_{/\!/}$ 要比同体积球形水滴增大到 10 倍和 20～30 倍

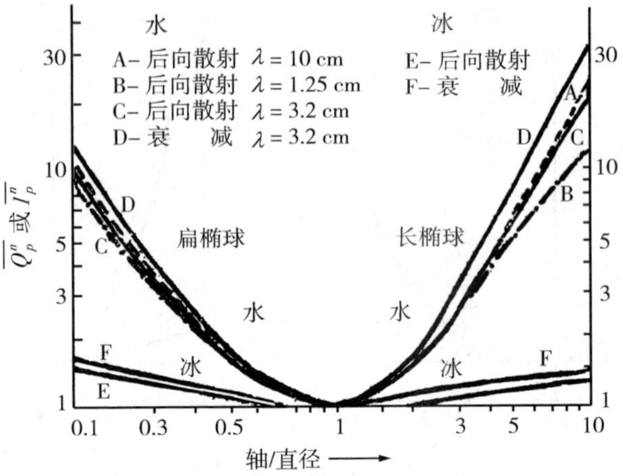

图 1.20　任意取向的水和冰的旋转椭球形粒子相对于同体积的水和冰的球形粒子的后向散射值与衰减值

(Atlas,Kerker 和 Hitschfeld,1953)

左右。当然,实际水滴的变形达不到如此大的 $\frac{a}{b}$ 值,但这种情况对融化中的冰晶和湿冰晶是很重要的。因为他们有可能和同样形状的水椭体的散射差不多。故融化的、潮湿的非球形冰晶的散射有可能大大超过同体积球形水滴的散射。

(3)虽然冰晶的非球形特性使它比同体积的球形冰晶散射更多的能量,但对非球形的干冰晶来讲,形状因子影响并不太大;干冰晶的 $\frac{a}{b}$ 值即使小到 0.1 或大到 10,平行偏振分量的后向散射截面至多增加到同体积冰球的 1.5 倍。对于 $\frac{a}{b}=5$ 的柱状冰晶,$\frac{\sigma_{/\!/}}{\sigma}=1.2$。因此,只有当冰晶出现部分融化使表面包有一层水膜时,形状因子影响才可能起较大作用。这时的情况大致可以用图 1.20 中"水"的曲线来代表。

(4)对于雪,前面第一部分讨论中已指出,由于雪的介电常数 $\varepsilon_s = m_s^2 = 1$,形状因子 F、F' 基本上不起作用,这时雪片各方向的极化系数 $g_a = g_b = g_c$,即雪片粒子的形状不对称性对极化系数所起的作用不大。因此,可以把雪片看做同体积的雪球,其散射是相同的。

1.3.4　非球形粒子后向散射场的偏振

任意取向的非球形粒子在线偏振的入射波照射下,其散射辐射除了有与入射波电向量同方向的平行偏振分量外,还出现正交偏振的散射。所谓退偏振比或去极化率 D_p,就是正交偏振散射能流密度或相应的后向散射截面 $\sigma_{\perp}$ 与平行偏振散射能流密度

或相应的后向散射截面 $\sigma_{/\!/}$ 的比值，它一般以分贝表示为

$$D_p = 10 \lg \frac{\sigma_{\perp}}{\sigma_{/\!/}} \tag{1.45}$$

图 1.21 给出了水和冰粒子在空间作无规则分布时退偏振比与粒子 a/b 之间的关系。此图是通过理论计算得到的。由图可见，对非球形水滴来说，在同一情况下退偏振比比非球冰粒大。例如，扁椭球水滴和长椭球水滴的 a/b 分别为 0.1 和 10 时，退偏振比约等于 10％ 和 30％；对于冰，同样情况下退偏振比则只有 3％ 左右，原因是冰的介电常数小。对于雪，介电常数近似于 1，所以退偏振比很小。根据对退偏振比的实际测量，可以估计降水粒子的非球形程度，曾测得雨滴的 a/b 值约为 0.75。

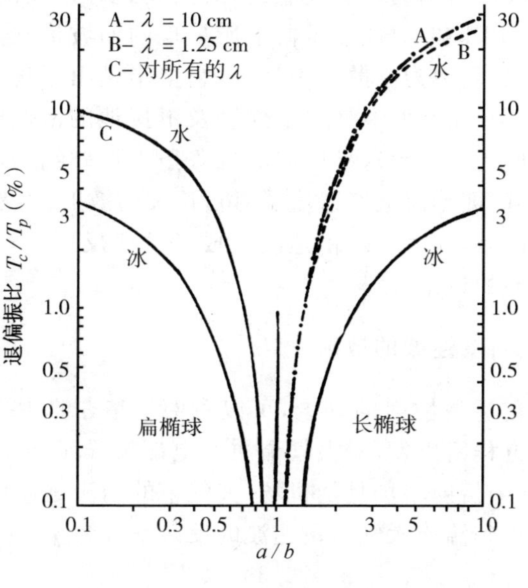

图 1.21　退偏振比 D_p 随 $\frac{a}{b}$ 的变化(取自 Atlas 等，1953)

当非球形粒子被圆偏振雷达波照射时，其后向散射是椭圆偏振波。椭圆偏振波可看做是由两个方向相反、振幅不同的圆偏振波组成的，振幅差的大小取决于散射体的椭圆率。因此，可以通过分别接收这两个旋转方向相反的后向散射圆偏振信号 P_{cs} 与 P_{ca} 来确定非球形粒子的椭率。这里 P_{cs} 是与发射的圆偏振波同方向的后向散射圆偏振信号，P_{ca} 是与发射的圆偏振波反方向的后向散射圆偏振信号。把这两者之比的分贝值称为圆退偏振比，即

$$\text{圆退偏振比} = 10 \lg \frac{P_{cs}}{P_{ca}} \tag{1.45}$$

若雷达发射的是可调偏振波，即又可以发射圆偏振波，也可以发射线偏振波，那么当这

两个偏振波照射到非球形粒子上时，分别接收到的回波信号以 P_c 和 P_p 表示，它们的比值的分贝值称为对消比，即

$$对消比 = 10\lg\frac{P_c}{P_p} \tag{1.46}$$

根据对消比的大小，也可以估计出非球形粒子的椭率。

§1.4 晴空回波的散射和反射机制

雷达在大气中的无云区，或在由不可能被探测到的很小粒子所组成的云区内探测到的回波称为晴空回波。雷达的灵敏度愈高，观察到这种回波的次数也愈多。当雷达探测到晴空回波时，在 PPI 和 RHI 显示器上所呈现的回波形状大致可以分成两大类：第一类称为圆点状回波，表现为离散的小亮点，它多半是由于鸟或昆虫所造成的；第二类称为层状回波，它在 RHI 上大多是水平伸展及不接地的薄而弱的回波层，这种回波主要是由气象条件造成的。产生这种回波的气象条件可归结为两种：一是大气中存在折射指数不均匀的区域，即湍流大气造成了对雷达波的散射；二是分层大气中存在折射指数垂直梯度很大的区域，即大气对雷达波造成了镜式反射。下面对由气象条件造成的晴空回波作一些简要的讨论。

1.4.1 湍流大气对雷达波的散射

关于湍流大气对雷达波散射的理论，可以参阅塔塔尔斯基(Tatarski)的原著。他从电磁场的麦克斯韦方程组出发，对大气介质及电磁波作了与球形粒子散射相同的假设，并进一步假设大气中折射率场是随机场，大气中的湍流是局地均匀各向同性的。经过一系列数学处理后得到湍流大气对雷达波的反射率 η 为

$$\eta = 0.39C_n^2\lambda^{-1/3} \tag{1.47}$$

式中 λ 是雷达波长；C_n 是大气折射率的结构常数。使用量纲分析以及从大气中的流体运动方程出发，可以得到结构常数的关系式为

$$C_n = a^2 L_0{}^{4/3} M^2 \tag{1.48}$$

式中 L_0 是湍流外尺度；M 是水平折射率的垂直梯度；a 为一无量纲常数。

湍流大气对雷达波散射的物理实质是：不同尺度的湍块相当于具有不同间距的空间衍射光栅，而不同间距的衍射光栅对于不同的、特定的散射角上的散射能量有明显的贡献，也即恰巧可以在该方向上形成衍射的"亮点"。

据(1.47)式 η 与 $\lambda^{-1/3}$ 成正比。这说明波长越短，反射率 η 越大，似乎选取短波长雷达对晴空探测更有利。但实际并非如此，因为根据光学中布拉格(Bragg)条件：$l(\theta) = \lambda/2\sin\frac{\theta}{2}$，当考虑 $\theta = \pi$ 的后向方向时就有 $l(\pi) = \lambda/2$。这里 $l(\pi)$ 就是大气中能在后向

方向上产生衍射“亮点”的有效湍块尺度。大气中这种有效湍块尺度是随高度增加而变大的。雷达波长 λ 应选 $l(\pi)$ 之两倍。这就说明为什么专门用于晴空大气探测的雷达要采用 UHF(分米波)和 VHF(米波)的原因。

1.4.2　分层大气对雷达波的镜式反射

当大气中折射率水平分布比较均匀,而垂直方向存在很大梯度结构时,会引起雷达波的反射,这种反射称为费涅尔反射,也称作部分反射或镜式反射。对于利用雷达进行回波探测有意义的是雷达波束垂直投射到反射层上的情况。要能产生反射,还必须要求反射层的横向伸展必须大于第一费涅尔区。物理学上证明第一费涅尔区就是波阵面内厚度等于 1/4 雷达波长的球冠的底面积。这个底面积的直径 $D=\sqrt{2\lambda r}$,λ 是雷达波长,r 是发射点到反射层的距离。要求满足上述条件的原因是:若反射层横向伸展太小,雷达波的波动性将明显地表现出来,不能作为直线传播处理。

假设大气介质特性是水平均匀的,在垂直方向上一个波长范围内大气的折射率等特性的变化很缓慢,则利用电磁场的麦克斯韦方程可以求得雷达波在这种大气介质中垂直传播时场量方程的解析形式,并获得在以下几种折射率廓线情况下功率反射系数的函数表示式。

(1)对于无限薄的折射率突变层,有

$$|\rho|^2=\frac{|\Delta n|^2}{4} \tag{1.49}$$

式中 ρ 是反射系数,$|\rho|^2$ 是功率反射系数;Δn 是突变层内大气折射率 n 的变化量。

(2)当大气折射率 n 在厚度为 l 的层内均匀变化,变化总量为 Δn,功率反射系数可表示为

$$|\rho|^2=\frac{|\Delta n|^2}{4}\left(\frac{\sin\dfrac{2\pi l}{\lambda}}{\dfrac{2\pi l}{\lambda}}\right)^2 \tag{1.50}$$

(3)若大气折射率 n 在层内变化形式为

$$n=n_0+\Delta n[1-\exp(-z/l)]$$

n_0 是 $z=0$ 处的大气折射率值,z 是高度变量。则可以得到

$$|\rho|^2=\frac{|\Delta n|^2}{4}\left[1+\left(\frac{4\pi l}{\lambda}\right)^2\right]^{-1} \tag{1.51}$$

(4)若大气折射率在厚度为 l 的过渡层内变化较大,在过渡层两侧变化较缓慢,并满足下面的分布公式

$$n=n_0+\Delta n\left[\frac{\exp(4z/l)}{1+\exp(4z/l)}\right]$$

则在过渡层内的功率反射系数可以表示为

$$|\rho|^2 = \frac{|\Delta n|^2}{4}\left[\frac{9l/\lambda}{\sinh(9l/\lambda)}\right]^2 \tag{1.52}$$

由(1.50),(1.51),(1.52)三式可知,当层厚l趋于零时,它们的功率反射系数都相当于(1.49)式所表示的突变层的情况。当 l/λ 值增大时,反射系数将大大降低,因此对于两侧具有一定差值的过渡层而言,层越薄,或者波长越长,反射系数也就越大。所以,从费涅尔反射机制所造成的回波考虑,采用米波雷达要比微波雷达更为有效。用微波雷达在大气中探测到这种机制的回波是极少的。

本 章 小 结

(1)单个球形粒子对雷达波的散射,根据 $\alpha = 2\pi r/\lambda$ 值的不同,可以分为两种散射:

① 在 $\alpha \ll 1$ 时,即所谓"小球"情况下,可以用瑞利散射公式处理。这时实质上是把粒子的散射看做是振荡的电偶极子发出的次波。这种散射称为瑞利散射。

② 不论 α 为什么值,即不论是"小球"或"大球"的散射,米氏公式是普遍适用的。用米氏理论处理粒子的散射,称为米散射。在不满足 $\alpha \ll 1$ 时,即在所谓"大球"情况下,必须用米散射公式去处理才较符合实际。

(2)一群粒子对雷达波散射所造成的回波功率的瞬时值是有脉动的,但它们的时间平均值比较稳定,而且在数值上等于每个粒子各自产生的回波功率的总和。必须注意,这个结论只有在各粒子之间作彼此独立的无规则分布时才正确。

(3)影响云、降水粒子散射回波强弱的因子有:粒子的大小、多少、相态、形状以及空中取向等。在这些因子中究竟哪些是主要的,应分别不同情况加以分析:

对满足瑞利散射条件($\alpha \ll 1$)的"小球",由于后向散射截面 $\sigma \propto r^6$,故粒子大小将对回波强度起主要影响,即大滴对回波的贡献要比小滴大得多。

对于"大球",一般有 $\sigma_{大球} > \sigma_{小球}$($\sigma_{小球}$ 是指满足瑞利条件下的值)。但 $\sigma_{大球}$ 随 α 变化不是单调的,而是呈振动形式,并且应区分不同情况(如相态、含水量、水膜厚度、粒子大小等)分别考虑。

由于 $\eta, Z \propto \sum_{单位体积} D_i^6$,故单位体积内粒子的多少,即粒子浓度的大小,对回波强度的影响也较大。

非球形粒子形状因子对 $\sigma_{/\!/}$ 影响的大小,主要看粒子的相态。在水滴情况下形状因子影响最大;对于融化的冰球或湿雪,形状因子影响也较大;对于干的冰粒或雪花影响就较小。所以干的雪片可以当做同体积的雪球看待。在考虑形状因子影响时,还应注意到大水滴的轴长比 $\frac{a}{b}$ 值不可能太大或太小,故不能把形状因子影响考虑过大;但湿雪可以是很扁的薄片,因此影响可以较大。在大多数情况下,非球形粒子 $\sigma_{/\!/}$ 要比同体积相同情况下球形粒子的 σ 值大。

(4) 产生晴空回波的机制有两种:

① 湍流大气对雷达波的散射,散射强度与大气折射率的结构常数 C_n 及雷达波长 λ 有关,主要取决于前者。

②分层大气对雷达波的镜式反射。它是由于某一层中大气折射率存在很大的垂直梯度所产生的。

第二章　大气、云、降水粒子对雷达波的衰减

回波强度不仅与被测目标的情况有关，而且还与雷达和目标物之间的大气状况有关。本章主要讨论雷达波在大气中的衰减规律。

§2.1　概　　述

当电磁波投射到气体分子或液态、固态的云和降水粒子上时，一部分能量被粒子吸收，变成热能或其它形式的能量，这是电磁波能量被衰减的原因之一；另一部分能量将被粒子散射，使原来入射方向的电磁波能量受到削弱，这也是传播中的电磁波能量被削弱的一个原因。所谓衰减，就是吸收和散射两种作用的总和。

2.1.1　衰减的一般规律和衰减系数

雷达和探测目标之间的大气、云、降水等造成对雷达波衰减后的回波功率为

$$\bar{P}_r = \bar{P}_{r0} \cdot K \tag{2.1}$$

式中 $\bar{P}_{r0}$ 是没有考虑大气、云、降水等衰减时的平均回波功率。$\bar{P}_r$ 是考虑这种衰减作用后的平均回波功率，$K(<1)$ 是衰减因子。在研究 K 的大小如何确定前，先讨论一下衰减的一般规律。

设 $\mathrm{d}\bar{P}_r$ 为雷达和目标物之间，因气体分子、云、降水等对电磁波的吸收和散射而引起的接收功率的减少值，R 是雷达与目标物之间的距离，$\bar{P}_r$ 实际上就是雷达的接收功率，那么在一小段距离 $\mathrm{d}R$ 上衰减的大小可表示为

$$\mathrm{d}\bar{P}_r = -2k_L\bar{P}_r\mathrm{d}R \tag{2.2}$$

式中 k_L 称为衰减系数，上式中乘系数 2 是因为雷达波功率在往返的路径上受到二次衰减。等式中的负号说明受衰减的雷达波功率总是减小的。当 $\mathrm{d}R > 0$ 时，总有 $\mathrm{d}\bar{P}_r < 0$，而衰减系数 k_L 恒为正值。由(2.2)式可得

$$k_L = -\frac{\mathrm{d}\bar{P}_r}{2P_r\mathrm{d}R} \tag{2.3}$$

因此，衰减系数 k_L 的物理意义是：由于衰减作用，单位接收功率在大气中往返单位距离时所衰减掉的能量。

对(2.2)式从 0 到 R 积分得

$$\overline{P}_r = \overline{P}_{r0}\exp(-2\int_0^R k_L \mathrm{d}R) \tag{2.4}$$

比较(2.1)式和(2.4)式后，即得

$$K = \exp(-2\int_0^R k_L \mathrm{d}R) \tag{2.5}$$

这就是衰减因子 K 和衰减系数 k_L 之间的关系。因此，要决定衰减因子 K，首先应了解衰减系数 k_L。如何确定 k_L 值将在后面几节中讨论。显然，k_L 是由于大气、云、降水等不同因子造成的总衰减系数，在决定 k_L 值时，需要进一步分别考虑大气、云、降水造成的衰减系数各为多少。由(2.3)式可知，k_L 的量纲为$\frac{1}{\text{长度}}$。

另外，接收功率的衰减通常用分贝表示。为了使得在这种情况下的总衰减系数仍可表示为各衰减系数相加之和，则必须把衰减系数 k_L 也变换成以$\frac{\text{分贝}}{\text{距离}}$为单位的衰减系数 k。在把(2.4)式写成分贝形式时，注意到 $\lg M = 0.4343 \ln M$，则有

$$10\lg\frac{\overline{P}_r}{\overline{P}_{r0}} = -2\int_0^R 4.343 k_L \mathrm{d}R$$

令

$$k = 4.343 k_L \tag{2.6}$$

即得

$$10\lg\frac{\overline{P}_r}{\overline{P}_{r0}} = -2\int_0^R k \mathrm{d}R \tag{2.7}$$

式中 k 就是以$\frac{\text{分贝}}{\text{距离}}$为单位的衰减系数。(2.6)式给出了 k 和 k_L 之间的关系。

现在再来看 K 和 k 之间的关系，(2.7)式可改写为

$$\overline{P}_r = \overline{P}_{r0} \cdot 10^{-0.2\int_0^R k\mathrm{d}R} \tag{2.8}$$

上式与(2.1)式比较后即得

$$K = 10^{-0.2\int_0^R k\mathrm{d}R} \tag{2.9}$$

若以 k_g，k_c，k_p 分别表示大气、云和降水造成的衰减系数，则总衰减系数 k 可以表示为

$$k = k_g + k_c + k_p \tag{2.10}$$

于是(2.7)式可写为

$$10\lg\frac{\overline{P}_r}{\overline{P}_{r0}} = -2\int_0^R (k_g + k_c + k_p)\mathrm{d}R \tag{2.11}$$

由(2.7)式可知，若在短距离内可以认为 k 是常数，则可以计算出当雷达波束通过 1km 后，在不同 k 值时功率减少的百分数$\frac{\Delta\overline{P}_r}{\overline{P}_{r0}}$如表 2.1 所示。

前面指出，雷达波的衰减是由吸收和散射造成的，一般说来，气体对雷达波的衰减主要是吸收作用，散射可以忽略不计；云、雨滴的衰减，则既有散射，也有吸收。但这些作用的大小与雷达波的波长有关。例如，对波长大于几厘米的雷达波，气体吸收也很

小，除了远距离传播外，一般衰减可以忽略。而云、雨对 10cm 以下雷达波的衰减是必须考虑的，尤其波长在 1～3cm 时，衰减影响很严重，所以用 3cm 雷达探测大片雨区的能力不如 10cm 雷达强。

表 2.1 在不同衰减系数 k 时接收功率减少的百分数

$k\left(\frac{dB}{km}\right)$	0.01	0.02	0.05	0.1	0.2	0.5	1.0	2.0	5.0
$\frac{\Delta\bar{P}_r}{\bar{P}_{r0}}$(%)	0.2	0.5	1.1	2.3	4.5	10.9	20.5	36.9	68.0

§2.2 大气气体对雷达波的衰减

前面指出，气体分子对雷达波的衰减主要是由于吸收引起的，散射可以忽略，对 2cm 以上的雷达波其吸收所造成的衰减，一般也可以忽略。但对波长在 1cm 附近或当探测距离较远时，这种衰减仍必须考虑。吸收雷达波的大气气体主要是水汽和氧气。下面分别讨论它们的吸收情况。

2.2.1 水汽主要的吸收带

水汽对于 λ 为 1.35cm(22.235GHz)的电磁波吸收最强，在 1.35±0.18cm 范围内属于水汽吸收带；另外，在波长 0.2cm 处也是一个强吸收带。图 2.1 给出了衰减系数与波长(或频率)的关系，它是在一个标准大气压，温度为 20℃，水汽密度为 7.75g/m³ 情况下得到的；理论值与实测值相一致。由图 2.1 可见，对于厘米波较长的部分，水汽引起的衰减很小，波长 10cm 时衰减小到可以忽略不计；在 5cm 时衰减为 0.0008dB/km，当雷达与目标之间的距离大于 62km 时，气体衰减可达 0.1dB。在 3cm 时衰减也很小，只是在湿度很大时才对衰减有影响，见表 2.2。例如，在温度 20℃，水汽密度为10g/m³ 时，不考虑大气压的变化，则对于 100km 的来回路径，3.2cm 雷达波的衰减是 1.4dB。由图 2.1 中还可以看出，在波长 1.35cm 处衰减有一个极大值，而在 0.9cm 附近衰减又出现极小值。另外，水汽对雷达波的衰减还

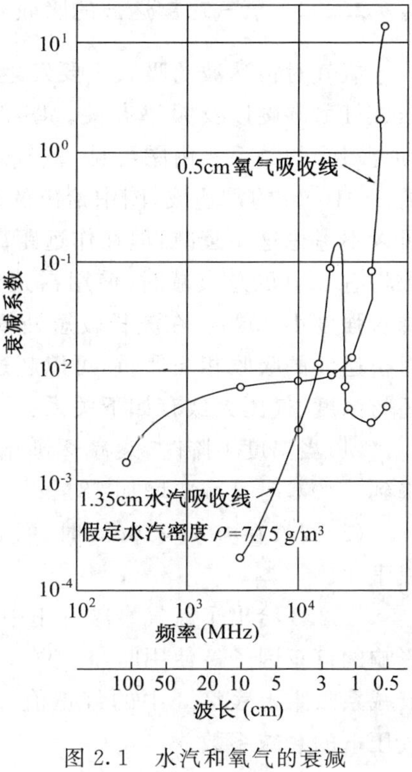

图 2.1 水汽和氧气的衰减系数与波长的关系

与水汽密度、气压、温度等大致有如下关系：

表 2.2 水汽的(单程)衰减(dB/km)

λ(cm) / t(℃)	10	5.7	3.2	1.8	1.24	0.9
20	$0.07\times10^{-3}PM$	$0.24\times10^{-3}PM$	$0.7\times10^{-3}PM$	$4.3\times10^{-3}PM$	$22.0\times10^{-3}PM$	$9.5\times10^{-3}PM$
0	$0.08\times10^{-3}PM$	$0.27\times10^{-3}PM$	$0.8\times10^{-3}PM$	$4.8\times10^{-3}PM$	$23.3\times10^{-3}PM$	$10.4\times10^{-3}PM$
−20	$0.09\times10^{-3}PM$	$0.30\times10^{-3}PM$	$0.9\times10^{-3}PM$	$5.0\times10^{-3}PM$	$24.6\times10^{-3}PM$	$11.4\times10^{-3}PM$
−40	$0.10\times10^{-3}PM$	$0.34\times10^{-3}PM$	$1.0\times10^{-3}PM$	$5.4\times10^{-3}PM$	$26.1\times10^{-3}PM$	$12.6\times10^{-3}PM$

表中：P 为大气压(hPa)；M 为水汽含量(g/m^3)。

(1)水汽吸收与绝对湿度成正比，故水汽衰减近似地与水汽密度成正比。图 2.1 中的曲线可以很容易地调整到别的水汽密度处的情形。

(2)除了在 1.35cm 波长附近以外，在其它波长处水汽吸收和气压成正比。

(3)当水汽含量保持不变时，衰减随温度降低是缓慢增加的。

表 2.2 给出了水汽衰减系数与温度、波长、水汽含量、气压之间的关系。

2.2.2 氧气对雷达波的吸收

氧气对雷达波的吸收主要发生在波长为 0.5cm(60000MHz)处。吸收大小也与气压、温度、湿度以及频率有关。图 2.1 给出了温度 20℃，一个大气压时的衰减与频率(或波长)的关系。由图可见，氧气对 1cm 波长以上的雷达波吸收很小。例如，对常用的 3～10cm 的雷达波，图中给出的衰减系数大约为 0.008dB/km。因此，在距离不大时可以不考虑这一衰减，但在作远距离定量测定降水时就应考虑。例如，在往返路径上大致将有 2dB 的总衰减时，使用雷达定量测定降水强度，会使探测到的降水强度比实际降水强度小 25%。在波长较短处氧气对雷达波的吸收较大。例如，在 0.5cm 附近氧气对雷达波的吸收相当严重，可以超过 10dB/km，因此不能忽略。另外，氧气引起的衰减还与温度、气压大致有如下关系：

(1)当温度下降时，衰减逐渐增加，例如从 20℃降到−40℃时衰减要增加 78%；

(2)波长在 0.7～10cm 时，吸收与压力的平方成正比。

表 2.3 给出了氧气衰减订正中考虑温度与气压影响的订正因子。使用时将 20℃，一个大气压时的衰减系数乘上表 2.3 中的订正值，就得到该温度和气压下的衰减系数。

表 2.3 0.7～10cm 时氧气衰减的气压与温度订正值

t(℃)	订正因子
20	$1.00\times P^2$
0	$1.19\times P^2$
−20	$1.45\times P^2$
−40	$1.78\times P^2$

表中：P 为大气压(hPa)。

§2.3　云、降水粒子造成衰减的一般论述

雷达与目标物之间的云和降水所造成的衰减，是由这些粒子对雷达波的吸收和散射造成的。从前面对衰减一般规律的讨论中可知，要定量地研究云、降水粒子对入射电磁波的衰减，关键是确定云、降水粒子的衰减系数。在讨论这个问题之前，我们首先介绍一下关于吸收截面，散射截面和衰减截面的概念及其计算公式。

2.3.1　吸收截面、散射截面和衰减截面

设在能流密度为 S_i 的雷达波照射下，单位时间内单个云、降水粒子从入射电磁波中吸收的能量为 P_a，散射的能量为 P_s，衰减的能量为 $P_t=(P_a+P_s)$，则令

$$Q_a=\frac{P_a}{S_i} \tag{2.12}$$

$$Q_s=\frac{P_s}{S_i} \tag{2.13}$$

$$Q_t=Q_a+Q_s=\frac{P_a+P_s}{S_i}=\frac{P_t}{S_i} \tag{2.14}$$

从以上三式的量纲分析可知，Q_a，Q_s，Q_t 的量纲都是面积，因此分别称为吸收截面、散射截面和衰减截面。其意义可以这样来理解：所谓吸收截面，就是当入射波能流密度 S_i 乘上这个面积 Q_a 后，就给出了单个粒子吸收的电磁波能量。对于散射截面 Q_s 和衰减截面 Q_t 也可以作类似的理解。

有时还经常使用标准化截面概念。所谓标准化截面，就是将以上这些截面被粒子的几何截面去除所得的值。例如，$\frac{Q_t}{\pi r^2}$ 称为标准化衰减截面。

若粒子是球形的，从电磁场理论可以求得单个粒子的衰减功率、散射功率。它们分别为

$$P_t=-\frac{c\lambda^2E_0^2}{16\pi^2}\mathrm{Re}\sum_{n=1}^{\infty}(2n+1)(a_n+b_n) \tag{2.15}$$

$$P_s=\frac{c\lambda^2E_0^2}{16\pi^2}\sum_{n=1}^{\infty}(2n+1)(|a_n|^2+|b_n|^2) \tag{2.16}$$

式中 λ，E_0 分别是入射电磁波的波长和电场强度振幅；Re 表示取复数的实部。c 为电磁波在空间的传播速度。由电磁场理论还给出了入射波能流密度的有效值为

$$S_i=\frac{cE_0^2}{8\pi} \tag{2.17}$$

把(2.15)、(2.16)、(2.17)式代入前面的(2.12)、(2.13)、(2.14)式，即可得到 Q_t，Q_s，Q_a

的计算公式

$$Q_t = \frac{P_t}{S_i} = -\frac{\lambda^2}{2\pi}\mathrm{Re}\sum_{n-1}^{\infty}(2n+1)(a_n+b_n) \tag{2.18}$$

$$Q_s = \frac{P_s}{S_i} = \frac{\lambda^2}{2\pi}\sum_{n-1}^{\infty}(2n+1)(|a_n|^2+|b_n|^2) \tag{2.19}$$

$$Q_a = \frac{P_a}{S_i} = Q_t - Q_s \tag{2.20}$$

2.3.2 云、降水粒子的衰减系数

设在电磁波传播路径上，每 1cm³ 大气中具有相同吸收功率 P_{a_i} 的云和降水粒子共 N_i 个，则电磁波传播一个距离元 dR 后，由粒子吸收造成的能流密度损失为

$$\mathrm{d}S_i = -N_i P_{a_i}\mathrm{d}R \tag{2.21}$$

将(2.20)代入(2.21)式后，得

$$\frac{\mathrm{d}S_i}{S_i} = -N_i Q_{a_i}\mathrm{d}R \tag{2.22}$$

如果将在这 1cm³ 大气中具有不同吸收截面 Q_{a_i} 的粒子都考虑进去，则上式可进一步写成

$$\frac{\mathrm{d}S_i}{S_i} = -\sum_i N_i Q_{a_i}\mathrm{d}R \tag{2.23}$$

当考虑一段距离 R 时，对上式积分后得

$$\ln\frac{S_i}{S_{i_0}} = -\int_0^R \sum_i N_i Q_{a_i}\mathrm{d}R \tag{2.24}$$

式中 S_{i_0} 是起始点处未经衰减的能流密度；S_i 是在云、降水中传播距离 R 后经衰减了的能流密度。将上式换成以 10 为底的对数，并在等式两边乘常系数 10 后，得

$$10\lg\frac{S_i}{S_{i_0}} = -4.343\int_0^R \sum_i N_i Q_{a_i}\mathrm{d}R \tag{2.25}$$

若只在单位距离 ($R=1$) 上进行积分，则有

$$10\lg\frac{S_i}{S_{i_0}} = -4.343\sum_i N_i Q_{a_i} \tag{2.26}$$

这就是由于云或降水粒子吸收造成的单位距离上电磁波能流密度损失的分贝数，可以称为吸收系数。实际计算中用$\frac{\mathrm{dB}}{\mathrm{cm}}$作为吸收系数的单位不方便，若改成以$\frac{\mathrm{dB}}{\mathrm{km}}$为单位，并且 N 以 m^{-3}为单位，则云或降水的吸收系数以 k_a 表示，这时有

$$k_a = -10\lg\frac{S_i}{S_{i_0}} = 0.4343\sum_i N_i Q_{a_i} \tag{2.27}$$

同上面确定吸收系数时相类似的考虑，可以得到电磁波在云或降水中传播时由于粒子

散射造成的单位距离上电磁波能流密度损失的分贝数，即散射系数 k_s 为

$$k_s = -10\lg\frac{S_i}{S_{i_0}} = 0.4343\sum_i N_i Q_{s_i} \tag{2.28}$$

因此，云或降水粒子造成的总衰减系数 k_t 可表示为

$$\begin{aligned} k_t = k_a + k_s &= 0.4343\sum_i N_i(Q_{a_i} + Q_{s_i}) \\ &= 0.4343\sum_i N_i Q_{t_i} \end{aligned} \tag{2.29}$$

当我们知道 k_t 后，就可以根据反映雷达波衰减规律的(2.8)式，求出经过云、降水粒子的吸收和散射造成的衰减后的回波功率 $\overline{P}_r$

$$\overline{P}_r = \overline{P}_{r_0}\cdot 10^{-0.2\int_0^R k_t \mathrm{d}R} \tag{2.30}$$

在决定 Q_t，Q_s，Q_a 时，对大球形粒子可以利用前面(2.18)、(2.19)、(2.20)各式，对于小球形粒子可以用瑞利近似公式，这将在下节中给出。

§2.4　云对雷达波的衰减

所谓云滴，是指半径小于 100μm 的水滴或冰晶粒子。对于现用的测雨雷达波长来讲，它们均满足 $\alpha \ll 1$ 的条件，因此，在计算云的吸收截面、散射截面和衰减截面时，可以使用瑞利近似公式。

2.4.1　瑞利近似的 Q_t，Q_s，Q_a 表示式

当 $\alpha \ll 1$ 时，(2.18)、(2.19)式可简化为

$$Q_s = \frac{128\pi^5 r^6}{3\lambda^4}\left|\frac{m^2-1}{m^2+2}\right|^2 = \frac{2\lambda^2}{3\pi}\alpha^6\left|\frac{m^2-1}{m^2+2}\right|^2 \tag{2.31}$$

$$Q_a = \frac{8\pi^2 r^3}{\lambda}\mathrm{Im}\left(-\frac{m^2-1}{m^2+2}\right) = \frac{\lambda^2}{\pi}\alpha^3\mathrm{Im}\left(-\frac{m^2-1}{m^2+2}\right) \tag{2.32}$$

式中 Im 表示取复数的虚部。表 1.1 中给出了不同温度、不同波长以及不同相态粒子的 $\mathrm{Im}\left(-\frac{m^2-1}{m^2+2}\right)$ 的值。由于 $\alpha \ll 1$，故从(2.31)、(2.32)式中很容易得出 $Q_s \ll Q_a$，于是衰减截面近似地可以用吸收截面的公式(2.32)表示，即

$$Q_t = Q_a = \frac{8\pi^2 r^3}{\lambda}\mathrm{Im}\left(-\frac{m^2-1}{m^2+2}\right) = \frac{\lambda^2}{\pi}\alpha^3\mathrm{Im}\left(-\frac{m^2-1}{m^2+2}\right) \tag{2.33}$$

2.4.2　瑞利近似下云的衰减系数 k_{tc}

把(2.33)式代入(2.29)式后得

$$k_{tc} = 0.4343\sum_i N_i Q_{t_i} \approx 0.4343\sum_i N_i Q_{a_i}$$

$$= 0.4343\,\frac{8\pi^2}{\lambda}\mathrm{Im}\left(-\frac{m^2-1}{m^2+2}\right)\sum_i N_i r_i^{\ 3} \qquad (2.34)$$

式中 k_{tc} 表示云滴的衰减系数。

一般估计云中含水量 M 要比估计云滴谱分布容易些，而且它们之间有如下关系

$$M = \frac{4}{3}\pi\rho_0\sum_i N_i r_i^{\ 3} \qquad (2.35)$$

即

$$\sum_i N_i r_i^3 = \frac{M}{\rho_0}\frac{3}{4\pi}$$

式中含水量 M 的单位是 g/m^3；ρ_0 是水的密度。把上式代入(2.34)式后，并注意到液滴的 $\rho_0 = 1$，则可得

$$k_{tc} = \left[0.4343\,\frac{6\pi}{\lambda}\mathrm{Im}\left(-\frac{m^2-1}{m^2+2}\right)\right]M \quad (\mathrm{dB/km}) \qquad (2.36)$$

令

$$K_1^* = \left[0.4343\,\frac{6\pi}{\lambda}\mathrm{Im}\left(-\frac{m^2-1}{m^2+2}\right)\right]$$

则

$$k_{tc} = K_1^* M \qquad (2.37)$$

式中 K_1^* 是云中单位含水量的衰减系数，单位为$\frac{\mathrm{dB/km}}{\mathrm{g/m^3}}$。云中液态水含水量一般在 1～2.5$g/m^3$，浓积云上部可达40$g/m^3$。在冰云中含水量很少超过0.5$g/m^3$，通常小于0.1$g/m^3$。因此，当存在大片由液态水组成的含水量较大的云时，特别对于短波长雷达，应该考虑衰减的影响。

2.4.3　k_{tc}与波长、温度以及粒子相态的关系

由于复折射指数 m 的值与波长 λ、温度 T 以及粒子相态(液滴或冰晶)有关，因此，不论 $\mathrm{Im}\left(-\frac{m^2-1}{m^2+2}\right)$的值还是 k_t 值，均与 λ，T 以及粒子相态有关。表 2.4 列举了在不同温度、波长、粒子相态情况下的 K_1^* 值。在含水量不等于 1g/m^3 时，只要将表 2.4 中的 K_1^* 值乘上实际含水量 M，就得到该情况下的衰减系数 k_{tc}。由表 2.4 可知：

(1)由液滴组成的云的衰减随着波长增加而迅速减少。例如，当雷达波长由 3cm 变到 10cm 时，衰减几乎减小了一个量级。

(2)液态云的衰减还随温度减小而增加。例如，当温度由 20℃降到 0℃时，衰减约增加 1.5～2.0 倍。

(3)对于 10cm 波长的雷达波，云的衰减非常小，可以忽略不计。5cm 雷达波受云的衰减一般也可以忽略。但 3cm 雷达波穿过较长距离的云层时，要考虑衰减的影响。例如，当含水量为 0.3g/m^3 的云的水平范围为 100km 时，若温度为 20℃，则波长为

10cm，5cm，3.2cm 的雷达波将分别衰减 0.32，1.30，2.80dB。

(4)冰云的衰减要比液态云的衰减小 2～3 个量级。如果再考虑到冰晶云的含水量常只有 0.1～0.01g/m³，则冰云的实际衰减值要比表 2.4 中所列的值小得更多，其衰减完全可以忽略。冰云衰减小的原因是由于冰的介电常数小而造成的。

表 2.4　不同温度、波长、粒子相态情况下的 K_1^* 值

相态	温度(℃) \ 波长(cm)	0.99	1.24	1.8	3.2	5.0	10.0
水云	20	0.647	0.311	0.128	0.0483	0.0215	0.0054
	10	0.681	0.406	0.179	0.063	0.022	0.0056
	0	0.90	0.532	0.267	0.086	0.035	0.009
冰云	0	8.74×10^{-3}	6.35×10^{-3}	4.36×10^{-3}	2.46×10^{-3}		
	−10	2.94×10^{-3}	2.11×10^{-3}	1.46×10^{-3}	8.19×10^{-4}		
	−20	2.0×10^{-3}	1.45×10^{-3}	1.0×10^{-3}	5.63×10^{-4}		

§2.5　雨对雷达波的衰减

雨滴是指半径大于 100μm 的水滴。大的雨滴半径可达 0.3cm，它比云滴大得多，因此，在计算 Q_t，Q_s，Q_a 时除较长波长外，一般不能用瑞利近似公式计算，而必须用普遍的关系式，如(2.18)、(2.19)、(2.20)式来计算。

2.5.1　雨滴的衰减截面 Q_t

用普遍关系式计算衰减截面很复杂，实际工作中为了避免这种复杂的计算，事先用计算衰减截面的瑞利近似式(2.33)以及普遍的米氏公式(2.18)进行计算，并作出 $\frac{Q_t(\text{米})}{Q_t(\text{瑞利})}$ 随不同的 α 值变化的关系曲线，如图 2.2 所示。

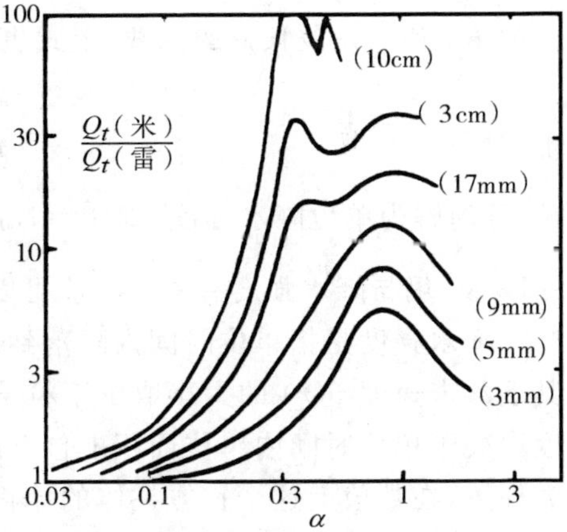

图 2.2　水球的 Q_t(米)/Q_t(瑞利) 与 α 值的关系(Gunn 等，1954)

若雨滴直径为 0.1cm，雷达波长为 10cm，α＝0.03，则由图 2.2 可见，这是 $\frac{Q_t(\text{米})}{Q_t(\text{瑞利})}\to 1$，说明 10cm 波长雷达对于直径小于 0.1cm 的雨滴的 Q_t，可以用瑞利近似式计算。对 3cm 和 1cm 的雷达波长，0.1cm 的雨滴其 α 值分别为 0.1 和 0.3，这时 $\frac{Q_t(\text{米})}{Q_t(\text{瑞利})}$ 分别为 1.7 和 5.0。说

明这时用瑞利近似公式计算出的衰减截面 Q_t（瑞利）与更接近于实际的衰减截面 Q_t（米）相比将有较大误差。

我们知道，直径大于 0.1cm 的雨滴是经常可以观测到的，这时即使使用 10cm 的雷达也不能用瑞利近似公式计算衰减截面，而必须用普遍的公式计算。因此，对于雨滴总的说来，若使用小于 10cm 波长的雷达，那只有当雨滴直径小于 0.1cm 时才能用瑞利近似公式计算衰减截面，而一般都应采用普遍公式计算。

还应指出，在考虑衰减问题的瑞利近似中略去的是 α 的三次以上的项。若把瑞利近似时衰减截面公式(2.33)中的 α^3 用 α_t^3 表示；瑞利近似时散射截面公式(2.31)中的 α^6 用 α_s^6 表示；则要使得 α_t^3 的值与 α_s^6 的值相当，就必须要求 α_t 的值比 α_s 的值更小，即 $\alpha_t^3 \ll< 1$，或 $2\pi r \ll \lambda$ 。

2.5.2 雨的衰减系数 k_{tr} 与雨强 I 之间的关系

前面曾指出，以 dB/km 为单位的衰减系数 k_t 可以由(2.29)式决定

$$k_t = 0.4343 \sum_i N_i Q_{ti} \quad (\mathrm{dB/km})$$

但当使用波长比 10cm 短的雷达进行观测时，Q_t 的计算一般应使用复杂的米氏公式，这显得非常麻烦；即使使用图 2.2 也还需要先求出 Q_t（瑞利）及雨滴谱分布，另外，由于在米氏区 Q_t 与雨滴半径 r 之间不是 3 次方的关系，故也不能像云的衰减那样可以直接用含水量表示。对实际观测资料进行分析后出现，雨的衰减系数 k_{tr} 与降水强度 I 之间有如下经验关系

$$k_{tr} = K_2 I^{\gamma} \tag{2.38}$$

式中 K_2 和 γ 是波长 λ 的函数。上式也可写为

$$k_{tr} = K' I \tag{2.39}$$

上式中

$$K' = K_2 I^{\gamma-1} \tag{2.40}$$

K' 可理解为单位降水强度（即 $I = 1\mathrm{mm/h}$）时的衰减系数，单位是 $\frac{\mathrm{dB/km}}{\mathrm{mm/h}}$。但应注意，一般 K' 仍与降水强度有关。K' 值可以对实测资料进行统计后确定。

降水强度是指单位时间内降落到地面单位面积上的降水量。对于球形降水粒子，其下落末速度 $v(r)$ 的大小取决于粒子半径的大小。如果降水粒子大小相同，则降水强度取决于单位时间内单位面积上包含所有下降粒子的那块空气块的体积，它是一个长方柱体，在数值上这个长方柱体的体积 $V = v(r)$。再设降水粒子的浓度为 N，粒子本身的密度为 ρ，每个球形粒子的质量为 $M = \frac{4}{3}\pi r^3 \rho$，则降水强度为

$$I = \frac{4}{3}\pi \rho r^3 v(r) N \tag{2.41}$$

若考虑降水粒子大小不相同，呈一定的滴谱分布，那么降水强度可以表示为

$$I=\frac{4}{3}\pi\rho\int_0^{\infty}N_r r^3 v(r)\,\mathrm{d}r \tag{2.42}$$

式中 $N_r\mathrm{d}r$ 是半径处在 $r\sim r+\mathrm{d}r$ 之间的单位气柱内的粒子数。上式被水的密度 $\rho=1\mathrm{g/cm^3}$ 除后，降水强度的量纲变成$\frac{长度}{时间}$。因此，如果知道了雨滴谱，一方面可以通过(2.29)和(2.18)式求出雨的衰减系数 k_{tr}，另一方面也可以通过(2.42)式求出降水强度 I，再由(2.39)式将所求得的 k_{tr} 和降水强度 I 进行比较，然后从理论计算上确定某种雨滴谱时的 K' 值。

表 2.5 给出了一定降水强度所对应的最可能的雨滴分布情况。表 2.6 给出了某一温度下不同滴谱、不同波长时的 K' 值。表 2.7 给出的是衰减系数的温度订正系数(以 18℃为标准)。

表 2.5　不同雨强的滴谱分布

雨滴直径 (cm) \ 降水强度 (mm/h)	0.25	1.25	2.5	12.5	25	50	100	150
0.05	28.0	10.9	7.3	2.6	1.7	1.2	1.0	1.0
0.10	50.1	37.1	27.8	11.5	7.6	5.4	4.6	4.1
0.15	18.2	31.3	32.8	24.5	18.4	12.5	8.8	7.6
0.20	3.0	13.5	19.0	25.4	23.9	19.9	13.9	11.7
0.25	0.7	4.9	7.9	17.3	19.9	20.9	17.1	13.9
0.30		1.5	3.3	10.1	12.8	15.6	18.4	17.7
0.35		0.6	1.1	4.3	8.2	10.9	15.0	16.1
0.40		0.2	0.6	2.3	3.5	6.7	9.0	11.9
0.45			0.2	1.2	2.1	3.3	5.8	7.7
0.50				0.6	1.1	1.8	3.0	3.6
0.55				0.2	0.5	1.1	1.7	2.2
0.60					0.2	0.5	1.0	1.2
0.65						0.2	0.7	1.0
0.70								0.3

表中数值为给定体积内所含雨滴百分数。

表 2.6(a)中 M-P 分布是层状云的降水滴谱；修正的 M-P 分布仅在雨滴直径小于 1.0～1.5mm 范围内与 M-P 分布不同；M-J 分布是对流云中阵性降水的滴谱。

Gunn 和 East 在 1954 年对 L-P 分布(即表 2.5 中的分布)的衰减系数 K' 和降水强度 I 的关系进行了计算，并利用计算数据得出表 2.6(a)中的统计关系式。

由表 2.6 可见：

表 2.6(a)　雨的衰减系数 $K'\left(\frac{dB/km}{mm/h}\right)$

波　长 (cm)	M-P 分布 (0℃)	修正的 M-P 分布 (0℃)	M-J 分布 (0℃)	Gunn 和 East (18℃)
0.62	0.50～0.37	0.52	0.66	—
0.86	0.27	0.31	0.39	—
1.24	$0.117I^{0.07}$	$0.13I^{0.07}$	0.18	$0.12I^{0.06}$
1.8	—	—	—	$0.45I^{0.11}$
1.87	$0.0045I^{0.10}$	$0.05I^{0.10}$	0.065	—
3.21	$0.011I^{0.15}$	$0.013I^{0.15}$	0.018	$0.0074I^{0.31}$
4.67	0.005 ～ 0.007*	0.0053	0.0058	—
5.5	0.003 ～ 0.004*	0.0031	0.0033	—
5.7	—	—	—	$0.0022I^{0.17}$
10.0	0.0009 ～ 0.0007*	0.00082	0.00092	0.0003

*　第一个数值 I 值为 2mm/h,第二个数值 I 值取 50mm/h。

表 2.6(b)　3.21cm 雷达波长的衰减系数 K' (单位 $\frac{dB/km}{mm/h}$)

温度 / 雨型和 K' / 地点时间	0℃ 雨　型	0℃ K'	温度 / 雨型和 K' / 地点时间	0℃ 雨　型	0℃ K'
安徽庐江县 1979.6.5	连续	$0.009289I^{0.092}$	湖南常德 1978.6.8	对流	$0.03356I^{0.13}$
安徽庐江县 1979.6.20	对流	$0.005475I^{0.2417}$	南京大校场 1979.6.23	对流	$0.00759I^{0.46}$
湖南常德 1978.6.8	对流	$0.01086I^{0.142}$	南京气象学院 1979.6.4	对流	$0.01247I^{0.16}$
南京大校场 1979.6.23	对流	$0.0105I^{0.4}$	湖南长沙 1978.5.26	混合	$0.00657I^{0.89}$
湖南长沙 1978.6.9	混合	$0.005971I^{0.3}$	湖南长沙 1978.6.9	混合	$0.004005I^{0.43}$
			湖南长沙 1978.5.28	混合	$0.0045I^{0.385}$

表 2.7　降雨衰减的温度订正系数

降水强度(mm/h)	波长(cm)	0℃	10℃	18℃	30℃	40℃
0.25	0.5	0.85	0.95	1.0	1.02	0.99
	1.25	0.95	1.00	1.0	0.90	0.81
	3.2	1.21	1.10	1.0	0.79	0.55
	10.0	2.01	1.40	1.0	0.70	0.59
2.5	0.5	0.87	0.95	1.0	1.03	1.01
	1.25	0.85	0.99	1.0	0.92	0.80
	3.2	0.82	1.01	1.0	0.82	0.64
	10.0	2.02	1.40	1.0	0.70	0.59
12.5	0.5	0.90	0.96	1.0	1.02	1.00
	1.25	0.83	0.96	1.0	0.93	0.81
	3.2	0.64	0.88	1.0	0.90	0.70
	10.0	2.03	1.40	1.0	0.70	0.59
50.0	0.5	0.94	0.98	1.0	1.01	1.00
	1.25	0.84	0.95	1.0	0.95	0.83
	3.2	0.62	0.87	1.0	0.99	0.81
	10.0	2.01	1.40	1.0	0.70	0.58
150.0	0.5	0.96	0.98	1.0	1.01	1.00
	1.25	0.86	0.96	1.0	0.97	0.87
	3.2	0.66	0.88	1.0	1.03	0.89
	10.0	2.00	1.40	1.0	0.70	0.58

(1) K' 值在给定温度下还与波长有关。

(2) 最后一栏中的值与其它三栏中差得较大，是由于温度不同的缘故。

(3) 除波长 $\lambda = 3.2$cm 外，表中每一相同波长处不同谱型的 K' 值很接近，没有因滴谱形式不同而出现很大差别。但在 $\lambda = 3.2$cm 处因滴谱形式不同对 K' 值影响较大。

(4) 雨的衰减系数 k_{tr} 一般和降水强度 I 近于成正比关系。但在 0℃时偏离这种正比关系最大的是在 $\lambda = 3.2$cm 处，这是 k_{tr} 和 $I^{0.15}$ 成正比。

(5) $\lambda = 10$cm 时，雨的衰减小到可以忽略，即使在降水强度 $I = 10$mm/h 时，衰减系数也小于 0.02dB/km。但 K' 值随波长变小而很快增大，当 $\lambda = 3.2$cm 时衰减已很大，以至于在雷达探测中必须考虑雨的衰减影响。例如，对 5mm/h 的中雨，雷达波通过 100km 将衰减十几分贝。波长为 5.7cm 的雷达波的衰减情况介于 10cm 和 3.2cm 波长之间，大雨时有较大衰减，应该考虑。毫米波段的雷达，衰减值更大；对于 10mm/h 的降水，毫米波通过 100km 的雨区将产生几百分贝的衰减，因此毫米波雷达一般不能用来测雨，而只用于测云。

最后应该指出，由于雨滴谱分布和降水强度经常是随空间变化的，故在雷达波束所经过的路径上每一段的衰减情况往往不相同。这时整个雨区对雷达波全程的总衰减值 K^* 应为

$$K^* = \int_0^R K' I \mathrm{d}R \tag{2.43}$$

式中积分上限 R 是雷达波束受到衰减的路径长度。

2.5.3 衰减的观测与计算

中国气象局气象科学研究院大气探测研究所和北京市气象台曾于 1975 年夏对3cm 波长与 5cm 波长的雷达波的衰减情况进行了对比观测。图 2.3 就是对比观测中的一个例子。图 2.3(a)是 5cm 雷达的回波图，按离本站的距离由近到远的顺序可以看出，在测站南面有三条雨带；第一条雨带比较短，也比较弱，主要位于本站南面；第二条雨带强而且长，宽度较宽；第三条雨带也比较长，而且宽。图 2.3(b)是3cm雷达的回波图。由于3cm的雷达波通过第一条雨带，特别是通过第二条雨带时的衰减比 5cm 雷达波要大，故使 3cm 雷达基本上探测不到第三条雨带，而只能探测到第三条雨带的强中心部分。

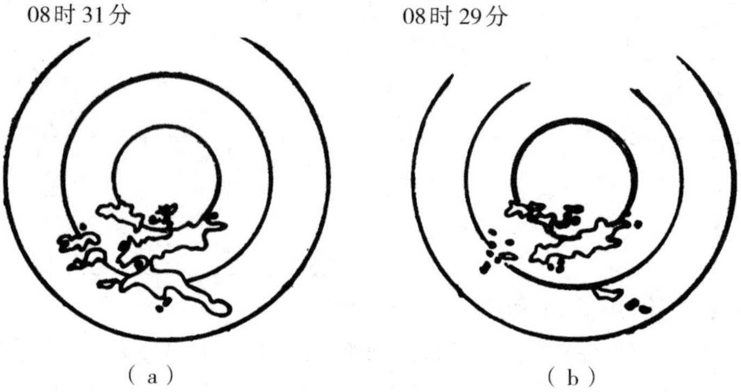

图 2.3　3cm 与 5cm 波长雷达回波的对比

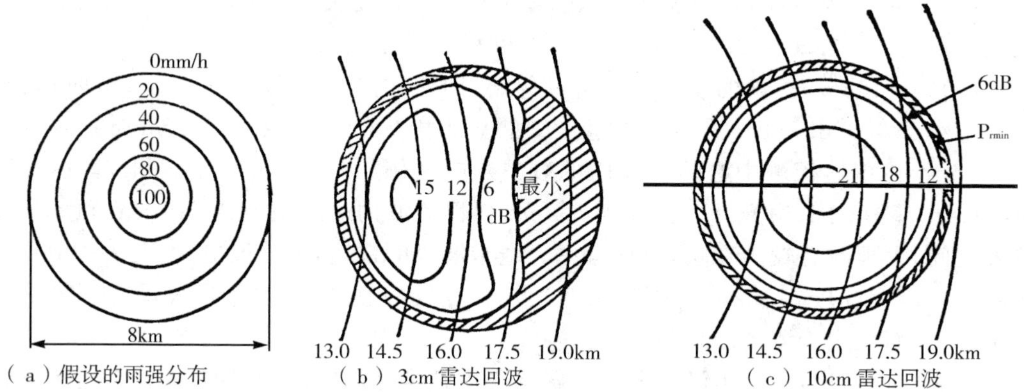

图 2.4　雨的衰减作用对不同波长雷达探测的影响

图 2.4(a)给出了一种假设的降水分布情况，中心降水强度为 100mm/h，降水强度自中心向四周均匀递减，等降水强度线是圆对称的。图 2.4(b)、图 2.4(c)是利用雷达方程对3cm和 10cm 波长的雷达波考虑雨的衰减后计算出的回波强度分布图。由图中可以看出，衰减作用使得用 3cm 雷达观测的回波与接近实际降水情况的 10cm 回波图相比，有很大的畸变，回波面积减少很多，强中心也向测站偏移了，10cm 回波图中能基本反映真实强降水的地方现在观测不到回波了。

§2.6　雪对雷达波的衰减

雪片的形状比较复杂，在进行理论处理时也较困难，故对雪的衰减研究还不多。下面分别对干雪和湿雪的衰减作些简单讨论。

2.6.1　干雪的衰减

如果雪是干的，而且密度较小，这时形状因子起的作用很小，可以作为球形粒子处理。若这种球的直径比波长小得多，就可以应用瑞利近似时的(2.31)、,(2.32)、(2.33)式对它进行计算。

对于某些雪，反射率因子 Z 与降水强度 I 之间有如下关系

$$Z = \sum D^6 = 2000 I^{2.0} \tag{2.44}$$

式中 I 的单位是 mm/h；Z 的单位是 mm^6/m^3。

下面推导 0℃时，由于雪的散射与吸收造成的衰减系数 k_{ts} (dB/km)与降水强度 I、波长 λ 之间的关系式。0℃时散射造成的衰减可以用(2.28)式计算。其中 Q_s 用(2.31)式代之，并且注意到 $\sum r^6 = Z/64$，这里的 Z 用前面(2.44) 式代替，于是(2.28) 式可以写为

$$0.4343 \sum Q_s = 3.5 \times 10^{-2} \frac{I^2}{\lambda^4} \tag{2.45}$$

对于吸收造成的衰减，假设雪片都可以看做大小相同的球形粒子，其密度为1g/cm³，它们都以相同的速度 $v = 1$m/s 下降，根据(2.42)式可以得到 $\sum D^3 = 6I/\pi V$，把这结果代到计算吸收系数的(2.27) 式，其中 Q_a 以(2.32)式表示，即可得0℃时由于吸收造成的衰减为

$$0.4343 \sum Q_a = 2.2 \times 10^{-3} \frac{I}{\lambda} \tag{2.46}$$

(2.45)和(2.46)式相加后，就获得干雪在 0℃时的衰减系数 k_{ts} 为

$$k_{ts} = 3.5 \times 10^{-2} \frac{I^2}{\lambda^4} + 2.2 \times 10^{-3} \frac{I}{\lambda} \tag{2.47}$$

表 2.8 列出了在几个不同波长和不同降水强度时的衰减系数值，它是由(2.47)式计算得到的。由表 2.8 中可以看出，对于 10cm 波长的雷达波，干雪的衰减完全可以忽略；在较短的波长处，当距离 R 和降水强度 I 较大时，衰减值是很可观的，但它仍比雨的衰减要小。

表 2.8　低密度雪在 0℃ 时的单程衰减系数(dB/km)

降水强度(mm/h) 波长(cm)	1	10	100
1.8	0.0046	0.344	33.5
3.2	0.0010	0.040	3.41
10.0	0.00022	0.0026	0.057

2.6.2　湿雪的衰减

如果干雪降到大气底层时，低层气温在 0℃ 以上，干雪就会变成湿雪。湿雪对雷达波的衰减要比干雪大得多，原因是湿雪外面包有一层水膜，或者是属于冰水均匀混合体，这时就要考虑形状因子的影响。正如第一章中曾指出的，包有一薄层水膜的小冰球粒子，其雷达截面近似与同样体积的小水球相等。另外，雪片可以看做是扁椭球，其轴长比在最小时可以小于 0.1。这时如果把干雪看作扁的干冰粒，其衰减截面将为同体积球形冰粒的 1.5 倍。如果把湿雪看成扁的水椭球，其衰减截面将为同体积水球粒子的 10 倍左右(见图 1.20)。因此，湿雪的衰减要比干雪大得多。例如，在波长 $\lambda=3.2$cm处，若降水强度 $I=10$mm/h，用表 2.6(a)与表 2.8 相比可说明，在球形情况下湿雪的衰减要比干雪大 4 倍。若再考虑形状因子的影响，则湿雪的衰减还可以增大 10 倍。但应指出，第一章中图 1.20 的结果只适用于混乱排列的粒子。而雪片由于其长轴几乎是水平的，有排列较一致的趋势。在这种情况下，一部水平偏振波雷达做近于水平发射时，雷达波束受到的衰减将比上面指出的更大。如果是垂直偏振雷达，再考虑到雪的非球形情况，雷达波束受到的衰减就会变小。

§2.7　冰雹对雷达波的衰减

冰雹的形状及组成情况比较复杂，因此，对冰雹衰减的理论研究比较困难。冰雹衰减的实际定量测量工作目前做得也不多。为了研究上的简便，往往首先近似地把冰雹当做大球形粒子看待，分析它们在不同组成情况下的衰减。

2.7.1　大球形粒子的衰减

如果大球形粒子完全由液态水组成，对于波长 $\lambda=3.2$cm 的雷达波，其标准衰减截面 $Q_{tw}^{*}(=Q_{tw}/\pi r^{2})$ 随 α 的变化情况可参看图 2.5。由图中实曲线可见，Q_{tw}^{*} 值开始是随 α

变大而单调地增加到数值 3，α 再增大时，Q_{tw}^{*} 值就缓慢地减小，$\alpha = 5$ 处 Q_{tw}^{*} 值减小为 2.5。另外，从图中的虚线及其上所标出的数值可以看出，在 $\alpha > 1$ 时，波长 5.5cm 和 10cm 时的衰减截面，与 3.2cm 时的衰减截面之差值在±5%以内。

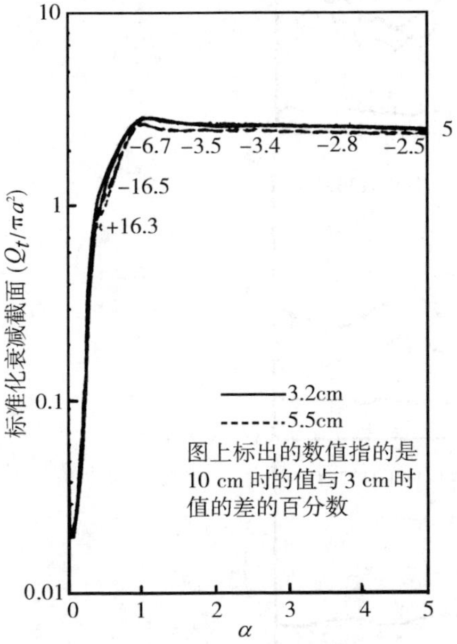

图 2.5　水球粒子的标准化衰减截面随 α 的变化(Atlas,1964)

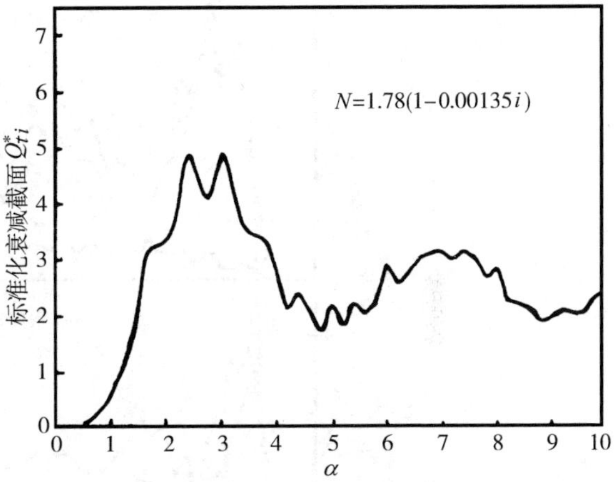

图 2.6　冰球粒子的标准化衰减截面随 α 的变化

对于大的球形冰球，其标准衰减截面 Q_{ti}^{*} 随 α 的变化情况可以参看图 2.6。由图可见，干冰球的标准衰减截面 Q_{ti}^{*} 可以比水球时大，特别是 α 值在 2 与 3 之间时，可以使 Q_{ti}^{*} 值接近于 5，即约为同体积水球的 Q_{tw}^{*} 值的两倍。但当 α 值变得非常大时，Q_{ti}^{*} 值就接近于 2。

对于冰水混合组成的球形粒子，如果组成情况像海绵冰球，其标准散射截面，标准吸收截面和标准衰减截面随 α 的变化可以参看图 2.7。由图中可见，当海绵冰球中 90% 是冰组成时，衰减几乎都是散射引起的，当 10% 是冰时，吸收对衰减的贡献也比较重要。另外，从图中还可以看出，当冰球中含冰量增加时，衰减截面随 α 增大其振荡的情况是变大的。但应指出，像第一章中讨论冰水均匀混合球散射问题时一样，用来计算图中所示资料的复折射指数是否可靠还是个问题。

对于外包水膜的湿冰球的标准衰减截面随水膜厚度及波长变化的情况，可以参看图 2.8。由图中可见，只要整个球的直径小于 $\lambda/2$，水膜厚度的量级在 0.01～0.05cm 时，标准衰减截面 Q_{t}^{*} 随 α 变大很快增大。

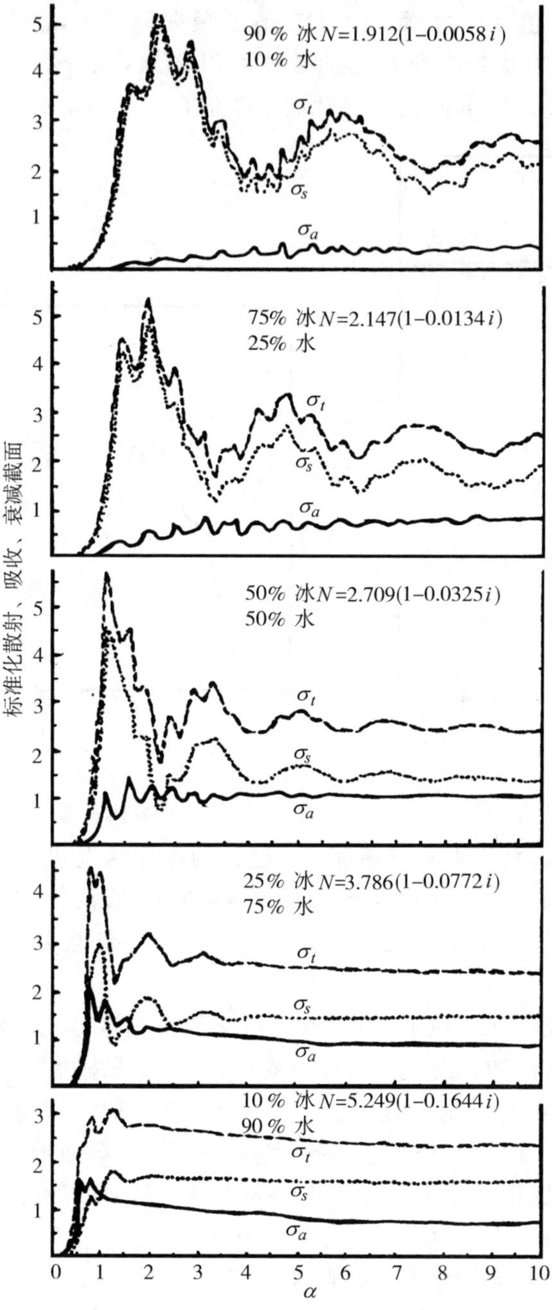

图 2.7　海绵冰球的标准化吸收截面、散射截面和衰减截面

（Battan 等，1962 年）

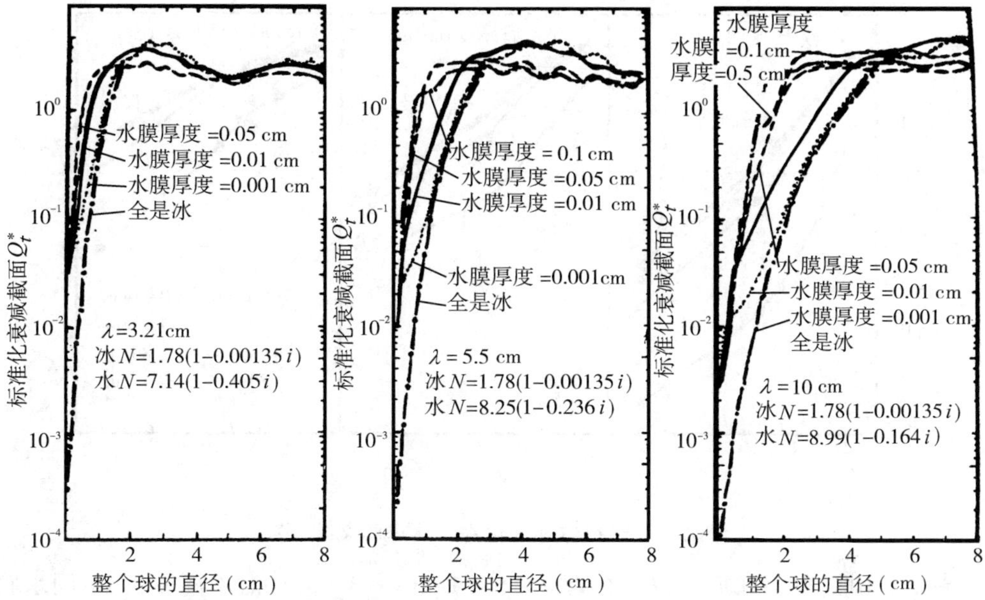

图 2.8　在图中所给出的水膜厚度情况下，包有一层均匀水膜冰球的标准化衰减截面(Battan 等，1970 年)

2.7.2　冰雹的衰减系数 k_{th}

由图 2.6 可以明显地看出，对于直径在几毫米到几厘米范围内的冰球，衰减截面不可能写成是 α 的简单表示式。当然，如果知道了冰球的组成情况、折射指数、粒子大小分布，则可以应用(2.29) 式通过计算 $\sum Q_t$ 而求得冰雹的衰减系数 k_{th} 的近似值。计算结果与实际衰减之间可能有差别。产生误差的原因是冰雹形状与球形相差较大，以及冰雹的组成情况和复折射指数容易发生变化。

关于冰雹的大小分布，Douglas(1964 年)指出，对于某些雷暴在含水量归一化为 $1g/m^3$ 时，可以用下式表示

$$N_D = N_0 \exp(-3.09D) \tag{2.48}$$

式中直径 D 的范围是 0～4cm；N_D 的单位是 $m^{-3} \cdot cm^{-1}$。$N_D\Delta D$ 是直径在 $D \sim D+\Delta D$ 之间的冰雹数目，这里 $\Delta D = 0.32cm$；N_0 是常数，等于 $31m^{-3} \cdot cm^{-1}$。知道了 N_D，Q_t 与 D 的函数关系，并确定冰雹最大直径 D_{max} 后，就可以计算出作为冰雹最大直径、冰雹外层水膜厚度以及波长函数的衰减截面值。再通过(2.29) 式就能求出衰减系数 k_{th} 。这样计算的结果表示在图 2.9 中。由图可见，当冰雹可以近似地看作冰球时衰减是很可观的，特别当外面包有一层水膜时衰减值更大。

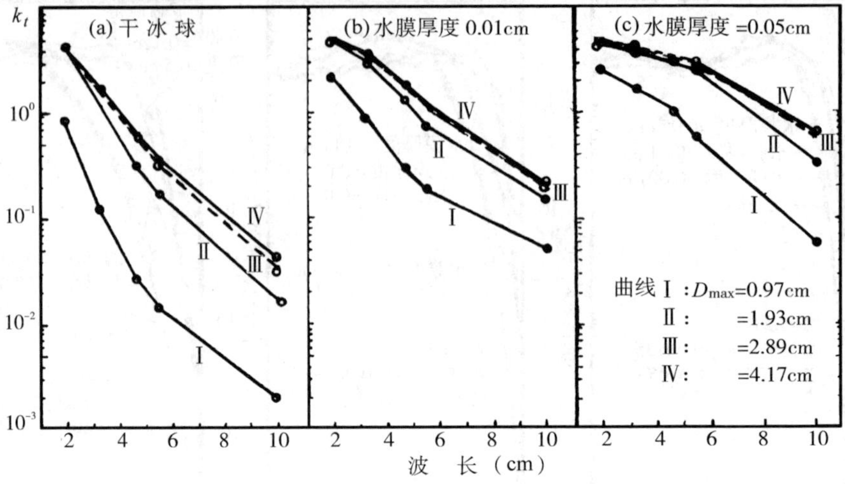

图 2.9 干冰球和外包水膜冰球的衰减系数

表 2.9 中列出了球形冰雹分布为 $N_D = 31\exp(-3.09D)$ 时不同波长、不同水膜厚度、以及不同 D_{max} 时一些有代表性的衰减系数值。从表中可以看出，冰雹对 3cm 雷达波的衰减厉害，在某些情况下双程衰减可以超过 8dB/km。甚至在 5cm 波长处也可以有很大的衰减。

表 2.9 外包水膜冰雹的单程衰减系数(dB/km)

分布	D_{max} (cm)	波 长 3.21(cm)				波 长 5.5(cm)				波 长 10.0(cm)			
		水 膜 厚 度											
		干	0.01	0.05	0.10	干	0.01	0.05	0.10	干	0.01	0.05	0.10
Ⅰ	0.97	0.12	0.91	1.68	1.50	0.015	0.19	0.56	0.94	0.0020	0.057	0.058	0.080
Ⅱ	1.98	1.21	3.01	3.72	3.40	0.18	0.79	2.48	2.30	0.017	0.15	0.34	0.89
Ⅲ	2.89	1.66	3.43	4.06	3.79	0.33	1.12	2.82	2.60	0.034	0.19	0.60	1.18

图 2.9 中几条曲线表明，在符合(2.48)式分布时，超过 2cm 直径的冰球对衰减贡献小，原因可以由图 2.10 加以说明。图 2.10 中的细曲线表示衰减截面 Q_t 随球的直径、波长不同而变化的情况。作为直径 D 函数的 $N_D\Delta D$ 值也在图中用梯形的虚线表示了出来。直径 D 的每一个间隔($\Delta D = 0.32$cm)内的冰球数对衰减的贡献为 $N_D\Delta DQ_t$，单位是 cm^2/m^3。由图可见，在直径小于 0.5cm 时，Q_t 值很小，故 $N_D\Delta DQ_t$ 值也很小；当直径 D 超过 2cm 时，$N_D\Delta D$ 数目明显变小，而 Q_t 值增加不多，结果使 $N_D\Delta DQ_t$ 值也很小。因此，在冰球包有 0.01cm 厚的水膜情况下，大部分雷达波的衰减是由于直径在 0.5～2.0cm 的冰球造成的。这就解释了图 2.9 中几条曲线为什么在 D_{max} >2cm 时靠得很近。

中国气象局气象科学研究院大气探测研究所和北京市气象台在 1975 年夏季所作的3cm和5cm波长雷达的对比观测中，对冰雹回波衰减情况也作了观测。图 2.11 和图 2.12是 7 月 13 日两部雷达都用 2°仰角对降雹进行两次观测的回波图。在 20 时 44 分和 21 时 43 分，从5cm雷达观测的回波图中可以看到“V”形缺口。在 20 时 48 分与 21 时 41 分，从3cm雷达观测的回波中可以看出，由于衰减作用而探测不到远处较大面积的降水。若用 5cm雷达在 20 时 44 分到 20 时 45 分逐档衰减观测到的回波强度来推算，约在方位160°、距离 170km 处有降水强度为 6mm/h 的强降水中心，而 3cm 雷达却观测不到。

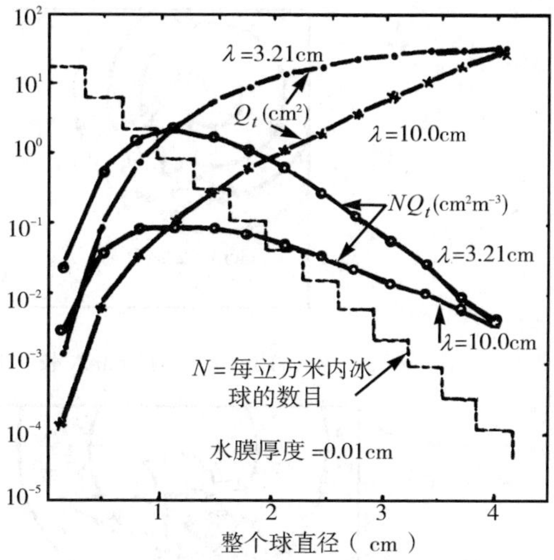

图 2.10　冰球数密度对衰减系数的贡献
(Battan,1977)
粗线 NQ_t 是不同大小湿冰球对衰减截面的贡献，细线 Q_t 是作为球体直径函数的衰减截面值

图 2.13 是 6 月 5 日两部雷达对降雹区逐档衰减观测的回波边缘素描图。可以看

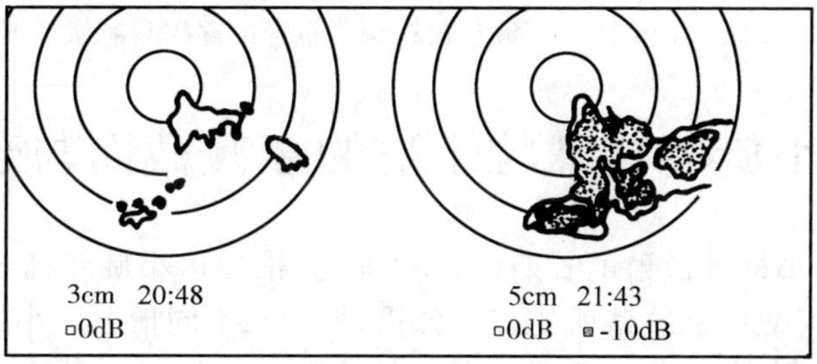

图 2.11　3cm 与 5cm 波长雷达回波的对比(两圈之间相距 10km)

出，3cm雷达上的强回波中心比 5cm 雷达上观测到的强回波中心的位置要更接近本站(约近 5km)。这是由于冰雹对 3cm 雷达波的衰减使处在比较远处的回波减弱，而在较近位置的次强回波由于衰减较小，反而显得强些。这样就使 3cm 雷达观测到的强回波中心可能比实际降雹的强中心位置偏近，强度减弱。14 时 23 分 3cm 雷达观测到的降雹最强中心的反射率因子 $Z = 2.0\times10^5 mm^6/m^3$，14 时 25 分 5cm 雷达观测到的降雹最强中心 $Z = 2.6\times10^6 mm^6/m^3$，对同一降雹区两部雷达用同一仰角同时观测的强度差一个量级。

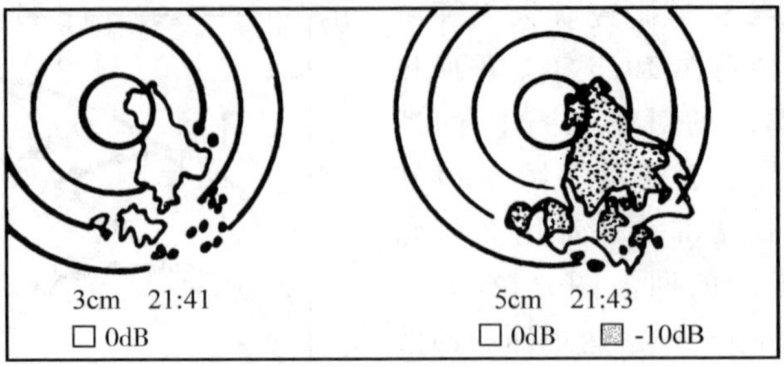

图 2.12 3cm 与 5cm 波长雷达回波的对比(两圈之间相距 10km)

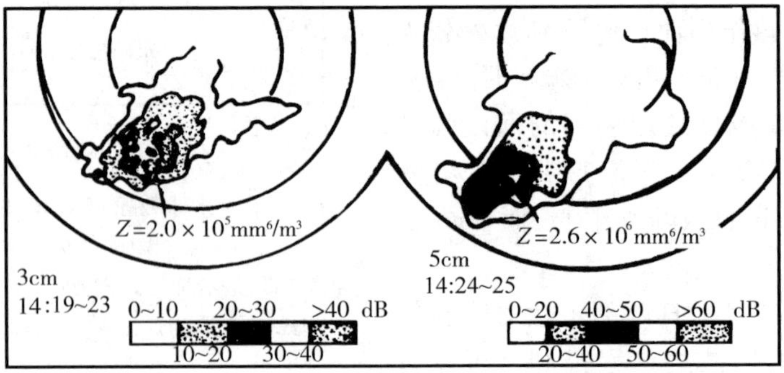

图 2.13 3cm 与 5cm 波长雷达探测雹区的逐挡衰减素描图

§2.8 小旋转椭球粒子群的衰减截面与衰减系数

张培昌等根据小椭球散射的甘斯(Gans)理论,推导出小旋转椭球粒子群在不同情况下的散射场后,再使用衰减截面的普遍公式,得到在不同情况下小旋转椭球粒子群的衰减截面或平均衰减截面,从而获得相应的衰减系数公式。

2.8.1 衰减截面的普遍公式

设 $(\vec{E}^i,\vec{H}^i)$ 和 $(\vec{E}^s,\vec{H}^s)$ 分别是入射波与散射波的电场与磁场强度,则任意形状的粒子对入射波散射引起的空间任一点上总的电磁能流密度为

$$\vec{S}_T = \frac{c}{8\pi}\mathrm{Re}(\vec{E}_T \times \vec{H}_T^*) = \frac{c}{8\pi}\mathrm{Re}[(\vec{E}^i + \vec{E}^s)\times(\vec{H}^i + \vec{H}^s)^*] \tag{2.49}$$

式中上标 * 表示共轭,Re 是对复数取实部,$\vec{S}_T$ 在以粒子为中心的某一径向 $\vec{R}$ 上的分量 $\vec{S}_R$,只与球坐标 (r,θ,φ) 中的场强分量 $E_\theta, E_\varphi, H_\theta, H_\varphi$ 有关,于是有

$$\vec{S}_R = \frac{c}{8\pi}\mathrm{Re}[(E_\theta^i H_\varphi^{i*} - E_\varphi^i H_\theta^{i*}) + (E_\theta^s H_\varphi^{s*} - E_\varphi^s H_\theta^{s*}) +$$

$$(E_\theta^i H_\varphi^{s*} - E_\varphi^i H_\theta^{s*} - E_\theta^s H_\varphi^{i*} - E_\varphi^s H_\theta^{i*})] \tag{2.50}$$

以粒子为中心作一个大球面，并规定 $\vec{\theta} \times \vec{\varphi} = \vec{R}$ 为正，表示流出球面的方向，则将(2.50) 式对此球面进行积分后可作如下分析：(2.50) 式左边是从球面内流到球面外的净外流功率，由于粒子从入射波中吸收了一部分能量，故这项应是负值，它实际上代表散射粒子的吸收功率，用 $-P_a$ 表示。(2.50) 式右边第一项只是入射波的量，由于假设入射波是单色平面波，其流进、流出球面的净功率为零，即这项的积分值为零。(2.50) 式右边第二项均是散射波的量，积分结果表示被粒子散射到球面外的散射总功率 P_s，它应是正值。(2.50) 式右边第三项对球面积分以 $-P_t$ 表示，则(2.50) 式对球面积分后可写为

$$-P_a = 0 + P_s - P_t$$

即

$$P_t = P_s + P_a \tag{2.51}$$

由上式可知，P_t 就是粒子散射总功率 P_s 与吸收功率 P_a 之和，称之为衰减功率。确定 P_t 的积分式可普遍地写为

$$P_t = \frac{c}{8\pi}\mathrm{Re}\oiint(\vec{E}^i \times \vec{H}^{s*} + \vec{E}^s \times \vec{H}^{i*}) \cdot \vec{n}\mathrm{d}s \tag{2.52}$$

设入射波为单色平面波，其电场与磁场强度可分别表示为

$$\begin{cases} \vec{E}^i = \vec{e} \cdot \exp[\mathrm{i}k(\vec{n}_0 \cdot \vec{R})] \\ \vec{H}^i = \vec{h} \cdot \exp[\mathrm{i}k(\vec{n}_0 \cdot \vec{R}] \end{cases} \tag{2.53}$$

式中 $\vec{n}_0$ 为入射波传播方向的单位矢量，当入射波为线偏振波时，振幅矢量 $\vec{e}$ 和 $\vec{h}$ 可假定为实数常矢量。对于散射波，只考虑远场情形，其普遍形式为

$$\begin{cases} \vec{E}^s = \vec{a}(\vec{n}) \dfrac{\exp(\mathrm{i}kR)}{R} \\ \vec{H}^s = \vec{b}(\vec{n}) \dfrac{\exp(\mathrm{i}kR)}{R} \end{cases} \tag{2.54}$$

式中 $\vec{n}$ 是所考虑的散射方向上的单位矢量，R 是场点离粒子中心的距离，矢量 $\vec{a}(\vec{n})$ 和 $\vec{b}(\vec{n})$ 表示 $\vec{n}$ 方向上的散射振幅。范德哈耳斯(Vande Hulst)根据(2.52)、(2.54)式推导出了任意形状粒子衰减功率和衰减截面的普遍公式

$$P_t = \frac{c\sqrt{\varepsilon}}{2k}\mathrm{Im}[\vec{e} \cdot \vec{a}(\vec{n}_0)] \tag{2.55}$$

$$Q_t = 2\lambda \mathrm{Im}\left(\frac{\vec{e} \cdot \vec{a}(\vec{n}_0)}{\vec{e}^2}\right) \tag{2.56}$$

式中 ε 是粒子外面环境介质的介电常数，$k = \dfrac{2\pi}{\lambda}$ 为入射波的波数，λ 为波长。

2.8.2　小旋转椭球粒子群的衰减截面

天气雷达发射的一般是线偏振单色平面波。设在雷达天线上建立一个直角坐标系

为 $oxyz$，其发射波的电场 E^i 在 oxz 平面内且与 x 轴具有交角 α（见图 2.14），通常可令发射电场振幅为单位振幅，则电场在 $oxyz$ 坐标系三个轴上的分量为

$$\begin{cases} E_x^i = \exp(\mathrm{i}\omega t)\cos\alpha \\ E_z^i = \exp(\mathrm{i}\omega t)\sin\alpha \\ E_y^i = 0 \end{cases} \tag{2.57}$$

式中 ω 是发射波的角频率。

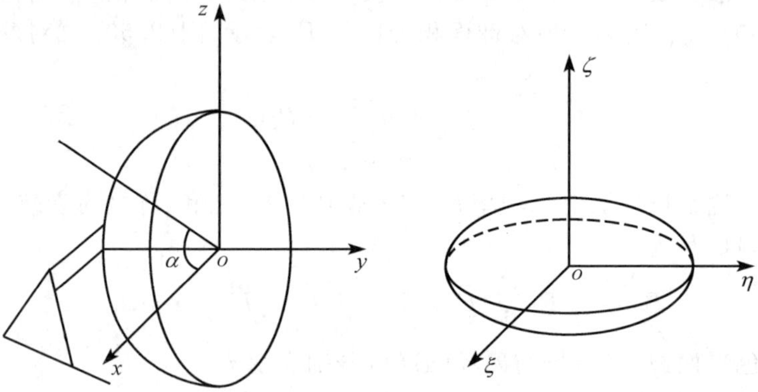

图 2.14　建立在微波天线与非球形粒子上的两个直角坐标系

另外，在小旋转椭球粒子上再建立一个直角坐标系 $o\xi\eta\zeta$（见图 2.14），根据高斯理论，在入射波作用下由于粒子在 ξ,η,ζ 三个轴上均受到极化而产生散射电场应为

$$\begin{cases} E_\xi^s = \dfrac{-k^2 P_\xi \sin\theta_\xi}{R}\exp(\mathrm{i}kR) \\ E_\eta^s = \dfrac{-k^2 P_\eta \sin\theta_\eta}{R}\exp(\mathrm{i}kR) \\ E_\zeta^s = \dfrac{-k^2 P_\zeta \sin\theta_\zeta}{R}\exp(\mathrm{i}kR) \end{cases} \tag{2.58}$$

式中 $\theta_\xi,\theta_\eta,\theta_\zeta$ 分别是所考虑的 R 方向与 ξ,η,ζ 三轴之间的夹角，P_ξ,P_η,P_ζ 是粒子三个轴方向上的电偶极矩。我们再在 $o\xi\eta\zeta$ 坐标系上建立一个球坐标系 (r,θ,φ)，θ 角自 ζ 轴算起顺转为正，φ 角自 ξ 轴算起逆转为正，则(2.58) 式可写成

$$\begin{cases} E_\xi^s = -k^2 P_\xi (\sin^2\varphi + \cos^2\varphi\cos^2\theta)^{1/2}\exp(\mathrm{i}kR)/R \\ E_\eta^s = -k^2 P_\eta (\cos^2\varphi + \sin^2\varphi\cos^2\theta)^{1/2}\exp(\mathrm{i}kR)/R \\ E_\zeta^s = -k^2 P_\zeta \sin\theta\exp(\mathrm{i}kR)/R \end{cases} \tag{2.59}$$

电偶极矩 P_x,P_y,P_z 可分别表示为

$$\begin{cases}P_{\xi}=g_{\xi}(\alpha_1\cos\alpha+\alpha_3\sin\alpha)\exp(\mathrm{i}\omega t)\\P_{\eta}=g_{\eta}(\beta_1\cos\alpha+\beta_3\sin\alpha)\exp(\mathrm{i}\omega t)\\P_{\zeta}=g_{\zeta}(\gamma_1\cos\alpha+\gamma_3\sin\alpha)\exp(\mathrm{i}\omega t)\end{cases}\tag{2.60}$$

式中 $\alpha_1,\alpha_3,\beta_1,\beta_3,\gamma_1,\gamma_3$ 分别是两直角坐标系各轴之间的方向余弦，g_{ξ},g_{η} 和 g_{ζ} 分别是旋转椭球在三个轴方向上的极化系数，它们可由下式

$$\begin{cases}g_{\xi}=\dfrac{abc}{3}\cdot\dfrac{\varepsilon-1}{1+(\varepsilon-1)n(a)}\\g_{\eta}=\dfrac{abc}{3}\cdot\dfrac{\varepsilon-1}{1+(\varepsilon-1)n(b)}\\g_{\zeta}=\dfrac{abc}{3}\cdot\dfrac{\varepsilon-1}{1+(\varepsilon-1)n(c)}\end{cases}\tag{2.61}$$

确定。a,b,c 是椭球的三个轴的半轴长，ε 是椭球粒子的介电常数。$n(a),n(b),n(c)$ 是椭球的形状因子。对于扁旋转椭球，$a=b>c$，c 为旋转轴，其椭率 e 定义为：$e=\sqrt{a^2/c^2-1}$，则它们的形状因子分别可由

$$\begin{cases}n(c)=\dfrac{1+e^2}{e^3}(e-\arctan e)\\n(a)=n(b)=\dfrac{1}{2}[1-n(c)]\end{cases}\tag{2.62}$$

确定。对于长旋转椭球 $a=c<b$，b 为旋转轴，这时椭率 e 定义为：$e=\sqrt{1-a^2/b^2}$，则形状因子为

$$\begin{cases}n(b)=\dfrac{1-e^2}{2e^3}\left(\ln\dfrac{1+e}{1-e}-2e\right)\\n(a)=n(c)=\dfrac{1}{2}[1-n(b)]\end{cases}\tag{2.63}$$

旋转椭球的体积为 $(4\pi/3)abc$，其同体积球体等效直径为 $D=2(abc)^{\frac{1}{3}}$ 。

下面我们以以下 4 种情况为例来推导小椭球粒子群对两种偏振状态的水平入射波的衰减公式。

2.8.2.1　小扁旋转椭球粒子旋转轴在空间作一致铅直取向

1. 入射波为水平发射水平偏振波

即 $\alpha=0°$，可令 $oxyz$ 坐标系各轴与 $o\xi\eta\zeta$ 坐标系相对应的各轴相互平行，这时扁旋转椭球只在 ξ 轴方向上受到极化，故只需使用(2.59) 式中 E_{ξ}^{s} 的关系式在入射波传播方向(即 n_0 方向或 $\theta=\varphi=\dfrac{\pi}{2}$ 的散射方向) 上的情形，即有

$$E_{\xi}^{s}\Big|_{\theta=\varphi=\frac{\pi}{2}}=-k^2P_{\xi}\frac{\exp(\mathrm{i}kR)}{R}$$

把上式与(2.54)式比较后可得

$$\vec{a}(\vec{n}_0) = -k^2 P_\xi$$

再将此结果代入(2.56)式，并注意到 $|\vec{e}| = 1, \vec{e}^2 = 1, k = \dfrac{2\pi}{\lambda}$，就可以得到散射截面

$$Q_{t,h}^{o} = \frac{8\pi^2}{\lambda}\mathrm{Im}(-g_\xi) \tag{2.64}$$

式中上标 o 表示扁椭球，下标 h 表示水平偏振。

2. 入射波为水平发射垂直偏振波

即 $\alpha = 90°$，这时扁旋转椭球只在 ζ 轴方向上受到极化，在散射波前向 $\theta = \varphi = \dfrac{\pi}{2}$ 的方向上使用(2.59) 式中 E_ζ^s 的关系式后，有

$$E_\zeta^s \big|_{\theta=\frac{\pi}{2}} = -k^2 P_\zeta \frac{\exp(\mathrm{i}kR)}{R}$$

把上式与(2.54)式比较后可得

$$\vec{a}(\vec{n}_0) = -k^2 P_\zeta$$

将此结果代入(2.56)式，可得

$$Q_{t,v}^{o} = \frac{8\pi^2}{\lambda}\mathrm{Im}(-g_\zeta) \tag{2.65}$$

式中下标 v 表示垂直偏振。

2.8.2.2　*扁旋转椭球粒子群旋转轴在空间作均匀随机取向*

1. 入射波为水平发射水平偏振波

从两个直角坐标系之间相对关系考虑，这种情况可等效于把扁旋转椭球粒子群旋转轴看成铅直一致取向，入射波以不同仰角及不同方位发射水平偏振波的机会相等。根据两个直角坐标系各轴之间的方向余弦，并注意到 $E_y^i = E_z^i = 0$，则 E_x^i 在 $o\xi\eta\zeta$ 坐标系中各轴上的分量略去时间因子 $\exp(\mathrm{i}\omega t)$ 后，即只考虑其振幅值时有

$$\begin{cases} E_\xi^i = \alpha_1 \\ E_\eta^i = \beta_1 \\ E_\zeta^i = \gamma_1 \end{cases} \tag{2.66}$$

它们将在扁旋转椭球的三个轴方向上产生极化，从而激发出三个电偶极矩

$$\begin{cases} P_\xi = g_\xi \alpha_1 \\ P_\eta = g_\eta \beta_1 \\ P_\zeta = g_\zeta \gamma_1 \end{cases} \tag{2.67}$$

这些电偶极矩就会引起散射场。将以上结果代入(2.59)式后有

$$
\begin{cases}
E_\xi^s = -k^2 g_\xi \bar{\alpha}_1 (\sin^2\varphi + \cos^2\varphi\cos^2\theta)^{1/2} \dfrac{\exp(\mathrm{i}kR)}{R} \\
E_\eta^s = -k^2 g_\eta \bar{\beta}_1 (\cos^2\varphi + \sin^2\varphi\cos^2\theta)^{1/2} \dfrac{\exp(\mathrm{i}kR)}{R} \\
E_\zeta^s = -k^2 g_\zeta \bar{\gamma}_1 \sin\theta \dfrac{\exp(\mathrm{i}kR)}{R}
\end{cases}
\tag{2.68}
$$

前面的等效情况从统计平均来看，还相当于入射波电场在 ξ,η,ζ 三轴上的投影平均值相等，即有 $\bar{\alpha}_1=\bar{\beta}_1=\bar{\gamma}_1$。可以证明，对于 E_ξ^s，由 E_ξ^i 造成的平均前向散射方向在 $\bar{\theta}=\bar{\varphi}=\dfrac{\pi}{2}$ 的方向上；对于 E_η^s，由 E_η^i 造成的平均前向散射在 $\bar{\theta}=\dfrac{\pi}{2},\bar{\varphi}=\pi$ 的方向上；对于 E_ζ^s，平均前向散射在 $\bar{\theta}=\bar{\varphi}=\dfrac{\pi}{2}$ 方向上。于是从(2.68)式可得

$$
\begin{cases}
E_\xi^s \big|_{\bar{\varphi}=\bar{\theta}=\frac{\pi}{2}} = -k^2 g_\xi \bar{\alpha}_1 \dfrac{\exp(\mathrm{i}kR)}{R} \\
E_\eta^s \big|_{\bar{\theta}=\frac{\pi}{2},\bar{\varphi}=\pi} = -k^2 g_\eta \bar{\beta}_1 \dfrac{\exp(\mathrm{i}kR)}{R} \\
E_\zeta^s \big|_{\bar{\varphi}=\bar{\theta}=\frac{\pi}{2}} = -k^2 g_\zeta \bar{\gamma}_1 \dfrac{\exp(\mathrm{i}kR)}{R}
\end{cases}
\tag{2.69}
$$

将(2.69)式中的各式分别与(2.54)式比较后，可得

$$
\begin{cases}
\vec{a}(\vec{n}_0)\big|_\xi = -k^2 g_\xi \bar{\alpha}_1 \\
\vec{a}(\vec{n}_0)\big|_\eta = -k^2 g_\eta \bar{\beta}_1 \\
\vec{a}(\vec{n}_0)\big|_\zeta = -k^2 g_\zeta \bar{\gamma}_1
\end{cases}
\tag{2.70}
$$

再将此结果分别代入(2.56)式，并注意到现在的 $|\bar{e}|=\bar{\alpha}_1=\bar{\beta}_1=\bar{\gamma}_1$，$\bar{e}^2=\bar{\alpha}_1{}^2=\bar{\beta}_1{}^2=\bar{\gamma}_1{}^2$，就有

$$
\begin{cases}
Q_{t,h}^o\big|_\xi = \dfrac{8\pi^2}{\lambda}\mathrm{Im}(-g_\xi) \\
Q_{t,h}^o\big|_\eta = \dfrac{8\pi^2}{\lambda}\mathrm{Im}(-g_\eta) \\
Q_{t,h}^o\big|_\zeta = \dfrac{8\pi^2}{\lambda}\mathrm{Im}(-g_\zeta)
\end{cases}
\tag{2.71}
$$

这一结果与粒子作铅直一致取向，而入射波分别为 ξ 方向、η 方向水平偏振及 ζ 方向垂直偏振时所得结果相同。由于衰减截面只应取决于粒子本身特性及波长而与入射波振幅大小无关，故这些结果是显然的。另外，上述 $Q_{t,h}^o\big|_{\xi,\eta,\zeta}$ 均是一个粒子的值，而不是 1/3 个粒子的值，故从统计平均而言，单个小扁旋转椭球的衰减截面应该是以上三种衰减截面的平均值，故有

$$
Q_{t,h}^o = \frac{8}{3}\frac{\pi^2}{\lambda}\mathrm{Im}(-g_\xi-g_\eta-g_\zeta) \tag{2.72}
$$

2. 入射波为水平发射垂直偏振波

这时 $\alpha = 90°$，$E_z^i = \exp(\mathrm{i}ax)$，$E_y^i = E_x^i = 0$。作与上面类似的分析和推导，可得粒子平均衰减散射截面

$$Q_{t,v}^{o} = \frac{8}{3}\frac{\pi^2}{\lambda}\mathrm{Im}(-g_\xi - g_\eta - g_\zeta) \tag{2.73}$$

2.8.2.3　长旋转椭球粒子群旋转轴在 η 方向作水平一致取向

1. 入射波为水平发射水平偏振波

这时类似前面 2.8.2.1 中 1. 的情况，可得衰减截面

$$Q_{t,h}^{P} = \frac{8\pi^2}{\lambda}\mathrm{Im}(-g_\xi) \tag{2.74}$$

上标 P 表示长椭球。

2. 入射波为水平发射垂直偏振波

同样的分析和推导可得

$$Q_{t,v}^{P} = \frac{8\pi^2}{\lambda}\mathrm{Im}(-g_\zeta) \tag{2.75}$$

2.8.2.4　长旋转椭球粒子群的旋转轴 b 在水平面内作均匀随机分布

1. 入射波为水平发射水平偏振波

从两个直角坐标系之间相对关系考虑，这种情况可以等效于长旋转椭球粒子群旋转轴在 η 方向作一致取向，水平发射的入射波入射到不同方位上的机会相等；这也相当于 $oxyz$ 坐标系中 z 轴与 $o\xi\eta\zeta$ 坐标系中 ζ 轴平行且恒在铅直方向不变，而 oxy 平面绕 z 轴转动且其 x 轴、y 轴与 ζ 轴、η 轴成不同交角的机会相等。注意到 $\alpha = 0°$，$E_z^i = \exp(\mathrm{i}ax)$，$E_y^i = E_z^i = 0$。作类似于前面一中对(2.49)式的分析，从统计平均来看，有

$$E_\xi^i = \bar{\alpha}\alpha_1, \qquad E_\eta^i = \bar{\beta}_1 \tag{2.76}$$

及

$$P_\xi = g_\xi\bar{\alpha}_1, \qquad P_\eta = g_\eta\bar{\beta}_1 \tag{2.77}$$

从而有

$$\begin{cases} E_\xi^s = -k^2 g_\xi \vec{\alpha}_1 (\sin^2\varphi + \cos^2\varphi\cos^2\theta)^{1/2}\dfrac{\exp(\mathrm{i}kR)}{R} \\ E_\eta^s = -k^2 g_\eta \vec{\beta}_1 (\cos^2\varphi + \sin^2\varphi\cos^2\theta)^{1/2}\dfrac{\exp(\mathrm{i}kR)}{R} \end{cases} \tag{2.78}$$

同样的分析可知，对于 E_ξ^s，由 E_ξ^i 造成的平均前向散射方向在 $\bar{\varphi} = \dfrac{\pi}{2}$ 的方向上；对于 E_η^s，由 E_η^i 造成的平均前向散射在 $\bar{\varphi} = \pi$ 的方向上，故有

$$\begin{cases} E_\xi^s \big|_{\bar{\varphi}=\frac{\pi}{2}} = -k^2 g_\xi\bar{\alpha}_1 \dfrac{\exp(\mathrm{i}kR)}{R} \\ E_\eta^s \big|_{\bar{\varphi}=\pi} = -k^2 g_\eta\bar{\beta}_1 \dfrac{\exp(\mathrm{i}kR)}{R} \end{cases} \tag{2.79}$$

把(2.79)中两式分别与(2.54)式比较后，可得

$$\begin{cases} \vec{a}(\vec{n}_0)\,|_\xi = -k^2 g_\xi \bar{\alpha}_1 \\ \vec{a}(\vec{n}_0)\,|_\eta = -k^2 g_\eta \bar{\beta}_1 \end{cases} \tag{2.80}$$

再将以上两式分别代入(2.56)式中，并注意到现在的 $|\bar{e}| = \bar{\alpha}_1 = \bar{\beta}_1$，$\bar{e}^2 = \bar{\alpha}_1{}^2 = \bar{\beta}_1{}^2$，就有

$$\begin{cases} Q_{t,h}^p\,|_\xi = \dfrac{8\pi^2}{\lambda}\mathrm{Im}(-g_\xi) \\ Q_{t,h}^p\,|_\eta = \dfrac{8\pi^2}{\lambda}\mathrm{Im}(-g_\eta) \end{cases} \tag{2.81}$$

从统计平均而言，单个小长旋转椭球粒子的衰减截面应该是以上两式的平均值，即有

$$Q_{t,h}^p = \frac{8\pi^2}{2\lambda}\mathrm{Im}(-g_\xi - g_\eta) \tag{2.82}$$

2. 入射波为水平发射垂直偏振波

这时粒子只在 ζ 轴方向上受极化，与旋转轴在水平面内随机取向与否无关。并类似于 2.8.2.1 中 2. 的情况，故有

$$Q_{t,v}^p = \frac{8\pi^2}{\lambda}\mathrm{Im}(-g_\zeta) \tag{2.83}$$

上面推导所得各种情况下衰减截面关系式的正确性，可以通过小旋转椭球粒子蜕化为小圆球粒子时，这些公式均能化成瑞利近似时的衰减截面关系式而得到证实。

2.8.3　计算结果和分析

利用上述推导所得衰减截面的计算式，可以计算各种情况下的衰减截面，分析小椭球粒子衰减截面与波长和粒子直径之间的关系。图 2.15～图 2.18 给出部分计算结果。对于图中的情况，我们给出如下的解释：

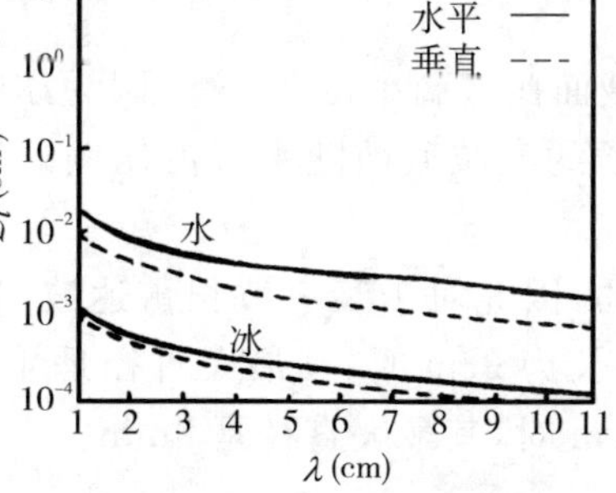

图 2.15　旋转轴一致铅直取向的扁椭球粒子群(直径取为 5mm，$a/c = 1.5$)衰减截面随波长的变化

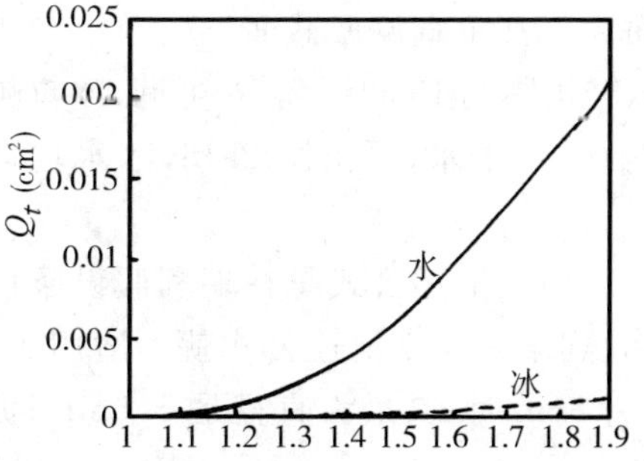

图 2.16　$\lambda = 5.0$ 时旋转轴一致铅直取向的扁椭球粒子群其相态为水和冰时对雷达水平偏振波的衰减截面随 a/c 的变化

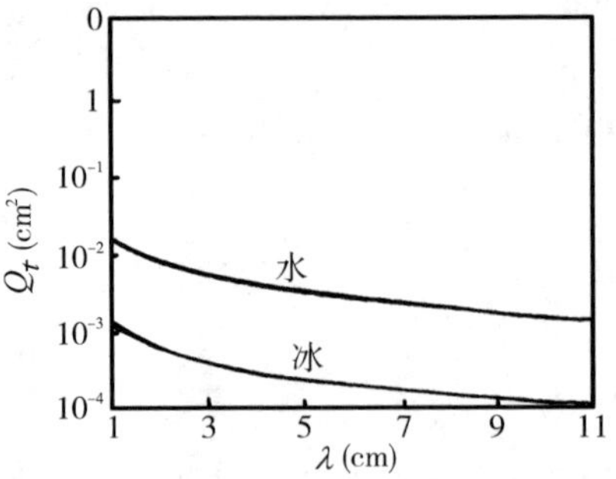

图 2.17 旋转轴在空间作随机取向的扁椭球粒子(直径取为 5mm,$a/c=1.5$)群衰减截面随波长的变化

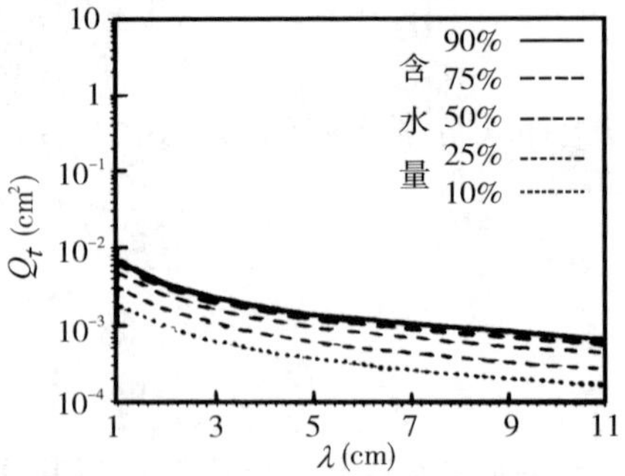

图 2.18 旋转轴一致铅直取向的冰水混合扁椭粒子群衰减截面随波长的变化(入射波为垂直偏振波)

(1)由图 2.15 中曲线可见,衰减截面随波长增加而呈下降趋势,这是因为所得式中衰减截面与波长成反比,这也正是 S 波段雷达在测雨中不需要衰减订正的原因。

(2)图 2.15 中粒子对雷达发射水平偏振波的衰减截面普遍大于垂直偏振波的衰减截面,这与所假设的粒子旋转轴取向有关。铅直取向的扁椭球在水平方向的平均尺度大于在垂直方向的平均尺度。

(3)图 2.16 中给出了波长为 5.0cm 时小旋转扁椭球粒子旋转轴一致铅直取向,雷达水平发射水平偏振波时,衰减截面随粒子轴长比 a/c 变化的曲线。一般地,雨滴愈大,a/c 愈大,$n(a)$ 则愈小,这些量均使 g 值变大,故图 2.16 中衰减截面 Q 随 a/c 的增大而变大。由于水的介电常数值比冰大得多,所以这种变化在水相时比冰更明显。

(4)椭球粒子群中各粒子的转轴在空间作随机取向时,其衰减截面比同体积球形粒子的衰减截面大,与水平入射波的偏振方式无关,如图 2.17 所示。与图 2.15 比较可见,随机取向的扁椭球粒子群的衰减截面与一致铅直取向时比较,小于其水平偏振截面,而大于其垂直偏振截面。

(5)由图 2.15 和图 2.16 可见,冰粒子的衰减截面比水滴小得多,这是因为冰的复折射指数远小于水,再由图 2.18,冰水均匀混合粒子的衰减截面随水所占比例的增加而增大。

(6)由于上述公式是在瑞利假设条件下得出的,因此对于某一波长雷达波,当粒子直径大到某一尺度上述公式就不适用了,例如,波长为 3cm 时,其最大直径是 4.2mm;波长为 5cm 时,其最大直径是 5.6mm;波长为 10cm 时,其最大直径是 8mm。

2.8.4 小旋转椭球粒子群的衰减系数

设 $Q_i(D_e)$ 是等效直径为 D_e 的单个旋转椭球的衰减截面,K_t 是衰减系数,则它们之间的关系为

$$K_t = 0.4343\int_0^{\infty} N(D_e)Q_t(D_e)\mathrm{d}D_e \qquad (\mathrm{dB/km}) \tag{2.84}$$

式中 $N(D_e)\mathrm{d}D_e$ 是直径在 $D_e \sim D_e + \mathrm{d}D_e$ 之间单位体积内的粒子数。

2.8.4.1　扁椭球粒子群旋转轴在空间一致铅直取向

当雷达水平发射水平扁振波及垂直偏振波时，据(2.64)及(2.65)式可分别得其相应的衰减系数表示式为

$$K_{t,h}^{o} = 0.4343\,\frac{8\pi^2}{\lambda}\int_0^{\infty}\mathrm{Im}(-g_{\xi})N(D_e)\mathrm{d}D_e \tag{2.85}$$

$$K_{t,v}^{o} = 0.4343\,\frac{8\pi}{\lambda}\int_0^{\infty}\mathrm{Im}(-g_{\zeta})N(D_e)\mathrm{d}D_e \tag{2.86}$$

式中 Im 表示复数取虚部。

2.8.4.2　扁椭球粒子群旋转轴在空间作均匀随机取向

当雷达发射水平偏振波及垂直偏振波时，据(2.72)与(2.73)式可知，它们的衰减系数应是相同的，为

$$K_t^{o} = 0.4343\,\frac{8\pi^2}{\lambda}\int_0^{\infty}\mathrm{Im}\left(\frac{-g_{\zeta}-g_{\xi}}{3}\right)N(D_e)\mathrm{d}D_e \tag{2.87}$$

2.8.4.3　长椭球粒子群旋转轴在水平面内作均匀随机取向

据(2.82)及(2.83)式同样可得发射水平偏振波与垂直偏振波时的衰减系数为

$$K_{t,h}^{o} = 0.4343\,\frac{8\pi^2}{\lambda}\int_0^{\infty}\mathrm{Im}\left(\frac{-g_{\zeta}-g_{\xi}}{3}\right)N(D_e)\mathrm{d}D_e \tag{2.88}$$

$$K_{t,v}^{o} = 0.4343\,\frac{8\pi^2}{\lambda}\int_0^{\infty}\mathrm{Im}(-g_{\xi})N(D_e)\mathrm{d}D_e \tag{2.89}$$

2.8.5　衰减系数与雷达反射率因子之间的关系

2.8.5.1　雷达反射率因子表示式

小旋转椭球粒子群旋转轴呈上述三种不同取向时的雷达反射率因子的表示式经推导(参阅第二章第五节)后，分别可得为

$$\begin{cases} Z_h = 64\left|\dfrac{\varepsilon+2}{\varepsilon-1}\right|^2\displaystyle\int_0^{\infty}|g_{\xi}|^2N(D_e)\mathrm{d}D_e & (2.90)\\[2ex] Z_v = 64\left|\dfrac{\varepsilon+2}{\varepsilon-1}\right|^2\displaystyle\int_0^{\infty}|g_{\zeta}|^2N(D_e)\mathrm{d}D_e & (2.91)\end{cases}$$

$$Z = 64\left|\frac{\varepsilon+2}{\varepsilon-1}\right|^2\int_0^{\infty}\left\{\frac{3}{15}|g_{\zeta}|^2+\frac{4}{15}\mathrm{Re}(g_{\zeta}g_{\xi}^{*})+\frac{8}{15}|g_{\zeta}|^2\right\}N(D_e)\mathrm{d}D_e \tag{2.92}$$

$$\begin{cases} Z_h = 64\left|\dfrac{\varepsilon+2}{\varepsilon-1}\right|^2\displaystyle\int_0^{\infty}\left\{\frac{3}{8}|g_{\zeta}|^2+\frac{2}{8}\mathrm{Re}(g_{\zeta}g_{\xi}^{*})+\frac{3}{8}|g_{\zeta}|^2\right\}N(D_e)\mathrm{d}D_e & (2.93)\\[2ex] Z_v = 64\left|\dfrac{\varepsilon+2}{\varepsilon-1}\right|^2\displaystyle\int_0^{\infty}|g_{\zeta}|^2N(D_e)\mathrm{d}D_e & (2.94)\end{cases}$$

2.8.5.2 雨滴谱分布形式及雨滴轴长比与等效直径关系

本文中假设雨滴谱服从以下 Gamma 分布函数形式

$$N(D_e) = C_1 D_e \mathrm{xp}(\mu) \exp[-(3.67+\mu) D_e / D_0] \tag{2.95}$$

式中 C_1,μ 和 D_0 为雨滴谱参数,在以下范围内取值:

$$0.00015 < C_1 < 0.15; \quad -1 < \mu < 4; \quad 0.05 < D_0 < 0.25$$

可以看出,当 $C_1 = 0.08$,$\mu = 0$,$D_0 = 3.67/A$,Gamma 分布就成为 M-P 分布。

设小椭球旋转轴的半长为 c,两对称轴的半长分别为 a 和 b 且有 $a = b$,则椭球等效直径 $D_e = 2(abc)^{1/3}$。据张培昌、王振会(1995) 的工作,降水云中雨滴轴长比 c/a 与等效直径 D_e 的关系为

$$\frac{c}{a} = \begin{cases} 1.0, & 0 < D_e \leqslant 0.028\text{cm} \\ [1-(9/32)D_e \rho V_T^2 / K]^{1/2}, & 0.028 < D_e \leqslant 0.1\text{cm} \\ 1.03 - 0.62 D_e, & 0.1 < D_e \leqslant 1.0\text{cm} \end{cases} \tag{2.96}$$

式中 ρ 为饱和空气密度,近地面处 $\rho = 1.1937 \times 10^{-3}\,\text{g/cm}^3$。$K$ 为水的表面张力系数,$K = 7.275 \times 10^{-6}\,\text{J/cm}^2$。$V_T$ 为雨滴下落速度,由下式决定

$$V_T(D_e) = 965 - 1030\exp(-6D_e) \tag{2.97}$$

式中 D_e 和 V_T 分别以 cm 和 cm/s 为单位。

再注意 g_ξ,g_η,g_ζ 及 $n(a)$,$n(b)$,$n(c)$ 可以用前面的(2.61)、(2.62) 及(2.63) 式表示,这样就能够由雨滴谱情况同时决定 K_t 及 Z 值。

2.8.5.3 K_t-Z 关系的模拟统计结果

根据 k_t-Z 的经验分布,可令

$$k_t = \alpha Z^\beta \tag{2.98}$$

式中系数 α,β 取决于入射波波长、小旋转椭球旋转轴相对于入射波偏振方向的取向和雨滴谱。对于给定的入射波波长、偏振方向和小旋转椭球旋转轴的取向,可以通过改变雨滴谱参数后获得一组样本,经统计回归后获得适合于给定情况的系数 α,β。当 α,β 被确定后,即可由雷达探测到的 Z 值用上式计算 k_t 值。

在计算中假设雨滴呈液态,温度为 273K,雨滴等效直径最大值为 1cm,雨滴谱参数 C_1,μ 和 D_0 在各自取值范围内按正态分布随机取值,为提高统计量的代表性,取样达 1330 次。图 2.19(a)~(d)给出波长 λ=5.6cm、球形粒子群和小旋转椭球粒子群旋转轴呈三种不同取向时的 k_t-Z 关系,表 2.10 列出回归系数 α,β 和相关系数 R^2。在常用波长 3.2cm 和 10cm 处 k_t-Z 关系的系数 α,β 和 R^2 也一并列出,以便比较和参考。注意图表中衰减系数 k_t 以 Np/m 为单位,1Np/m = 4343dB/km = 4.343dB/m;或 1dB/km = 2.303×10^{-4} Np/m=0.2303Np/km。

由图 2.19 可见,在 5.6cm 波长,k_t-Z 关系与降水云中雨滴形状有关;在雨滴为小旋转椭球型时,k_t-Z 关系还与粒子群旋转轴相对于入射波偏振方向的取向有关。球形粒

子群时或扁旋转椭球粒子群旋转轴在空间作均匀随机取向时，k_t-Z 关系与入射波偏振方向无关(分别见图 2.19(a)和图 2.19(c))，这是因为粒子群在宏观上表现出各向同性。扁旋转椭球粒子群旋转轴一致铅直取向或长旋转椭球粒子群旋转轴在水平面内作均匀随机取向时，由于各粒子在垂直方向上的几何尺寸小于在水平方向上的几何尺寸，从而粒子群在宏观上表现出垂直方向上的极化系数小于在水平方向上的极化系数，故 k_t 和 Z 都与入射波偏振方向有关，且 $k_{t,h} > k_{t,v}$ 和 $Z_h > Z_v$，因此，k_t-Z 关系也与入射波偏振方向有关，如图 2.19(b)和图 2.19(d)分别所示。但是，在入射波水平偏振时 k_t-Z 关系中的系数 α，β 均小于垂直偏振时的值，其原因是，计算表明，在雨强相同情况下，$k_{t,h} \approx 1.2 \times k_{t,v}$ 而 $Z_h \approx 1.4 \times Z_v$，亦即 $k_{t,v}/Z_v \approx 1.2 \times k_{t,h}/Z_h$，两种偏振的 k_t-Z 关系中的系数的取值必须满足这一点。

由表 2.10 可见，在 3.2 和 10.6cm 波长处，k_t-Z 关系具有相同的上述特征。只是由于 Z 值对波长的依赖很小，而 k_t 随波长变化很大(近似地与 $\lambda^{1.9}$ 呈反比)，所以相同条件下的 k_t-Z 关系在三个波长处有很大差别，主要表现在系数 α 近似地与 $\lambda^{1.9}$ 呈反比。

相比之下，系数 α，β 在给定波长时具有很好的稳定性，粒子形状的影响可以忽略，这主要是由于在小旋转椭球粒子群中，尺度小的粒子占多数，它们的轴长比 c/a 很接近于 1。因此，在非精确计算中可用球形粒子群的 k_t-Z 关系代替小旋转椭球粒子群的 k_t-Z 关系。

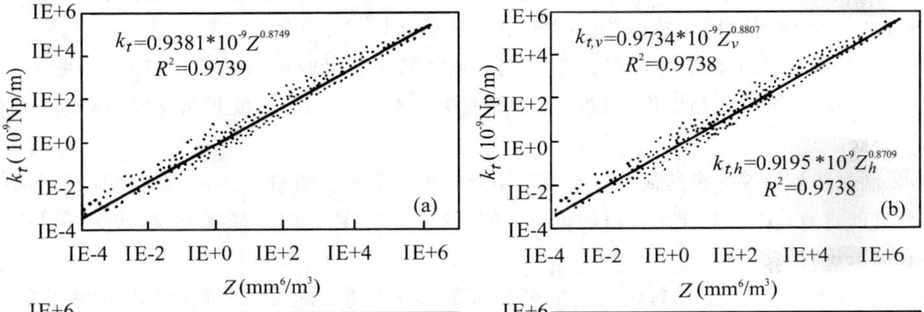

图 2.19　波长 $\lambda = 5.6$cm、球形粒子群和小旋转椭球粒子群旋转轴呈三种不同取向时的 k_t-Z 关系

(a)球形粒子群；　(b)扁旋转椭球粒子群旋转轴一致铅直取向；　(c)扁旋转椭球粒子群旋转轴在空间作均匀随机取向；　(d)长旋转椭球粒子群旋转轴在水平面内作均匀随机取向。

表 2.10　在用 $k_t=\alpha*10^{-9}Z^{\beta}$ 表示的 k_t-Z 关系中，系数 α，β 及相关系数 R^2 在各种情况下的值（k_t 和 Z 的单位分别为 Np/m 和 mm^6/m^3）

粒子形状	情况*	λ＝3.2cm			λ＝5.6cm			λ＝10cm		
		α	β	R^2	α	β	R^2	α	β	R^2
球		3.0199	0.8771	0.9782	0.9381	0.8749	0.9739	0.2940	0.8645	0.9731
扁椭球	1	2.9703	0.8739	0.9784	0.9195	0.8709	0.9738	0.2893	0.8601	0.9730
	2	3.1440	0.8820	0.9778	0.9734	0.8807	0.9738	0.3033	0.8710	0.9731
	3	3.0149	0.8762	0.9782	0.9335	0.8736	0.9738	0.2936	0.8631	0.9730
长椭球	4	2.9902	0.8745	0.9783	0.9262	0.8716	0.9737	0.2912	0.8608	0.9729
	5	3.0653	0.8794	0.9780	0.9551	0.8776	0.9378	0.2985	0.8677	0.9731

* 情况 1＝粒子群旋转轴在空间一致铅直取向，雷达水平发射水平偏振波；情况 2＝同情况 1 但雷达水平发射垂直偏振波；情况 3＝粒子群旋转轴在空间内均匀随机取向；情况 4＝粒子群旋转轴在水平面内均匀随机取向，雷达水平发射水平偏振波；情况 5＝同情况 4 但雷达水平发射垂直偏振波。

由图 2.19 和表 2.10 可见，k_t-Z 幂函数相关系数 R^2 虽然与波长有关，但它随雨滴形状和入射波偏振方向的变化可以忽略，都在 0.97 以上，表明 k_t-Z 关系统计显著。

本 章 小 结

（1）大气、云、降水粒子对雷达波的衰减是由于散射和吸收引起的，衰减的结果将使回波图像、定量测量情况与实际情况之间出现偏差。因此，需要研究不同粒子对不同波长雷达波的衰减。

（2）大气对雷达波的衰减，主要是由于水汽和氧气的一些吸收带所造成的，散射影响可以忽略。衰减除了与波长有关外，还与湿度、温度、气压等有关。对于 3～10cm 波长雷达，气体衰减一般可以忽略。

（3）云滴对厘米波段的雷达波可以看成是小球粒子。液态云滴对于 3cm 雷达波在长距离时可以造成几分贝的衰减。冰云对厘米波段的雷达波的衰减可以忽略。但在毫米波段，云滴可以造成较大衰减。衰减值还与温度有关。

（4）雨滴对于小于 10cm 的雷达波一般可看做是大球粒子。除特大暴雨外，10cm 雷达波在一般雨中的衰减可以忽略。5cm 雷达波在中小雨中的衰减也可以忽略。3cm 雷达波在通过大片小雨区时将受到较可观的衰减。这些概念在分析回波图像和定量测量降水时应考虑到。

（5）干雪可以当做球形粒子处理。在较短波长处，当降水强度较强或距离较远时，干雪的衰减要考虑。湿雪的衰减比干雪大得多，由于形状因子的影响，有时可以超过相同情况下雨的衰减。

（6）冰雹的形状和组成均较复杂，作为初步近似可以当做大球处理。一般说来，不论干冰雹或湿冰雹的衰减均较大。但在不同的 α 值范围内衰减情况又各不一样。至于海绵冰雹或外包水膜的冰雹，其衰减截面的大小还随含水量或水膜厚度而变化。整个冰雹的衰减系数 k_{th} 与雷达波长、雹谱分布、最大冰雹直径等有关。

第三章　雷达气象方程

当雷达波束投射到云、降水粒子上时，云、降水粒子就产生散射现象。其中向后方散射的一部分散射波重新返回到雷达天线处，并在雷达显示器上显示出各种图像，这就是所谓的雷达回波。

雷达回波强度不仅取决于雷达系统各参数的特性，而且和被观测的云、降水粒子的性质有关，还与雷达和被测目标之间的距离以及其间的大气状况有关。只有把这些要素分析清楚，才能根据所测定的回波强度去推断云、降水的物理状况。雷达气象方程就是为此目的而建立的。

云和降水都是由大量粒子所组成的，它们的雷达气象方程比较复杂。本章将从简到繁，先分析单个孤立目标回波的雷达方程，再讨论具有一定空间分布范围的云、降水粒子群的雷达气象方程。雷达天线发射的电磁波能流密度在波束内分布是不均匀的，但有的雷达气象方程没有考虑这一点，因此我们将对各种常用的雷达气象方程进行分析和比较，以便对它们的准确性有所了解，在作实际回波分析中做到心中有数。

§3.1　单个目标的雷达方程

在推导单个目标的雷达方程时，根据对天线辐射强度分布所作的不同假设，可以得到两种形式的雷达方程。

3.1.1　天线辐射强度在两半功率点间均匀分布时的雷达方程

在推导雷达方程时我们先假设：雷达波束的能量完全集中在以两个半功率点为界的狭窄波束照射体积中，而且在作这样规定后的狭窄波束的横截面内，天线辐射强度处处相同，都等于最大辐射方向上的能流出度值 $S_{i\max}$。换句话说，即在此狭窄波束内增益为常数(见图3.1)。

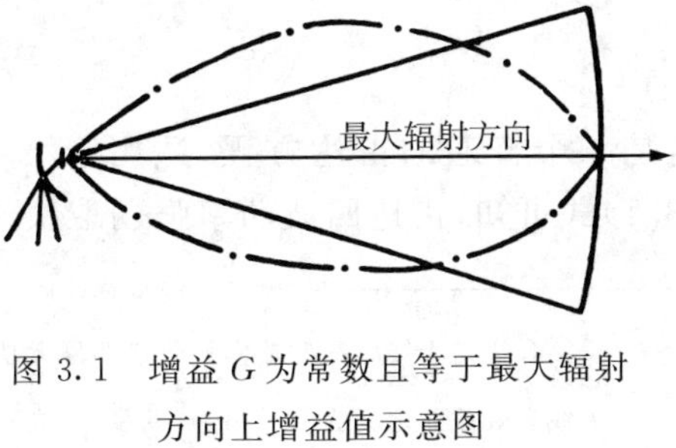

图3.1　增益 G 为常数且等于最大辐射方向上增益值示意图

设雷达发射机工作时的发射功率为 P_t，又假定雷达天线将这 P_t 作各向同性的球面发射(即各方向发射强度是均匀分布的)，那么，在距离 R 处的雷达波能流密度为

$$S_{av}(R) = \frac{P_t}{4\pi R^2}$$

实际上,气象测雨雷达都是具有高度方向性的定向辐射天线,它使大部分能量集中在一个很窄的波束范围内朝一定的方向发射出去。若这种定向辐射天线和一个各向均匀辐射天线所辐射的总功率相同,那么,把定向天线最大辐射方向的能流密度与各向均匀辐射天线的能流密度之比,称为天线增益,用符号 G 表示,即

$$G = \frac{S_{\max}}{S_{av}}$$

式中 $S_{\max}$ 表示定向天线最大辐射方向的能流密度。于是在天线定向辐射方向上距离 R 处的能流密度为

$$S_{\max} = G \cdot S_{av} = \frac{P_t G}{4\pi R^2}$$

若 R 处目标的雷达截面为 σ,根据定义,可以表示为

$$\sigma = \frac{S_s(\pi) \cdot 4\pi R^2}{S_{\max}}$$

于是目标散射回天线处的后向散射能流密度就能写成

$$S_s(\pi) = \frac{P_t}{(4\pi R^2)^2} G \cdot \sigma$$

散射回天线处的能流密度并不是全部都能由具有外口径截面积为 A_p 的接收天线接收下来的;即能接收后向散射波的天线面积要比天线外口径截面积 A_p 小。令这个天线面积为 A_e,并称它为天线有效截面积*。于是,天线接收到来自散射(或反射)体的总功率 P_r 应为

$$P_r = S_s(\pi) A_e = \frac{P_t G \sigma A_e}{(4\pi R^2)^2}$$

从天线理论中可得

$$A_e = \frac{\lambda^2}{4\pi} G$$

式中 λ 是雷达波长;代入前面式子后即得

$$P_r = \frac{P_t G^2 \sigma \lambda^2}{(4\pi)^3 R^4} \tag{3.1}$$

这是一个普遍的雷达方程,适用于飞机、船舶、单个雨滴等任何一种单个目标物。由(3.1)式可知,雷达回波功率强弱取决于雷达参数(发射功率 P_t,增益 G,波长 λ),雷达

* 设接收机与天线匹配时输向接收机的最大功率为 $P_{r\max}$,在天线主轴方向到达天线的能流密度为 $S_s(\pi)$,则天线有效截面定义为 $A_e = \dfrac{P_{r\max}}{S_s(\pi)}$

截面 σ，目标物距雷达站距离 R 等。

对于给定的某部雷达，各个参数是已知的，对于固定目标物 R 也是已知的。因此完全可以根据回波功率强弱来大致判断目标物的一些性质。

3.1.2　天线辐射强度不均匀分布时的雷达方程

上面得到的雷达方程是假定天线辐射能量完全集中在以两个半功率点为界的波束内，并且认为波束内各方向上天线辐射的能流密度都是相同的，即天线增益是常数。这时用能流密度表示的天线方向性图如图 3.2 所示。图中箭头的长度表示该方向能流密度 S 和最大辐射方向能流密度 S_{max} 的比值的大小。从图 3.2 可看出波束内各方向上的 S/S_{max} 均等于 1.0。

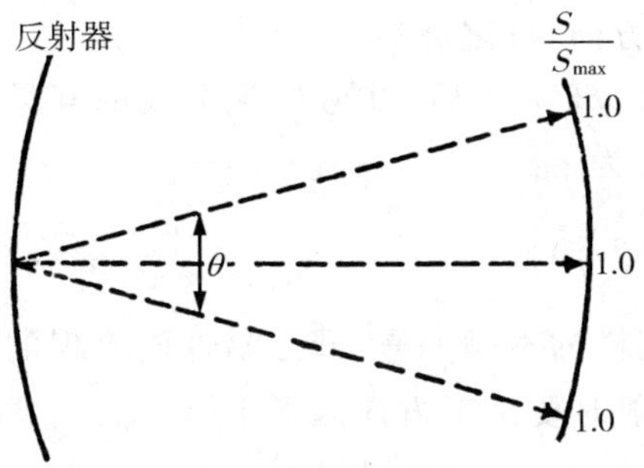

图 3.2　假设天线增益为常数时的天线方向性图

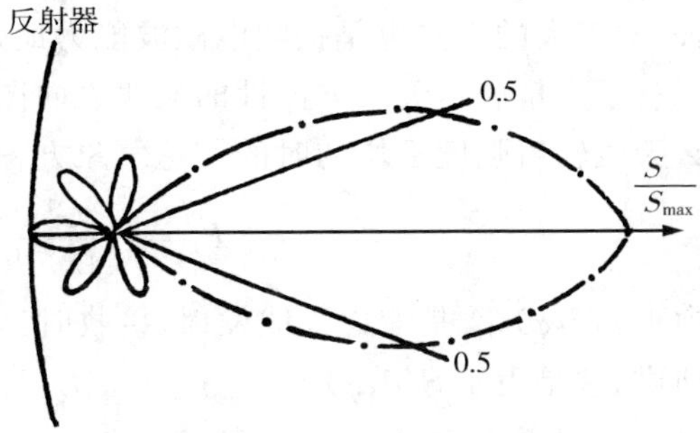

图 3.3　实际天线波瓣图

实际上，天线的方向性图如图 3.3 所示。图中最大辐射方向上的能流密度为最大，这时 $S/S_{max}=1.0$；在最大辐射方向向左右两边，能流密度值迅速下降，到半功率点处 $S/S_{max}=\frac{1}{2}$；再向两边继续移动，能流密度迅速减小到几乎为零，然后出现第一侧瓣、第二侧瓣及尾瓣等相对主瓣较弱的波瓣。由此可见，半功率点内天线辐射显然是不均匀的，而且半功率点外也有一部分辐射能量。

因此，前面推导的雷达方程是有误差的，因为假设条件并不真正成立。尽管推导这个雷达方程时已认识到取以半功率点为界的波束内的增益 G 等于常数，并令它是最大辐射方向上的能流出度值 S_{imax}，可能存在接收功率 P_r 值偏大的现象，但此种偏大将因没有考虑半功率点以外天线的辐射能量而得到抵消。

在实际工作中早已发现，利用方程(3.1)计算的回波功率比实测值要大，因而不得不在雷达方程中乘上一个小于 1 的经验订正因子。为此，必须在雷达方程(3.1)式中考虑天线辐射能量分布不均匀的情况。

为了定量地描述天线的方向性，引进天线方向图函数 $f(\theta,\varphi)$。其中 θ 和 φ 是以天线最大辐射方向(即波束中心轴线方向)为基准的水平与垂直的角坐标。由于雷达波束的电场强度在各个方向上分布不一样,因此我们定义天线方向图函数为

$$|f(\theta,\varphi)| = \frac{|E(\theta,\varphi)|}{|E_{\max}|} \tag{3.2}$$

式中 $|E_{\max}|$ 是天线发射最大辐射方向上的电场强度振幅值,$|E(\theta,\varphi)|$ 是天线发射点上与波束轴线成 θ,φ 夹角方向上的电场强度振幅值。显然,$|f(\theta,\varphi)|$ 表示天线辐射的电场强度随方向而异的振幅比值,在数值上恒有 $|f(\theta,\varphi)| \leqslant 1$,是个无量纲数。

若以 $S(\theta,\varphi)$ 表示天线发射点上与波束轴线成 θ,φ 夹角方向上的能流密度。从电磁波理论得知,$S(\theta,\varphi)$ 正比于 $E^2(\theta,\varphi)$。所以(3.2)式又可写成

$$S(\theta,\varphi) = S_{\max}|f(\theta,\varphi)|^2$$

雷达的发射天线和接收天线通常共用一个天线。从天线互易性得知,在方向性图中,发射最大的方向也是接收电磁波能力最强的方向,反之亦然。

有了定量表示天线方向性的天线方向图函数 $f(\theta,\varphi)$ 后,并考虑到天线的互易性,那么天线辐射强度不均匀时的雷达气象方程可写为

$$P_r = \frac{P_t G^2 \lambda^2 \sigma}{(4\pi)^3 R^4}|f(\theta,\varphi)|^4 \tag{3.3}$$

式中 $|f(\theta,\varphi)|^4$ 是考虑天线发射、接收时具有同样的本领 —— 即互易性而出现的。具体地讲,这是由于 $S(\theta,\varphi) = S_{\max}|f(\theta,\varphi)|^2$,发射时要乘上方向因子 $|f(\theta,\varphi)|^2$,接收散射波时同样也要乘上方向因子 $|f(\theta,\varphi)|^2$,故(3.3)式中出现 $|f(\theta,\varphi)|^4$。方程(3.3)也是一个单目标时普遍适用的雷达方程。

§3.2 云及降水的雷达气象方程

云及降水是由大量粒子群所组成的,它们不同于单个孤立目标。下面同样按照对天线辐射强度分析所作的不同假设,讨论两种情况下的雷达气象方程。

3.2.1 天线辐射强度在两半功率点间均匀时的雷达气象方程

气象测雨雷达所探测的目标是含有大量水滴及冰粒的云、雨、雪等,它们和单个目标(如飞机、船舶等)大不相同。由于云和降水物中粒子大小不同,它们的降落速度各不相同,加上大气中的乱流,使这些目标物之间产生不规则的相对运动。另外、云、雨等目标物范围很大,常常占满或超过整个雷达波束范围。因此,来自这些云、雨粒子群的后向散射都会产生回波。雷达气象方程就是在考虑上述情况下建立起来的。在推导这个方程之前,先作以下三点假设:

(1)雷达波的能量,完全集中在以两半功率点为界的狭窄照射体内,并假定其横截

面内的天线辐射强度处处相同，并都等于最大辐射方向上的能流密度值 $S_{i\max}$，即在波束内增益 G 为常数；

(2)云及降水粒子的散射波是非相干波。即波束照射体内的回波是云和降水粒子的总回波能量的时间平均值，等于各个云、降水粒子的回波功率的总和；

(3)在波束有效照射体内，粒子的尺度谱处处相同。

考虑上述三点假设，再据雷达方程(3.1)式，就能方便地写出云及降水粒子的雷达气象方程

$$P_r = \frac{P_t G^2 \lambda^2}{(4\pi)^3 R^4} \sum_{i=1}^{N} \sigma_i \tag{3.4}$$

式中 N 是波束有效照射体中所有产生的散射能量能同时返回天线处的云及降水粒子的总数，而不是单位体积内的粒子数。

在雷达显示器上观测到的回波，是否能代表来自云、降水粒子的总回波功率的时间平均值，这要看雷达是否具有数字的平均装置。

前面指出，(3.4)式中的回波功率 P_r，是由波束所照射的、能同时在天线处产生回波能量的体积内 N 个云及降水粒子共同产生的。下面就要研究如何确定这个体积。

3.2.1.1　*波束有效照射深度和有效照射体积*

虽然雷达波束所照射到的云及降水粒子都要产生回波，但并不是波束内所有云和降水粒子的回波都能同时到达天线，而是雷达波先到的地方先有回波，后到的地方后有回波。

雷达发射的脉冲具有一定的宽度 τ。这个脉冲定向发射到空间将占有一定的长度 h。可以证明，只有在波束中距离 R 到 $R+\frac{h}{2}$ 范围内的那些粒子散射的回波，才能在同一时刻到达天线。称 $\frac{h}{2}$ 这个量为波束有效照射深度。下面证明这个问题。

设波束中 A 点到天线的距离为 R_1，B 点到天线的距离为 R_2(见图 3.4)。若取天线开始发射脉冲的时间为时间起点，那么，天线开始收到 A 处粒子散射能量的时间为 $t_1=$

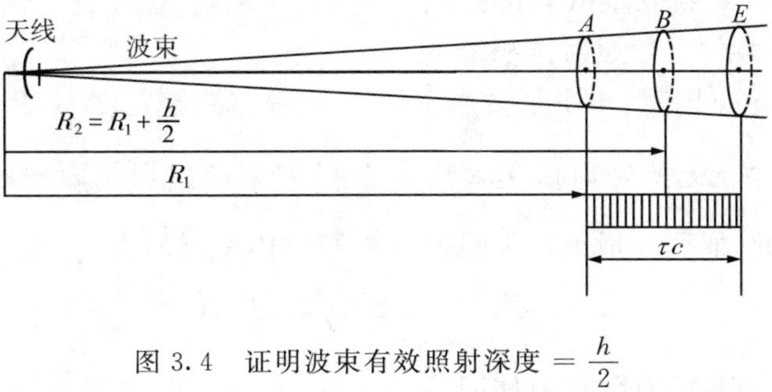

图 3.4　证明波束有效照射深度 $=\frac{h}{2}$

$\frac{2R_1}{c}$,开始收到 B 处粒子散射能量的时间为 $t_2 = \frac{2R_2}{c}$,最后收到 A 处粒子散射能量的时间为 $t_3 = \frac{2R_1}{c} + \tau$。其中 c 是雷达波的波速。设在 AB 范围内粒子散射的能量能够同时到达天线,那么天线开始收到 B 处粒子散射能量的时间正好是最后收到 A 处粒子散射能量的时间,即要求 $t_2 = t_3$,于是有

$$\frac{2R_2}{c} = \frac{2R_1}{c} + \tau$$

或

$$R_2 - R_1 = \frac{c\tau}{2} = \frac{h}{2} \tag{3.5}$$

(3.5)式证明了在波束中散射能量能同时回到天线的径向范围或有效照射深度为脉冲长度的一半。对于脉冲宽度 $\tau = 1\mu s$ 的 711 测雨雷达,有效照射深度显然为 $\frac{h}{2} = \frac{\tau c}{2} = 150m$;对于脉冲宽度 $\tau = 2\mu s$ 的 713 测雨雷达,有效照射深度则为 $\frac{h}{2} = \frac{\tau c}{2} = 300m$。

知道了波束有效照射深度后,根据波束几何形状可以进一步求出波束的有效照射体积 V。只要通过简单的积分运算,就可求得计算有效照射体积 V 的普遍公式。

设 dV 是有效照射体积 V 内的一小块体积元,dS 为 dV 的横切截面积元。由于小体积元对天线所张的立体角 $d\Omega = \frac{dS}{R^2}$,故有

$$dV = dS \cdot dR = R^2 d\Omega dR$$

于是

$$V = \int_R^{R+\frac{h}{2}} \int_\Omega R^2 dR\ d\Omega \tag{3.6}$$

式中 Ω 是体积 V 对天线所张的立体角。(3.6)式就是计算有效照射体积 V 的普遍公式。

由于这里考虑的是天线辐射强度均匀时的情形,故这个体积 V 只是在雷达波束两半功率点之间由电磁波向前传播所造成的一部分体积,它不一定要通过积分求得。具体求法取决于波束的几何形状,也就是取决于天线的形状。下面分别讨论波束是圆形锥体和椭圆锥体时求有效照射体积 V 的公式。

1. 圆锥形波束的有效照射体积

在两个半功率点内,由于水平波瓣宽度 θ_1 和垂直波瓣宽度 φ_1 相等(我国新一代天气雷达属于这种情况),则距离雷达天线为 R 处波束的横切截面积近似为 $\left(R \cdot \frac{\theta_1}{2}\right)^2 \cdot \pi$(见图 3.5)。因此,能同时散射回天线的有效照射体积近似为

$$V = \pi\left(\frac{R\theta_1}{2}\right)^2 \cdot \frac{h}{2} \tag{3.7}$$

2. 椭圆锥体波束的有效照射体积

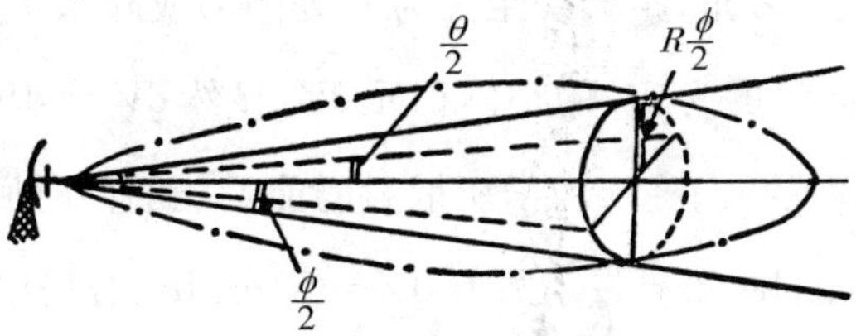

图 3.5　波束为圆锥形

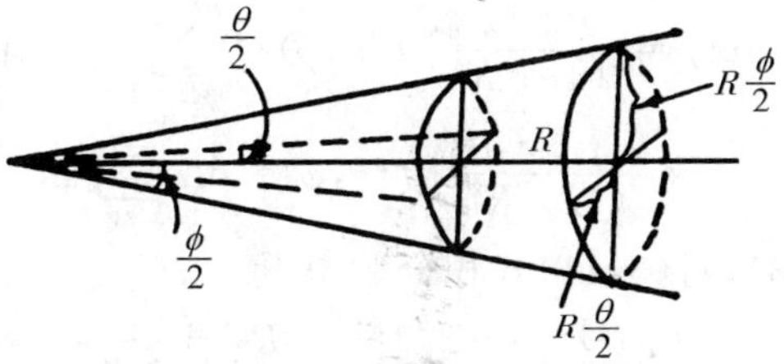

图 3.6　波束为椭圆锥体

见图 3.6 由于这时距离雷达天线 R 处的波束横切截面积是一个椭圆，即面积等于 $\pi\left(R\dfrac{\theta_1}{2}\right)\left(R\dfrac{\varphi_1}{2}\right)$，故有效照射体积近似为

$$V=\pi\left(R\frac{\theta_1}{2}\right)\left(R\frac{\varphi_1}{2}\right)\frac{h}{2} \tag{3.8}$$

3.2.1.2　雷达气象方程

根据本节的假设及雷达反射率 η 的定义可得

$$\sum_{i=1}^{N}\sigma_i=V\sum_{\text{单位体积}}\sigma_i=V\eta \tag{3.9}$$

于是可以写出不同波束形状的雷达气象方程：

(1)波束呈圆锥体时，把(3.7)式代入(3.9)式后，再代入(3.4)式即得

$$P_r=\frac{P_tG^2\lambda^2h\theta_1^2}{512\pi^2R^2}\sum_{\text{单位体积}}\sigma_i=\frac{P_tG^2\lambda^2h\theta_1^2}{512\pi^2R^2}\eta \tag{3.10a}$$

(2)波束呈椭圆锥体时，把(3.8)式代入(3.9)式后，再代入(3.4)式即得

$$P_r=\frac{P_tG^2\lambda^2h\theta_1\varphi_1}{512\pi^2R^2}\sum_{\text{单位体积}}\sigma_i=\frac{P_tG^2\lambda^2h\theta_1\varphi_1}{512\pi^2R^2}\eta \tag{3.10b}$$

3.2.2　天线辐射强度不均匀时的雷达气象方程

前面已经给出单个目标考虑天线辐射强度不均匀时普遍适用的雷达方程。现在再进一步讨论具有大量云和降水粒子群且天线辐射强度不均匀情况下的雷达气象方程。

设在偏离波束轴线 θ,φ 角，距天线距离为 R 处的云或降水中，取一个与入射波方向正交、面积元为 $\mathrm{d}S$、径向深度为 $\mathrm{d}R$ 的小体积元 $\mathrm{d}V$，显然 $\mathrm{d}V=\mathrm{d}S\mathrm{d}R$。由于 $\mathrm{d}R\ll\frac{h}{2}$，因此可以保证体积元 $\mathrm{d}V$ 内的云、降水粒子所散射的能量能够同时回到天线。若用 $\mathrm{d}\Omega$ 表示面积元 $\mathrm{d}S$ 所张的立体角，则 $\mathrm{d}\Omega=\frac{\mathrm{d}S}{R^2}$，故有 $\mathrm{d}V=R^2\mathrm{d}\Omega\mathrm{d}R$。若仍以 $\sum\limits_{单位体积}\sigma_i$ 表示单位体积内云、降水粒子的雷达截面的总和，那么，雷达天线所能接收到来自体积元 $\mathrm{d}V$ 内粒子总散射功率的时间平均值可表示为

$$\begin{aligned}\mathrm{d}P_r&=\frac{P_tG^2\lambda^2}{(4\pi)^3R^4}|f(\theta,\varphi)|^4\sum_{单位体积}\sigma_i\cdot\mathrm{d}V\\&=\frac{P_tG^2\lambda^2\mathrm{d}R}{(4\pi)^3R^2}|f(\theta,\varphi)|^4\mathrm{d}\Omega\sum_{单位体积}\sigma_i\end{aligned}\tag{3.11}$$

根据本节前面的假设(3)，对(3.11)式积分后得

$$P_r=\frac{P_tG^2\lambda^2}{(4\pi)^3}\sum_{单位体积}\sigma_i\int_R^{R+\frac{h}{2}}\frac{\mathrm{d}R}{R^2}\int_\Omega|f(\theta,\varphi)|^4\mathrm{d}\Omega$$

式中积分限取天线有效照射深度 $R\sim R+\frac{h}{2}$；Ω 是天线对散射波束截面所张的立体角。考虑到 $R\gg h$，故上式中对 R 的积分部分为

$$\int_R^{R+\frac{h}{2}}\frac{\mathrm{d}R}{R^2}=-\frac{1}{R+\frac{h}{2}}+\frac{1}{R}=\frac{h}{(2R+h)R}=\frac{h}{2R^2}$$

因此(3.11)式又可写成

$$P_r=\frac{P_tG^2\lambda^2}{(4\pi)^3}\frac{h}{2R^2}\sum_{单位体积}\sigma_i\int_\Omega|f(\theta,\varphi)|^4\mathrm{d}\Omega\tag{3.12}$$

(3.12)式实际上就是考虑有大量云和降水粒子及天线辐射强度不均匀时的雷达气象方程。它把接收功率 P_r 和可测量的雷达参数 $\lambda,G,h,f(\theta,\varphi)$，以及目标物的特性(即雷达反射率 $\eta=\sum\limits_{单位体积}\sigma_i$ 联系了起来。

至于函数 $f(\theta,\varphi)$ 的解析形式，常常不是通过直接测定得到的，而是假设 $|f(\theta,\varphi)|^4$ 为某种函数形式，再经过数学运算化成可测的天线参数及有关常数的函数形式。例如，可以证明(见附录 3.1)

$$\int_\Omega|f(\theta,\varphi)|^4\mathrm{d}\Omega=\frac{\pi\theta_1\varphi_1}{8\ln 2}$$

将此积分值代入(3.12)式后，即得

$$P_r=\frac{P_tG^2\lambda^2h\theta_1\varphi_1}{1024\ln 2\pi^2R^2}\sum_{单位体积}\sigma_i=\frac{P_tG^2\lambda^2h\theta_1\varphi_1}{1024\ln 2\pi^2R^2}\eta\tag{3.13}$$

应该指出，在推导这个方程时假设来自云和降水粒子的散射回波是非相干波，以及

在有效照射体内η值处处是常数。因此(3.13)式不论对瑞利散射还是对米散射均适用。为了把(3.13)式中的η写成可以计算的形式，还必须根据不同的散射特性将第i个粒子的雷达截面σ_i用瑞利公式或米氏公式代替。当云和降水粒子不太大，即符合瑞利散射条件时，就可用瑞利公式代替η值，符合米氏散射时，方便的办法是换算成等效反射因子Z_e，这样雷达气象方程仍可表示为瑞利散射时的简单形式。

3.2.3 雷达气象方程的准确性

把雷达气象方程(3.10)式，与考虑天线辐射强度不均匀时得到的雷达气象方程(3.13)式进行比较后可以看出，(3.13)式比(3.10)式多一个因子$\frac{1}{2\ln 2}=0.72$，即(3.13)式可以写成

$$P_r=\left(\frac{P_tG^2\lambda^2h\theta_1\varphi_1}{512\pi^2R^2}\sum_{\text{单位体积}}\sigma_i\right)\times 0.72$$

上式中系数0.72，相当于原来(3.10)式与实际测定的P_r比较时因高于实测值而需要乘上的一个经验订正因子。即用(3.13)式计算的回波功率只等于用(3.10)式计算的回波功率的0.72倍。这表明考虑天线辐射强度不均匀的雷达气象方程(3.13)式比没有考虑这一点的(3.10)式更符合实际。

但是，在实际工作中发现，即使是用(3.13)式计算的P_r值，仍比实际测量所得的P_r值要高。这是由于在推导(3.10)、(3.13)式时的简单假设高估了天线增益G的缘故。

3.2.3.1　增益G的讨论

在第一节中已经引进了增益G的概念，它的物理意义是：由方向性天线把辐射能量集中到一个方向上，使这个方向上的辐射能流密度增加了G倍，这就好像天线发射功率增加了G倍。因此可得

$$G=\frac{S_{\max}}{S_{av}}=\frac{S_{\max}4\pi R^2}{S_{av}4\pi R^2}$$

已知

$$S_{av}=\frac{P_t}{4\pi R^2}$$

$$S_{\max}=S_{av}G=\frac{P_tG}{4\pi R^2}$$

$$S_a(\theta,\varphi)=S_{\max}(0,0)\mid f(\theta,\varphi)\mid^2$$

$$S_{\max}=S_{\max}(0,0)\mid f(0,0)\mid^2$$

式中$S_a(\theta,\varphi)$表示在天线波瓣中任意方向上的能流密度。

雷达发射功率可以认为是各方向实际发射的能流密度的积分值，即

$$S_{av}4\pi R^2=\int_{4\pi R^2}S_{\max}\mid f(\theta,\varphi)\mid^2\mathrm{d}S=\int_{4\pi R^2}\frac{P_t}{4\pi R^2}G\mid f(\theta,\varphi)\mid^2\mathrm{d}S$$

定向辐射最大辐射方向上的能流密度作各向同性的球形辐射时的总能量值也可以写成积分形式

$$S_{\max}4\pi R^2=\int_{4\pi R^2}S_{\max}\mathrm{d}S=\int_{4\pi R^2}S_{\max}\,|f(0,0)|^2\mathrm{d}S$$
$$=\int_{4\pi R^2}\frac{P_t}{4\pi R^2}G\,|f(0,0)|^2\mathrm{d}S$$

将这些数学表示式代入上面增益 G 的定义式，再考虑到 $\mathrm{d}\Omega=\frac{\mathrm{d}S}{R^2}$，以及 P_t,G,R 是给定的常数，于是有

$$G=\frac{\int_{4\pi R^2}\frac{P_t}{4\pi R^2}G\,|f(0,0)|^2\mathrm{d}S}{\int_{4\pi R^2}\frac{P_t}{4\pi R^2}G\,|f(\theta,\varphi)|^2\mathrm{d}S}$$
$$=\frac{4\pi R^2}{R^2\int_{4\pi}|f(\theta,\varphi)|^2\mathrm{d}\Omega}=\frac{4\pi}{\int_{4\pi}|f(\theta,\varphi)|^2\mathrm{d}\Omega} \tag{3.15}$$

(3.15)式给出了增益 G 的另一个函数表达式。从这个式子出发，可以讨论几种不同假定条件下增益 G 与天线波束宽度 θ,φ 之间的关系。

(1)天线发射的能量均匀集中在两半功率点之间窄波束内时，由于假设了雷达发射功率等于集中在两半功率点间的最大辐射方向上的能量(见图 3.1)，即有

$$\int_{4\pi}|f(\theta,\varphi)|^2\mathrm{d}\Omega=\int_{\Omega^*}|f(0,0)|^2\mathrm{d}\Omega=\frac{\pi\theta_1\varphi_1}{4}$$

式中 Ω^* 是波束的两半功率点间横截面所对应的立体角；θ_1,φ_1 分别是波束的水平宽度和垂直宽度。在得到上述结果时考虑了波束是椭圆锥体，两半功率点间的截面为 $\pi\left(R\frac{\theta_1}{2}\right)\left(R\frac{\varphi_1}{2}\right)$，该截面对雷达天线所张的立体角显然为$\frac{\pi\theta_1\varphi_1}{4}$。

将上述结果代入(3.15)式，就得

$$G_h=\frac{4\pi}{\frac{\pi\theta_1\varphi_1}{4}}=\frac{16}{\theta_1\varphi_1} \tag{3.16}$$

G_h 表示天线发射能量均匀集中在两半功率点之间窄波束内的增益。

(2)波束内能流密度分布不均匀，而且半功率点以外还有能量时，与整个雷达波束发射功率有关的项为(推导见附录 3.1)

$$\int_{4\pi}|f(\theta,\varphi)|^2\mathrm{d}\Omega=\int_{-\infty}^{\infty}\int_{-\infty}^{\infty}\exp\left(-\frac{4\ln 2\cdot\theta^2}{\theta_1^2}-\frac{4\ln 2\cdot\varphi^2}{\varphi_1^2}\right)\mathrm{d}\theta\mathrm{d}\varphi=\frac{\pi\theta_1\varphi_1}{4\ln 2}$$

把上述结果代入(3.15)式，即得

$$G_0 = \frac{4\pi}{\dfrac{\pi\theta_1\varphi_1}{4\ln 2}} = \frac{16\ln 2}{\theta_1\varphi_1} = \frac{11.1}{\theta_1\varphi_1} \tag{3.17}$$

G_0 表示波束内能流密度分布不均匀，而且半功率点以外还有能量时的增益。

将(3.16)式和(3.17)式进行比较，可得

$$\frac{G_h}{G_0} = \frac{\dfrac{16}{\theta_1\varphi_1}}{\dfrac{11.1}{\theta_1\varphi_1}} = 1.4$$

这一结果表明，在获得(3.16)式的简单假定下，天线增益 G 被高估了 40%。

(3)由于从发射机到天线之间还存在着能量损耗等原因，实际的天线增益还要小，其表示式为

$$G_p = \frac{K^2\pi^2}{\theta_1\varphi_1}$$

式中 G_p 为实际天线增益；K 值和能量损耗等因素有关，一般情况下 $K \doteq 1$，于是有

$$G_p = \frac{9.9}{\theta_1\varphi_1} \tag{3.18}$$

因此

$$\frac{G_h}{G_p} = \frac{\dfrac{16}{\theta_1\varphi_1}}{\dfrac{9.9}{\theta_1\varphi_1}} \doteq 1.6$$

这说明在获得(3.16)式的简单假定下，天线增益比实际天线增益高估了 60%。

3.2.3.2　雷达气象方程的准确性

以 $P_{r_hG_h}$ 表示用(3.10)式计算的回波功率，而且公式中的 G 采用 G_h，即把简单假定下得到的雷达气象方程(3.10)式中对增益 G 的高估值，和它同(3.13)式比较系数的偏高合在一起了。再以 $P_{r_0G_p}$ 表示用(3.13)式计算的回波功率，而且公式中的 G 采用 G_p，即它表示用实际准确的雷达气象方程所计算的回波功率。对这两者进行比较后可得

$$\frac{P_{r_hG_h}}{P_{r_0G_p}} = \frac{\dfrac{P_tG_h{}^2\lambda^2h\theta_1\varphi_1}{512\pi^2R^2}\sum\limits_{\text{单位体积}}\sigma_i}{0.72\,\dfrac{P_tG_p{}^2\lambda^2h\theta_1\varphi_1}{512\pi^2R^2}\sum\limits_{\text{单位体积}}\sigma_i} = \frac{(1.6)^2}{0.72} \approx 3.6$$

这说明采用(3.10)式求得的回波功率值，比用(3.13)式计算得到的回波功率高 3.6 倍，或 5.6dB。所以，较为准确的雷达气象方程相当于是(3.10)式乘上一个订正值 $F = 0.28$。

3.2.4　瑞利散射条件下的雷达气象方程

在瑞利散射条件下，(1.28)式所给出的雷达反射率为

$$\eta=\frac{\pi^5}{\lambda^4}\left|\frac{m^2-1}{m^2+2}\right|^2\int_0^\infty n(D)D^6\mathrm{d}D$$
$$=\frac{64\pi^5}{\lambda^4}\left|\frac{m^2-1}{m^2+2}\right|^2\int_0^\infty n(r)r^6dr$$

把上式代入(3.13)式得

$$P_r=\frac{\pi^3}{16\ln 2}\frac{P_t hG^2\theta_1\varphi_1}{\lambda^2R^2}\left|\frac{m^2-1}{m^2+2}\right|^2\int_0^\infty n(r)r^6dr \tag{3.19}$$

以上两式中 r 是水滴半径，D 是水滴直径。方程(3.19)是 Probert-Jones1961 年推导的雷达气象方程。目前国内外不少雷达气象文献中普遍采用这个方程。

对于圆口径抛物面天线，因为 $G=\frac{4\pi A_e}{\lambda^2}=\frac{8\pi A_p}{3\lambda^2}$，$\theta_1=\varphi_1$，其中 A_e 是天线有效截面，A_p 是抛物面天线的外缘截面积。把这 G 的表示式代入(3.19)式，并注意到 $\theta_1\varphi_1$ 这里可写成 $\theta_1{}^2$，就能得到使用圆口径抛物面天线时在瑞利散射条件下的雷达气象方程

$$P_r=\frac{4P_tA_p{}^2\theta_1{}^2h\pi^5}{9\lambda^6R^2\ln 2}\left|\frac{m^2-1}{m^2+2}\right|^2\int_0^\infty n(r)r^6dr \tag{3.20}$$

国产 711 型、713 型测雨雷达使用的都是圆口径抛物面天线，水平波瓣宽度和垂直波瓣宽度近似相等，在瑞利散射条件下可使用(3.20)式进行研究和计算。

§3.3　考虑充塞程度和衰减因子的雷达气象方程

推导(3.13)式时实际上还有两点假定：

(1)雷达波束内充满降水粒子或云滴。由于 P_r 是反映有效照射体积内的回波功率，故降水粒子或云滴首先应该在产生 P_r 的有效照射体积内是充满的。另外，由于公式中距离 R 是任意的，若任意的距离上都存在产生回波的降水粒子或云滴，则要求降水粒子或云滴充满整个雷达波束。

(2)认为在雷达站到被探测的降水粒子或云滴之间存在的大气或其它降水对电磁波的衰减作用可以忽略。

上述两点假设，在有些情况下是可以成立的，在比较多的情况下往往不能成立。

例如，就充塞情况而言，当近距离探测对流云降水时，可以认为降水粒子或云滴充满整个雷达波束；当探测远距离层状云降水时，即使天线以水平发射电磁波，波束所在高度上常常不能被降水粒子或云滴所充满，更不用说天线以一定仰角发射电磁波了。测雨雷达远距离探测时常常会碰到这种情况。

又例如，就衰减而言，一般雨对 3cm 雷达波的衰减已不能忽略，在远距离探测时还要考虑大气、云滴对雷达波的衰减作用。

为了在雷达气象方程中同时考虑上述两个因子的影响，应对(3.13)式作一些修正。

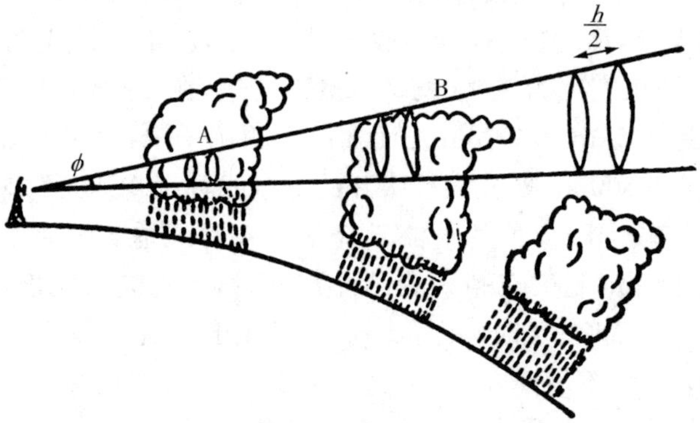

图 3.7　波束充塞程度示意图

3.3.1　充塞程度

当雷达波束完全处在降水或云体的上下边界以内时，可以认为充塞系数 $\psi=1$，如图 3.7 中 A 处所示。当雷达波束只是部分地被降水或云滴充塞时，如图 3.7 中 B 处所示，这时雷达观测到的回波功率必定比完全充塞时小，用(3.13)式计算出的 P_r 值就偏大，因此必须乘上一个小于 1 的、取决于充塞程度的充塞系数 ψ。显然，ψ 值的大小，既取决于降水粒子或云滴对波束的垂直充塞程度，也取决于水平充塞程度。

3.3.1.1　垂直充塞系数 ψ_v

当天线作水平扫描时，降水或云滴对波束在垂直方向上的充塞程度可以用下式表示

$$\psi_v=\frac{H_t-H_b}{R\varphi_1} \tag{3.21}$$

式中 H_t 是波束内云或降水粒子的上界高度；H_b 是下界高度；R 是雷达站到被测目标之间的距离；φ_1 是以弧度为单位的波束垂直宽度。因此 ψ_v 是垂直方向上波束被降水或云滴充塞部分和波束在垂直方向上线宽度之比。

由图 3.7 及(3.21)式可以看出：

(1)当降水或云滴高度以及波束垂直宽度 φ_1 一定时，波束的垂直充塞程度即 ψ_v 的大小与距离 R 有关。距离小时，波束展开的线宽度 $R\varphi_1$ 也较小，波束容易被同样大小的降水或云体充满，ψ_v 值就大，一般可达到等于1；当距离增大时，$R\varphi_1$ 变大，ψ_v 就可能小于1。考虑地球曲率和大气折射影响，ψ_v 值在远距离处甚至会等于零。

例如，对于波瓣垂直宽度达 7.5°的测雨雷达，在 10km，50km，100km 及 300km 处，$R\varphi_1$ 值分别为 1.3km，6.5km，13km 及 39km。因此对于高达十几千米的对流云降水，R 不大时 ψ_v 即可等于 1；但当 R 在 100km 以上时，就不一定能充满雷达波束。

(2)对于同样高度的降水或云体，在同样的距离 R 处，波束是否被充满还与波束垂直宽度 φ_1 有关。波束窄，$R\varphi_1$ 值小，容易被充满；反之，就不易被充满。

例如，对于垂直波束宽度为 1.45°的 711 测雨雷达，在 100km 和 300km 处波束被张开的垂直线宽度分别为 2.5km 和 7.5km。而在前面的例子中，对于波束垂直宽度达 7.5°的测雨雷达，在 100km 和 300km 处波束被张开的垂直线宽度就达到 13km 和 39km。

因此，波束窄时，较远距离处的对流云降水也容易被垂直波束所充满；而波束宽时，即使在近距离处也不一定能被充满。故设计雷达时，垂直波束宽度尽量设计得窄一些。在进行实际探测时，还要考虑到远距离处 ψ_v 常不等于 1，尤其是发展不甚高的对流云和层状云降水更是如此。ψ_v 不等于 1，也是远距离处回波较弱的原因之一。

(3)从(3.21)式可见，ψ_v 值大小还与降水云体的顶高有关。云顶越高，就能在更远距离上使 ψ_v 等于 1。一般测雨雷达能探测到 300km 附近的对流云降水，除了反射因子 Z 较大外，对流云发展高度较高也是一个原因。

(4)由图 3.7 还可以看出，ψ_v 值的大小，也和天线的仰角有关。

3.3.1.2　水平充塞系数 ψ_h

水平充塞系数可由下式表示

$$\psi_h = \frac{L}{R\theta_1} \tag{3.22}$$

式中 L 为波束内降水或云滴的水平尺度；θ_1 是以弧度为单位的波束水平宽度。

由于降水或云体的水平尺度通常很大，故 ψ_h 值一般能够等于 1，只有在降水或云体的边缘处 ψ_h 值才小于 1。

3.3.1.3　充塞系数 ψ

显然，充塞系数 ψ 应综合考虑水平和垂直方向上的充塞程度，故有

$$\psi = \psi_v \times \psi_h \tag{3.23}$$

由(3.21)，(3.22)，(3.23)三式可见，为了缩小充塞系数小于 1 的范围，以便能够在较大范围内正确使用雷达气象方程(3.13)式，需采用比较窄的波束进行探测，并限制在不太远的距离内。

还应指出，由于天线的径向有效照射深度为 $\frac{h}{2}$，一般降水区和能被探测到的云的径向尺度远比 $\frac{h}{2}$ 大，故除了在降水或云体的近端和远端的边界上很小的一个范围以外，一般在降水或云体中相当于 $\frac{h}{2}$ 有效照射深度的范围内波束是能够被充满的。

前面已经提到，在波束横截面中的水平方向上也是容易充满的，问题主要是在垂直方向上，因为垂直波束在远处的垂直宽度较大，当天线以较高仰角进行扫描或探测较薄的降水或云体时，波束就不易被充满。

3.3.2 考虑衰减和充塞程度的雷达气象方程

若雷达站和云及降水粒子之间的大气、云和降水的吸收和散射使发射的雷达波以及返回的散射波受到的衰减不能忽略，就要考虑衰减的影响。第二章中已经讨论过各种气象因子引起的衰减，这时回波功率据(2.8)式为

$$P_r = P_{re} 10^{-0.2\int_0^R k\mathrm{d}R}$$

式中 $k = 4.343 k_L$，k 的量纲是$\dfrac{\text{分贝}}{\text{长度}}$，$k_L$ 的量纲是$\dfrac{1}{\text{长度}}$，它们都称为衰减系数。

考虑衰减因子和充塞系数后，雷达气象方程(3.13)式显然可以写成

$$P_r = \frac{P_t \lambda^2 G^2 \theta_1 \varphi_1 h}{1024\ln 2 \cdot \pi^2 R^2} \psi \sum_{\text{单位体积}} \sigma \cdot 10^{-0.2\int_0^R k\mathrm{d}R} \tag{3.24}$$

式中 $\psi = \psi_v \cdot \psi_h$；$k = k_g + k_c + k_p$ 是考虑了大气、云、降水的总衰减系数，它的量纲是$\dfrac{\text{分贝}}{\text{长度}}$；而对 $\sum \sigma_i$ 的计算，要看是属于瑞利散射还是米散射，若考虑是瑞利散射，那么有

$$\sum_{\text{单位体积}} \sigma_i = \frac{\pi^5}{\lambda^4} \left| \frac{m^2 - 1}{m^2 + 2} \right|^2 \int_0^\infty n(D) D^6 \mathrm{d}D$$

把它代入(3.24)式得

$$P_r = \frac{\pi^3}{1024\ln 2} \frac{P_t h G^2 \theta_1 \varphi_1}{\lambda^2} \frac{1}{R^2} \psi \left| \frac{m^2 - 1}{m^2 + 2} \right|^2 Z \cdot 10^{-0.2\int_0^R k\mathrm{d}R} \tag{3.25}$$

这就是测雨雷达观测手册中所用的雷达气象方程，它在瑞利散射条件下成立。若是米散射，则 $\sum \sigma_i$ 要用米氏公式计算，或像前面所提到过的，先求出 Z_e 值，再把(3.25)式中的 Z 换成 Z_e 即可。

§3.4 雷达气象方程的讨论

雷达气象方程(3.25)式看起来很复杂，但是归纳一下无非是雷达机各参数、气象因子、目标物和雷达之间的距离这三个方面的因子在起作用。这些因子共同影响着回波的强弱，或者相互促进，或者相互抑制，因此要严格地、综合地对雷达气象方程进行讨论，存在一定困难。为了方便，这里只是孤立地对它们作一些分析。波长、充塞系数等因子在这里讨论有一定局限性，故放到第五章中去讨论。

3.4.1 雷达机各参数及其在雷达探测中的作用

雷达机各参数包括发射功率，脉冲宽度和脉冲长度，波束宽度，天线增益等。下面分别进行讨论。

3.4.1.1 发射功率

在雷达气象上常用的发射功率有两种，一种叫脉冲峰值功率，以 P_t 表示；另一种叫脉冲平均功率，以 $\bar{P}_t$ 表示。P_t 通常定义为脉冲持续期 τ 内的平均值，相对于不考虑脉冲间歇期而言，把它称为脉冲峰值功率。其数学表达式为

$$P_t = \frac{1}{\tau}\int_{-T/2}^{T/2} W(t)\mathrm{d}t \tag{3.26}$$

式中 T 是脉冲周期；τ 是脉冲宽度；$W(t)$ 是脉冲瞬时功率。上式表明，P_t 为 $W(t)$ 在脉冲周期内对时间积分，再对 τ 求平均的值，故 P_t 是峰值功率。若对脉冲周期 T 取平均，就可得脉冲平均功率

$$\bar{P}_t = \frac{1}{T}\int_{-T/2}^{T/2} W(t)\mathrm{d}t \tag{3.27}$$

很容易推得 P_t 与 $\bar{P}_t$ 之间关系为

$$P_t = \frac{\bar{P}_t}{\tau F} \tag{3.28}$$

F 是脉冲重复频率。

增加 P_t 值通常可以提高信噪比，从而增大最大探测距离。但是，单靠增加 P_t 值去增大探测距离不仅技术上有困难，还因为最大探测距离取决于脉冲重复频率，当脉冲重复频率增大，最大探测距离就变小；反之，则变大。故此法并不能达到预期目的。

例如，当 F 等于 500Hz 时，根据雷达测距公式很容易计算得最大探测距离是 300km。发射功率 P_t 值再增加，也要受这个极限值的限制。

最大探测距离还受目标物最大高度 H，雷达架设高度 h_0，以及地球曲率等影响，其关系式将在第四章中给出。

最大探测距离还与 λ^{-4} 成正比。这是满足瑞利散射的粒子特性所决定的。即波长愈短，粒子散射愈强，可以造成较大的回波接收功率，使雷达探测距离增加。

显然，雷达最大探测距离还与雷达接收机灵敏度以及电磁波在途中衰减情况等有关，因此在实际工作中必须综合考虑。

总之，增加发射功率要根据具体情况而定。目前，3cm 和 5cm 波长的测雨雷达，当 P_t 值取几十千瓦到数百千瓦时基本上可满足要求。至于 10cm 波长雷达，由于雨滴雷达截面小，发射功率就要大一些，通常取几个兆瓦。

3.4.1.2 脉冲宽度和脉冲长度

当脉冲宽度 τ 或脉冲长度 h 增大时，回波接收功率 P_r 随着增加，因此可以探测到比较远的距离。其物理原因是：h 增大，雷达脉冲在空间的体积增加，同一时间里被电磁波所照射到的降水粒子数量增多，所以回波接收功率 P_r 增大，使一些弱的雨区等容易发现。

但是，当 h 增大使探测距离 R 增大时，也产生另外两个缺点：

(1)雷达距离分辨率变低。关于雷达分辨率,第五章中将详细讨论,这里只简单提及。所谓雷达距离分辨率,是指空间径向方向上两个目标物在雷达荧光屏上造成的回波能够区分开来的最小实际距离。例如,当 $\tau = 1\mu s$ 时,从公式 $h = \tau \cdot c$ 可以算出,h 等于300m。由于往返脉冲一来一去,故距离分辨能力仅有 150m。这就是说,在 150m 以内的目标物到底在哪一点位置是分辨不出的。显然,随着 h 增大,距离分辨率变差,测距误差也就会增大。

(2)雷达盲区变大。根据上述原因,脉冲长度 1/2 的距离实际上决定了雷达的最小探测距离。在上面 τ 等于 $1\mu s$ 这个例子中,距离雷达站 150m 以内的目标物雷达是探测不到的。其原因是:天线发射脉冲时,前一半脉冲产生回波的时间,正好是后一半脉冲从天线发射的时间,此时天线收发开关尚未接通接收机,故在前一半脉冲长度 $\frac{h}{2}$ 内产生的回波将收不到。这个离雷达站 $\frac{h}{2}$ 的距离称为盲区。在这距离内雷达成了“瞎子”,看不到任何目标物。

应该指出,尽管雷达盲区和距离分辨率均为 $\frac{h}{2}$,其意义是不相同的。盲区是指该区域内探测不到回波;距离分辨率是指在该段距离内各目标物产生的回波,在荧光屏上成为一个亮点,不能彼此分开,但回波是存在的。

总之,增大 h 或 τ,使探测距离增加的同时,产生了距离分辨率变低和盲区增大的缺点。但可以采用下面两种方法解决上述矛盾:

(1)根据不同探测要求,结合雷达各参数统筹考虑,选择适当的脉冲长度。

(2)采用可变的脉冲长度。近距离探测时,选取短脉冲;远距离探测时,选取长脉冲。

3.4.1.3　波束宽度

水平波束宽度 θ_1 和垂直波束宽度 φ_1 愈大,天线发射的能量就愈分散,入射能流密度 S_1 将随距离增加而较快地减小,造成回波能量变弱。θ_1,φ_1 增大,还会引起探测上一些不必要的误差(第五章中要讨论这些误差),以及在较远距离处很难保证充塞系数 ψ 等于 1。故一般测雨雷达的设计总是希望 θ_1,φ_1 尽可能小些。只有指挥飞机进行人工降雨的雷达,才需要加一宽波束天线,以利于寻找体积小、移动快的飞机。通常当雷达天线变大时,θ_1,φ_1 自然就会变小。另外,θ_1,φ_1 减小时,理论的增益值 $G = \frac{9.9}{\theta_1 \cdot \varphi_1}$ 也随之增加。

3.4.1.4　天线增益

天线增益 G 增加时,接收到的回波功率 P_r 以平方的倍数增大,所以加大天线增益是提高雷达探测能力的一个重要因素。但是考虑到 $G = \frac{8}{3}\pi\frac{A_p}{\lambda^2}$,故在波长不变情况下要增加 G 值,必须增大圆抛物面天线口径的几何面积 A_p,这样又带来转动性能和抗风能力差等的缺点。因此目前天线面积和增益的大小，都是按照雷达用途的不同以及技术上的可能进行设计的。

3.4.2　气象因子的作用

气象因子对回波接收功率的影响，主要通过下述两个方面：

(1)目标物的后向散射特性。雷达气象方程中反映在因子 $\left|\frac{m^2-1}{m^2+2}\right|^2 \cdot Z$ 上，它包括了粒子大小、相态、形状、温度等对散射的影响。这些内容已在第一章中讨论过。

(2) 波束路径上各种粒子对雷达波的衰减作用。雷达气象方程中反映在因子 $10^{-0.2\int_0^R k\mathrm{d}R}$ 上，它包括大气、云、雨、雪、冰雹等粒子在不同波长、不同温度时的衰减。这些内容已在第二章中专门讨论过了。

3.4.3　距离因子的影响

回波功率 P_r 与距离 R 的平方成反比。因此，雷达上若无距离订正装置，同样强度的降水出现在远距离处要比近距离处弱得多，在观测分析回波强弱以及移动状况时容易产生错觉。

距离因子影响回波接收功率的物理原因是：当实际存在的云、降水粒子的数密度及谱特性不变时，在远距离处由于波束发散宽度增加，使发射能量分散，入射能流密度 S_i 随距离增大而减小，造成回波能量的减弱。

为了克服上述缺点，以便对不同距离上由目标本身的散射特性所形成的回波可以进行比较，目前我国研制的 713 型、714 型等测雨雷达都已配备有距离订正装置。

§3.5　小旋转椭球雨滴群的雷达气象方程

实际雨滴在下落过程中会产生形变，雨滴愈大形变愈大。Imai 在理论上对雨滴形变作了预测，H. R. Pruppacher 和 K. V. Beard 在风洞实验中进一步证实了这一点。因此，对于包含大量雨滴的强降水必须考虑雨滴非球形对后向散射功率的影响，及由此产生的雷达测雨误差。本节由张培昌根据小旋转椭球散射的 Gans 理论，并考虑常规天气雷达一般都是发射水平偏振波，对于谱型一定、旋转轴取向不同的椭球雨滴群引进不同的雷达截面，建立不同的雷达气象方程，并定义相应的雷达反射率因子。

3.5.1　问题的提出

假设雷达天线发射的波束的充塞系数 $\psi=1$，且不考虑雨对波束的衰减，在满足小球形粒子瑞利散射条件下，前面 Probert-Jones 给出的雷达气象方程(3.19)式可写成为

$$P_r = \frac{C}{R^2} Z \tag{3.29}$$

式中 P_r 是回波功率；Z 是小球形雨滴的雷达反射率因子；C 是雷达常数。Z 和 C 分别由下面的公式确定

$$Z = \int_0^{\infty} N(D) D^6 \mathrm{d}D \tag{3.30}$$

$$C = \left\{\frac{\pi^3}{1024\ln 2}\right\}\left\{\frac{P_t hG\theta\varphi}{\lambda^2}\right\}\left\{\left|\frac{m^2-1}{m^2+2}\right|^2\right\} = C^* \frac{\pi^5}{\lambda^4}\left|\frac{m^2-1}{m^2+2}\right|^2 \tag{3.31}$$

即

$$C^* = \frac{P_t G^2 \lambda^2 \theta\varphi}{1024(\ln 2)\pi^2} \tag{3.32}$$

(3.30)式中 D 是雨滴直径；$N(D)$ 是雨滴分布。大雨滴在重力场作用下会偏离球形，一般可近似看做旋转椭球体。根据 Gans 理论，旋转椭球体的后向散射与雷达发射波束的仰角、偏振状况以及椭球旋转轴的取向等有关。考虑到天气雷达设计中雷达常数 C 是设定的，雷达气象方程仍希保持(3.29)式的形式不变，那么，对于由旋转椭球形雨滴群造成的雷达反射率因子必须按不同情况重新定义。

3.5.2　方程推导

设雷达天线和旋转椭球配置如图 3.8 所示，$oxyz$ 是固定在天线上的直角坐标系，z 轴方向为波束发射方向，发射电场 E 在 oxy 平面内，它与 x 轴的夹角为 α，y 轴与铅直方向之间的夹角为 δ，亦即为天线仰角。$o'\xi\eta\zeta$ 是固定在旋转椭球体上的直角坐标系，椭球的旋转轴长为 a，相等轴轴长为 b,c，旋转轴方向 $o'\xi$ 处在水平方向。根据 Gans 理论可以推导得到该旋转椭球体在雷达波作用下产生的后向散射强度为

$$I_x \approx P_x^2 = [(g-g')\alpha_1(\alpha_2\sin\alpha + \alpha_1\cos\alpha) + g'\cos\alpha]^2 \tag{3.33}$$

$$I_y \approx P_y^2 = [(g-g')\alpha_2(\alpha_2\sin\alpha + \alpha_1\cos\alpha) + g'\sin\alpha]^2 \tag{3.34}$$

式中 I_x, I_y 分别是后向散射电场 E_s 中 x, y 方向分量对后向散射强度的贡献。P_x, P_y 是相应分量方向上的电偶极矩，g, g' 分别是整个椭球在旋转轴方向及相等轴方向上的极

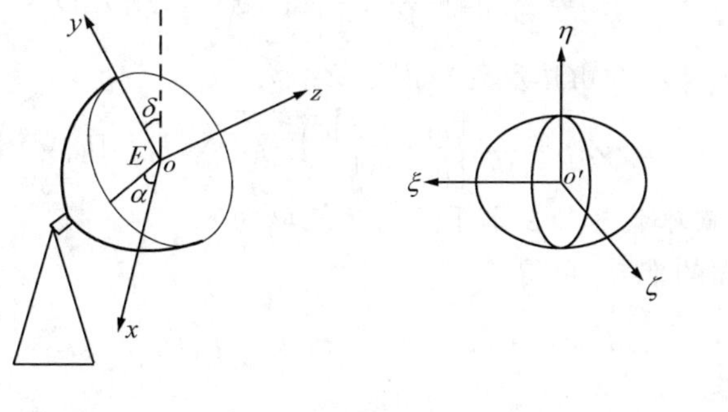

图 3.8　建立在天线与旋转椭球雨滴上的两个直角坐标系

化系数。α_1，α_2 分别是 $oxyz$ 坐标系中每个坐标对于 $o'\xi\eta\zeta$ 坐标系中每个坐标构成的方向余弦，且 $\alpha_1 = \cos(x,\xi)$，$\alpha_2 = \cos(y,\xi)$。下面讨论雷达发射水平偏振波时，椭球旋转轴在三种不同取向情况下导出的雷达气象方程和相应的雷达反射率因子。

3.5.2.1　扁椭球旋转轴一致铅直取向

这时，$\alpha = 0$，$\alpha_1 = 0$，$\alpha_2 = 1$，代入(3.33)、(3.34)式后得

$$I_x = g'^2 \tag{3.35}$$

$$I_y = 0 \tag{3.36}$$

常规天气雷达只能接收平行分量 I_x 这部分能量。据雷达截面 σ_{h1} 的定义

$$\sigma_{h1} \cdot S_0 = 4\pi R^2 \cdot S_x \tag{3.37}$$

式中 S_0 是发射波的能流密度。当取发射电场振幅 E_0 为单位振幅时，$S_0 = \frac{c}{8\pi}$，c 是光速。S_x 是散射电场 x 方向分量造成的后向散射能流密度，有

$$S_x = \frac{c}{8\pi}\frac{k^4 P_x^2}{R^2} = \frac{c}{8\pi}\frac{k^4 I_x}{R^2}$$

将(3.35)式代入并注意到 $k = \frac{2\pi}{\lambda}$，可得

$$S_x = \frac{2\pi^3 c}{\lambda^4 R^4} g'^2 \tag{3.38}$$

将(3.38)式代入(3.37)式后得

$$\sigma_{h1} = \frac{64\pi^5}{\lambda^4} g'^2 \tag{3.39}$$

当雷达气象方程用雷达截面表示时为

$$P_r = \frac{C^*}{R^2}\int_0^\infty \sigma_{h1} N(D_e)\mathrm{d}D_e \tag{3.40}$$

式中 D_e 是与椭球同体积的球体的直径，称作椭球的等效直径。把(3.39)式代入(3.40)式，并作简单处理后就可得扁旋转椭球雨滴群旋转轴一致铅直取向时的雷达气象方程为

$$P_r = \frac{C}{R^2} 64 \left|\frac{m^2+2}{m^2-1}\right|^2 \int_0^\infty g'^2 N(D_e)\mathrm{d}D_e \tag{3.41}$$

据(3.14)式可以定义新的雷达反射率因子 Z_{h1} 为

$$Z_{h1} = 64 \left|\frac{m^2+2}{m^2-1}\right|^2 \int_0^\infty g'^2 N(D_e)\mathrm{d}D_e \tag{3.42}$$

3.5.2.2　长椭球旋转轴在水平面内无规取向

通过类似前面的推导，可得

$$\begin{cases} I_x^2 = \dfrac{3}{8}(g-g')^2 + (g-g')g' + g'^2 \\ I_y^2 = \dfrac{1}{8}(g-g')^2 \end{cases} \tag{3.43}$$

$$\sigma_{h1} = \frac{64\pi^5}{\lambda^4}\left[\frac{3}{8}(g-g')^2+(g-g')g'+g'^2\right] \tag{3.44}$$

$$P_r = \frac{C}{R^2}64\left|\frac{m^2+2}{m^2-1}\right|^2\int_0^\infty\left[\frac{3}{8}(g-g')^2+(g-g')g'+g'^2\right]N(D_e)\mathrm{d}D_e \tag{3.45}$$

$$Z_{h1} = 64\left|\frac{m^2+2}{m^2-1}\right|^2\int_0^\infty\left[\frac{3}{8}(g-g')^2+(g-g')g'+g'^2\right]N(D_e)\mathrm{d}D_e \tag{3.46}$$

(3.45)、(3.46)式就是相应于目前情况的雷达气象方程和雷达反射率因子表示式。

3.5.2.3　*扁椭球旋转轴在空间作无规取向*

假设椭球旋转轴在空间作各种取向的机会相等，这时散射回天线的散射强度将与发射波的仰角及偏振方向等无关。通过类似前面的推导可得

$$\begin{cases} I_x = \dfrac{1}{5}\left(g^2+\dfrac{4}{3}gg'+\dfrac{8}{3}g'^2\right) \\ I_y = \dfrac{1}{15}(g-g')^2 \end{cases} \tag{3.47}$$

$$\sigma_{h3} = \frac{64\pi^5}{5\lambda^4}\left(g^2+\frac{4}{3}gg'+\frac{8}{3}g'^2\right) \tag{3.48}$$

$$P_r = \frac{C}{R^2}\,\frac{64}{5}\left|\frac{m^2+2}{m^2-1}\right|^2\int_0^\infty\left(g^2+\frac{4}{3}gg'+\frac{8}{3}g'^2\right)N(D_e)\mathrm{d}D_e \tag{3.49}$$

$$Z_{h3} = \frac{64}{5}\left|\frac{m^2+2}{m^2-1}\right|^2\int_0^\infty\left(g^2+\frac{4}{3}gg'+\frac{8}{3}g'^2\right)N(D_e)\mathrm{d}D_e \tag{3.50}$$

(3.49)、(3.50)式就是相应于上述情况的雷达气象方程和雷达反射率因子表示式。

本章小结

雷达气象方程是雷达气象学的理论基础，它综合运用了散射、衰减等有关方面的知识，经过推导，最后用数学公式集中反映了雷达回波强弱和气象目标物、雷达机各参数以及距离等关系。若雷达机各参数是稳定和精确的，那么一定距离上回波的性质与强弱，能够反映该处气象目标物的性质，这样就可以运用测雨雷达的回波分析，了解大气、云、降水等的物理状况。雷达定量测定降水等工作也是以雷达气象方程为基础的。

雷达气象方程有各种形式。本章中首先引进了天线辐射强度均匀分布在两半功率点以内时的单个目标的雷达方程；其次又引进了天线辐射强度不均匀分布时的雷达气象方程；最后讨论了考虑充塞程度和衰减的雷达气象方程，以及它在瑞利散射条件下的具体形式。

为了研究雷达气象方程的准确性，以及雷达各参数之间的相互关系和这些参数在探测中的作用，除了专门对增益 G 进行讨论外，对其它参数也作了一定分析。

最后，推导出了适合小旋转椭球雨滴群旋转轴在三种不同取向时的雷达截面、雷达反射率因子及雷达气象方程。

附　　录

证明积分

$$\int_{\Omega} |f(\theta,\varphi)|^4 \mathrm{d}\Omega = \frac{\pi\theta_1\varphi_1}{8\ln 2}$$

下面分三步叙述。

1. 确定 $|f(\theta,\varphi)|^4$ 的函数形式

前面已经提到，$f(\theta,\varphi)$ 实际上就是天线方向图函数。它通常不是通过测量得到的，而是假定它为某种函数形式。

我们知道，由于天线边缘的衍射作用，故电磁波由抛物面焦点投射到抛物面上，再经过抛物面反射出去时并不是平行的波束；它的衍射图形如图 3.9 中实线所示。这说明不论发射还是接收，$|f(\theta,\varphi)|^2$ 值都与所考虑的方向和天线主轴之间的夹角有关，例如，在 $\theta=0$ 的天线主轴线方向上，发射或接收能力最强，在其它方向上就逐渐减弱。这表明增益 G 不是常数。另外，除了主波瓣（第一衍射环）外，还有旁瓣（第二、第三等衍射环），因此表征衍射图形的是一个复杂的超越函数。这就使得在确定函数 $|f(\theta,\varphi)|^4$ 的具体形式时带来困难。解决的办法是采用一个指数分布的高斯函数来逼近它，如图 3.9 中虚线所示。考虑到方向函数是立体的，应该以两个相互垂直且形式相同的函数表示

$$|f(\theta,\varphi)|^2 = \exp\left(-\frac{\theta^2}{\gamma^2}-\frac{\varphi^2}{\delta^2}\right) \tag{3.51}$$

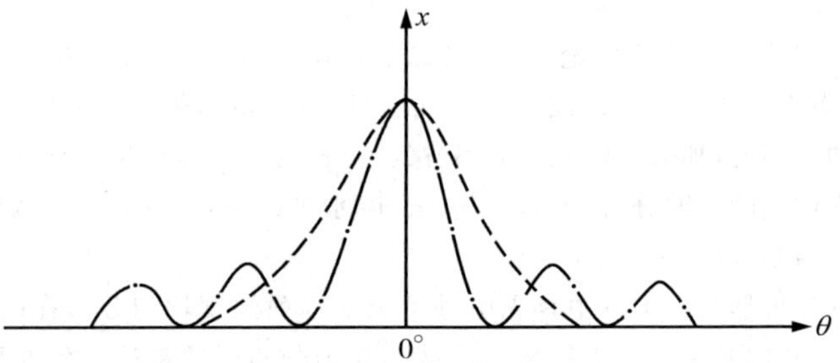

图 3.9　用直角坐标表示的微波在天线边缘的衍射图形

为了使上述函数的曲线和天线方向图的主瓣曲线一致，可以用方向图的半功率点来规定指数函数中的参数 γ,δ。由图 3.9 中虚线可见，当指数函数(3.51)式和天线方向图主瓣一致时，在半功率点上应有

$$\left|f\left(\frac{\theta_1}{2},0\right)\right|^2 = \exp\left(-\frac{\theta_1^2}{4\gamma^2}\right) = \frac{1}{2}$$

$$\left|f\left(0,\frac{\varphi_1}{2}\right)\right|^2 = \exp\left(-\frac{\varphi_1^2}{4\delta^2}\right) = \frac{1}{2}$$

于是得

$$\begin{cases} \gamma^2 = \dfrac{\theta_1^2}{4\ln 2} \\ \delta^2 = \dfrac{\varphi_1^2}{4\ln 2} \end{cases} \tag{3.52}$$

把(3.52)式代入(3.51)式就有

$$|f(\theta,\varphi)|^2 = \exp\left(-\frac{4\ln 2\cdot\theta^2}{\theta_1^2} - \frac{4\ln 2\cdot\varphi^2}{\varphi_1^2}\right) \tag{3.53}$$

$$|f(\theta,\varphi)|^4 = \exp\left(-\frac{8\ln 2\cdot\theta^2}{\theta_1^2} - \frac{8\ln 2\cdot\varphi^2}{\varphi_1^2}\right) \tag{3.54}$$

2. 积分限和 $d\Omega \doteq d\theta d\varphi$ 的由来

为了确定波瓣内总的辐射、接收本领的大小，必须对 $|f(\theta,\varphi)|^4$ 进行积分。通常写为

$$\int_{\Omega}|f(\theta,\varphi)|^4 d\Omega = \int_{-\infty}^{\infty}\int_{-\infty}^{\infty}\exp\left(-\frac{8\ln 2\cdot\theta^2}{{\theta_1}^2} - \frac{8\ln 2\cdot\varphi^2}{{\varphi_1}^2}\right)d\theta\, d\varphi \tag{3.55}$$

式中积分限取$-\infty$到∞，这是因为一般抛物面天线的水平和垂直波束宽度在$\pm 2°$之间，故 γ,δ 值都很小；另外这个函数随 θ,φ 的增加急骤衰落近似为零，因此即使选取较大的积分区间，也不会对积分结果产生太大的误差。但从对这个函数求积分考虑，积分限若取成$-\infty$到∞就容易处理得多。总之，这样取积分限后所得的结果可以逼近衍射图形的情况。

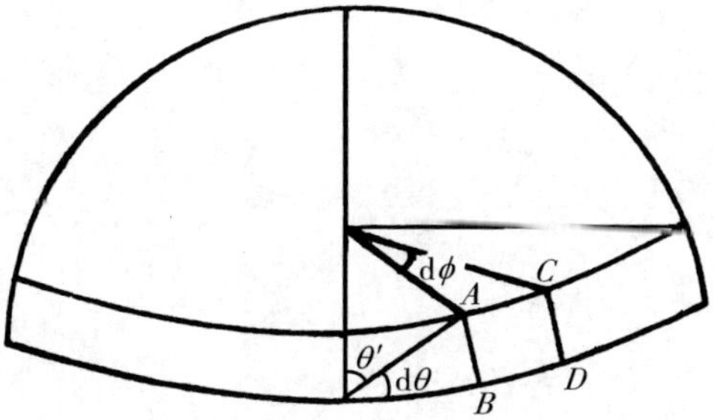

图 3.10　立体角与球坐标角的关系

关于 $d\Omega \doteq d\theta\, d\varphi$ 的证明，可以参阅图 3.10。由图可见，$\theta + \Delta\theta = \frac{\pi}{2}$，其中 $\Delta\theta$ 是波束宽度，故原先的 $d\Omega = \sin\theta\, d\theta\, d\varphi = \sin\left(\frac{\pi}{2} - \Delta\theta\right)d\theta\, d\varphi$。考虑到雷达天线波束宽度通常只有 $1 \sim 2°$，可近似地把 $\sin\left(\frac{\pi}{2} - \Delta\theta\right)$看作等于 1，就有 $d\Omega \doteq d\theta d\varphi$ 。

3. 计算积分

把(3.52)式代入(3.55)式后得

$$\int_{\Omega}|f(\theta,\varphi)|^4\mathrm{d}\Omega=4\int_0^{\infty}\exp\left(-\theta^2\cdot\frac{2}{\gamma^2}\right)\mathrm{d}\theta\int_0^{\infty}\exp\left(-\varphi^2\cdot\frac{2}{\delta^2}\right)\mathrm{d}\varphi$$

令 $$t=\theta\frac{\sqrt{2}}{\gamma},\qquad s=\varphi\frac{\sqrt{2}}{\delta}$$

则 $$\mathrm{d}\theta=\frac{\gamma}{\sqrt{2}}\mathrm{d}t,\qquad \mathrm{d}\varphi=\frac{\delta}{\sqrt{2}}\mathrm{d}s$$

代入上式后有

$$\int_{\Omega}|f(\theta,\varphi)|^4\mathrm{d}\Omega=\frac{\gamma\delta}{\sqrt{2}\sqrt{2}}\left(4\int_0^{\infty}\exp(-t^2)\mathrm{d}t\int_0^{\infty}\exp(-s^2)\mathrm{d}s\right)$$

其中 $$\int_0^{\infty}\exp(-t^2)\mathrm{d}t=\frac{\sqrt{\pi}}{2},\int_0^{\infty}\exp(-s^2)\mathrm{d}s=\frac{\sqrt{\pi}}{2}$$

因此有 $$\int_{\Omega}|f(\theta,\varphi)|^4\mathrm{d}\Omega=\frac{\pi\theta_1\varphi_1}{8\ln2}$$

第四章　超短波在大气中的折射

§4.1　概　述

众所周知，电磁波在真空中是以约 3×10^8 m/s 的速度直线传播的，但在大气中传播时，特别是在远距离且大气中气象要素有异常的铅直分布时，电磁波会出现明显的曲线传播现象。这种光波或电磁波在大气中曲线传播的现象称为大气折射。气象上的海市蜃楼就是光波折射现象的宏观反映；星星闪烁也是一种折射现象，不过这种折射称为天文折射*。

电磁波在大气中的折射和光在大气中的折射有许多共同点，如在干空气里，折射指数在光波和无线电波段几乎具有同一个数值。因此下面我们将从光的折射着手，分析产生折射的物理原因。这两种折射也有差异，造成这种差异是与传播电磁波的介质及电磁波的波长有关的。例如，空气中的水汽分子具有固有的电偶极矩，在光波的作用下，不随光波的振动频率而改变自己的取向，因此，光通过水汽时几乎不发生折射现象。而超短波在大气中传播时，因为其振动频率比光波低得多，就会使水汽分子产生振动，使传播速度减小，并产生折射。这就是说，光波和超短波在大气中传播时，超短波折射要比光波大。

本章将从了解折射现象物理本质着手，引进折射指数、介电常数、订正折射指数和等效地球半径等一些物理概念，进一步讨论折射指数与气象要素的关系、折射指数随高度变化的几种形式以及大气水平分布非均一对射线折射的影响。最后着重讨论大气折射对雷达探测准确度的影响。对于波长较长的电磁波（短波、中波等）在大气中的传播的性质和超短波大不一样，它主要受电离层的影响，本章不作讨论。

§4.2　产生折射现象的物理原因和折射定律

折射现象是光波或电磁波在不均匀介质中传播速度不同引起的（见图 4.1）。设 t_0 时刻电磁波的某一部分处于介质 1 中 AB 位置。t_1 时刻上述电磁波上的 B 点以它在介质 1 中

---

* 习惯上把被观察点位于大气层以外时，所发生的折射称为天文折射，被观察的点位于大气层以内时，称为大气折射。关于折射指数的名称请参见第 3 页下的注释。

的传播速度 v_1 到达 D 点。这样，在 $\Delta t = t_1 - t_0$ 时间间隔内 B 点移动的距离就是 $BD = (t_1 - t_0)v_1$。而在同一时间间隔 Δt 内，电磁波上的 A 点在介质 2 中则以速度 v_2 传播，它的移动距离为 $AC = (t_1 - t_0)v_2$。由此可见，当电磁波在上面介质中的传播速度 v_1 大于它在下面介质中的传播速度 v_2 时，则有 $BD > AC$。这时 t_0 时刻处于介质 1 中 AB 位置的电磁波，在 t_1 时刻介质 2 中的位置为 CD。再设 AD 为两个不均匀介质间的分界面，FG 为垂直于 AD 的法线，这样就有入射角 i 大于折射角 r，从而产生折射现象。若 $v_1 < v_2$（见图 4.1b），电磁波射线从介质 1 进入到介质 2 后，由于 $\angle r > \angle i$，其传播方向就偏离法线了。

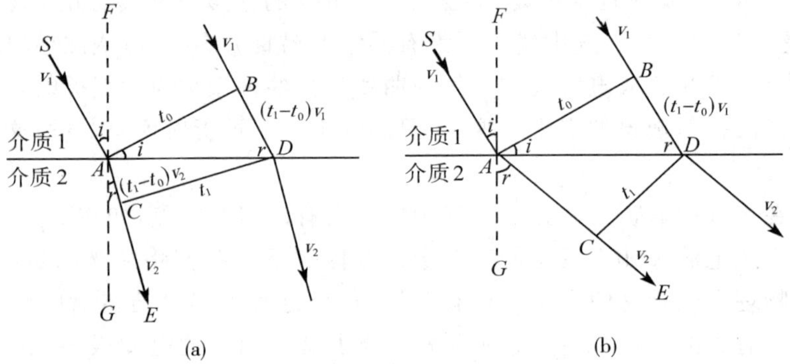

图 4.1　折射现象产生的物理原因示意图

(a) $v_1 > v_2$ 的情况　　(b) $v_1 < v_2$ 的情况

入射角和折射角的大小和传播速度之间的定量关系可以用下式表示

$$\frac{\sin i}{\sin r} = \frac{v_1}{v_2} \tag{4.1}$$

(4.1)式就是光学中的折射定律。

由折射定律可知，大气折射起因于电磁波在大气中传播速度的变化，而电磁波在大气中传播速度的大小又与大气折射指数及介电常数有关。

§4.3　大气的折射指数和介电常数

4.3.1　介质的折射指数与介电常数的关系

用 Maxwell 方程组研究平面波时可得到

$$v = \frac{1}{\sqrt{\varepsilon' \mu'}} \tag{4.2}$$

式中 v 是电磁波在某种均匀介质中的传播速度，ε' 和 μ' 是该介质的绝对介电常数和绝

对导磁系数。而介质的折射指数 n 通常定义为

$$n = \frac{c}{v} \tag{4.3}$$

c 是电磁波在真空中的传播速度，并同样地有

$$c = \frac{1}{\sqrt{\varepsilon_0 \mu_0}} \tag{4.4}$$

ε_0 和 μ_0 分别是真空中绝对介电常数和绝对导磁系数。把(4.2)(4.4) 式代入(4.3) 式即得

$$n = \frac{\sqrt{\varepsilon' \mu'}}{\sqrt{\varepsilon_0 \mu_0}} = \sqrt{\varepsilon\mu} \tag{4.5}$$

在此 $\varepsilon = \frac{\varepsilon'}{\varepsilon_0}$ 称为介质的相对介电常数，简称介电常数；$\mu = \frac{\mu'}{\mu_0}$ 称为介质的相对导磁系数，简称导磁系数。对于大多数介质的导磁系数近似等于 1，故(4.5)式又可写成

$$n^2 = \varepsilon \tag{4.6}$$

应该指出，折射指数最普遍的形式是复数

$$m = n - \mathrm{i}k \tag{4.6$'$}$$

m 通常称为复折射指数，其中实部 n 就是普通的折射指数，虚部 k 是取决于电磁波在介质中传播时衰减情况的一个系数。可以看到，采用复折射指数 m，不仅考虑了介质对电磁波传播速度的影响，而且还考虑了介质对电磁波衰减的影响。本章只研究超短波在大气中的传播，不考虑衰减作用，因此，只采用折射指数 n 。

利用(4.3)和(4.6)式，(4.1)式又可写成

$$\frac{\sin i}{\sin r} = \frac{v_1}{v_2} = \frac{n_2}{n_1} = \frac{\sqrt{\varepsilon_2}}{\sqrt{\varepsilon_1}} \tag{4.7a}$$

(4.1)和(4.7a)式是平面分层大气中的折射定律，在球面分层介质大气中折射定律又称为 Snell 定律，则为

$$Rn(R)\sin\varphi = 常数$$

或　$$R_2 n_2 \sin(90° - \theta_2) = R_1 n_1 \sin(90° - \theta_1) \tag{4.7b}$$

即　$$R_2 n_2 \sin\varphi_2 = R_1 n_1 \sin\varphi_1$$

(4.7b)式中各参数符号如图 4.2 所示，其中 n_1 和 n_2 分别为两相邻球面大气薄层中折射指数，R_1 和 R_2 分别为地球中心到第一、二球面大气薄层之间距离，θ_1，θ_2 分别为射线与第一、二薄层之间交角。可见在球面分层介质大气中折射定律形式与平

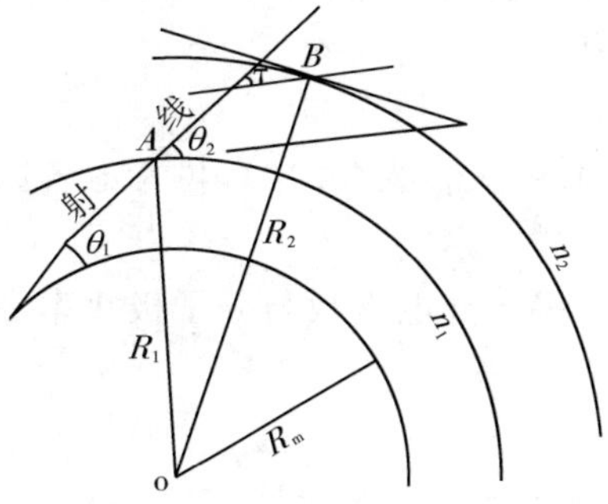

图 4.2　球面坐标中 Snell 定律示意图

面分层介质大气中相似,但还与 R 有关。

4.3.2 介质的折射指数与极化情况的关系

由 $n^2=\varepsilon$ 可知,介质的折射指数与相对介电常数有关,而介电常数又是反映物质在外电场作用下极化情况的一个物理量。因此,为了研究大气的折射指数,就要具体分析一下大气在外电场作用下的极化情况。

纯净的大气可以看做是干空气和水汽的混合物。干空气是无极分子,只有受到外电场作用时才被极化,即它的正负电荷中心才沿着电场方向排列,使分子呈现出偶极矩。所以这类无极分子又可看做是似弹性偶极子。水汽分子则是有极分子,它在没有外电场作用时就具有偶极矩,当存在外电场时,分子的偶极矩随电场强度变化很小,所以有极分子又可看做是似刚性偶极子。但是,由有极分子组成的介质,在无外电场时,由于这些似刚性偶极子是作无规律排列的,所以从介质整体上看,并不呈现极化现象,只有受到外电场作用时,这些似刚性偶极子才出现沿着电场方向排列的趋势。以上似弹性偶极子和似刚性偶极子在外电场作用下被极化的图像,就是电磁波通过大气时,大气被极化的物理图像。

下面再进一步定量讨论由无极分子和有极分子所组成介质的介电常数和极化系数之间的关系。

4.3.2.1 无极分子介质极化和介电常数之间的关系

当无极分子所组成的介质极化时,它的分子形成一个电偶极子,并具有一定的电偶极矩 $\vec{p}$,与作用在分子上的电场成正比,即

$$\vec{p}=\beta\vec{E}'\approx\beta\vec{E} \tag{4.8}$$

式中 β 是一个分子的极化率;$\vec{E}'$ 是作用在分子上的电场称为有效场,它不包括所考虑的那个分子的偶极子产生的电场;$\vec{E}$ 是平均场*,可以证明,它们两者之间的关系为

$$\vec{E}'=\vec{E}+\frac{4}{3}\pi\vec{P} \tag{4.9}$$

式中 $\vec{P}$ 称为电极化强度矢量。若单位体积内的分子数为 N,那么由 P 的定义及(4.8)式就有

$$\vec{P}=N\vec{p}=N\beta\vec{E}' \tag{4.10}$$

把(4.9)式代入(4.10),再考虑各向同性介质及

$$\vec{P}=\varepsilon\vec{E}=\vec{E}+4\pi\vec{p} \tag{4.11}$$

即可得到介电常数与分子极化率之间的关系

$$\frac{\varepsilon-1}{\varepsilon+2}=\frac{4\pi}{3}N\beta \tag{4.12}$$

---

* 在电场很弱时,介质中各分子电偶极子之间的相互作用可以忽略,即 $\vec{p}$ 值很小,可以认为 $\vec{E}'\approx\vec{E}$

(4.12)式又称为 Lorentz-Lorenz(洛伦兹-洛伦茨)公式。

4.3.2.2　有极分子介质极化和介电常数之间的关系

(4.12)式用于无极分子组成的流体电介质时,理论值与实验值符合得很好。但应用于有极分子所组成的电介质时,理论值和实验值就不相符。这主要是无极分子的极化仅与电场强度有关,与温度无关。而对于有极分子,极化程度则由上述两种因素综合决定。

为了定量描述有极分子介质极化与温度的关系,先要引入经典的 Boltzmann 统计理论。按照这个理论,单位体积内能量在 U 与 U+dU 间隔中的分子数目为

$$dN = C\exp\left(-\frac{U}{\kappa T}\right)dU \tag{4.13}$$

式中 κ 为 Boltzmann 常数, T 为电介质的绝对温度,C 为比例常数,已知分子电偶极矩为 $\vec{p}$ 的电偶极子在电场中具有的静电能为

$$U = - pE\cos\theta \tag{4.14}$$

式中 θ 为电偶极子的轴线与电场 E 之间的夹角。p 和 E 为 $\vec{p}$,$\vec{E}$ 的模。利用(4.13)和(4.14)式,再考虑到有极分子介质的极化强度,应包括每个分子偶极子在外场作用下的转动及微弱的弹性形变,那么,在弱电场及常温条件下,有

$$\vec{P} = N\left(\beta + \frac{p^2}{3\kappa T}\right)\vec{E} \tag{4.15}$$

利用(4.11)式又可得到

$$(\varepsilon - 1) = 4\pi N\left(\beta + \frac{1}{3}\frac{p^2}{\kappa T}\right) \tag{4.16}$$

这就是 Longtzman-Debye 的有极分子介质极化和介电常数之间的关系式。如果需要进一步区分 $\vec{E}$ 和 $\vec{E}'$,那么上式应改写成

$$\frac{(\varepsilon - 1)}{(\varepsilon + 2)} = \frac{4\pi N}{3}\left(\beta + \frac{p^2}{3\kappa T}\right) \tag{4.17}$$

显然此式是 Lorentz-Lorenz 公式的推广。

§4.4　决定大气折射指数的气象因子

既然大气是由无极分子和有极分子混合组成的,故在电场作用下混合气体的电极化矢量 $\vec{P}$ 为

$$\vec{P} = \vec{P}_n + \vec{P}_p = K_n\vec{E} + K_p\vec{E}$$

式中 $\vec{P}_n$,$\vec{P}_p$,K_n,K_p 分别表示无极分子和有极分子的极化矢量和极化率,在不考虑 $\vec{E}$ 和 $\vec{E}'$ 的差别时,据(4.10) 和(4.15) 式有

$$\vec{P}_n = \beta_n N_n \vec{E}$$

$$\vec{P}_p = \left(\beta_p + \frac{p^2}{3\kappa T}\right)N_p\vec{E}$$

因此，混合气体的极化率 K 应为

$$K = N_n\beta_n + N_p\left(\beta_p + \frac{p^2}{3\kappa T}\right) \tag{4.18}$$

在普通物理学中，已知极化率 K 与介电常数 ε 之间的关系为

$$\varepsilon - 1 = 4\pi K \tag{4.19}$$

把(4.18)代入到(4.19)，并注意到

$$\varepsilon - 1 = n^2 - 1 \approx 2(n-1)$$

因此(4.19)式又可写成

$$n - 1 \approx 2\pi\left[N\beta_{np} + N_p\frac{p^2}{3\kappa T}\right] \tag{4.20}$$

式中 $N = N_n + N_p$ 是单位体积内混合气体分子数，$\vec{\beta}_{np} = \dfrac{N_n\beta_n + N_p\beta_p}{N_n + N_p}$ 是混合气体分子的平均分子极化系数。

利用密度为 ρ，克分子量为 μ，单位体积的理想气体状态方程 $P = \dfrac{\rho}{\mu}RT$，并注意到 $\rho = N\mu$，即可得到

$$N = \frac{P}{TR} \tag{4.21a}$$

式中 P 为大气压，以 hPa 为单位。R 为普适气体常数，其值为 8.31J/(mol · K)。同理，可得单位体积内水汽分子数

$$N_p = \frac{e}{TR} \tag{4.21b}$$

式中 e 为水汽压，以 hPa 为单位，把(4.21a)(4.21b)代入(4.20)，即可得

$$(n-1)10^6 = \frac{A}{T}\left(P + \frac{Be}{T}\right) \tag{4.22}$$

式中 A,B 是通过实验方法确定的系数，T 是绝对温度。若取电磁波波长在2cm～3m之间，那么有 $A = 77.6$，$B = 4810$，于是得到超短波在大气中传播时，大气折射指数与温、压、湿之间的关系式为

$$N = (n-1)10^6 = \frac{77.6}{T}\left(P + \frac{4810e}{T}\right) \tag{4.23}$$

式中 $N = (n-1)10^6$，是大气折射指数的实际应用单位，简称为折射指数 N 单位。

必须指出，在推求(4.23)式时，认为大气是纯净的，即只考虑到干空气和水汽，而没有考虑其它气体、杂质和云雨滴的影响，不过它们对 N 值影响不大，通常不会超过1%。另外，不同的实验和不同时间求得的 A,B 系数值也有差异。

由(4.23)式可见，n 值随 P，e 的下降而减少，随 T 的下降而增大。在实际大气中，一般 P，e 都随高度增加而降低，且 P 和 e 随高度增加而减少比 T 随高度增加而减少要快，故大气折射指数一般随高度增加而减少。据 Snell 折射定律知，以一定仰角向上发射的电磁波的传播路径是微微向地球曲率方向弯曲的。

对(4.23)式求差分，并令 $T=288\text{K}$，$P=1013\text{hPa}$，$e=10.2\text{hPa}$，即可得到

$$\Delta N=-1.27\Delta T+4.50\Delta e+0.27\Delta P \tag{4.24}$$

据(4.24)式可求得由 P，T，e 的测定误差所造成的 N 变化值。考虑到目前多数常规探空仪感应元件约有 5～10s 的滞后误差，因此在测定 P，T，e 时会产生较大的误差，并由这个误差所引起的折射指数标准差在 1km 高度上约为 $2N$ 单位，这样在实际大气中利用常规探空仪就很难得到 N 的小尺度变化值。

据(4.23)式利用探空仪实测 P，T，e 很易计算得到 N 值，利用微波折射计则可以直接测得折射指数 N 值。其原理是，微波谐振空腔的谐振频率决定于谐振空腔容积和所含介质的折射指数，当外界的空气流过谐振空腔时，谐振频率就随着空气折射指数变化而变化。因此只要设计两个相同尺寸的空腔，其中一个闭合空腔作为标准空腔，另一个是开口的，让空气流过。这样两者的谐振频率差仅仅与 N 值有关。谐振频率相对变化值和折射指数变化值之间的关系为

$$\frac{\Delta f}{f}=-\Delta n=-10^{-6}\Delta N$$

可见对于 X 波段(9400MHz)折射计，当折射指数改变 1 个 N 单位，频率就改变9.4kHz。

微波折射计十分灵敏，其灵敏度主要决定于替换谐振空腔里面空气所需的时间。已有报导它可以获得 10cm 小尺度范围内的 N 变化值，但其缺点是结构复杂，不便推广，目前仅作标准仪器使用。

顺便提到一下，微波折射计已在某些需要详细了解大气中水汽分布的研究中使用。因为现在还没有一种仪器能准确而迅速地直接测量水汽压值。但从折射计所提供的 N 值，再考虑到大气中气压和温度能适当的观测到，故利用(4.23)式就能得到水汽压。

为了便于计算不同 P，T，e(或相对湿度 f) 值下的空气介电常数和折射指数，可事先制作好各种图表和列线图。作为例子，图 4.3 给出了实际使用的一种列线图，利用这张图可直接求出 N 值。例如，当 $P=1000\text{hPa}$，$T=300\text{K}$，$e=10\text{hPa}$ 时，由图便可求得 N 等于 302。从图 4.3 中还可以看到当气压一定时，随着水汽压的增加，N 值将迅速增加。而当大气压和水汽压一定时，随着温度的增加，N 值将减小。这些结论可从(4.23)式得到验证。

考虑到实际大气中温度、湿度、气压具有明显的时空变化，因而空气折射指数也会有复杂的时空变化。这些变化大致可分为：季节变化、日变化和由大气湍流运动引起的非周期变化。

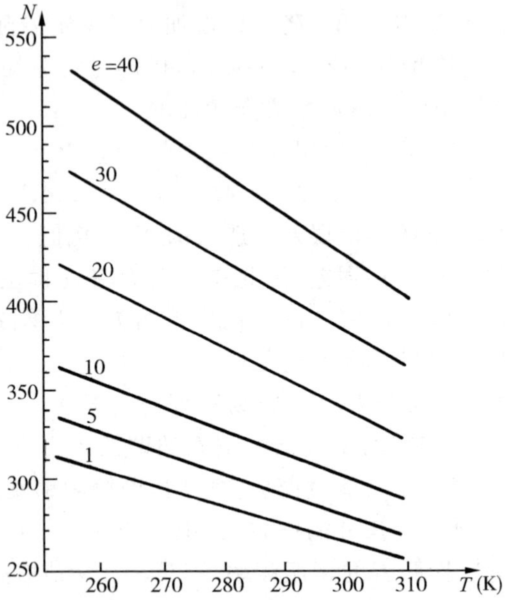

图 4.3　气压为 1000hPa 时，空气折射指数与气温和水汽压的关系

§4.5　射线的曲率，等效地球半径，订正折射指数，B 单位

4.5.1　大气折射指数 n 的垂直分布和射线曲率的关系

由于温、压、湿随高度的变化，通常会使 n 值随高度增大而减小，以致造成以一定仰角发射的电磁波波束微微向下弯曲，弯曲的程度，可用传播路径的曲率来表示。可以理解，若 n 值随高度减小得很快，则愈弯曲，即曲率就大。这就是说，电磁波传播路径上射线的曲率与折射指数 n 的垂直分布有很密切的关系。所谓射线，是当波长极短的电磁波在较大的范围传播时，它的传播特性可以简单地用直线来表示，因此它也满足光学中的反射、折射定律。

在对流层大气中，温、压、湿的空间变化很大，但相比之下，它们在水平方向的变化比垂直方向变化要小得多。为了抓住问题的实质，下面仅讨论因折射指数垂直变化而引起折射的情况。见图 4.4，我们设想大气由许多厚度为 dh 的平行薄层构成，设下面一薄层大气的折射指数为 n，上面一薄层大气的折射指数为 $n+dn$，i 为电磁波的入射角，$i+\mathrm{d}i$ 为折射角。另外又认为电磁波传播特性可当做射线处理。这样根据曲率 K * 的定义有

$$K=\frac{i+\mathrm{d}i-i}{\mathrm{d}s}=\frac{\mathrm{d}i}{\mathrm{d}s} \tag{4.25}$$

式中 $\mathrm{d}s$ 为一薄层大气中的传播路径，即图 4.4 中的 AB 段。由于

$$\mathrm{d}s=\frac{\mathrm{d}h}{\cos(i+\mathrm{d}i)}\approx\frac{\mathrm{d}h}{\cos i}$$

及
$$\frac{\sin i}{\sin(i+\mathrm{d}i)}=\frac{n+\mathrm{d}n}{n}$$

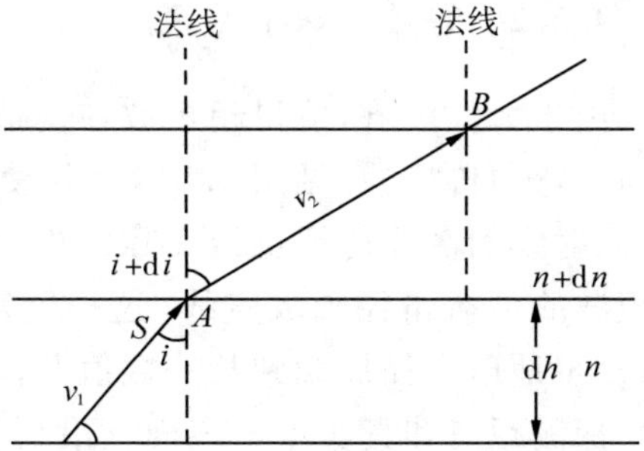

图 4.4　大气折射指数 n 的垂直梯度和射线曲率关系分析图

将 $(n+\mathrm{d}n)\cdot\sin(i+\mathrm{d}i)$ 展开，并略去二阶无穷小量，整理后可得

$$\mathrm{d}i=-\frac{\sin i\,\mathrm{d}n}{n\cos i}$$

把 $\mathrm{d}s$，$\mathrm{d}i$ 值代入(4.25) 式，即可得到 K 与$\frac{\mathrm{d}n}{\mathrm{d}h}$之间的关系式

$$K=-\frac{\sin i}{n}\frac{\mathrm{d}n}{\mathrm{d}h} \tag{4.26}$$

雷达探测降水区的水平分布时，一般仰角很小，这时入射角 $i\approx 90°$，$\sin i\approx 1$，同时近地面大气的 n 值平均为 1.0003，接近于 1，所以上式又可简化写成

$$K=-\frac{\mathrm{d}n}{\mathrm{d}h} \tag{4.27}$$

由(4.26)(4.27)两式可见，当$\frac{\mathrm{d}n}{\mathrm{d}h}<0$，即 n 值随高度增加而减小时，则 $K>0$，即 $\mathrm{d}i>0$，这时射线传播路径向下弯曲，此时$\frac{\mathrm{d}n}{\mathrm{d}h}$的绝对值愈大，射线的传播路径愈向下弯曲。当$\frac{\mathrm{d}n}{\mathrm{d}h}>0$，即 n 值随高度增加而增加，则 $K<0$，即 $\mathrm{d}i<0$，则传播路径向上弯曲，此时$\frac{\mathrm{d}n}{\mathrm{d}h}$的绝对值愈大，射线愈向上弯曲。若$\frac{\mathrm{d}n}{\mathrm{d}h}=0$，则 $K=0$，说明电磁波在均匀介质中为直线传播，无折射现象。

---

* 数学上 K 的定义为单位弧长倾角 α 的变化，其数学表达式有 $K=\frac{\mathrm{d}\alpha}{\mathrm{d}s}=-\frac{\mathrm{d}i}{\mathrm{d}s}$，即与我们现在的定义差一个负号。

4.5.2　等效地球半径 R'_m

由于大气影响，使得超短波在传播路径上发生弯曲。而一般情况下，射线多数是微微向下弯曲传播的(见图 4.5)，这就使得雷达在探测高度为 h 目标物的最大探测距离加大。射线的曲线传播也给实际计算、分析工作带来了不便。为了解决这个困难，往往把超短波的传播路径画成直线，这样就需要对大气折射的影响进行订正。仍以图 4.5 为例，设想地球半径加大到某一数值 R'_m，使得 R'_m 为半径的球面上沿直线传播的超短波的最大探测距离和真实地球表面上沿折射曲线轨道传播的最大探测距离相同，则 R'_m 就称为等效地球半径。随着大气折射情况的不同，折射曲线的轨道也不相同，等效地球半径也就不同。下面着重讨论等效地球半径的物理概念，以及它与地球半径 R_m、大气折射指数的垂直分布 $\frac{dn}{dh}$ 之间的关系。

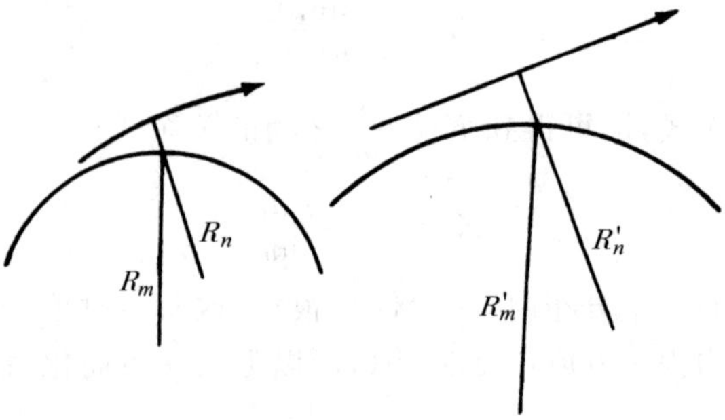

图 4.5　等效地球半径的引入

由图 4.5 可以看出，影响最大探测距离的不是折射曲线轨道本身的绝对曲率，而是折射曲线轨道和地球表面之间相对曲率的大小。因此在求等效地球半径 R'_m 时，应使等效地球表面与设想沿直线传播的超短波射线轨道之间的相对曲率和真实折射曲线轨道与真实地球表面之间的相对曲率相同。简单说来，R'_m 的数值应由真实传播和等效传播这两种情况下，超短波射线与地球表面之间的相对曲率保持不变这一条件来决定。

若以 R_n 表示真实射线轨道的曲率半径，那么据(4.27)式

$$K = \frac{1}{R_n} = -\frac{dn}{dh}$$

即是真实射线轨道的绝对曲率，而 $\frac{1}{R_m}$ 则为地球表面的绝对曲率。这样，真实地球表面相对于真实射线的相对曲率应为

$$\frac{1}{R_m} - \frac{1}{R_n} = \frac{1}{R_m} + \frac{dn}{dh}$$

同理若用 R'_n 表示等效条件下射线的曲率半径，则等效条件下的相对曲率为

$$\frac{1}{R'_m}-\frac{1}{R'_n}$$

因为，等效条件下是把射线看做沿直线传播的，所以 $R'_n \to \infty$，因此等效的相对曲率为 $\frac{1}{R'_m}$。根据相对曲率保持不变的条件，可得到

$$\frac{1}{R'_m}=\frac{1}{R_m}+\frac{\mathrm{d}n}{\mathrm{d}h}$$

故等效地球半径 R'_m 为

$$R'_m=\frac{R_m}{1+R_m\dfrac{\mathrm{d}n}{\mathrm{d}h}} \tag{4.28}$$

(4.28)式即为计算 R'_m 的常用公式，显然，R'_m 的大小与 R_m 和 $\frac{\mathrm{d}n}{\mathrm{d}h}$ 有关。引进 R'_m 后，在有关问题的计算中，就可以用 R'_m 来代替真实的地球半径 R_m，这样把超短波处理为直线传播，有利于计算。

由(4.23)和(4.28)式可清楚地看到，当大气中温、压、湿随时空变化时，折射指数也将随时空变化，从而引起等效地球半径 R'_m 也随时空变化。这个问题在雷达气候学一书中论述。

4.5.3　订正折射指数——*M* 单位

前面已研究过大气折射指数的垂直分布与超短波传播路径和地球平面的夹角 φ 之间关系(见图 4.6)。若 $\frac{\mathrm{d}n}{\mathrm{d}h}$ 很小，足以应用射线理论，则超短波在球状层结大气中传播的微分方程为

$$\frac{d^2h}{\mathrm{d}s^2}-\left(\frac{2}{R_m+h}+\frac{1}{n}\frac{\mathrm{d}n}{\mathrm{d}h}\right)\left(\frac{\mathrm{d}h}{\mathrm{d}s}\right)^2-\left(\frac{R_m+h}{R_m}\right)^2\left(\frac{1}{R_m+h}+\frac{1}{n}\frac{\mathrm{d}n}{\mathrm{d}h}\right)=0 \tag{4.29}$$

若雷达近似作水平探测，φ 角很小，且有 $\varphi\approx\frac{\mathrm{d}h}{\mathrm{d}s}$，即 $\left(\frac{\mathrm{d}h}{\mathrm{d}s}\right)^2\ll 1$。另外，还有 n 也很接近于 1，和 $h\ll R_m$，故(4.29)式可简化成

$$\frac{d^2h}{\mathrm{d}s^2}=\frac{1}{R_m}+\frac{\mathrm{d}n}{\mathrm{d}h} \tag{4.30}$$

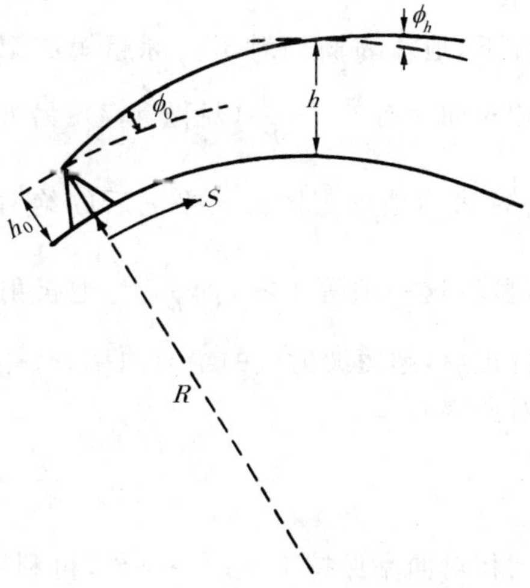

图 4.6　射线传播路径

考虑到
$$\frac{d^2h}{ds^2}=\frac{d}{ds}\left(\frac{dh}{ds}\right)=\varphi\frac{d\varphi}{dh}$$
把上式代入(4.30)式，并设雷达天线所在的高度为 h_0，在 h_0 高度上传播路径与地球平面的夹角为 φ_0，折射指数为 n_0，则对上式积分可得

$$\begin{aligned}\frac{1}{2}\varphi_h^2-\frac{1}{2}\varphi_0^2&=\frac{h-h_0}{R_m}+n-n_0\\&=\left(\frac{h}{R_m}+n\right)-\left(\frac{h_0}{R_m}+n_0\right)\\&=(M-M_0)10^{-6}\end{aligned}\tag{4.31}$$

式中 $M=\left[\frac{h}{R_m}+(n-1)\right]10^6$，$M_0=\left[\frac{h_0}{R_m}+(n_0-1)\right]10^6$ 称为订正折射指数。这种表示方法通常称为 M 单位表示法。由(4.31)式可知，引进 M 以后，只要知道高度 h_0 上的 M_0 值，射线的仰角 φ_0，以及任意高度上的 M 值，就可直接计算出 h 高度上的传播路径与地球球面之间的夹角 φ_h。当然若知道整个气层 M 的垂直分布，也就能计算出任意高度上传播路径与地球球面之间的夹角。

为了对订正折射指数的物理意义了解得更清晰，下面再用超短波射线与地球表面之间的相对曲率保持不变这一条件来引进它。实际上引入等效地球半径的思路是使超短波射线变成直线传播去订正地球曲率。同理也可以认为引入订正折射指数的思路是使地球表面展成平面去订正大气折射指数值。

若以 $\frac{1}{R_m}$ 代表真实地球表面的绝对曲率，$\frac{1}{R_n}$ 为超短波射线绝对曲率，这样真实条件下，地球表面相对于实际超短波射线的相对曲率有 $\frac{1}{R_m}-\frac{1}{R_n}$(见图 4.7)。另外若以 $\frac{1}{R'_m}$ 表示地球表面展成平面后的绝对曲率，显然这一项等于零，而 $\frac{1}{R'_n}$ 为把折射指数订正后，超短波射线的绝对曲率，这样在等效条件下，地球表面相对于超短波射线的相对曲率有

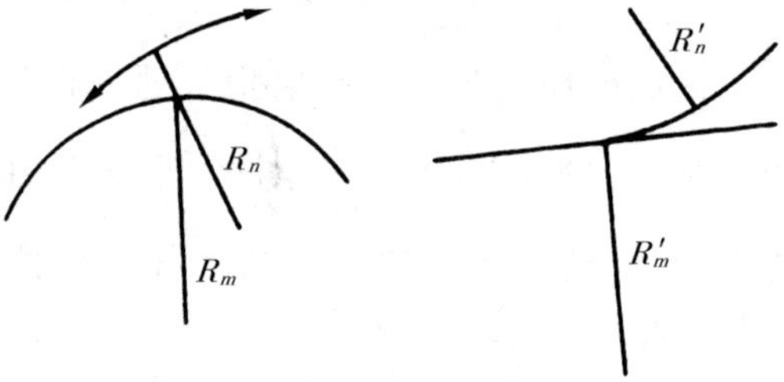

图 4.7　订正折射指数的引入

$$\frac{1}{R_m}-\frac{1}{R_n}=-\frac{1}{R'_n}$$

利用相对曲率保持不变这一条件，再利用 $\frac{1}{R_n}=-\frac{dn}{dh}$，和 $\frac{1}{R'_n}=-\frac{dn'}{dh}$，显然就有

$$\frac{\mathrm{d}n'}{\mathrm{d}h} = \frac{1}{R_m} + \frac{\mathrm{d}n}{\mathrm{d}h} \tag{4.32}$$

式中 n' 为订正后的折射指数，把(4.32) 式两边乘上 dh，并进行积分，则有

$$\int_{n'_0}^{n'} \mathrm{d}n' = \int_{h_0}^{h} \frac{\mathrm{d}h}{R_m} + \int_{n_0}^{n} \mathrm{d}n$$

$$(n' - n'_0) = \left(\frac{h}{R_m} + n\right) - \left(\frac{h_0}{R_m} + n_0\right)$$

$$n' = \frac{h}{R_m} + n$$

$$n'_0 = \frac{h_0}{R_m} + n_0$$

因为 n' 值接近于 1，所以可令

$$M = (n' - 1)10^6 = \left[(n-1) + \frac{h}{R_m}\right]10^6 = N + \frac{h}{R_m}10^6 \tag{4.33}$$

由上述讨论可见，M 物理意义确实是使地球表面展成平面去订正大气的折射指数值。另外也进一步了解 R'_m 和 M 的引入是从不同角度去处理同一个问题。

利用折射定律和正弦定理也可以导出计算 M 值的公式，请读者自己推导。

4.5.4　*B* 单位

前文已经引入了 M 单位，仔细分析它的几何意义为，在真实大气条件下，地球曲率和电磁波射线曲率之间的相对曲率，等于在 $R'_m \to \infty$ 的虚构大气条件下地面曲率和订正后射线曲率之间的相对曲率。另外，从(4.33) 式还可发现，引入 M 单位实际是在原来 N 单位上，在任何高度加上临界折射情况下 N 单位垂直递减率与高度相乘的值。类同引入 M 单位的思路可以引入 B 单位，为

$$B(h) = \left[(n-1) + \frac{h}{4R_m}\right]10^6 = N(h) + \left(\frac{h}{4R_m}\right)10^6 \tag{4.34}$$

(4.34)式表明，对于标准大气，真实的 $N(h)$ 加上$\left(\dfrac{h}{4R_m}\right)10^6$ 订正项后，使得雷达射线的传播相当于在半径为 $R'_m = \dfrac{4}{3}R_m$(即标准大气) 的球面上作曲线传播一样，实际上，由(4.34) 式所表示的折射指数廓线的方法，在研究真实大气偏离标准大气时很有用。如在标准大气情况下，因为$\dfrac{\mathrm{d}n}{\mathrm{d}h} = -\dfrac{1}{4R_m}$，把它代入对(4.34) 式高度求导数的式子中，可得$\dfrac{\mathrm{d}B(h)}{\mathrm{d}h} = 0$，在其它折射条件下，也可以相应求出$\dfrac{\mathrm{d}B(h)}{\mathrm{d}h}$ 的值，由该式(值)的大小即可判定实际大气折射偏离标准大气折射程度和实际大气属于什么折射。

§4.6 折射指数随高度变化的几种形式

前面已讨论过超短波射线绝对曲率 K，等效地球半径 R'_m 这两个物理量和大气折射指数 n 的垂直分布有直接的关系。另外也引进了订正折射指数 M，而 M 的垂直分布与 n 的垂直分布又直接有关。这一节将着重研究大气折射指数 n 随高度 h 变化的几种形式。因为 $\frac{dn}{dh}$ 随温、压、湿在垂直方向的变化而变化，故 K、R'_m 和 $\frac{dM}{dh}$，$\frac{dB}{dh}$ 也随温、压、湿的垂直分布而异，通常可分为五种情况。

4.6.1 标准大气折射

标准大气折射代表中纬度对流层大气折射的一般情况。什么是标准大气呢？国际上和我国都对标准大气作了规定，如表 4.1 所示。其中各高度的 N 单位值是根据表中给出的各高度上的温、压、湿值应用(4.23)式计算得到的。订正折射指数 M 单位值和 B 单位值分别由(4.33)和(4.34)式计算而得。

表 4.1 标准大气折射各气象要素和折射参数值

高度(m)	温度(℃)	气压(hPa)	水汽压(hPa)	N	M	B
0	15.0	1013	10.2	318	318	318
150	14.0	995	9.6	312	336	318
300	13.0	977	9.0	306	353	318
500	11.0	955	8.3	299	378	318
1000	8.5	894	6.7	278	435	318
1500	5.2	845	5.3	261	497	318

从表 4.1 还可计算出

$$\begin{cases} \dfrac{dN}{dh} = -4\times10^{-2}\,\mathrm{m}^{-1} \\ \dfrac{dn}{dh} = \dfrac{dN}{dh}\times10^{-6} = -4\times10^{-8}\,\mathrm{m}^{-1} \\ \dfrac{dM}{dh} = 0.117\,\mathrm{m}^{-1} \\ \dfrac{dB}{dh} = 0 \\ K = -\dfrac{dn}{dh} = 4\times10^{-8}\,\mathrm{m}^{-1} > 0 \end{cases} \tag{4.35}$$

因为 $K>0$，所以射线传播路径不是直线，而是微微向下弯曲的，但 K 值比地球曲率 $\frac{1}{R_m}=15.7\times10^{-8}\,\mathrm{m}^{-1}$ 要小，因此在标准大气情况下，传播路径的曲率在直线和地球曲率之间。

利用$\frac{\mathrm{d}n}{\mathrm{d}h}=-4\times10^{-8}\mathrm{m}^{-1}$可以计算得到标准大气情况下的等效地球半径为

$$R'_m=\frac{R_m}{1+R_m\left(\frac{\mathrm{d}n}{\mathrm{d}h}\right)}\approx\frac{4}{3}R_m=8500\mathrm{km}$$

这表明，若假定超短波射线沿直线传播，那么在标准大气情况下，等效地球半径就是原地球半径的 4/3 倍。

4.6.2　临界折射

射线相对于地球表面的相对曲率等于零时，即射线的绝对曲率与地球表面的绝对曲率相同时的折射称为临界折射。此时，电磁波将环绕地表面在一定高度上传播而不与地面接触。按定义，有

$$\frac{1}{R_m}=\frac{1}{R_n}\neq0$$

这时由

$$\frac{1}{R'_m}=\frac{1}{R_m}+\frac{\mathrm{d}n}{\mathrm{d}h}=0$$

可得

$$\begin{cases}\dfrac{\mathrm{d}n}{\mathrm{d}h}=\left(-\dfrac{1}{R_m}\right)=-15.7\times10^{-8}\mathrm{m}^{-1}\\ \dfrac{\mathrm{d}N}{\mathrm{d}h}=\dfrac{\mathrm{d}n}{\mathrm{d}h}\times10^{6}=-15.7\times10^{-2}\mathrm{m}^{-1}\\ \dfrac{\mathrm{d}M}{\mathrm{d}h}=\left[\dfrac{1}{R_m}+\dfrac{\mathrm{d}n}{\mathrm{d}h}\right]10^{6}=0\\ \dfrac{\mathrm{d}B}{\mathrm{d}h}=-11.7\times10^{-2}\mathrm{m}^{-1}\end{cases}\tag{4.36}$$

上述公式给出了产生临界折射时，N,M 和 B 的垂直分布应满足的条件。对于$\frac{\mathrm{d}M}{\mathrm{d}h}=0$，可以作这样理解，即在临界折射时，若把地球展成平面，则 M 值不随高度变化；若把射线看作直线，则它的等效地球半径 $R'_m\to\infty$，即这时地球表面要展成平面。简言之，若雷达作水平探测，那么雷达射线将绕地球球面传播，其探测将不受地球球面弯曲的影响，这时就好像与地表是平面，射线成直线传播时的情况一样。

4.6.3　超折射

4.6.3.1　超折射形成的条件

超短波射线的绝对曲率 $K=-\frac{\mathrm{d}n}{\mathrm{d}h}$ 大于地球表面的绝对曲率时的折射，称为超折射，这时按定义

$$\frac{1}{R_m}-\frac{1}{R_n}<0$$

所以
$$\frac{1}{R'_m}=\frac{1}{R_m}+\frac{\mathrm{d}n}{\mathrm{d}h}<0$$

因为
$$\frac{1}{R_m}=15.7\times10^{-8}\,\mathrm{m}^{-1}$$

所以
$$\begin{cases}\dfrac{\mathrm{d}n}{\mathrm{d}h}<-15.7\times10^{-8}\,\mathrm{m}^{-1}\\ \dfrac{\mathrm{d}N}{\mathrm{d}h}<-15.7\times10^{-2}\,\mathrm{m}^{-1}\\ \dfrac{\mathrm{d}M}{\mathrm{d}h}=\left[\dfrac{1}{R_m}+\dfrac{\mathrm{d}n}{\mathrm{d}h}\right]10^{6}<0\\ \dfrac{\mathrm{d}B}{\mathrm{d}h}<-11.7\times10^{-2}\,\mathrm{m}^{-1}\end{cases}\tag{4.37}$$

(4.37)式就是产生超折射所必须满足的 n,N,M 和 B 垂直分布条件。这时由于射线的绝对曲率 K 大于地球表面的绝对曲率，故射线将弯向地面，经地面反射后继续向前传播，这种过程的多次重复，使射线在地面和某一大气层之间辗转地向前传播。因这种情况和波导管中微波的传播相似，所以又叫做大气波导传播。使电磁波产生超折射的大气层称为大气波导层。按射线定义，超折射犹如光的折射超过临界折射时会发生全反射一样，超折射也是一种反射现象。

若以等效地球半径来分析超折射情况，则根据 $\frac{1}{R'_m}=\frac{1}{R_m}+\frac{\mathrm{d}n}{\mathrm{d}h}<0$ 的条件，有 $R'_m<0$，这说明如把射线看作直线传播，那么这时等效的地球表面就成为凹面，故射线将与地面相碰。

由于超折射现象的存在会导致产生超折射回波，使原来雷达探测不到的目标物在雷达荧光屏上显示出来，增加了雷达探测的极限距离，这是有利的一面。但是由于这种现象存在，会增加雷达探测误差，特别是测高误差。因此在实际工作中最好能知道为了避开超折射层应具有的雷达临界发射仰角。至于超折射回波的特点将在第十章中予以讨论。

4.6.3.2　避开超折射层的雷达最小临界发射仰角

用 M_h 代替 4.31 式中 M，则(4.31) 式为

$$\frac{1}{2}\varphi_h^2-\frac{1}{2}\varphi_0^2=(M_h-M_0)10^{-6}$$

这里 M_h 和 M_0 分别是 h 高度和地面上的 M 值。大气中 $\frac{\mathrm{d}M}{\mathrm{d}h}$ 可能出现三种情况(见图 4.8)。在 A 型曲线中，可看到在 h 高度以下，M 值随高度增加而减少，结果使得

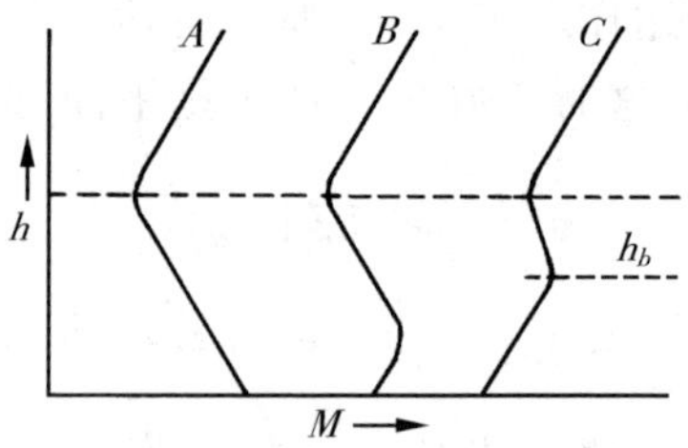

图 4.8　能够产生波导层的三种可能 M 值分布

φ_h 值随高度增加变得愈来愈小,射线逐渐弯向地面,产生超折射现象。若事先知道$\frac{dM}{dh}$值,利用(4.31)式容易得到为了避开超折射层所需的雷达最小临界发射仰角$(\varphi_0)_{\min}$值。当 $\varphi_h = 0$ 时,M_h 即为$M_{\min}$,(4.31)式变为

$$(\varphi_0)_{\min} = [2(M_0 - M_{\min})10^{-6}]^{\frac{1}{2}} \tag{4.38a}$$

式中$M_{\min}$为h高度上,也即超折射层顶部的M值。若M_0和$M_{\min}$值在$h = 0$m、50m处分别取355M和350M单位,则这时$(\varphi_0)_{\min}$等于0.2°。另外对广州、南京、哈尔滨地区1981年探空资料计算表明,对于一般超折射波导层的$(\varphi_0)_{\min}$值,几乎不超过0.9°,仅有个别例外。必须着重指出,在推导出公式(4.31)时,我们把超短波视作射线,但实际情况是发射的超短波具有一定波束宽度,若以两半功率点之间的宽度定为波束宽度,那么对垂直波束宽度为1.5°的雷达而言,这个避开超折射层的雷达最小临界发射仰角应为1.65°。

为了便于编制程序,也可以用别的公式计算$(\varphi_0)_{\min}$值。利用M和R'_m的物理概念,容易推出它们之间关系式为

$$\frac{dM}{dh} = \frac{10^6}{R'_m} \tag{4.38b}$$

把(4.38b)式代入(4.38a),并考虑到$h_0 = 0$,可得

$$(\varphi_0)_{\min} = \left[-\frac{2H_{\min}}{R'_m}\right]^{\frac{1}{2}} \tag{4.39}$$

这里$H_{\min}$是订正折射指数M为最小值处高度值。

4.6.3.3　形成超折射的气象条件

将(4.32)式中各物理量对高度h求偏导数可得

$$10^6\frac{\partial n}{\partial h} = \frac{A}{T}\frac{\partial P}{\partial h} - \frac{A}{T^2}\left(P + 2\frac{Be}{T}\right)\frac{\partial T}{\partial h} + \frac{AB}{T^2}\frac{\partial e}{\partial h} \tag{4.40}$$

由(4.40)式可知,要形成超折射,就要求

$$10^6\frac{\partial n}{\partial h} < -15.7\times10^{-2}\,\mathrm{m}^{-1}$$

通常在实际大气中$\frac{\partial P}{\partial h} < 0$,若$\frac{\partial T}{\partial h} > 0$和$\frac{\partial e}{\partial h} < 0$,则(4.40)式等式右边三项均为负值,就有利于满足产生超折射所要求的条件,即逆温愈显著及水汽压e随高度减少愈迅速,愈易形成超折射。因此最容易出现超折射气象条件是:

(1)大陆上晴朗夜晚,由于地面辐射,使近地层降温强烈而形成辐射逆温。特别当地面潮湿时,由于逆温存在使水汽不能向上输送,而形成水汽压随高度增加急剧减少,这时就易发生超折射现象,按其生成原因,可称为辐射超折射。

(2)当暖而干的较干空气移到冷水面上时,使低层空气冷却,同时温度有所增加。在这种情况下,会产生很强的A型波导层。它常在大陆上干燥而炎热的空气吹向海面

时发生，称为平流超折射。

(3)雷暴消散期，其底部下沉辐散气流也是造成地面层附近几百米高度处逆温，从而形成超折射，习惯上称它为雷暴超折射。因为雷暴是一种具有强烈垂直混合的不稳定天气现象，故低层稳定的垂直递减率存在时间短促，大约为 30 分钟到 1 小时。只要仔细监视雷达荧光屏，根据地面目标物数目的突然增加与减少以及探测范围的扩大与缩小，就容易发现超折射传播条件的建立和破坏过程。

B 型波导出现的频数比 A 型波导出现的频数少。由图 4.9 可见，它的出现有时伴随着比湿急剧降低的低层逆温。这种情况可以由以下两种原因造成：

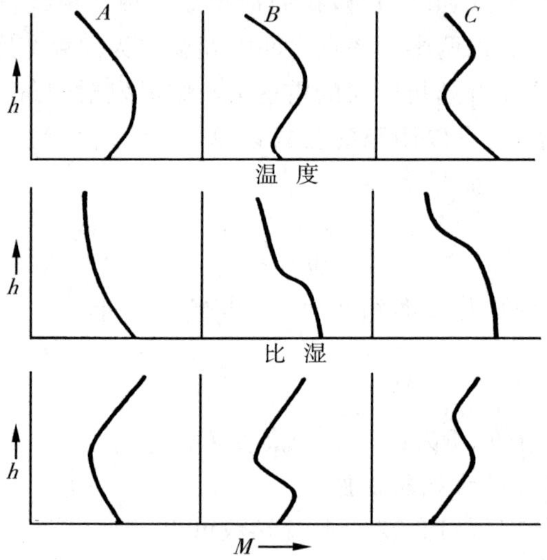

图 4.9　温度、比湿和相应的 M 值的垂直分布

(1)接近地面的下沉逆温可能是一种适当的条件，当近地层空气最初非常潮湿时，尤其如此。

(2)当暖而干的空气被湍流带到冷水面上时，也能出现 B 型波导。湍流抬升了地面逆温，在低层形成了一个近似为干绝热垂直递减率的温度分布。

由于多数气象雷达站建在地面上，这样，当雷达天线以低仰角发射时，就可能会造成波束的严重弯曲。

当射线与等折射指数面之间夹角大于 1°或 2°时，射线弯曲程度将不足以使能量在波导管内部传播。因此，C 型波导对于安装在地面的雷达所发射的电磁波传播没有多大影响，但在机载雷达工作中却很重要。

C 型波导的形成过程和 B 型波导的形成过程相似，所不同的只是形成 C 型波导时的逆温和强烈温度梯度出现在较高的高度上。

以上讨论了标准大气折射、临界折射和超折射三种情况，由于它们都满足 $\frac{dn}{dh} < 0$ 这个公共条件，所以统称为正折射。它们共同点是：n 值随高度的增加而减少，射线向地面方向弯曲，但弯曲程度不同。超折射时弯曲最大；临界折射时射线的曲率与地面曲率相同；标准大气时的曲率最小，在直线和地表面曲率之间。

4.6.4 负折射

当射线传播路径的绝对曲率小于零时的折射称为负折射，这时

$$\begin{cases} \frac{dn}{dh} = -K > 0 \\ \frac{dN}{dh} = 10^6 \frac{dn}{dh} > 0 \\ \frac{dM}{dh} = \left[\frac{dn}{dh} + \frac{1}{R_m}\right] 10^6 = \frac{dn}{dh} 10^6 + 0.157\text{m}^{-1} > 0.157\text{m}^{-1} \\ \frac{dB}{dh} > 4.0 \times 10^{-2}\,\text{m}^{-1} \end{cases} \tag{4.41}$$

因为

$$\frac{1}{R'_m} = \frac{1}{R_m} + \frac{dn}{dh}$$

所以

$$R'_m < R_m$$

(4.41)式也就是产生负折射所必须满足的 n, N, M 垂直分布条件和 R'_m 值。由于 $K < 0$，和 $\frac{dn}{dh} > 0$，故利用折射定律可知，这时射线是向上弯曲的。射线向上弯曲的现象会使雷达可探测的极限距离减小，原来在雷达荧光屏上可探测到的回波就会探测不到。因此在雷达探测中必须引起注意，以防出现差错。

形成负折射所必须满足的气象条件也可以从分析(4.41)式得到，因为在实际大气中，一般总有 $\frac{\partial P}{\partial h} < 0$，故只有在

$$\frac{\partial e}{\partial h} > 0$$

以及

$$\gamma = \frac{\partial T}{\partial h} > \gamma_d$$

即湿度随高度增加而增加和温度随高度增加递减率比干绝热递减率 γ_d 还要快时，才满足产生负折射的条件，通常当冷空气移到暖水域上空时，就有可能形成这种超干绝热而产生负折射现象。

4.6.5 零折射

射线传播路径绝对曲率等于零的折射称为零折射，这时

$$\begin{cases} K = 0 \\ \dfrac{\mathrm{d}n}{\mathrm{d}h} = 0 \\ \dfrac{\mathrm{d}M}{\mathrm{d}h} = \left[\dfrac{\mathrm{d}n}{\mathrm{d}h} + \dfrac{1}{R_m}\right]10^6 = 0.157\mathrm{m}^{-1} \\ \dfrac{\mathrm{d}B}{\mathrm{d}h} = 4.0 \times 10^{-2}\mathrm{m}^{-1} \\ R'_m = R_m \end{cases} \tag{4.42}$$

(4.42)式就是产生零折射所必须满足的 n,M,B 单位值垂直分布条件和 R'_m 值。这时大气是均质的，通常在实际大气中不会发生这种现象。

为了便于掌握和区分上述五种折射现象，下面列出表 4.2，并把五种折射的射线传播路径描在图 4.10 中。

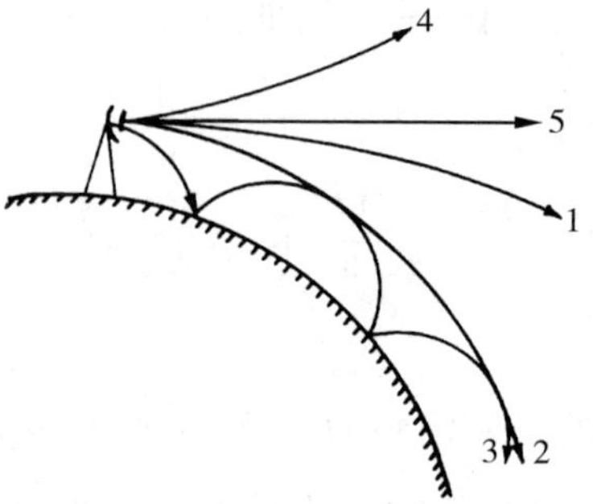

图 4.10　五种折射的射线传播路径

1. 标准大气折射　2. 临界折射　3. 超折射　4. 负折射 5. 零折射

表 4.2　几种折射条件下 $\frac{\mathrm{d}N}{\mathrm{d}h}$，$\frac{\mathrm{d}M}{\mathrm{d}h}$，$\frac{\mathrm{d}B}{\mathrm{d}h}$，$R'_m$ 值

类别 \ 折射值 \ 物理量	$\frac{\mathrm{d}N}{\mathrm{d}h}$ (m^{-1})	$\frac{\mathrm{d}B}{\mathrm{d}h}$ (m^{-1})	$\frac{\mathrm{d}M}{\mathrm{d}h}$ (m^{-1})	R'_m (km)
标准大气折射	-4.0×10^{-2}	0	0.117	8500
临界折射	-15.7×10^{-2}	-11.7×10^{-2}	0	∞
超折射	$<-15.7\times10^{-2}$	$<-11.7\times10^{-2}$	<0	<0
负折射	>0	$>4.0\times10^{-2}$	>0.157	$<R_m$
零折射	$=0$	4.0×10^{-2}	0.157	$=R_m$

§4.7　大气水平分布非均一对射线折射的影响

前文探讨了大气在垂直方向不均匀情况下的折射场结构，这是在假定大气是水平均一情况下得到的。但是在大气某些区域，如海陆交界处、海陆锋、锋面两侧气象要素的水平变化不可忽视，折射指数梯度可相差达到 $30N$ 单位以上。水平均一的假设对高准确度探测就不适用了。由大气水平分布不均匀，N 单位梯度存在导致的雷达水平探测定位误差可分两种情况讨论。

4.7.1　雷达从低的 N_2 单位值区向高的 N_1 单位值区探测

在这种探测时，由折射定律可知

$$\gamma = \sin^{-1}\left[\frac{N_2}{N_1}\sin i\right] \quad (4.43)$$

再由图 4.11(b)，因为这时 $i > \gamma$，所以偏角

$$\theta = i - \gamma = i - \sin^{-1}\left[\frac{N_2}{N_1}\sin i\right] \quad (4.44)$$

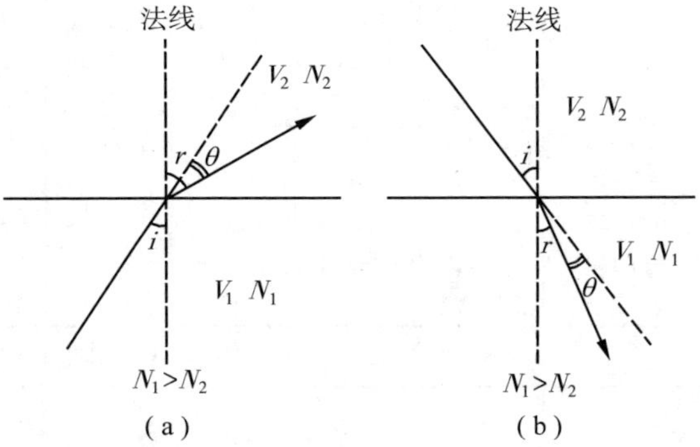

(a) 雷达从高的 N_1 值区向低的 N_2 值区探测

(b) 雷达从低的 N_2 值区向高的 N_1 值区探测

图 4.11　大气水平分布非均一时的折射现象

以 1988 年 3 月中旬的一次强冷空气天气过程影响沪宁地区为例，在锋面南侧，N_1 单位值范围为 336 ～ 406，在锋面北侧 N_2 单位值的范围又为 290 ～ 320。若已知 N_1，N_2 单位值和雷达波束轴线与法线之间入射角 i，即可由(4.44) 式计算得到偏角 θ 值的大小，这个角度也就是由于大气水平分布不均匀，雷达从低的 N_2 单位值区向高的 N_1 单位值区作水平探测时，由折射引起的探测误差。表 4.3 即为据不同 i 角和 N_2/N_1 值计算得到的偏差角 θ 查算表，这时方位角探测误差偏向于锋面法线方向。

4.7.2　雷达从高的 N_1 单位值区向低的 N_2 单位值区探测

由折射定律可得

$$\gamma = \sin^{-1}\left[\frac{N_1}{N_2}\sin i\right] \quad (4.45)$$

再据图 4.11(a)，因为这时 $i < \gamma$，所以偏角

$$\theta = \gamma - i = \sin^{-1}\left[\frac{N_1}{N_2}\sin i\right] - i \quad (4.46)$$

可方便求得，这是由于大气水平分布不均匀，雷达从高的 N_1 单位值区向低的 N_2 单位值区作水平探测时折射造成的另一种探测误差。表 4.4 即为据不同 i 角和 N_1/N_2 值计算得到的偏差角 θ 查算表。

表 4.3 偏差角 θ 查算表

$\frac{N_2}{N_1}$ \ i	10°	20°	30°	40°	50°	60°	70°	80°	90°
0.9524	0.4815	0.9896	1.5625	2.2519	3.1489	4.4315	6.4963	10.293	17.749
0.9302	0.7044	1.4491	2.2833	3.2788	4.5552	6.3340	9.0511	13.642	21.534
0.9091	0.9171	1.8847	2.9640	4.2423	5.8602	8.0658	11.3203	16.455	24.619
0.8889	1.1210	2.3007	3.6118	5.1539	7.0831	9.6632	13.354	18.908	27.265
0.8696	1.3149	2.6972	4.2274	6.0155	8.2292	11.141	15.199	21.086	29.588
0.8511	1.5010	1.0766	4.8145	6.8333	9.3089	12.517	16.892	23.053	31.668
0.8333	1.6800	3.4408	5.3767	7.6100	10.332	13.808	18.459	24.821	33.561
0.8163	1.8509	3.7881	5.9113	8.3514	11.294	15.014	19.908	26.496	35.284
0.8000	2.0147	4.1204	6.4218	9.0539	12.205	16.146	21.257	28.015	36.869
0.7843	2.1724	4.4400	6.9116	9.7258	13.072	17.217	22.523	29.432	38.344
0.7692	2.3241	4.7470	7.3811	10.677	13.897	18.229	23.713	30.755	39.717
0.7547	2.4696	5.0413	7.8304	10.980	14.681	19.187	24.831	31.992	41.001
0.7407	2.6101	5.3251	8.2628	11.568	15.430	20.099	25.891	33.159	43.209
0.7273	2.7445	5.5964	8.6755	12.128	16.142	20.960	26.887	34.254	43.339
0.7143	2.8749	5.8592	9.0747	12.668	16.826	21.785	27.838	35.296	44.414

表 4.4 偏差角 θ 查算表

$\frac{N_1}{N_2}$ \ i	10°	20°	30°	40°	50°	60°	70°	80°	90°
1.050	0.5055	1.0462	1.6682	2.4485	3.5472	5.4125	10.637		
1.075	0.7586	1.5721	2.5136	3.7091	5.4365	8.5877			
1.100	1.0119	2.0999	3.3670	4.9967	7.4209	12.296			
1.125	1.2654	2.6296	4.2289	6.3140	9.5193	16.977			
1.150	1.5191	3.1614	5.0986	7.6638	11.737	24.828			
1.175	1.7731	3.6953	5.9798	9.0494	14.172				
1.200	2.0273	4.2315	6.8699	10.475	16.817				
1.225	2.2817	4.7699	7.7705	11.945	19.785				
1.250	2.5364	5.3106	8.3822	13.464	23.247				
1.275	2.7914	5.8538	9.6056	15.040	27.609				
1.300	3.0466	6.3994	10.542	16.681	34.783				
1.325	3.3020	6.9500	11.491	18.396					
1.350	3.5577	7.4986	12.454	20.199					
1.375	3.8137	8.0523	13.433	22.108					
1.400	4.0700	8.6089	14.427	24.145					

需要着重指出的是，在这种情况下，由水平不均匀引起的折射与超短波在垂直方向上类同，会产生水平临界折射和水平超折射(即全反射)，其临界入射角 i 也可由折射定

律求得，即

$$i = \sin^{-1}\left[\frac{N_2}{N_1}\sin\gamma\right]$$

在水平临界折射时，$\gamma = \frac{\pi}{2}$，则

$$i_0 = \sin^{-1}\left[\frac{N_2}{N_1}\right] \tag{4.47}$$

可见临界入射角 i_0 大小与 N_2/N_1 比值有关，表 4.5 即为产生水平临界折射时的 i_0 角的大小，当入射角 $i \geqslant i_0$ 时，就会产生水平临界折射或水平超折射，因此，在锋面另一侧（北侧）方向上的降水区，雷达天线无法探测到，形成探测“盲区”；若入射角 i 小于临界角 i_0 时，就会有一定偏差角 θ，这种情况下的定位误差为偏离锋面法线方向。

总之从表 4.3、表 4.4 可以看到雷达对锋面另一侧的水平探测存在着由偏差角 θ 引起的探测误差。在表 4.4 情况下，结合图 4.11(a)可见还存在着一定的探测“盲区”，下面各举一个例子说明。

以表 4.3 为例，最大偏差角可达 44.4°，也就是说在最大偏差假设条件下，雷达探测的目标物距锋面的距离为 100km 时，大致会造成 75.5km 的定位探测误差。

表 4.5　临界入射角

N_2/N_1	0.9524	0.9302	0.9091	0.8889	0.8696	0.8511	0.8333	0.8163
i_0	72.3	68.5	65.4	62.7	60.4	58.3	56.3	56.4
N_2/N_1	0.8000	0.7843	0.7692	0.7547	0.7407	0.7273	0.7143	
i_0	53.6	51.6	50.3	49.0	47.8	46.7	45.6	

以表 4.4 为例，1988 年 3 月 14 日 08 时，冷锋锋面位置如图 4.12 所示，上海台在锋面南侧，该地区此时的 N_1 为 345N 单位，在锋面北侧的南京台 N_2 则为 315N 单位，即 N_1/N_2 为 1.09，若这时上海雷达探测南京地区降水，由于 i 角为 25°，南京距锋面为 150km，据表 4.4 可内插查出 $\theta = 2.514°$，则由偏角 θ 引起的定位探测误差为 6.63km；如果探测南京西面的马鞍山，因为入射角是 50°，其它条件不变，则定位探测误差达 17km；再往西安庆站方向，由于这时入射角 i 是 75°，远大于临界入射角 i_0（i_0 约为 65.4°），雷达波束在锋面处作全反射，就无法探测到，因此这个方向的区域就是此时上海台雷达探测“盲区”。上述探测误差和“盲区”的存在对中小尺度强对流天气的强中心预报将会有较大的影响，必须加以重视。

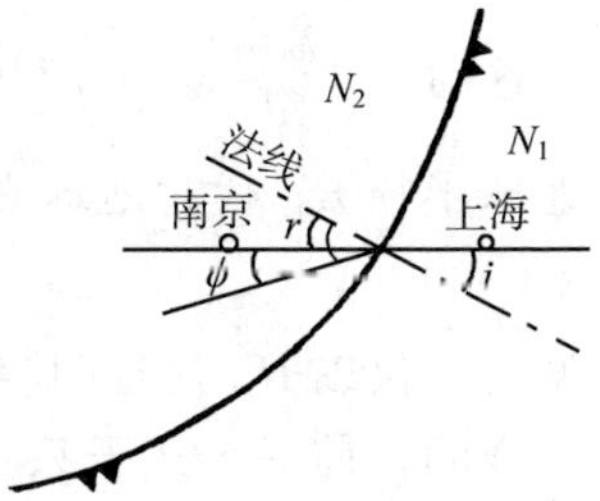

图 4.12　在冷锋锋面上折射示意图

§4.8　地球球面和大气折射对雷达探测距离的影响

由于地球表面是球面，因此雷达最大探测距离将受到限制；另外大气折射也会对最大探测距离有较大的影响。这两种情况对适当选择雷达参数，和合理选择站址等都具有重要的意义。

4.8.1　地面雷达 0°仰角时，对高度为 *H* 目标物的最大探测距离

4.8.1.1　地球上无大气或大气为均质时

这时因为 $\frac{dn}{dh}=0$，即零折射，故超短波沿直线传播。由图 4.13 可得

$$R^2+R_m^2=(R_m+H)^2=R_m^2+2R_mH+H^2$$

因为一般情况下，$H\ll R_m$，所以简化上式后可得

$$R=\sqrt{2R_mH} \tag{4.48}$$

具体计算时，若 H,R_m 以 m 为单位，R 以 km 为单位，则有

$$R=3.57\sqrt{H} \tag{4.48$'$}$$

若 R_m,H,R 都以 km 为单位，则(4.48)式又可写成

$$R=113\sqrt{H} \tag{4.48$''$}$$

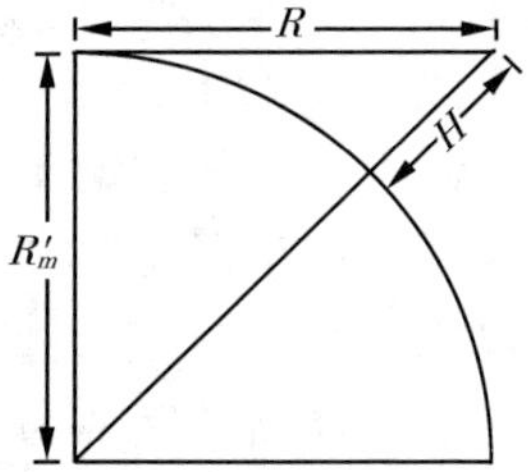

图 4.13　雷达最大探测距离与目标高度及大气折射关系图(平地雷达)

4.8.1.2　有折射时

这时由于 $\frac{dn}{dh}\neq 0$，超短波沿曲线传播，计算时可用等效地球半径 R'_m 代替地球真实半径 R_m，然后由图 4.13 可得

$$R=\sqrt{2R'_mH} \tag{4.49}$$

可见上式仅以 R'_m 代替(4.48)式中的 R_m，但从物理意义上分析，(4.48)、(4.49)两式是不一样的。前一个式子只考虑地球球面对一定高度目标物对雷达最大探测距离的影响，后一个式子则同时考虑大气折射和地球球面这两个因素对雷达最大探测距离的影响。另外(4.49)式在临界折射到超折射区间不能应用。

在标准大气折射情况下，因为 $R'_m=\frac{4}{3}R_m$，把这个关系式代入(4.49)式，即可得到在标准大气折射情况下雷达对高度为 H 的目标物的最大探测距离为

$$R=4.15\sqrt{H} \tag{4.50}$$

式中 H 以 m 为单位，R 以 km 为单位。可见由于标准大气的影响，使得雷达对高度为

H 的目标物的最大探测距离比无折射时增加了，其相对增加量为

$$\frac{4.15\sqrt{H}-3.57\sqrt{H}}{3.57\sqrt{H}}=16\%$$

至于其它类型的折射，只要根据 $\frac{dn}{dh}$ 值，计算出等效地球半径 R'_m，然后再用(4.49)式，即可得到在实际大气折射情况下，对高度为 H 目标物的雷达最大探测距离。在实际大气中，中纬度地区的气象要素随高度分布的平均情况与标准大气相近，但是在某些特定日子和时段却与实际大气偏离很大，尤其在出现超折射、负折射时情况更是如此。

4.8.2　高架雷达俯视探测时，对高度为 *H* 目标物的雷达最大探测距离

由图 4.14 可见，对天线架设在 h 高度上的雷达，要计算对高度为 H 的目标物最大探测距离时，天线必须作俯视探测，这时最大探测距离 R 为 R_1+R_2。参照(4.48)式的推导思路，可得

$$R=\sqrt{2R'_m}(\sqrt{H}+\sqrt{h}) \qquad (4.51)$$

对于标准大气，又有

$$R=4.15(\sqrt{H}+\sqrt{h}) \qquad (4.52)$$

式中 H，h 以 m 为单位，R 以 km 为单位。

对均质大气，因为 $\frac{dn}{dh}=0$，故 $R_m=R'_m$，所以只要以真实地球半径代入(4.51)式即可。对于任意大气，与上述讨论相同，即根据 $\frac{dn}{dh}$ 的实际大小，计算得到等效地球半径 R'_m，再以 R'_m 值代入(4.51)式计算出最大探测距离 R。

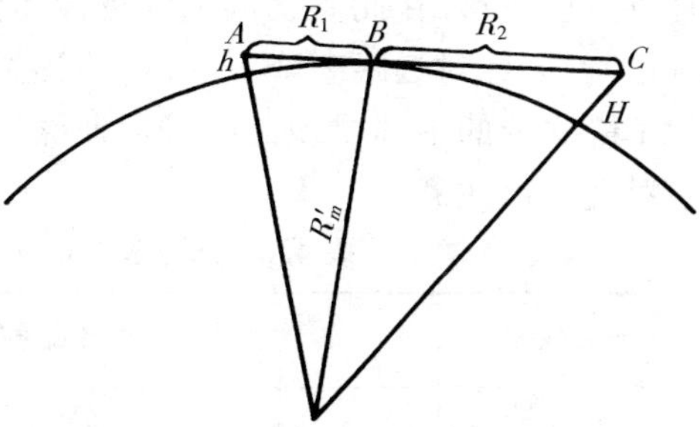

图 4.14　雷达最大探测距离与目标物高度及大气折射关系图(高架雷达)

比较(4.49)式和(4.51)式可知，高架雷达，对 H 高度的日标物的最大探测距离比天线架设在地面上的平地雷达要远，所以一般雷达天线要安装在较高的地方，另外，高架雷达天线作水平扫描时，可以不受四周障碍物的影响，使障碍物后面的降水区仍能探测到。

但是必须指出，天线架设的高度并不是愈高愈好，还必须考虑雷达能否作俯视探测，如不能作俯视探测，那么最大探测距离反而比雷达天线架设在地面上时还要小，因为这时的探测距离为

$$R=\sqrt{2R'_m}\cdot\sqrt{H-h}$$

此公式读者可自行证明。

4.8.3 地球球面和大气折射对探测目标物的影响

4.8.3.1 球形地面和大气折射使雷达波束偏离地面的情况

在雷达探测中，由于雷达与气象目标物之间的距离可以探测到，因此可以计算出离地面高度为 h 的雷达天线作水平探测时，由于地球曲率和大气折射引起的不同距离上雷达波束中心轴线离地面的高度，如表 4.6 所示。表中数值是假定雷达天线架设在地面上($h = 0$)，只考虑地球曲率影响时用(4.48)式计算得到的，若考虑地球曲率和标准大气折射共同的影响，则用(4.49)式计算。

由表可见，当探测距离较远时，即使地面雷达作水平探测，波束轴线的高度也会离开地面数千米。例如在标准大气中，探测距离为 300km 时的波束轴线高度可达 5.3km，在此高度以下的气象目标就会探测不到(必须指出，因雷达发射的波束有一定垂直宽度，所以在此高度以下的目标物尚能看到一部分，这将在下一章测高误差中详加讨论)。因此对近距离降水云，探测到的是降水云的底部，而对远距离的降水云，探测到的是降水云的中部或顶部。若远处降水云发展高度较低，雷达可能探测不到，实际工作中对此予以注意。

表 4.6 水平探测时不同距离上雷达波束轴线地面高度

距离(km)	考虑地球曲率时高度(km)	考虑地球曲率和标准大气折射时的高度(km)
50	0.20	0.15
100	0.79	0.59
150	1.76	1.32
200	3.14	2.32
250	4.90	3.60
300	7.06	5.30
350	9.61	7.11
400	12.60	9.29

4.8.3.2 球形地面造成回波分布的变形

如图 4.15 所示，雷达探测锋面降水时，由于电磁波在球形地面上空传播，电磁波波束在离测站近处扫到的是降水云的低层，锋的两侧因离测站较远，扫不到降水云的低层，扫到的是更远些的降水云上层，这样原来为直线分布的降水云，在 PPI 显示器上就变成了两端远，中间近，凸向测站的弧形回波带。

此外，在由孤立对流云组成的回波带上，由于各对流云回波的强度、高度不相同，在球形地面影响下，可能出现当回波从远处进入 PPI 时，由于波束探测高度不断降低，测到了原来探测不到的远处低对流云，结果造成回波"不断新生发展"的假象。同理，当回波移出测站远离时却出现"减弱""消散"的虚假现象。这种现象在雷达回波分析中应予以注意，以免发生差错。

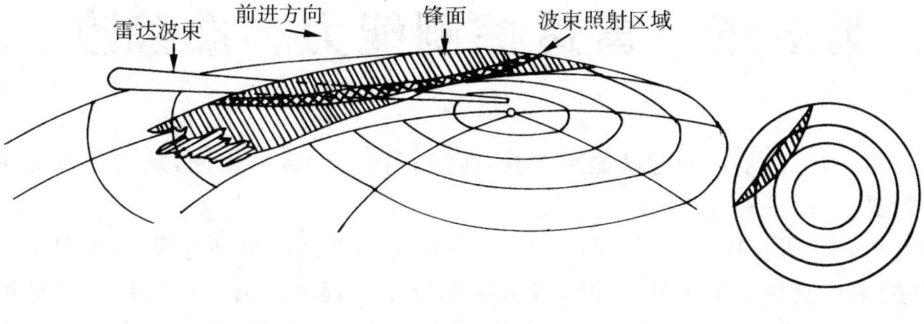

图 4.15 球形地面造成回波分布变形图

本 章 小 结

一般测雨雷达发射的电磁波是超短波、微波，它与光在不均匀介质中的传播类似，有折射现象。本章介绍了雷达波在大气中折射的一些基本规律。

为了研究大气折射指数与气象要素的关系，首先从分析介质极化和介电常数之间联系入手，尔后利用 Maxwell 方程组得到的关系式 $n^2 = \varepsilon$ 和状态方程，导出了大气折射指数与温、压、湿之间的关系式。由于实际大气中温、压、湿具有明显的时空变化，因此大气折射指数也具有复杂的时空变化。

为了有效地研究雷达波在大气中折射规律，本章又引入了折射指数、订正折射指数、等效地球半径、B 单位等概念。

大气中温、压、湿随高度增加可以有不同变化，因此产生了折射指数随高度不同分布，致使雷达波在传播时有不同弯曲现象，一般可分为标准大气折射、临界折射、超折射、负折射和零折射等五种形式。其中标准大气折射代表中纬度对流层大气折射的平均情况，超折射在雷达探测中经常遇到，它能增加雷达探测极限距离，同时也会增加探测误差，特别是测高误差。为了克服这种误差，本章利用了三地一年探空资料分析了避开超折射层的雷达最小临界发射仰角。另外超折射是在一定的气象条件下形成的，因此它的出现也具有一定的天气意义。

大气水平分布非均一，例如锋面两侧，对雷达波会产生折射，导致水平探测定位误差，甚至出现探测"盲区"，这在实际探测工作中也应注意。

大气折射的产生必将影响到雷达测距、测高等方面，本章又讨论了球形地面和大气折射对雷达最大探测距离的影响和球形地面造成回波分布的畸变，这些问题在实际工作中也很重要。

第五章 雷达探测能力和准确度

众所周知，雷达是一种主动遥感工具，能进行极其细致的探测，是大气探测中不可缺少的重要工具之一。

但是与其它所有探测工具一样，它的探测能力和准确度也是有限的，尤其对远距离目标，其探测误差往往会大到使探测资料不能应用的程度。前一章已讨论了球形地面和大气折射对雷达探测的影响。这一章将介绍由于波束宽度，脉冲长度等雷达参数及地面障碍物对雷达探测的影响；另外对引起的雷达探测误差的其它因子也进行综合研究；对雷达探测能力也进行探讨。

§5.1 测高公式和测高误差

5.1.1 测高公式和回波高度查算图

5.1.1.1 测高公式

若不考虑大气折射，只考虑地球曲率对超短波传播的影响时，测高公式可由图 5.1 计算得到。图中 h 为天线高度，δ 为仰角，R 是斜距，H 是波束中心轴线在斜距 R 处离地面的高度，R_m 为地球半径。因为在Rt$\triangle ABC$ 中有

$$\angle CAB = \frac{\pi}{2} - \delta$$

$$AC = R\cos\left(\frac{\pi}{2} - \delta\right) = R\sin\delta$$

$$CB = R\sin\left(\frac{\pi}{2} - \delta\right) = R\cos\delta$$

所以在 Rt$\triangle OCB$ 中有

$$(H + R_m)^2 = (R\cos\delta)^2 + (R_m + h + R\sin\delta)^2$$

将上式展开再以 $2R_m$ 除等式两边各项可得

$$\frac{H^2}{2R_m} + H = \frac{(R\cos\delta)^2}{2R_m} + \frac{h^2}{2R_m} + \frac{(R\sin\delta)^2}{2R_m} + h + R\sin\delta + \frac{hR\sin\delta}{R_m}$$

因为 $h \ll R_m$，$H \ll R_m$，略去小项后为

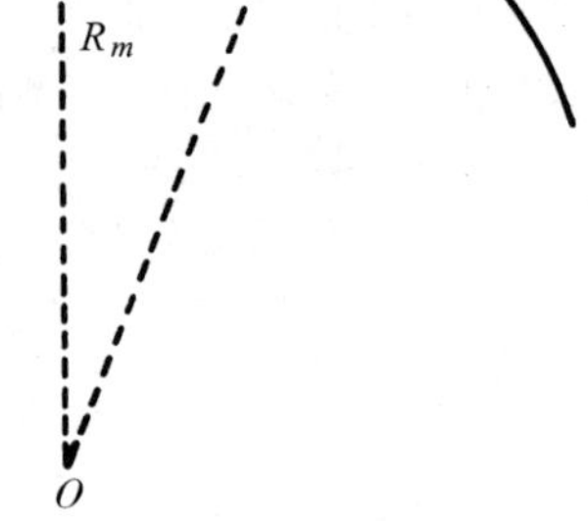

图 5.1 求高度用的示意图

$$H = h + R\sin\delta + \frac{R^2}{2R_m} \tag{5.1}$$

当 $h = 0, \delta = 0$ 时，(5.1) 式就变为(4.48) 式。另外(5.1) 式中 $\frac{R^2}{2R_m}$ 项实际上是地球球面造成的附加高度。这是因为若不考虑地球曲率影响，而把地表面作为平面，则测高公式有

$$H = h + R\sin\delta$$

若再考虑大气折射的影响，只要用 R'_m 代替(5.1) 式中地球真实半径 R_m，即有

$$H = h + R\sin\delta + \frac{R^2}{2R'_m} \tag{5.2}$$

(5.2)式为考虑地球曲率和大气折射影响后的测高公式，其中 $\frac{R^2}{2R'_m}$ 项为订正项。

5.1.1.2　回波高度查算图的制作和应用

由(5.2)式可知，若知道雷达天线安装的高度 h，雷达站与目标物之间的距离 R，天线探测仰角 δ，以及等效地球半径 R'_m，就可计算出回波高度值。但考虑到 R'_m 值与大气中温、压、湿的垂直分布有关，不能在雷达探测中直接得到，因此在实际工作中往往先假定为标准大气，在求得标准大气情况下的回波高度后，经过订正，得到实际大气情况下的回波高度 H 值。

1. 标准大气时的测高公式

在标准大气的情况下，因为等效地球半径 R'_m 是真实地球半径 R_m 的 $\frac{4}{3}$ 倍，把这个值代入(5.2) 式可得

$$H = h + R\sin\delta + \frac{R^2}{17000} \tag{5.3a}$$

在(5.3a)式中，H, h, R 都是以 km 为单位，为方便起见，实际工作中把 H, h 改为用 m 为单位，而 R 仍以 km 为单位，这样(5.3a)又可写成

$$H = h + 1000R\sin\delta + 0.0589R^2 \tag{5.3b}$$

该式的另外一种形式为

$$H = h + 1000R\sin\delta + 0.0589R^2\cos^2\delta \tag{5.3c}$$

(5.3c)式在雷达观测手册中可见到，它是利用余弦定律得到的。当接近水平探测时，$\cos\delta = 1$ 就与(5.3b)式一致。

2. 图的制作和应用。

为了迅速求得回波高度，实际上是先根据(5.3b)式利用已知 h, δ, R 值制作查算图，然后再根据观测到的 h, δ 值直接查出标准大气情况下的 H 值。图 5.2 就是一种事先制作好的回波高度查算图。对于只有 PPI 显示器的雷达，可以利用抬高天线仰角观测，用

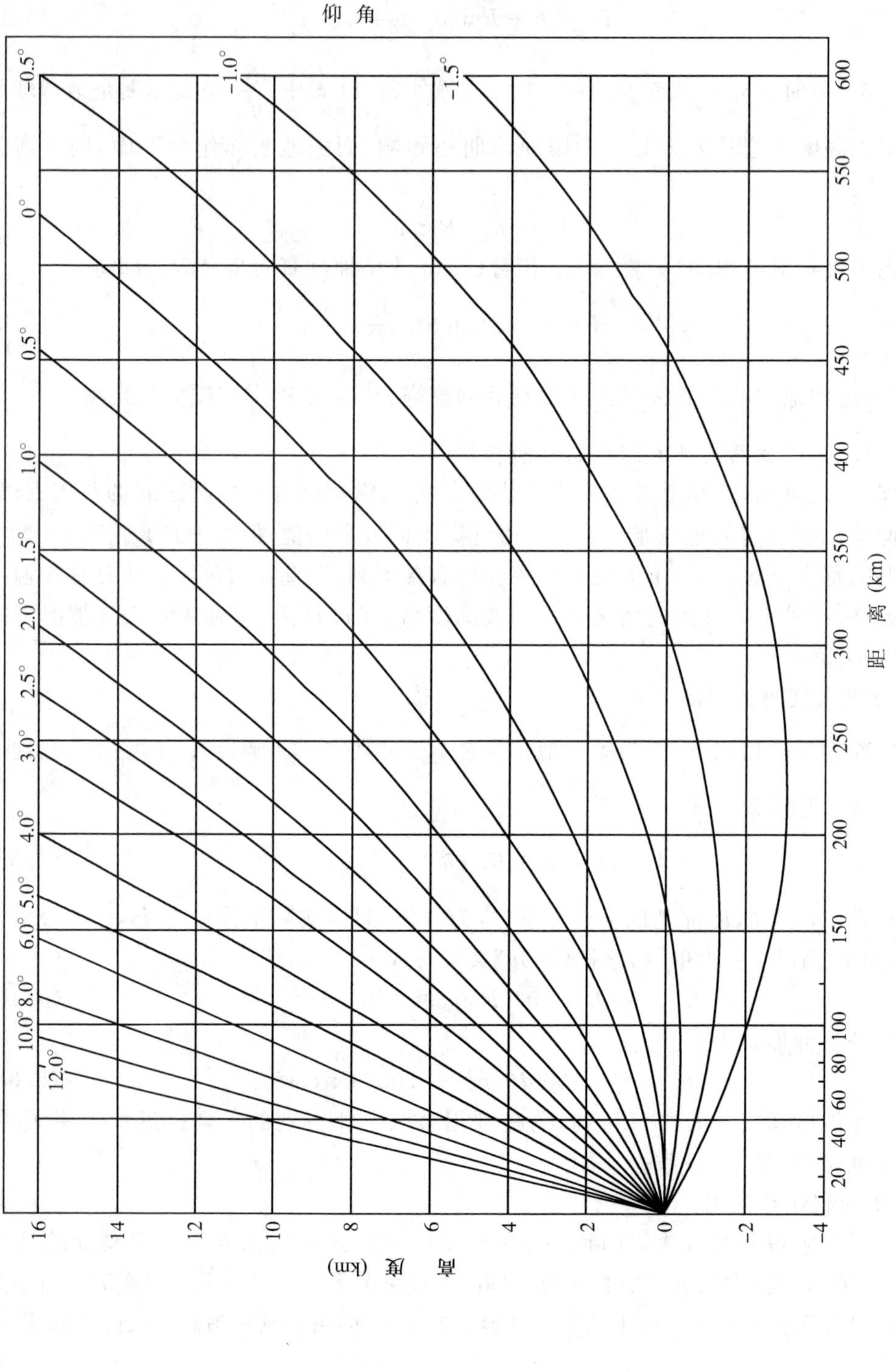
仰角
-0.5°
-1.0°
-1.5°
0°
0.5°
1.0°
1.5°
2.0°
2.5°
3.0°
4.0°
5.0°
6.0°
8.0°
10.0°
12.0°
距 离 (km)
20 40 60 80 100 150 200 250 300 350 400 450 500 550 600
高 度 (km)
16 14 12 10 8 6 4 2 0 -2 -4

图5.2 回波高度查算图

回波刚开始消失时的仰角 δ 和斜距 R 即可求得标准大气情况下的回波高度 H 值。有 RHI 显示器的雷达，尽管回波高度可以直接读得，但实际上也是根据(5.3b)式得来的。

5.1.2　测高误差

雷达探测是有一定误差的，引起测高误差的原因很多，有些因子造成误差甚至可以达到千米的量级，且随着距离增加，误差迅速增加。而回波顶高是识别危险天气，分析降水系统强弱变化的一个重要参数，当测高误差达到千米量级时，对回波顶高的测量就没有意义了。下面将雷达测高的误差就其产生的原因归纳为八类。

5.1.2.1　雷达设计准确度造成的测高误差

一般测雨雷达高标线的精确度小于±200m，经 DVIP 处理后的误差也不会太大，这是由电子线路设计和标定引起。不过该误差不太大，对于一般回波顶高、强回波顶高达几千米的对流云来说，这个误差是允许的。

5.1.2.2　测距误差引起的测高误差

对(5.2)式中 R 求微分有

$$\mathrm{d}H = \sin\delta \,\mathrm{d}R + \frac{R\mathrm{d}R}{R'_m} \tag{5.4}$$

由于测距比较准确，一般由于线路设计和标定造成的误差仅为量程的 2%，这个误差对 300km 量程来说是±6km。据(5.4)式，由它所引起的测高误差也只有几百米。

5.1.2.3　天线高度 h 的误差所引起的测高误差

h 值一般通过光学经纬仪，由三角方法确定，比较准确，一般不会引起测高误差。

5.1.2.4　仰角误差引起的测高误差

对(5.2)式中仰角 δ 求微分，可得

$$\mathrm{d}H = R\cos\delta\mathrm{d}\delta \tag{5.5}$$

由(5.5)式可见，测高误差 $\mathrm{d}H$ 与仰角误差 $\mathrm{d}\delta$ 成正比，与雷达站和目标物之间斜距 R 及仰角 δ 的大小有关。在 δ 一定的情况下，随着斜距 R 的增加，测高误差 $\mathrm{d}H$ 也增加；在距离 R 一定的情况下，随着仰角的增加，测高误差反而减少。若雷达探测，仰角 δ 仅在 30° 范围内变化，则 $\cos\delta$ 只在 1 到 0.866 之间变化，故测高误差 $\mathrm{d}H$ 受 δ 影响不大，它主要决定于仰角误差 $\mathrm{d}\delta$ 和斜距 R 的大小。例如：

当 $\delta = 30°$，　$\mathrm{d}\delta = 2°$，　$R = 100\mathrm{km}$，　$\mathrm{d}H = 3.0\mathrm{km}$

当 $\delta = 30°$，　$\mathrm{d}\delta = 0.3°$，　$R = 100\mathrm{km}$，　$\mathrm{d}H = 0.45\mathrm{km}$

当 $\delta = 30°$，　$\mathrm{d}\delta = 0.3°$，　$R = 200\mathrm{km}$，　$\mathrm{d}H = 0.9\mathrm{km}$

以上计算表明，测量回波高度时，仰角必须经过仔细标定，仰角误差要尽可能小。一般在实际工作中，可根据(5.5)式计算，事先作好图表(见表 5.1)，以便据 δ 的大小直接查得 $\mathrm{d}H$ 值。

表 5.1　仰角误差引起的测高误差和斜距的关系

仰角误差 dδ	测高误差(km) 仰角 δ \ 斜距(km)	10	50	100	200
0.1°	1°	0.017	0.085	0.18	0.34
	30°	0.015	0.075	0.15	0.30
0.3°	1°	0.051	0.26	0.53	1.0
	30°	0.045	0.23	0.45	0.9
0.5°	1°	0.09	0.43	0.9	1.7
	30°	0.08	0.38	0.8	1.5
1°	1°	0.17	0.85	1.75	3.4
	30°	0.15	0.75	1.5	3.0
2°	1°	0.34	1.7	3.5	6.8
	30°	0.30	1.5	3.0	6.0

5.1.2.5　大气折射引起的测高误差

在(5.2)式中把 h,R,δ 看作常数,对 R'_m 微分可得

$$\mathrm{d}H = -\frac{R^2\mathrm{d}R'_m}{2R'^2_m} \tag{5.6}$$

由(5.6)式可见,大气折射所引起的测高误差是由实际大气的等效地球半径偏离标准大气的等效地球半径引起的,即与折射指数随高度变化偏离标准大气折射的程度有关。式中负号的含意是:若计算结果 $\mathrm{d}H<0$,说明荧光屏上显示的高度偏低,应订正一个正值;若 $\mathrm{d}H>0$,则荧光屏上显示的高度偏高,应订正一个负值。例如当 $R=200\mathrm{km}$, $R'_m=10000\mathrm{km}$ 时,有 $\mathrm{d}R'_m=1500\mathrm{km}$,利用(5.6)式即可求得 $\mathrm{d}H=-0.3\mathrm{km}$,即雷达荧光屏上显示高度偏低 300m。

必须着重指出,当等效地球半径 R'_m 变化显著,即 $\mathrm{d}R'_m$ 很大时,采用(5.6)式会造成明显误差,其理由是公式只适用于 $\mathrm{d}R'_m$ 较小的情况。解决办法是采用测高公式直接推求 ΔH 值。例如当 $h=0,\delta=0°$ 时,可用下式

$$\Delta H = H_S - H_A = \frac{R^2}{2}\left(\frac{1}{8500}-\frac{1}{R'_m}\right) \tag{5.7}$$

求 ΔH 值。其中 H_S,H_A 分别代表标准大气折射时和实际大气折射时的探测高度。我们可通过分析探空资料,了解雷达因大气折射所引起的测高误差的大小。图 5.3(a)是南京地区从地面到 1000hPa 高度之间,1981 年 5～10 月 08 时由于实际大气时波束轴线高度与标准大气折射时该高度的绝对误差频率分布直方图。图中横坐标为与标准大气折射比较时测高误差的绝对值,以米为单位。纵坐标是出现的频率。由图可见,当 $R=50\mathrm{km}$

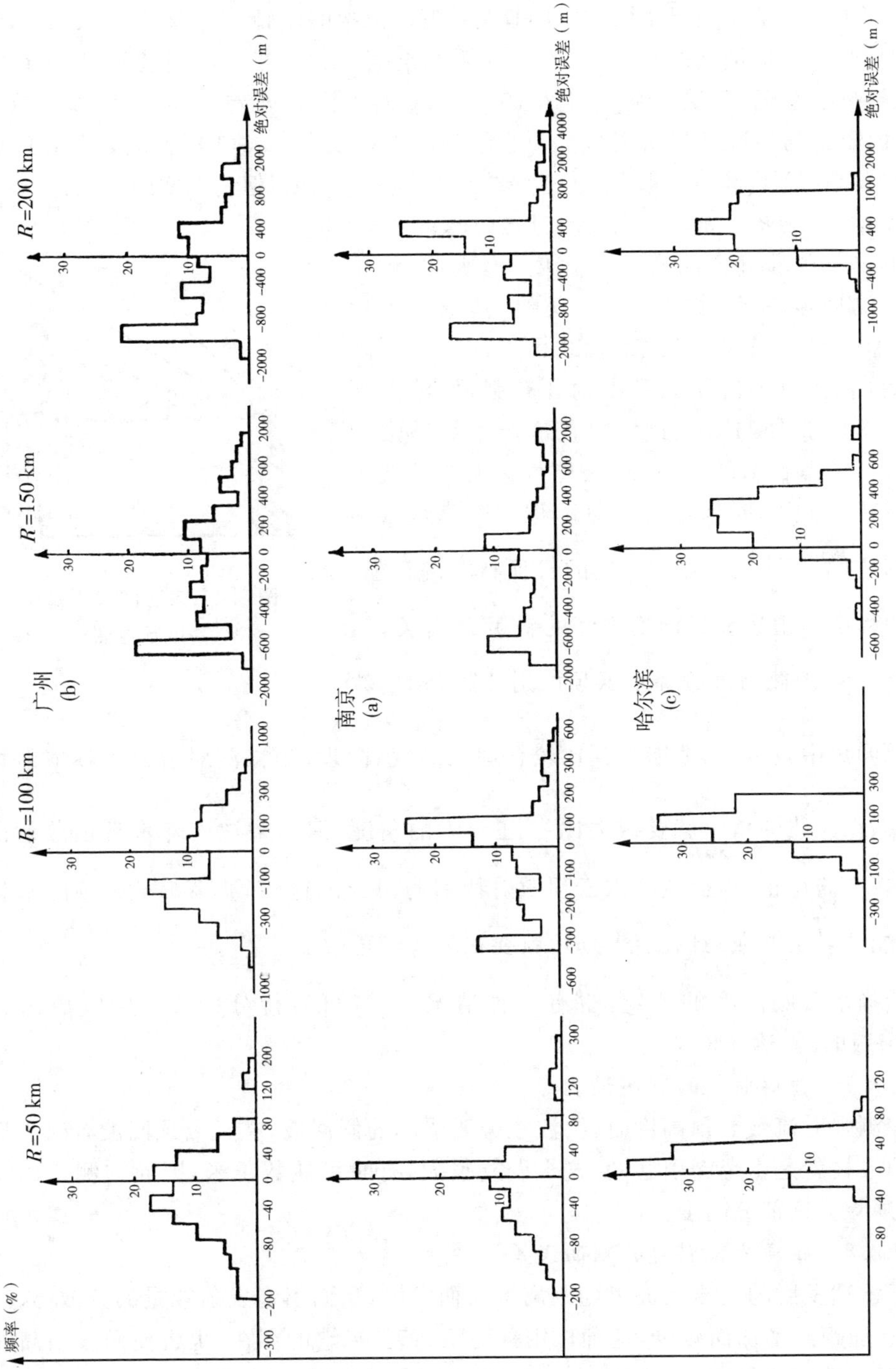

图5.3　大气折射所造成的测高误差频率分布直方图（1981年5~10月，地面–1000 hPa之间）

时，约 65%左右的误差在±40m 之间，即误差值可以忽略不计。但 $R = 200$km时，误差明显增加，达到千米量级的占 20%以上，少数情况会达数千米。出现超折射时，误差更大，在强超折射情况下，误差甚至可达 10km。20 时的测高误差与 08 时大体一致。至于广州，由于偏离标准大气折射较大，误差相应加大[见图 5.3(b)]。地处高纬度的哈尔滨误差最小[见图 5.3(c)]。上述这些结果虽是统计数据，但仍有实际意义。

5.1.2.6　*波束垂直方向宽度所引起的测高误差*

由于波束在垂直方向有一定宽度 φ，因此，用垂直波束探测回波高度时也会产生误差，其原因可用图 5.4解释。由图可见，当波束轴线由下向上扫过降水云顶后，若被测的降水云顶散射比较强，则波束下半部半功率点 B 处与云顶接触时仍能产生足够强的回波信号。考虑到 RHI 上高扫线与雷达天线的波束轴同步旋转，如果这时仰角指示为 δ，但实际降水云顶的仰角却是 $\left(\delta - \frac{\varphi}{2}\right)$。故用 δ 算出的云顶高度偏高了，其偏高的程度与雷达和目标物之间的斜距 R 有关，但不会超过 $\frac{\varphi}{2}R$。因此当被测降水云顶散射比较强时，就应在天线仰角中减去 $\frac{\varphi}{2}$，才能得到比较合理的高度。同理，当被测对流云云顶散射特别强时，那么在天线仰角中就要减去比 $\frac{\varphi}{2}$ 还要大的角度。但如果被测降水云顶散射比较弱。这时就不需订正。当被测降水云顶散射特别弱，只有当全部波束都被云顶降水粒子充满，才能散射足够强的回波信号时，就要在天线仰角中加上 $\frac{\varphi}{2}$ 。

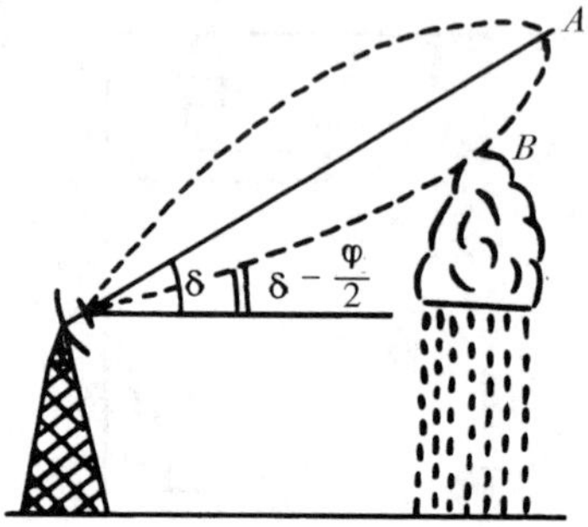

图 5.4　雷达波束测云顶高度示意图

至于降水云底高度的测定，也有几种情况，读者可自行分析或参阅气象出版社 1988 年出版的《雷达气象学》。

5.1.2.7　*旁瓣引起的测高误差*

在探测强对流云云顶高度时，要注意旁瓣引起的假回波，雹云云顶回波有时出现的细长的回波柱就是由旁瓣引起的，这个误差很大，有时可达数千米，因此在测定回波高度时，必须除去这部分高度。

5.1.2.8　*距离衰减引起的测高误差*

由于雷达发射的电磁波波束随距离增大而发散，从而引起发射能量的分散，入射能流密度 S_i 随距离增加而减少，这种作用称为距离衰减。它的存在，也将使回波顶高度偏低，并且随着距离增加，偏低愈明显。目前采用的数字化雷达和已开始布网的天气脉冲多普勒雷达在硬件或软件上已考虑了消除这类测高误差。对于早期模拟雷达的历史资料就要事先制作好测高误差 ΔH 和斜距 R 订正曲线，详细可参阅 1988 年 12 月气象出版社出版的《雷达气象学》一书。

综上所述，测高误差是存在的，而且有些因子造成的测高误差还很大，但是只要事先标定好雷达，认真细心进行探测，那么绝大部分误差可以消除，特别在近距离，且实际大气折射接近标准大气折射情况下，测高准确度能保证。实际工作中用雷达探测零度层高度，同时和探空资料测得的 0℃层高度比较，结果相当一致，这就是一个很好的证明。

§5.2　地面障碍物对雷达探测的影响——等射束高度图

雷达的探测能力不仅受雷达参数，各种衰减、折射和降水云性质等因素的影响，而且也受到雷站四周的高大建筑物、山脉的影响，有的影响甚至相当严重。

南京气象学院南面的龙王山虽然不高，仍使安装在南京气象学院 5 楼顶上的雷达探测不到南京长江大桥，当然也就探测不到这个地区接近地面的降水，若要探测到降水，惟一的办法只有抬高天线仰角使波束中心轴线从这个地区上空通过，但这时探测到的已是高度较高处的降水和云层。由此可见，若把障碍物后面某一高度以下探测不到降水回波的情况，当成是没有降水进行分析，就会失实。可见，为了正确地使用、分析雷达资料，具体地、定量地了解雷达站在各个方向的探测能力很必要。等射束高度图就是为了这个目的提出来的。它就是在一定折射条件下，测站四周由于地物阻挡，绘出的各个方向上、各种斜距下波束中心轴线能够到达的最低高度等值线图。它考虑了雷达天线高度的情况，地球球面及大气折射的影响，特别是它考虑了周围地物、地形对雷达探测能力的影响。这对分析、使用雷达资料是一个很有用的工具。

为了制作等射束高度图，先要求出阻挡仰角 δ 绘制地物阻挡图，然后再把 δ 值代入测高公式(5.3b) 求出 H 值才能绘制等射束高度图。下面我们详细叙述这两种图的绘制方法，以及由图得到的一些分析结果。在绘制这两种图时，均采用江苏省测绘局绘制的以南京气象学院为中心 100km 范围内的地物分布图。

5.2.1　绘制地物阻挡图

在以南京气象学院为中心，100km 范围内的地物分布图上间隔 10km 描距离圈，从正北开始，以 10°为单位画径向线，找出各个方向上地物的高度 H 及该地物离测站的斜距 R，由下式

$$\delta = \sin^{-1}\left[\frac{H - h - \dfrac{R^2}{2R'_m}}{R}\right] \tag{5.8}$$

即可计算出阻挡仰角 δ 值。式中 h 为天线离地面的高度，R'_m 为等效地球半径。对于标准大气折射、临界折射、平均超折射和极限超折射依次用 8500km、∞、−22500km、−690km* 代入即可计算得到 δ 值并绘制出四种折射情况下地物阻挡图 5.5。图中标有 0°，1°，2°的同心圆即为不同方位阻挡仰角值。

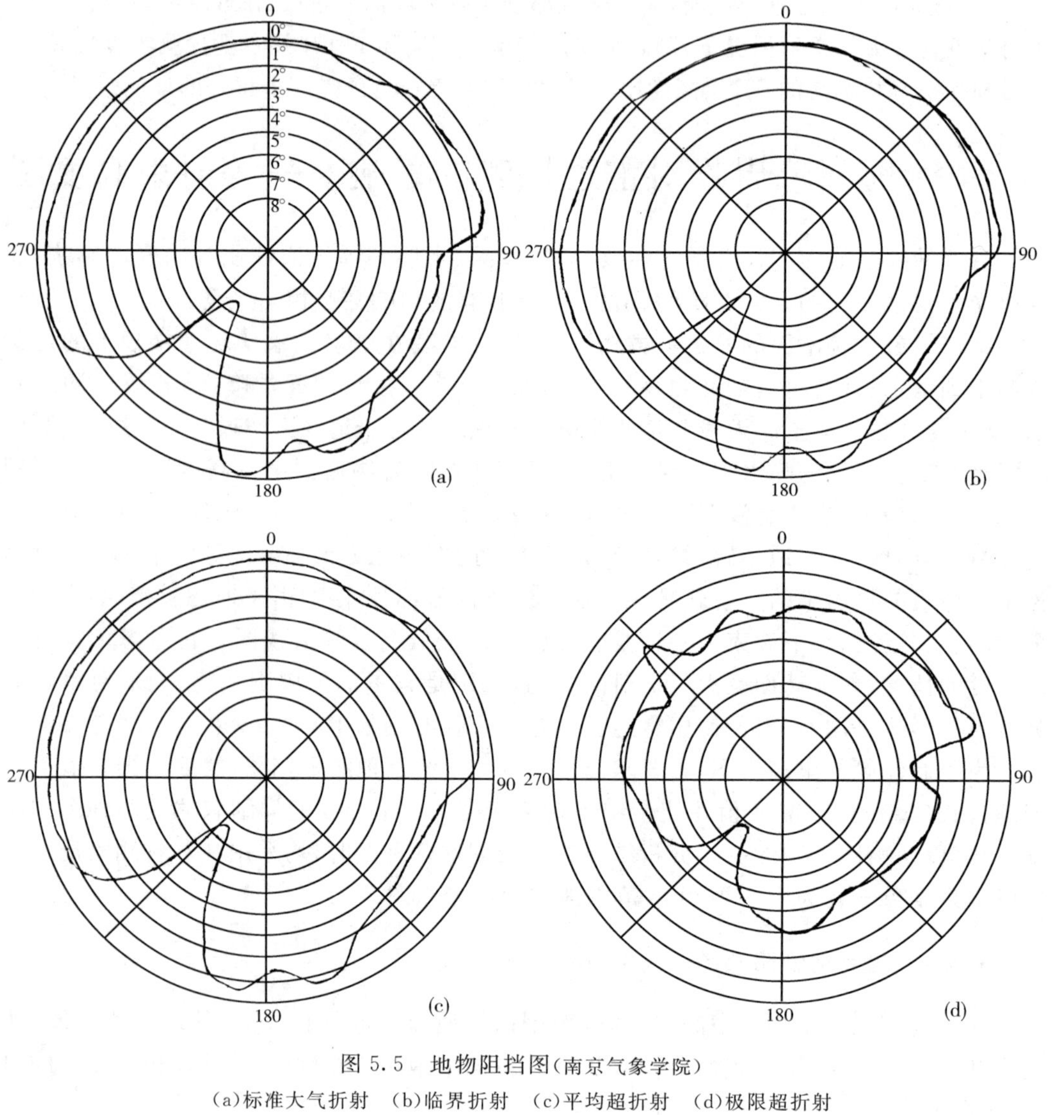

图 5.5　地物阻挡图（南京气象学院）

(a)标准大气折射　(b)临界折射　(c)平均超折射　(d)极限超折射

* 这些值是利用南京地区 1981～1983 三年探空资料经计算得到的。

5.2.2　绘制等射束高度图

应用测高公式(5.2)式,即可求出各个方向不同阻挡仰角 δ 值时天线波束所到达的最低高度 H 值。由于在(5.2) 式中不同折射 R'_m 和 δ 值是不同的,为此又分标准大气折射、临界折射、平均超折射、极限超折射四种折射时相应的 R'_m 和 δ 值代入绘制等射束高度图。具体做法是在 100km 范围内每隔 10km 描距离圈,从正北开始,以 10°为单位描径向线,把已计算得到的各个距离 R,不同方位上波束中心轴线到达的最低高度 H 值填入相应点上,然后将数值 H 相等的点连起来即成。图 5.6 即为四种折射情况下等射束高度图。

5.2.3　分析

1. 在分析地物阻挡图时,先要知道当曲线愈向外凸,说明阻挡仰角愈小;反之,当曲线愈向内凹,则说明阻挡仰角愈大。据这个规则来看图 5.5 可以发现,除极限超折射外,其它三种折射各个方位阻挡仰角差不多大,都是在 200°～240°,即 SW 方向地物阻挡仰角最大,其值为 7.5°,其次是 E→SE→S 方向,阻挡仰角分别为 2.9°和 1.7°,其它方向阻挡仰角较小,最大阻挡仰角仅为 0.9°。对于极限超折射,除 SW 方向阻挡仰角仍为 7.5°外,其它方向阻挡仰角一般在 3°～4°之间,即比其它三种折射时阻挡仰角大。为什么有上述结果,这可以用(5.8)式作出解释。当近距离时,因为 $R^2/2R'_m$ 项可以忽略,因而阻挡仰角大小与大气折射特性可以认为无关。方位 200°～240°,在近距离有障碍物,故四种折射时阻挡仰角均为 7.5°。在远距离时,则阻挡仰角大小与大气折射特性有关,图 5.5(d)极限超折射时,与其它三种折射时阻挡仰角差别较大,就是这个原因。但是,在实际大气中极限超折射比较罕见,因此当我们探测准确度要求不高时,可以仅考虑标准大气折射时地物阻挡图。

2. 与分析地物阻挡图一样,在分析等射束高度图时,有一个基本法则,即对于同一条等值线上的数值点伸展距离愈远(即等值线凸出部分),地物阻挡对探测的影响愈小,伸展距离愈近(即等值线凹进部分),地物阻挡对探测的影响愈大。据此在图 5.6 中可以发现,除极限超折射以外,其它三种折射等射束高度图十分相似,即探测能力很接近。均在方位 185°～245°方向地物阻挡最严重,以至于这个方向地物后面降水探测不到。方位 80°～155°阻挡作用仅次于 S—SW 方向,再其次是方位 15°～45°,其它方向地物阻挡影响很小。

仔细分析图 5.6 三种折射等射束高度图也有差别,标准大气探测能力稍差,因为它波束中心轴线到达的最低高度值比其它两种折射大;平均超折射探测能力强,因为在这种大气折射情况下,波束中心轴线到达的最低高度值最小,即愈能探测到接近地面的降水,显然这是我们所要求的。至于极限超折射,其波束中心轴线,甚至可以探测到地平

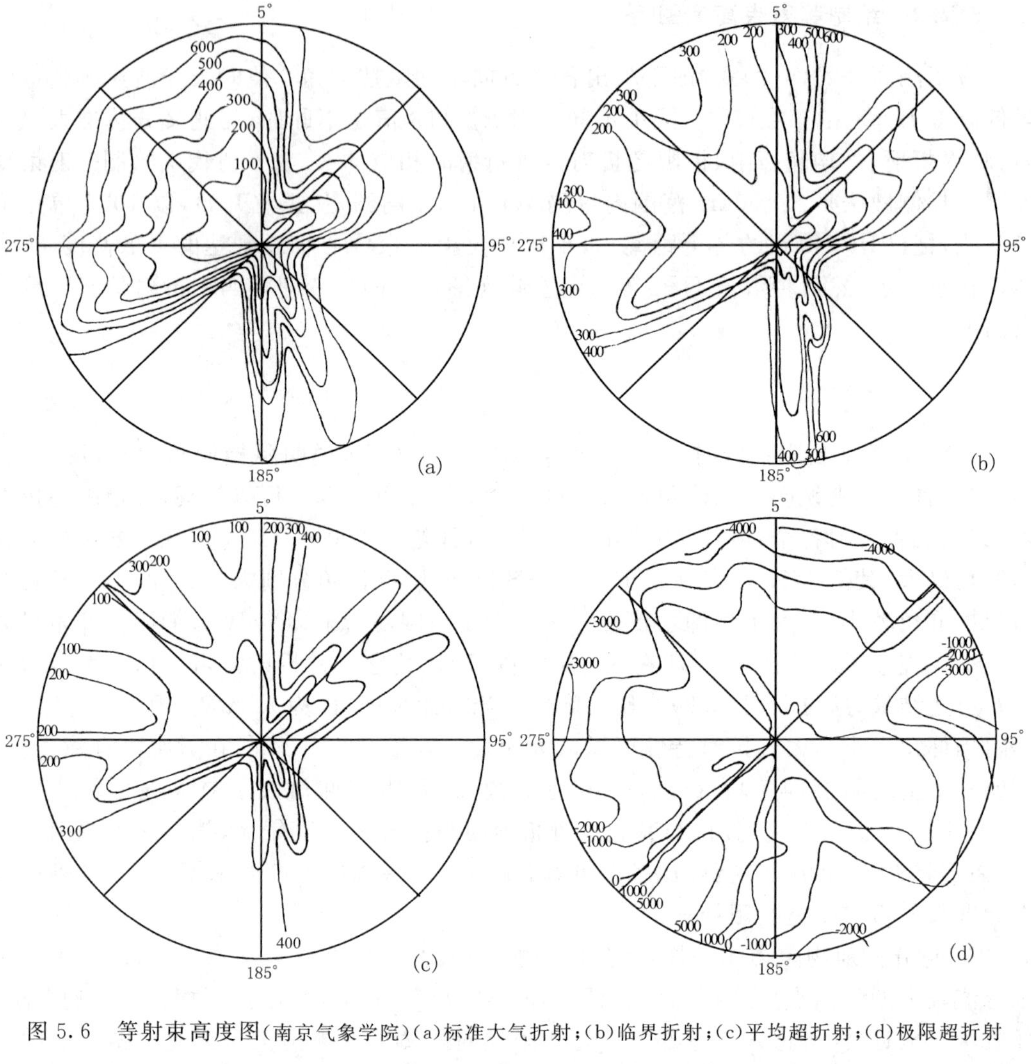

图 5.6　等射束高度图(南京气象学院)(a)标准大气折射;(b)临界折射;(c)平均超折射;(d)极限超折射

线以下目标物。由此可见,大气为超折射时,对探测能力提高是有帮助的。其实这是由于在超折射时,雷达波射线转辗传播能够越过障碍物探测到障碍物后面降水引起的。

3. 为了证实地物阻挡对雷达探测降水影响,我们又利用了 1982～1984 三年南京地区九次典型层状云降水绘制平均回波量分布图 5.7。雷达探测仰角取 0.5°和 3°,结果发现图 5.7(a)与图 5.6(a),(b),(c)较相似,尤其在 185°～245°由于阻挡仰角的影响,在这个范围内降水未探测到。当雷达探测仰角提高到 3°(见图 5.7(b)),这个影响作用就减少了。

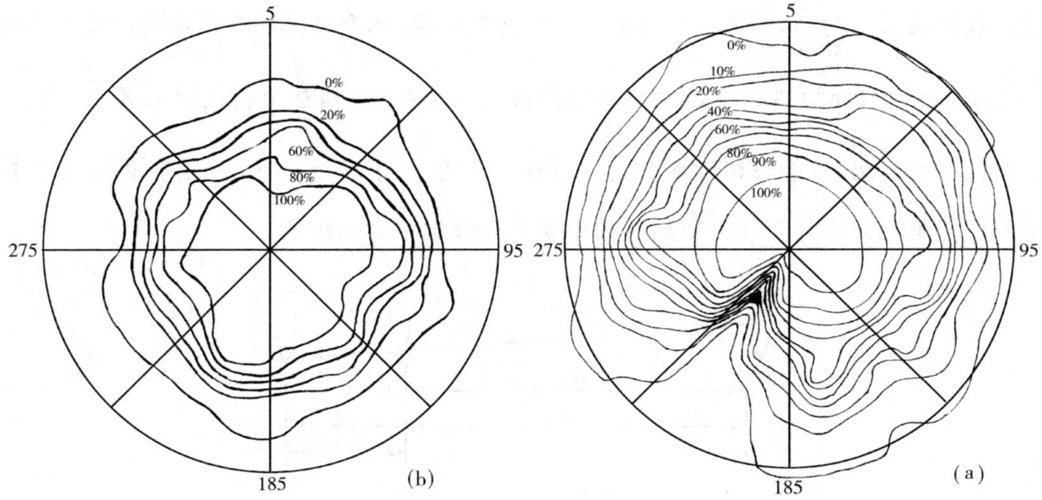

图 5.7　九次层状云降水平均回波量分布图　(南京气象学院)(0dB)

(a)仰角 0.5°；　　　(b)仰角 3°

§5.3　雷达分辨率

雷达分辨率是指两个目标物在雷达荧光屏上产生的回波，能够区分开来的最小实际距离。可见这个距离不是在荧光屏上量得的，而是指实际空间的距离。分辨的实际距离愈小，分辨率愈高。决定雷达分辨率的因子有许多，它不仅与脉冲长度 h、水平和垂直波束宽度 θ,φ 有关，而且还与接收机通频带 ΔF、电子束在荧光屏上产生的亮点直径有关。另外从产生回波畸变的不同，也可以把雷达分辨率分成径向和切向分辨率两种。

5.3.1　径向分辨率

5.3.1.1　脉冲长度 h 与径向分辨率

考虑到目标物的性质和强度不同，又可分为三种情况。

1. 在雷达波径向方向上有一个点状目标物 A

设雷达发射一个脉冲，其持续时间为 τ，这样就组成了脉冲长度为 $h=\tau c$ 的波列。若这个行进中的脉冲，在斜距 R 处遇到了一个具有高散射强度的单个点状目标物 A。那么，当脉冲前沿到达目标物 A 时，就开始有后向散射，当脉冲后沿离开目标物 A 时，后向散射才结束。另外，由于荧光屏有一定余辉时间，故返回到雷达荧光屏上的后向散射信号应该是从斜距 R 处开始延长成一条短线，这条短线的长度，就为脉冲长度 h。又由于雷达测距以及显示器上定距离标志时，采用的计算公式是 $R=\frac{1}{2}ct$，故在荧光屏上造成的延长短线长度为$\frac{h}{2}$，而不是h（见图5.8）。这就是说，单个目标物A形成的回波会造成$\frac{h}{2}$的误差。但目标物A的实际距离可由回波的前沿决定，雷达分析人员只要细心读出回波前沿的距离，就能较精确地决定目标物A的实际距离，而不致造成$\frac{h}{2}$的误差。这里还应清楚地知道荧光屏上所显示的距离决不会少于实际距离。

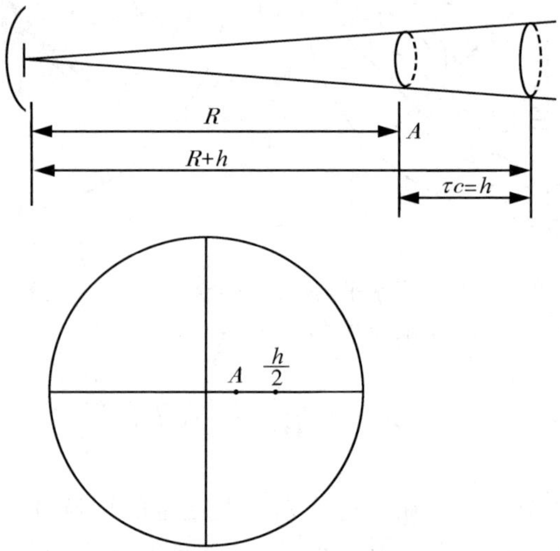

图5.8　脉冲长度与单个目标物的径向分辨率关系

2. 在雷达波径向方向上有一片状强降水区

对于一大片强降水区，若其边缘部分的粒子能散射回足够强的回波，情况与图5.8相似，即在它的远端会出现伸长$\frac{h}{2}$回波的现象。这就是说，当降水区实际宽度为d时，回波区的宽度将为$d+\frac{h}{2}$，而回波前沿所指示的距离，仍就对应着降水区前部边缘的实际距离（见图5.9）。

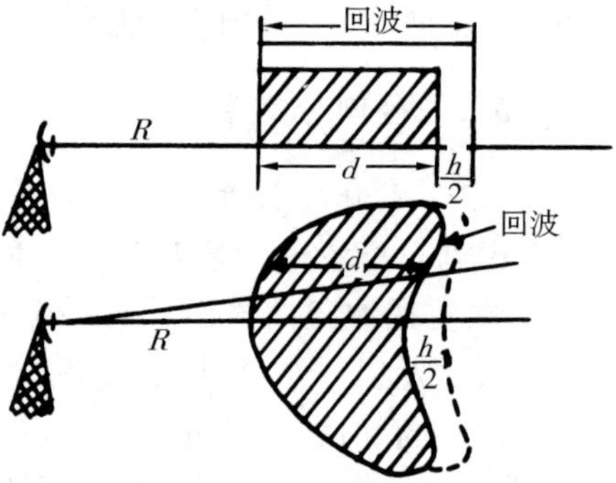

图5.9　脉冲宽度与降水区径向分辨率的关系（对强降水）

3. 在雷达波径向方向上有一大片弱降水区

对于散射较弱的降水及云来说，由于其边缘部分粒子不能产生足够强的回波，只有在波束中有大量的降水、云粒子，才能产生可探测到的回波。因此，当长度为h的脉冲逐渐进入散射区时，随着在波束中的降水、云粒子不断增加，回波信号逐渐增强。而当脉冲离开散射区时，由于波束中的降水粒子不断减少，它的回波信号也就逐渐减弱。这时的散射功率剖面图如图 5.10 所示。另外，为了能探测到回波，雷达接收机要求回波功率值高于一定阈值，正是由于这个原因，回波前沿所指示的距离要大于实际降水区的距离；回波后沿所指示的距离同样也比实际距离大，但是这种误差均不会超过 $\frac{h}{2}$（见图 5.10）。

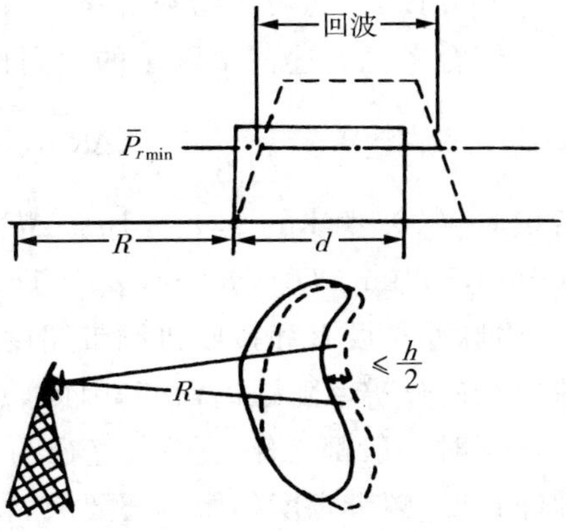

图 5.10　脉冲宽度与降水区径向分辨率的关系（对弱降水）

还应特别提到，由于脉冲长度不随距离而改变，因此不管有多大距离，$\frac{h}{2}$ 径向分辨率是不随距离改变的。

5.3.1.2　接收机频带宽度 ΔF 与径向分辨率

虽然发射机调制脉冲宽度为 τ，但由于接收机通频带有一定的宽度 ΔF，它就不能使经中放、检波后得到的回波视频信号和原来的发射脉冲完全一样。回波脉冲的后部会有一定的宽度 $\Delta\tau = \frac{\alpha}{\Delta F}$，$\alpha$ 为比例系数。这样就和上面脉冲长度 h 造成的 $\frac{h}{2}$ 径向分辨率一样，也将造成具有 $\frac{\alpha c}{2\Delta F}$ 大小的径向分辨率误差。

5.3.1.3　荧光屏上的亮点直径 d 与径向分辨率

由于电子束在荧光屏上形成的亮点有一定的直径 d，而扫描线上每一点的正确位置应在亮点中心，因此，最后一个回波的亮点有一半延伸在目标物的外面，会产生径向方向的伸长，那么这半个亮点的伸长相当于多少实际距离呢？

设 R_p 表示整个扫描线所代表的实际距离以 km 为单位；L_p 代表扫描线的长度，以 mm 为单位。那么半个亮点的长度所对应的实际距离将是

$$\frac{d}{2} \times \frac{R_p}{L_p} \quad (\text{km})$$

根据分辨率的定义，要把两个亮点分辨开来的距离为

$$2 \times \frac{d}{2} \times \frac{R_p}{L_p}$$

这就是亮点与径向分辨率的关系。

对于作 PPI 显示的荧光屏，可近似取 $2L_p$ 为荧光屏的直径 D，则亮点的径向分辨率可写为

$$2 \times \frac{d}{2} \times \frac{R_p}{D/2} = \frac{2dR_p}{D}$$

5.3.1.4 总的径向分辨率

综合考虑上述三个因子的共同作用，则总的雷达径向分辨率 $(\Delta R)_{RR}$ 为

$$(\Delta R)_{RR} = \frac{c}{2}\left(\tau + \frac{\alpha}{\Delta F}\right) + \frac{2dR_p}{D} \tag{5.10}$$

若设 $c = 3\times10^5$km/s，$\tau = 1\mu$s，$\Delta F = 2\times10^6$Hz，取矩形脉冲 $\alpha = 1$。R_p 分别取 50km，100km，300km，$D = 30$cm，$d = 1$mm。那么据 5.10 式就可得到表 5.2。由表 5.2 可见，由脉冲长度 h 和接收机频带宽度所造成的径向分辨率不随距离而变，但由于亮点所造成径向分辨率随距离而变，因此，总的径向分辨率随距离 R 变化。另外在分析径向分辨率时一般都忽略了亮点直径的作用，但计算表明，在亮点直径为 1mm 情况下，比脉冲长度，频带宽度的影响还要大，特别是量程大的情况下，更是如此。

表 5.2 径向分辨率(单位：km)

因子 \ 分辨率(km) \ R_p(km)	50	100	300
$\frac{c}{2}\left(\tau+\frac{\alpha}{\Delta F}\right)$	0.23	0.23	0.23
$\frac{2dR_p}{D}$	0.33	0.67	2.00
$(\Delta R)_{RR}$	0.58	0.93	2.23

5.3.2 切向分辨率

雷达的切向分辨率与雷达波束宽度以及电子束在荧光屏上所产生的亮点直径 d 有关。

5.3.2.1 波束宽度与切向分辨率

一般以两半功率点之间夹角 θ 表示波束宽度。正是由于 θ 的存在，使雷达波束作水平扫描时造成真实目标物在切向的探测误差。下面首先以雷达发射波的波束宽度探测单个强目标物和降水所造成的探测误差入手，进而分别讨论这两种情况下的切向分辨率。

1. 波束宽度对探测单个强目标物的影响

设目标的雷达截面 σ 很大，例如一架飞机，由图 5.11 可见，当波束轴线处在位置 A 时，虽然波束轴线还没有真正接触到目标，但由于波束宽度的存在，其右侧半功率点 A' 已开始碰到目标物并产生回波；又由于雷达 PPI 荧光屏上的扫描线与波束的水平轴线同步旋转，故这时扫描线也指示在 OA 方向。因此，雷达分析人员在 A 方向就看到了回波，便误认为 A 方向存在目标物。这样在 PPI 上 A 到 A' 方向之间就出现了假回波区，或者说是夸大了的回波区。同样，当波束扫到目标物右端边缘时，也会产生 B'，B 之间的被夸大部分，这种被夸大的部分通常称为探测误差，其大小是随距离增加而增加的，且为

$$\frac{\theta}{2} \cdot \frac{2\pi}{360} \cdot R$$

式中 R 为雷达与目标物之间的径向距离。这类误差一直会维持到当距离增加到一定程度后，散射回波功率按 R^{-4} 规律减弱到荧光屏上看不见任何回波时才终止。

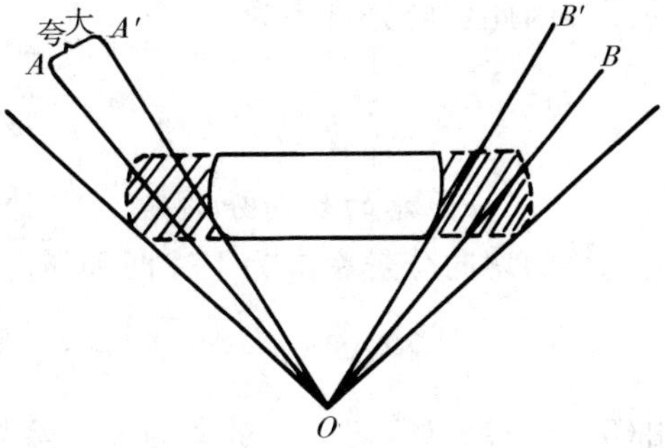

图 5.11　波束宽度与切向分辨率示意图

2. 波束宽度对探测降水区的影响

波束宽度对探测降水区时的影响与单个目标物的情况相似，不过由于降水区的大小和形状不知道，因此不能像单个目标物那样，取回波区的中点就能简单地消去探测误差。此外，降水区的强度分布，特别是边缘部分粒子散射功率未知，就更使问题复杂化。为此下面只能对这种探测误差作一些半定量分析，大致可分为五种情况。

(1)对强雷暴。这里所谓强是指像图 5.11 一样的情况，即当波束半功率点处碰到降水区时，在雷达显示器上即有回波反映。显然，这时切向探测误差与单个强目标情况相同，即 $\frac{\theta}{2} \cdot \frac{2\pi}{360} \cdot R$。

(2) 对特强雷暴。这里所谓特强是指波束到半功率点处还未碰到降水区时，在雷达显示器荧光屏上就有回波反映。容易得到，这时的切向探测误差应为 $> \frac{\theta}{2} \cdot \frac{2\pi}{360} \cdot R$。

(3) 对强度一般的降水区。这里所谓强度一般是指当波束半功率点处碰到降水区时，在雷达显示器荧光屏上没有回波出现。只有当接近波束主轴地方碰到降水区时，在荧光屏上才有回波反映。这时切向探测误差为 $< \frac{\theta}{2} \cdot \frac{2\pi}{360} \cdot R$。

(4) 对较弱降水区。这里所谓较弱是指当波束主轴处碰到降水区时，在荧光屏上有回波反映，这时将不产生切向探测误差。

(5) 对很弱降水区。这里所谓很弱是指当全部波束内充满降水粒子时，在雷达显示器荧光屏上才有回波反映。这时切向探测误差为 $-\frac{\theta}{2}\frac{2\pi}{360} \cdot R$。

为了方便，一般只考虑最大的切向探测误差。据雷达分辨率的定义，切向分辨率为切向探测误差的 2 倍。即

$$2\left(\frac{\theta}{2} \cdot \frac{2\pi}{360} \cdot R\right)$$

这也就是波束宽度与切向分辨率的关系。

5.3.2.2　电子束亮点直径与切向分辨率

与前面讨论的径向分辨率情况相同，降水区前缘和后缘被夸大，即探测误差为

$\frac{d}{2}\frac{R_p}{L_p}$。因此切向分辨率为

$$2\cdot\frac{d}{2}\frac{R_p}{L_p}$$

5.3.2.3　*总的切向分辨率*

总的切向分辨率应为上述两种切向分辨率之和，即有

$$(\Delta R)_{SR}=2\left[R\frac{\theta}{2}\cdot\frac{2\pi}{360}+\frac{d}{2}\frac{R_p}{L_p}\right]=0.017R\theta+d\frac{R_p}{L_p}\tag{5.11}$$

由(5.11)式可见，切向分辨率的大小除与 R_p，L_p，θ 有关外，还与雷达站与降水区之间的斜距 R 有关。作为例子，当已知 $L_p=150\text{mm}$，$d=1\text{mm}$、0.8mm，$R_p=50\text{km}$、100km、300km，$\theta=1.5°$、$0.4°$时，可以计算出由亮点直径所引起的切向分辨率、水平波束宽度所引起的切向分辨率，以及总的切向分辨率，如表 5.3 所示。

表 5.3　切向分辨率

项目 / 切向分辨率 \ R_p(km)	$\theta=1.5°$　$d=1\text{mm}$			$\theta=0.4°$　$d=0.8\text{mm}$		
	50	100	300	50	100	300
$d\frac{R_p}{L_p}$	0.33	0.67	2.00	0.27	0.53	1.60
$0.017R\theta$	1.28	2.55	7.65	0.34	0.68	2.04
总的	1.61	3.22	9.65	0.61	1.21	3.64

5.3.3　结论

由以上对径向、切向分辨的讨论可得：

(1)分辨率都是对降水、云区边缘散射较强的粒子来说的，对散射较弱的其它降水、云粒子，由于波束内需要大量降水，云粒子充满时才能产生可探测的回波，故这时分辨率将比上面讨论的要好一些。

(2)分辨率随量程、距离增大而降低，即目标物之间可分辨的距离加大。

(3)一般情况下径向分辨率比切向分辨率要高一些。

(4)现有测雨雷达的分辨率对大尺度天气系统的分析、预报没有什么影响。但在对中、小尺度天气分析、预报时，就要考虑到这些分辨率的影响。另外，对于宽波束、长脉冲、大亮点的雷达，因为分辨率较低，探测降水云的精细结构和龙卷风等小尺度天气是有困难的，尤其当它们在远处时，更是如此。

5.3.4　波束宽度对最大 Z 值探测的影响

分辨率影响降水以及云细微结构观测的另一方面是对 Z_{max} 值探测的影响，而 Z_{max} 值在了解降水、云体强度、分析强对流天气中是一个很重要的物理量。这里只分析主波

束宽度对探测 Z_{max} 值的影响。

5.3.4.1　定性分析

据前面第三章所述，雷达显示器上每个亮点都是由波束内长度为 $h/2$ 的一个有效照射体积 V 中（以下简称体积 V）降水粒子共同作用的结果。由此可见，显示器上观测到的某一位置上的 Z 值，实际上也是这个体积 V 内平均值。进一步分析还可以知道，这个值不但和体积 V 内 Z 值的垂直分布和水平分布有关，而且还与天线方向图有关。其原因是由于体积 V 内不同位置上的粒子相对于天线来说处于不同的方向上，这些不同位置上的粒子，即使后向散射强度相同，但由于天线接收和方向性不同，也会在实际接收中产生不同的效果。所以说雷达探测的 Z 值，是在一定体积 V 内和一定天线方向图下 Z 的平均值。也就是这个缘故，随着探测距离 R 的增大，主波束展宽，探测到的 Z 值将是更大的体积内综合平均的结果，这时在显示器上观测到的被平均化了的 Z_{max} 值，将比该高度上真正的 Z 最大值 Z_{0max} 更偏小。显然，若主波束愈宽，探测距离愈远，雷达探测到的 Z_{max} 值，将比真正的 Z_{0max} 值偏小得更多。

5.3.4.2　定量估计

要定量地估计这种偏小的程度，需要知道 Z 值在垂直和水平方向的变化规律及天线方向性图。我们假设：

1. 第一种情况：在 Z_{max} 点向上向下均按每千米 3dB 大小减少，即

$$\gamma = \left| 10\lg \frac{Z_{H_1}}{Z_{H_2}} \right|_{H_2 - H_1 = 1\text{km}} = -3\text{dB/km}$$

2. 第二种情况：在 Z_{max} 点上、下、左、右均按每千米 3dB 大小向外减少。

3. 天线方向图主波束中能流密度按指数规律分布。

据上述几点假设，可以得到图 5.12 的结果。图中纵坐标是 $\frac{Z_{max}}{Z_{0max}}$ 的分贝值，横坐标是 $\gamma R\frac{\theta}{2}$，其单位是 dB·度。γ 的物理意义是每千米 Z 值向外（对第一种情况为上、下，对第二种情况为上、下、左、右）减小的分贝数。$R\frac{\theta}{2}$ 是在距离 R 处的波束半宽度，故 $\gamma R\frac{\theta}{2}$ 表示半宽度内 Z 的变化值。由图 5.12 可见：

(1) $\frac{Z_{max}}{Z_{0max}}$ 值随半波束宽度 $\gamma R\left(\frac{\theta}{2}\right)$ 值的增大而减少。即若 Z 值向外每千米减少的分贝数愈大，或波束半宽角 $\left(\frac{\theta}{2}\right)$ 愈大，或距离 R 愈大，则 $\frac{Z_{max}}{Z_{0max}}$ 愈小，这时显示器上看到的 Z_{max} 值要比该高度上的实际的 Z_{0max} 值小得多。

(2) 上、下、左、右 Z 都减少时的 $\frac{Z_{max}}{Z_{0max}}$ 值，比只是上、下减少而左右不减少时要小得更多一些。如在 $\gamma = -3\text{dB/km}$ 的情况下，对 $\theta = 1.5°$ 的波束来说，在 $R = 100\text{km}$ 时，

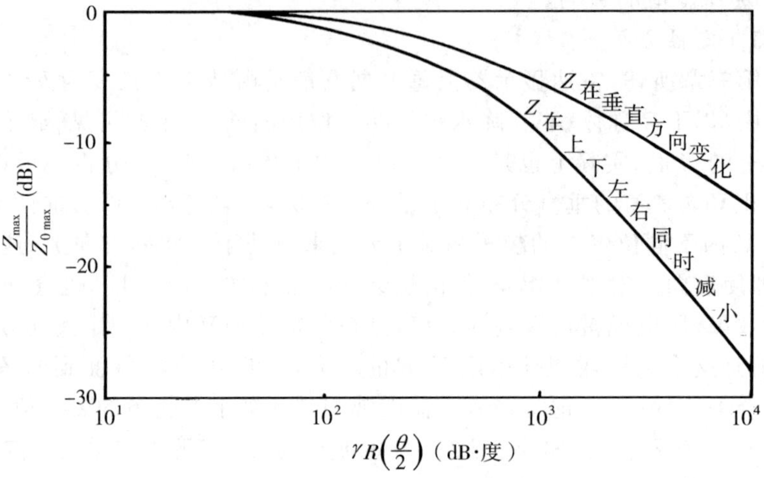

图 5.12 波束宽度对最大探测 Z 值的影响

$\gamma R\left(\frac{\theta}{2}\right)=225$dB·度。这时$\frac{Z_{max}}{Z_{0max}}$上、下、左、右减少时的比值为 0.57，而$\frac{Z_{max}}{Z_{0max}}$仅上下减少时比值为 0.67。

由以上结果还可看出：

1. 由于波束宽度的影响，Z 的极大、极小值和周围的 Z 值将受到平滑，使极大值减小，极小值变大，并使原来分布的不均匀的 Z 值变得较为均匀。

2. 使用窄波束，或者探测近距离降水(即 θ 角小、R 近）可以减少波束宽度的影响，提高分辨率，使回波结构显示得比较清楚，可大大提高测量 Z 值和 Z_{max} 值的准确程度。

3. 在同样 γ、θ 值下，R 愈大，Z 值受到平滑的作用愈大。

§5.4 雷达的探测能力

本节讨论雷达的探测能力，即目前我国采用的测雨雷达能够探测到多少云和降水，能探测的最大距离是多少，所能探测到的最大距离又与那些因子有关。显然要搞好天气雷达的探测、分析和应用，了解这方面知识是很必要的。

5.4.1 厘米波测雨雷达的测云能力

据探测实践，目前我国使用的 3cm、5cm 波长的雷达在比较近的范围内能探测到一些云滴较大、浓度较高的云。另外，在测站附近 10km 左右范围内探测到云的概率很高。下面用雷达气象方程进行验证。

设能产生 $\overline{P}_{r\min}$ 的云和降水的最小雷达反射因子值为 $Z_{\min}$，这样对 711 测雨雷达，采用雷达出厂时的参数，考虑探测的目标物是液态的云和雨，在近处，又进一步假定不考虑大气、云、降水粒子对雷达波的衰减，雷达波束内充满降水粒子。那么雷达气象方程可简化为

$$Z_{\min} = 4.1 \times 10^{-3} R^2$$

对于 713 雷达，也同样采用雷达出厂时的参数，其它假定同前，那么雷达气象方程也可简化为

$$Z_{\min} = 8.7 \times 10^{-4} R^2$$

上述两式中的 Z 的单位均为 mm^6/mm^3，R 的单位为 km。若取 R = 1km、10km、100km，即可求得相应的 $Z_{\min}$ 值如表 5.4 所示。另外，据已有的云、雨滴谱资料，计算得到各种云、雨的平均 Z 值如表 5.5 所示。

表 5.4　几种距离下 711、713 雷达能探测到的最小 Z 值

种类	711			713		
R (km)	1	10	100	1	10	100
$Z_{\min}$ (mm^6/m^3)	4.1×10^{-3}	4.1×10^{-1}	4.1×10^{1}	8.7×10^{-4}	8.7×10^{-2}	8.7×10^{0}

表 5.5　几种云、雨的平均 Z 值

云、雨和种类	Ac　As	Sc　St	Cu　Cb	小　雨 1.25mm/h	中　雨 5mm/h	大　雨 12.5mm/h
Z (mm^6/m^3)	7.1×10^{-4}	7.6×10^{-4}	3.6×10^{-3}	4.5×10^{2}	4.5×10^{3}	1.4×10^{4}

比较表 5.4 和表 5.5 可见：

1. 对每小时降 1.25mm 以上的小雨、中雨、大雨，两种波长的雷达在 100km 以外均能探测到降水。

2. 两种波长的雷达一般均不能探测到层状云；713 雷达可能探测到近距离的对流云。但是考虑到表 5.5 中所列数据是平均值，事实上各类云的个别情况和平均情况可以相差很多。例如对流云和层状云中均发现有直径大于 100μm 的特大云滴，而上述两类云云滴的平均直径各自只有 20～40μm，10～12μm。又据雷达气象方程理论计算的雷达反射因子 Z 值偏高，要乘上一个小于 1 的系数才与实际相符，因此两种雷达在近距能探测到云是完全可以理解的。最新探测资料表明，由于提高了接收机灵敏度，新型 714 数字化雷达、多普勒雷达能探测到云是常见的事。当然为了提高雷达测云能力，采用波长更短一些的雷达，例如 0.86cm 雷达波长更为合适。

5.4.2　厘米波雷达的测雨能力

5.4.2.1　厘米波雷达的测雨能力和距离 R 的关系

下面我们分别从分析气候统计资料和雷达气象方程两方面讨论这种关系。

1. 气候统计方面

图 5.13 是上海雷达站据两年雷达探测资料绘制的。雷达探测降水的能力随距离增加而下降。作图方法是：在以 200km 为半径的圆内，每隔 10°画一条径向线，每隔 10km作一同心圆，分成许多小面积。据两年的锋面降水的观测资料，凡在某一小面积内有降水回波时，按它占有该小面积的十分之几，用小数记作零点几，回波遮满整个小面积时记作 1.0。求出两年资料中每个小面积上总的回波量再把同一圆环内 36 个小面积上的总回波量相加，用相应圆环面积除总回波量，最后就得到不同距离单位面积上总回波量的平均值 $\bar{N}$，作 $\bar{N}$ 与距离 R 关系曲线就可得到图 5.14。

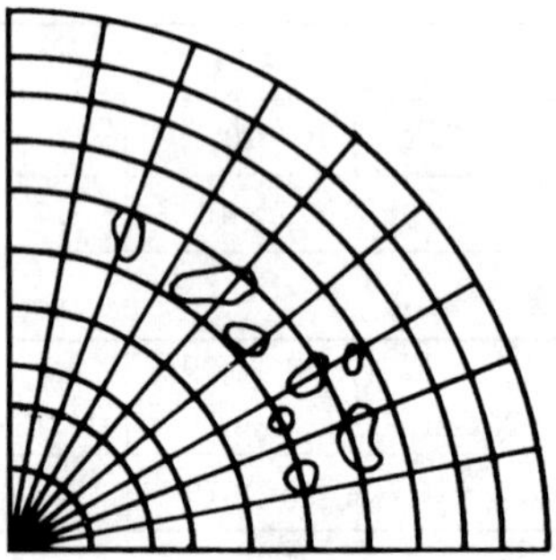

图 5.13　回波量统计方法示意图

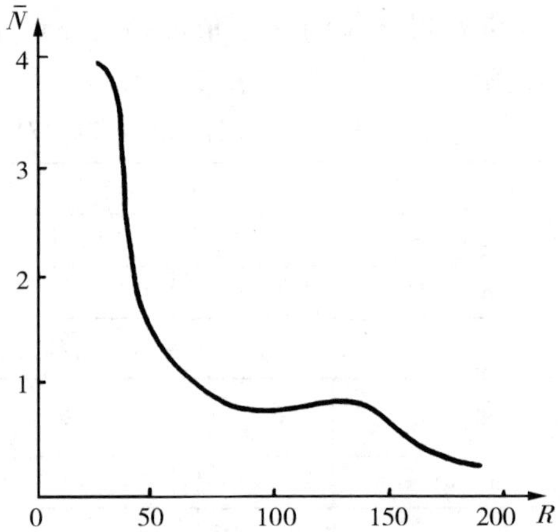

图 5.14　$\bar{N}$ 与 R 的关系

由图 5.14 可看出，一般地面雷达在近处探测到的 $\bar{N}$ 值较大，即探测到降水机会较多。随着探测距离的增加，探测到降水机会就愈来愈少(即 $\bar{N}$ 值随距离增大而减少)，这就说明雷达的探测能力随距离增加而减小。在 70～80km 处出现回波量减小的原因，可能是水域的影响。

以上结果虽只是从两年锋面降水的资料得到的，但是用其它方法，用更多的资料得到的结果与上面也是一致的。至于采用锋面降水回波资料分析是因为锋面降水回波出现范围大，各方向都有可能出现，这就排除了地方性降水影响，能较准确地判断雷达探测能力。

2. 从雷达气象方程分析

一般说来，雷达探测到近处的降水回波机会多，探测到远处的降水回波机会少，这是由于雷达能够探测到近处的大、中、小各种雨，而只能探测到远处比较大的雨。现在我们用雷达气象方程予以证明。

在雷达气象方程中，假定波束内完全被降水粒子充满，不考虑降水粒子的衰减，方

程中两个 G 值分别用 $\frac{\pi^2}{\theta_1\varphi_1}$ 和 $\frac{8}{3}\pi\frac{A_p}{\lambda^2}$ 代入，这样，最大探测距离 $R_{\max}$ 为

$$R_{\max} = \left[\frac{C_1 P_t A_p h}{\lambda^4 P_{r\min}}\left|\frac{m^2-1}{m^2+2}\right|^2 Z\right]^{\frac{1}{2}} \tag{5.12}$$

式中 $C_1 = \frac{\pi^6}{384\ln 2}$，对于一般层状云降水，可取 $Z = 200I^{1.6}$。把上式代入(5.12)式可得

$$R_{\max} = \left[\frac{C_1' P_t A_p h}{\lambda^4 P_{r\min}}\right]^{\frac{1}{2}} I^{0.8} \tag{5.13}$$

这里

$$C_1' = 200C_1\left|\frac{m^2-1}{m^2+2}\right|^2$$

由(5.13)式可见：

1.（$R_{\max}$ 与 $I^{0.8}$ 成正比，这个结论与实际探测资料是一致的。

2. $R_{\max}$ 与 $\frac{P_t A_p h}{\lambda^4 \bar{P}_{r\min}}$ 成正比，这说明对于同样强度的降水 I，若 A_p，h，P_t 大，$P_{r\min}$ 值小与 λ 短的雷达，$R_{\max}$ 就大；反之 $R_{\max}$ 则小。这个结论也告诉我们，若能提高雷达接收机灵敏度（即 $\bar{P}_{r\min}$ 值减小）；也能增加雷达探测距离。

5.4.2.2　厘米波雷达测雨能力与波长的关系

1. 雷达站和降雨云之间无降雨衰减

若在方程(5.13)式中雷达波长分别用 3.2cm、5.6cm 和 10cm，对上述三种波长最小可测功率相应取 4×10^{-13}、3×10^{-13}、2×10^{-13} W，发射功率用 100kW，圆形抛物面天线直径为 2m，脉冲长度取 300m，$\left|\frac{m^2-1}{m^2+2}\right|^2$ 值取 0.93。这样就可具体计算出不同波长雷达在探测各种雨强 I 时的最大探测距离，并由此作出不同波长时 I-$R_{\max}$ 曲线（见图 5.15）。由图可见：这时三种波长雷达，探测距离都随雨强增加而增加。但 3.2cm 波长的雷达对各种雨的探测能力最强，10cm 雷达波长探测能力最差。例如，对 1mm/h 强度的小雨，3.2cm 雷达可探测到 220km，5.6cm 雷达只能探测 75km，10cm 雷达则探测距离更近。分析原因，是因为散射因子起主导作用。

2. 雷达站和降雨云之间有降雨衰减

由于这时要考虑衰减因子

$$K = 10^{-0.2\int_0^R k\mathrm{d}R} = 10^{-0.2\int_0^R K'I\mathrm{d}R}$$

因此这时的雷达气象方程为

$$R_{\max} = \left[\frac{C_1' P_t A_p h}{\lambda^4 P_{r\min}}\right]^{\frac{1}{2}} \cdot I^{0.8} \cdot 10^{-0.2\int_0^R K'I\mathrm{d}R} \tag{5.14}$$

式中 K' 为单位雨强衰减系数。若对 3.2cm、5.6cm、10.0cm 雷达 K' 分别用 0.022，0.003，0.0004 代入，其它一些参数值仍用图 5.15 中的数。这样又可计算并绘制成

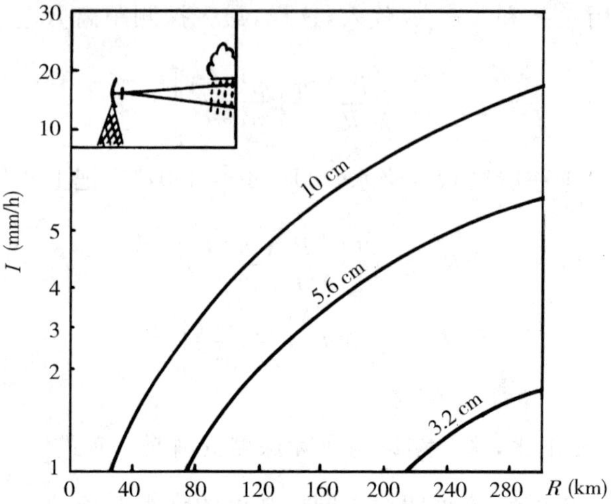

图 5.15　雷达最大探测距离与降雨和波长的关系

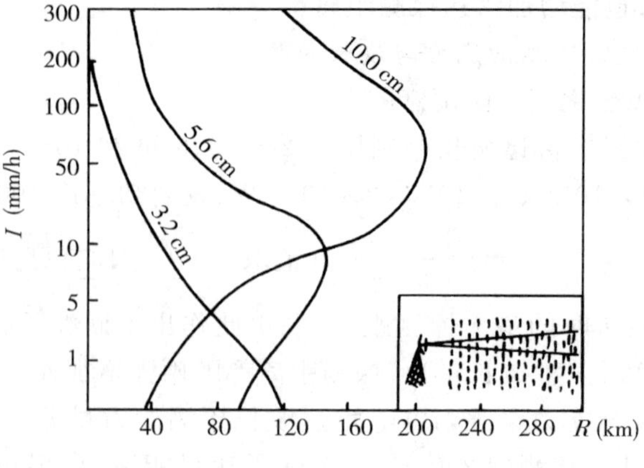

图 5.16　雷达最大探测距离与降雨衰减和波长的关系

图 5.16。由图可见：

(1)对波长为 3.2cm 的雷达，在雨强为 1mm/h，其最大探测距离从 220km 变到 120km 附近，并且不再像无衰减时最大探测距离随着降水强度的增大而增大，而是随着降水强度增大而变小，即雨强愈大，3.2cm 波长雷达探测能力愈差。

(2)与 3.2cm 波长雷达比较，5.6cm 波长雷达在小雨时衰减对最大探测距离影响不大。但到中雨以上，例如 10mm/h 以上的雨，则降雨衰减作用使最大探测距离随雨强增大而减少。

(3)与 3.2cm、5.6cm 波长雷达比较，10cm 波长雷达衰减作用影响很小。只有在雨强为 100mm/h 以上时，最大探测距离才由于衰减作用随雨强增大而减小。

5.4.3　厘米波雷达的测雪能力

测雪的最大探测距离仍可用(5.13)式和(5.14)式计算，只是 $\left|\frac{m^2-1}{m^2+2}\right|^2$ 值取 0.0074，其衰减系数采用表 5.6 中的值，由此可计算得到并制作成图 5.17，图 5.18。由图可见：

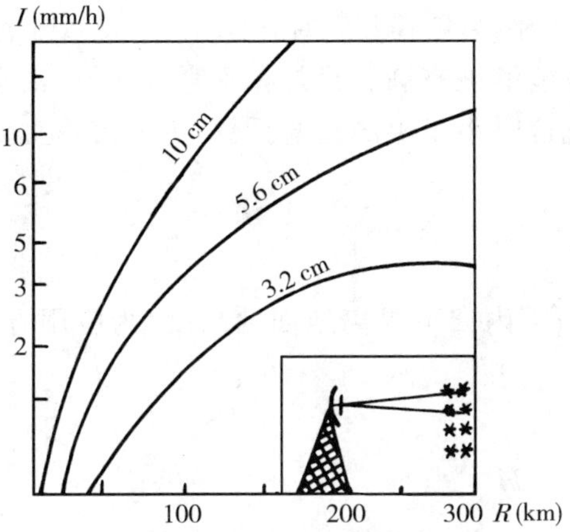

图 5.17　雷达最大探测距离与降雪和波长的关系

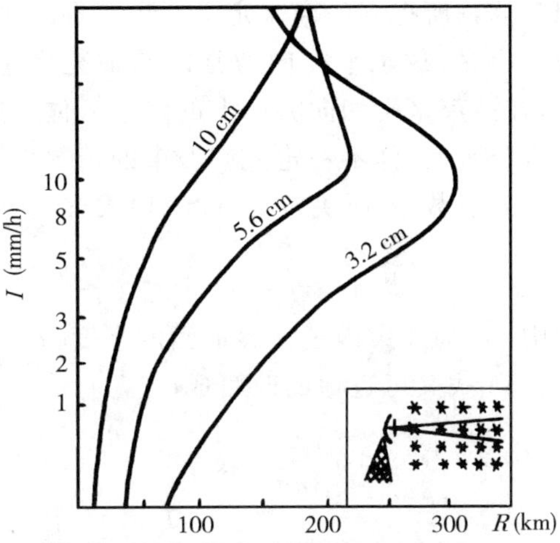

图 5.18　雷达最大探测距离与降雪衰减和波长的关系

表 5.6　低密度雪在 0℃ 时衰减系数(dB/km)

波长(cm) \ 降雪强度(mm/h)	1	10	100
1.8	0.0046	0.344	33.5
3.2	0.0010	0.040	3.41
10.0	0.00022	0.0026	0.0057

1. 由于雪的 $\left|\frac{m^2-1}{m^2+2}\right|^2$ 值比雨的 $\left|\frac{m^2-1}{m^2+2}\right|^2$ 值小的多，即雪的散射能力弱，故当降雪强度和雨强相同时，所有波长的测雪范围都比测雨范围小。

2. 和雨一样，当降雪强度不同时，雷达的可探测范围也不同。

3. 在大面积降雪时，由于雪的衰减小，故除了强度很大的降雪以外，不论雷达站和降雪目标物中间有无降雪区，3cm 雷达的探测范围一般比 5cm、10cm 雷达波长探测范围大，且 10cm 雷达测雪能力最低。

4. 在降湿雪时，由于 3cm 雷达波长的明显衰减作用，故它的探测范围不一定比5cm或10cm雷达的探测范围大。

5.4.4　考虑充塞系数、地球曲率、大气折射时的探测能力

在讨论前面一些问题时，我们均作了波束内全部被降水粒子充满的假定，但当雷达探测较远距离处的降水或降水云体不太高时，这个假定常常不成立。因此研究充塞系数是否等于 1 的情况是很必要的。

一般充塞系数 ψ 也可用降水、云体充塞有效照射体积中多大一部分体积除以有效照射体积所得到的商来定义。由于在水平径向方向上，一般降水云体的大小比脉冲长度长得多，故水平径向通常能够被充满。当水平波束不太宽时，在 200～300km 范围内，在波束水平切向方向上的降水云体一般也能够被充满。只是在垂直方向上，常常会发生降水、云体不一定充满波束的情况。因此这时小于 1 的充塞系数，主要由垂直方向的充塞系数 ψ_v 所决定，据(3.21)式有

$$\psi_v = \frac{H_t - H_b}{R\psi_1} \tag{5.15}$$

式中 H_t 为波束内云顶离地面的高度，H_b 为波束内云下界离地面的高度。为应用方便，(5.15) 式又可近似的改写成

$$\psi_v = \frac{H_p}{\frac{R_\varphi}{2} + H} \tag{5.16}$$

式中 H_p 为降水云顶离地面高度，是指一般的层状云、对流云降水云顶离地面的高度，它可以用气候观测资料大致确定其平均高度。H 是考虑标准大气情况下，用测高公式计算的高度。若不是标准大气，该 H 值要订正。这样应用(5.16)式就可计算安装在地面上，天线仰角为 0°、0.5°、1°、3°、5°时，对不同降水层高度的充塞系数。对于 711 早期模拟雷达其计算结果见图 5.19。由图可见：

(1)当天线水平发射时，一般 5～6km 高的层状云降水在 200km 范围内都能充满波束；7km 高的层状云降水能充满波束的距离约为 250km。

(2)随着天线仰角的抬高，充塞系数能够等于 1 的距离迅速变小，在 300km 范围内，$\psi = 0$ 的降水层或降水柱迅速增加；如仰角抬高到 1°，对 3km、5km、7km 高的降水层或降水柱分别在接近 200km、250km、300km 处有 $\psi = 0$，即它们已处在波束之下。当仰角抬高 3°时，甚至对 15km 高的降水柱在 260km 处也出现了 $\psi = 0$ 的情况。

(3)天线仰角抬高到 5°时，则 7km 高的降水层或降水柱的探测距离将不超过100km。

必须指出：上述计算结果对波束宽度为 1.5°的雷达而言的，若垂直波束宽度更小，上述被充塞情况将会更好。另外上述计算结果仅适用于标准大气折射的情况，若是其

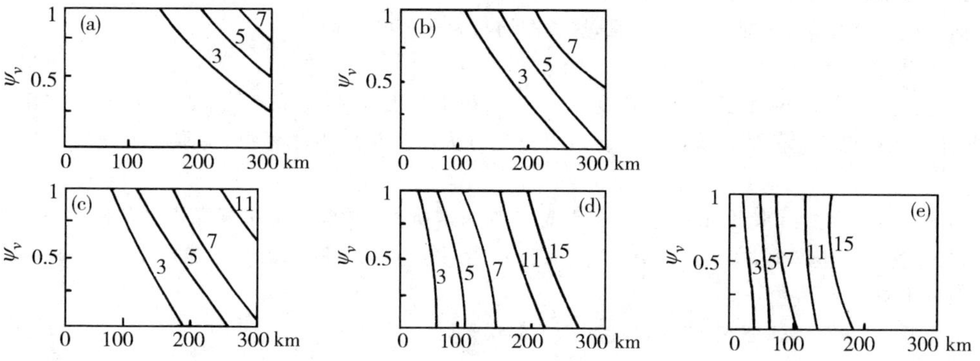

图 5.19　雷达垂直充塞系数随距离的变化

它折射，上述结果不能成立。

由此可见，在雷达探测中为了尽可能探测到近地面层的降水情况，平原地区平地架设的雷达一般都使天线仰角接近 0°进行探测。这样做不但能保证探测到近处的降水，而且还能使远处降水的充塞系数增大，减少因 $\psi < 1$ 而产生的误差。当然在地形阻挡的情况下。为了进行探测，抬高天线仰角也是必要的，但这是不得已的。

本　章　小　结

1. 测高误差

测高误差主要地由于观测时的仰角误差、大气折射、垂直波束宽度 φ、旁瓣和距离衰减等因素造成的。

仰角误差 $\mathrm{d}\delta$ 和由它引起的测高误差 $\mathrm{d}H$ 之间关系为 $\mathrm{d}H = R\cos\mathrm{d}\delta$。可见 $\mathrm{d}H$ 的大小主要由 $\mathrm{d}\delta$ 和斜距 R 的所决定，因此测回波顶高时必须对仰角仔细校准，使 $\mathrm{d}\delta$ 尽可能减少，探测距离也不宜太远，否则测高误差太大，就失去了测高的意义。

垂直波束宽度的影响，使在探测强对流降水云云高时，常出现比实际云顶高度偏高的现象，这是因为波束轴线向上扫过云顶高度后，波束轴线下缘的半功率点处接触云顶，并能散射回足够强的回波的缘故。故需对仰角进行订正。订正值的大小，视降水云顶强弱而异。

大气折射所引起的测高误差是由于实际大气的等效地球半径偏离标准大气的等效地球半径引起的，即与折射指数随高度变化偏离标准大气折射程度有关。在超折射时，误差常可达千米量极。统计一年的探空资料还发现。低纬地区测高误差比高纬地区测高误差大。

测量近处强对流降水云顶时，RHI 上有时在云顶上会出现细长的回波，这是由于旁瓣所产生的回波叠加在主瓣回波上造成的。

距离衰减作用会使所测的回波顶高偏低，它可由 ΔH 和 $\lg R^2$ 之间的关系曲线订正。新近数字化和多普勒雷达已考虑了距离订正，这个订正就不必考虑。

2. 等射束高度图

为了避免测站周围地形、地物等障碍物对雷达探测的影响，可描绘出地物阻挡图，然后据测站四周阻挡的仰角画出等射束高度图。这样可避免把某一方向上低于波束最低高度的降水区，由于探测不到而误认为没有降水过程。需要注意，这类图均与大气折射有关。

3. 分辨率

径向分辨率的大小，主要由脉冲长度、接收机的频带宽度、荧屏上亮点的直径所决定。前两个因子，与探测距离无关。但从具体计算中可以看出亮点大小的作用不能忽视，特别在量程较大时更是如此。

切向分辨率主要由水平波束宽度、亮点直径等因素所决定的，它与探测降水区的距离 R 有关。距离愈远，切向分辨率愈差。散射较弱的降水云，波束中需有大量降水粒子才能产生可探测回波，这时切向分辨率会好一些。

由此看来，减小雷达波束宽度，既能减少测高误差，又能提高分辨率。

4. 雷达探测能力

在 P_t，A_p，h 相同，而 $P_{r\min}$ 取相应数据条件下，分别讨论了 3.2cm、5.6cm 和 10cm 波长雷达在无衰减和有衰减情况下的最大探测距离 $R_{\max}$ 与降水强度 I 以及波长 λ 之间的关系。无衰减时，$R_{\max}$ 与 $I^{0.8}$ 及 λ^{-2} 成正比，因此 3.2cm 雷达探测范围最大，10cm 雷达则最小；在有衰减时，由于衰减系数随波长增大而减少，所以各种波长的 $I-R_{\max}$ 曲线与无衰减时有很大不同。探测小雨时，3.2cm 雷达的 $R_{\max}$ 值最大；探测大雨时，则 10cm 雷达的 $R_{\max}$ 值最大；5.6cm 雷达探测中雨的效果最好。

雪的衰减作用很小，除降水强度很大的降雪外，其性质与无衰减时差不多，即 3.2cm 雷达的探测范围要比 5.6cm 和 10cm 雷达的探测范围大。

一般说，在远处降水云不高时，因为降水粒子不能充满波束，充塞系数 ψ 变小，回波变弱。

必须指出，上述结论是在 P_t，A_t，h 相同的条件下得到的。当上述参数在不同型号雷达时取不同值时，测雨效果会截然不同。

第六章　气象回波涨落及其平均值的分布规律

云和降水的回波功率是雷达有效照射体内云滴和雨滴对入射电磁波后向散射的综合结果。由于云滴和雨滴之间存在相对运动，而影响这种相对运动的因素很多，如上升气流的大小，湍流的强弱等，所以可认为云滴和雨滴是随机散射体，它们之间的相对运动是随机的。正是这种随机的相对运动使得回波功率呈现出明显的涨落现象，影响了测雨雷达对云和降水的定量探测。为了解决这一问题，有人提出了回波涨落理论，并在这基础上对涨落的回波功率进行积分平均处理，还相继研制了一些数字视频积分器。本节主要介绍回波涨落理论和视频积分原理的梗概，力图使读者明确通过视频积分测得的平均回波功率的误差和平均次数的关系。

§6.1　回波涨落现象和原因

在雷达的 A 指示器上，降水回波幅度不断地起伏着，明显地表现了和噪声相似的特性，因此很难根据幅度的大小准确测出回波功率。在 PPI 显示器上，由于回波涨落，降水回波边缘有时比较模糊，衰减几个分贝后的图像看不出比未衰减时小，甚至有时还可能大一些。

造成雷达回波涨落的原因除雷达系统本身的不稳定以及大气折射率的变化外，主要是由有效照射体中云雨滴等随机散射体之间的相对运动所引起的。产生这种相对运动的原因可以是不同大小散射体下落速度的不同，或者由于水平风速的垂直切变及湍流运动等。

设有效照射体内有 N 个散射体，E_i 为第 i 个散射体的回波场强的振幅，则 N 个散射体的回波合成场强 $E(t)$ 为

$$E(t) = \sum_{i=1}^{N} E_i \cos[\omega t - \varphi_i(t)]$$

式中 $\omega = 2\pi f$ 为发射波的角频率，f 为发射波频率，$\varphi_i(t)$ 是第 i 个散射体回波在 t 时刻到达天线时的射频相位。若发射波的相位为 0，则 $\varphi_i(t) = 4\pi R_i(t)/\lambda$，$R_i(t)$ 为 t 时刻第 i 个散射体距天线的距离，λ 为雷达波的波长。那么，N 个散射体的合成回波功率为

$$P_r(t) = \frac{1}{T_0}\int_{t-T_0/2}^{t+T_0/2} E^2(t)\,\mathrm{d}t$$

$$= \frac{1}{2}\sum_{i=1}^{N} E_i{}^2 + \sum_{i\neq j}^{N} E_i E_j \cos(\varphi_i - \varphi_j) \tag{6.1}$$

式中 T_0 是发射波的载波周期，而

$$\varphi_i - \varphi_j = 4\pi[R_i(t) - R_j(t)]/\lambda \tag{6.2}$$

由(6.2)式可见，(6.1)式右边第一项恒大于0，它只与雷达有效照射体中散射体的总浓度、谱型、粒子形状和介电特性等有关，而与散射体之间的相对位置无关。因此，在雷达取样时段内，有效照射体中的散射体的上述特性没有变化，或者其变化可以忽略，则这一项不引起回波功率的变化。而(6.1)式右边第二项不仅与散射体浓度、大小和特性有关，还与散射体之间的相对位置有关；由于散射体之间的相对运动是随机的，故由(6.1)式得到的相位差 $\varphi_i - \varphi_j$ 值在正负之间变化，也就引起了回波功率 $P_r(t)$ 的涨落。

可以证明，对(6.1)式求长时间平均后，只剩下第一项，得到的是真正的平均回波功率。事实上，由于散射粒子间随机的相对运动造成的相对位置的随机变化，使得粒子间后向散射的相位差 $\varphi_i - \varphi_j$ 出现各种数值的机会均等，因此经长时间平均后，(6.1)式中 $\sum E_i E_j \cos(\varphi_i - \varphi_j) = 0$。应指出，对测雨雷达而言，所谓对回波功率求长时间的平均就是对足够多的独立的脉冲回波功率的平均。但在实践中我们只能求有限时段的平均，以保证一定的时间分辨率，因此这样得到的平均回波功率就与有限的脉冲平均次数有关，选定恰当的平均次数是设计常规测雨雷达视频积分器及估计由此得到的平均回波功率的误差的主要依据。

§6.2　回波功率及其平均值的分布律

6.2.1　回波场强的振幅和功率的分布律

在雷达指示器上未经过平均的回波振幅 A 的涨落和噪声很相似。实际上未经过平均的回波振幅的概率分布相当于“二维无规行走”的概率分布问题，即相当于一个人从原点处择定任意方向跨出一定长度的一步，然后再择定任意方向跨出相等长度的另一步，这样下去跨出 n 步后，此人所在位置距原点距离的概率密度。与此类似，每一步相当于某一随机散射体的回波场强，长度相当于回波场强的振幅，跨出 n 步后距原点的密度相当于 n 个随机散射体的合成振幅 A。在这基础上可以导出 A 的概率分布为

$$P(A)\mathrm{d}A = \frac{2A}{\overline{A^2}}\exp\left(\frac{-A^2}{\overline{A^2}}\right)\mathrm{d}A \tag{6.3}$$

式中 $\overline{A^2}$ 为回波功率的母体平均值，即真正的平均功率。$P(A)\mathrm{d}A$ 是振幅处在 $A \sim A + \mathrm{d}A$ 区间内的概率。

我们知道，只有当事件 $A \leqslant \xi \leqslant A + \mathrm{d}A$ 出现时，另一事件 $A^2 \leqslant \eta \leqslant (A+\mathrm{d}A)^2$ 才

可能出现，据概率密度函数的定义可得

$$P(A)\mathrm{d}A = P(A^2)d(A+\mathrm{d}A)^2 \tag{6.4}$$

对等式右边展开并略去高阶小量后得到

$$P(A)\mathrm{d}A = P(A^2)\mathrm{d}A^2$$

代入(6.3)式则有

$$P(A^2)\mathrm{d}A^2 = \frac{1}{\overline{A^2}}\exp(-A^2/\overline{A^2})\mathrm{d}A^2 \tag{6.5}$$

(6.3)和(6.5)式分别为回波振幅 A 和回波功率 A^2 的概率分布表达式，也称为瑞利分布。上述的理论与雷达的实测资料符合得很好，如图 6.1所示。

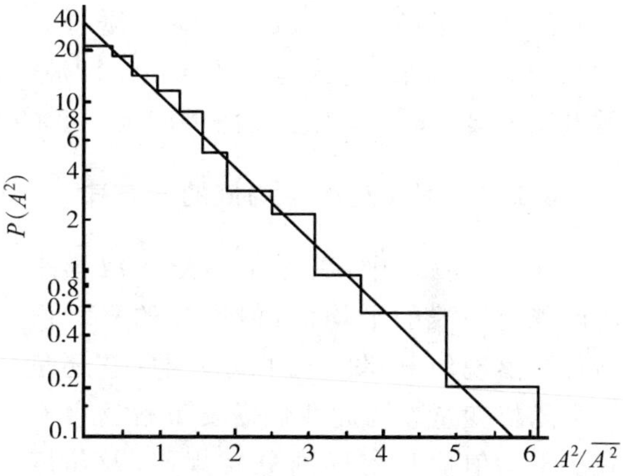

图 6.1　实测 A^2 的概率分布(折线部分)
波长 $\lambda=3$cm，共 1000 个阵雨脉冲回波

很容易证明，回波功率 A^2 的概率分布函数有如下几点性质：

(1) 在区间(0,∞)内满足归一化条件，即

$$P(A^2) = \int_0^\infty \frac{1}{\overline{A^2}}\exp(-A^2/\overline{A^2})\mathrm{d}A^2 = 1$$

(2)回波功率 A^2 的期望值为 $\overline{A^2}$，即

$$\overline{A^2} = \int_0^\infty \overline{A^2}P(A^2)\mathrm{d}A^2$$

(3)回波功率 A^2 分布的标准差 σ 也为 $\overline{A^2}$，即

$$\sigma = \left[\int_0^\infty (A^2-\overline{A^2})^2 P(A^2)\mathrm{d}A^2\right]^{1/2} = \overline{A^2}$$

6.2.2　大于预选功率标准 C^2 的概率

在实际工作中，回波功率分布通常是在设置一定的阈值后求得，这等于预选了某一阈电平 C^2，故需要了解涨落的回波功率 A^2 大于 C^2 的概率。

据(6.3)式，大于等于 C^2 的概率为

$$P(A^2 \geqslant C^2) = \int_{C^2}^\infty \frac{1}{\overline{A^2}}\exp(-A^2/\overline{A^2})\mathrm{d}A^2 = \exp(-C^2/\overline{A^2})$$

上式等号左端的概率可近似用频率表示，即 $P(A^2\geqslant C^2)=\frac{\overline{n}}{K}$，式中 K 为测量回波功率

的总次数，$\bar{n}$ 为通过预选阈电平 C^2 的平均次数，因此有

$$\frac{\bar{n}}{K} = \exp(-C^2/\overline{A^2}) \tag{6.6}$$

由(6.6)式看出，若 $C^2 \to \infty$，则$\frac{\bar{n}}{K} = 0$，即 $\bar{n} = 0$，这说明没有一次涨落的回波功率能够超过无穷大的预选阈电平，若 $C^2/\overline{A^2} = 2$，即预选阈电平 C^2 比回波功率期望值大 3dB 的话，则 $\frac{\bar{n}}{K} = \exp(-2) = 0.135$。这说明假如测量 A^2 的总次数为 50，那么平均将有 6.8 次的回波功率超过$\overline{A^2}$ 3dB，故即使预选了上述阈电平，回波信号仍会在雷达的 PPI 或 RHI 上显示出来；这就是为什么由于回波的涨落，有时衰减几个分贝后的回波图像，看不出比未衰减时小，甚至反而可能大一些的原因。

6.2.3　回波功率平均值的分布律

在实际测量中，只能用有限次取样来估计涨落回波的平均值，但这样的平均值仍有涨落现象，如图 6.2 所示；因此它还是一个随机变量。为此我们需要了解这种有限次平均值服从怎样的分布规律，及信度区间，即测量准确度和平均次数之间的关系。

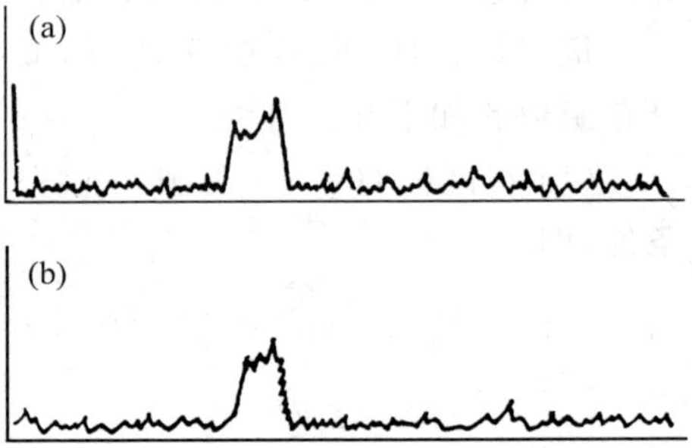

图 6.2　经平均后 A 显示器上的回波涨落情况
(a)取 16 次　　(b)取 32 次回波

令

$$J_k = \sum_{i=1}^{k} A_i^2 / K$$

为 K 次取样的回波功率平均值，在假设样本 $A_1, A_2, \cdots, A_K$ 是 K 个相互独立的随机变量，且各自服从 Rayleigh 分布的前提下，Marshall 等人导出了 K 次回波功率平均值 J_K 的概率分布为

$$P(J_F)\mathrm{d}J_K = \frac{K^K}{(\overline{A^2})^K (K-1)!} J_K^{k-1} \exp\left(\frac{KJ_K}{\overline{A^2}}\right)\mathrm{d}J_K$$

这就是 K 次平均值的概率分布，由上式可以证明：

(1)$P(J_K)$ 在$(0,\infty)$ 区间内的概率为 1(归一化条件)，即

$$\int_0^\infty P(J_K)\mathrm{d}J_K = 1$$

$$\bar{J}J_K = \int_0^\infty J_K P(J_k)\mathrm{d}J_K = \overline{A^2}$$

可见 J_K 的母体平均值就是独立样本 A^2 的母体平均值。

(2)方差为

$$\sigma_K^2 = \int_0^{\infty} (J_K - \overline{J}J_K)^2 P(J_K)\mathrm{d}J_K = (\overline{A^2})^2/K$$

或标准差 $\sigma_K = \overline{A^2}/K^{1/2}$ 。

图 6.3 给出了不同平均次数下 J_K 的概率分布。由图可见，随着平均次数 K 的增大，J_K 的分布曲线变窄，这和均方差随平均次数增加减小是一致的。当 $K \geqslant 10$ 时，分布曲线以 $\overline{A}A^2$ 为中心呈对称形式，近似于正态分布。这样，根据正态分布的性质可以得到

$$P(|\ J_K - \overline{A}A^2\ | < \sigma_K) = 68.3\%$$

$$P(|\ J_K - \overline{A^2}\ | < 1.96\sigma_K) = 95\%$$

$$P(|\ J_K - \overline{A}A^2\ | < 3\sigma_K) = 99.7\%$$

一般我们把 95% 的信度区间作为某一物理量的测量误差范围，因此据以上性质并注意到 $\sigma_K = \overline{A^2}/K^{1/2}$，就可以得到 J_K 的 95% 的信度区间为

$$\overline{A^2}\left(1 - \frac{1.96}{K^{1/2}}\right) \leqslant J_K \leqslant \overline{A^2}\left(1 + \frac{1.96}{K^{1/2}}\right) \quad (6.7)$$

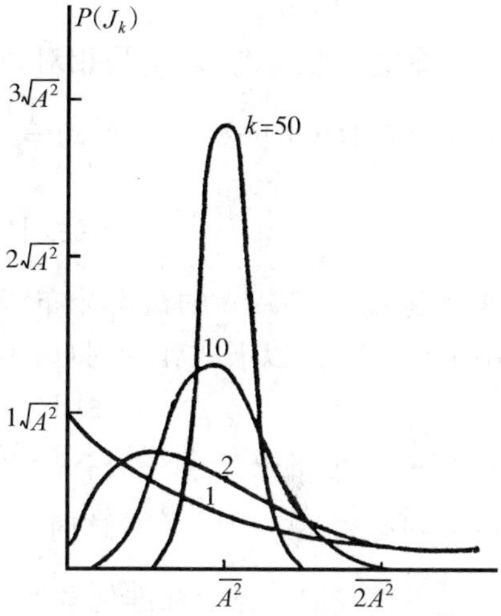

图 6.3　$P(J_K)$ 的分布曲线

(6.7)式表明，平均次数 K 越大，95% 的信度区间越小，即 J_K 的测量误差越小。表 6.1 为用(6.7) 式算出的各种平均次数下 J_K 的测量误差范围，即 95% 的信度区间。

表 6.1　J_K 95% 的信度区间与 K 的关系

K	16	25	36	49	64
信度区间(95%)	$\pm 0.49\,\overline{A^2}$	$\pm 0.39\,\overline{A^2}$	$\pm 0.33\,\overline{A^2}$	$\pm 0.28\,\overline{A^2}$	$\pm 0.25\,\overline{A^2}$

一般视频积分的平均次数都远超过 10 次，所以可根据设计的准确度要求，用(6.7)式或表 6.1去选择独立取样次数，或者根据已设计的视频积分器的平均次数来估计 J_K 的误差。

6.2.4　对数接收机中信号强度及其平均值的分布律

由于云和雨滴等气象目标的回波功率变化范围很大，可达 60～80dB，故一般测雨雷达都采用了对数接收机来适应这一变化范围。为此我们必须考虑对数接收机中信号强度 $\lg A^2$ 及其平均值的概率分布。

根据 $\lg A^2$ 的概率密度函数的定义，并在推导中略 $\lg(A^2 + \mathrm{d}A^2)$ 展式中的高阶小量就可得到

$$P(\lg A^2)d(\lg A^2) = P(A^2)\mathrm{d}A^2$$

把(6.5)式代入上式，则可导出

$$P(\lg A^2)\mathrm{d}(\lg A^2)=\frac{1}{M\overline{A^2}}\exp\left(\frac{1}{M}\lg A^2-\frac{1}{\overline{A^2}}\exp\frac{1}{M}\lg A^2\right)\mathrm{d}\lg A^2 \tag{6.8}$$

式中 $M=\dfrac{1}{\ln 10}$。

令 $\xi=\lg(A^2/\overline{A^2})$ 是相对强度的对数，称为信号标准化电平，而把 $\lg A^2$ 称为信号电平，应用(6.8)式，并注意到$\dfrac{1}{\overline{A^2}}=\exp\left[\dfrac{1}{M}\lg\left(\dfrac{1}{\overline{A^2}}\right)\right]$，$\mathrm{d}\xi=\mathrm{d}(\lg A^2)$，则可得

$$P(\xi)\mathrm{d}\xi=\frac{1}{M}\exp\left(\frac{1}{M}\xi-\exp\frac{1}{M}\xi\right)\mathrm{d}\xi \tag{6.9}$$

这就是 $\lg(A^2/\overline{A^2})$ 的概率分布函数。这一函数形式很复杂，不便于计算，为此日本的小平信彦提出以下式作为对(6.9)式的近似

$$P(\xi)\mathrm{d}\xi=K_a\exp(a\xi-b)\cdot(a\xi-b)^2\mathrm{d}\xi \tag{6.10}$$

式中 $a=3.13$，$b=2.215$，$K_a=\alpha/2=1.565$。由于上式应满足归一化条件，因此 ξ 的取值区间必须是$(-\infty,\dfrac{b}{a})$，这时$\int_{-\infty}^{b/a}P(\xi)\mathrm{d}\xi=1$。

下面我们来讨论标准化电平 ξ 的 K 次平均值 J_{KL} 的概率分布及其误差等情况。定义

$$J_{KL}=\frac{1}{K}\sum_{i=1}^{K}\xi_i=\sum_{i=1}^{K}\lg(A_i^2/\overline{A^2})$$

由于 $A^2{}_i$ 为随机变量，所以 ξ_i 及 K 次平均值 J_{KL} 也是随机变量。可以证明，J_{KL} 的概率分布为

$$P(J_{KL})\mathrm{d}J_{KL}=\frac{\alpha K[K(b-\alpha J_{KL})]^{3k-1}}{(3K-1)!}\exp[-(b-aJ_{KL})^K\mathrm{d}J_{KL}] \tag{6.11}$$

$$\left(-\infty<J_{KL}\leqslant\frac{b}{a}\right)$$

这就是 K 次相互独立的随机变量 ξ_i 的平均值 J_{KL} 概率分布，它有如下几点性质：

(1) 在$(-\infty,b/a)$ 区间内满足归一化条件，即

$$\int_{-\infty}^{b/a}P(J_{KL})\mathrm{d}J_{KL}=1$$

(2) J_{KL} 的母体平均值$\overline{J}_{KL}$ 为

$$\overline{J}_{KL}=\int_{-\infty}^{b/a}J_{KL}P(J_{KL})\mathrm{d}J_{KL}=\frac{b-3}{a}=-0.2508$$

由 J_{KL} 的定义，可把 J_{KL} 的表达式改写为

$$\overline{J}J_{KL}=\overline{\frac{1}{K}\sum\lg A_i^2}-\lg\overline{A^2}$$

所以

$$\overline{\frac{1}{K}\sum\lg A_i^2}=\lg\overline{A^2}-0.2508 \tag{6.12}$$

上式表明，在回波功率 A_i^2 服从瑞利分布的条件下，由对数接收机确定的回波信号的 K 次平均电平值 J_{KL} 比回波功率的真实平均值 $\overline{A^2}$ 要低 2.5dB。

(3) J_{KL} 的方差 $\sigma_{KL}{}^2$ 为

$$\sigma_{KL}{}^2 - \int_{-\infty}^{b/a} (J_{KL} - \overline{J}_{KL})^2 P(J_{KL}) \mathrm{d}J_{KL} = \frac{3}{K\alpha^2}$$

其标准差 $\sigma_{KL} = \dfrac{\sqrt{3}}{\alpha\sqrt{K}} = 0.557K^{-1/2}$。

应用(6.11)式可作出不同平均次数情况下的 J_{KL} 概率分布曲线，如图 6.4 所示。由图 6.4 可见，随着平均次数 K 的增加，曲线变窄；当 $K \geqslant 10$ 时，$P(J_{KL})$ 的曲线呈对称形式，接近于正态分布，注意其平均值为 -0.2508，标准差为 $0.557K^{-1/2}$。

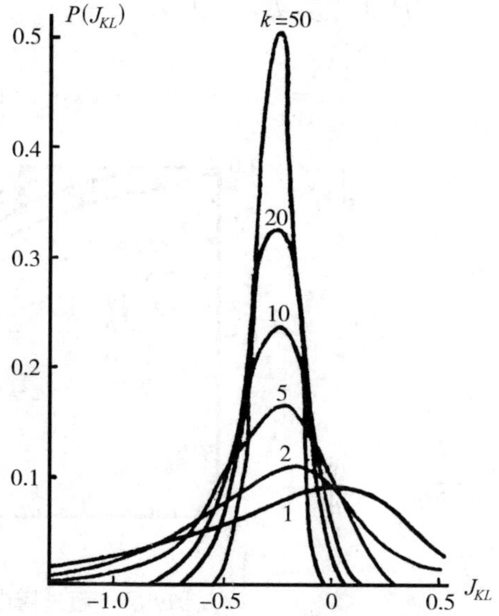

图 6.4　几种 K 值情况下 J_{KL} 的概率分布曲线

根据正态分布的性质，95%的信度区间由下式确定

$$\overline{J}_{KL} - \frac{1.96 \times 0.557}{K^{1/2}} \leqslant J_{KL} \leqslant \overline{J}_{KL} + \frac{1.96 \times 0.557}{K^{1/2}}$$

若 $\overline{J}_{KL}$ 和 J_{KL} 之差用分贝数表示，则上式可写为

$$\frac{-1.96 \times 5.57}{K^{1/2}} \leqslant J_{KL} - \overline{J}_{KL} \leqslant \frac{1.96 \times 5.57}{K^{1/2}}$$

由式(6.13)可见，$J_{KL} - \overline{J}_{KL}$ 的分贝数在 $\pm\dfrac{1.96 \times 5.57}{K^{1/2}}$ 范围内的概率为 95%。据标准化电平 ξ 和 J_{KL} 的定义可知，这就是电平 $\lg A_i^2$ 的 K 次平均值 $\sum \lg A_i^2/K$ 的误差，显然 K 越大，其误差 $J_{KL} - \overline{J}_{KL}$ 越小，准确度越高。

表 6.2 给出了几个不同 K 值情况下 $J_{KL} - \overline{J}_{KL}$ 的 95%的信度区间及标准差。

表 6.2　J_{KL} 的 95%信度区间与 K 的关系

K	16	25	36	49	64
95%信度区间(dB)	±2.72	±2.18	±1.82	±1.56	±1.36
标准差 σ_{KL} (dB)	±1.39	±1.11	±0.93	±0.80	±0.70

6.2.5　J_{KL} 超过预选阈电平 L 的概率

上已述及，有限次独立样本的平均值 J_{KL} 仍是一个随机变量；另外回波图像的分布通常采用设置阈值这等于预选了某一阈电平 L，故我们需要了解 J_{KL} 大于预选阈电平 L

的概率。

据(6.11)式经演算后可得

$$P(J_{KL}\geqslant L)=\int_{L}^{b/a}\frac{K\cdot a[K(b-aJ_{KL})]^{3K-1}}{(3K-1)!}\cdot\exp[-(b-aJ_{KL})^{K}]\mathrm{d}J_{KL}$$

$$=1-K^{(3K-1)}\cdot\exp[-K(b-aL)]\sum_{r=0}^{3K-1}\frac{(b-aL)^{3k-1-r}}{(3K-1-r)!K^{r}}\qquad(6.14)$$

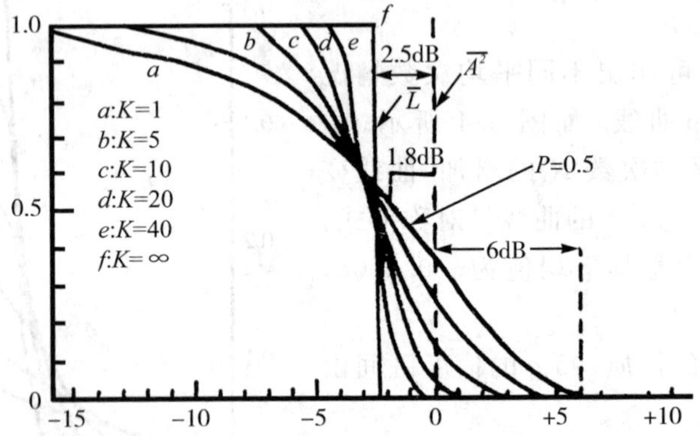

图 6.5 超过阈电平的概率与阈电平 L_0 关系

图 6.5 给出了由(6.14)式并令 $K=1,5,10,20,40,\infty$ 等情况下对应的累积分布曲线，由图可见，未经平均的曲线($K=1$)，J_{KL} 有 37% 的概率超过真实平均值$\overline{A^2}$，有 2% 左右的概率超过真实平均值达 6dB 以上。经平均后 J_{KL} 的分布曲线显著变窄，K 越大，曲线越窄。要使 J_{KL} 大于真实平均值 $\overline{J}_{KL}$ 1.4dB 的概率在 5% 以下，其平均次数应不小于 40 次。

§6.3 视频积分原理

上面从理论上讨论了用平均方法使雷达测量回波功率的准确度提高，同时还讨论了这种平均回波功率的准确度和平均次数的关系。通常回波的平均是在雷达信号处理部分实现的，其方法有多种，但就平均方式而言，只有距离平均和方位平均两种。

6.3.1 距离平均

6.3.1.1 定义

将回波功率在空间距离上分成若干相等的区间，对每一区间上的回波功率进行平均，即

$$\overline{P}_r=\frac{1}{R_2-R_1}\int_{R_1}^{R_2}A^2(R)\mathrm{d}R$$

对对数接收机来说,即

$$\overline{P}_{rL} = \frac{1}{R_2 - R_1}\int_{R_1}^{R_2}[\lg A^2(R)]\mathrm{d}R \tag{6.15}$$

式中 $\overline{P}_r$ 是一般接收机接收的平均回波功率;$\overline{P}_{rL}$ 是对数接收机中回波功率平均值,$(R_2 - R_1)$ 是积分区间,它相当于使用积分器后的距离分辨力。这一平均方式所相当的脉冲个数由 $(R_2 - R_1)$ 和雷达发射脉冲宽度 τ 决定,即

$$K_1 = (R_2 - R_1)/(\frac{1}{2}\tau c) \tag{6.16}$$

式中 c 为光速;$(R_2 - R_1)$ 由视频积分器中取样门波宽度决定。应注意,不要把积分区间 $(R_2 - R_1)$ 取得过长,否则会把气象目标物特性的空间变化平滑掉。

6.3.1.2　距离平均的等效独立取样次数

由(6.15)式所定义的距离平均,实质上是在某一时段 T 内,有效照射体积从 R_1 移动到 R_2 的距离过程中所产生的回波功率的连续平均;雷达接收到的目标物的瞬时回波功率 A^2 是由处在某一距离上的有效照射体积内全部散射体产生的,随着时间的推移,该体积以光速向远离天线的方向离去。一般视频积分器在距离方向上的积分时间很短,约 1 微秒到几微秒,在这样的时段内有效照射体积内的散射体的位移远比雷达波长小得多,所以,可以认为所有散射体都保持在原有位置上。因此,可以认为相继的在距离方向移动的脉冲体积所取的样本是不独立的。也无法统计出其样本数目,而(6.10) 式中 K_1 表示空间厚度 $(R_2 - R_1)$ 相当于有效照射深度 $\tau c/2$ 的倍数,称之为距离平均的脉冲取样数。这些被脉冲长度分割开的样本显然是完全独立的,而且可能超过了独立取样的最低要求。那么,这个 K_1 等于多少次独立取样的平均呢? 应用等效方差的方法可得到下面的结果

$$K_{1e} = 6K_1^2/(4K_1 - 1) \tag{6.17}$$

式中 K_{1e} 即为有效平均脉冲数。由(6.17)式可得到表 6.3。

表 6.3　距离平均脉冲取样数 K_1 和有效平均脉冲数 K_{1e} 的关系

K_i	1	2	3	4	>4
K_{1e}	2	3.4	4.9	6.4	$\doteq \frac{3}{2}K_1 + \frac{3}{8}$

6.3.2　方位平均

6.3.2.1　定义

在天线作方位扫描时,对一给定距离上一定个数的取样脉冲的回波功率进行累加平均即

$$\overline{P}_r = \frac{1}{K_2}\sum_{i=1}^{K_2} A_i^2$$

或者

$$\overline{P}_{rL} = \frac{1}{K_2}\sum_{i=1}^{K_2}\lg A_i^2 \tag{6.18}$$

式中 K_2 为方位平均的脉冲数，$\overline{P}_{rL}$ 为对数接收机中的 K_2 次平均的回波功率。因为雷达天线的波束宽度 θ(或 φ) 决定雷达方位(或仰角) 上的分辨力，所以平均次数 K_2 一般设定为天线扫过 θ 角的时间 T 和雷达的脉冲重复频率 f_p 决定，即

$$K_2 = T \times f_p = \frac{\theta}{\omega} \times f_p \tag{6.19}$$

式中 ω 为天线扫描角速度。

(6.19)式就是雷达在一定转速和脉冲重复频率及一定的波束宽度情况下，所允许的最大的方位(或仰角)上的平均次数。显然，当雷达作固定方向探测时，平均次数是不受限制的。

6.3.2.2　方位平均的等效独立取样次数

和前面讨论的距离平均一样，我们需要研究这种方位平均的相继脉冲之间是否相互独立的问题，若相互不独立，那么就要确定 K_2 次平均相当于多少次独立取样。

假如雷达有效照射体内各散射体之间的相对位置不变，它们作同步运动，则由(6.1) 式可知，各散射体的后向散射功率之间的相位差$(\varphi_i - \varphi_j)$ = 常数，因而不存在由于各散射体之间的相对运动而造成回波功率的涨落。这样的目标物所产生的回波是相干的，对这种回波的取样称为相干取样。若散射体的位置随着它们之间复杂的相对运动迅速地随机变化着，则导致各散射功率之间的相位差也完全随机地变化，这样的目标物所产生的回波是非相干的，在这一时段间隔内的回波是相互独立的，因而这样的雷达取样就叫做独立取样。显然，还存在介于相干与非相干这两者之间的情况，即当相继脉的时间间隔，即取样时间间隔，小于这些散射体“重新排列”的时间，因而散射体还部分地保持着原来位置的排列状况，这种情况下相继脉冲产生的回波是部分相干的，这样的雷达取样是非独立取样。

在上述独立取样和非独立取样这些概念的基础上，从回波的自相关函数 $\rho(T)$ 入手，研究如何达到独立取样的时间间隔。根据自相关函数的定义和回波涨落谱与多普勒速度谱之间的关系，可以证明

$$\rho(T) = \exp\left[-\left(\frac{4\pi\sigma_v T}{\lambda}\right)^2\right] \tag{6.20}$$

式中 T 为相继脉冲的时间间隔，σ_v^2 为多普勒速度谱的均方差。

显然当 $T = 0$ 或 $\sigma_v = 0$ 时，$\rho(T) = 1$，即为相干取样。实际上当 $T = 0$ 时，说明相继脉冲之间的间隔为0，这两个脉冲取的是同一个样本。当时 $\sigma_v = 0$，说明有效照射体内各散射体之间无速度差存在，即它们是静止不动或作匀速平移运动，这时当然为相干取样。在实际工作中，一般认为满足 $\rho(T) = 0.01$ 条件的就已完全独立，这时的 T 称为独

立时间，凡取样间隔大于等于独立时间的就是独立取样。据(6.20)式，独立时间 T_0 为

$$T_0 = 0.536\frac{\lambda}{\pi\sigma_v} \tag{6.21}$$

可见独立时间 T_0 与多普勒速度谱的标准差 σ_v 成反比，而 σ_v 随不同的气象条件有较大的变化，如降雪时的 $\sigma_v = 0.6\mathrm{m/s}$，而在强风速切变时降雨的 $\sigma_v = 10\mathrm{m/s}$。在实际计算中我们一般取 σ_v 的典型值为 1m/s。所以

$$T_0 = 1.71\times 10^{-3}\lambda \quad (\mathrm{s}) \tag{6.22}$$

对波长为 1.25cm，3.2cm，5.6cm 和 10cm 的雷达，由(6.22)式算出的独立时间 T_0 分别为 2.14ms，5.47ms，9.75ms 和 17ms。这些理论值与实测值基本相符。

一般测雨雷达的重复频率在 200Hz 左右，脉冲之间的时间间隔为 5ms 左右，因此相继的脉冲可能不是相互独立的，为此要确定雷达实际测量脉冲数 K_2 所相应的等效独立取样次数 K_{2e}。用等效方差法可以得到

$$\alpha = \left[1+\frac{1}{K_2}\sum_{n=1}^{K_2=1}(K_2-n)\rho(nT)\right]^{-1} \tag{6.23}$$

式中 $\alpha = K_{2e}/K_2$，称为独立指数。

取 $K_2 = 10$ 和 $K_2 \geqslant 100$，由上式计算 α 值结果见图 6.6。

由图可见，α 和取样时间间隔 T 及多普勒速度谱的标准差 σ_v 正相关，和波长呈反相关。当 $4\pi\sigma_v, T/\lambda \geqslant 0.685$ 时，α 随平均次数 K_2 的变化便可以忽略。所以只要根据雷达发射的脉冲时间间隔和波长等参数，选取 σ_v 的典型数据（如取 $\sigma_v = 1\mathrm{m/s}$），再由图 6.6就可查出相应的独立指数 α，而与实际平均次数 K_2 所等效的独立取样次数 K_{2e}，可由公式 $K_{2e} = \alpha K_2$ 确定。

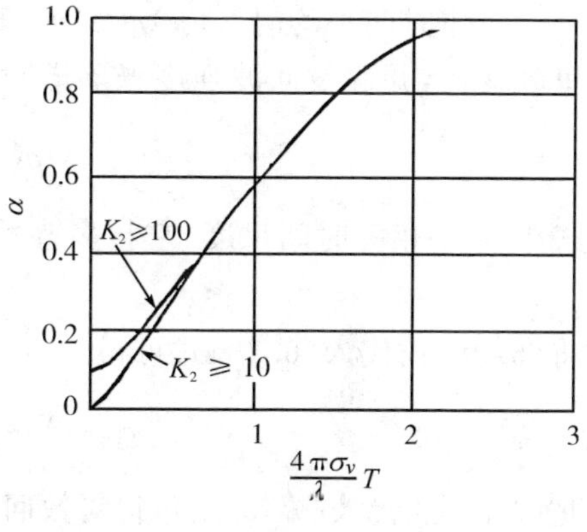

图 6.6　K_{2e}/K_2 和取样间隔 T 的关系

上面讨论了距离平均和方位平均两种方式，并确定了与距离平均脉冲数 K_1 和方位平均脉冲数 K_2 相对应的等效独立取样的平均次数 K_{1e} 和 K_{2e}。视频积分器综合了上述两种平均方式，其总的有效平均次数 N_e 则为上述两种等效独立取样次数的乘积，即

$$N_e = K_{1e}\times K_{2e} \tag{6.24}$$

K_{1e} 和 K_{2e} 分别可用(6.17)式(或表 6.3)和(6.23)式(或图 6.6)得到。

6.3.3　对数接收机离散信号时的等效独立样本数

上面用等效方差法所得的结果，只适用于连续模拟回波信号在雷达天线接收端或

线性接收机输出端的情况。为了适应降水回波强度变化范围大的特点，天气雷达大多采用动态范围大的对数接收机。另外，为了使用计算机对回波资料进行处理和显示，当代天气雷达几乎都采用稳定可靠的数字视频积分器(DVIP)。在这种情况下要估计各种方式取样的等效独立样本数，需要使用另一组公式。下面作一扼要介绍。

离散取样时普适的计算等效独立样本数的公式由 Lee Y. W. (1961)给出

$$N_I^{-1} = \frac{1}{N_g} + \frac{2}{N_g^2}\sum_{K_g=1}^{N_g-1}(N_g - K_g)\rho_g(K_g L_g) \tag{6.25}$$

式中 N_g 为取样间隔是 L_g 的取样数，g 代表时间、角度和距离，ρ_g 表示回波强度信号之间的相关函数。Kerr(1951)导出了对数接收机输出信号相关函数 $\rho_{\log}$ 与接收机输入信号相关函数 ρ 之间的关系

$$\rho_{\log} = \frac{6}{\pi^2}\sum_{m=1}^{\infty}\rho^{2m}m^{-2} \tag{6.26}$$

当时间 (t)、角度(Δ) 和距离(r) 可看作独立变量时，有

$$\rho(r,\Delta,t) = \rho(r)\rho(\Delta)\rho(t) \tag{6.27}$$

6.3.3.1 时间平均的等效独立样本数

只作时间平均时，$\rho(r)\rho(\Delta) = 1$，则根据时间相关函数与回波强度涨落谱互为傅里叶变换，并假设回波强度涨落谱服从高斯分布，可得

$$\rho(t) = \exp\left(-\frac{t^2}{2\sigma_t^2}\right) \tag{6.28}$$

式中 σ_t 是相关时间尺度，它与多普勒谱方差 σ_f^2 的关系是

$$\sigma_f^2 = (2\pi\sigma_t)^{-2} \tag{6.29}$$

将(6.28)式代入(6.26)式可得

$$\rho_{\log}(t) = \frac{6}{\pi^2}\sum_{m=1}^{\infty}m^{-2}\exp\left(-\frac{mt^2}{\sigma_t^2}\right) \tag{6.30}$$

把(6.30)式代入(6.25)式可得对数回波离散信号时间平均等效独立样本数 N_{tI} 的表达式

$$N_{tI}^{-1} = \frac{1}{N} + \frac{12}{\pi^2}\sum_{K=1}^{N-1}\sum_{m=1}^{\infty}(N-K)(Nm)^{-2}\exp\left[-m\left(\frac{KL_t}{\sigma_t}\right)^2\right] \tag{6.31}$$

总的取样时间 $T_{总} = (N-1)L_t$，由(6.31)式可绘出不同取样数 N 的一组曲线，如图 6.7 所示。使用时根据$\sqrt{2}(N-1)L_t\sigma_f = \sqrt{2}T_{总内}\sigma_f$ 及 N 值可查出等效独立样本数 N_{tI}，这里 $\sigma_f = \frac{2}{\lambda}\sigma_v$，且设定 $\sigma_v = 1\text{m/s}$。

6.3.3.2 角度平均的等效独立样本数

角度平均时，$\rho(r)\rho(t) = 0$，$\rho(r,\Delta,t) = \rho(\Delta)$。根据 Probert-Jones 给出的天线方向图函数

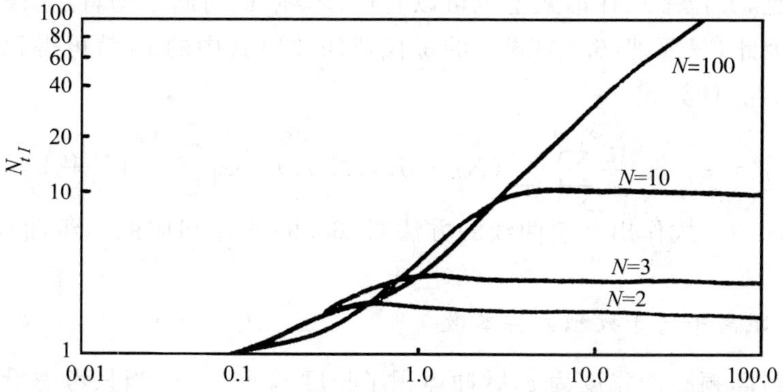

图 6.7　对数接收机在时间 $T_{总内}$ N 次离散样本数等效独立样本数

$$g(\theta,\psi)=\frac{\beta^2}{\pi\theta_1^2}\exp\left[-\beta^2\left(\frac{\theta^2}{\theta_1^2}+\frac{\psi^2}{\psi_1^2}\right)\right] \tag{6.32}$$

式中 ψ_1 和 θ_1 是天线垂直波瓣宽度和水平波瓣宽度，$\beta=\sqrt{2\ln 2}$，以及

$$\rho(\Delta)=\int_\theta\int_\psi g(\theta,\psi)g(\theta,\psi-\Delta)\mathrm{d}\theta\mathrm{d}\psi$$

可得

$$\rho(\Delta)=\exp\left(-\frac{\beta^2\Delta^2}{2\theta_1^2}\right) \tag{6.33}$$

对照(6.28)式可知，上式仅是用 $\beta\Delta$ 代 t，θ_1 代 σ_t，因此，离散样本数为 N 的角度平均等效独立样本数 $N_{\Delta I}$ 的表示式仍可用(6.31)式改写成

$$N_{\Delta I}^{-1}=\frac{1}{N}+\frac{12}{\pi^2}\sum_{K=1}^{N-1}\sum_{m=1}^{\infty}(N-K)(Nm)^{-2}\exp\left[-m\left(\frac{K\beta\Delta}{\theta_1}\right)^2\right] \tag{6.34}$$

6.3.3.3　方位平均的等效独立样本数

雷达天线以均匀速率 α 转动作方位扫描时，有 $\Delta=\alpha t$，故方位平均可以看作是在某一距离上角度和时间有规则结合的 种平均，其相关系数 $\rho(\Delta,t)$ 应是 $\rho(\Delta)$ 和 $\rho(t)$ 的乘积，即

$$\rho(\Delta,t)=\left[\exp\left(-\frac{\beta^2\Delta^2}{2\theta_1^2}\right)\right]\left[\exp\left(-\frac{t^2}{2\sigma_t^2}\right)\right] \tag{6.35}$$

把 $\Delta=\alpha t$ 代入上式可得

$$\rho(\Delta,t)=\exp\left[-\frac{t^2}{2(\sigma_t')^2}\right] \tag{6.36}$$

式中 σ_t' 为

$$(\sigma_t')^{-2}=\left(\frac{\beta\alpha}{\theta_1}\right)^2+(\sigma_t)^{-2} \tag{6.37}$$

其等效的多普勒宽度为

$$(\sigma_f')^2=\left(\frac{\beta\alpha}{2\pi\theta_1}\right)^2+\sigma_f^2 \tag{6.38}$$

由(6.36)式可见,方位平均在形式上也可以看作"单纯"的时间平均,但其谱宽因天线转动而增加了。因此,只要把(6.36)式中的σ_t'代替(6.31)式中的σ_t,就可得到方位平均等效独立样本数 N_{DI} 计算式

$$N_{DI}^{-1} = \frac{1}{N_D} + \frac{12}{\pi^2}\sum_{K=1}^{N_D-1}\sum_{m=1}^{\infty}(N_D - K)(N_D m)^{-2}\exp\left[-m\left(\frac{KL_t}{\sigma_t'}\right)^2\right] \tag{6.39}$$

也可用类似于(6.31)式作出一组曲线的方法对(6.39)式作相应的一组曲线,以备查算 N_{DI} 值之用。

6.3.3.4 距离平均等效独立样本数

设雷达发射高频脉冲宽度为τ,脉冲体积半长度 $r_0 = \frac{1}{2}c\tau$。当只考虑沿径向距离上回波信号的平均时,$\rho(t)\rho(\Delta) = 1$,$\rho(r,\Delta,t) = \rho(r)$,可以导出距离相关函数为

$$\rho(r) = \begin{cases} 1 - \dfrac{r}{r_0}, & 0 \leqslant |r| \leqslant r_0 \\ 0, & |r| \geqslant r_0 \end{cases} \tag{6.40}$$

把(6.40)式代入(6.26)式,得到对数接收机输出信号的距离相关函数

$$\rho\lg(r) = \begin{cases} \dfrac{6}{\pi^2}\sum\limits_{m=1}^{\infty}\left(1 - \dfrac{r}{r_0}\right)^{2m}, & 0 \leqslant |r| \leqslant r_0 \\ 0, & |r| \geqslant r_0 \end{cases} \tag{6.41}$$

把(6.41)式代入(6.25)式,就可得到对数回波信号取样间隔为 L_g 的距离平均等效独立样本数 N_{rI} 的表达式

$$N_{rI}^{-1} = \begin{cases} \dfrac{1}{N_r} + \dfrac{12}{N_r^2\pi^2}\sum\limits_{K=1}^{K_u}\sum\limits_{m=1}^{\infty}(N_r - K)m^{-2}\left(1 - \dfrac{KL_r}{r_0}\right)^{2m} & K_u \leqslant \dfrac{r_0}{L_r} \\ \dfrac{1}{N_r} & L_r > r_0 \end{cases} \tag{6.42}$$

由(6.42)式可绘出与 N_r 值相应的一组曲线,如图 6.8 所示。根据样本数 N_r 及$\frac{r_1}{r_0}$可以从图 6.8 查得距离平均等效独立样本数 N_{rI}。这里 $r_1 = (N-1)L_r$,为距离积分库的长度。

6.3.3.5 DVIP 的准确度(平均回波强度的标准差)

前面指出,当降水对回波的独立样本数 $N_1 \geqslant 10$ 时,平均回波强度的误差可以表示成$\pm 1.96\sigma$dB(95%的信度区间),其中

$$\sigma = \frac{\sigma_1}{\sqrt{N_1}} \tag{6.43}$$

式中σ是平均回波强度的标准差,单位为 dB,σ_1 是未平均的回波强度标准差,$\sigma_1 = 5.57$dB。N_I 是积分库内总的等效独立样本数。对于距离－方位积分式的 DVIP,

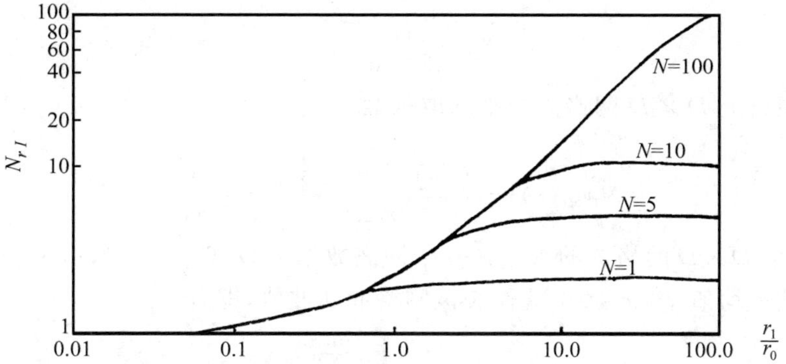

图 6.8　对数接收机在距离 $D_{1内}$ N 次离散样本的等效独立样本数

N_I 可以表示为

$$N_I = N_{rI} \cdot N_{DI} \tag{6.44}$$

把上式代入(6.43)式,并注意到(6.39)和(6.42)式,可得

$$\sigma = \frac{5.57}{\sqrt{\left[\frac{1}{N_r} + \frac{12}{N_r^2 \pi^2} \sum_{K=1}^{K_u} \sum_{m=1}^{\infty} (N_r - K) m^{-2} \left(1 - \frac{KL_r}{r_0}\right)^{2m}\right]^{-1}}}$$
$$\cdot \left\{\frac{1}{N_D} + \frac{12}{\pi^2} \sum_{K=1}^{K_u} \sum_{m=1}^{\infty} (N_D - K)(N_D m)^{-2} \exp\left[-m\left(\frac{KL_t}{\sigma'_t}\right)^2\right]\right\}^{-1} \tag{6.45}$$

用上式就可估计 DVIP 的积分准确度。

6.3.3.6　直角坐标网格内平均回波强度的准确度

天气雷达以极坐标形式收集降水回波资料,经模数转换、积分平均后,输出信号仍为极坐标形式。为了采用计算机处理和显示,需要将 DVIP 输出回波数据进行极坐标一直角坐标的转换。

设直角坐标网格面积为 Dkm× Dkm, D 为网格间距。落在此网格内的 DVIP 处理后的回波数据个数为 $N_{D\times D}$,显然,$N_{D\times D}$ 是距离(r) 及方位角(θ) 的复杂函数。由计算机统计后的结果显示,$N_{D\times D}$ 随距离变化比较大,随方位角变化相对较小。因此,为了处理简便,可以用不同距离上的直角坐标网格内回波数据个数进行方位平均后的值 $N_{D\times D}(r)$ 代替实际的 $N_{D\times D}(r,\theta)$ 。

设以雷达为中心,以距离 r 为半径及距离增量 Δr 为宽度的一个圆环,其面积为 $2\pi r\Delta r$,又设 γ 为天线扫描一周时受 DVIP 积分的样本总数(即积分库总数),L 为积分库距离平均的长度,则圆环内积分平均的总取样数为 $\gamma \frac{\Delta r}{L}$,单位面积的平均取样数为

$$\frac{\gamma \cdot \frac{1}{L} \cdot \Delta r}{2\pi r \Delta r}$$

因此，在某距离上 $D \times D$ 网格内的平均取样数为

$$N_{D\times D}(r) = \frac{\gamma \cdot \frac{1}{L} \cdot \Delta r \cdot D^2}{2\pi r \Delta r} = \frac{\gamma D^2}{2\pi r L}$$

对落在某一个 $D \times D$ 网格内的 $N_{D\times D}(r)$ 个回波数据 $f_k(r,\theta)[K=1,2,\cdots,N_{D\times D}(r)]$ 再进行平均，其平均值 $f'(x_k, y_s)$ 就代表该网格的回波值，即有

$$f'(x_k, y_s) = \frac{1}{N_{D\times D}} \sum_{K=1}^{N_{D\times D}} f_k(r,\theta) \tag{6.46}$$

显然，落在网格内的回波数据作上述再平均后会进一步提高平均回波强度的测量准确度。这时代表该网格内平均回波强度的标准差应为

$$\sigma_{总}(r) = \frac{5.57}{\sqrt{N_{rI} \cdot N_{DI} \cdot N_{D\times D}(r)}} \tag{6.47}$$

实例：雷达采用对数接收机，波长 $\lambda = 5.7\text{cm}$，脉冲宽度 $\tau = 2\mu\text{s}$，脉冲重复频率 $f_r = 200\text{r/s}$ 天线水平波束宽度 $\theta = 1°$，天线转速 $\alpha = 36°\text{r/s}$（相当于每分钟 6 转）。DVIP 积分库库长 $r_1 = 1\text{km}$，方位角 $\Delta = 1°$，在 1km 距离内取 16 个样本（即 $N_r = 16$），并设 $\sigma_v = 1\text{m/s}$。求 DVIP 的积分准确度以及转换到 2km×2km 网格后的准确度。

把 r_1, r_0, N_r 及 L_r 的值代入(6.42) 式可得到 $N_{rI} = 6.58$，而 N_D 就是天线以速度 α 转过 θ_1 角度的时间内雷达发射的脉冲数，即 $N_D = \frac{\theta_1}{\alpha} f$，再将计算出的 N_D, L_t 及 σ'_v 等值代入(5.61) 式就求得 $N_{DL} \approx 4.5$。于是用(6.44)式及(6.43)式可得 DVIP 积分库内平均回波强度标准差 $\sigma \approx 1.02$ dB。

表 6.4　坐标转换与插值对标准差的改善

距离 r (km)	20	40	60	80	100	120	140	160	180	200
$N_{2\times2}(r)$	11.40	5.73	3.81	2.86	2.29	1.90	1.63	1.43	1.27	1.14
$\sqrt{N_{2\times2}(r)}$	3.37	2.39	1.95	1.69	1.51	1.37	1.27	1.19	1.12	1.07
$\sigma_{总}(r)$ dB	0.30	0.42	0.52	0.60	0.67	0.74	0.80	0.85	0.01	0.95

因积分库的方位角宽度为 1°，则 $\gamma = 360$，现在直角坐标网格为 2km×2km，由(6.45)式可得到 $N_{2\times2}(r) = \frac{229}{r}$，再使用(6.47)式就可计算出 2km×2km 网格内回波数据进一步平均后的标准差 $\sigma_{总}(r)$ 随距离变化的情况。计算结果见表 6.4。

由表可见，在 2km×2km 网格内再平均后，使平均回波强度的标准差值进一步降低，降低的值随距离变小而增加，这是容易理解的。

如果为了提高回波数据的角分辨率，采用不作方位平均的距离积分式 DVIP。这时距离积分后的回波值直接转换成直角坐标内的值，这种情况下在 $D \times D$ 网格内的平均回波强度标准差应为

$$\sigma_{总}(r) = \frac{5.57}{\sqrt{N_{rI} \cdot N_{D\times D}(r)}} \tag{6.48}$$

§6.4　平均措施对接收机灵敏度的改善

雷达接收机的灵敏度，是指它的最小可测功率，即

$$P_{r\min} = k \cdot T \cdot \Delta f \cdot N_F \cdot D \tag{6.49}$$

式中 $k = 1.38 \times 10^{-23}$ J/K，是玻尔兹曼常数；T 是接收机工作环境的绝对温度；Δf 是等效噪声通频带，约等于接收机的整机通频带；N_F 是接收机的噪声系数，定义为网络输入端信号噪声功率比 $\frac{S_i}{N_i}$ 与输出端信号噪声功率比 $\frac{S_0}{N_0}$ 之比；D 是识别系数，是指从噪声背景中刚能识别信号时，接收机线性部分输出端的信号噪声功率比。

由于(6.49)式中 $k,T,\Delta f$ 是常数，故接收机灵敏度的好坏主要取决于噪声系数 N_f 及识别系数 D。雷达接收机由多级网络级联而成，整机噪声系数 N_F 主要由前级网络如高放级(带参量放大器的接收机)、变频级决定，与有无视频积分器关系不大，但识别系数 D 却与视频积分有关。一般不带视频积分器时取 $D = 1$，这是指接收机线性部分输出端信号功率与噪声功率相等，则能识别信号，在带有视频信号积分装置时，信号功率即使低于噪声功率也可以被识别出来，即允许 $D < 1$，这就是说，视频积分器具有改善接收机灵敏度的特性。对此分析如下：

噪声功率类似于降水回波，也服从瑞利分布。K 次独立取样的噪声功率平均值

$$\overline{N}_K = \sum_{i=1}^{K} \frac{N_i}{K}$$

的分布与(6.5)式相同，当 $K \geqslant 10$ 时近于正态分布，其平均值是 $\overline{N}$，标准差是 $\frac{\overline{N}}{\sqrt{K}}$。

回波信号和噪声两者是相互独立的，故信号加噪声也近似于正态分布(当 $K \geqslant 10$)，它们的 K 次独立取样平均值也具有平均值 $(\overline{N} + \overline{A^2})$ 和标准差 $\frac{(\overline{N} + \overline{A^2})}{\sqrt{K}}$。

为了从噪声背景中以一定的信度把信号(加噪声)区分出来，应当进行多少次平均呢？我们来分析一下噪声的正态分布图像，与信号加噪声的正态分布图像的重叠情况，如图 6.9所示。显然，若 $\overline{N}$ 和 $(\overline{N} + \overline{A^2})$ 差别越大，并且各自的标准差越小(即分布曲线越窄)，两者就越容易区分，我们把噪声分布曲线的上标准差点和信号(加噪声)分布曲线的下标准差点相重合的情况，作为信号可分辨的临界条件，该处的电平为 L，它作为所

选定的电平。于是临界条件可以用下式表示

$$\overline{N}\left(1+\frac{1}{\sqrt{K}}\right)=(\overline{A^2}+\overline{N})\left(1-\frac{1}{\sqrt{K}}\right) \tag{6.50}$$

K 次噪声取样平均值超过 $\overline{N}\left(1+\frac{1}{\sqrt{K}}\right)$ 的概率为 16%，同样信号(加噪声)的 K 次取样平均值低于 $(\overline{N}+\overline{A^2})\left(1-\frac{1}{\sqrt{K}}\right)$ 的概率也是 16%，信号(加噪声)低于所选电平和噪声高于所选电平这两个事件同时发生的概率是 2.56%，因而在临界条件下可以区分信号的概率为 97.4%，此时(6.50)式可以改写成

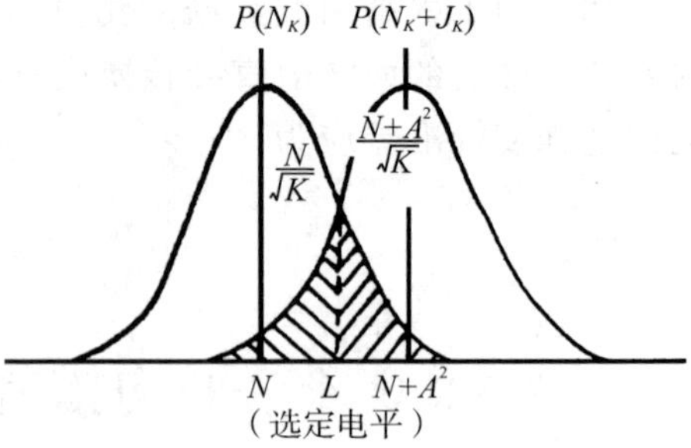

图 6.9　$\overline{N}_K$ 和$(\overline{N}_K+J_K)$的概率分布示意图

$$D=\frac{\overline{A^2}}{\overline{N}}=\frac{2}{\sqrt{K}-1}\qquad (K\geqslant 10) \tag{6.51}$$

由(6.51)计算出的 D 与 K 的关系如表 6.5 所示。由表可见，平均措施可以降低识别系数，即降低了最小可测功率。当 $K=441$ 时，$D=0.1$，即信号功率比噪声功率低 10 倍，仍然可以识别回波信号；当然，这首先还必须假定相应于这样小的平均信号强度所产生的荧光屏迹线偏转或其它记录器示度是可以辨认出来的。

表 6.5　取样平均的次数 K 和识别系数 D 的关系

K	16	20	25	36	40	60	80	100	441
D	0.667	0.576	0.5	0.4	0.375	0.296	0.252	0.222	0.1
D(dB)	−1.8	−2.4	−3.0	−3.9	−4.3	−5.3	−6.0	−6.5	−10

在雷达中使用视频积分器时，如何恰当地规定识别系数，这是一个值得讨论的问题。但利用这一规律，从强噪声背景中检测有用的回波信号是有广阔前景的。

§6.5　指数权重平均算式及视频积分对空间分辨率的影响

6.5.1　指数权重平均算式

图 6.10 所示积分器实际上是一个循环数字低通滤波器，它的积分效果和连续情况下的低通 RC 滤波器相似。事实上，当 $X_{m-k}(K=0,1,\cdots)=$ 常数 C，积分器的稳态响应是

$$Y_m=\beta\cdot C\sum_{k=0}^{m-1}(1-\beta)^K=C[1-(1-\beta)^m]$$

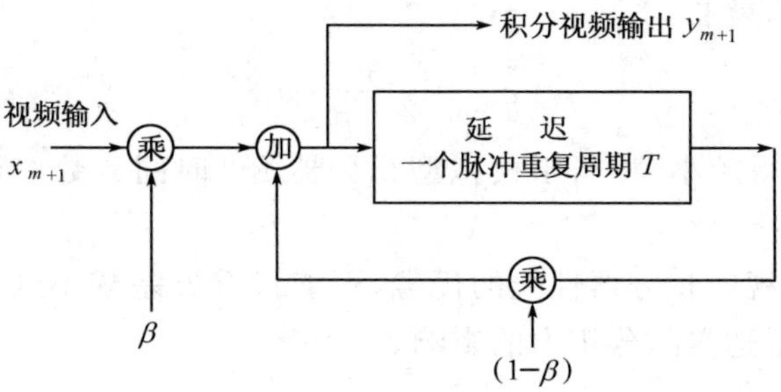

图 6.10　指数权重积分原理框图

因为 $(1-\beta)<1$，在 $m\to\infty$ 时，$Y_m=C$，亦即输出是同一常数，又当

$$X_{m-k}=\begin{cases}X, & K=m-1\\ 0, & K\neq m-1\end{cases}$$

这时 $Y_m=(1-\beta)^{m-1}\cdot\beta\cdot X$，随着时间增加，即 m 增大，Y_m 按指数规律减小，这就是积分器的瞬时响应。

L. K. Torok(托罗克)分析了这种积分器对涨落回波的平均效果。m 次取样输出的平均值 Y_m 的数学期望值 M 为

$$M(Y_m)=\overline{\beta\sum_{k=0}^{m-1}(1-\beta)^K\cdot X_{m-k}}=\beta\cdot\sum_{k=0}^{m-1}(1-\beta)^K\cdot\overline{x}_{m-k}$$

随机过程 $X(t)$ 是平稳过程，即 $\overline{X}_1=\overline{X}_2=\cdots\overline{X}_m=\mu$，则

$$M(Y_m)=\beta\sum_{k=0}^{m-1}(1-\beta)^K\cdot\overline{X}_{m-k}=\mu[1-(1-\beta)^m] \tag{6.54}$$

当 m 很大时，$M(Y_m)=\mu$。而 m 次取样输出 Y_m 的方差 σ_m^2 是

$$\sigma_m^2=M[(Y_m-\overline{Y}_m)^2]$$

类似于求 $M(Y_m)$ 的考虑，并假设间隔为 T(脉冲重复周期) 的取样是独立取样，即随机变量 $X_{m-k}(K=0,1,2,\cdots,m-1)$ 相互独立，以(6.53)式代入上式，得

$$\begin{aligned}\sigma_m^2&=\overline{[\beta\sum_{k=0}^{m-1}(1-\beta)^K\cdot X_{m-k}-\beta\sum_{k=0}^{m-1}(1-\beta)^K\cdot X_{m-k}]}\\&=\beta^2\,\overline{[\sum_{k=0}^{m-1}(1-\beta)^K(X_{m-k}-\overline{X}_{m-k})]^2}\\&=\beta^2\sum_{k=0}^{m-1}(1-\beta)^{2K}\cdot\sigma^2\\&=\beta^2\cdot\sigma^2\cdot\frac{1-(1-\beta)^2m}{1-(1-\beta)^2}\end{aligned} \tag{6.55}$$

式中 $\sigma^2=\overline{(X_1-X_i)^2}=\cdots=\overline{(X_m-X_m)^2}$ 是视频输入信号的方差。对于很大的 m(实

际上只要 m 大于 4)，就有

$$\sigma_m^2 = \frac{\beta}{2-\beta} \cdot \sigma^2 \tag{6.56}$$

(6.56)式表明，β 取得越小，相当于模拟型积分器 RC 时间常数取得越大，积分输出信号的方差 σ_m^2 就越小。

但是，评价一种视频积分器性能的优劣，不能只看方差减小这一方面，还应考虑积分器的滤波效应对雷达空间分辨力的影响。

6.5.2　视频积分器的滤波效应对雷达空间分辨力的影响

Torok 对这一问题进行了分析，他的简化模式是：假定目标面积在距离方向上无限延伸，在方位上的扩展恰巧等于天线波束宽度，而且目标面积内的反射率分布是均匀的。这个目标物能代表反射率场从 0 到某一有限值，或者从一个有限值到另一个有限值的任何突变区域，这里的讨论限于前一种情况，相当于滤波器的初始条件，即进入目标区之前都被置 0。此外，假定天线波束截面是半径等于 r 的圆，在圆内天线增益处处相等，在圆外增益为零。

因为反射率正比于目标充塞系数，故从反射率大小就可以计算天线位移进出目标的面积增量，它是单位波束宽度内脉冲数 N 的函数。

图 6.11 是天线波束与目标相交截面示意图。图中 i 代表取样序号，$i=0$ 时，波束边缘与目标边缘正好相切；$i=i$ 时，波束与目标区相交面积可先看面积元

$$\begin{aligned} dA &= 2\sqrt{r^2-(r-x)^2}\,dx \\ &= 2\sqrt{2rx-x^2}\,dx \end{aligned}$$

故第 i 次取样时相交面积

$$\alpha_i = \int_0^{x_i} dA = 2\int_0^{x_i} \sqrt{2rx-x^2}\,dx$$

设单位波束宽度内取样 N 次，则 $x_i = \frac{iD}{N}$。当 $i=N$ 时，$x_i = D$，充塞系数 $=1$，取样输入达到峰值，相交面积 $\alpha_N = \frac{\pi D^2}{4}$。对上式积分等

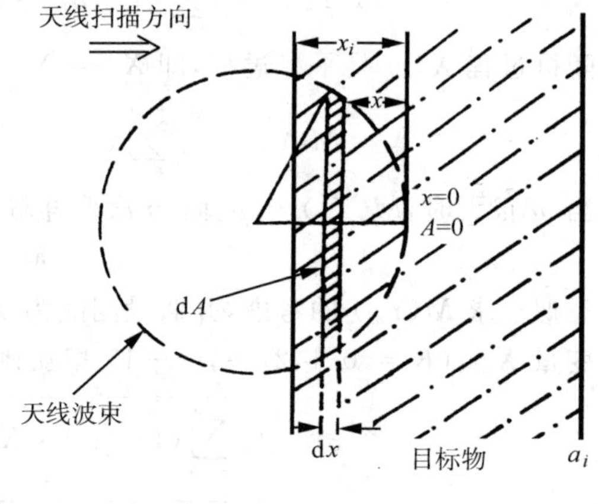

图 6.11　天线波束与目标相交截面示意图

$$\begin{aligned} \alpha_i &= 2 \times \left\{ \frac{x-r}{2}\sqrt{2rx-x^2} + \frac{r^2}{2}\arccos\left(1-\frac{x}{r}\right) \right\} \Bigg|_0^{x_i} \\ &= \alpha_N \left\{ \frac{2(2i-N)}{\pi N^2}\sqrt{i(N-i)} + \frac{1}{\pi}\cos^{-1}\left(\frac{N-2i}{N}\right) \right\} \end{aligned} \tag{6.57}$$

因为回波功率（非平均时）$P_i = \beta_{\alpha i}$，β 是依赖于雷达参数和目标特性的常数，为简化起见，令 $\beta = 1$。我们把任一时刻回波功率都予以标准化，即可以用 $\alpha_i' = \frac{\alpha_i}{\alpha_N}$ 表示标准化回波功率，在 $i = N$ 时，$\alpha_i' = 0\text{dB}$。另外，当天线开始扫出目标时，移出部分的波束面积 $\alpha_N + 1 = \alpha_N - \alpha_i$。

计算和作图：对于未经平均的取样输出，只要把各次取样的相对功率 α_i' 的分贝值都一一计算出来，可以分别取 $N = 3,4,5,6$ 这几种情况，然后将计算结果分别点在图 6.12 中。另外，再分别按均匀权重和指数权重平均算式，逐点计算其滑动平均值 Y_m，即滤波器的输出，并且也点在图 6.12 中的各图上。当然，假定图 6.12 上各条曲线是代表了涨落回波的平均值。

根据图 6.12 上各条曲线，不难得到下面的结论：

①非平均的响应，其波束展宽 $\Theta = i2(N-1)\dfrac{D}{N}$，当 N 很大时，$\Theta = 2D$。

②均匀权重平均的响应：所输出的回波功率平均值的峰值要比非平均时的峰值低约 1.0dB，这个值随 N 的变化可以忽略。峰值相对于非平均的峰值位置沿扫描方向有一定位移。波束展宽 $\Theta = (3N-2)\dfrac{D}{N}$，当 N 很大时，$\Theta = 3D$。

③ 指数权重平均的响应：峰值位移主要受 β 大小的影响，而跟 N 关系较小。波束展宽严重，若取 $\beta = \dfrac{1}{16}$，$N = 6$，并以 $P_1 = P_{66}$（或 $\alpha_i' = \alpha_{66}'$）作为展宽标准，则 $\Theta \doteq 11D$。$N = 3,4,5,6$ 不同情况下的峰值与非平均情况下的峰值相比是减少了，波束大为展宽。为了能减小方差，而不致严重降低空间分辨力，应该取小一些的 β 值（如 $\beta = \dfrac{1}{4}$），增加 N 值，即适当减慢天线转速。

需要指出，Torok 对于均匀权重平均的响应进行分析计算时，也是按滑动平均模式逐点计算点图的，这和目前一般使用的数字式视频积分器实现均匀权重算式的电路并不符合，因为该积分器的实际电路不是滑动平均的。

§6.6　自动抑制地物杂波的动目标显示方法

为了提高定量测定降水的准确度以及使用计算机处理降水回波信息，必须将掺杂在降水回波中的地物杂波抑制掉。MTI(Moving Target Indicator 动目标显示)方法就是抑制地物杂波的方法之一。

6.6.1　基本原理

我们知道，经线性检波后的降水回波信号的幅度 X 的概率密度函数 $P(x)$ 是满足

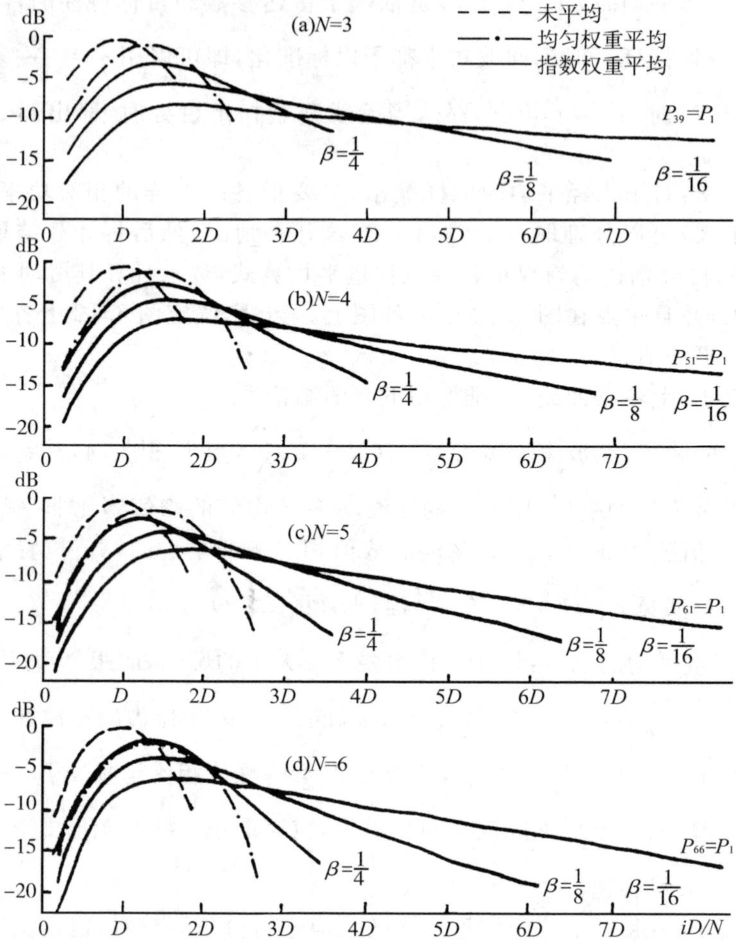

图 6.12　天线扫过宽度为 1 个波束宽度、反射率均匀分布的目标时,雷达接收机的相对功率输出

瑞利分布(6.3)式的,即有

$$P(X)=\frac{X}{\sigma^2}\exp\left(-\frac{X^2}{2\sigma^2}\right) \tag{6.58}$$

因此,降水回波信号的均方值为

$$\overline{X}^2=\int_0^\infty X^2P(X)\mathrm{d}X=2\sigma^2 \tag{6.59}$$

方差为

$$\sigma_x^2=\int_0^\infty (X-\overline{X})^2P(X)\mathrm{d}X=2\left(1-\frac{\pi}{4}\right)\sigma^2 \tag{6.60}$$

式中 $\overline{X}$ 是降水回波信号幅度的平均值。由于在接收机内幅度 X 具有电压的量纲,而方差 σ_x^2 和均方值 $\overline{X}^2$ 具有功率的量纲,因此,σ_x^2 和 $\overline{X}^2$ 可分别当作交流功率和平均功率。

由方程(6.59)和(6.60)式可见，降水回波平均功率和交流功率之比是一常数，为

$$\frac{\overline{X}^2}{\sigma_x^2}=\frac{1}{1-\frac{\pi}{4}}=4.66(6.68\text{dB}) \tag{6.61}$$

因此，若测出了降水回波的交流功率，则降水回波的平均功率就可以由(6.61)式估计出来。

表6.6给出了降水回波和地物杂波通过实测所获得的统计特性。其中降水回波的平均值和交流值之比为4.33(6.37dB)，非常接近于理论值4.66(6.68dB)。

以上是单纯降水回波时的情况。若降水回重叠在地物杂波上时又怎样呢？首先应指出，在有效照射体内的地物杂波的幅度，几十毫秒内可以认为几乎是不变的，由表6.6中给出的实测数据可以看出，地物杂波的交流功率可以忽略。

表6.6　线性检波的降水回波和地物回波的统计特性

	降水回波	地物杂波
时间间隔为3.85ms(脉冲重复时间)的信号相关系数	0.190	0.997
平均功率/交流功率	4.33(6.37dB)	522.5(27.2dB)

当在一个有效照射体积内，出现降水回波叠加在地物杂波上的情况时，其幅度的概率密度分布就变成瑞利—高斯分布。但是，不论地物杂波的幅度有多大，回波信号中的交流成分只稍许增加了一些。

在t时刻，降水回波的波形 $x(t)$ 可表示为

$$x(t)=X(t)\cos[\omega_e t+\varphi(t)] \tag{6.62}$$

式中 $X(t)$ 是概率密度函数为瑞利分布时的随机变量，$\varphi(t)$ 是均匀分布的随机相角，ω_e 是降水回波的平均圆频率。ω_e 表示为

$$\omega_e=\omega_t+\omega_d \tag{6.63}$$

式中 ω_t 是发射的圆频率，ω_d 是平均多普勒频移($\omega_t \gg \omega_d$)。另外，t 时刻地物杂波的波形 $g(t)$ 为

$$g(t)=G\cos\omega_t=G\cos(\omega_e t-\omega_d t) \tag{6.64}$$

式中 G 在相当长的时间内当作常量。这样合成波 $y(t)$ 可写成

$$y(t)=g(t)+x(t)=Y(t)\cos[\omega_e t+\theta(t)] \tag{6.65}$$

式中 $Y(t)$ 是合成波 $y(t)$ 的包络，$\theta(t)$ 是随机相角。

雷达接收机中，合成波变换成中频，经线性检波后提供一个正比于 $Y(t)$ 的视频信号。Rice(莱斯)研究了这类信号的统计特性，推导出 $Y(t)$ 的概率密度函数为

$$P(Y)=\frac{Y}{\sigma^2}\exp\left(-\frac{Y^2+G^2}{2\sigma^2}\right)I_0\left(\frac{YG}{\sigma^2}\right) \tag{6.66}$$

式中 $I_0\left(\frac{YG}{\sigma^2}\right)$ 是虚宗量的零阶贝塞尔函数，并且 $Y\geqslant 0$，$Y(t)$ 的方差为

$$\sigma_y^2=\int_0^\infty (Y-\overline{Y})^2 P(Y)\mathrm{d}Y \tag{6.67}$$

式中 $\overline{Y}$ 是 $Y(t)$ 的平均值。σ_y^2 可以作为是 $Y(t)$ 的交流功率。

在无地物杂波的情况下,(6.66)式显然还原成(6.58)式的瑞利分布。另一方面,若降水回波平均功率比地物回波功率小得多(即 $G^2 \gg \overline{X}^2$),据(6.59)式得 $G^2 \gg \sigma^2$,则 $YG \approx G^2 \gg \sigma^2$。因此(6.66)式就能近似地改写为

$$P(Y)\approx \frac{1}{\sigma\sqrt{2\pi}}\exp\left[-\frac{(Y-G)^2}{2\sigma^2}\right] \tag{6.68}$$

注意(6.68)式是高斯分布,故 $Y(t)$ 的方差 σ_Y^2 等于 σ^2。因此,(6.67)式的概率密度分布可以认为是瑞利和高斯分布的组合。

由上面可得,当地物杂波比降水回波大得多时,经线性检波后输出的 $y(t)$ 的降水回波平均功率与交流功率 σ_Y^2 之比是

$$\frac{\overline{X}^2}{\sigma_y^2}=\frac{2\sigma^2}{\sigma^2}=2(3.01\mathrm{dB}) \tag{6.69}$$

在无地物杂波时,$\sigma_y^2=\sigma_x^2$,该比率由(6.61)式求出,即为 4.66(6.68dB),随着地物杂波功率的增加,比率 $\left(\frac{\overline{X}^2}{\sigma_y^2}\right)$ 从 6.68dB 下降到 3.01dB。

由(6.66)式可详细地计算出 $\frac{\overline{X}^2}{\sigma_y^2}$ 与 $\frac{\overline{X}^2}{G^2}$ 的关系,如图 6.13 所示。$\frac{\overline{X}^2}{\sigma_y^2}$ 值从 3.01dB 到 6.68dB。根据合成信号的 $y(t)$ 的交流功率 σ_y^2,并使用 $\frac{\overline{X}^2}{\sigma_y^2}$ 的中心值(4.85dB)去估算降水回波平均功率,那么对于任何地物杂波,其估算的最大误差为 1.84dB。因此,实际使用时可以假定

$$\frac{\overline{X}^2}{\sigma_y^2}=\text{常数}\ K(4.85\mathrm{dB}) \tag{6.70}$$

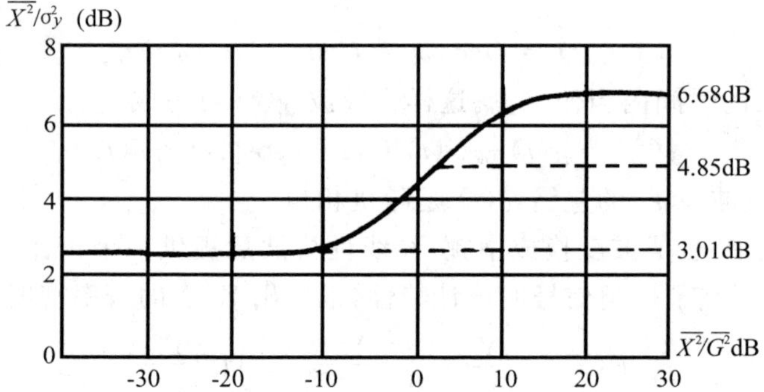

图 6.13 $\frac{X}{\sigma_y^2}$ 与 $\frac{X^2}{G^2}$ 的关系

6.6.2　信号对消器与地物杂波抑制处理器

为了实时地测量合成信号 $Y(t)$ 的交流功率，最实际的方法是使用对消器。

单个对消器的方框图如图 6.14 所示。延迟线调整到雷达发射机的脉冲重复周期 T。为了简化起见，我们假定 t 时刻降水回波的包络 $X(t)$ 与 $(t-T)$ 时刻的包络 $X(t-T)$ 无关，并假定地物杂波的包络不随时间变化。

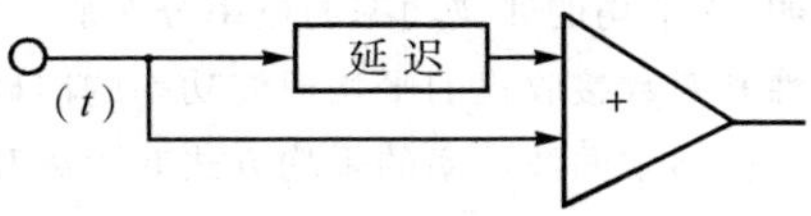

图 6.14　由单个对消器组成的对消电路

令 $Y(t)$ 为输入信号，$V(t)$ 为输出信号，则可以写出

$$\overline{V(t)} = \overline{Y(t) - Y(t-T)} = 0 \tag{6.71}$$

$$\sigma_v^2 = \overline{(V-V)2} = \overline{V2(t)} \tag{6.72}$$

$$\overline{V^2(t)} = \overline{[Y(t) - Y(t-T)]^2} = 2\sigma_y^2 \tag{6.73}$$

由(6.73)得

$$\sigma_y^2 = \frac{1}{2}\overline{V^2(t)} \tag{6.74}$$

利用(6.70)和(6.74)式，降水回波的平均值 $\overline{X}^2$ 能够从对消器的输出 $V(t)$ 估算出来，即

$$\overline{X}^2 \approx K\sigma_y^2 = \frac{K}{2}V^2(t) \tag{6.75}$$

严格地讲，脉冲重复时间 $T = 3.85\text{ms}$ 时，由表 6.6 可知相关系数是 0.19，故降水回波包络 X 和 $X(t-T)$ 不是独立的。因此，用(6.75)式估算 $\overline{X}^2$ 时会引起一些误差，但这个问题可以用延迟时间较长(两倍或更长)的单个对消器或更精制的多次对消器来解决。

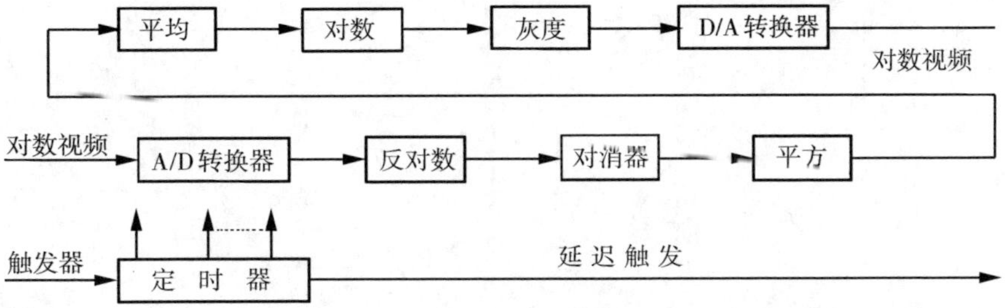

图 6.15　地物回波抑制的处理程序框图

图 6.15 是一个地物杂波抑制处理器方框图，图中对消器是多次对消的。因为常规的天气雷达通常用对数接收机，为了把抑制处理器加到雷达上，图中包含反对数电路。对数视频幅度通过反对数电路后转变为对消器输入端所需要的线性检测的回波信号。对数电路是为了使对消器的输出能恢复到对数视频，并将这个已抑制掉的物杂波的降水回波实时在 A 型和 PPI 型显示器上显示出来。

本 章 小 结

由于有效照射体积中云、雨滴之间复杂的相对运动，使回波功率的涨落现象十分明显，可以证明，未平均的回波功率的概率分布服从瑞利分布。在这个结论的基础上，本章第一节分别计算了线性和对数接收机的平均回波功率的准确度与平均次数的关系。

通常回波功率的平均方式有距离和方位平均两种。对距离平均而言，有效平均脉冲数 K_{1e} 和连续平均脉冲数 K_1 之间的关系式由(6.17)式表示。方位平均次数 K_2 和等效方位独立取样次数 K_{2e} 的关系可用公式(6.23)或图 6.6 表示。总的平均次数等于 K_{1e} 和 K_{2e} 乘积。

但是，对于采集对数接收机的离散信号，当把时间、角度、距离看作独立变量时，一方面要考虑对数接收机输入与输出之间非线性而引起的相关函数的变化，另一方面要采用(6.39)、(6.42)这组新的方程去计算方位平均及距离平均的等效独立样本数。并可利用(6.45)式估算 DVIP 的积分准确度。在将极坐标网格转换到直角坐标网格时，回波强度的准确度还可用(6.47)式估算。

对回波资料进行平均处理，不仅可以消除回波的涨落，同时还可以降低识别系数，使淹没在噪声中的弱小信号可能被识别出来。可是，平均处理也产生了降低回波边缘部分空间分辨率的后果，特别对采用指数权重平均时，当常数 β 取值小时更为严重。

最后，根据降水回波与地面回波信号幅度涨落及其平均值分布律的差异，提出了抑制地杂波的 MTI 法，并通过对消器实现。

第七章　雷达定量测量降水

在前六章基本知识的基础上，本章主要讲述利用雷达反射因子 Z 或 Z_e 等来定量测量降水强度和区域降水量。

雷达 PPI 和 RHI 显示器能够显示出降水区回波的平面分布和某一剖面的垂直分布图形，以及强回波中心的分布区域，那么能不能利用回波强度直接测量雷达扫描范围内各地区的降水率呢？我们知道，在雷达气象方程中，平均接收功率 $\overline{P}_r$ 与反射因子 Z（或 Z_e）成正比；而根据理论和实际观测，Z 和降水强度存在着一定的关系，因此考虑用雷达作为直接测量降水的工具是很自然的。研究这个问题很有意义，因为目前雨量站之间的距离一般有几十千米；而降水区的雨强往往是不均匀的，即使层状云降水中也存在雨强中心，特别在对流云降水时不同地点的雨强差别很大，故地面雨量站测量的雨强和雨量因站网密度过稀而往往缺乏代表性，很难准确地算出一定区域上的雨量。而雷达却能估计雷达扫描范围内各点的雨强和一定区域上的雨量分布和总雨量，且可以及时地取得大面积定量的降水资料。这对工农业生产、天气预报、云雾降水物理研究，人工影响局部天气的效果检验。以及对水文学上估算江河流量，充分利用水利资源，控制水库蓄放，在汛期及时发布洪水警报等方面都有一定的意义。

近 30 多年来，国内外对这个问题已作了不少工作，一方面对 Z-I 关系进行了理论分析和实验研究，并对雷达观测资料和实测地面资料之间进行了对比；另一方面改进现有的气象雷达设备，使雷达资料定量化，并对这些资料进行实时处理，以供日常业务使用。这里我们对雷达定量测量降水强度的几种方法，特别是 Z-I 关系法，雨量计校准法，区域降水量的计算和雷达测量准确度等方面作一大概介绍。

§7.1　用 Z-I 关系法测量降水

雷达定量测量降水的方法有好几种，如 Z-I 关系法、标准目标法、衰减法和正交偏振法等。目前在日常工作中最常用的是 Z-I 关系法，即应用雷达气象方程由测得的回波功率算出雷达反射因子 Z 值，然后根据事先得到的 Z-I 关系而推得降水强度 I。本节仅就这种方法的原理和几种具体确定 Z-I 关系的方法，以及单点降水量和区域降水量的计算和测量准确度等方面作一大概的介绍。

7.1.1 基本原理

在不考虑衰减及充塞程度并满足瑞利散射的条件下（即$\frac{\pi D}{\lambda}\leqslant 0.13$，$D$为降水粒子直径），雷达气象方程为

$$\overline{P}_r = \left\{\frac{\pi^3}{1024\ln 2}\right\}\left\{\frac{P_t h G^2 \theta\psi}{\lambda^2}\right\}\left\{\left|\frac{m^2-1}{m^2+2}\right|^2\right\}\frac{Z}{R^2} \tag{7.1}$$

显然式中第一个大括号内为常数项；第二个大括号内是雷达机本身的参数，其中发射功率 P_t 虽随时间有变化，但在短时间内变化量较小，所以只要对雷达参数进行准确的标定，则第二个大括号内也可看作为常数，第三个是和降水目标物的相态有关的参数，当相态确定后，则此参数就能确定。因此，令

$$\frac{\pi^3}{1024\ln 2}\frac{P_t h G^2 \theta\psi}{\lambda^2}\left|\frac{m^2-1}{m^2+2}\right|^2 = C \tag{7.2}$$

则(7.1)式可简化为

$$\overline{P}_r = CZ/R^2 \tag{7.3}$$

所以只要知道 Z-I 关系，就可以直接根据距雷达 R 处的平均回波功率 $\overline{P}_r$ 来计算降水强度 I。

因为 $\overline{P}_r = CZ/R^2$，说明若回波功率相同，则回波强度 Z 随距离的平方而增加，即近距离的 Z 小，远距离的 Z 大；同理，若在不同距离处的回波强度相同，则近距离的回波功率比远距离的要大，它们的回波功率随距离的平方而减少。现在我们假定以某距离如20km处的接收机的增益为标准，并以此为基点，使大于等于20km的距离上，其增益随距离的平方而增加，在小于20km的距离上的增益随距离的平方而减少；这样就刚好抵消了上述回波功率随距离的平方而变化的关系，从而使得在 Z 值相同但距离不同的地方，它们的回波功率相同。目前，这种距离订正，已是在雷达的信号处理或数据处理部分进行的，不必去改变接收机增益。显然，有了距离订正，显示器上回波不同彩色等级就表示不同的 Z 值。

7.1.2 滴谱和滴的下落末速度

我们在定义 Z 时，有如下关系式

$$Z = \sum D_j^6 = \sum_{D_j=0}^{D_{\max}} N(D_j)\, D_j{}^6 \Delta D \tag{7.4}$$

而当忽略近地面的垂直气流时，降水强度 I 也可表示为

$$I = \sum_{D_j=0}^{D_{\max}} N(D_j) M(D_j) v(D_j) \Delta D \tag{7.5}$$

式中 $N(D_j)\Delta D$ 的意义与 Z 定义式中的相同，为单位体积中直径为 D_j 到 $D_j+\Delta D$ 间隔中的滴数，$v(D_j)$ 和 $M(D_j)$ 分别是直径为 D_j 的滴的下落末速度和质量。

比较(7.4)和(7.5)两式可看出，降水强度 I 除和滴的质量及下落末速度有关外，和反射因子 Z 一样，与滴谱的分布也直接有关；因此有可能不通过雷达测量而用计算滴谱资料的方法较精确地得到 Z-I 关系。这里我们只对滴谱分布和滴的下落末速度的一般规律和收集滴谱的染色滤纸法作一大概介绍。

7.1.2.1　滴谱和滴的下落末速度的一般规律

一般而言，对于不同降水类型的雨滴谱分布可以由下面几个经验公式表示

$$N(D)\Delta D = c_1 D^{\mu}\exp(-\Lambda D)\Delta D \tag{7.6}$$

或者

$$N(D)\Delta D = \frac{1}{\Gamma(a+1)\beta^{a+1}}\exp(-D/\beta)\Delta D \tag{7.7}$$

上两式中 c_1,μ,Λ,β 和 a 等都是根据实测资料待定的常数；$\Gamma(a+1)$ 为 Γ 函数，定义为

$$\Gamma(a+1) = \int_0^{\infty} t^a \exp(-t)\,\mathrm{d}t$$

在雷达定量测量降水中最常用的滴谱分布为 Marshall-Palmer 分布，简称 M-P 分布，它由不同地区、不同降水类型和不同降水强度的滴谱资料统计而成，其表示式为

$$N(D)\Delta D = N_0\exp(-\Lambda D)\Delta D \tag{7.8}$$

此式实际上为(7.6)式中 $\mu=0$ 时的表示式；当降雪时，其直径 D 取与雪花相同质量的球形水滴的直径。对雨来说，式中 N_0 为某一常数，$N_0=0.08\text{cm}^{-4}$；而雪的 N_0 与降水强度有关，为 $N_0=0.025I^{-0.94}$。参量 Λ 也与降水强度有关

降雨时　$\Lambda = 4.11I^{-0.21}$

降雪时　$\Lambda = 2.29I^{-0.45}$

这里降水强度 I 的单位用 mm/h 表示。

应强调指出，M-P 分布是大量滴谱资料的平均情况，实际上，在某一具体的降水过程中，(7.8)式中的谱参量 N_0 和 Λ 可能与上述的数值有很大差别，近年来的研究表明，某些降水的 N_0 值与 0.08cm^{-4} 的差别甚至可达 2～3 个量级。

同样，我们也可统计出冰雹的滴谱分布为

$$N(D)\Delta D = N_0\exp(-3.09D)\Delta D \tag{7.9}$$

式中 $N_0 = 31\text{m}^{-3}\cdot\text{cm}^{-1}$。和雨滴谱的 M-P 分布一样，(7.9)式也仅适用于平均情况。

关于雨滴在静止大气中的下落末速度 $v(D)$，根据理论分析和实测资料，它和雨滴直径的关系一般可用幂函数来近似表示

$$v(D) = c_2 D^{\beta_1} \tag{7.10}$$

不同研究者对常数 c_2 和 β_1 的取值稍有不同，在要求不太高的情况下，一般取 $c_2=1300$，$\beta=0.5$ 就能得到较满意的结果。式中雨滴直径 D 的单位用cm，$v(D)$ 的单位用cm/s。

对雪花而言，$v(D)$ 与滴直径的关系为

$$v(D) = 200D^{0.31}$$

此时 D 取与雪花同质量的球形雨滴的直径。

对冰雹，则可表示为

$$v(D) = 1620D^{0.5}$$

上两式中 $v(D)$ 和 D 的单位与(7.10)式相同。

Atlas 等人根据在标准气压和温度的情况下实测的雨滴在静止大气中的下落末速度资料模拟出了如下表示式

$$v(D) = c_1 - c_2 \exp(-6D)$$

式中 $v(D)$ 单位为 m/s，D 单位为cm，$c_1 = 9.65$，$c_2 = 10.3$。此表达式的准确度较高，在 $0.06 \leqslant D \leqslant 0.58$cm的范围内，其误差小于 2%。目前在用垂直指向多普勒雷达探测大气垂直速度的研究中，此式已得到了广泛的应用。

7.1.2.2　染色滤纸法收集雨滴谱

国内外观测雨滴谱的方法有很多种，但最简单的是染色滤纸法，即在一般滤纸上涂玫瑰精和滑石粉混合剂，然后暴露在雨中取样。取样前，先作好雨滴直径与雨滴落在涂混合剂的滤纸上的斑迹直径之间的检定曲线，这样就可以根据雨滴落在滤纸上的斑迹直径在检定曲线上查出雨滴的真实直径。设取样时间为 t (s)，滤纸面积为 S (cm^2)，则可用下式计算降水强度 I

$$I = 3.6 \times 10^4 \sum_{D_i=0}^{D_{\max}} \frac{\pi}{6} D_i^3 n(D_i)/St \tag{7.11}$$

式中 I 单位为 mm/h；D_i 为雨滴的真实直径，单位为 cm；$n(D_i)$ 为滤纸上捕获的真实直径在 D_i 到 $D_i + \Delta D$ 间隔中的雨滴数。

虽然用上式可以根据滤纸上的资料直接计算雨强，但要取得雨滴谱的资料可不是这样简单，因为 $n(D_i)$ 的物理意义与雨滴谱 $N(D_i)$ 的意义完全不同。上已述及，$N(D_i)\Delta D$ 为单位体积中直径在 D_i 到 $D_i + \Delta D$ 间隔中的雨滴数，因此要取得雨滴谱资料还必须对 $n(D_i)$ 加以订正。由于不同直径的雨滴在大气中的下落末速度不同，也就是说，在取样时间 t 内，不同大小的雨滴是在不同高度区间上落到滤纸上的。例如，若取样时间为 1s，则所有下落末速度为 10m/s 的大滴是在 10m 高处落到滤纸上的；下落末速度为 1m/s 的小雨滴只能在 1m 的高度落到滤纸上，这在计算 $N(D_i)\Delta D$ 时必须考虑到。根据 $N(D_i)$ 的定义，订正公式为

$$N(D_i) = \frac{n(D_i)}{v(D_i) \cdot S \cdot t} \tag{7.12}$$

式中各物理量的单位同上。关于下落末速度 $v(D_i)$ 值，可用(7.10)式计算或者实验资料。

7.1.3 Z-I 关系

7.1.3.1　理论分析

由雷达反射因子 Z 和降水强度 I 的定义可知，它们都与滴谱分布有很大关系，故有可能在它们之间建立某种关系。由于滴谱分布在一般情况下随时间和空间，特别是随不同的降水类型而变，所以在现阶段，我们只可能在一些比较合理的假设基础上，从理论上探讨 Z-I 关系。假定：

(1)降水是均匀分布的，不随时间而变，且雨滴谱可用(7.6)式表示；

(2)近地面垂直气流很弱，可略去不计；

(3)所有雨滴的散射都满足瑞利散射条件；

(4)雨滴下落末速度用(7.10)式描述。

在以上假定基础上，根据反射因子 Z 的积分形式为

$$Z=\int_0^{\infty}N(D)D^6\,\mathrm{d}D$$

把(7.6)式代入上式，并注意到 Γ 函数的定义及其性质，则可得

$$Z=\int_0^{\infty}c_1D^{\mu}\exp(-\Lambda D)D^6\,\mathrm{d}D=c_1\int_0^{\infty}\frac{(\Lambda D)^{\mu+6}}{\Lambda^{\mu+7}}\exp(-\Lambda D)\,\mathrm{d}(\Lambda D)$$

$$=\frac{c_1}{\Lambda^{\mu+7}}\Gamma(\mu+7) \tag{7.13}$$

降水强度 I 的积分形式为

$$I=\int_0^{\infty}N(D)\,\frac{1}{6}\pi\rho D^3v(D)\,\mathrm{d}D$$

式中 $\frac{1}{6}\pi\rho D^3=M(D)$。把(7.6)和(7.10)式代入上式并整理后得到

$$I=\frac{1}{6}\pi\rho c_1c_2\int_0^{\infty}\frac{(\Lambda D)^{3+\mu+\beta}}{\Lambda^{4+\mu+\beta}}\exp(-\Lambda D)\,\mathrm{d}(\Lambda D)$$

$$=\frac{\pi\rho c_1c_2}{6\Lambda^{4+\mu+\beta}}\Gamma(4+\mu+\beta) \tag{7.14}$$

对上式开 $(\mu+7)/(4+\mu+\beta)$ 次方得到

$$I^{\frac{\mu+7}{4+\mu+\beta}}=\left[\frac{\pi\rho c_1c_2}{6}\Gamma(4+\mu+\beta)\right]^{\frac{\mu+7}{4+\mu+\beta}}\Lambda^{-(\mu+7)}$$

此式与(7.13)比较后即得到 Z-I 关系为

$$Z=AI^b \tag{7.15}$$

式中

$$A=c_1^{\frac{\beta-3}{4+\mu+\beta}}\left[\frac{1}{6}\pi\rho c_2\Gamma(4+\mu+\beta)\right]^{-\left(\frac{\mu+7}{4+\mu+\beta}\right)}\Gamma(\mu+7)$$

$$b=(\mu+7)/(4+\mu+\beta)$$

(7.15)式即为在上述四点假定下 Z-I 关系的一般表达式，式中 μ, Λ, c_1, c_2 等常数可按实测滴谱和下落末速度的资料定出。在通常情况下，我们取雷达气象中经常用到由(7.8)式表示的 M－P 滴谱分布，这时 $\mu = 0, c_1 = N_0 = 0.08\text{cm}^{-4}$；下落末速度公式中常数 c_2 和 β 分别取为 1300 和 0.5。把这些数值代入(7.15) 式并注意到 Z 的单位为 mm^6/m^3，I 的单位为 mm/h，即得到

$$Z = 210I^{14/9} \tag{7.16}$$

与目前常用的典型关系式

$$Z = 200I^{1.6}$$

十分接近。但是应指出，这种理论关系只适用于平均情况，因为一般某一次的降水实际上是不均匀的，且随时间变化；雨滴谱也随时间、空间和不同降水类型而变。大雨中由于有较多的大雨滴，瑞利散射条件已不满足，特别在降雹时，除较大的雹块不满足瑞利散射外，它的谱分布也与 M-P 分布不同，因此不能用式(7.16)来描述降雹(或雨夹雹)时的 Z-I 关系。另外，有人分析指出，M-P 分布对直径大于 5mm 的雨滴估计过高，而对直径小于1mm的雨滴数却估计过低，这样造成的误差约为 15%。而且用 $v(D) = 1300D^{0.5}$ 表示的雨滴下落末速度公式仅适用于直径大于 1mm 的雨滴，对直径小于1mm 的雨滴误差较大。由此看来，这里所推导的理论公式在实际应用中有较大的局限性，所以一般在实际雷达定量测量降水中，除参考上述的理论关系外，都根据当时当地的情况，应用实测的滴谱资料，具体统计 Z-I 关系中的系数 A 和 b 值。

7.1.3.2 实际统计的 Z-I 关系及其变化

按照 Z 和 I 的定义，可应用每一份实测雨滴谱资料计算 Z 和相应的 I 值，因此只要滴谱资料较多，我们就可统计出它们之间的关系。统计时一般都参照(7.15)式的形式，即

$$Z = AI^b$$

式中的常数 A 和 b 显然由实际资料决定。对上式两边取对数得到

$$\lg Z = \lg A + b\lg I$$

很明显，上式是以 lgZ 和 lgI 为变量的直线方程，利用最小二乘法可得这直线的截距 lgA 和斜率 b，对截距取反对数即得到 A 值。

多年来很多人在不同地点用实测滴谱资料统计了 Z-I 关系，结果表明，其系数 A 和 b 值的变化范围很大。例如在降雨过程中 A 从 16 变到 1200，b 值从 1 变化到 2.87。当降雪时，A 的变化范围为 $10^2 \sim 10^3$，b 的变化范围为 $1.8 \sim 2.0$ 之间。可见 Z-I 关系不是固定的，它不仅随地点、季节以及不同降水类型而变，即使在同一次降水过程中，其 A 和 b 值也是变化的。这主要是与滴谱的谱型变化有关，我们知道，Z 值的大小直接和滴谱有关，而 I 除与滴谱有关外还与下落末速度有关，所以同样的降水强度 I 就可能对应于不同的滴谱分布，这样也就与不同的 Z 值相对应。一般在 I 值相同的情况下，宽谱的 Z 值

比窄谱的大；反之，在 Z 值相同情况下，窄谱时的 I 值比宽谱时的大。显然这是由于 I 与 D^3 成正比，Z 值与 D^6 成正比的缘故，因为宽谱时，滴数较少的大滴使 Z 值明显增大，而对 I 值的贡献则较小；窄谱时，大滴极少甚至没有，而小滴占的比例极大，这些小滴对 I 值的增大有明显的影响，对 Z 值的贡献却较小。如中国气象局气象科学研究院雷达组 1974 年取得的滴谱资料表明，两份 I 值基本相同的雨滴谱，其 Z 值可相差 1 倍多；Z 值差不多的滴谱，其 I 值也相差一倍多。尽管这种相差很大的情况在整个所取雨滴谱的次数中仅为少数典型情况，但也可看出谱型的变化确会导致 Z-I 关系的变化，由此看来 Z-I 关系中的 A 和 b 值并不是严格固定的。

上述的 Z-I 关系的不稳定性，确实给雷达定量测量降水带来某种困难，但并不是不可克服的。有人对大量的滴谱资料进行了分析，发现若对降水成因分成几类，如层状云降水，对流云降水，地形云降水，干雪和湿雪等，分别对不同类型降水统计出相应的 Z-I 关系，则关系中的系数 A 和 b 的变化范围显著缩小。尽管如此，按上述方法分类后，不同地点的 A 和 b 值仍稍有差别，只有当降水强度在 20～200mm/h 之间时，对降水分类后，则不同地点的 Z-I 关系可统一用公式表示，如

层状云降雨：　$Z = 200I^{1.6}$

地形云降雨：　$Z = 31I^{1.71}$

暴雨：　$Z = 486I^{1.37}$

上面三式可用图 7.1 表示，其他大多数的 Z-I 关系都在图中的包络线内。1977 年，我们对长沙和韶山二地（相距约50km）的对流云降水的 A 和 b 值作了显著性检验，结果表明，除雨强相差很悬殊的以外，一般二地的 A,b 值都没有显著性差异。这就启示我们，在不太远的距离内，对降水成因分类后再适当考虑降水强度的差别，则一地点统计平均的 Z-I 关系能代表本地和该距离范围内其它地点的降水情况，这给日常业务使用带来很多方便。

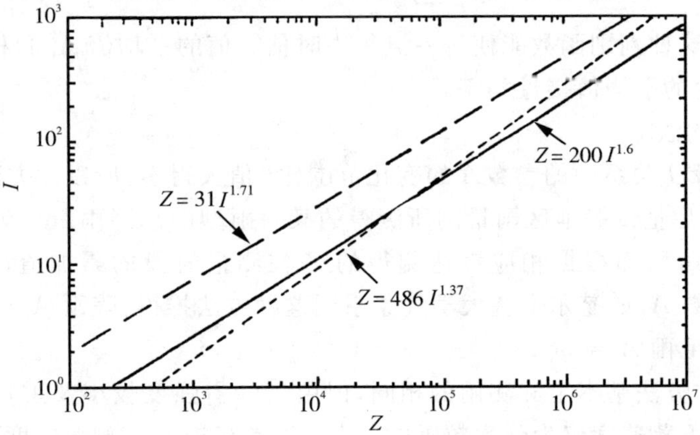

图 7.1　各种 Z-I 关系图

必须指出，以上统一的 Z-I 关系是根据大量滴谱资料统计平均的结果，个别单次测量的 Z-I 关系可能和这种平均关系差别较大。另外有人建议按各地区的气候特征或天气系统特征对降水进行分类，但这种分类法比较复杂，又因各地区的气候或天气系统特征不尽相同，故很难互相比较，准确度也不理想，不如按降水成因分类简单可行。

以上的分类法都是立足于减少滴谱的谱型变化，从而缩小 Z-I 关系中系数 A 和 b 值的变化范围。但是要得到各类统一的 Z-I 关系，必须要大量实测的滴谱资料，而获取滴谱资料又比较麻烦。为此有人干脆不用滴谱方法，而用雷达实测的 Z 值和相应地面雨量计实测的雨强值进行比较而得到 Z-I 关系。这一类方法主要有两种。

1. 最优化处理法。

首先在某一试验地区设置一些准确度较高的雨量计测量每小时的降雨量 G_i，并把这些数据保存在计算机内，与此同时由雷达测量这些雨量计上方的 Z_i 值，事先假定一个 Z-I 关系，把这些 Z 值转换成雨强 I_i，再把 I_i 值对时间进行累计以获得每小时降雨量的雷达估算值 A_i，最后选定一个判别函数 CTF（CTF 用 G_i 和 A_i 的某种差值函数表示），把各点的雷达估算值 A_i 和雨量计实测值 G_i 代入 CTF，如 CTF 过大，就不断调整 Z-I 关系中的参数 A 和 b 值，直到判别函数 CTF 达到最小值为止，这时的参数 A 和 b 值所决定的 Z-I 关系就算是最优的。

此方法的关键在于寻找最好的判别函数，否则所确定的 Z-I 关系仍不理想。如最初选取的判别函数为

$$\mathrm{CTF} = \min\Big[\sum_i (A_i - G_i)^2\Big]$$

结果很不好，因为用这函数得到的 Z-I 关系所估算的平均雨量值明显地比雨量计估算的平均雨量值要小，目前最好的一个既包含 $(A_i - G_i)$ 又包含 $(A_i - G_i)^2$ 的判别 函数为

$$\mathrm{CTF} = \min\Big[\sum_i (A_i - G_i)^2 + |A_i - G_i|\Big] \tag{7.17}$$

实践证明，使用这种判别函数能使每一点每小时估算值的平均值 $\overline{A}_i$ 和相应点每小时自记雨量计估算值的平均值接近相等。

2. A 值平均法

一般说来，Z-I 关系中的参数 A 的变化范围比 b 值大得多，所以此方法首先假定 b 值不变，为 1.6，然后把试验地区雨量网所测得的某一雨型的总降雨量作为雷达测得的该雨型的总降雨量，从而根据相应雷达测得的 Z 在测量时段的累加值，代入公式 $Z = AI^{1.6}$ 中反推参数 A。如赫尔辛基大学气象系用这种方法推得：阵雨 $A = 360$，连续性降雨 $A = 196$，毛毛雨 $A = 56$。

雷达测雪的方法基本上和测雨的相同，但由于降雪强度较小及雪片的大小分布复杂，另外雪片的下落速度仅为降水粒子的 1/50，且具有较大的水平速度等原因，使得测量降雪较为困难。迄今专门讨论降雪率和雷达反射因子关系的文献不多，一般雪的 Z-I

关系中，b 取 1.6；A 在 1500（单晶体）到 1000（聚集片状）之间，其中 I 等价于雪溶化后的降水强度。由于干雪对3cm波长近于无衰减，所以使用3cm及 3cm 以上波长的雷达测量降雪可不考虑衰减的影响。

7.1.3.3　概率配对的气候 Z-I 关系

前面所述各种 Z-I 关系都将随雨型、季节、纬度等而变化，而且大量样本统计回归所得的 Z-I 关系应用于某一次个别样本时也会带来误差。那么，如果我们只需要计算一定区域内一段时间的累计降水量时，能否从气候的角度根据该地区雷达和雨量计的历史资料，按一定原则建立一个气候的 Z-I 关系，然后用于估测该区域的累计降水量。Zawadzki，Atlas 等人提出的概率配对法就是在这方面的尝试。应该指出，所谓气候 Z-I 关系，实质上是对一些影响 Z-I 关系不稳定的因素，如滴谱时、空变化，雷达参数不稳等作气候的平均，排除随机性，只考虑其平均情况。这里还应从降水角度去理解气候均匀的概念：即若该区域内各点的平均降水强度基本相等，则称该区域为气候均匀的。显然，气候平均只适用于这样的气候均匀区域，而且只在估算该区域的累计降水量时才会有较好的效果。

1. 概率配对法原理

设将气候均匀区域内的某次降水看作是随机事件，则该降水强度 I 就是随机变量，相应的雷达反射率因子 Z（或 Z_e）可看作是随机变量的函数。由于 I 与 Z（或 Z_e）描述的是同一降水事件，故出现某一个 I 值必定与出现某一个 Z 值的概率相等，即有

$$p(I)\mathrm{d}I = p(Z)\mathrm{d}Z \tag{7.18}$$

式中 $p(I)$ 及 $p(Z)$ 分别是该气候均匀区域上降水强度 I 与反射率因子 Z 的概率密度分布函数。它们可以是由雨量计站资料和雷达探测资料进行统计而获得。

为了得到统计气候 Z-I 关系所需的样本序列，实际进行时采用累积概率相等的原则，即据

$$\int_0^{I_i} p(I)\mathrm{d}I = \int_0^{Z_i} p(Z)\mathrm{d}Z \tag{7.19}$$

当给出一个积分上限 Z_i 值后，由上式可找到一个对应的上积分上限 I_i，这样就配得一对 (Z_i, I_i) 值，取 $i = 1, 2, \cdots, n$，使 Z_i 值由小变大，就可以获得一组 (Z_i, I_i) 的样本序列。再用这组样本序列作线性回归，就可得到一个回归方程，即气候的 Z-I 关系。(7.19) 式中 $Z = I = 0$ 代表非降水事件，故把(7.19)式称为无条件概率配对。

实际上，任何感应器件都存在最小可测灵敏度，假设雨量计最小可测雨强为 I_t，Z_t 是与 I_t 概率相等的初始样本对，即它们在概率相等意义上属于同一降水事件，令 $p(Z) = p(Z \mid Z > Z_t)$ 及 $p(I) = p(I \mid I > I_t)$ 均为条件概率密度函数，则(7.19) 式可以改写成下面的条件累计概率相等的式子

$$\int_{Z_t}^{Z_i} p(Z)\mathrm{d}Z = \int_{I_t}^{I_i} p(I)\mathrm{d}I \tag{7.20}$$

用(7.20)式同样可以获得 (Z_i, I_i) 样本序列并作统计回归后得到气候的 Z-I 关系。这里初始阈值 (Z_t, I_t) 的选取正确与否很重要，它会直接影响到所建立的 Z-I 关系的好坏。

2. 累计分布函数(CDF)概率配对

对气候 Z-I 关系统计中发现，在雨强较小的区间内占有的频数相当大，即许多 (Z_i, I_i) 样本点密集在 Z-I 曲线的小雨强一端，使 Z-I 关系的函数形式受小雨强影响很大，这就没有突出对区域降水贡献大的较大雨强在 Z-I 关系统计回归中的重要作用。为此，1990 年 Atlas 提出了用累积分布函数(CDF)进行概率配对，具体配对公式为

$$100\frac{\int_{Z_t}^{Z_i} Zp(Z)\mathrm{d}Z}{\int_{Z_t}^{\infty} Zp(Z)\mathrm{d}Z} = 100\frac{\int_{I_t}^{I_i} Ip(I)\mathrm{d}I}{\int_{I_t}^{\infty} Ip(I)\mathrm{d}I}(\%) \tag{7.21}$$

我们称(7.21)式为一阶矩配对，而(7.20)式为零阶矩配对。显然(7.21)式明显增加了大的 Z 和大的 I 的影响，而对 Z_t 和 I_t 阈值选取不十分敏感。

3. 影响气候 Z-I 关系的因素

主要有四个因素：

(1) 距离 R　当 R 变大时，雷达波束有效照射体变大，使 Z 值平滑化，从而使 $p(Z)$ 分布曲线变窄，其数学期望值就向左偏移。这样会造成地面上大的 I 值不能与降水云中大的 Z 值正确配对，影响所得的 Z-I 关系。因此，最好按不同的距离档统计气候的 Z-I 关系。

(2) 降水类型　不同类型降水的 $p(Z)$，$p(I)$ 是不相同的，例如层状云的 $p(I)$ 分布较窄，对流云的 $p(I)$ 分布较宽。显然，不同的 $p(I)$ 将直接影响配对的情况，从而影响 Z-I 关系。因此，最好按不同雨型统计出各自的气候 Z-I 关系。

(3) 波束宽度　主要影响对 Z 值的平滑程度及远处的充塞程度，从而影响所获得的 Z-I 关系。

(4) 获得的雨强 I 的平均时间　设 I 是在时段 Δt 内取得的，则当 Δt 大时，大雨将因平均而变小，使 I 值小的频率变大，$p(I)$ 曲线变窄，最终影响统计所得的 Z-I 关系。因此，对于配对得到的 Z-I 关系，应注明获得雨强 I 的平均时间间隔 Δt 为多大。

最后应该指出，不同的雷达由于波长、脉宽、波束宽度等可能不相同，这些因子都会影响到 Z-I 关系，故某部雷达所得的气候 Z-I 关系，不能用到另一部雷达上去。另外，由某种类型降水以及某一个气候均匀区域内所得的 Z-I 关系，也不能用到另一种类型降水及另一个气候均匀区域中去。

7.1.4　Z_e-I 关系

当降水强度较大，且其中含很多大降水粒子时，这对短波长的雷达来说，除必须考虑途中降水粒子造成的衰减外，瑞利散射的条件已不满足，必须用米散射理论处理。这

时雷达气象方程中的反射因子 Z 要以等效反射因子 Z_e 代替，因此测量降水强度的基本公式和(7.1) 或(7.3) 式完全相同，故考虑 Z_e 和降水强度的关系是很自然的。

根据 Z_e 的定义

$$Z_e = \frac{\lambda^4}{\pi^5}\left|\frac{m^2-1}{m^2+2}\right|^{-2}\sum_i \sigma_{i米}$$

可知，它除了与 D^6 不成正比外，还和雷达波的波长有关；而且米散射时的后向散射截面公式很复杂，所以我们不可能从理论上导出像公式(7.15) 或(7.16) 那样简单的Z_e-I 关系，只能用实测滴谱资料或其它方式，如上述最优化处理等两种方法，统计出Z_e-I 关系。

关于用实测滴谱资料统计的方法和上述统计 Z-I 关系基本相同，即根据滴谱资料一方面计算降水强度 I 值；另一方面算出 $\sum \sigma_{i米}$，从而得到相应的 Z_e 值。然后用最小二乘法即可统计出 $Z_e = A^* I^{b^*}$ 的关系式。必须指出，与 Z-I 关系中不同的是，由于 Z_e 值和波长有关，所以 Z_e-I 关系中的系数 A^* 和 b^* 将随波长而变。如湖南长沙地区 7 月到 8 月期间对3.2cm和5.6cm波长统计的 Z_e-I 关系分别为

$$Z_{e3.2} = 292I^{1.54}$$

$$Z_{e5.6} = 316I^{1.40}$$

中国气象局雷达组曾得到三种雨型的 $Z_{e3.2}$-I 关系为

(a) 层状云降雨　　$Z_{e3.2} = 217I^{1.17}$

(b) 弱对流云降雨　　$Z_{e3.2} = 327I^{1.55}$

(c) 雷暴降雨　　$Z_{e3.2} = 520I^{1.76}$

当滴谱为 M－P 分布时，三种不同波长的 Z_e-I 关系为

$$Z_{e3.2} = 275I^{1.55}$$

$$Z_{e5.6} = 280I^{1.45}$$

$$Z_{e10} = 290I^{1.45}$$

7.1.5　反射率因子 Z 和含水量 M 的关系

单位体积内云和降水中液态或固态水滴的总质量，称为云雾或降水的含水量 M，通常用 g/m³ 表示。因为某一直径 D 的球形滴的质量为$\frac{1}{6}\pi\rho D^3$，其中 ρ 为滴的密度，故同样可用滴谱表示含水量，即

$$M = \frac{1}{6}\pi\rho\sum_{D_i} N(D_i)D_i{}^3\Delta D = \frac{1}{6}\pi\rho\int_0^\infty N(D)D^3\mathrm{d}D \qquad (7.22)$$

显然 M 和 D^3 成正比，因此 Z 与 M 也存在与 Z-I 相类似的关系，一般用 $Z = AM^a$ 表示，其理论推导与上述的 Z-I 关系的基本类同，而用实测滴谱资料的统计方法则完全相同，即按滴谱资料直接计算 Z 与 M 值，再用最小二乘法求得系数 A 和 a 值。

对不同的云和降水类型，由于谱型的变化，其 A 和 a 值也随之变化，在有些资料中给出如下结果：

云：　　$Z = 4.8 \times 10^{-2} M^{2.0}$

浓积云：$Z = 3.8 \times 10^{2} M^{1.46}$

雪片：　$Z = 3.8 \times 10^{4} M^{2.2}$

雨：　　$Z = 2.4 \times 10^{4} M^{1.82}$

由于冰雹不满足瑞利散射条件，故应用等效反射因子 Z_e，有些文献中报导的 Z_e-M 关系为

湿雹：$\lambda = 3.2\text{cm}$　　$Z_e = 8.0 \times 10^{5} M^{0.98}$

　　　$\lambda = 10\text{cm}$　　$Z_e = 5.4 \times 10^{6} M^{1.21}$

干雹：$\lambda = 3.2\text{cm}$　　$Z_e = 2.6 \times 10^{5} M^{1.05}$

　　　$\lambda = 10\text{cm}$　　$Z_e = 9.4 \times 10^{5} M^{1.11}$

云：　　$Z = 4.8 \times 10^{-2} M^{2.0}$

浓积云：$Z = 3.8 \times 10^{2} M^{1.46}$

雪片：　$Z = 3.8 \times 10^{4} M^{2.2}$

雨：　　$Z = 2.4 \times 10^{4} M^{1.82}$

§7.2　雨量计实时校准法

由于单独使用雷达并通过 Z-I 关系确定的降水强度受到雷达参数、Z-I 关系的不稳定以及暴雨时衰减增大等影响，故提出了用基准雨量计的测值实时校准雷达测值的方案。这是属于雷达-雨量计联合探测的方法。具体做法有以下几种。

7.2.1　单点校准法

若观测区域内只有一个准确度较高可供校准用的雨量计，则事先任选一 Z-I 关系（例如 $Z = 200I^{1.6}$），然后由该地面校准点上空测得的 Z 值通过这种关系算得 I 值。与此同时地面雨量计观测值为 G。G 和 I 之比称为校准因子，观测区域上其它各点的雷达估算值与这个校准因子相乘就得到这些点上经校准后的雷达观测值。有人曾用一个安装在3500km^{2}面积水域中心的雨量计来校准雷达估算的雪暴降水，结果平均误差从未校准的 51%下降到 35%。应该指出，降小雨时由于因子 G 与 I 的比值随地点变化很大，这时用单个雨量计来校准就不太可靠；另外校准雨量计应安装在有代表性的地区，如降水较均匀的观测区域的中心，否则由于校准因子较差会导致误差的明显增加。

7.2.2　平均校准法

在观测区域上设置 N 个校准雨量计，则平均校准因子为 $\overline{\left(\frac{G}{I}\right)} = \frac{1}{N}\sum_{i=1}^{N}\frac{G_i}{I_i}$。所谓平均校准，就是把 $\overline{\left(\frac{G}{I}\right)}$ 与观测区域上各点的雷达估算值 I 相乘，得出区域的降水分布。很明显，它比单点校准法更加可靠。

为了考虑雨的衰减影响，还可以分区求出各区域的平均校准因子。例如，将雷达探测的半径范围分成三段：0～40km，40～80km，80～120km，用包含在每一段范围内的雨量计站去求出各段内的平均校准因子。

7.2.3　空间校准法

设有 m 个分布较均匀的雨量计站，用它们可以获得 m 个实测校准因子 $\tilde{p}_l(l=1,2,\cdots,m)$，再用曲面拟合方法找出一个二次或三次多项式，使它有最佳逼近这些实测的 $\tilde{P}_l$ 值。设 $P(i,j)$ 为拟合所得的在网格点 (i,j) 处的校准因子分析值，则有

$$P(i,j) = \sum_{i,j} a_{i,j}\, x^i y^j \qquad i,j \geqslant 0 \tag{7.23}$$

$i+j \leqslant M$，M 就是曲面的次数。若 $M=2$，则 $a_{i,j}$ 共有六个系数，因此在网格点周围至少要有 6 个实测的 $\tilde{P}_l$ 才能确定这些系数。

7.2.4　距离加权法

在求某一个网点的校准因子 $P(i,j)$ 时，用该网格点附近 m 个雨量计所获得的实测校准因子 $\tilde{P}(l=1,2,\cdots,m)$ 按距该网格点的距离 r_l 不同而进行不同的加权平均，即

$$P(i,j) - \frac{\sum W(r_l)\tilde{P}_l}{\sum W(r_l)} \tag{7.24}$$

式中 $\tilde{P}_l$ 为基准雨量点处的校准因子，$W(r_l)$ 是由 r_l 决定的权重因子，r_l 是各基准雨量距该网格点 (i,j) 的距离。

7.2.5　卡尔曼(Kalman)滤波校准法

由于 Z-I 关系和雷达参数的不稳定，风对雨量计测量值的影响，以及雨区衰减等，使乘性校准因子 $f=\frac{I_g(t)}{I_R(t)}$ 为一随机变量。上面求平均值 $\bar{f}$，虽然也是一种滤波，但不一定是最好的滤波。现在的问题是：如何排除随机噪声对 f 值的干扰，获得 f 的最佳估计。这就要使用卡尔曼滤波法。下面对此法在本问题中的应用作一扼要介绍。

7.2.5.1　卡尔曼滤波法的基本思想

通过对随机变量 f 的两个独立值 f_1，f_2 构成一种加权平均而得到

$$f = (1-\omega)f_1 + \omega f_2 \tag{7.25}$$

其中权重 ω 的选取，要使加权平均后所得的 f 变成具有最小方差，即剩余噪声最小，这也是确定权重 ω 的准则。而实现上述加权最好的方法是利用卡尔曼滤波器。它输入的是观测值，输出即为 f 的最佳估计 $\hat{f}$。滤波器实际上是对由状态方程与测量方程组成的滤波方程使用一组递推公式进行求解。它属于线性无偏最小方差递推滤波。滤波效果的好坏取决于如何针对实况建立好滤波方程。

7.2.5.2　权重因子 ω 的确定

设随机变量 f 的两个独立估计 f_1，f_2，它们可以通过状态方程和测量方程而获得，它们的方差分别为 σ_1^2 和 σ_2^2，现在要根据这些信息及(7.25)式去求得 f 的最佳估计。由(7.25)式可得 f 的期望值 $E(f)$ 与方差 σ^2 分别为

$$E(f) = (1-\omega)E(f_1) + \omega E(f_2) \tag{7.26}$$

$$\sigma^2 = (1-\omega)^2\sigma_1 + \omega^2\sigma_2^2 \tag{7.27}$$

在获得(7.27)式时用到 f_1 和 f_2 是相互独立这一条件。

要获得 f 的最佳估计，也就是所选的 ω 应能使 f 的方差 σ^2 为最小。将(7.27)式对 ω 求导并令 $\frac{d\sigma^2}{d\omega} = 0$ 可得

$$\omega = \frac{\sigma_1^2}{\sigma_1^2 + \sigma_2^2} \tag{7.28}$$

再将(7.28)式代入(7.25)式后，就得 f 的最佳估计为

$$\hat{f} = \frac{\sigma_2^2 f_1 + \sigma_1^2 f_2}{\sigma_1^2 + \sigma_2^2} \tag{7.29}$$

把(7.27)式代入(7.28)式后得 f 的方差为

$$\sigma^2 = \frac{\sigma_1^2\sigma_2^2}{\sigma_1^2 + \sigma_2^2} \tag{7.30}$$

若测量方程所得的 f_2 是用来对状态方程所得的 f_1 进行校准，则校准后得到的就是 $\hat{f}$。因此，上面(7.29)、(7.30)式可改写成

$$\hat{f} = f_1 + \omega(f_2 - f_1) \tag{7.31}$$

$$\sigma^2 = \sigma_1^2(1-\omega) \tag{7.32}$$

上面(7.31)式表达了卡尔曼滤波的基本思想：即由状态方程得到的偏差估计值 f_1，再用测量方程得到的偏差估计值 f_2 去进行校准，校准量 $\omega(f_2 - f_1)$ 中的权重 ω，是要以使得校准后的最佳估计 $\hat{f}$ 的方差 σ^2 最小为准则去确定。由于 $(1-\omega) < 1$，故(7.32)式中 $\sigma^2 < \sigma_1^2$，即最佳估计的方差 σ^2 小于 f_1 的方差 σ_1^2 。

7.2.5.3　状态方程和测量方程

偏差 f 的两个独立估计 f_1 和 f_2，是通过状态方程和测量方程获得的。下面给出在本问题中这两个方程的形式。

(1)状态方程

当有多个雨量计站时，用各站取得的偏差平均值作为 f，则 f 就与空间无关，仅是时间的函数，可表示为 $f(t)$。但 $f(t)$ 的变化带有随机性，我们可以把它作为"一维无规行走"问题处理。其数学表达式为

$$f(t+1) = f(t) + W(t) \tag{7.33}$$

式中 $W(t)$ 是均值等于零的白噪声，$f(t+1)$ 与 $f(t)$ 称为状态偏差。(7.33) 式表示的是偏差值 f 这一状态变量随时间变化的状态方程。

(2)测量方程

设 I_R 和 I_g 分别表示实际的雷达测值和雨量计测值，则有测量偏差为

$$Y(t) = I_g / I_R \tag{7.34}$$

由于测量过程会有另加的噪声干扰，使 $Y(t)$ 与状态方程给出的 $f(t)$ 不相等。因此，测量方程可表示成

$$Y(t) = f(t) + M(t)$$

式中 $M(t)$ 也是零均值的白噪声，但它与 $W(t)$ 是两个不同的白噪声序列，它们相互独立。

7.2.5.4　卡尔曼滤波方程的解

状态方程(7.33)与测量方程(7.34)就组成了卡尔曼滤波方程。但它们都是连续时间状态下的方程。实际上雷达与雨量计均是每隔一段时间采集一次降雨强度值。因此，应将(7.33)与(7.34)式写成离散时间状态下的形式

$$f(k+1) = f(k) + W(k) \tag{7.35}$$

$$Y(k) = f(k) + M(k) \tag{7.36}$$

由于 $W(t)$ 及 $M(t)$ 都是零均值的白噪声，而且它们相互独立，所以有

$$\begin{cases} E[W(k)] = 0 & k \geqslant 0 \\ \mathrm{Cov}[W(k), W(j)] = Q(k)\delta_{kj} & k, j \geqslant 0 \\ E[M(k)] = 0 & k \geqslant 0 \\ \mathrm{Cov}[M(k), M(j)] = F(k)\delta_{kj} & k, j \geqslant 0 \\ \mathrm{Cov}[W(k), M(j)] = 0 & k, j \geqslant 0 \end{cases} \tag{7.37}$$

其中

$$\delta_{k,j} = \begin{cases} 0 & k \neq j \\ 1 & k = j \end{cases}$$

式中 $Q(k)$ 是状态噪声方差，$F(k)$ 是测量噪声方差。

对方程(7.35)、(7.36)、(7.37)寻求无偏最优解（推导从略），可得到下面的一组递

推公式

$$\hat{f}(k \mid k) = \hat{f}(k \mid k-1) + K(k) \cdot Y(k) - \hat{f}(k \mid k-1) \tag{7.38}$$

$$\hat{f}(k \mid k-1) = \hat{f}(k-1 \mid k-1) \tag{7.39}$$

$$P(k \mid k-1) = P(k-1) + Q(k-1) \tag{7.40}$$

$$P(k \mid k) = [1 - K(k)]P(k \mid k-1) \tag{7.41}$$

$$K(k) = P(k \mid k-1)/[P(k \mid k-1) + F(k)] \tag{7.42}$$

解(7.38)～(7.42)是递推形式。这些解仅仅只与前一时刻 $(k-1)$ 的有关信息相联系。对式中一些说明如下：

(1) $\hat{f}(k \mid k)$ 是基于 k 时刻测量值 $Y(k)$，$K(k)$ 及 $(k-1)$ 时刻信息 $\hat{f}(k \mid k-1)$ 而求得的 k 时刻经滤波后的输出，即我们所需获得的校准后的偏差估计 $\hat{f}(k \mid k)$。

(2) $\hat{f}(k \mid k-1)$ 是据 $k-1$ 时刻经滤波输出的量 $\hat{f}(k-1 \mid k-1)$ 而作出下一时刻 k 的偏差 $f(k)$ 的预测估计值。

(3) $P(k \mid k-1)$ 表示对 $\hat{f}(k \mid k-1)$ 进行预测时所存在的误差方差。

(4) $P(k \mid k)$ 为 k 时的 $f(k)$ 经滤波后输出值 $\hat{f}(k \mid k)$ 与状态值 $f(k \mid k)$ 之间的误差方差。

(5) $K(k)$ 表示 k 时刻的滤波增益。

将(7.31)式与(7.38)式作比较，并注意到 $f_2 = Y(k)$，则 $K(k)$ 相当于(7.31)式中的最佳权重因子 ω。将(7.32)式与(7.41)式作比较，则 $P(k)$ 相当于(7.32)式中对 f 的最优估测的方差 σ^2。

下面给出卡尔曼滤波方程求解过程的流程图(图 7.2)。

图中初始值 $\hat{B}(0 \mid 0)$ 是任给的，$P(0)$ 及噪声信息 $Q(0)$，$F(0)$ 参考国外文献分别可取 0.1，0.25 及 0.1。$Q(k)$，$F(k)$ 也可以用 Sago-Huse 的最大后验估值求得(公式略)，故也是已知的。因此，由(7.38)～(7.42)式就可以求出下一时刻 K 的滤波输出 $\hat{f}(k \mid k)$，反复递推计算求出 $\hat{f}(1 \mid 1)$，$\hat{f}(2 \mid 2)$，…；$P(1)$，$P(2)$，… 表示不同时刻的偏差校准量和 $\hat{f}(k \mid k)$ 的误差方差。随着观测次数的增加，估计准确度越来越高。

卡尔曼滤波是线性无偏最小方差递推滤波。它的估计性能是最优的。递推计算形式又能适应实时处理需要，故被称为最优滤波器。

7.2.6 变分校准法

希望能找到一种比线性加权内插更好的方法，去求出每个网格点上的校准因子，降水场的变分校准法就是其中之一。下面介绍两种变分校准方法。

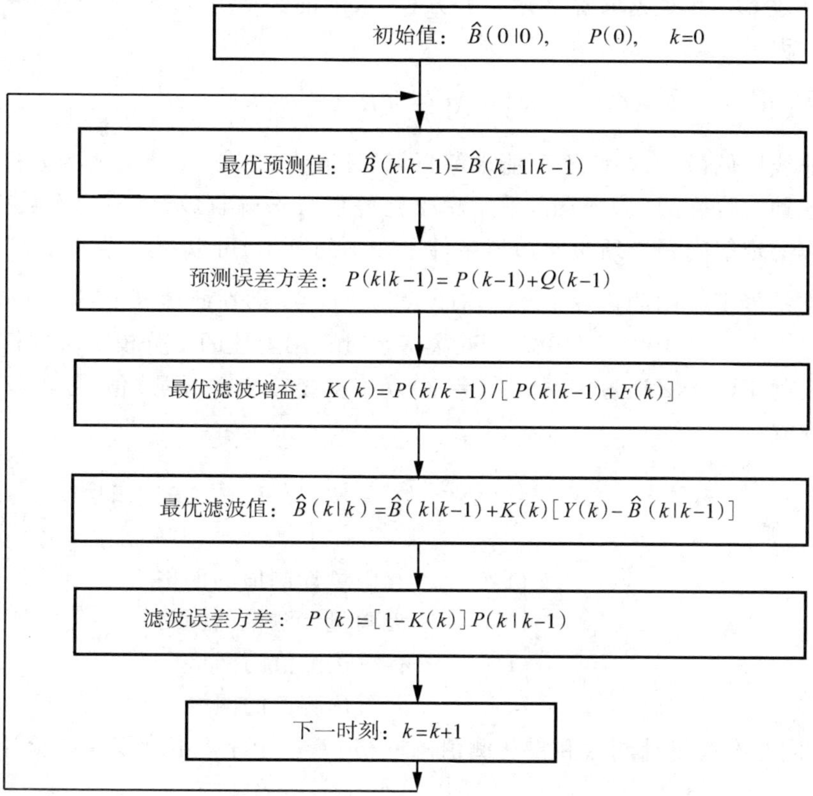

图 7.2　卡尔曼滤波方程求解流程图

7.2.6.1　第一种变分校准法

这种方法的基本思想是：将同时有雷达回波及雨量计值的点 $k(k=1,2,\cdots,n)$ 上的实测校准因子$\widetilde{CR}(k)$，内插到各网格点(i,j) 上得到$\widetilde{CR}(i,j)$，然后去寻找一个最优的校准因子分析场 $CR(i,j)$，它是通过对校准因子$\widetilde{CR}(i,j)$进行拟合而获得的。所谓最优，就是在各网格点上 $CR(i,j)$ 与$\widetilde{CR}(i,j)$ 之差的平方和为最小。即有

$$\sum_i \sum_j [CR(i,j)-\widetilde{CR}(i,j)]^2 \rightarrow \min \tag{7.43}$$

这在数学上，相当于泛函 $f(i,j,CR)$ 求极值，即变分问题。当用观测权重α去给定CR的平均观测准确度，用约束权重λ去滤掉CR中可能出现的高频噪声时，求 $CR(i,j)$ 的变分方程可写成

$$\Delta f(i,j,CR)=\Delta\sum_i \sum_j \left\{\alpha[(CR-\widetilde{CR})^2]+\lambda\left[(\frac{\partial}{\partial x}CR)^2+(\frac{\partial}{\partial y}CR)^2\right]\right\}$$
$$=0(7.44)$$

于是寻找函数 CR 就变成求解上述变分方程。求解的经典方法是去解与变分方程相对应的欧拉方程

$$\alpha(CR-\widetilde{CR})-\lambda(\frac{\partial^2}{\partial x^2}CR+\frac{\partial^2}{\partial y^2}CR)=0 \tag{7.45}$$

这是一个非线性偏微分方程，不可能求解析解，只能将其写成差分格式的方程后求数值解。对于这种二阶椭圆型方程组，采用超松弛叠代法求解收敛快，叠代次数少。另外，偏微分方程的定解问题必须包含边界条件。在本问题中，可以令边界 Γ 上有：$CR|_\Gamma=\widetilde{CR}|_\Gamma$，或在扩展了一圈的边界 Γ^* 上，有 $CR|_{\Gamma^*}=0$，即在此边界上不必作订正。

我们对武汉地区 1987 和 1988 年五次降水过程用上述的变分校准法进行了分析试验。雷达反射率因子 Z 通过关系式：$Z=200I^{1.6}$ 直接转换成雨强 I 值。方程(7.45) 中权重 α,λ 分别取

$$\alpha=1.0\times\delta_g(i,j)\times\delta_r(i,j)/(0.1)^2;\lambda=\frac{1.0}{\left(\frac{0.5}{4}\right)^2}$$

其中

$$\delta_g(i,j)=\begin{cases}1 & \text{有雨量计测值的网格}\\0 & \text{无雨量计测值的网格}\end{cases}$$

$$\delta_r(i,j)=\begin{cases}1 & \text{有雷达测值的网格}\\0 & \text{无雷达测值的网格}\end{cases}$$

显然，只有同时有雨量计测值和雷达测值的网格 (i,j) 上 α 才不为零。试验计算结果列于表 7.1 中。

由表 7.1 可见：

①若以等效雨量计站密度(每 900km² 1 个雨量计)所测的区域降水量作为真值，5 次降水过程中，3 次范围大，降水量大的天气过程均存在雨量计测值大于雷达测值，但两者差异不大，相对误差不超过 40%。而另外 2 次降水量小的一般对流降水过程，则雷达测量值大于自动雨量计测值，两者相对误差在 1～2 倍之间，经分析可知，这类误差主要是由于雷达测量空间和雨量计测量空间不一致造成的。当降水系统移动快时，误差则大；反之，误差则小。

②从雨型上看，对大范围由静止锋引起的混合性降水，探测准确度高，即使雷达测值未作任何校准，相对误差也不很大。

③就 5 次降水过程平均而言，未经校准的雷达测值，其相对误差绝对值为 73%；经平均校准法校准后，这种误差减少到 43%，而经变分法校准后，该误差仅为 18%。

用变分方法校准雷达测定区域降水量，由于考虑了校准因子是各网格点的函数，因此经校准后的降水量分布形势场比较符合客观实际。对五次降水过程分析表明，对降水量分布很不均匀的对流性降水，变分法校准雷达测定区域降水量效果更明显，使雷达

测量降水的相对误差从未校准前的100%～200%减少到20%～30%之间。

应该指出，变分校准法的优点是明显的。无论是 Z-I 关系和雷达参数不稳，或者距离变大、降水粒子非球形以及雨区衰减等带来的影响，均可因使用 $CR(i,j)$ 场进行逐点校正而得到一定的订正，使测雨准确度大大提高。但变分校准法要求地面上有一定分布密度的雨量计网，以保证有一部分质量好的 $\widetilde{CR}$ 值可以作为校准之用。

表7.1　用变分法校准雷达测定区域降水量准确度

降水日期(年.月.日)		1987.5.12	1987.5.25	1987.7.22	1987.8.28	1988.5.7	平均
降水时间(时:分)		18:11～19:30	21:00～23:00	05:30～06:50	21:00～22:50	0:00～01:00	|相对误差|
天气形势		冷锋南下	静止锋	快速移动冷锋	快速移动冷锋	冷锋尾部	
降水性质		大范围雷阵雨	大范围暴　雨	对流降水	对流降水	大范围混合性降水	
雷达探测值	雷达值 10^8m^3	0.7040	1.1757	0.7052	1.3284	1.3760	
	区域平均雨量 cm	4.8	8.1	4.8	9.2	9.5	
	绝对误差	0.3809	0.4387	−0.2972	−0.8776	0.7850	
	|相对误差|	35.0	27.0	72.7	194.6	36.3	73.1
平均校准法	校准后值 10^8m^3	1.4769	2.4052	0.5755	0.7231	1.4510	
	区域平均雨量 cm	10.2	16.7	3.9	5.0	10.07	
	绝对误差	−0.392	−0.7911	−0.1668	−0.2765	0.71	
	|相对误差|	36.0	49.0	40.8	61.3	32.8	43.98
变分校准后	校准后值 10^8m^3	0.9843	1.8942	0.5258	0.5503	1.8800	
	区域平均雨量 cm	6.8	13.1	3.6	3.8	13.05	
	绝对误差	0.1006	−0.2789	−0.1171	−0.0995	0.2810	
	|相对误差|	9.2	17.2	28.6	22.1	13.0	18.02
雨量计网测量值	等效雨量 10^8m^3	1.0849	1.6144	0.4087	0.4508	2.161	
	计网密度 1个/900km² (平均)mm	7.5	11.2	2.8	3.1	15.0	

7.2.6.2　第二种变分校准法

上面第一种变分校准法，要求同时存在雷达及雨量计测值的点上才能获得实测校准因子 $\widetilde{CR}(i,j)$ 用于变分校准。若雷达波束在某些方向上被地形(如山)阻挡，即使该方向远处有降水，雨量计站有测值，但因没有雷达测值，故第一种变分校准法就无法拟合出该降水区，造成虚假的"无降水区"。为此，提出了第二种变分校准法。这种方法的基本思想是：直接寻找一个降水强度分析场 $I_a(i,j)$，它是用雷达测得的降水强度场 $I_R(i,j)$ 及雨量计网测得的降水强度场 $I_g(i,j)$ 同时对 $I_a(i,j)$ 进行拟合，并使 $(I_a - I_R)$ 及 $(I_a - I_g)$ 在各网格点上的平方和值为最小，显然，这也是一个变分问题。它可以写成下面的变分方程

$$\Delta f(i,j,I_a) = \sum_i \sum_j [2\alpha_g(I_a - I_g) + 2\alpha_R(I_a - I_R) - 2\beta(\nabla_x^2 I_a + \nabla_y^2 I_a)]\delta I_a = 0 \tag{7.46}$$

式中 α_g 与 α_R 分别是雨量计和雷达的观测权重系数，β 是滤波权重系数，用于滤去高频噪声。

方程(7.46)的特点是，对分析场 $I_a(i,j)$ 进行拟合时，同时使用了雷达及雨量计所得的资料 $I_R(i,j)$ 及 $I_g(i,j)$。当某个网格点上同时具有这两种资料时，它们一起作为加权平均对 $I_a(i,j)$ 进行拟合；当某个网格点上只有一种资料时，也可以对 $I_a(i,j)$ 进行拟合。因此，在因地形阻挡使雷达探测不到的降水区内，只要那里有雨量计站的 I_g 值，仍可以拟合出 $I_a(i,j)$ 值来，使阻挡区内的降水分布得到一定的恢复。

与(7.46)式相对应的欧拉方程为

$$\nabla^2 I_a - \frac{1}{\beta}(\alpha_g + \alpha_R) I_a = -\frac{1}{\beta}(\alpha_g I_g + \alpha_R I_R) \tag{7.47}$$

结合边界条件进行求解的方法与第一种变分校准法相同。

§7.3　雷达定量测量降水的准确度

7.3.1　雷达参数的精确程度

由式(7.25)看出，雷达机本身参数的准确与否对 $Z(Z_e)$ 值有着直接的影响，从而影响由 Z 估算的降水强度。造成雷达参数误差的因素可分成两类：一类是由于对天线增益 G 和波长等雷达参数没有准确标定所造成的固定误差；另一类是由于雷达发射和接收设备本身的不稳定导致发射功率 P_t 和接收机增益等参数不稳定所造成的随机误差。现分别加以讨论。

1. 固定误差

一般固定误差主要来自天线的有效增益，因为雷达出厂时给出的技术数据中，天线增益指的是天线的纯增益，并没有考虑波导系统内电磁波传输的损耗。而在雷达方程中雷达增益显然是指天线系统的有效增益，即从纯增益中减去波导系统及各接口上的损耗。此外天线出厂后在运输安装过程中，性能也可能有所变化。所以若雷达安装后不经过标定而把出厂时给出的纯增益作为有效增益来计算 Z 值，就会造成相当大的偏差。如中国气象局雷达测雨组对 J109 雷达的天线有效增益作过一次测定，结果表明若把天线纯增益作为有效增益，则使 Z 值偏低5dB左右。其他如对波长，波宽、脉冲长度等雷达参数的测量中，由于测试设备的限制及技术不熟练等原因，也可能造成误差，但比增益的误差要小得多。一般说来，只要对雷达的上述参数进行仔细标定，并用天线有效增益代替纯增益，则雷达气象方程中所有雷达参数的总误差可限制在1dB左右。由于雷达安装后这些雷达参数除发射功率外都比较稳定少变，故它们所造成的误差被称为固定误差。

2. 随机误差

产生随机误差的雷达参数主要有发射功率 P_t 和最小可测功率 $P_{r\min}$ 两种。一般说来，发射功率的变化比较缓慢，如中国气象局雷达测雨组对 J109 雷达从 1973 年 7 月 18

日到 9 月 12 日(磁控管工作约 100h)这段时间对发射功率的测量表明,它的变化比较缓慢,仅变化 5%左右,且变化过程中没有波动现象。所以并不需要每次观测前和观测后对发射功率进行标定,只需每天甚至每周一次标定就可满足要求。

但是,接收机的最小可测功率的不稳定性较大。引起不稳定的部分原因可能是:(1)雷达在高放部分采用的参数放大器工作不稳定;(2)本振功率变化引起变频器效率的变化;(3)中放视放的放大特性不稳定;(4)发射机频率变化后使混频器输出频率偏移中放中心频率。对 J109 雷达最小可测功率的多次测量表明,在接收机工作正常时,它可以从－102dBm变化到－106dBm,且变化无规律。在接收机工作不正常时,则降低更多,达到－96dBm,有时甚至还要低。就是在一次测量过程中(约 30min 的连续测量),最小可测功率也有相当大的变化,可达3dBm,个别时还可能大一些。

必须指出,造成最小可测功率的不稳定除上述原因外,更主要的是由于噪声的高度脉动性所致。具有视频积分处理的雷达,在对回波信号进行平均的同时,也对接收机的噪声进行了平均。可以理解,噪声经平均后,其脉动性大为减弱,因此,在这种平均噪声的背景中测量最小可测功率,其误差必然减少,当然减少的程度与对噪声平均的次数有关。除此以外,视频积分还能提高接收机的灵敏度,即降低最小可测功率,也就是提高从噪声背景中区分微弱信号的能力。因为最小可测功率 $P_{r\min}$ 可用下式表示,

$$P_{r\min} = kT\Delta f N_F D \tag{7.48}$$

式中 $k = 1.38\times10^{-23}$J/K,为玻尔兹曼常数;T 为接收机工作环境的绝对温度;Δf 为等效噪声通频带,约等于接收机的整机通频带;N_F 为接收机的噪声系数,定义为网络输入端信号噪声功率比 S_i/N_i 和输出端信号噪声功率比 S_0/N_0 之比,即

$$N_F = \frac{S_i/N_i}{S_0/N_0}$$

式中 D 为识别系数,是指从噪声背景中刚能识别信号时,接收机线性部分输出端的信号噪声功率比。

由于(7.48)式中 k,T 和 Δf 都是常数,故接收机灵敏度的好坏主要取决于噪声系数 N_F 和识别系数 D。雷达接收机由多级网络联结而成,整机噪声系数 N_F 主要由前级网络如高放级(带参量放大器的接收机)和变频级决定,与有无视频积分关系不大。但识别系数 D 却与视频积分有关。一般不带视频积分器时 $D=1$,这是指接收机线性输出部分输出端信号功率与噪声功率相等时才刚能把信号区分开来;若雷达带有视频积分装置,则前面已证明平均措施确能降低识别系数,即提高区分信号和噪声的能力,降低最小可测功率。

由此可见,使用视频积分器既可以提高接收机的灵敏度,又能降低最小可测功率的测量误差。这时提高雷达定量测量降水的准确度有很大的意义。

7.3.2 平均回波功率的准确度

由第一节的讨论可知，为提高准确度，必须对高度脉动的回波信号作平均，其平均值的误差用 95%的信度区间表示。参与平均的独立取样次数越多，平均回波功率的误差越小。很明显，若用有视频积分处理的雷达测量单点降水，由于天线固定不动，所以独立取样次数可以取得足够多，而使平均回波功率的误差在0.1dB的范围之内；若测量某一区域的降水，天线必须转动，因此它的取样次数就与天线转动速度、波瓣宽度 θ 和 ψ、距离积分区间(R_2-R_1)、脉冲宽度 τ 和脉冲重复频率 f_P 等因素有关，为说明这问题，举例如下：

设：雷达波长 $\lambda=10\text{cm}$，天线转动角速度 $\omega=3\text{r/min}$，$\theta=\psi=1.2°$，$f_P=164\text{r/s}$，脉冲宽度 $\tau=1\mu\text{s}$，$R_2-R_1=300\text{m}$，$\sigma_v=1\text{m/s}$。

求：对数接收机接收的平均功率的误差。

解：按(6.11)式和已知条件，方位平均的脉冲次数 K_2 为

$$K_2=\frac{1.2°}{360°\times 3/60\text{s}}\times 164/\text{s}=10.9\ 次$$

为求得方位平均中的有效独立取样次数 K_{2e}，须查图 6.6，而图中横坐标值为

$$\frac{4\pi\sigma_v}{\lambda}T=\frac{4\pi\sigma_v}{\lambda}\times\frac{1}{f_p}=0.77$$

由此查得独立指数 $a=0.43$，所以

$$K_{2e}=K_2\times a=4.7\ 次$$

根据(6.16)式和已知条件可得距离脉冲积分次数 $K_1=2$，由(6.17) 式或表 6.3 得到与 K_2 相应的距离平均有效脉冲数 $K_{1e}=3.4$ 次。应用(6.24)式，得总的等效独立取样次数 $N_e=16$。由此代入(6.13)式或查表 7.2 得到对数接收机 16 次独立取样的平均功率的误差为±2.72dB。

由上例可见，在一定波宽 θ 或 ψ 和脉冲重复频率 f_P 的情况下，方位积分次数与天线转动速度成反比。因此加大天线转速想要快速收集资料就减少了方位积分平均次数。考虑到这二种相互制约的因素，一般把总等效独立取样次数调整到 40～49 次，这时对数接收机平均回波功率的误差为±1.7～±1.56dB。

7.3.3 *Z-I* 关系不稳定造成的误差

由第二节的讨论可知，*Z-I* 关系不稳定主要是因为滴谱分布的变化所致。由于降水的不同发展阶段和收集雨滴谱时受到风力大小分选、重力分选和雨滴在空中飘移等因素的影响，因此即使对同一次降水而言，滴谱分布随时间和空间都会有较大的变化，这就必然使 *Z-I* 关系不稳定。所以一般情况下的 *Z-I* 关系只能是多次测量的统计平均的结

果。很明显，按统计平均的关系计算某一次具体的降水强度值，就可能产生误差，甚至在个别情况下计算值与实际降水强度可相差一倍多。中国气象局雷达测雨组曾做过这方面的试验，他们把4次降水中取得的全部95张雨滴谱资料统计平均后得到的 Z-I 关系，再根据某一张滴谱计算的 Z 值，代入 Z-I 关系式得到降水强度的估算值 I'，而把同一张雨滴谱计算的降水强度作为准确值。然后分别讨论绝对误差和相对误差等情况。

结果指出：(1)当 I 为 0.4～82.3mm/h时，其平均绝对误差的绝对值 $\overline{|\Delta I|}=1.6$mm/h，平均相对误差的绝对值 $|\overline{\Delta I/I}|=0.18$，最大绝对误差为14.5mm/h(对应于 $I=82.3$mm/h)，最大相对误差的绝对值为1.03(对应于 $I=2.9$mm/h)，这说明在个别情况下相对误差可以超过100%。(2)相对误差随降水强度的增加而减小，当 $I<10$mm/h时，相对误差大于40%；当 $I>15$mm/h，相对误差小于30%；当 $I>50$mm/h时，相对误差小于20%。

另外，取滴谱时，由于药品配置不当，或者滤纸上出现非圆形斑迹等造成对滴直径测量的不准确，也会在计算 Z-I 关系时产生误差，这在试验时也必须注意。

7.3.4　雷达测量误差

雷达测量时，由于零度层亮带、地球曲率和地物杂波等因素的影响，也可能产生误差。现把一般经常发生测量误差的原因简述如下。

7.3.4.1　雷达与地面实际测量的空间不一致性造成的误差

我们知道，雷达测量的是空间有效照射体积中的降水强度，而用雨量计或雨滴谱测量的是与该空间相对应的地面上的降水强度。根据测高公式，即使是0°仰角，由于地球曲率和折射的影响，雷达有效照射体积的位置仍将随着探测距离的增加而逐渐升高。图5.2为按测高公式计算的在大气标准折射情况下，不同仰角的波束轴线高度随探测距离的变化曲线。

显然，窄波束雷达作近距离低仰角观测时，将使雷达抽样体积变小且其高度较低，因此降水强度有可能在到达地面以前不变或变化很小；而探测远距离降水日标时，即使仰角很低，其抽样体积的高度仍有几千米，在这高度上的降水在下落过程中其强度就有可能发生变化，从而导致雷达估算值和地面实测值之间的明显差别。下面我们来讨论使空中的降水在到达地面以前强度发生变化的几个因素。

1. 蒸发引起降水强度的减小

若环境空气不饱和，则下落中降水粒子的质量将由于蒸发而按以下规律减少

$$\frac{\mathrm{d}m}{\mathrm{d}t}=2\pi c_v K(\rho_e-\rho_d) \tag{7.49}$$

式中 K 为系数，m 为滴质量，c_v 为通风系数，ρ_e 和 ρ_d 分别为环境和滴表面的水汽密度。Best在地面温度15℃，温度递减率为6.5℃/km的条件下，用此公式进一步导出了因蒸

发使滴直径减少的表达式

$$D_1^2 - D_2^2 = 5.50 \times 10^{-2}(1-f)^{1.13}[\exp(-2.90 \times 10^{-6}h_2) - \exp(2.90 \times 10^{-6}h_1)] \tag{7.50}$$

式中 f 为相对湿度，D_2 和 D_1 分别为同一滴从 h_2 高度降落到 h_1 高度时的直径，所有长度量纲都用 cm 表示。有人曾按这个公式用实测的雨滴谱资料计算从1km高度到地面由于蒸发引起降水强度的减少情况，如图 7.3 所示。

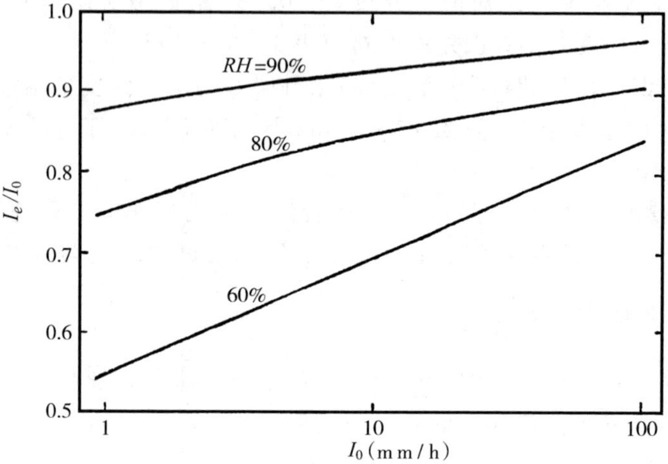

图 7.3 不同相对湿度 RH 情况下 I_0 和 I_e/I_0 之间的关系

图中横坐标 I_0 为1km高度上的雨强，纵坐标 I_e/I_0 为地面雨强与 I_0 之比。由图可见，相对湿度 f 或 I_0 越大，则 I/I_0 越大，即1km高度上的雨强到达地面时的减少量不大。相反在干噪环境空气中的小雨，则可能使1km高度上的雨强到达地面时减少 50%或更多些。

这种现象在实际雷达观测中也时有发现，如 RHI 上回波不及地或者在 PPI 上距离较远处有回波而相应地面上无降雨的情况，都可能是由于蒸发所致。

2. 水成物的凝结凝华增长

若大气低层饱和且有冷却或抬升现象，那么水成物必然因凝结或凝华而增长，其增长率仍可按方程(7.52)计算。但是大气中相对于水滴的过饱和度仅为百分之几，所以雨滴的凝结增长一般说来比蒸发减少的作用小二个量级，故可忽略不计。而相对于冰的过饱和度可达到 10%～20%，因此冰晶或雪片的凝华增长作用较明显，再加上冰晶或雪片的下落速度很小，故在下落过程中有足够的时间使它们得到显著的增长。有人观测到在温度从 −20℃ 到 −5℃ 之间的稳定性降雪中，反射因子 Z 的向下增长率为 3～5dB/km。在雷达实际观测的稳定性降雪的过程中，有时在 PPI 上也能看到反射因子随距离增加而减少的现象，这可能就是雪片下落过程中凝华增长的缘故，可见我们在用雷达定量测量降雪时必须要注意到这个问题。

3. 水成物的凝聚和碰并增长

下落中雨滴穿过含水量为 M，厚度为 Δh 的低云或雾层时，由于碰并作用将使雨滴直径增大，其增大量 ΔD 可用下式表示

$$\Delta D = \frac{EM\Delta h}{2\rho_L} \tag{7.51}$$

式中 E 为雨滴的收集系数，ρ_L 为水密度。有人根据上式和实测的雨滴谱资料，并令 $E = 0.8$，$M = 0.5\text{g/m}^3$，0.25g/m^3 和 0.1g/m^3，计算 $\Delta h = 1\text{km}$厚度的云（雾）层时，由于碰并增长导致雨强增大的情况，如图 7.4 所示，图中横坐标是未穿过云（雾）层时的雨强 I_0，纵坐标是穿过云（雾）层后的雨强 I_e 和 I_0 之比。

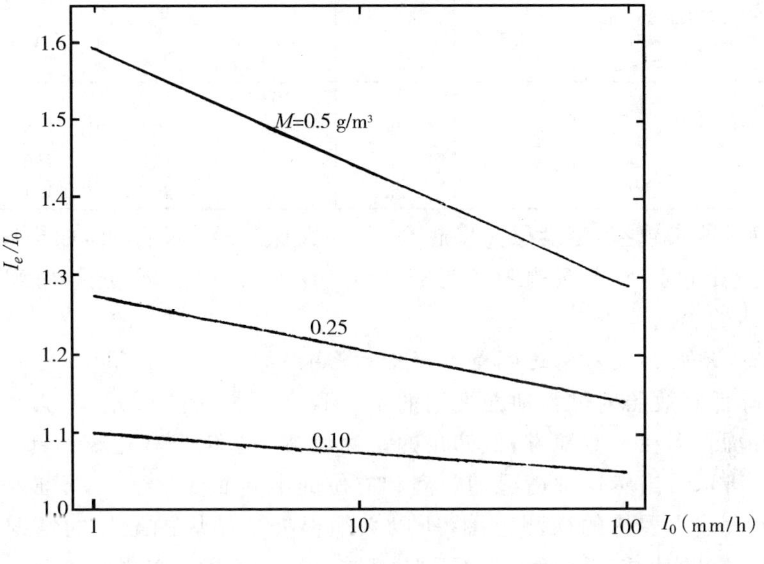

图 7.4　不同含水量 M 时 I_0 和 I_e/I_0 的关系

从图中可以看出，穿过低云层后的雨强有显著增强，特别是在小雨穿过含水量 M 较大的低云（雾）层更是如此。在这种情况下，若有效照射体积在1km或以上的高度上，则由雷达估算的降水值可能比实际地面降水值小很多。

上述三点从物理意义上简略地说明了雷达与地面测量的空间不一致性导致雷达测量降水产生误差的原因。可以理解，随着探测距离的增加，也就是这种空间不一致性逐渐加大，雷达测量降水强度的准确度就逐渐降低。有人发现，用10cm波长的雷达测雨强时，雷达和雨量器测量的每小时降水量之间的差异在75km以外稍有增加，而在110km以外则有很大增加。当然，远距离探测中，由于有效照射体积很大，降水粒子可

能没有充满照射体,这样也会造成误差。

7.3.4.2　零度层亮带对测量准确度的影响

雷达测量时,若零度层亮带在有效照射体内,则由于雪片潮湿和下落速度较低等因素的影响,将使亮带内的反射因子可能超过亮带以下的 Z 值 5～10dB。假如仍应用原来的 Z-I 关系,那么雷达估算的降水量必然高于地面真实的降水量。若有效照射体在零度层亮带以上,由于这体积内的水成物大都是干雪片和冰晶,其后向散射能力较弱,使得反射因子较小,从而会低估了地面降水量。上述两种情况都给雷达测量降水强度带来了很大误差,所以一般在雷达测量稳定性降水时应尽量避免零度层亮带的干扰。根据测高公式,在大气标准折射和雷达仰角为零度的条件下,可得到以雷达波宽和零度等温线高度为函数的最大探测距离,如表 7.2 所示。

表 7.2　不同波宽和零度层高度与最大探测距离的关系

零度层高度(km) 波宽(°)	0.5	1	2	3	4	5
0.5	61	97	162	191	222	252
1	45	76	123	160	195	224
2	25	50	90	121	150	176
3	18	25	66	90	124	143

由表可见,波束越窄,零度层高度越高,其最大探测距离也越大,如当波宽 $\theta=0.5°$,零度层高度为5km时,最大探测距离为252km。在冬天,由于零度层高度比较低,因此就限制了雷达的探测范围。

7.3.4.3　地物杂波对雷达测量准确度的影响

如果要降低有效照射体与地面之间的不一致性所带来的误差,就必须使雷达波尽可能地接近地面,但在某些地方,低仰角的雷达波被一些山丘和建筑物部分或全部阻挡了,如图 7.5 所示。当然这种情况随距离和方位的不同而变化很大,若波束完全被山丘阻挡,则会大大缩小雷达的探测范围,所以必须根据测站周围地形的情况决定雷达仰角,以使波束尽可能地接近地面,又不致明显减小探测范围。如英国在底江流域测量降水,在雷达视野的大部分面积上用 0.5°的仰角探测,南面由于山丘的阻挡,就用 1.5°仰角探测。

对部分被地物阻挡的波束来说,在降水回波中必然掺杂着地物杂波,为了提高定量测定降水的准确度以及用计算机处理降水回波信息,必须将地物杂波去掉。

7.3.4.4　衰减对测量准确度的影响

众所周知,途中云雨粒子对电磁波的衰减作用使目标物的回波功率受到削弱,从而低估反射因子及由此估算的降水强度,根据米散射理论和实测雨滴谱资料以及衰减系数 k_t 的定义,有人计算了在不同波长情况下的 k_t 和雨强 I 之间的统计关系,如图 7.6 所示。

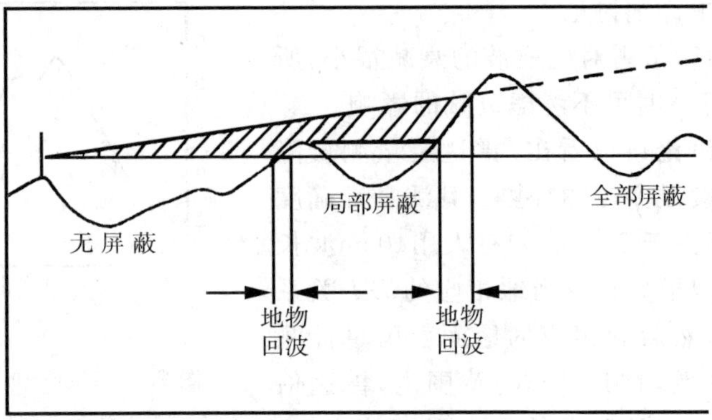

图 7.5　地物回波和屏蔽示意图

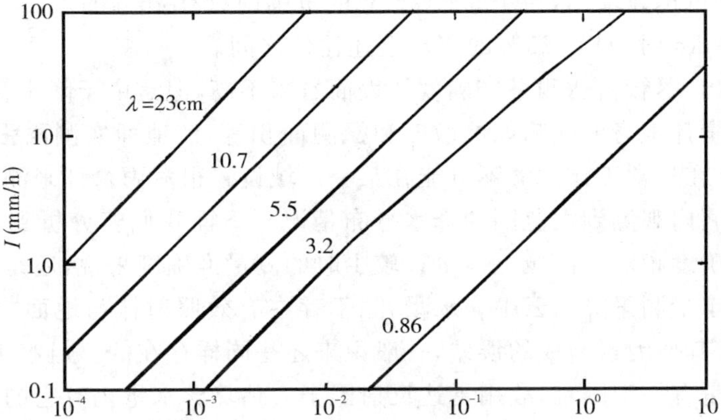

图 7.6　各种波长的衰减系数和雨强的关系

由图可见，10cm 波长的电磁波穿过 100km 宽雨强为10mm/h的雨区时（或者穿过10km宽100mm/h雨强的雨区时），其来回路径的衰减量为 2dB。当然在这样大面积上的强降水情况实属罕见，所以一般说来，10cm及以上波长的衰减可以不考虑。但对3cm波长的电磁波，却只要穿过7km宽，雨强为10mm/h或0.3km宽，雨强为100mm/h的雨区，其来回路径的衰减量就达到 2dB，故在中到大雨的情况下，3cm波长的衰减将严重影响回波功率的定量测量。而对5cm波长的电磁波，只有在特强降水时，衰减才能产生严重影响。

图 7.7 为10cm和3cm波长的雷达同时观测某一方向的反射因子的比较图，其中虚线和实线分别为3cm和10cm雷达实测的反射因子随距离的变化曲线。可看出，由于3cm波长电磁波的衰减影响使回波中心区更靠近雷达一侧，中心反射因子比10cm波长时小10dB左右，且降低量随距离的增加而增加。有人建议对衰减作订正，关于这方面

我们将在第五节中详细讨论。

应该指出，由于干雪对电磁波的衰减很小，所以3cm雷达测量降雪时可不考虑衰减的影响。

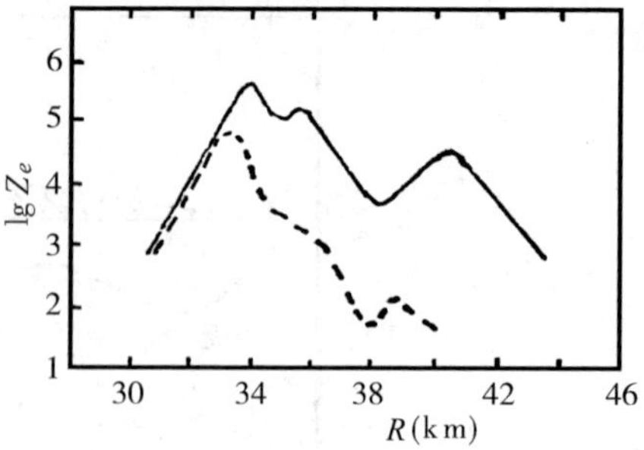

图 7.7　10cm 和 3cm 波长雷达测量同一方向的 Z_e 比较图

综合上面的讨论可以看出，雷达定量测量降水强度的误差因素很多，总的说来，其测量准确度不高，一般误差不少于 50%。如有人用10cm波长雷达测量的反射因子分布及当地相应的 *Z-I* 关系计算出降水强度，然后和相应的地面上雨量计测量的相比，结果表明，在100km的范围内，雷达估算的降水强度和雨量计测量的降水强度的比值，有 80%在 2～0.5 的范围内；随着探测距离的增加，它们的差别也迅速增加，在 100～135km的范围内只有 40%的点，比值在 2～0.5 之间；在 135～165km时，只有 25%的点在上述比值之间。

应强调指出，尽管雷达测量准确度从表面看来不高，但是由于降水存在明显的时空变化及地面雨量计本身的缺陷如灵敏度和探测面积等，使地面实测雨强的代表性受到很大限制，另外在日常工作中又不可能在某一区域设置很多雨量计来测量降水，而雷达却能在较短时间内观测到大范围的降水分布情况。下面我们将分析到，雷达测量某一区域降水的准确度相对该区域上雨量计较少时的测量准确度来说，还是比较高的。

关于雷达定量测量降水云中含水量，除不存在有效照射体与地面之间的不一致性造成的误差外，其他因素造成的误差，一般说来还是同样存在的。但鉴于目前直接测量降水云中含水量有一定困难，故用雷达反射因子去估算含水量仍有它的实用价值。

§7.4　雷达测量区域降水量

前面几节我们讨论了根据 *Z-I* 关系，用雷达定量测量降水强度的原理、方法和准确度等问题，下面，我们将要讨论定量测量区域降水量的问题。

一般而言，关于如雨对土壤侵蚀的这一类问题，短时间的雨强大小是一个比较重要的因素，但在大多数情况下，知道一段时间某区域的降水量更有实际意义，如对农业和水文来说，我们关心的是在整个暴雨期间耕地上和流域内的降水总量，以用来估计洪涝和预告流量以及江河的涨落情况。雷达和计算机结合起来能够实时或准实时地测定某一期间某一区域的降水量，因此实用价值很大。

另一方面，由于上面讨论的误差大部分是随机的，可正可负。因此可以理解，对一段时间内的瞬时降水强度进行累加或平均，由于随机误差的正负抵消作用，使在该时段内单点的降雨量或平均强度比瞬时强度准确得多。同理，对某一区域进行平均或累加，可以使该区域上的雨量或平均强度比单点的瞬时强度更为准确。所以雷达测量区域降水量可以保证一定的测量准确度。

7.4.1　基本原理

在实际工作中，雷达测量 S 区域在 T 时段降水总量的原理很简单，就是把 S 分成 n 个小块，并把 T 时段分成 k 个时间间隔，即

$$S = \sum_{i=1}^{n} \Delta S_i$$

$$T = \sum_{j=1}^{k} \Delta T_j$$

那么第 i 个小块在 T 时段的降水量 M_i 为

$$M_i = \rho \sum_{j=1}^{k} I_j \Delta T_j \Delta S_i \tag{7.52}$$

式中 ρ 为水的密度，I_j 为第 j 个时间间隔内的降水强度。显然 S 区域上的降水总量 M 为

$$M = \sum_{i=1}^{n} M_i \tag{7.53}$$

上两式中降水量的单位一般用吨表示，若用降水的厚度表示，则有

$$H_i = M_i/\rho = \sum_{j=i}^{k} I_j \Delta T_j \Delta S_i \tag{7.54}$$

和

$$H = \frac{M}{\rho S} = \frac{1}{S} \sum_{j=1}^{k} \sum_{i=1}^{n} I_j \Delta T_j \Delta S_i \tag{7.55}$$

式中 H_i 和 H 分别为第 i 个小块和 S 区域上降水的厚度，一般单位为 cm。测量的具体步骤如下：

(1)按照实际情况，决定测量降水的时段，然后把该时段分成若干个时间间隔，在每一间隔中进行观测。关于间隔的大小可视实际需要和降水性质而定，如均匀的稳定性降水时的间隔可以适当放长，但实际经验表明，间隔最好不要超过 15min，否则误差将有明显增加；

(2)观测时采用经信号处理及数据处理后所得各积分库上的 Z 或 Z_e 值；

(3) 对上述 Z 值分布进行网格化处理，即将该区域分成若干个小网格，对每一小格内的 Z 值加权平均，得到每小格上的 Z 平均值。

网格大小要取得适当，注意不要把降水回波的强中心平滑掉。如对流性降水时，取的网格不能太大，否则会把小尺度天气如冰雹和雷暴中心等平均掉，以致不能警戒灾害性天气；而网格取得太密，则由于计算量太大而影响实时或准实时地测报降水量。因此网格的大小应视实际情况而定，一般说来，对强对流性天气，网格应适当取密一些，如 1km×1km左右；对大面积降水，网格可适当放宽，如10km×10km左右。

(4)选取恰当的 Z-I 关系，由每一网格中的 Z 平均值算出相应的降水强度；然后乘上间隔时间，得到每一网格在该时间间隔中的降水量。利用这种降水量资料，可以绘制该间隔中的区域降水量分布图；

(5)在同一网格上，应用(7.52)式把各时间间隔内的降水量进行累加，即得到每一网格在该时段中的降水量；最后把所有网格在该时段的降水量累加，就得到该区域在该时段上的降水总量。当然也可以先累加所有网格在某一间隔内的降水量，然后再对各间隔累加得到降水总量。根据每一网格在该时段内降水量，可以作降水量等值线图，以了解该时段内的降水量分布情况。

累加时要注意，如果所取时间间隔较长，则用直接累加法未免粗糙些，而用梯形法求和则可以提高准确度。例如计算某一网格上时段 1 小时的降水量时，若取时间间隔为 15min，则可以观测 5 次，设每次观测估算的降水强度分别为 I_1，I_2，I_3，I_4 和 I_5，则这 1 小时在这网格上的降水量为

$$M_i = \rho\Delta S_i\left[\frac{1}{2}\sum_{j=i}^{4}(I_j + I_{j+1})\right] \tag{7.56}$$

由于目前所使用的数字化天气雷达都是与计算机结合在一起，故以上 5 个步骤均能自动完成。

7.4.2　测量准确度

目前有二类不同含意的“等效雨量站密度”来定义雷达测量区域降水量的准确度，现分述如下。

第一类：若在 Y 平方千米的区域中均匀设置 X 个雨量站测量的降水量所产生的误差等于雷达测量该区域降水量所产生的误差，则 X/Y 称为“等效雨量站密度”，这就是雷达测量区域降水量的准确度。大家知道，设置的雨量站越密，测量的准确性越高。所以“等效雨量站密度”越大，才会使雷达测量准确度越高。

第二类：若某一雨量站网密度测量“准确”的地面15min平均降水强度等于雷达测量15min平均降水强度，则该密度就称为“等效雨量站密度”，它也代表雷达的测量准确度。这里所谓“准确”值是指它和“真实”值的偏差小于等于 50%，而“真实”值是指试验区域内所有雨量站测量的15min平均降水强度。

世界上大都采用第一类定义，据多次试验，影响雷达测量区域降水量的准确度大致有下列几种因素：

(1)试验区域的大小。一般情况下，试验区域越大和探测距离越远，雷达测量准确度越低。如前苏联在某地区的试验结果为：100km^2 试验区域上的准确度为1/100km^2，400km^2 区域的准确度为1/300km^2，8600km^2 区域的准确度为 1/1300～1/1400km^2；

(2)试验区域地形。显然地形越复杂准确度越低；

(3)雷达反射因子 $Z(Z_e)$ 的测量准确度；

(4) 应用的 Z-I 关系；

(5)雷达观测频率。观测间隔越短，准确度越高，反之则越低。一般以不超过15min为宜；

(6)所取降水时段的长短。时段越长，由于正负随机误差的抵消作用，准确度越高。

下面我们具体介绍赫尔辛基大学气象系的一些试验结果。

他们在180km^{2}范围内设置了15个雨量器，在夏季共测量了26次降雨过程，并把它们分成连续性降雨(共18次)、阵性降雨(6次)和毛毛雨(2次)三种类型。

雷达测量时，每隔5min观测一次。相应的降水强度用4种不同方法得到的 Z-I 关系计算，即图7.8中的①典型 Z-I 关系，$Z=200I^{1.6}$；②假定 $b=1.6$，并令地面雨量站网测得某类型的总雨量等于雷达的测量值，所以可以根据雷达测得这类型的 Z 值来反推系数 A。结果得到，阵雨时 $A=360$，连续性降雨时 $A=196$，毛毛雨时 $A=56$。最后用所得的 A 值计算每一类型的各次降雨过程的雨量；③基准雨量器法；④雨滴谱法，即在试验区域的三个地方对某些降水过程用染色滤纸法收集雨滴谱，并统计出 Z-I 关系。

以180km^{2}区域上所有15个雨量计测得的降水量为“真实”雨量，算出五种不同雨量站密度(180 km^{2}分别设置12,9,6,3和1个雨量器)所测雨量的相对误差。同时用上述4种不同的 Z-I 关系估算雷达降水量，并和“真实”雨量比较得到这四种关系所产生的相对误差。最后比较上述二类相对误差，以求得这四种测量方法的准确度(按第一类定义)。结果如图7.8所示。

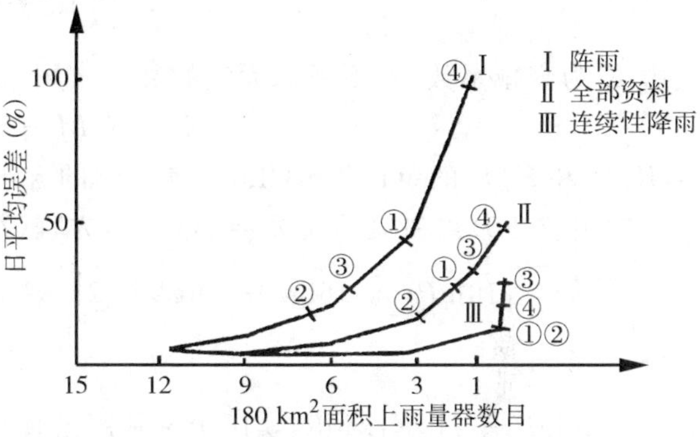

图7.8　四种测量方法的准确度

图中横坐标为雨量站密度，纵坐标为日平均误差。为了考虑雨量对平均误差的影响，他们把日相对误差的绝对值用日降雨量为权重来表示日平均误差。即 $\sum_i r_i Q_i / Q$，其中 r_i 为某种雨量站密度或某种雷达计算方法的日相对误差的绝对值，Q_i 为相应的日“真实”降雨量，Q 为相应的日“真实”总降雨量。图中曲线由5种雨量站密度的日平均误差连结而成，符号表示用四种雷达方法产生的日平均误差。

由图很容易看出各种雷达方法的准确度。在连续性降水中，不管使用哪一种雷达方法，其准确度都小于每180km^{2}设置一个雨量计。换句话说，即使在试验区域中仅设置一个雨量计,它测量的降雨量也比任何一种雷达方法测量的降雨量更为准确。这结果看来似乎反常,实际上是由于连续性降水比较稳定和均匀,雨量计实测雨量有较好的代表性所致。并不说明雷达测量的"绝对"准确度很差。

在阵雨中,当雨量站密度减少时,日平均误差迅速增加。应用典型 Z-I 关系计算雨量时的日平均误差为 42.9%,相当于在180km^{2}内设置 3.5 个雨量站;应用 A 平均法时相当于设置 6 个雨量站;采用基准雨量计法相当于设置 5.5 个雨量站;只有滴谱法准确度最差,在该范围内仅相当于设置 1 个雨量站。这是因为雨滴谱仅仅是在某些降雨过程中收集的,而把由此算出的 Z-I 关系应用于全部降水过程,当然就会带来显著的误差。

§7.5 考虑衰减时的雨强测量

7.5.1 基本原理

考虑衰减并认为充塞系数 $\psi = 1$ 时,雷达气象方程为

$$\overline{P}_r = \frac{CZ}{R^2}10^{-0.2\int_0^R K\mathrm{d}R} \tag{7.57}$$

式中 K 为衰减系数。若不考虑大气的衰减作用,则利用第二章的知识,衰减系数 K 为

$$K = K_1 M + K_2 I^{\alpha} \tag{7.58}$$

K,$K_1 M$ 和 $K_2 I^{\alpha}$ 的单位为dB/km,M 为云的含水量,I 为降水强度。

应用(7.58)式和关系式 $Z = 200I^{1.6}$,方程(7.57) 可改写为

$$10\lg\overline{P}_r = 16\lg I - 20\lg R - 2\int_0^R (K_1 M + K_2 I^{\alpha})\mathrm{d}R + 10\lg C_1$$

其中

$$C_1 = 200C$$

令 $y = 10\lg\overline{P}_r + 2\int_0^R K_1 M\mathrm{d}R$,实际上 y 是用云衰减订正后的回波功率(dB)。设 K_2 不随距离而变,则上式为

$$y = 16\lg I - 20\lg R - \beta\int_0^R I^{\alpha}\mathrm{d}R + 10\lg C_1 \tag{7.59}$$

式中 $\beta = 2K_2$,为直接求出降水强度 I 的表达式,上式可写成更适当的形式,即

$$y = A\ln I - B\ln R - \beta\int_0^R I^{\alpha}\mathrm{d}R + 4.343\ln C_1 \tag{7.60}$$

式中 $A = 16 \times 0.4343 = 6.994$,$B = 20 \times 0.4343 = 8.686$。对上式求导,并稍加整理后得到

$$\frac{\mathrm{d}I}{\mathrm{d}R} - \frac{I}{A}\left[\frac{B}{I} + \frac{\mathrm{d}y}{\mathrm{d}R}\right] = \frac{\beta}{A}I^{\alpha+1} \tag{7.61}$$

此式即为伯努里微分方程,它的解为

$$I^{-a}\exp\left[\frac{a}{A}\int\left(\frac{B}{R}+\frac{\mathrm{d}y}{\mathrm{d}R}\right)\mathrm{d}R\right]$$
$$=-\frac{\alpha\beta}{A}\int_0^R\exp\left[\frac{\alpha}{A}\int\left(\frac{B}{I}+\frac{\mathrm{d}y}{\mathrm{d}R}\right)\mathrm{d}R\right]\mathrm{d}R+C_0 \tag{7.62}$$

其中　$\exp\left[\frac{\alpha}{A}\int\left(\frac{B}{R}+\frac{\mathrm{d}y}{\mathrm{d}R}\right)\mathrm{d}R\right]=\exp\left[\frac{\alpha B}{A}-\ln R+\frac{\alpha}{A}y\right]=R^{\alpha\beta/A}\exp(ay/A)$

而 C_0 为积分常数，为分析方便，令 $C_0=(1/a)^a$。则方程(7.62)可表示为

$$I=\frac{R^{B/A}\exp(y/A)}{\left[\left(\frac{1}{a}\right)^a-\frac{\alpha\beta}{A}\int_0^R R^{aB/A}\exp(ay/A)\mathrm{d}R\right]^{1/a}} \tag{7.63}$$

此式即为考虑途中云雨粒子对电磁波衰减时的降水强度方程。式中常数 $\frac{1}{a}$ 一般可在距离 R_0 处用实测的降水强度确定，设 R_0 处降水强度为 I_0，则

$$\left(\frac{1}{a}\right)^a=\frac{{R_0}^{aB/A}\exp(ay_0/A)}{I_0^a}+\frac{\alpha\beta}{A}\int_0^{R_0}R^{aB/A}\exp(ay/A)\mathrm{d}R \tag{7.64}$$

当雷达与 R_0 之间的衰减为零或可忽略不计时，a 可理解为1km处能够产生最小可测功率的最小可测降水强度。

从方程(7.63)中还可看出，对非衰减波长，$\beta=2K_2=0$，这时分母为常数，雷达测量降水强度的准确度仅取决于常数 $\frac{1}{a}$ 的测量误差，而与降水强度的大小无关。

7.5.2　误差讨论

设在衰减明显的地方 R_0 处，实测降水强度为 I_0，若 I_0 没有误差，确定的常数 a 也没有误差。把(7.64)式代入(7.63)式并稍加整理后，则得到相应准确的降水强度 I 为

$$I=\frac{R^{B/A}\exp(y_0/A)}{\left[\frac{{R_0}^{aB/A}\exp(ay_0/A)}{I_0^a}+\frac{\alpha\beta}{A}\int_0^{R_0}R^{aB/A}\exp(ay/A)\mathrm{d}R\right]^{1/a}} \tag{7.65}$$

另一方面，若在 R_0 处实测的降水强度 I' 有误差，且为 $I'_0=I_0+\Delta I_0$，则确定的常数也有误差，令有误差的常数为 a'，则

$$\left(\frac{1}{a'}\right)^a=\frac{{R_0}^{aB/A}\exp(ay_0/A)}{(I'_0)^a}+\frac{\alpha\beta}{A}\int_0^{R_0}R^{aB/A}\exp(ay/A)\mathrm{d}R$$

把此式代入(7.63)式，则相应有误差的降水强度 I' 为

$$I'=R^{B/A}\exp(y_0/A)\Big/\left[\frac{R^{aB/a}\exp(ay_0A)}{(I'_0)^a}+\frac{\alpha\beta}{A}\int_0^{R_0}R^{a\beta/a}\exp(ay/A)\mathrm{d}R\right]^{1/a} \tag{7.66}$$

为了确定误差大小，我们比较(7.65)和(7.66)二式，并经过一定的代数运算后，得到比值 I'/I 为

$$\frac{I'}{I}=\left\{1+\left[\left(\frac{I'_0}{I_0}\right)^{-a}-1\right]\exp(a\beta/A\int_{R_0}^{R}I^a\mathrm{d}R)\right\}^{-1/a} \tag{7.67}$$

由上式可看出，比值 I'/I 的大小除和 R_0 处的比值 I'_0/I_0 有关外，还和衰减项 $\beta\int_{R_0}^{R}I^a\mathrm{d}R$ 的大小有关。我们取 $\alpha=1.3$（适用于3cm波长），应用上式作以 I_0'/I_0 为参数的曲线图，如图 7.9 所示。

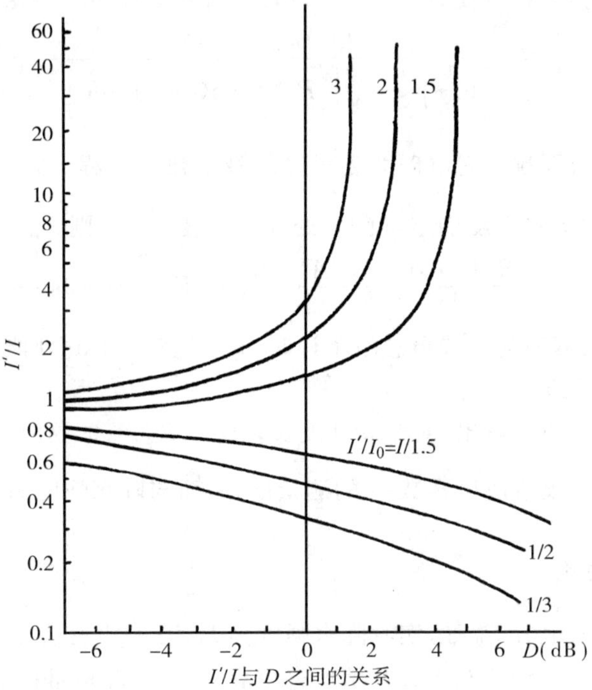

图 7.9　I'/I-D 关系

图中纵坐标为比值 I'/I 的对数坐标，横坐标为校准点 R_0 处与雷达测量点 R 处之间的距离，它用衰减的分贝数表示，即用 $D=\beta\int_{R_0}^{R}I^a\mathrm{d}R$ 的大小来表示距离。若 D 为负数，则表明测量点的衰减比校准点的小，也就是 $R<R_0$；当 D 为正数时，表明测量点的衰减比校准点的大，即 $R>R_0$ 。

图 7.9 表明，在距离比校准点小的地方，其比值 I'/I 比校准点的 I'_0/I_0 小，说明测量准确度高于校准点。在距离比校准点大的地方，比值 I'/I 迅速增大，说明由于校准点的校准误差会给比校准点远的地方带来严重误差。如在校准点的实测雨强有误差，使比值 $I_0'/I_0=3$，则在比校准点衰减小 1dB 处（即 $D=-1$），比值 I'/I 约为 2.1；在比校准点大 1dB 处，I'/I 比值迅速增大到 6 左右。

由以上分析可见，短波长雷达测量雨强时，若用校准点 R_0 的实测雨强来确定常数 a 的话，则只有在比校准点距离小的地方，测得的雨强才比较精确，否则就会有严重误差。这样就限制了雷达的测量范围，但在经常有小范围阵雨的地区，可以考虑用这方法测量降水。

§7.6　雷达测量降水的其他方法

7.6.1　标准目标物法

7.6.1.1　基本原理

在距离 R_0 处安装一个已知反射截面为 σ 的标准目标，雷达测量时，假设雨区衰减可以忽略，则把降水的回波功率与标准目标物的回波功率进行比较，即可估算降水强度。

假定波束能均匀集中在两半功率点之间的范围内，则单个目标物的雷达方程为

$$\overline{P}_{r0} = \frac{P_t G^2 \lambda^2 \sigma}{(4\pi)^3 {R_0}^4} \tag{7.68}$$

若标准目标物是边长为 a 的正四面体反射物，则

$$\sigma = \frac{4\pi a^4}{3\lambda^2}$$

代入(7.68)，可得 R_0 处角型反射体的回波功率为

$$\overline{P}_{r0} = \frac{P_t G^2 a^4}{48\pi^2 {R_0}^4} \tag{7.69}$$

若云雨粒子的散射波是非相干波且满足瑞利散射条件，有效照射体内粒子的谱分布处处相等，那么来自降水区的回波功率为

$$\overline{P}_r = \frac{P_1 G^2 h^2 \theta\psi\pi^3}{512 R^2 \lambda^2} \left| \frac{m^2 - 1}{m^2 + 2} \right|^2 Z \tag{7.70}$$

比较式(7.69)和(7.70)，并注意到 $Z = AI^b$，则有

$$\frac{\overline{P}_r}{\overline{P}_{r0}} = \frac{3\pi^5 R_0^4 h\theta\psi}{32 a^4 R^2 \lambda^2} \left| \frac{m^2 - 1}{m^2 + 2} \right| \times AI^b \tag{7.71}$$

由上式可见，对某一雷达和一固定的角型反射体，我们只要确定降水性质并选取合适的 Z-I 关系，则方程(7.71)中除 $\overline{P}_r/\overline{P}_{r0}$，$I$ 和 R 外，其他都可看作为常数。因此只要测得比值 $\overline{P}/\overline{P}_{r0}$ 和降水目标物的距离 R，就可估算降水强度。

注意，为了使角型反射体的回波信号能和降水回波信号相比较，反射体应有足够大的有效反射截面。对3.2cm波长的雷达来说，$a = 130$cm就可以了。角型反射体的三个面应互相垂直，它的对称轴要对准天线，安装的高度应保证雷达天线能直接瞄准到。

7.6.1.2 讨论

方程(7.71)中没有 P_t 和 G 等雷达参数，而 h,λ,θ 和 ψ 等一般稳定少变。另外接收机工作状态的变化对降水和标准目标物的影响，在短时间内可认为是相等的。只要迅速地测出两者的回波功率，则这种影响就可以忽略不计。这样雷达参数的不稳定性对测量 $\overline{P}_r/\overline{P}_{r0}$ 的影响就大为减少，并提高了雷达测量降水的准确度。

为了进一步提高测量准确度，可在不同的距离上多装几个标准目标物，测量时把降水回波功率与最靠近的标准目标的回波功率作比较。这种方法的准确度比上述的更高些。

必须指出，除上述优点外，在第四节中讨论的雷达测量误差，在应用这种方法时也同样存在，另外标准目标物的安装也很困难，为了保持标准目标表面的物理状态如形状和表面物理性质等的不变，需要经常维修，否则就可能带来误差。特别当标准目标物也处在降水区内时，则在含有标准目标物的有效照射体积中还有降水粒子，这可能导致 $\overline{P}_{r0}$ 有较大误差。

7.6.2 衰减法

雷达在晴朗天气和降雨时对标准目标物分别进行观测，并比较它们的回波功率，就可以得到雷达和标准目标物之间的衰减系数。

令 $\overline{P}$ 和 $\overline{P}_{r0}$ 分别为有雨和无雨时标准目标物的回波功率，根据单个目标的雷达方程，并考虑到无雨时气体对电磁波的衰减可以忽略，则比值 $\overline{P}_r/\overline{P}_{r0}$ 的分贝数可表示为

$$10\lg\left(\frac{\overline{P}_r}{\overline{P}_{r0}}\right)=-2\int_0^R k_t\,\mathrm{d}R \tag{7.72}$$

式中 R 为标准目标物与雷达之间的距离。若在 R 距离内我们求衰减系数的平均值$\overline{k_t}$，则

$$\overline{k_t}=\frac{10\lg(\overline{P}_{r0}/\overline{P}_r)}{2R} \tag{7.73}$$

选取恰当的 k_t-I 关系，即可根据(7.73)式得到 R 处的雨强。

很明显，由于(7.73)中没有 G,λ,θ,ψ 和 h 等雷达参数，所以它们的不稳定性对 k_t 的测量没有影响，故可以提高准确度。实际上这种方法的误差在很大程度上取决于 k_i-I 关系的稳定性。有人证明，在 $\lambda=1\text{cm}$附近范围内，k_t-I 关系可近似地表示为线性关系，其系数基本上不随雨滴谱谱型和温度而变。因为按照 k_t 的定义，它可表示为

$$k_t=0.4343\int_0^\infty N(D)Q(D)\mathrm{d}D \quad (\mathrm{dB/km}) \tag{7.74}$$

雨滴衰减截面 Q_t 和直径 D 之间的关系可模拟成以下公式

$$Q_t=cD^n \tag{7.75}$$

式中 c 和 n 一般随波长和温度而变，不过当波长 $\lambda=0.86\text{cm}$时，$n=3.67$，并且在 0 ～

20℃ 的范围内 n 值不变。在这种情况下，式(7.74)可改写为

$$k_t = 0.4343c\int_0^{\infty} N(D)D^{3.67}\,\mathrm{d}D \tag{7.76}$$

据雨强 I 的定义

$$I = \frac{\pi\rho}{6}\int_0^{\infty} N(D)v(D)D^3\,\mathrm{d}D \tag{7.77}$$

应用雨滴在静止大气中下落末速度的实测数据，上式中 $v(D)$ 可用下式表示

$$v(D) = 1767D^{0.67} \quad (\mathrm{cm/s})$$

把此式代入(7.77)式，并注意到 $N(D)$ 的单位为$\mathrm{m^{-3}\cdot cm^{-1}}$，$D$ 的单位为 cm，则

$$I = 6\times 1.767\times\pi\int_0^{\infty} N(D)D^{0.67}\,\mathrm{d}D \quad (\mathrm{mm/h}) \tag{7.78}$$

比较(7.76)和(7.78)两式，得到 $\lambda = 0.86$cm 时的 k_t-I 关系为

$$k_t = \frac{0.4343c}{6\times 1.767\times\pi}I \tag{7.79}$$

显然，此式与雨滴谱谱型无关，因此这个关系式是稳定的。

但应看到，上式仅仅是当波长为0.86cm时的特殊情况。因衰减截面 Q_t 一般随不同波长和不同温度而变，所以按照衰减系数 k_t 的定义，即使对同一温度而言，k_t 也随波长和滴谱谱型而变，故可以理解，k_t-I 关系一般说来也和 Z-I 关系一样，是不稳定的。有人应用实测雨滴谱资料计算了几个波段的 k_t-I 关系和 Z-I 关系，结果如表 7.3 所示。

表 7.3　不同波长的 k_t-I 关系

波长(cm)	$k_t - I$	平均相对误差
0.86	$0.228I$	8.8%
1.25	$0.103I^{1\times10}$	9.3%
1.778	$0.0478I^{1\times13}$	12.4%
3.22	$0.0108I^{1\times16}$	20.9%
	$Z - I$	平均相对误差
	$377I^{1\times42}$	34.1%

由表可见：(1)只有0.86cm波长的 k_t-I 关系能用线性关系表示，并且它产生的平均相对误差最小。其它波段都是指数关系，其平均相对误差随波长增加而增加；(2) 所有波段的平均相对误差都小于 Z-I 关系的相对误差。

总之，衰减法测量降水优点较多，如它能避免由于雷达参数不稳定而产生的误差；k_t-I 比 Z-I 关系稳定，并且误差较小；特别是在 0.86cm 波长附近，k_t-I 关系为稳定的线性关系。但也应该看到，由于这种方法使用的是有明显衰减的波长，这反过来就限制了雷达的观测范围，另外标准目标物的安装和维护都比较困难，且这种方法测得的 k_t 只能是雷达和标准目标物之间平均值，故由 k_t-I 关系估算的 I 也只可能是平均值。

7.6.3 双因子法

由于 Z-I 和 k_t-I 关系本身都是统计结果以及它们的不稳定性，故由此产生误差是不可避免的。为了克服这种缺点，近年来张培昌、汤达章等提出用双因子法来测量雨强，即同时测量与滴谱有关的两个信息，并由它们估算雨强。在一定假设条件下，这种计算公式是稳定的，不是统计关系，且准确度比用单一因子如 Z 或 k_t 估算的要高得多。这里仅介绍用 Z 和 k_t 两个因子估算 I 的基本原理。

假设雨滴的谱分布近似为指数分布。即

$$N(D) = N_0 \exp(-\Lambda D) \tag{7.80}$$

式中 $N(D)$ 是在单位体积内雨滴直径间隔为单位间隔，平均直径为 D 时的雨滴数，单位为 $m^{-3} \cdot cm^{-1}$；N_0 和 Λ 为谱参量，其中 N_0 的单位和 $N(D)$ 相同，Λ 单位为 cm^{-1}。必须指出，这种分布和 M—P 分布不同，谱参量 N_0 不是常数，它随不同的谱型而变化。

根据 Z,k_t 和 I 的定义，它们的理论表达式分别为

$$I = \frac{\pi\rho}{6}\int_0^\infty N(D)v(D)D^3\,dD \tag{7.81}$$

$$Z = \int_0^\infty N(D)D^6\,dD \tag{7.82}$$

$$k_t = 0.4343\int_0^\infty N(D)Q_t(D)\,dD \tag{7.83}$$

按照实测资料，雨滴在静止大气中下落末速度 $v(D)$ 可近似表示为

$$v(D) = 1556D^{0.6071} \quad (cm/s) \tag{7.84}$$

衰减截面 Q_t (cm^2)和直径 D 的关系用(7.75)式表示。

把方程(7.80)、(7.84)和(7.75)分别代入(7.81)、(7.82)和(7.83)三式，并注意到单位的换算，则得到

$$I = 396.6\,\frac{N_0}{\Lambda^{4.6071}} \quad (mm/h) \tag{7.85}$$

$$Z = 10^6 \times 720\,\frac{N_0}{\Lambda^7} \quad (mm^6/m^3) \tag{7.86}$$

$$k_t = 0.4343N_0 c\,\frac{\Gamma(n+1)}{\Lambda^{n+1}} \quad (dB/km) \tag{7.87}$$

(7.87)式中的 Γ 为 Γ 函数。

显然，上三式中的 I,Z 和 k_t 都和谱参量 N_0 与 Λ 有关，因此仅应用 k_t 或 Z 一个信息根本不可能惟一确定 N_0 和 Λ，从而也就不能确定 I 的大小。这说明 k_t 或 Z 和 I 之间不可能一一对应，只能是经验的统计关系，由这种关系计算 I 当然会有误差。而且随着每次降水过程中滴谱谱型的不同，具体说，就是 N_0 和 Λ 不同，这种经验关系就显得不稳

定。这就是为什么 k_t-I 和 Z-I 关系有明显变化和有一定误差的原因。

因此，若要用统一而稳定的关系式来确定雨强，并减少误差，则必须同时获取两个与谱参量 N_0 和 Λ 有关的信息量。因为只有这样，才能惟一的确定 N_0 和 Λ，从而惟一的确定雨强 I。考虑到用雷达测量，我们选取 k_t 和 Z 这两个信息，因为应用上面三式很容易消去 N_0 和 Λ 而得 $I = I(Z, k_t)$ 的关系式。

关于方程(7.75)和(7.87)中的待定系数 c 和 n，我们应用 3.2cm 波长，0℃时不同直径 D 的 Q_t 数据，根据(7.75)式经回归统计求得 $c = 4.811, n = 4.514$。

把 c 和 n 的具体数值代入(7.87)式后，并把该式和(7.85)及(7.86)式作比较，消去 N_0 和 Λ，则得到

$$I = 5.097 \times 10^4 k_t^{1.607} / Z^{0.6071} \tag{7.88}$$

图 7.10 为 I 等值线分布图，它由上式直接计算得到。图中横坐标为 Z 值，以 dBZ 数表示：纵坐标为 k_t 的对数值。根据 k_t 和 Z 的实测值，即可在图中查得雨强 I。

为了说明(7.88)式的准确度，我们用三省（江苏、安徽、湖南）二年五次降水过程共 100 份雨滴谱资料，分别按 Z, k_t 和 I 的定义计算得到它们的实测值 Z_m, k_{tm} 和 I_m，然后把 Z_m，和 k_{tm} 代入(7.88)式得到雨强的计算值 I_e，并和 I_m 比较。结果总的平均相对误差的绝对值 $(I_e - I_m)/I_e$ 为 11.6%，若对 I_e 进行系统性订正，则平均相对误差可降低到 5.5%。而按相同资料统计的 Z-I 和 k_t-I 关系，它们的平均相对误差分别为 23.5%和 22.4%。为说明，(7.88)式的稳定性，还用其它雨滴谱资料作了检验，结果和上面的相同。

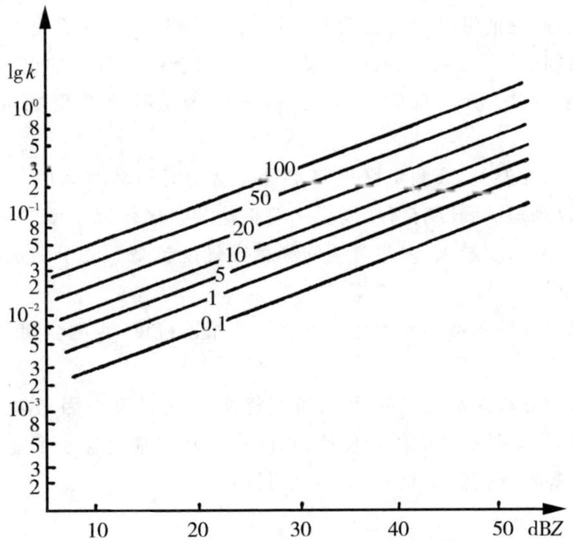

图 7.10　雨强 I_{Rz} 等值线图

由此可见，方程(7.88)对不同时间、地点、雨型的降水都适用，而且准确度比用单一个 Z 或 k_t 来确定雨强的准确度高得多。但就目前的技术条件而言，用常规雷达不可能同时获取 Z 和 k_t，只能用双波长雷达或二部不同波长雷达同时观测才能实现此方案。即用非衰减波长测量 Z 值，用衰减和非衰减波长的回波功率的比值确定 k_t 。

本 章 小 结

本章主要讨论了使用雷达反射率因子 Z 或 Z_e 测定降水强度和区域降水量，以及用雨量计资料对雷达测值进行校准的各种方法。

确定 Z-I 关系的方法有下面三种：(1) 在一定假设条件下的理论计算法，(2) 雨滴谱资料的统计法；(3) 直接统计法，即用雷达实测的 Z 值和相应地面雨量计测量的 I 值相比较而直接统计得到 Z-I 关系。其中第三种方法又可分为最优化处理法、A 值平均法和基准雨量计校准法三种。应指出，确定 Z_e-I 关系的方法与上述类同、惟一不同之处在于不同雷达波长的 Z_e-I 关系有差别，这是由于 Z_e 值与波长有关所致。

另外，当只需获取一个气候均匀区域上的面总降水量时，还可采用由雷达资料与雨量计资料统计后进行概率配对，或用累计分布函数(CDF)进行概率配对所得的气候 Z-I 关系去估算。

为了提高雷达测雨准确度，目前普遍采用以雨量计资料实时对雷达的测雨值进行校准。它包括(1)单点校准法，(2)平均校准法，(3)空间校准法，(4)距离加权法，(5)卡尔曼滤波法，(6)变化校准法。实际使用时可根据雨量计分布密度及雷达探测到的回波分布情况选取其中某一到两种方法进行校准。

影响雷达测量降水准确度的因素很多。其中最小可测功率 $P_{r\min}$ 的不稳定性主要是噪声的高度脉动性所致，利用视频积分设备可以抑制噪声的脉动，从而能提高 $P_{r\min}$ 的测量准确度。使用对消电路能有效地抑制地物杂波，故它能够减少地物杂波所带来的误差。关于 Z-I 关系的不稳定性、雷达和地面测量之间的空间和时间的不一致性以及途中降水粒子的衰减等带来的误差，由于影响因素很多，目前尚无有效的方法来解决，所以总的说来，雷达定量测量降水强度的准确度不高，一般不小于 50%。

上述误差大多为随机性误差，故测量区域降水量时由于时间和空间的平均作用，使部分随机性误差相互抵消，从而导致测量准确度有所提高。一般雷达测量区域降水量的准确度用等效雨量站网密度来描述，等效雨量站网密度越大，说明雷达的测量准确度越高。关于测量区域降水量的步骤，比较简单，具体可参阅本章第五节。

考虑衰减时的降水强度的测量必须提高校准点的测量准确度，否则会使测量比校准点远的地方的雨强带来严重的误差。

其他雷达测量降水的方法大约有三种，即标准目标法，衰减法和双因子法。前两种方法和 Z-I 关系法比较起来各有利弊，有条件的地方可以使用，双因子法从原理上显示了能大大提高测量准确度，但必须用如双波长雷达等特殊探测工具和方法才能付诸应用。

第八章　脉冲多普勒天气雷达探测

通常所用的气象雷达都是属于非相干雷达，它们只能用来确定回波的位置及强度等。脉冲多普勒雷达是一种新型的相干雷达。它以多普勒效应为基础，当降水粒子相对雷达发射波束有相对运动时；可以测定接收信号与发射信号高频频率之间存在的差异(即频移)得出所需的信息。用它可以测定散射体相对于雷达的速度，在一定条件下反演出大气风场、气流垂直速度的分布以及湍流情况等。这对于研究降水的形成，分析中小尺度天气系统，警戒强对流天气等都有重要的意义。

多普勒雷达技术的发展，是建立在无线电技术、信息处理技术、以及大气探测理论基础上的。与探测飞机、船只、导弹等单个目标的情形相比，云雨等气象目标有如下两个特点：

(1)有效照射体积内大量降水粒子的运动速度在不同气象条件下连续地分布在一较宽的速度区间内；

(2)降水体常连续地分布在比较宽的区域上。

因此，气象多普勒雷达必须能够同时处理许多距离门上分离出来的回波信号，并且能够对回波的多普勒频率作出分析。另外，由于降水粒子的运动速度较低，故雷达还必须具有较高的频率稳定性和较高的回波频率鉴别能力，这样才可能测出很小的多普勒频移。

§8.1　多普勒雷达探测原理

多普勒雷达的工作原理是以多普勒效应为基础的。1842 年奥地利物理学家多普勒(J · Doppler)首先从运动着的发声源中发现这一现象。下面将通过简单的数学推导获得多普勒频率与散射目标径向速度之间的关系。

8.1.1　多普勒频率

假设多普勒雷达工作频率为 f_0(相当于波长 λ)，目标离雷达的距离为 R，则雷达波束从发往目标到返回天线所经过的距离为 $2R$。这个距离用波长来度量，相当于$\frac{2R}{\lambda}$个波长；用弧度来度量相当于$\frac{4\pi R}{\lambda}$个弧度。若所发射的电磁波在天线处的相位为 φ_0，那么电

磁波返回到天线时的相位将是

$$\varphi = \varphi_0 - \frac{4\pi R}{\lambda} \tag{8.1}$$

相位随时间的变化率为

$$\frac{d\varphi}{dt} = -\frac{4\pi}{\lambda} \cdot \frac{dR}{dt} \tag{8.2}$$

若在距离 R 处的目标相对雷达波束轴线方向的运动分量为 v，这时目标的速度 v 称为径向速度。并规定朝天线运动的速度 v 为负值，则有 $v = \frac{dR}{dt}$。另外，$\frac{d\varphi}{dt}$ 就是角频率 $\omega = 2\pi f$。把这些关系代入(8.2)式后，即得

$$f = \frac{2v}{\lambda} \tag{8.3}$$

这里 f 就是多普勒频率，有时也称为多普勒频移；目标的径向速度 v 也称作多普勒速度。使用(8.3) 式计算得到的多普勒频率 f 与速度 v、以及波长 λ 之间的关系，如表 8.1 所示。

表 8.1 不同雷达波长及不同径向速度所产生的多普勒频率(单位:Hz)

径向速度(m/s) \ 波长(cm)	1.8	3.2	5.5	10.0
0.1	11	6	4	2
1.0	111	62	36	20
10.0	1111	625	364	200
100.0	11111	6250	3636	2000

8.1.2 多普勒频率与回波功率波动频率

第一章中曾指出，在没有积分平均处理设备的雷达上，观测到的回波功率是波动的。产生这种波动的原因主要是目标之间存在着径向的相对运动。这说明目标的多普勒频率与回波功率的波动频率之间有一定关系。

若目标由半径为 a_i 的滴谱所组成，每个滴沿雷达波束轴线方向的速度为 v_i，则多普勒雷达探测到的将是一个多普勒频率的谱。

设某一个雨滴散射回来的后向散射电场可以表示为

$$E(t) = \mathrm{Re}[E_i(t)\exp(-\mathrm{i}\omega_0 t)] \tag{8.4}$$

式中 Re 表示取括号中复函数的实数部分，$E_i(t)$ 是复函数的振幅值。当雨滴静止时，$E_i(t) = E_1$，E_1 为雨滴发出的信号振幅值。$\omega_0 = 2\pi f_0$ 是雷达的角频率，f_0 是雷达的载波频率。取时间为零时的相位为零。作这样的假设可以使讨论简化，而结果仍不失普遍意义。

若某一个雨滴以经向速度 v_1 运动，产生的多普勒频率为 f_1，那么复函数的振幅值可以写为 $E_i(t) = E_1 e\exp(-\lambda\omega_1 t)$，这里 $\omega_1 = 2\pi f_1$。于是该雨滴产生的后向散射电场可以表示为

$$\begin{aligned} E(t) &= \mathrm{Re}[E_1\exp(-\mathrm{i}\omega_1 t + i\omega_0 t)] \\ &= E_1\cos 2\pi(f_0 + f_1) \end{aligned} \tag{8.5}$$

当由雷达测出 $E(t)$ 后，就能推断出多普勒频率 f_1。

设有两个雨滴，其后向散射的振幅分别为 E_1 和 E_2，径向速度分别为 v_1 和 v_2，它们将分别产生多卜频率 f_1 和 f_2。其合成的后向散射电场的复函数振幅值应是每个雨滴所产生的散射电场的复函数振幅值的总和，即

$$E_i(t) = E_1\exp(\mathrm{i}\omega_1 t) + E_2\exp(\mathrm{i}\omega_2 t) \tag{8.6}$$

把上式代入(8.4)式后，得

$$E(t) = E_1\cos(\omega_0 + \omega_1)t + E_2\cos(\omega_0 + \omega_2)t \tag{8.7}$$

在 f_0 的一个周期内对 $E(t)$ 的平方值求积分后，得到信号功率为

$$P_r = E_1{}^2 + E_2{}^2 + 2E_1E_2\cos(\omega_2 - \omega_1)t \tag{8.8}$$

由(8.8)式可见，向后散射信号的功率可以认为是由常数项($E_2^1 + E_2^2$)加上变化项 $2E_1E_2\cos(\omega_2 - \omega_1)t$ 所组成的。对以(8.8)式表示的 P_r 用角频率 $\psi = \omega_2 - \omega_1$ 所对应的一个周期进行平均，就能得到信号平均功率。

角频率 ψ 可以写为

$$\psi = 2\pi F = 2\pi(f_2 - f_1) \tag{8.9}$$

式中符号 F 定义为信号波动频率，它可以用来度量任何一部雷达上所观测到的回波功率波动情况。(8.9)式表明，在两个目标情况下波动频率 F 就是两个目标的多普勒频率之差，这从物理上是容易理解的。

把上述分析推广到大量散射体时，可得

$$P_r = \sum_i E_i^2 + 2\sum_{i,j} E_i E_i[\cos(\psi_{i,j}t)] \tag{8.10}$$

(8.10)式右边第一项是每个目标对后向散射信号贡献的总和，它是个常数。对后向散射信号取时间平均后，(8.10)式右边第二项为零。平均后向散射信号是由照射体内所有散射体的后向散射贡献之总和决定的。

在非相干雷达上观测到的回波功率随时间的波动，是所有波动频率 $F_{ij} = f_i - f_j$ 贡献的结果。因此，多普勒频率谱和回波信号波动谱之间有着密切的关系。

8.1.3　两种相干雷达所发射的高频载波及其频谱

为了能从雷达回波中提取多普勒信息，雷达发射信号与接收信号之间必须具有确定的相位关系。这可以分别使用全相干脉冲多普勒雷达或自相干脉冲多普勒雷达来实现。

全相干脉冲多普勒雷达使用主振功放式发射机，它采用周期的视频脉冲作为波门，对一个稳定的射频连续振荡进行时间选通，产生周期性矩形包络的射频脉冲列，再经过功率放大。对于只用一个振源产生发射频率、触发脉冲频率的情况下雷达所发射的高频脉冲信号及其频谱如图 8.1所示。图 8.1(a)是无限脉冲序列时的情形，其中每条谱线都是分裂的直线，在 $\pm f_0$ 的位置上不一定正好有谱线出现。图 8.1(b)是脉冲序列只出现在时间宽度 t_1 内的情形，其中每条谱线还具有如图 8.1(c)那样的精细结构。f_0 是载频频率。

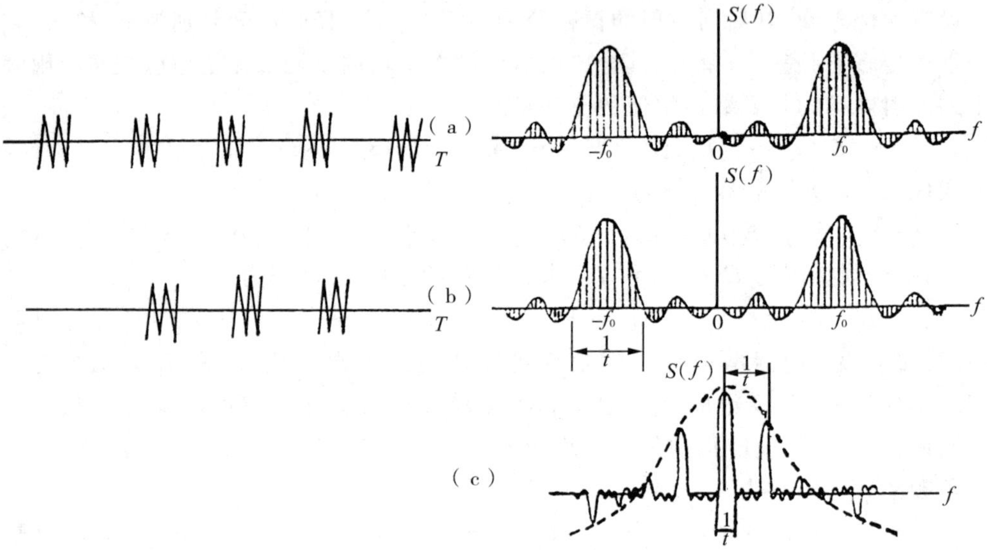

图 8.1　第一种全相干雷达高频脉冲信号及其频谱分布

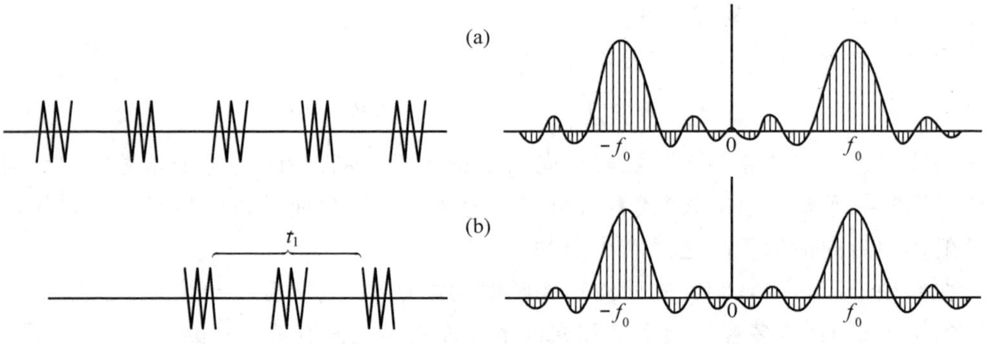

图 8.2　第二种全自相干雷达高频脉冲信号及其频谱分布

若雷达的发射频率 f_0 及触发脉冲频率 F 分别由两个极稳定的振源产生，则形成的高频波脉冲仍是相干的。图 8.2 给出这种雷达所发射的高频载波脉冲信号及其相对应的频谱。图 8.2(a)与图 8.2(b)的区别基本上和图 8.1中所作的说明相同，但是现在在 $\pm f_0$ 位置上必然有谱线存在。

自相干脉冲多普勒雷达一般都采用磁控管发射机，它是把周期的高压视频脉冲加到磁控管振荡器上，使磁控管产生大功率超高频脉冲振荡。由于电压波动、噪声、参数不稳定等随机因素的影响，磁控管振荡器每个脉冲的振荡建立时间，初始相位都有随机性。为了使信号达到接收相干的目的，一般采用锁相的办法。因此，这种雷达通常配有锁相装置。

8.1.4　回波信号的多普勒频谱

回波信号相当于在接收的有限时段内对载频脉冲既调幅，又调频。粒子散射过程相当于对发射信号进行幅度调制，粒子径向运动相当于对发射信号进行频率调制。设调制函数为 $A(t)$，它可以表示成

$$A(t) = a(t)\exp[-\mathrm{i}\varphi(t)] \tag{8.11}$$

其中 $a(t)$ 是实振幅函数，$\varphi(t)$ 是实相位函数。再设与 $A(t)$ 对应的频谱为 $M(f)$。图 8.3 给出了回波信号及其频谱的示意图。图中 f_r 是回波的载频。

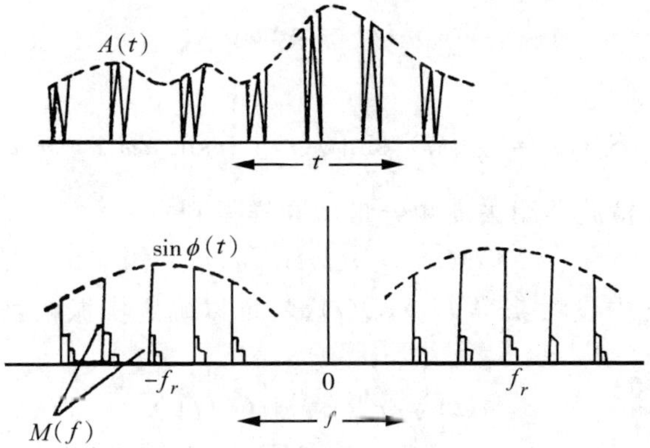

图 8.3　回波信号及频谱示意图

用两个正交的相位检波器滤去回波信号中高频后，频谱包络中心就回到低频位置上。两个相位检波输出信号经变换后就可得多普勒频率。

由于雷达有效照射体内各散射粒子的径向速度通常是不相同的，故从回波信息中获得的不只是某一个多普勒频率值，而应该是一个多普勒频谱 $S(f)$。下面简要地阐述如何通过对回波信息的解调获得多普勒频谱。

回波信号 $S(t)$ 可以表为

$$S(t) = A(t)\exp(\mathrm{i}\omega_0 t) \tag{8.12}$$

其中调制函数 $A(t)$ 内包含了散射体中全部粒子对回波振幅和相位的贡献。令

$$A(t)=I(t)-iQ(t) \tag{8.13}$$

显然

$$\begin{cases} I(t)=a(t)\cos[\varphi(t)] \\ Q(t)=a(t)\sin[\varphi(t)] \end{cases} \tag{8.14}$$

$I(t)$,$Q(t)$ 分别称为余弦分量包络函数和正弦分量包络函数。于是 $S(t)$ 取实部就可以写成

$$S(t)=a(t)\cos[\omega_0 t-\varphi(t)]=I(t)\cos\omega_0 t+Q(t)\sin\omega_0 t \tag{8.15}$$

将回波信号与本振信号

$$S_I(t)=\cos\omega_0 t$$

混频后可得

$$S(t)S_I(t)=\frac{1}{2}a(t)\{\cos[\varphi(t)]+\cos2\omega_0 t-\varphi(t)\}$$

再用相位检波器滤去高频分量即得

$$I(t)=a(t)\cos[\varphi(t)] \tag{8.16}$$

将回波信号 $S(t)$ 与相移$\frac{\pi}{2}$ 的本振信号

$$S_Q(t)=\sin\omega_0 t$$

混频后,可得

$$S(t)S_Q(t)=\frac{1}{2}a(t)\{\sin[\varphi(t)]+\sin[2\omega_0 t-\varphi(t)]\}$$

用另一个正交的相位检波器滤去高频分量后同样得到

$$Q(t)=a(t)\sin[\varphi(t)] \tag{8.17}$$

因此只要从雷达设备中设法获得 $I(t)$,$Q(t)$,就可以确定实振幅函数 $a(t)$ 及实相位函数 $\varphi(t)$,它们分别为

$$a(t)=[I^2(t)+Q^2(t)] \tag{8.18}$$

$$\varphi(t)=\tan^{-1}\left[\frac{Q(t)}{I(t)}\right] \tag{8.19}$$

多普勒频率就包含在 $a(t)$ 与 $\varphi(t)$ 组成的调制函数 $\mu(t)$ 中。可以使用专门的硬件或软件提取多普勒信息。

8.1.5 多普勒雷达脉冲参数的选择及最大不模糊速度

运用信号分析知识,可以得到载波脉冲序到参数与其所对应的频谱参数之间有如下关系:

(1)脉冲序列总长度 t_1 决定每条谱线精细结构的宽度;

(2) 脉冲宽度 τ 决定频谱包络线的宽度;

(3) 载波频率 f_0 决定谱带中心位置;

(4) 脉冲重复周期 T 决定谱线间隔。

根据上述各关系,又可以获得以下四点结论:

(1)脉冲宽度虽然决定频谱包络线的宽度,但对确定目标运动状态无关。因此,主要从空间分辨率及回波功率的角度考虑脉冲宽度的选择。

(2)载波频率决定中心谱线位置,但是谱线绝对位置并不影响对复包络函数的检测。所以载波频率的选择,主要从待测目标散射特性及大气介质的衰减特性考虑。

(3)脉冲序列长度 t_1 决定每条谱线的半宽度 $B(=\frac{1}{t_1})$。若回波脉冲序列的中心谱线相对于发射脉冲谱线的位移小于发射脉冲谱线精细结构的半宽度,两种谱线会有重叠。设最低的多普勒频率为 $f_{\min}$,则应使 $B \leqslant f_{\min}$ 才能进行识别。因此,t_1 的选择由最低的多普勒速度所引起的多普勒频率决定。

(4) 脉冲重复频率 F 决定每条谱线的间隔。当 $f = F$,或目标的径向速度 $v^* = \frac{\lambda F}{2}$ 时,就会因收发谱线相重叠产生测速模糊问题。u^* 称为临界多普勒速度。考虑到速度可能出现负值,故不模糊速度区间应该是

$$-\frac{\lambda F}{4} < v < \frac{\lambda F}{4}$$

当要求测出的不模糊速度值愈大时,脉冲重复频率应选择得愈高。这样又产生测速与测距的矛盾。根据最大不模糊速度 $v_{\max} = \frac{\lambda F}{4}$ 以及最大不模糊距离 $r_{\max} = \frac{c}{2F}$ 可得

$$v_{\max} r_{\max} = \frac{\lambda c}{8} \tag{8.20}$$

当雷达波长一定时,上式右边是常数,由(8.20)式可见,若要求测速范围大,则测距范围必然变小。所以在设计雷达参数 F 时,只能折衷地选择 $v_{\max}$ 及 $r_{\max}$ 值,即选择适当的脉冲重复频率。

§ 8.2　多普勒雷达信息的提取

从回波信号中获得多普勒谱的方法有许多种,下面只扼要介绍一下比较典型的四种方法。

8.2.1　电子谱分析器法

这种方法使用固定的门电路收集相应距离点上的回波资料、并把这些资料输送到所需要的、不同中心频率的一系列窄带滤波器内。在每个滤波器内进行一定时间的积

分,然后再输出。经积分后的信号,或者以模拟量的形式在显示器上或图卡上表示出来,或者以数字化形式记录下来。如果需要对较大探测半径内所有积分库的资料进行处理,滤波器的数量十分可观,实际上将无法实现。例如,若在 100km 探测范围内以方位 2°间隔、距离 1km 间隔作为一个库,雷达扫描一周就共有 18000 个库的资料需要同时处理。在目前数字技术和计算机普遍应用后,这种方法基本上已不采用。

8.2.2 傅里叶(Fourier)变换法

为了尽快地对回波信号进行多普勒频谱分析,目前都使用计算机,并采用快速 Fourier 变换(FFT)。这就需要首先确定离散的 Fourier 变换(DFT)关系。

对于每一个宽度为 T_0 的波门所截取的一小段时间信号,必须用更短的时间间隔 T 进行抽样,使原始资料离散化。设 $T_0 = nT$,则共有 $n-1$ 个取样点。离散 Fourier 变换就为

$$S(nF) = \sum_{K=0}^{N-1} S(KT)\exp(-\mathrm{i}2\pi nK/N), \quad n = -\frac{N}{2}, \cdots, \frac{N}{2}-1 \tag{8.21}$$

注意,上式中的 $F = \dfrac{1}{T_0}$;$S(KT)$ 是离散的时域信号,$S(nF)$ 是对应的离散的频域信号。将 $S(KT)$ 写成复时间函数,即令

$$S(KT) = S_r(KT) + \mathrm{i}S_i(KT)$$

则它所对应的频谱就是复频谱,其实部和虚部分别以 $S_r(nF)$ 和 $S_i(nF)$ 表示时,有

$$S_r(nF) = \sum_{K=0}^{N-1}\left[S_r(KT)\cos\frac{2\pi nK}{N} + S_i(KT)\sin\frac{2\pi nK}{N}\right] \tag{8.22}$$

$$S_i(nF) = -\sum_{K=0}^{N-1}\left[S_r(KT)\sin\frac{2\pi nK}{N} - S_i(KT)\cos\frac{2\pi nK}{N}\right] \tag{8.23}$$

于是可以得到该复频谱的振幅谱 $|S(nF)|$ 与相位谱 $\varphi(nF)$ 分别为

$$|S(nF)| = \sqrt{S_r^2(nF) + S_i^2(nF)} \tag{8.24}$$

$$\varphi(nF) = \tan^{-1}\frac{S_i(nF)}{S_r(nF)} \tag{8.25}$$

由上式可以确定多普勒频谱。

使用计算机进行快速 Fourier 变换,目前已有现成的软件与硬件,所以这种计算也变得十分方便。但是当需要处理雷达扫描一周所获得的各个库内的资料时,数据量仍十分可观,目前的大规模集成电路芯片已能做到实时处理,这种方法常用于试验研究中。一般先将多普勒雷达的回波信息记录在磁盘或磁带上,再作事后处理。由于这种方法是直接对回波信息进行 Fourier 变换,故所得结果准确度较高。

8.2.3 脉冲对处理器(PPP)

如果只需要获得目标的总回波功率、平均径向速度以及径向速度方差,则可以使用

脉冲对处理器(PPP),它不必对回波信号进行谱分析,是一种较为简单而又能实时处理的方法。它是对每一个距离库内的连续两个取样值进行成对处理,从而获得平均多普勒频率等参数,故称为脉冲对处理。

设回波信号复振幅 $A(t)$ 可以表示为

$$A(t) = X(t) + \mathrm{i}Y(t) \tag{8.26}$$

式中 $X(t)$,$Y(t)$ 分别是 $A(t)$ 的实部和虚部,它们相当于离散化的 $I(t)$,$Q(t)$ 值。

如果假设:

(1)散射体中各个粒子的平均多普勒速度都相同,都等于整个散射体中某一时刻的粒子数的加权平均多普勒速度;

(2)每个粒子的径向速度涨落值具有偶函数的概率分布密度。

则根据复振幅自相关函数 $R(T) = \overline{A(t)A^*(t+T)}$,可以得到平均径向速度 $\bar{v}$ 以及平均多普勒频率 $\bar{f}$ 分别为

$$\bar{v} = \frac{\lambda}{4\pi T}\tan^{-1}\frac{\overline{Y(t)X(t+T) - X(t)Y(t+T)}}{\overline{X(t)X(t+T) + Y(t)Y(t+T)}} \tag{8.27}$$

$$\bar{f} = \frac{1}{2\pi T}\tan^{-1}\frac{\overline{Y(t)X(t+T) - X(t)Y(t+T)}}{\overline{X(t)X(t+T) + Y(t)Y(t+T)}} \tag{8.28}$$

式中 T 为连续两次取样的时间间隔。

若进一步假设任一粒子的径向速度涨落满足同样的正态分布,则可以求得多普勒频谱的方差为

$$\sigma_f^2 = \frac{2}{(2\pi T)^2}\left[1 - \frac{|R(T)|}{R(0)}\right] \tag{8.29}$$

采用自动增益电路可以使信号的模 $|A(t)|$ 恒等于1,即 $R(0) \equiv 1$。

实际上,(8.28)式右边变量部分就是复振幅自相关函数 $R(T)$ 的幅角,(8.29)式右边变量部分就是复振幅自相关函数 $R(T)$ 的模。因此,要获得 $\bar{f}$ 及 σ_f^2,必须先从回波信号中得到 $X(t)$,$Y(t)$,$X(t+T)$,$Y(t+T)$,其方法与前面第一节中提取 $Q(t)$,$I(t)$ 的方法相同。

脉冲对处理器的框图如图 8.4 所示。

现有的脉冲对处理器具有同时处理 1024 个距离门的回波信号的能力。

8.2.4　相干记忆滤波器(CMF)处理法

若用前面介绍的快速傅里叶变换或脉冲对处理器方法,对所有距离上的回波进行谱分析,必须用高集成芯片,价格较贵。这里介绍一种相干记忆滤波器方法,它只要用一个线路,就可以在不设置距离门的情况下,同时对雷达探测范围内各个距离上实现粗略的谱分析。

相干记忆滤波器主要由延迟线、参考信号发生器、单边带调制器、加法器这四部分

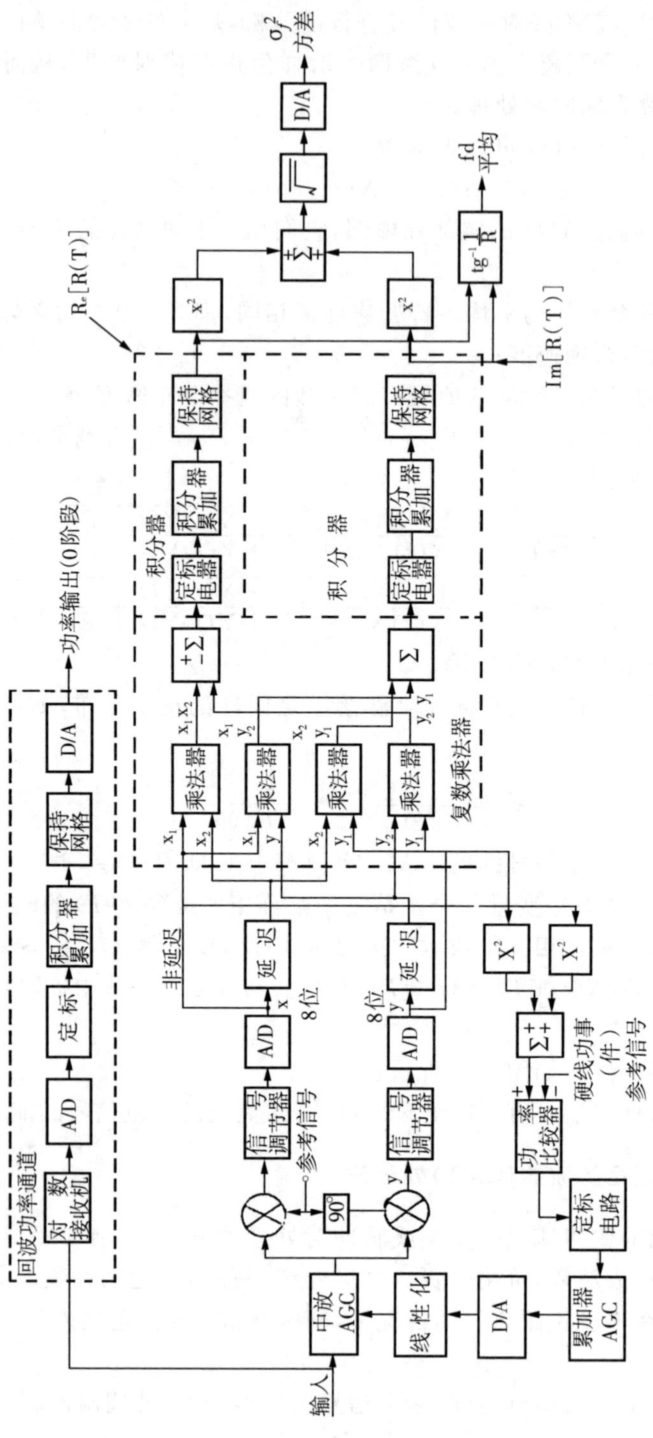

图 8.4 脉冲对处理器框图

组成，如图 8.5 所示。单边带调制器的作用是使由延迟线输出的高频信号的载频产生一个频移，此频移量等于参考信号发生器的频率。此外，它还产生一定的相移。这个已经频移的信号与以后输入的信号在加法器中相加后，又馈送到延迟线输入端，如此循环，使累加的信号数目愈来愈多。但是，延迟线有一定的带宽，故只能累加一定的数目。累加信号经包络检波器检出后，变成视频信号，其图形如图 8.6 所示。

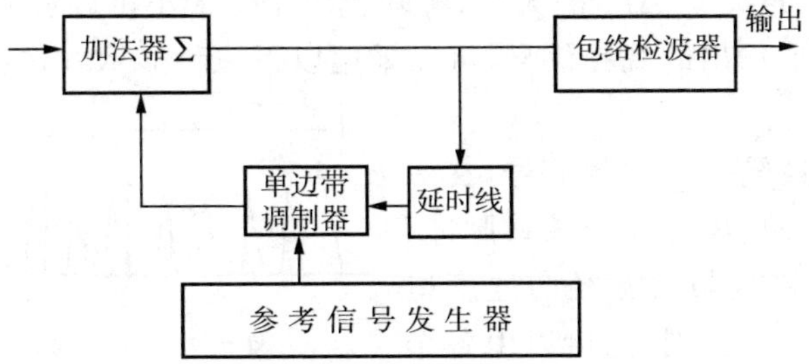

图 8.5　相干记忆滤波器框图

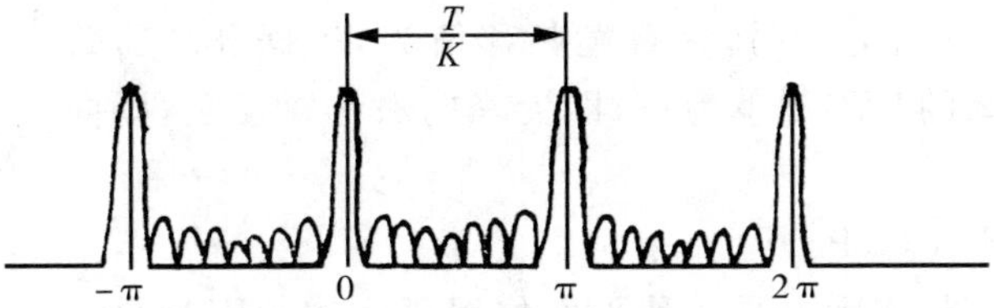

图 8.6　视频信号示意图

图 8.6 中纵坐标是信号幅度，横坐标可以看作是时间。把图中包含极大值的那些钉状波形称为“长钉”。每个长钉的时间坐标与输入信号频率有关。不同的长钉代表不同距离上的情况。

当存在多普勒频移时，出现长钉的时间将变化，因此可以由长钉时间坐标的变化去推断多普勒频移值。可以证明，出现两相邻长钉尖峰的时间差 Δt 为

$$\Delta t = \frac{1}{f_s} = \frac{T}{K} \tag{8.30}$$

式中 T 为延迟周期，它等于雷达发射脉冲周期；f_s 是参数信号发生器的振荡频率；K 是在一个延迟周期内出现长钉的数目。

还可以证明，多普勒频移 Δf 与出现长钉的时间变化量 Δt 之间有如下关系

$$\Delta t = \frac{T}{fs}\Delta f \tag{8.31}$$

由于长钉位置可以向左或向右移动，所以多普勒频移的不模糊范围应不超过两长钉间距之半。再根据(8.30)、(8.31)式还可以得到不模糊的频率范围在 $\left[-\frac{1}{2T},\frac{1}{2T}\right]$ 区

间内。

另外，相干记忆滤波器对输入信号的频率分辨力 Δf_1 与滤波器参数之间有以下关系

$$\Delta f_1 = \frac{1}{NT} \tag{8.32}$$

式中 N 是容许循环的次数。Δf_1 的大小，实际上决定了最小可分辨的多普勒频移。

相干记忆滤波器输出的视频信号，可以采用以下三种显示方式：

1. A 型显示器

相干记忆滤波器输出的视频信号，在 A 型显示器上显示出一连串分立的长钉脉冲，长钉尖峰位置的时移量与目标径向速度造成的多普勒频移成正比。因此，可以由各个时间位置上长钉尖峰的频移量去粗略地估计出不同距离上目标径向速度造成的多普勒频移值，如图 8.7 所示。当目标向雷达方向运动时，多普勒频移值为正，据(8.31)式可知，这时长钉尖峰的频移量也为正，即尖峰向右移。反之，则向左移。

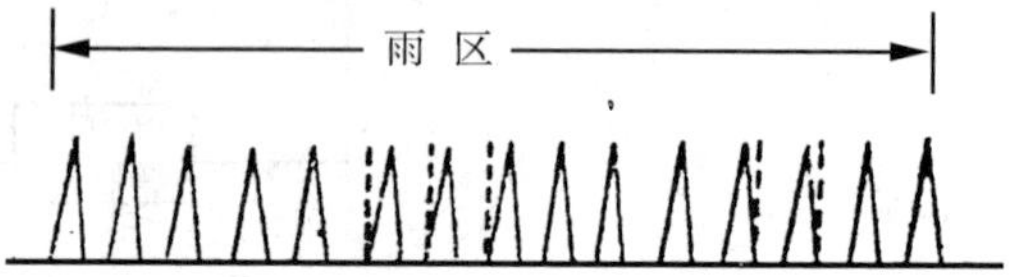

图 8.7　A 型显示器显示的图像

2. 平面切变显示器(PSI)

平面切变显示器，实际上是一种平面位置显示器。因为只有出现长钉的那些距离上才有显示能力，故当存在大片降水区时，平面切变显示器上表现为大致等距离间隔的距离圈，如图 8.8 所示。若同一距离上目标的径向速度相同，不同距离上目标的径向速度有差异，则在图像上表现为距离圈之间存在疏密的差异，距离圈仍然是一些同心圆弧。若各目标径向速度在沿着垂直于波束平面上的分布有差异时，距离圈的曲率随方位有变化，使距离圈呈波动状，它反映了同一距离、不同方位上的径向速度存在着切变。

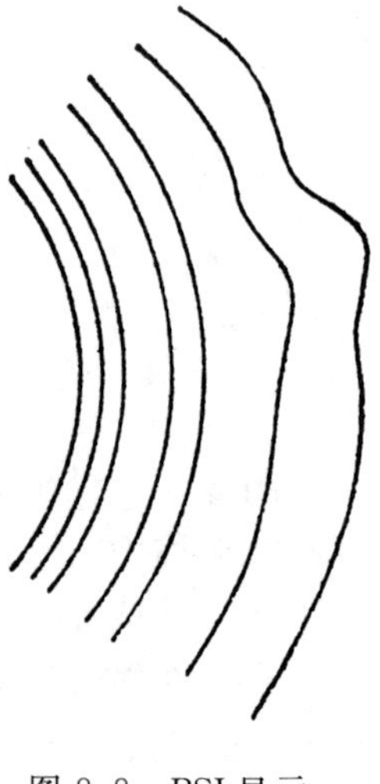

图 8.8　PSI 显示的图像

另外，由于有效照射体内常常包含着不同大小的粒子，这些粒子在湍流作用下所作的径向运动也各不相同，其总效果是使长钉的宽度加大。因此，可以根据长钉的宽度粗略地估计径向速度的标准差，从而了解该处湍流的强弱。

3. 距离速度显示器(RVI)

在这种显示器上，电子束除了作垂直扫描外，在发射脉冲重复周期内还缓慢地作水平扫描。每条扫描线的长度正好等于两相邻长钉的间隔，不同的扫描线分别代表不同的距离，如图 8.9(a)所示。这种显示是由相干记忆滤波器输出的信号进行亮度调制而

得到的,所以每条扫描线上只有在能出现长钉的地方才会有显示,它表现为一些短的垂直细线,如图8.9(b)所示。

显然,每条垂直扫描线上所显示出来的垂直短亮线的高度,就代表该段距离上目标的径向速度大小。因此,从显示器上的纵坐标可以直接读出目标的径向速度。当目标的径向速度超过最大不模糊速度时,显示器上的图像将产生折叠,如图 8.10所示。正确的理解应该如图中的虚线所示。

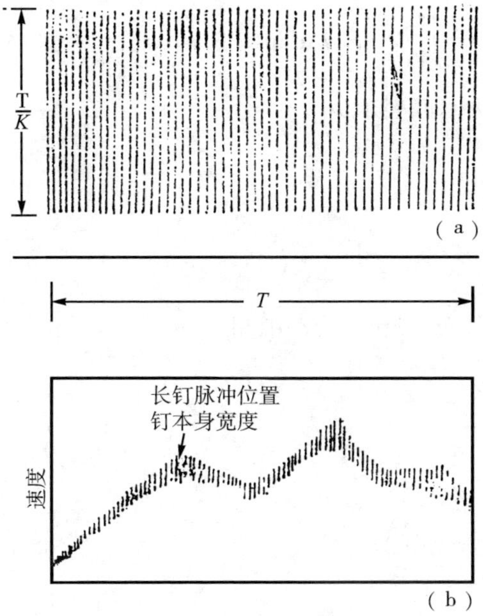

图 8.9　RVI 显示的图像

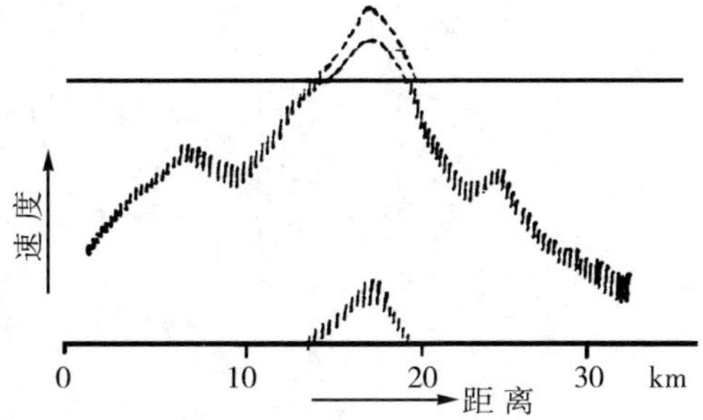

图 8.10　RVI 出现的折叠现象

由于长钉宽度正比于群体目标径向速度的标准差,故图中迹线垂直宽度较大处对应于湍流较强的区域。

当雷达天线作垂直定向探测时,不同大小的粒子将引起不同的下落速度,这时较宽的迹线说明散射粒子的尺度谱也较宽。

§8.3　降水回波信号的几个统计特征

降水回波信号,是雷达有效照射体内所有降水粒子后向散射的综合结果,另外,各降水粒子的径向速度通常是不相同的,故从回波信号中获得的不只是某一个多普勒频率值,而应该是一个多普勒频谱。因为回波功率在不同多普勒频率上的分配对于研究大气的运动状态和散射粒子的尺度分布十分重要,所以本节要着重讨论回波信号功率谱、平均多普勒频率和频谱宽度等物理量的性质。

8.3.1 回波功率谱

设所截取的信号在时段 $[-\frac{T}{2}, T_0-\frac{T}{2}]$ 内，时段长度为 T_0，则此信号可表示为

$$S(t)=\int_{-\infty}^{\infty} S(f)\exp(\mathrm{i}2\pi ft)\mathrm{d}f \tag{8.33}$$

而对应的变换为

$$S(f)=\int_{-\infty}^{\infty} S(t)\exp(\mathrm{i}2\pi ft)\mathrm{d}f=\int_{-T/2}^{T_0-T/2} S(t)\exp(\mathrm{i}2\pi ft)\mathrm{d}f \tag{8.34}$$

在 $[-\frac{T}{2}, T_0-\frac{T}{2}]$ 时段内，回波信号的平均功率可表示为

$$\begin{aligned}\bar{P}&=\frac{1}{T_0}\int_{-T/2}^{T_0-T/2} S(t)S^*(t)\mathrm{d}f\\&=\frac{1}{T_0}\int_{-T/2}^{T_0-T/2}\int_{-\infty}^{\infty} S(f)\exp(i2\pi ft)\mathrm{d}fS^*(t)\mathrm{d}t\\&=\frac{1}{T_0}\int_{-\infty}^{\infty} S(f)[\int_{-T/2}^{T_0-T/2} S^*(t)\exp(\mathrm{i}2\pi ft)\mathrm{d}t]\mathrm{d}f\\&=\frac{1}{T_0}\int_{-\infty}^{\infty} S(f)S^*(t)\mathrm{d}f\\&=\frac{1}{T_0}\int_{-\infty}^{\infty} |S(f)|^2\mathrm{d}f\end{aligned} \tag{8.35}$$

令
$$\psi(f)=\frac{1}{T_0}|S(f)|^2 \tag{8.36}$$

则
$$\bar{P}=\int_{-\infty}^{\infty}\psi(f)\mathrm{d}f \tag{8.37}$$

显然，上式中 $\psi(f)\mathrm{d}f$ 为频率在 f 到 $f+\mathrm{d}f$ 间隔内的功率，我们称 $\psi(f)$ 为功率谱密度。由于多普勒频率和散射粒子的径向速度之间有惟一确定的关系式 $f=2v/\lambda$，所以

$$\psi(f)\mathrm{d}f=\psi(v)\mathrm{d}v \tag{8.38}$$

故
$$\bar{P}_r=\int_{-\infty}^{\infty}\psi(v)\mathrm{d}v \tag{8.39}$$

式中 $\psi(v)\mathrm{d}v$ 即为多普勒速度在 v 到 $v+\mathrm{d}v$ 间隔内的功率，习惯上把它称为多普勒速度谱分布；$\psi(v)$ 为速度谱分布密度。

8.3.2 平均多普勒速度及速度谱宽度

平均多普勒频移的定义为

$$\bar{f}=\frac{\int_{-\infty}^{\infty} f\cdot\psi(f)\mathrm{d}f}{\int_{-\infty}^{\infty}\psi(f)\mathrm{d}f}=\frac{1}{\bar{P}_r}\int_{-\infty}^{\infty} f\psi(f)\mathrm{d}f \tag{8.40}$$

而频谱宽度的定义为

$$\sigma_f^2 = \frac{\int_{-\infty}^{\infty}(f-\overline{f})^2\psi(f)\mathrm{d}f}{\int_{-\infty}^{\infty}\psi(f)\mathrm{d}f} = \frac{1}{\overline{P}_r}\int_{-\infty}^{\infty}(f-\overline{f})^2\psi(f)\mathrm{d}f \tag{8.41}$$

图 8.11 给出了平均多普勒频移 $\overline{f}$、频谱宽度 σ_f 和功率谱密度 $\psi(f)$ 之间关系的示意图。

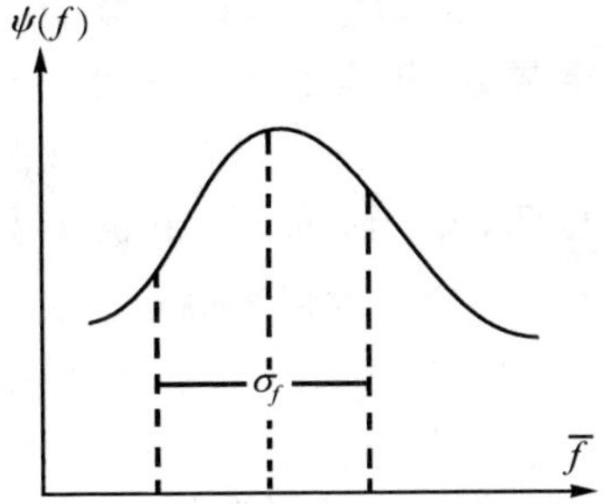

图 8.11　$\psi(f)$ 与 $\overline{f}$，σ_f 之间的关系示意图

在实际工作中需了解的是有效照射体内平均的多普勒速度和速度谱宽度，把(8.38)式代入方程(8.40)和(8.41)，并注意到关系式 $f=2v/\lambda$，则平均多普勒速度 $\overline{v}$ 和速度谱方差 σ_v^2 分别为

$$\overline{v} = \frac{1}{\overline{P}_r}\int_{-\infty}^{\infty}v\psi(v)\mathrm{d}v \tag{8.42}$$

$$\sigma_v^2 = \frac{1}{\overline{P}_r}\int_{-\infty}^{\infty}(v-\overline{v})^2\psi(v)\mathrm{d}v \tag{8.43}$$

在图 8.11 中，只需把 $\psi(f)$，$\overline{f}$ 和 σ_f 分别换成 $\psi(v)$，$\overline{v}$ 和 σ_v，即可得到速度谱、平均多普勒速度和速度谱宽之间关系的示意图。

应该指出，上节讨论的 PPP 信号处理方法并没有从回波信号中提取频谱或功率谱，从而不能按以上公式计算 $\overline{v}$ 和 σ_v^2，而是直接对回波信号作简便计算求得。不过在速度谱服从正态分布的假设条件下，我们仍可用 $\overline{v}$ 和 σ_v^2 这两个特征量得到速度谱分布。

8.3.3　影响速度谱宽的气象因子

多普勒速度谱宽表征着有效照射体内不同大小的多普勒速度偏离其平均值的程度，实际上它是由散射粒子具有不同的径向速度所引起的。对气象目标物而言，影响速度谱宽的主要因子有四个，它们是：

(1)垂直方向上的风切变；

(2)由波束宽度引起的横向风效应；

(3)大气的湍流运动；

(4)不同直径的降水粒子产生的下落末速度的不均匀分布。

若每项因子对速度谱宽的贡献近似看作相互独立，则速度谱方差 σ_v^2 为各因子造成的方差之和，即

$$\sigma_v^2 = \sigma_s^2 + \sigma_b^2 + \sigma_T^2 + \sigma_w^2 \tag{8.44}$$

式中 σ_s^2，σ_b^2，σ_T^2 和 σ_w^2 分别为上述第(1)、(2)、(3)和(4)项因子造成的方差。下面分别对各项因子进行讨论。

8.3.3.1　垂直方向的风切变

风切变对有效照射体内粒子径向速度分布的影响，可以形象地用图 8.12 表示。当

雷达天线指向上风方向时，在半功率波束宽度的下界处，粒子的径向速度 v_{r1} 为

$$v_{r1} = v_{h1}/\cos(a - \psi/2) \tag{8.45}$$

式中 v_{h1} 为 h_1 高度上的水平风速，α 为天线仰角，ψ 是天线的垂直波宽。在半功率波束宽度的上界处，相应的径向速度为

$$v_{h2} = v_{h2}/\cos(\alpha + \psi/2) \tag{8.46}$$

显然，若天线仰角 α 和波束宽度 ψ 都不大，则 v_{r1} 和 v_{r2} 分别近似地等于 v_{h1} 和 v_{h2}，这时

$$\Delta v_r = | v_{r1} - v_{r2} | = | v_{h1} - v_{h2} | = kR\psi \tag{8.47}$$

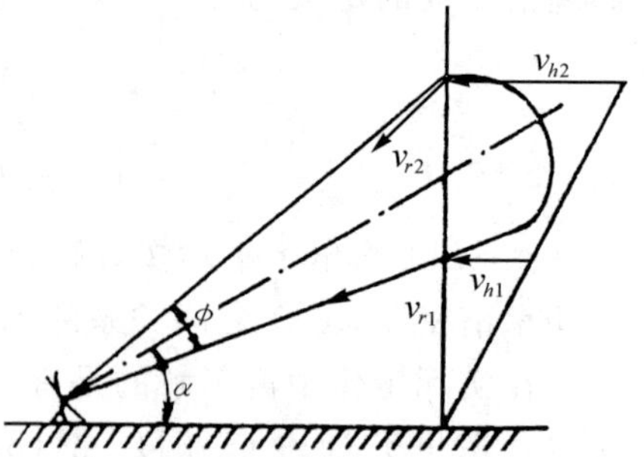

图 8.12　风切变造成的径向速度差

式中 k 为风速梯度值，R 为探测距离。在天线方向性图为高斯分布情况下，这个径向速度差 Δv_r 所产生的多普勒速度谱的标准差 v_s 为

$$\sigma_s = 0.42kR\psi \tag{8.48}$$

应指出，方程(8.45)～(8.48)在风向和雷达指向一致或相反的情况下才成立，当天线指向和风向有偏离时，则切变 Δv_r 和 v_s 都减少。另外，σ_s 还与天线仰角 α 密切相关，当天线指向与风向垂直时，切变效应为零。由于在实际大气中不仅风速随高度变化，而且风向通常也随高度变化，因此在仰角不变的情况下，当雷达天线指向不同方位和探测不同距离时，风切变所产生的标准差 σ_s 并不如方程(8.48)所表示的那么大。显然，如果用窄波束雷达，以较高仰角探测不很远的距离时，则由风切变产生的多普勒速度谱宽 σ_s 可以忽略不计。

8.3.3.2　波束宽度

由于波束存在一定的水平宽度，与波束轴线垂直的横向风在偏轴线方向上就有径向分量，如图 8.13 所示。

设在波束宽度范围内，风速在水平面上是均匀的，且等于 v，波束轴线方位与风向之间的夹角为 β，则横向风分量为 $v\sin\beta$，以 θ 表示以天线两半功率点为界的水平波束宽度，则在此两侧由横向风分量贡献的径向风速分量之差为 $v\theta\sin\beta$。由图 8.13 可见，这种

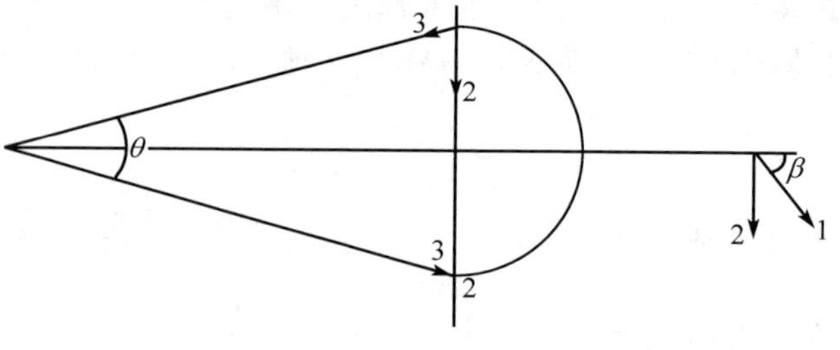

图 8.13　波宽对径向速度谱宽的影响

效应造成的风速分布的平均值显然为零。当天线具有高斯型方向图时，和上面切变效应类似，可以导出由波宽产生的宽 σ_b 为

$$\sigma_b = 0.42 v\theta \sin\beta \tag{8.49}$$

当风速为 30m/s，波束宽度为 2°时，则由此造成的谱宽最大也只有 0.4m/s，因此这一项的贡献较小。

8.3.3.3　大气湍流运动

在湍流大气中，有效照射体内一定直径的粒子除了具有环境风场的平均速度和它本身重力引起的下落速度外，还随周围大气的湍流脉动而运动。大一些的粒子，由于其惯性作用，对大气脉动的响应不如小粒子那样灵敏。在脉动速度为高斯分布的大气中，直径为 D 的粒子的速度概率分布 $P_D(v)$ 为

$$P_D(v) = \frac{1}{\sigma(D)\sqrt{2\pi}} \exp\left[-\frac{(v - v_D)^2}{2\sigma^2(D)}\right] \tag{8.50}$$

式中 v_D 为直径为 D 的粒子的平均运动速度，v 为它的瞬时速度，$\sigma^2(D)$ 是该粒子的速度方差。由于粒子的惯性，同一有效照射体内不同大小的粒子具有不同的速度方差。因此，由湍流效应产生的多普勒谱宽，既依赖于湍流强度本身，也依赖于粒子对大气湍流运动响应的灵敏程度。

8.3.3.4　不同直径粒子的下落末速度分布

由于重力和大气的阻力作用，不同大小的粒子具有不同的下落末速度，在雷达以一定仰角探测时，由它们造成的雷达波束轴线上的径向分量也就不同，因而产生了多普勒速度谱宽。显然，雷达有效照射体中粒子直径的差别越大，由此造成的多普勒速度谱越宽。因此速度的谱宽实际上也取决于降水粒子的谱分布。

当雷达水平探测时 ($\alpha = 0$)，粒子的下落末速度在雷达波轴上的径向分量为零，所以它对多普勒速度谱宽没有任何影响。而当雷达垂直指向探测时，粒子下落末速度即为径向速度，故由此造成的谱增宽作用最大。因此，由粒子下落末速度分布造成的多普勒速度谱宽与 $\sin\alpha$ 成正比。

据速度谱方差定义，垂直指向探测时多普勒雷达测得的下落粒子群的速度方差 σ_w^2 为

$$\sigma_w^2 = \frac{1}{P}\int_{-\infty}^{\infty} (w - \overline{w})^2 \psi(\omega) \mathrm{d}w \tag{8.51}$$

表 8.2 为在不同降水情况下，垂直指向多普勒雷达在静止大气中测得的速度谱方差值。由表可见，降雨和降雪时的方差 σ_w^2 均不超过 $1\mathrm{m}^2/\mathrm{s}^2$。若有效照射体内存在落速差别较大的粒子，例如包含雨滴和冰雹时，则测得的粒子下落末速度谱方差就较大；实际观测说明，若指向天顶的雷达实测谱方差大于 $4\mathrm{m}^2/\mathrm{s}^2$，则可能存在冰雹，或者存在强烈的湍流，或两者兼有之。

表 8.2　各类降水粒子在静止大气中下落时的多普勒速度谱方差值

降水类型	速度方差	附注
雪	0.04～0.25m^2/s^2	海平面附近的值
融雪	0.5m^2/s^2	同上
雨	0.7～1.0m^2/s^2	同上
冰雹(λ=3cm)(最大直径) 2cm 4cm	干　　湿 8m^2/s^2 19m^2/s^2 24m^2/s^2 19m^2/s^2	同上。当最大直径超过 2cm 后,速度方差随波长有显著差异

§8.4　多普勒天气雷达的测量方法

自多普勒天气雷达问世以来,在探测试验和应用研究工作中已总结了不少测量方法,其中有些适用于日常业务工作,如用来警戒龙卷和下击暴流等强对流天气;有些则用于测量垂直和水平风场、雨滴谱及降水强度等方面。为进一步研究降水系统的细致结构和演变等提供了良好的探测手段。本节主要讨论单部多普勒雷达的一些探测方法和某些应用结果。

8.4.1　测量大气垂直速度

当多普勒雷达垂直指向天顶时,所测量的平均多普勒速度实际上是有效照射体内粒子的平均下落末速度和大气垂直速度之和。若能近似估计某一直径粒子的下落末速度或所有粒子的平均下落末速度,则可根据实测的平均多普勒速度算出大气的垂直速度。目前主要有下三种测量方法。

8.4.1.1　*速度谱低端法*

假定有效照射体内大气垂直速度是均匀的,则垂直指向的多普勒雷达测得的多普勒速度谱取决于各种直径粒子的下落末速度和它们的散射能力。一般说来,较小的粒子具有较小的下落末速度,但是太小的粒子,由于其后向散射能力过弱,无法被雷达探测到。有人认为,在最大垂直探测距离为 10km 范围内,X 波段的雷达能探测到最小的水滴或冰晶的直径约为 200 到 300μm;它们在静止大气中的下落末速度为 1m/s 左右。因此,在多普勒雷达所测得的速度谱的最低端,即最小的下落末速度应是由这些粒子产生的。由于存在大气垂直速度,所以雷达测得的最小速度 $v_{\min}$ 应是 1m/s 与大气垂直速度之和。令速度方向向下为正,则大气垂直速度 w 与实测最小速度 $v_{\min}$ 的关系为

$$w = v_{\min} - 1 \tag{8.52}$$

若雷达实测的 $v_{\min}$ 为$-$9m/s(即向上的速度为 9m/s),则 $w = -10$m/s,说明大气垂直

上升速度为 10m/s。

这种方法看起来简单可行，但有三个缺点，使得估算的垂直速度有时存在明显的误差。首先，实测资料表明，在标准大气中下落末速度为 1m/s 的雨滴直径约为 290μm。用这种方法要求这种直径的雨滴数很多，使得它们所产生的回波信号能从噪声中分辨出来，而自然界中不可能总是这种情况。第二，雷达测得的速度谱受噪声影响很大，所以要从噪声中精确地辨别出速度谱的低端值是很困难的；若雷达的分辨阈值过大或过小，都将使由(8.52)式估计的垂直速度产生误差。第三，降水云中大气的湍流运动能使多普勒速度谱加宽，从而改变谱的低端位置而产生误差。据估计，在最坏的情况下，上述三种作用能使估计的垂直速度的误差在每秒几米以上。

8.4.2　w_0-Z 关系法

多普勒雷达一般能同时测得某一有效照射体内的平均多普勒速度 v 和反射因子 Z，当天线垂直指向时，$\bar{v}$ 即为平均多普勒垂直速度。显然，若有效照射体内的大气垂直速度是均匀的，则 $\bar{v}$ 就是该体积内粒子群在静止大气中平均多普勒下落速度 w_0 和大气垂直速度 w 综合作用的结果。令所有速度都以向下为正，那末大气垂直速度 w 可表示为

$$w = \bar{v} - w_0 \tag{8.53}$$

在对粒子的散射和其下落速度特性作某些规定后，我们可把 w_0 和反射因子 Z 建立一个确定的关系，即 $w_0 - Z$ 关系。按平均多普勒速度的定义，并注意到所有散射粒子在静止大气中的下落末速度都大于零，则

$$w_0 = \frac{\int_0^{\infty} v_T(D)\psi(v_T)\,\mathrm{d}v_T}{\int_0^{\infty} \psi(v_T)\,\mathrm{d}v_T} \tag{8.54}$$

式中 $v_T(D)$ 为某一直径 D 的粒子在静止大气中的下落末速度。理论和实测资料表明，粒子的 v_T 和其直径 D 之间有一确定的关系，所以

$$\psi(v_T)\,\mathrm{d}v_T = \psi(D)\,\mathrm{d}D \tag{8.55}$$

故

$$w_0 = \frac{\int_0^{\infty} v_T(D)\psi(D)\,\mathrm{d}D}{\int_0^{\infty} \psi(D)\,\mathrm{d}D} \tag{8.56}$$

确定 $w_0 - Z$ 关系的方法有四种。

1. Rogers 法

这种方法首先是由加拿大麦吉尔大学的 Rogers 提出的，他假设：

(1)照射体内所有雨滴都满足瑞利散射，并有 $Z = \int_0^{\infty} N(D)D^6\,\mathrm{d}D$。

(2) 雨滴谱满足指数分布，即 $N(D)=N_0\exp(-\Lambda D)$。

(3) 雨滴下落末速度与其直径 D 的关系为

$$v_T = CD^a \quad (\text{cm/s}) \tag{8.57}$$

按上述第一个假定和雷达气象方程，平均回波功率为

$$\bar{P}_r=\int_0^\infty \psi(D)\mathrm{d}D = C'\frac{Z}{R^2}=C'\frac{\int_0^\infty N(D)D^6\mathrm{d}D}{R^2}$$

式中 C' 为与雷达参数和降雨的折射指数有关的常数，R 为探测距离。显然，由上式可得

$$\psi(D)\mathrm{d}D = N(D)D^6\mathrm{d}DC'/R^2 \tag{8.58}$$

把此式代入(8.56)式，可得

$$w_0=\frac{\int_0^\infty v_T N(D)D^6\mathrm{d}DC'/R^2}{\int_0^\infty N(D)D^6\mathrm{d}D} \tag{8.59}$$

把上述后两个假定的关系式代入上式，经一定运算后得到

$$w_0 = C\Gamma(7+a)[\Gamma(7)]^{-(7+a)/7}(Z/N_0)^{a/7} \tag{8.60}$$

上式为三假定条件下的 w_0-Z 普遍式，式中 Z 的单位为 mm^6/m^3，$\Gamma(7+a)$ 和 $\Gamma(7)$ 分别为以 $7+a$ 和 7 为参量的 Γ 函数。

若令

$$N_0 = 0.08\text{cm}^{-4}$$
$$C = 1420\text{cm}^{0.5}/\text{s}$$
$$a = 0.5$$

代入(8.60)式，即得到

$$w_0 = 3.8Z^{0.072}(\text{m/s}) \tag{8.61}$$

2. Sekhon－Srivastava 法

假设条件基本相同，但在对一次雷暴中的雨滴谱的实际计算中，认为谱参量 N_0 和 Λ 分别与雨强 R 有如下关系

$$\Lambda = 38R^{-0.14}(\text{cm}^{-1})$$
$$N_0 = 0.07R^{0.37}(\text{cm}^{-4})$$

把这两关系式分别代入(8.60)式和 Z 关系式

$$Z=\int_0^\infty N_0\exp(-\Lambda D)D^6\mathrm{d}D=\Gamma(7)\frac{N_0}{\Lambda^7}$$

得到

$$w_0 = 4.3Z^{0.052}(\text{m/s}) \tag{8.62}$$

3. 实测法

Joss 和 Waldvogel 根据四个国家共 7 次降雨（从大面积降雨到雷暴）中实测的雨滴

谱资料，按照雨滴在静止大气中下落末速度的实际资料和 w_0 的定义式(8.59) 以及 Z 的定义分别计算了每份雨滴谱的 w_0 和 Z 值，然后对 w_0 和 Z 进行统计得到

$$w_0 = 2.6Z^{0.107} \tag{8.63}$$

4. Txn 法

此法实际上是对 Rogers 方法的一种改进，它仍然应用 Rogers 的前两个假定，即雨滴满足瑞利散射；雨滴谱满足指数分布。它们之间的不同点在于 $v_T - D$ 关系式，因为由(8.59) 式可看出，当滴谱分布相同时，不同的 $v_T - D$ 关系对 w_0 的影响较大。我们采用

$$v_T = C_1 - C_2\exp(-6D) \tag{8.64}$$

式中 $c_1 = 9.65\text{m/s}$，$c_2 = 10.3\text{m/s}$，D 以 cm 为单位，此式和实测资料拟合得很好，当雨滴直径在 0.06～0.58cm 之间时，其误差不超过 3%。为便于分析，我们把实测资料分别与关系式 $v_T = 1420D^{0.5}$ 和(8.64) 式计算的速度值作了比较，如图 8.14 所示。图中实线和虚线分别为上述两公式所产生的误差曲线。由图可见，用(8.64) 式计算的误差在 D 较小和较大时比用 $v_T = 1420D^{0.5}$ 计算的小得多。

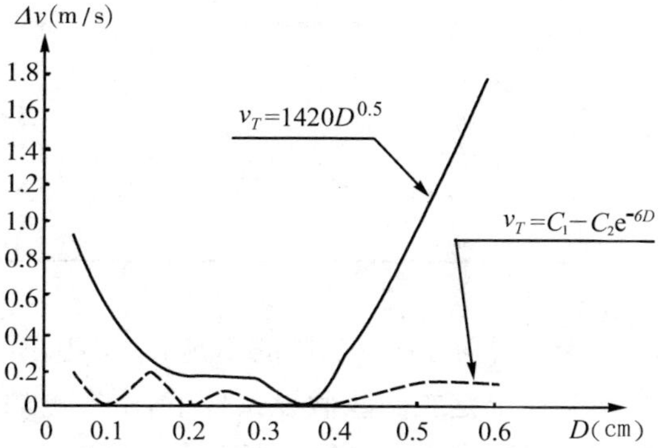

图 8.14　$v_T = c_1 - c_2\exp(-6)$ 和 $v_T = 1420D^{0.5}$ 的误差比较

把(8.64)式代入(8.59)式，则得出

$$w_0 = c_1 - c_2[\Lambda/(\Lambda + 6)]^7 \tag{8.65}$$

取 $N_0 = 0.08\text{cm}^{-4}$，应用 Z 定义式很容易得到

$$w_0 = 9.65 - \frac{10.3}{(1 + 0.065Z^{1/7})^7} \tag{8.66}$$

表 8.3 为上述四种方法在不同 Z 值时计算的 w_0 值。可以看出，在 $Z = 10^2 \sim 10^5\ \text{mm}^6/\text{m}^3$ 范围内，Rogers 法和 Txn 法比较一致，但当 Z 较大或较小时，差别比较明显。这是因为当 $Z \leqslant 10^2$(或 $Z \geqslant 10^5$) 时，小(大) 雨滴对 w_0 的贡献很大，而由图 8.14 可见，这时，它们计算的下落末速度差别很大，从而导致 w_0 有明显的差别。由于 Txn 法所用的 $v_T - D$ 关系式比 Rogers 法的精确，所以前者估算的 w_0 比后者的要好。

用 $w_0 - Z$ 关系测量 w 比速度谱低端法优越之处在于它无需测量具体的速度谱，只需由实测的 $\bar{v}$ 和反射因子 Z，再根据 $w_0 - Z$ 关系和(8.53) 式便可求得 w；在 $w_0 - Z$ 关系中，Z 的幂次很小，所以即使 Z 实测值的误差较大，由此而引起的 w_0 的误差也很小，即 w_0 对 Z 的反应很迟钝。另外若大气中的湍流运动为正态分布，则实测的 $\bar{v}$ 和 Z 不受湍流影响，因而能在湍流大气中较精确的估计大气平均垂直速度 w 。

即使如此，用 w_0-Z 法测量 w 仍有缺陷。由(8.60)式可知，w_0-Z 关系式中的系数取决于 N_0 值，而在实际观测中，不同的降水过程，甚至同一降水过程中不同时刻的 N_0 值变化都很大，有时竟达到两个量级，而且变化不规则。但在上述几个方法中，却把 N_0 取作某一确定值(0.08cm^{-4})或某一变化关系，这必然造成不能准确测定 w_0-Z 关系式中的系数，从而导致估计 w 时产生误差。

表 8.3　四种方法按不同 Z 值计算的 w_0

方法 / Z (mm^6/m^3)	(8.61)式	(8.62)式	(8.63)式	(8.64)式
10	4.5	4.9	3.6	4.0
10^2	5.3	5.5	4.6	5.2
10^3	6.3	6.2	5.9	6.3
10^4	7.4	7.0	7.6	7.4
10^5	8.7	7.9	9.7	8.3
10^6	10.3	8.8	11.4	9.0

4. 综合测量法

为了弥补 w_0-Z 法的不足，本文提出一种新的测量大气垂直速度 w 的方法。这种方法实质上是在一些假设条件下，由实测的速度谱的三阶中心距，即谱的倾斜率 M_3 来确定雨滴谱参量 Λ，进而利用(8.65)和(8.53)式求得 w_0 和 w。由于这种方法还能利用实测的 M_3 和反射因子 Z 估计雨滴谱的其他参量，如 N_0、由大气湍流所造成的速度谱方差 σ_{vT}^2、雨强和含水量等物理量，故称为综合测量。

我们首先假设：

(1)有效照射体内的雨滴都满足瑞利散射。

(2)雨滴谱满足指数分布，即

$$N(D)=N_0\exp(-\Lambda D)$$

应强调指出，这里 N_0 为可变数，它随不同降水过程，甚至同一降水过程的不同时刻而变。这和 $M-P$ 分布中把 N_0 取为某一定的常数值完全不同。

(3)雨滴在静止大气中的下落末速度 v_T 满足(8.64)式。

(4) 有效照射体内大气垂直速度 w 均匀。

在上述假设条件下，根据谱倾斜率 M_3 的定义，当雷达垂直指向时

$$M_3=\frac{\int_{-\infty}^{\infty}(v-\bar{v})^3N_0D^6\exp(-\Lambda D)\mathrm{d}D}{\int_{-\infty}^{\infty}N_0D^6\exp(-\Lambda D)\mathrm{d}D}\tag{8.67}$$

式中 $\bar{v}$ 为平均多普勒垂直速度，按(8.53)式

$$\bar{v}=w+w_0$$

又因为
$$v = v_T(D) + w$$
把上两式代入(8.67)式，并考虑到 $v_T(D)$ 不可能为负值，则有
$$M_3 = \frac{\int_{-\infty}^{\infty}(v_T(D) - w_0)^3 N_0 D^6 \exp(-\Lambda D)\mathrm{d}D}{\int_{-\infty}^{\infty} N_0 D^6 \exp(-\Lambda D)\mathrm{d}D} \tag{8.68}$$
利用假设(3)，则上式又可写为
$$M_3 = 3C_2\left(\frac{\Lambda}{\Lambda+12}\right)^7\left(\frac{\Lambda}{\Lambda+6}\right)^7 - C_2^3\left[\left(\frac{\Lambda}{\Lambda+18}\right)^7 + 2\left(\frac{\Lambda}{\Lambda+6}\right)^{21}\right] \tag{8.69}$$
图 8.15 为按上式绘制的 $M_3 - \Lambda$ 关系图。我们可从实测的多普勒速度谱中，根据 M_3 的定义式(8.67)得到 M_3，再由图 8.15 查得 Λ 值，然后利用(8.65)和(8.53)式即可得大气垂直速度 w。

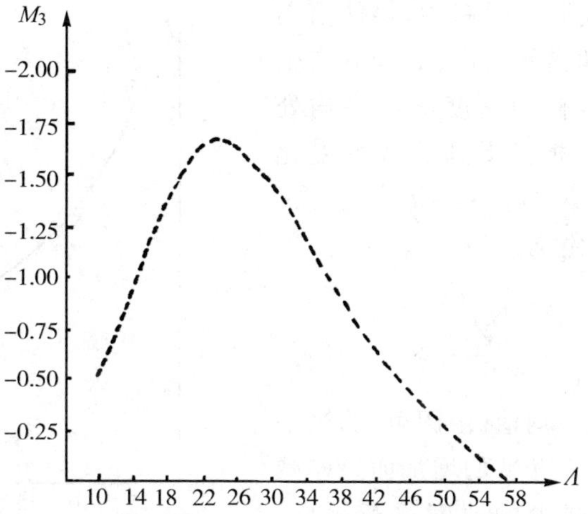

图 8.15　$M_0 - \Lambda$ 关系图

这种方法除能够估算 Λ 和 w 外，它还能根据实测的 Z 值估计另一谱参量 N_0，以及降水含水量、雨强和由湍流造成的谱方差 σ_{vT}^2 等。因为按照它们各自的定义式，能由直接积分(积分范围为 $0 \leqslant D \leqslant \infty$)得到下列关系式
$$Z = 720N_0/\Lambda^7 \tag{8.70}$$
$$M = \pi\rho N_0/\Lambda^4 \tag{8.71}$$
$$R = \pi\rho N_0[C_1/\Lambda^4 - C_2/(\Lambda+6)^4] \tag{8.72}$$
$$\sigma_{vD}^2 = C_2^2[\Lambda^7/(\Lambda+12)^7 - \Lambda^{14}/(\Lambda+6)^{14}] \tag{8.73}$$
式中 ρ 为水的密度，σ_{vD}^2 为雨滴在静止大气中下落末速度所造成的谱方差。显然，由 M_3 确定 Λ 后，只要应用实测的 Z 值，即可根据(8.70)～(8.73)式得到 N_0，M，R 和 σ_{vD}^2。

若采用不很宽的波束，观测距离又较近(一般垂直指向雷达的探测范围小于

15km)，那么由风切变和波束宽度效应引起的谱方差可以忽略，谱方差主要是由雨滴下落末速度分布和大气湍流运动引起的，所以实测的谱方差 σ_v^2 可表示为

$$\sigma_v^2 = \sigma_{vT}^2 + \sigma_{vD}^2 \tag{8.74}$$

很明显，只要应用实测的 σ_v^2 和(8.73) 式即可估计由湍流所引起的谱方差 σ_{vT}^2。

这种方法的关键在于如何确切地选择 Λ 值，因由图 8.15 可知，一般情况下，某一 M_3 值对应着两个不同的 Λ 值。这问题可用下面的办法解决。

首先把相应的两个不同的 Λ 值分别代入(8.70) 和(8.72) 式得到不同的雨强值 I_1 和 I_2，然后应用典型的 $Z-I$ 关系式

$$Z = 200I^{1.6}$$

由实测 Z 值得到雨强值 I_0；分别把 I_1 和 I_2 与 I_0 比较，若 I_1 和 I_0 比较接近，则选择相应的 Λ_1，否则选择 Λ_2 作为准确值。

由于噪声和回波脉动的影响，将使由实测的多普勒谱计算的谱倾斜率 M_3 及 Λ 产生误差，为此必须对多普勒速度谱作平均处理。图 8.16 为用数值模拟得到的 Λ 的变化系数 Le 和平均次数 N 的关系曲线。

变化系数 Le 的定义式为

$$Le = \frac{\left(\sum_{i=1}^{N}(\Lambda_i - \overline{\Lambda})^2/N\right)^{1/2}}{\overline{\Lambda}} \times 100\%$$

式中 $\overline{\Lambda}$ 为 N 次 Λ 的平均值。由图可见，当平均次数 $N < 20$ 时，Le 随 N 的增加而急剧减少；当 $N > 20$ 时，减少的速度逐渐缓慢；$N = 20$ 时，Le 小于 4%，因此 20 次平均的多普勒速度谱将得到较满意的结果。

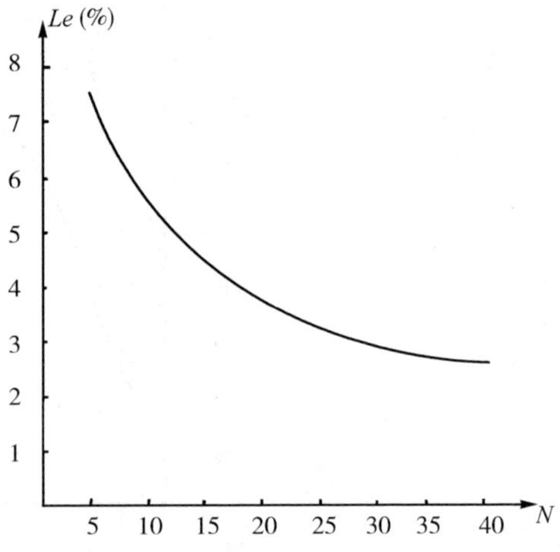

图 8.16 变化系数 Le 和平均次数 N 的关系

这种方法的优点在于：(1)它既能测量大气的垂直速度 w，还能同时测量雨滴谱参量 N_0 和 Λ，以及由 N_0 和 Λ 所计算的含水量 M 和雨强 I，特别是它还能估计由大气湍流而造成的谱方差 σ_{vT}^2，这是迄今其它任何方法所不能做到的。(2) 在有效照射体内，只有同时存在风速切变和反射因子 Z 的梯度时，M_3 才会稍有变化，但变化量很小，可以证明，在一般气象条件下，这种变化可以忽略不计。(3) 当湍流为正态分布时，则谱的倾斜率 M_3 不变，从而使得由 M_3 和 Z 估计的谱参量 N_0 和 Λ 也不受湍流影响。而下面将看到其它测量雨滴谱的方法都受到湍流的影响。

8.4.2　测量滴的谱分布

除上述综合测量法能估计谱参量 N_0 和 Λ 外，早在 1960 年代就有人提出用垂直指向的多普勒雷达测量滴的谱分布。它实际上是用实测的多普勒速度谱直接测得每一速度间隔中的滴数。当存在垂直气流时，为消除这种影响，首先要应用 w_0-Z 关系和(8.53)式估计出大气垂直速度 w，然后把速度谱沿速度坐标轴移过相当于 w 值的间隔，如图 8.17 所示。这时的多普勒速度谱就是完全由雨滴在静止大气中的速度分布所造成的了(当不考虑湍流影响时)。根据雷达气象方程

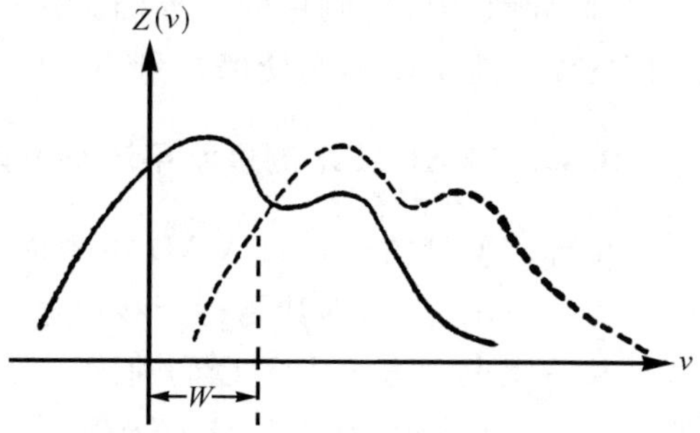

图 8.17　速度谱沿 v 轴平移示意图

$$\bar{P}_r = C\sum\sigma/R^2 = C'\sum\sigma \tag{8.75}$$

有

$$\sum\sigma = \bar{P}_r/C' \tag{8.76}$$

式中 $\sum\sigma$ 为单位体积中所有粒子的雷达截面之和，C 为和雷达参数有关的常量，$C'=C/R^2$ 。

由于在静止大气中，雨滴在重力作用下降落，所以不存在负速度，因此

$$\sum\sigma = P_r/C' = \frac{1}{C'}\int_0^\infty \psi(v_T)\mathrm{d}v_T = \int_0^\infty N(v_T)\sigma(v_T)\mathrm{d}v_T \tag{8.77}$$

式中 $N(v_T)\mathrm{d}v_T$ 为 $v_T - v_T + \mathrm{d}v_T$ 间隔中单位体积内的雨滴数。

按 $\sum\sigma$ 原来的定义

$$\sum\sigma = \int_0^\infty N(D)\sigma(D)\mathrm{d}D \tag{8.78}$$

比较(8.77)和(8.78)两式，有

$$N(D)\sigma(D)\mathrm{d}D = N(v_T)\sigma(v_T)\mathrm{d}v_T$$

$$N(v_T)\sigma(v_T) = \frac{1}{C'\psi(v_T)}$$

所以

$$N(D) = \frac{\psi(v_T)}{C'\sigma(D)}\cdot\frac{\mathrm{d}v_T}{\mathrm{d}D} \tag{8.79}$$

此即为测量滴谱的普遍关系式。

若粒子满足瑞利散射，则有

$$N(D) = \frac{Z(v_T)}{D^6}\cdot\frac{\mathrm{d}v_T}{\mathrm{d}D} \tag{8.80}$$

利用实测的 $Z(v_T)$ 或 $\psi(v_T)$ 值和 v_T-D 关系式，就可得到 $N(D)$。

此法的优点在于它没有很多假设条件，而是按 $\psi(v_T)$ 或 $Z(v_T)$ 实测值计算得到 $N(D)$，但是它易受大气湍流影响。因为湍流的谱增宽作用使得 $\psi(v_T)$ 或 $Z(v_T)$ 产生误差，从而导致 $N(D)$ 测量的不准确。另外它对 w_0 的误差也很灵敏，Sekhon 估计若 w_0 估计值的误差为 2m/s，则使谱参量 N_0 的误差达到一个量级。

8.4.3 VAD 技术测量水平流场及降水量

单部多普勒雷达通过 VAD 技术能探测降水区中风场的特征。VAD 技术就是速度一方位显示方法，即让雷达天线以某一固定的仰角作方位扫描，并把探测到的降水粒子在某一距离和方位上的径向速度 $v_R(\beta)$ 记录并显示出来，如图 8.18 所示。降水粒子的运动速度可分解为垂直下落分量 v_f 和水平分量 v_h（v_h 恒取正值）。我们以正北为 x 轴的正向，正东为 y 轴正向，z 轴向下为正，并令 β_0 为水平风向与正 x 轴的夹角，β 为方位角，α 为天线仰角，则由图可见，雷达探测的降水粒子的径向速度 $v_R(\beta)$ 为

$$v_R(\beta)=-v_h(\beta)\cos(\beta-\beta_0)\cos\alpha+v_f(\beta)\sin\alpha \tag{8.81}$$

按照上式和实际流场的均匀与否，可以探测风向、风速、辐散辐合、形变等物理量。

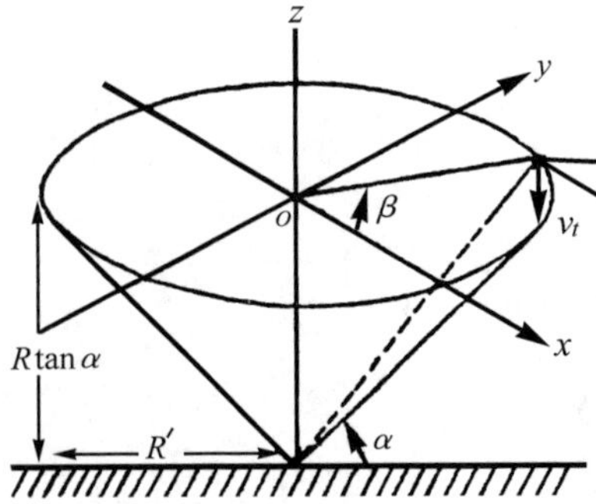

图 8.18 圆锥扫描示意图

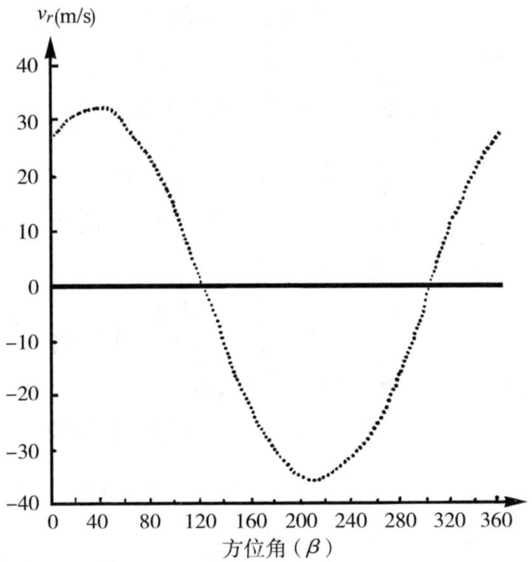

图 8.19 均匀流场时径向速度分布

8.4.3.1 测量均匀流场的风向风速

若流场均匀，则由(8.81)可知，当仰角 α 不变时，雷达测得的某一固定距离上的径向速度 $v_R(\beta)$ 将按余弦方式变化，而且叠加一个常数值 $v_f\sin\alpha$（见图 8.19）。当雷达天线

指向水平风速的来向时，因 $\beta = \beta_0 + \pi$，故有

$$v = v_1 = v_f \sin\alpha + v_h \cos\alpha \tag{8.82}$$

即径向速度取极大值。当天线指向下风方向时，$\beta = \beta_0$，径向速度取极小值

$$v = v_2 = v_f \sin\alpha - v_h \cos\alpha \tag{8.83}$$

比较上面两式，可以解出被探测高度上的水平风速，即

$$v_h = \frac{v_1 - v_2}{2\cos\alpha}$$

而水平风的来向，就是雷达径向速度极小值时天线指向的方位角。

粒子的平均下落速度也可由(8.82)和(8.83)两式解出，为

$$v_f = \frac{v_1 + v_2}{2\sin\alpha} \tag{8.84}$$

此即为垂直方向的平均多普勒速度。再采用前面介绍的方法就可以进一步导出大气垂直速度和雨滴谱分布。

8.4.3.2　测量非均匀流场的风向、风速、辐散和形变

当水平风场不均匀时，则 VAD 曲线将不是余弦曲线形式。实际上在前面的方法中并未应用曲线的全部信息，只用了曲线的极值和零点。而 VAD 曲线的非简谐振荡形式提供了水平风场更多的信息。对 VAD 曲线作谐波分析，应用傅氏级数的零次，一次和二次谐波展开，可以得到水平辐合、水平风向和风速以及水平风场的形变等信息，如图 8.20 所示。

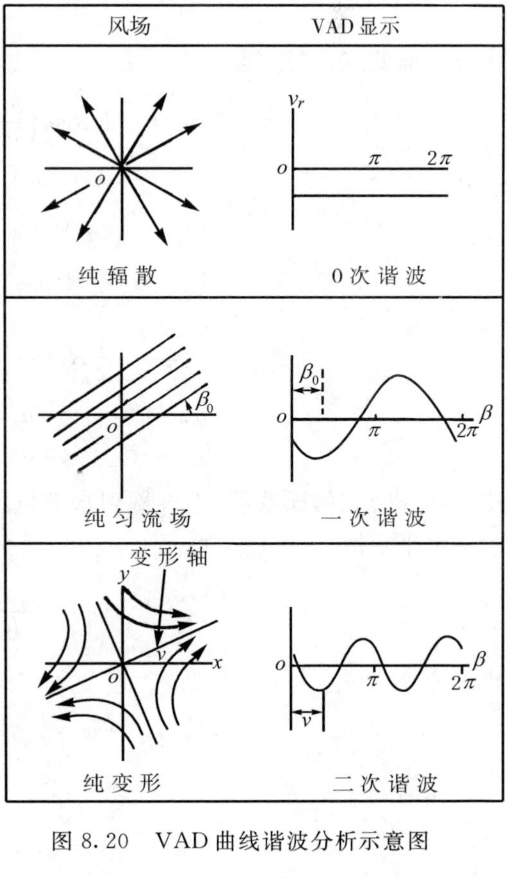

图 8.20　VAD 曲线谐波分析示意图

1. 原理

对(8.81)式展开得到

$$v_R(\beta) = -v_x \cos\beta\cos\alpha - v_y \sin\beta\cos\alpha + v_f \sin\alpha \tag{8.85}$$

式中 v_x 和 v_y 分别为 v_h 在 x 和 y 轴上的分量。将水平速度以中心速度展开，则有

$$v_x = v_{x0} + \frac{\partial v_x}{\partial x}x + \frac{\partial v_x}{\partial y}y$$

$$v_y = v_{y0} + \frac{\partial v_y}{\partial x}x + \frac{\partial v_y}{\partial y}y$$

式中 v_{xo} 和 v_{yo} 分别是坐标原点处的风速在 x 和 y 轴上的分量。另外 $x = R\cos\beta, y = R\sin\beta$，$R$ 为探测点距雷达的水平距离。

设降水粒子的平均下落速度 v_f 水平均匀，且都为 v_{f0}。那么将以上量代入(8.85)式，整理后可得

$$v_R(\beta) = -\frac{1}{2}R\cos\alpha\left(\frac{\partial v_x}{\partial x} + \frac{\partial v_y}{\partial y}\right) + v_{fo}\sin\alpha$$
$$- v_{xo}\cos\alpha\ \cos\beta - v_{yo}\cos\alpha\ \sin\beta$$
$$- \frac{1}{2}R\cos\alpha\left(\frac{\partial v_x}{\partial x} - \frac{\partial v_y}{\partial y}\right)\cos 2\beta$$
$$- \frac{1}{2}R\cos\alpha\left(\frac{\partial v_x}{\partial x} + \frac{\partial v_y}{\partial y}\right)\sin 2\beta \tag{8.86}$$

若将 $v_R(\beta)$ 按方位角 β 展成傅氏级数，有

$$v_R(\beta) = \frac{1}{2}a_0 + \sum_{n=1}^{\infty}(a_n\cos n\beta + b_n\sin n\beta) \tag{8.87}$$

比较上面两式，可得到

$$a_0 = -R\cos\alpha\left(\frac{\partial v_x}{\partial x} + \frac{\partial v_y}{\partial y}\right) + 2v_{fo}\sin\alpha$$
$$a_1 = -v_{xo}\cos\alpha$$
$$b_1 = -v_{yo}\cos\alpha$$
$$a_2 = -\frac{1}{2}R\cos\alpha\left(\frac{\partial v_x}{\partial x} - \frac{\partial v_y}{\partial y}\right)$$
$$b_2 = -\frac{1}{2}R\cos\alpha\left(\frac{\partial v_x}{\partial y} + \frac{\partial v_y}{\partial x}\right)$$
$$a_n = 0 \qquad n \neq 0,1,2$$
$$b_n = 0 \qquad n \neq 0,1,2$$

比较(8.86)和傅氏系数，不难得到水平风场各量的表示式

水平辐散

$$\mathrm{div}\ \bar{v}_h = -\frac{a_0}{R\cos\alpha} + \frac{2v_{f_0}}{R}\tan\alpha \tag{8.88}$$

水平风速

$$v_h = -\frac{(a_1^2 + b_1^2)^{1/2}}{\cos\alpha} \tag{8.89}$$

风向

$$\beta_0 = \frac{\pi}{2} - \mathrm{arccot}\,\frac{a_1}{b_1} \qquad (b_1 < 0)$$

$$\beta_0 = \frac{3\pi}{2} - \operatorname{arccot}\frac{a_1}{b_1} \qquad (b_1 > 0) \tag{8.90}$$

水平风形变 def $\vec{v}_h$ 为

$$\text{def}\ \vec{v}_h = -2\sqrt{a_2^2 + b_2^2}\ /\ R\cos\alpha \tag{8.91}$$

形变轴取向角

$$\gamma = \frac{\pi}{4} - \frac{1}{2}\operatorname{arccot}\frac{a_2}{b_2} \qquad (b_2 < 0)$$

$$\gamma = \frac{3\pi}{4} - \frac{1}{2}\operatorname{arccot}\frac{a_2}{b_2} \qquad (b_2 > 0) \tag{8.92}$$

这里的 β_0 和 γ 均以逆时针方向为正。

2. 具体探测方法

此法的关键在于求得傅氏系数 a_0, a_1, b_1, a_2, b_2。它可以通过反演求出，即测量不同方位角的 v_R 而得到傅氏系数。

如果雷达每隔 10° 方位角测量一个 $v_{Ri}(\beta_i)$ 值，则描扫一周后有 36 个 $v_{Ri}(\beta_i)$ 值，从而傅氏系数可由下式确定

$$a_0 = \frac{1}{18}\sum_{i=1}^{36} v_{Ri}$$

$$a_n = \frac{1}{18}\sum_{i=1}^{36} v_{Ri}\cos n\beta_i$$

$$b_n = \frac{1}{18}\sum_{i=1}^{36} v_{Ri}\sin n\beta_i$$

式中 $n = 1, 2$，i 为 β_i 的取值序列。

若不断改变天线仰角 α 或探测距离，即通过上面的方法得不同高度上的 a_0, a_1, b_1, a_2, b_2，将它们代入(8.88)～(8.92)式便可估计各高度上的风场散度、风向风速和形变等运动的特征量。

若大气满足水平不可压缩和准静力条件，则可按照连续方程由各高度实测的辐散项推出气流的垂直速度

$$w(H) = \frac{1}{\rho(H)}\int_0^H \rho\,\text{div}\ \vec{v}_h\,\mathrm{d}H \tag{8.93}$$

这种测量方法对测量稳定层状云降水区中的垂直气流速度特别有效，因为这时的垂直速度 w 比粒子的平均下落末速度 w_0 小一至两个量级，故用垂直指向雷达不可能准确测得 w。

在 VAD 技术中，估计垂直速度 v_f 的不准确是重大的误差来源。在测量低空水平风速时常用低仰角测量，这样垂直速度项可略去不计。实际上在仰角小于 20°时，垂直气流项对辐散的贡献就可忽略。

在对流云中，垂直速度 w 和雨滴在静止大气中的平均下落末速 v_f 随时空有较大的变化。另外，对流云的水平流场变化很大，而范围往往很小，而 VAD 技术一般是一个半径达 10km 的扫描圆上的平均，故用这种方法测量风场结构是不合适的。

8.4.3.3 估计区域降水量

上已述及，运用 VAD 技术可以求得各高度上风场的散度，结合连续性方程对高度积分，即可利用(8.93)式估计各高度的垂直速度 $w(H)$。假如把 $w(H)$ 和从探空资料中获取的饱和混合比廓线结合起来，便可求出降水凝结率和降水强度。现把基本原理叙述如下：

因在层状云降水中大气垂直速度很小，故可用降水粒子在静止大气中的平均下落末速度 w_0 代替 v_f 应用 w_0-Z 关系式(8.63)，并考虑到对 w_0 作空气密度订正，则有

对雪：
$$w_0 = 2.6Z^{0.107}\left(\frac{\rho_0}{\rho}\right)^{0.5} \tag{8.94}$$

对雨：
$$w_0 = 0.64Z^{0.06}\left(\frac{\rho_0}{\rho}\right)^{0.5}$$

式中 ρ_0 和 ρ 分别为地面空气密度和 H 高度上的大气密度。

在 100km 高度以下，$\rho(H)$ 可表示为

$$\rho(H) = \rho_0 \exp(-H/10) \tag{8.95}$$

把(8.94)式代入(8.88)式可求得 div $\bar{v}_h$，然后把求得 div $\bar{v}_h$ 和(8.95)式代入(8.93)式，可得到各高度上的垂直气流速度 w 。

若以 c_i 表示绝热上升的大气薄层在单位横截面上的凝结率，则

$$c_i = -\rho\frac{\mathrm{d}m}{\mathrm{d}H}w\Delta H \tag{8.96}$$

这里 m 是冰或水的饱和混合比，ΔH 为气层厚度。

如果在雷达站上方垂直气柱中水汽凝结率等于降水强度 I，则有

$$I = \int_{\text{云底}}^{\text{云顶}}\rho(H)w(H)\frac{\mathrm{d}m}{\mathrm{d}H}\mathrm{d}H$$

近年来，美国研究人员根据上述原理用 VAD 技术在测量降水方面做了许多工作，并得到了较满意的结果。目前美国国家大气研究中心已编制了用上述原理估计降水的程序包，从而使得 VAD 技术得到了更为广泛的应用。

8.4.3.4 VAD 作不均匀间隔采样时确定风场的方法

由于多普勒雷达测速依赖于有回波处降水粒子的径向运动，实际作 VAD 探测时回波往往只覆盖一部分圆周，未被覆盖的部分并不意味着空气运动速度为零。对于这种不均匀分布的采样数据场，用来确定流场散度和风速风向较好的方法是用最小二乘近似，即对实测径向速度 $\hat{V}_{ri}$ 用一个回归方程所确定的估计值 $\hat{V}'_{ri}$ 去代替，由回归方程的回归系数 A_k 确定流场的散度和水平风场。

在 $0\sim 2\pi$ 方位角内我们采集到不均匀分布的 M 个实测径向速度样本 $\hat{V}_{ri}(i=1,2,\cdots,M)$。另外，用一个回归方程来表示这些不均匀采样点上实测 $\hat{V}'_{ri}$，$\hat{V}'_{ri}$ 写成傅里叶展开式为

$$\hat{V}'_{ri}=\sum_{k=0}^{m-1}A_k\exp(\mathrm{i}k\Delta\beta_i) \tag{8.98}$$

式中 $\hat{V}'_{ri}$ 是复数形式的径向速度估计值，m 与谐波次数 k 的最高取值有关，对于线性变化的风场，取 $m=3$，式中系数 A_k 待定。

为了寻找最佳的 A_k 使 $\hat{V}'_{ri}$ 与 $\hat{V}$ 之间的误差为最小，只要使下式

$$\sum_i|\hat{V}_{ri}-\hat{V}'_{ri}|^2=\sum_i\left\{\left[\hat{V}_{ri}-\sum_k A^K\exp(\mathrm{i}k\Delta\beta_i)\right]\left[\hat{V}^*_{ri}-\sum_k A^*\exp(\mathrm{i}k\Delta\beta_i)\right]\right\} \tag{8.99}$$

为最小。式中 i 为样本序数，$*$ 号表示共扼。(8.99) 式对 $A_k(n=0,1,\cdots,m-1)$ 求导后可以得到以下方程

$$\sum_i\hat{V}_{ri}\exp(\mathrm{i}k\Delta\beta_i)-\sum_{i,k}A_k\exp[\mathrm{i}(k-n)\Delta\beta_i]=0 \tag{8.100}$$

A_n 的 M 个系数可以由上面式中当 $m=0,1,\cdots,m-1$ 时所获得的 M 个方程求得。

当采样数据在圆周上均匀分布时，即有 $\Delta\beta_i=\omega\Delta t_i$，其中 ω 是天线转动的角速度，Δt_i 是采样的时间间隔，则(8.100)式左边的第二项可表示为

$$\sum_{i,k}A_k\exp[\mathrm{i}(k-n)\Delta\beta_i]=\begin{cases}\sum\limits_{j=1}^{M}A_n=MA_n & k=n\\ 0 & k\neq n\end{cases} \tag{8.101}$$

这是由于当 $k\neq n$ 时可以取得 $(k-n)$ 为负值与 $(k-n)$ 为正值相等的各组数之故。将此结果代入(8.100) 式就得

$$A_n=\frac{1}{M}\sum_i\hat{V}_{ri}\exp(-\mathrm{i}n\Delta\beta_i)\qquad n=0,1,\cdots,m-1 \tag{8.102}$$

此式就是求 $\hat{V}_{ri}$ 的离散傅里叶系数 A_n 的公式。只要在一个圆周上测得样本值 $\hat{V}_{ri}$，就可用上式确定系数 A_n。

当采样数据在圆周上不均匀分布时，必须通过求解一组线性方程才能确定系数 A_n。对于实际资料，因为 $\hat{V}_{ri}$ 是实数，故(8.100)式只需取实部，即使如此，仍可将(8.100)式中双重求和式部分写成下面复共扼和式

$$\sum_i\hat{V}_{ri}\exp(-\mathrm{i}n\Delta\beta_i)-\frac{1}{2}\sum_{i,k}\left[A_k\exp[\mathrm{i}(k-n)\Delta\beta_i]-A_k^*\exp[-\mathrm{i}(k-n)\Delta\beta_i]\right]=0 \tag{8.103}$$

关于(8.100)式中双重和式部分的实部与(8.103)式左边第二项复共扼和式相等，

读者可以自己证明。

作为一级近似,假定 VAD 探测资料中只有零次项和一次谐波存在,即只取 $k=0$,1 两个值,再分别令 $n=0,1$ 等后,由(8.103)式可以得到一组方程。当 $n=0$ 时有方程

$$A_0+\frac{A_1}{2M}\sum_i \exp(-\mathrm{i}\Delta\beta_i)+\frac{A^*}{2M}\sum_i \exp(-\mathrm{i}\Delta\beta_i)$$
$$=\frac{1}{M}\sum_i \hat{V}_{ri} \qquad n=0 \tag{8.104}$$

当 $n=1$ 时有方程

$$\frac{A_0}{M}\sum_i \exp(-\mathrm{i}\Delta\beta_i)+\frac{A_1}{2M}+\frac{A^*}{2M}\sum_i \exp(-\mathrm{i}2\Delta\beta_i)$$
$$=\frac{1}{M}\sum_i \hat{V}_{ri}\exp(-\mathrm{i}\Delta\beta_i) \qquad n=1 \tag{8.105}$$

从以上两式中消去 A_0 后得

$$A_i+A_1^*\cdot Z_1=Z_2 \tag{8.106}$$

式中

$$\begin{cases} Z_1=\dfrac{D_1^*-\dfrac{D_2}{2D_1^*}}{D_1-\dfrac{1}{4D_1^*}} & Z_2=\dfrac{C_0-\dfrac{C_1}{2D_1^*}}{D_1-\dfrac{1}{4D_1^*}} \\ D_1=\dfrac{1}{2M}\sum_i \exp(-\mathrm{i}\Delta\beta_i) & D_2=\dfrac{1}{2M}\sum_i \exp(-\mathrm{i}2\Delta\beta_i) \\ C_0=\dfrac{1}{M}\sum_i \hat{V}_{ri} & C_1=\dfrac{1}{M}\sum_i \hat{V}_{ri}\exp(-\mathrm{i}\Delta\beta_i) \end{cases} \tag{8.107}$$

对(8.106)式取共扼得

$$A_1^*+A_1Z_1^*=Z_2^* \tag{8.108}$$

由(8.106)式和(8.108)式消去 A_1^* 后,可解得系数 A_1 为

$$A_1=\frac{Z_2-Z_1\cdot Z_2^*}{1-|Z_1|^2} \tag{8.109}$$

于是可以直接从 A_1 求得其实部 $a_1=\mathrm{Re}\{A_1\}$ 和虚部 $b_1=\mathrm{Im}\{A_1\}$,若(8.106)式和(8.108)式消去 A,同样可得

$$A_1^*=\frac{Z_2Z_1^*-Z_2^*}{|Z_1|^2-1} \tag{8.110}$$

在(8.104)式中采用(8.107)式所定义的符号后,可写成

$$A_0+A_1D_1+A_1^*D_1^*=C_0 \tag{8.111}$$

将(8.109)和(8.110)式代入(8.111)式后就可获得确定系数 A_0 的关系式

$$A_0=C_0-2\mathrm{Re}\{A_1^*D_1\} \tag{8.112}$$

求得系数 A_0,A_1 后,对照(8.89)、(8.90)和(8.88)各式,就可以用这些系数给出确定不均匀数据场时的风速、风向和散度的计算公式为

$$V_{ho}=\sqrt{\frac{\mathrm{Re}\{A_1\}}{\cos\alpha}+\frac{\mathrm{Im}\{A_1\}}{\sin\alpha}} \tag{8.113}$$

$$V_{ho}=\frac{|A_1|}{\cos\alpha} \tag{8.114}$$

$$D=\begin{cases}\dfrac{\pi}{2}-\arg A_1 & (b_1<0)\\[2ex] \dfrac{3\pi}{2}-\arg A_1 & (b_1>0)\end{cases} \tag{8.115}$$

$$\mathrm{div}V_h=\frac{2}{R\cos\alpha}(A_0-w_0\sin\alpha) \tag{8.116}$$

8.4.4 多部多普勒雷达联合探测风场

多普勒雷达只能测量径向速度分量。但是在实际的三维空间中风可能指向任何方向。前面根据一部多普勒雷达对径向速度的测量来推断三维风场结构,这只是在水平均匀流场等这种特定条件下才能做到。在很多情况下这样的条件是不满足的。例如在对流风暴中,气流速度随空间和时间都有显著变化,这时仅用一部雷达测得的速度资料想确切地勾画出风场的空间分布,实际上是不可能的。容易想到,利用相隔不远的三部雷达同时测定散射体相对于雷达的径向速度分量,就可以计算出散射体在任一方向上的运动速度,这样就能比较全面地了解空间中的三维风场。

8.4.4.1　三部雷达方法探测风场

为了与一般雷达探测时的坐标概念相一致,我们选取左手直角坐标系,使 x 轴指向正北方,y 轴指向正东方,z 轴指向天顶,方位角自正北算起,自北向东转为正。因为当前多普勒雷达测量气象目标运动速度的实际试验范围只在几十千米半径以内,所以可以近似地把地面看作是平的。

为了与先前某些工作者在讨论这个问题时所采用的方程形式相一致,这里取散射体远离雷达时的径向速度为正,于是有

$$V_j=V_x\cos A_j\cos E_j+V_y\sin A_j\cos E_j+V_z\sin E_j \qquad (j=1,2,3) \tag{8.117}$$

式中 V_x,V_y,V_z 分别是散射体沿 x,y 和 z 三个坐标轴方向运动的速度分量(见图 8.21)V_1,V_2 和 V_3 分别是三部雷达测得的散射体运动的径向速度,A_j,E_j 是被测点相对于各部雷达的方位角和仰角,下标分别指各部雷达。若以 x,y 和 z 表示被测目标在坐标系中的位置,以 a_1,b_1 和 c_1 表示第一个雷达站在坐标系中的三个坐标位置,则可有

$$\cos A_1\cos E_1=\frac{x-a_1}{r_1}$$

$$\sin A_1\cos E_1=\frac{y-b_1}{r_1} \tag{8.118}$$

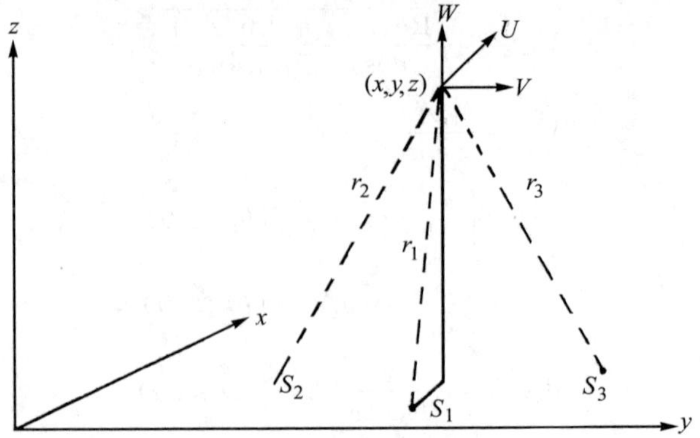

图 8.21　三部雷达测风场示意图

$$\sin E_1 = \frac{z - c_1}{r_1}$$

式中 r_1 是被测点距第一个雷达站的斜距。对于第二、第三个雷达站也有与(8.118)式同样形式的式子，因而(8.117)可以写成

$$\begin{cases} V_1 r_1 = V_x(x - a_1) + V_y(y - b_1) + V_z(z - c_1) \\ V_2 r_2 = V_x(x - a_2) + V_y(y - b_2) + V_z(z - c_2) \\ V_3 r_3 = V_x(x - a_3) + V_y(y - b_3) + V_z(z - c_3) \end{cases} \tag{8.119}$$

为书写方便，令 $\alpha_1 = V_1 r_1$，$\alpha_2 = V_2 r_2$，$\alpha_3 = V_3 r_3$，则(8.119)可以写成下面简单的矩阵形式

$$\begin{bmatrix} \alpha_1 \\ \alpha_2 \\ \alpha_3 \end{bmatrix} = \begin{bmatrix} x - a_1 & y - b_1 & z - c_1 \\ x - a_2 & y - b_2 & z - c_2 \\ x - a_3 & y - b_3 & z - c_3 \end{bmatrix} \begin{bmatrix} V_x \\ V_y \\ V_z \end{bmatrix} \tag{8.120}$$

用符号 Q 表示上式右端第一个矩阵

$$Q = \begin{bmatrix} x - a_1 & y - b_1 & z - c_1 \\ x - a_2 & y - b_2 & z - c_2 \\ x - a_3 & y - b_3 & z - c_3 \end{bmatrix} \tag{8.121}$$

则(8.120)式的解可以写作

$$\begin{bmatrix} V_x \\ V_y \\ V_z \end{bmatrix} = Q^{-1} \begin{bmatrix} \alpha_1 \\ \alpha_2 \\ \alpha_3 \end{bmatrix} \tag{8.122}$$

式中 Q^{-1} 是 Q 的逆矩阵。为演算简单起见，假设三部雷达都在地平面上，则 $c_1 = c_2 = c_3 = 0$，逆矩阵可表示为

$$Q^{-1}=\frac{z}{|Q|}\begin{bmatrix} b_3-b_2 & b_1-b_3 & b_2-b_1 \\ a_2-a_3 & a_3-a_1 & a_1-a_2 \\ \frac{1}{z}\begin{vmatrix} x-a_2 & y-b_2 \\ x-a_3 & y-b_3 \end{vmatrix} & -\frac{1}{z}\begin{vmatrix} x-a_1 & y-b_1 \\ x-a_3 & y-b_3 \end{vmatrix} & \frac{1}{z}\begin{vmatrix} x-a_1 & y-b_1 \\ x-a_2 & y-b_2 \end{vmatrix} \end{bmatrix} \tag{8.123}$$

其中 $|Q|$ 是 Q 矩阵的行列式，则有

$$|Q|=z\begin{vmatrix} a_1 & b_1 & 1 \\ a_2 & b_2 & 1 \\ a_3 & b_3 & 1 \end{vmatrix}=zD \tag{8.124}$$

其中

$$D=\begin{vmatrix} a_1 & b_1 & 1 \\ a_2 & b_2 & 1 \\ a_3 & b_3 & 1 \end{vmatrix} \tag{8.125}$$

显然，D 的值等于以三个雷达站为顶点的三角形面积的两倍。根据(8.123)和(8.124)，可以把风速的解(8.122)式明确地表达成

$$\begin{cases} V_x=\dfrac{1}{D}[(b_3-b_2)\alpha_1+(b_1-b_3)\alpha_2+(b_2-b_1)\alpha_3] \\ V_y=\dfrac{1}{D}[(a_2-a_3)\alpha_1+(\alpha_3-a_1)\alpha_2+(a_1-a_2)\alpha_3] \\ V_z=\dfrac{1}{ZD}\left[\begin{vmatrix} x-a_2 & y-b_2 \\ x-a_3 & y-b_3 \end{vmatrix}\alpha_1+\begin{vmatrix} x-a_3 & y-b_3 \\ x-a_1 & y-b_1 \end{vmatrix}\alpha_2+\begin{vmatrix} x-a_1 & y-b_1 \\ x-a_2 & y-b_2 \end{vmatrix}\alpha_3\right] \end{cases} \tag{8.126}$$

在测得目标物粒子的三个速度分量后，就可以推算三维风场。在风场中的目标物的两个水平速度分量 V_x 和 V_y 可以看作是风场本身的两个水平分量 u 和 v，在计算风场的垂直速度时，应设法将粒子垂直速度 V_z 中包含的两个组成部分，即空气的垂直运动速度和粒子相对于空气的自由下落速度 V_T 分解出来

$$V_z=w-V_T \tag{8.127}$$

式中 V_z 和 w 分别是粒子和空气相对于固定地平坐标系的垂直运动速度，这两个速度均取向上为正，V_T 是粒子相对于空气的垂直运动速度，向下为正。

在用三部雷达方法测得 V_z 值的情况下，如果能够再确定上式右端中的任一个值，那么另一个值自然就可求得。前面已介绍了根据雷达对速度谱端的测量或对反射率因子的测量来定出 V_T 的方法。现在，在三部雷达方法中已经有条件比较详细地测得两个水平速度分量的分布，我们也可以利用流体运动的连续方程来定出垂直风速 w 的分布，这只需对下列连续方程进行积分

$$\frac{\partial u}{\partial x}+\frac{\partial v}{\partial y}+\frac{1}{\rho}\frac{\partial(\rho w)}{\partial z}=0 \tag{8.128}$$

式中 ρ 是空气密度。积分的边界条件可以有两种取法，一种是设

$$w = 0 \qquad \text{在 } z = 0 \text{ 处} \tag{8.129}$$

在假设这种边界条件时，积分由地面向上进行到所需求垂直气流速度的高度上。但是因为空气密度随高度增加而减小，所以下层空气的辐合误差会造成上层较大的垂直速度误差。另一种是用飞机或雷达反射率方法测定某一较大高度 z_0 上的粒子下落速度 $-V_z(z_0)$，并对此高度上的粒子自由下落速度 $V_T(z_0)$ 作一定假设。例如在风暴顶部，一般只包含小粒子，对自由下落速度假设的偏差不致太大。这样就可以得到 z_0 高度上的垂直气流速度为

$$w(z_0) = V_z(z_0) + V_T(z_0) \qquad \text{在 } z = z_0 \text{ 处} \tag{8.130}$$

以此值作为上边界条件，使连续方程的积分自上而下地进行到所需的高度。

关于三部雷达测量方法中风速统计误差的讨论，可参阅有关文献。

8.4.4.2　双多普勒雷达探测

前面的三部多普勒雷达方法，虽然可以根据直接测量到的数据计算粒子运动的全部分量，但设备复杂，并且要求计算机具有很大的数据贮存能力。在一定的条件下，应用双多普勒雷达也可取得关于风场的足够的有用资料。对前面三部多普勒雷达的算法稍作修改，即可应用于双雷达的情况。

设两部雷达位于同一水平面上，$c_1 = c_2 = 0$，则(8.119)式中的前两式可写作如下矩阵形式

$$\begin{bmatrix} \alpha_1 - V_z Z \\ \alpha_2 - V_z Z \end{bmatrix} = \begin{bmatrix} x - a_1 & y - b_1 \\ x - a_2 & y - b_2 \end{bmatrix} \begin{bmatrix} V_x \\ V_y \end{bmatrix} \tag{8.131}$$

式中 $\alpha_1 = V_1 r_1$ 等仍具有与前面同样的意义。

如果能够知道 V_z，则由(8.131)式可以解出

$$\begin{bmatrix} V_x \\ V_y \end{bmatrix} = Q^{-1} \begin{bmatrix} \alpha_1 - V_z Z \\ \alpha_2 - V_z Z \end{bmatrix} \tag{8.132}$$

式中 Q^{-1} 是下列矩阵 Q 的逆矩阵

$$Q = \begin{bmatrix} x - a_1 & y - b_1 \\ x - a_2 & y - b_2 \end{bmatrix} \tag{8.133}$$

把(8.132)式展开后，可得

$$\begin{aligned} V_x &= \frac{\alpha_1(y - b_2) - \alpha_2(y - b_1)}{|Q|} - V_z \frac{Z(b_1 - b_2)}{|Q|} \\ V_y &= \frac{-\alpha_1(x - a_2) + \alpha_2(x - a_1)}{|Q|} + V_z \frac{Z(a_1 - a_2)}{|Q|} \end{aligned} \tag{8.134}$$

式中 $|Q|$ 是与矩阵 Q 对应的行列式

$$|Q| = \begin{bmatrix} x - a_1 & y - b_1 \\ x - a_2 & y - b_2 \end{bmatrix}$$

若 V_z 值为已知，或者可以忽略，则应用与三部雷达情况同样的算法，可以求出上述的解。同时可以看出，在这种情况下，(8.134) 式中除包含 $\alpha = Vr$ 外，还与被测点的坐标 x，y 直接有关。

如果我们把两部雷达之间的基线取作 x 轴，则有 $b_1 = b_2 = 0$，由此可得沿 x 方向的风速分量为

$$V_x = \frac{\alpha_1 - \alpha_2}{a_2 - a_1} \tag{8.135}$$

而与基线相正交的水平分量为

$$V_y = \frac{-\alpha_1(x - a_1) + \alpha_2(x - a_1)}{y(a_2 - a_1)} - \frac{V_z Z}{y} \tag{8.136}$$

可以看出，在 V_x 分量的计算中不包含粒子垂直速度的影响。

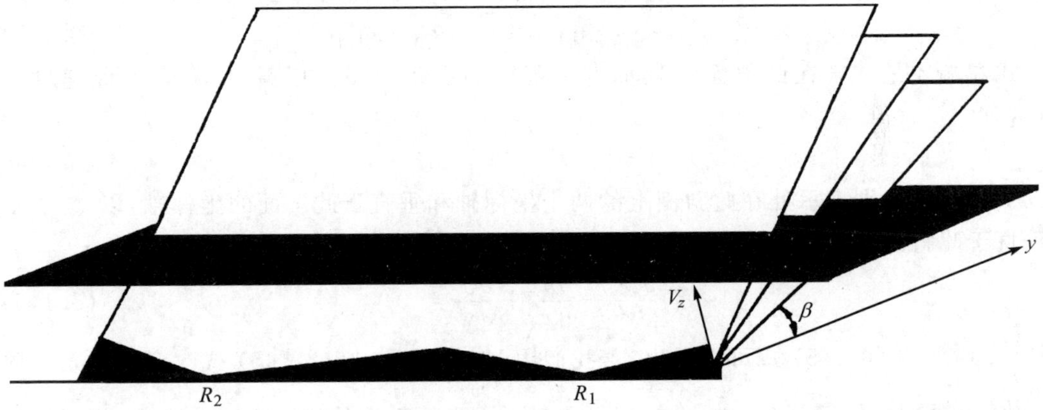

图 8.22　两部雷达的"共斜面"扫描

为了使两部雷达所取得的资料尽可能多地处在共同的取样空间中，设计了"共斜面"扫描方法。如图 8.22 所示。在此方法中，两部雷达共同扫描一些倾斜的平面，这些斜面都通过两部雷达之间的基线。每部雷达在扫描每一个这样的斜面时，需同时改变方位角和仰角。设以符号 β 表示斜面与地平面之间的夹角，则有

$$\tan\beta = \frac{\tan E_1}{\sin A_1} = \frac{\tan E_2}{\sin A_2} \tag{8.137}$$

式中 A_1 和 A_2 分别是两个雷达站观测此斜面上任一点时的方位角，方位角从基线所指的方向算起；E_1 和 E_2 是两部雷达的仰角。因为 x 轴通过两部雷达之间的基线，故又有

$$\tan\beta = \frac{z}{y} \tag{8.138}$$

如果我们用处在斜面上的两个速度分量 V'_x（与基线平行的分量）和 V'_y（与基线相垂直的分量）来表达 V_x 和 V_y，则有

$$V'_x = V_x \tag{8.139}$$

$$V'_y = V_y\cos\beta + V_z\sin\beta \tag{8.140}$$

将(8.136)式代入上式，并利用(8.138)式，可得

$$V'_y = \frac{-\alpha_1(x-a_2)+\alpha_2(x-a_1)}{y(a_2-a_1)}\cos\beta \tag{8.141}$$

由上式可见，斜面上的速度分量 V'_y 可以直接从两个雷达的测量数据求出，而不必借助于对 V_z 的假定。但是在 V'_y 中实际包含有粒子的垂直运动的影响；而此垂直运动是由空气的垂直运动和粒子相对于空气的下落运动组成的，为

$$V_z = w - V_T \tag{8.142}$$

式中 V_z 和 w 分别是粒子和空气相对于地平面坐标的垂直运动速度，向上为正；V_T 是粒子相对于空气的垂直运动速度，向下为正。将(8.142)式代入(8.140)式，可得

$$V'y + V_T\sin\beta = V_y\cos\beta + w\sin\beta \tag{8.143}$$

上式左端才是空气在此斜面上且垂直于基线的运动分量。以符号 v' 表示此速度分量，有

$$v' = V'_y + V_T\sin\beta \tag{8.144}$$

以 x'，y'，z' 分别表示处在此斜面上的两个坐标轴和垂直于此斜面的坐标轴，以 w' 表示垂直于此斜面的空气运动速度分量，则对于此斜面坐标系，可以有连续方程为

$$\frac{\partial w'}{\partial z'} + \frac{\partial u'}{\partial x'} + \frac{\partial v'}{\partial y'} = 0 \tag{8.145}$$

从(8.144)和(8.145)式可以看出，若我们用 V'_y 代替 v'，则(8.145)式改变的仅是一项 $\frac{\partial V_T}{\partial y'}\sin\beta$。因此，仅仅是 V_T 随 y' 的变化才对斜面坐标系中的连续方程有意义。应用质量连续方程和斜面上的数据组，可以计算在斜面上由于$\frac{\partial u'}{\partial x'}$ $\frac{\partial v'}{\partial y'}$ 造成的辐散或辐合。

对于由不同仰角的斜面构成的空间，应用对称轴水平放置的圆柱坐标系是比较方便的，可以使坐标系的对称轴线通过两部雷达之间的基线。在这样的圆柱坐标系中，不可压缩流体的连续可表示为

$$\frac{\partial w'}{\partial \beta} = -y'\left(\frac{\partial u'}{\partial x'} + \frac{\partial v'}{\partial y'}\right) - v' \tag{8.146}$$

可以应用斜面上的多普勒速度数据来计算(8.146)式的积分而得到 w'。计算 w' 之后，可以通过下列公式将 u'，v' 和 w' 再换算成地平坐标系中的空气运动速度分量 u，v 和 w

$$\begin{aligned} u &= u' \\ v &= v'\cos\beta - w'\sin\beta \\ w &= w'\cos\beta - v'\sin\beta \end{aligned} \tag{8.147}$$

这些速度分量虽然是按地平面坐标系来取向的，即 u 和 v 的取向是水平的，而 w 的取向

是垂直于地面的，但网格点仍是分布在斜面上的。因此，还应当通过计算机用内插的方法得到等高面上的速度分布，以便于分析。

上面从雷达测量粒子运动径向速度到推算空气运动各速度分量的过程中，我们一直假定空气是不可压缩的，这样就可以应用(8.146)形式的连续方程。在计算出 u，v 和 w 的空间分布后，还可以考虑对垂直速度进行因空气密度随高度变化而所需的订正。

设空气密度在水平方向是均匀的，则在直角坐标系中连续方程应为

$$\frac{\partial u}{\partial x}+\frac{\partial v}{\partial y}+\frac{1}{\rho}\frac{\partial(\rho w)}{\partial z}=0 \tag{8.148}$$

设空气密度按指数规律随高度递减

$$\rho(z)=\rho_0\exp\left(-\frac{z}{H_0}\right) \tag{8.149}$$

式中 H_0 是大气的定标高度。将(8.149)式代入(8.148)式，得

$$\frac{\partial w}{\partial z}=-\left(\frac{\partial u}{\partial x}+\frac{\partial v}{\partial y}\right)+\frac{w}{H_0} \tag{8.150}$$

将上式与不可压缩条件下的连续方程 $\frac{\partial w}{\partial z}=-\left(\frac{\partial u}{\partial x}+\frac{\partial v}{\partial y}\right)$ 比较起来，可知垂直速度的梯度多了一项 $\frac{w}{H_0}$，所以将 $\frac{w}{H_0}$ 对高度的积分 $\int_0^z\frac{w}{H_0}\mathrm{d}z$ 加到按(8.147)式算出的 w 上，就得到修正后的垂直风速值。

§8.5　解决测速模糊的两种方法

测速模糊是多普勒天气雷达在实际探测中经常会遇到的问题。其原因在第一节末已说明，特别对于短波长的 X 波段雷达更容易产生，这给对多普勒速度场进行分析和反演等带来麻烦，目前解决测速模糊的方法有两种，一是用硬件，即在信号处理器中增加双脉冲重复频率(即 DPRF)功能；另一种是用软件，即在数据处理系统中设置判别及退除速度模糊的程序。下面对这两种方法的原理作一扼要介绍。

8.5.1　用双脉冲重复频率扩展多普勒雷达可测速区间

这种方法是在保持最大不模糊距离不变的情况下，扩展多普勒可测速区间。具体做法是以一种脉冲重复频率 F_1 收集 M 个脉冲样本，再以另一种脉冲重复频率 F_2 收集 M 个脉冲样本，如此反复进行下去。这个脉冲重复频率可以取得足够低，使得两次返回的回波小到可以忽略。测定这两个脉冲重复频率的速度差，就能确定真实的速度。这样，不模糊速度的范围扩大了，而最大探测距离，雷达分辨率以及探测时间基本上没有变化。

双脉冲重复频率扩展多普勒可测定速度区间的原理介绍如下：定义标准化多普勒速度 θ 为

$$\theta = \pi \frac{V}{V_u} \tag{8.151}$$

θ 的单位是弧度，取值区间是 $(-\pi,\pi)$，V 是多普勒速度，V_u 是最大不模糊速度，可由下式决定

$$V_u = \frac{\lambda}{4T} \tag{8.152}$$

T 是脉冲重复周期，λ 是雷达波长。

若多普勒雷达交替发射两种脉冲重复频率 F_1 和 F_2，并且每种脉冲重复频率都发射 M 个脉冲，则两个标准化多普勒速度之差 $\Delta\theta$ 为

$$\Delta\theta = \theta_2 - \theta_1 = \pi V\left(\frac{1}{V_{u_2}} - \frac{1}{V_{u_1}}\right) \tag{8.153}$$

其中 V_{u_1} 和 V_{u_2} 是 F_1 和 F_2 的最大模糊速度。

在 π 范围内，与上述标准化多普勒速度差 $\Delta\theta$ 相对应的最大模糊速度 V_{u^*} 按定义可得

$$V_{u^*} = V_{u_1}\left[\frac{V_{u_1}}{V_{u_2}} - 1\right]^{-1} = \frac{\lambda}{4T^*} \tag{8.154}$$

式中 $T^* = T_1 - T_2$，T_1 与 T_2，分别是与 F_1 及 F_2 相当的脉冲重复时间。由于 λ，T^* 是常数，故与 $\Delta\theta$ 对应的最大不模糊速度 V_u^* 也是常数。

把前面(8.151)式所定义的标准化多普勒速度用到 $\Delta\theta$ 与 V_u^*，则多普勒速度可以表示为

$$V = V_u^* \frac{\Delta\theta}{\pi} \tag{8.155}$$

由(8.153)与(8.154)式可见，据两个不模糊速度范围之比 $\frac{V_{u_1}}{V_{u_2}}$，不模糊速度 V_u^* 的范围可以扩展，扩展的大小取决于比率 $\frac{V_{u_1}}{V_{u_2}}$，例如。若 $\frac{V_{u_1}}{V_{u_2}} = 1.2$，最大不模糊速度 V_u^* 将扩展为 V_{u_1} 的5倍，只要 V_{u_1} 对应的 F_1 较高，或 V_{u_2} 对应的 F_2 较低，使 V_{u_1} 为 V_{u_2} 的6倍，就可以达到这种扩展。

8.5.2 用退折叠技术消除多普勒速度的折叠

8.5.2.1 折叠成因

当目标物的多普勒频移 f_d 大于脉冲重复频率 F 的一半时，对 f_d 的识别就会产生混淆。例如，设 $f_d = \frac{1}{2}F + \delta$（$\delta$ 为小于 F 的正数，对 $f_d < -\frac{1}{2}F$ 的情形可作类似讨论）。

这时谱线 $f_0 + nF$ 上频移 f_d 进入到 $f_0 + (n+1)F$ 的测量范围，其相对于谱线 $f_0 + nF$ 的频移为：$-(F - f_d) = f_d - F$ 这时所产生的频率识别误差为

$$f_d - (f_d - F) = F \tag{8.156}$$

换算成速度的识别误差为

$$V = \frac{\lambda}{2}F = 2V_n \tag{8.157}$$

这说明当目标物运动产生的多普勒频移大于脉冲重复频率的一半时，由雷达测得的径向速度将相差两倍最大模糊速度（也称 Nyquist 速度），即 $2V_n$。进一步设 $f_d = (\frac{1}{2} + N')F + \delta$（其中 N' 为正整数），这时谱线 $nF + f_0$ 上的实际频移就被识别为 $f_0 + (n + N' + 1)F$ 上的频移 $-[(N'+1)F - f_d]$，这时的频率识别误差为

$$f_d - [-(N'+1)F + f_d] = (N'+1)F \tag{8.158}$$

对应的速度识别误差为 $2(N'+1)V_n$。

这样，目标物的实际径向速度 V_t 应为雷达测得的径向速度 V_m 加上速度识别误差。即

$$V_t = V_m + 2(N'+1)V_n \tag{8.159}$$

令 $N' + 1 = N$，则得

$$V_t = V_m + 2NV_n \tag{8.160}$$

式中 N 为整数取值 $0, \pm 1, \pm 2, \cdots$，称为 Nyquist 数，$N = 0$ 对应无误差（没有折叠），$N = 1$ 对应 $f_d = \frac{1}{2}F + \delta$ 的情形，称为一次正折叠。显然，N 的大小反映了折叠的次数。

由上式可见，同样一个测量速度 V_m 可能对应多个不同的实际速度。雷达探测流场时，并不知道目标物的运动速度，只知道 V_m，因此，要得到 V_t 值，必须确定 Nyquist 数 N，然后用（8.160）式求得 V_t。使用软件退折叠技术的关键，就是用各种的手段确定风场中每个测量值的 N 值。

通常情况下，目标物的径向速度都小于 V_n，以 10cm 多普勒雷达为例，当取最大探测距离为 150km 时，最大 V_n 值可达 25m/s。稳定降水粒子径向速度一般不会超过±25m/s。这时 N=0 的。对于强对流天气，即使考虑风速高达 100m/s，也只须考虑 N =±2 即可，因为这时速度处理范围已可达 ±125m/s。因此，N 值一般 0，±1，±2就足够了。

8.5.2.2　退折叠所依据的原理

软件退折叠主要依据连续性原理，即在大气中风扬的分布总是连续的，因此，只要雷达的分辨率足够高，保证风场的连续变化特征不会模糊掉，那么从理论上讲，在有回波之处运用连续性原理，总可以从一点推得整个回波区的速度值，因为速度的折叠总是使相邻库间的速度增加而呈现出明显的突变，选择适当的 N，使该速度梯度明显减小时即可认为此时的速度值是实际速度。

当实际风场存在强切变，相邻库上的实际径向风相差很大时，连续性原理不再适用，这时，首先要确定出强切变线位置。方法有两种：一是在强切变区的某邻域内（如将强切变区向外扩 5 个库的矩形区域），对该区域中的任一库选择一个最佳的 N 值，使该库与周围所有库的速度差之和为最小，这样定出的切变线位置就认为是实际的切变线位置；二是在强切变区的某邻域内，以切变边界的长度总是趋于最短为准则，首先定出切变线长度，然后以此作为一个整体，重复第一种方法，初步定出切变线位置，最后，再在初步定出的切变线附近邻域内，以库为单位，再重复第一种方法，直到最后定出切变线。这种方法称为最小熵原理。和第一种方法相比，它不仅考虑风场的连续性倾向，还考虑了切变线的形状，在定位准确度上要优于第一种方法。

8.5.2.3　退折叠的方法

在退折叠之前，首先要确定是否存在折叠区域。根据连续性原理，给定一个阈值 v_ε，当相邻速度测值的差分大于 v_ε 时，即可认为是模糊点。在二维平面上，折叠区应与一圈模糊点对应。如果模糊廓线呈闭合或二端延伸到回波边沿，这时廓线所围区域可视为折叠区。只要选择合适的 N 数使沿廓线的速度差分为最小，即可用此 N 数退除折叠。

如果模糊廓线不闭合且也未延伸至回波边沿，这说明在该廓线附近存在相对模糊（强切变的情形），在相对模糊区，首先以此廓线涉及范围大于 5 个库的区域开窗，然后用最小熵原理对强切变定位。

对于孤立回波块，就其内部而言，退折叠仍可用前述方法，当整个回波块可能存在折叠时，则必须用别的方法去确定。对整个孤立回波块的折叠问题，当仅考虑 $N=0$，± 1 的情形，且假定相邻两回波块最靠近处的速度差分量小于最大不模糊速度，这样就可用距孤立回波块最近的库值来退除整个孤立区的折叠。但限制这个库距孤立区在方位上必须小于 45°，在径向上不超过 1km 的高度差，如果在此区间内没有已退除折叠的回波块，则取孤立区中库数最多的那个 N 数为零，即认为它们没有折叠。

对速度场可能存在的整体折叠，在仰角较低时，作 VAD（速度方位显示，具体内容见后面）处理，用由 VAD 算得的径向速度与测得的速度值比较来确定是否存在整体折叠。如果没有合适的资料作 VAD，则可以用资料场中面积最大的回波块内库数最多的未经退折叠处理而径向速度连续的区域，作为没有折叠的区域。

本　章　小　结

脉冲多普勒天气雷达是以多普勒效应为基础，通过接收和发射信号之间的相位或频率差异，测定有效照射体内散射粒子相对于雷达的平均速度、速度谱以及速度谱宽等物理量。使用全相干或自相干的发射系统能够确定发射和接收信号之间必须具有的确切的相位关系。由于有效照射体内不同直径的粒子相对于雷达的径向速度不同，故从回波中获得的不是某一个多普勒频率值，而是一个多普勒频率谱分布。

应强调指出，因为脉冲重复频率 F 与临界多普勒速度 v^* 成正比，而与最大不模糊距离 $r_{\max}$ 成反比，故当雷达波长一定时，加大 $r_{\max}$ 就必然缩小 v^*。这就使得在设计雷达参数时，只能根据需要折衷地选择 F 值。

多普勒雷达能付诸实际应用的关键在于有效而实时地提取多普勒频率的信息，目前比较典型的有下面三种提取方法：

(1)傅里叶变换法

它的优点是准确度较高，而且能够获得多普勒频谱，由此可得到平均多普勒频率和频谱宽度等信息。但由于计算的数据量很大，即使应用快速傅里叶变换(FFT)也要用高集成芯片才能对全域做到实时处理。

(2)脉冲对处理法(PPP)

在一定假设条件下对每一个距离库内的连续两个取样值作成对处理，从而获得平均多普勒频率和频谱宽度。此法优点在于能实时处理，并且有一定准确度，但它不能得到频率谱。

(3)相干记忆滤波器(CMF)处理法

此法只需要一个线路，在不设置距离库的情况下同时对雷达探测范围内各个距离上作粗略的谱分析，并能用如 PSI 等直接显示出来。但它准确度不高。

上已述及，多普勒频率和散射粒子的径向速度之间有惟一确定的关系，即 $f = 2v/\lambda$，所以实际上多普勒频率谱相当于有效照射体内散射粒子的速度谱分布；平均多普勒频率相当于散射粒子的平均多普勒速度；频率谱宽和速度谱宽相对应；多普勒速度谱的总和就是有效照射体内散射粒子总的回波功率。目前在业务工作中常用到的是回波功率，平均多普勒速度和速度谱宽。

多普勒速度谱宽实际上是多普勒速度偏离其平均值的程度，它是由于散射粒子具有不同的径向速度所引起的。对气象目标物而言，影响谱宽的因子有四个：①垂直方向上的风切变；②波宽引起的横向风效应；③大气湍流；④不均匀的粒子下落末速度。实践证明，前两种作用的影响较小。当雷达作水平探测时，粒子下落末速度对谱宽没有影响，故可用测得的谱宽粗略地估计湍流。当雷达作垂直指向探测时，若这时的湍流很弱，则测得的谱宽可近似地看作为粒子的谱宽。

单部多普勒雷达除能探测和警戒如龙卷和下击暴流等强对流天气外，还能测量大气垂直速度，滴谱分布和水平风场等，现把各种测量方法分述如下

(1)测量大气垂直速度

当雷达天线指向天顶时，多普勒雷达测量大气垂直速度的方法有三种，它们是：①速度谱低端法；② $w_0 - Z$ 关系法；③ 综合测量法。目前常用的是 $w_0 - Z$ 关系法，因它测量方法简单，无需测量速度谱。这种方法具体又可分为 Rogers 法、Sekhon 法，实测法和 Txn 法。它们的基本原理大致相同，仅在一些具体问题上如下落末速度公式和滴谱分布形式等方面稍有不同而已。

综合测量法在一般经常用到的假设基础上，通过理论推导、数值模拟和对实测资料的分析，证明了应用实测的多普勒谱的三阶中心距(即谱的倾斜率 M_3) 和反射因子 Z 能测量大气垂直速度、滴谱分布、湍流谱宽、降水强度和降水含水量等物理量，并且准确度较高，应强调指出，这种方法受湍流影响较小，而且能测量湍流谱宽。这是目前其它方法所不能做到的。

(2)测量滴谱分布

利用上述方法测得垂直速度 w 后，只要对实测多普勒谱相应平移 w 间隔，则应用公式(8.79)和

(8.80)就能得到滴谱分布。

(3)测量水平风场和降水量

应用VAD技术能测到以雷达为中心的较大范围内的风场。当风场均匀时,它能探测出被测高度上的水平风向、风速和平均多普勒垂直速度。当风场不均匀时,对取得的信息作傅里叶级数展开,则可得到水平风的风向风速、水平辐合辐散及风场的形变等。

在一定假设条件下,把VAD技术和探空资料中的饱和混合比廓线结合起来,还可以测量降水的凝结率和降水强度。

但实际使用VAD技术时,还应考虑到探测资料的离散性级不均匀性情况下的处理方案。

反演风场较准确的方法是使用三部或两部多普勒天气雷达进行同步探测,这样受假设条件的限制少,但要求做到同时扫描某一个空间体积或面积。

解决多普勒雷达测速模糊的方法有两种,一是采用双脉冲重复频率去扩展不模糊速度区间;二是使用软件去识别和消除速度模糊。

第九章　双线偏振多普勒天气雷达探测技术

自 1976 年 Seliga 提出双线偏振雷达(DLPR)设想以来，美、英、日、德、中国等国都已建立了各自的 DLPR 系统及双线偏振多普勒天气雷达(DLPDR)系统，并进行了一系列外场试验，以检验和完善其探测研究云和降水宏观及微观特征的能力。

双线偏振多普勒雷达能交替发射和接受水平与垂直的线偏振波，它和常规天气雷达相比，除同样能测定云、降水的反射率因子外，还能测得差示反射率因子 Z_{DP}、双程差示传播相位变量 Φ_{DP} 及两种不同偏振之间的相关系数 ρ_{hv} 等新的独立变量。这对于提高雷达定量测定降水的准确度，以及了解降水粒子的大小分布、形状、相态和空间取向等均十分有用。

§9.1　DLPDR 能从降水云中提取的物理量

交替发射和接受水平与垂直线偏振波的 DLPDR，它从降水目标后向散射获得的电压时间序列分别用 H_n 和 V_{n+1}($n = 1,2,\cdots,M$) 表示。使用上述序列，经运算后可以得到以下物理量：

1. 水平偏振的反射率因子 $\hat{Z}_h$

2. 垂直偏振的反射率因子 $\hat{Z}_v$

以上两个量，可以用水平与垂直偏振时由下式求得的两个平均取样功率

$$\hat{S}_h = \frac{1}{M}\sum_{i=1}^{M} |H_{2i}|^2 \tag{9.1}$$

$$\hat{S}_v = \frac{1}{M}\sum_{i=1}^{M} |V_{2i+1}|^2 \tag{9.2}$$

再通过合适的雷达气象方程而获得。其中 M 是样本数目。

3. 差示反射率因子 $\hat{Z}_{DR}$，它定义为

$$\hat{Z}_{DR} = 10\log\left(\frac{\hat{S}_h}{\hat{S}_v}\right)(\mathrm{dB}) \tag{9.3}$$

显然，对于球形降水粒子，因 $\hat{S}_h = \hat{S}_v$，故 $\hat{Z}_{DR} = 0$。

4. 双程差示传播相位变量 $\hat{\Phi}_{DP}$，它采用下式估算

$$\hat{\Phi}_{DP} = \frac{1}{2}\arg(\hat{R}_a \hat{R}_b^*)(\mathrm{rad}) \tag{9.4}$$

式中

$$\hat{R}_a = \frac{1}{M}\sum_{i=1}^{M} H_{2i}^* V_{2i+1} \tag{9.5}$$

$$\hat{R}_b = \frac{1}{M}\sum_{i=1}^{M} V_{2i+1}^* H_{2i+2} \tag{9.6}$$

式中上标“*”表示取共轭，“arg”表示取幅角。$\hat{\Phi}_{DP}$ 是由于电磁波在非球形降水粒子区中传播时，水平偏振与垂直偏振的传播常数不相同造成的相位差，故$\hat{\Phi}_{DP}$ 与传播距离有关。设雷达波束经降水区到达探测目标之间的距离为 r，则雷达接受目标物回波信号时的$\hat{\Phi}_{DP}$ 已经通过 $2r$ 的传播距离，因此，称$\hat{\Phi}_{DP}$ 为双程差示传播相位变量。

设电磁波在真空中的传播相位常数为 k_0，它与波的偏振方向无关。又设水平与垂直偏振波在非球形雨滴形成的降水区中的传播相位常数分别为 k_h 及 k_v，则称 $K_h = k_0 - k_h$ 及 $K_v = k_0 - k_v$ 分别为水平与垂直偏振波在降水区中的传播常数增量，并称

$$K_{DP} = (K_h - K_v) \tag{9.7}$$

为差示传播相位常数或特定的传播相位常数。显然，有

$$\hat{\Phi}_{DP} = 2\int_0^{r_0} K_{DP}\,\mathrm{d}r \tag{9.8}$$

若在降水区中相邻距离 r_n 与 r_{n+1} 处测得的双程差示传播相位变量分别为$\hat{\Phi}_{DP}(r_n)$ 及 $\hat{\Phi}_{DP}(r_{n+1})$，则

$$K_{DP} = \frac{1}{2}\,\frac{\hat{\Phi}_{DP}(r_{n+1}) - \hat{\Phi}_{DP}(r_n)}{r_{n+1} - r_n} \tag{9.9}$$

若 r_n 与 r_{n+1} 是降水区中任意两点的距离，则(9.9)式求得的 K_{DP} 就代表在$(r_{n+1} - r_n)$这降水区间内的平均差示传播相位常数。

5. 相关系数 ρ

设雷达发射脉冲重复周期为 T，对于交替发射的双线偏振雷达只有相隔 $2T$ 的重复周期内才能在每个距离库上取得相同偏振的样本，这些样本之间的自相关系数 $\hat{\rho}(2T)$ 可用下式计算

$$\hat{\rho}(2T) = \frac{\left|\sum_{i=1}^{M}(H_{2i}^* H_{2i+2} + V_{2i+1}^* V_{2i+3})\right|}{M(\hat{S}_h + \hat{S}_v)} \tag{9.10}$$

如果相隔一个周期 T，由于交替发射水平与垂直偏振波，它们所取得的回波样本之间的相关系数的模 $|\rho_{hv}(T)|$ 由下式给出

$$|\hat{\rho}_{hv}(T)| = \frac{|\hat{R}_a| + |\hat{R}_b|}{2[(\hat{S}_h \hat{S}_v)]^{1/2}} \tag{9.11}$$

相关系数 $\hat{\rho}_{hv}(T)$ 的大小，由取样体积内粒子径向速度分布、倾斜角及形状等变化的情况决定。

假设同时发射水平与垂直偏振波时取得的回波样本之间的相关系数的模为 $|\rho_{hv}(0)|$，那么在假定：(1) 回波功率谱满足高斯谱模式；(2) 粒子径向速度分布、倾斜角及形状等对相关系数的贡献是相互独立的，则可得

$$|\hat{\rho}_{hv}(0)| = \frac{|\hat{\rho}_{hv}(T)|}{[\hat{\rho}(2T)]^{1/4}} \tag{9.12}$$

显然，$|\hat{\rho}_{hv}(0)|$ 反映的是完全只由于偏振不同造成的样本之间的相关情况，当 T 很小或 T 时段内粒子各种状态基本不变时，$\rho_{hv}(T) \approx \rho_{hv}(0)$ 。

6. 多普勒相移 Ψ_d 及多普勒速度 V_r

在一个脉冲周期 T 的间隔内所获得的正交回波复电压乘积平均值组成的(9.5)、(9.6) 式中，包含着多普勒相移及双程差示传播相位变量两种信息，即有

$$\arg \hat{R}_a = \Psi_{d1} + \hat{\Phi}_{DP}$$

$$\arg \hat{R}_b = \Psi_{d2} - \hat{\Phi}_{DP}$$

式中 Ψ_{d1}，Ψ_{d2} 分别是包含在 $\hat{R}_a$ 及 $\hat{R}_b$ 中的多普勒相移值，故我们可取多普勒相移 Ψ_d 为

$$\Psi_d = \frac{\Psi_{d1} + \Psi_{d2}}{2} \tag{9.13}$$

于是多普勒速度 V_r 应为

$$V_r = \frac{\lambda \Psi_d}{4\pi T} \tag{9.14}$$

显然，采用双线偏振方式时计算多普勒相移及速度的处理方案，与单一偏振时的 PPP 方案是不相同的。

7. 多普勒速度谱宽 $\hat{\sigma}_v$，它由下式给出

$$\hat{\sigma}_v = \frac{\lambda[-0.5\ln\rho(2T)]^{1/2}}{4\pi T} \tag{9.15}$$

式中 λ 是雷达波长。

§ 9.2　影响 Z_{DR} 及 Φ_{DP} 测量值准确度的因素

原则上讲，在发射不同线偏振波时，凡能使被测目标的组成情况、强度及路径等发生差异，或使测值达不到规定准确度的因素，均能使测得的 Z_{DR} 及 Φ_{DP} 值产生不符合准确度要求的误差。具体地讲，主要考虑以下两个方面。

1. 雷达系统各部分造成的误差

(1)天线部分　在发射与接收不同线偏振波时,天线电轴方向、波束宽度以及增益不完全一致,天线水平与垂直通道隔离度不够大,微波开关转换时间不够短等,均是影响测量准确度的因素。

(2)收/发部分　发射的脉冲重复频率低,脉冲重复周期 T 变大,当天线转动探测时,从发射水平偏振波转换到发射垂直偏振波之间,天线方向及时间间隔均改变较多,使探测到的已是不完全相同的目标。为了减小这方面的误差,应选用较高的脉冲重复频率,但是,也要兼顾到最大探测距离的要求。另外,对数接收机的实际放大特性,应与理论的对数特性尽量一致,使接收机输出能正确满足:$Z_{DR}(\mathrm{dB}) = Z_H(\mathrm{dB}) - Z_V(\mathrm{dB})$。

(3)信号及数据处理部分

首先,A/D 的 bit 数要能保证转换后的分辨率能满足准确度要求。其次,两种不同偏振的取样平均数,既要满足准确度要求,又要不能因方位取样数过多而使不同偏振取样平均值之间的相关性变差,即目标已有较大变化。采用高脉冲重复频率及天线转速放慢是减小误差的一种办法。

对于雷达系统本身造成的 Z_{DR} 误差,可以通过对系留金属球的探测给予测定,并作为系统误差加以订正。雷达系统造成的 Φ_{DP} 误差,可以在有降水时进行天线垂直指向的办法给予估测。

2. 降水区造成的误差。

非球形粒子构成的降水区,对于水平与垂直偏振波的衰减是不相同的。这样就使在降水区前端(即离雷达较远处)目标由于衰减不同产生附加的误差。另外,不同偏振时粒子散射引起的相角改变也不同,这就增加了 Φ_{DP} 的误差。

§9.3　用雨滴谱确定 Z_{DR} 及 K_{DP} 的方法

第三章中在瑞利散射条件下得

$$\eta = \frac{\pi^5}{\lambda^4}\left|\frac{m^2-1}{m^2+2}\right|^2\int_0^\infty N(D)D^6\,\mathrm{d}D$$

令 $|U|^2 = \left|\frac{m^2-1}{m^2+2}\right|^2$,而 $Z = \int_0^\infty N(D)D^6\,\mathrm{d}D$,则上式可改写为

$$\eta = \frac{\pi^5}{\lambda^4}|U|^2 Z$$

另外,据反射率的定义式

$$\eta = \int_0^{D_{\max}} \sigma(D)N(D)\,\mathrm{d}D$$

比较以上两式即可得

$$Z = \frac{\lambda^4}{\pi^5 \mid U \mid^2}\int_0^{D_{\max}} \sigma(D)N(D)\mathrm{d}D \tag{9.16}$$

对于非球形降水粒子，式中 D 用等效直径 D_e 代替，在水平与垂直偏振时，Z 及 σ 用下标 h 及 v 表示。于是(9.16) 式可写成

$$Z_{h,v} = \frac{\lambda^4}{\pi^5 \mid U \mid^2}\int_0^{D_{e,\max}} \sigma_{h,v}(D_e)N(D_e)\mathrm{d}D_e \tag{9.17}$$

式中 $N(D_e)\mathrm{d}D_e$ 就是单位体积内雨滴直径在 $D_e \sim D_e + \Delta D_e$ 之间的个数，$\sigma_{h,v}$ 是发射水平或垂直偏振波时雨滴的后向散射截面，$\mid U \mid^2$ 由雨滴的复折射指数决定，$D_{e,\max}$ 是最大的雨滴等效直径。

于是，差示反射率因子可表示为

$$Z_{DR} = \frac{\int \sigma_h(D_e)N(D_e)\mathrm{d}D_e}{\int \sigma_v(D_e)N(D_e)\mathrm{d}D_e} \tag{9.18}$$

以°/km 为单位的

$$K_{DP} = \frac{180\lambda}{\pi}\mathrm{Re}\int[f_h(D_e) - f_v(D_e)]N(D_e)\mathrm{d}D_e \tag{9.19}$$

上式中 Re 表示取实部，f_h 和 f_v 是具有等效直径 D_e 的雨滴在发射水平及垂直偏振波时的后向散射系数，它们都是复数。对于扁旋转椭球状雨滴，在瑞利近似下，f_h，f_v 可以由下面两式给出

$$f_h = \frac{k_0^2 ab^2}{3}\left[\frac{\varepsilon_r - 1}{1 + (\varepsilon_r - 1)A_1}\right] \tag{9.20}$$

$$f_v = \frac{k_0^2 ab^2}{3}\left[\frac{\varepsilon_r - 1}{1 + (\varepsilon_r - 1)A_2}\right] \tag{9.21}$$

式中 k_0 是真空中的传播相位常数，$k_0 = \frac{2\pi}{\lambda}$，$\lambda$ 是雷达波长。ε_r 是雨滴的复相对介电常数。A_1 和 A_2 分别是扁旋转椭球在相等轴(b 或 c) 与旋转轴(a) 方向的形状因子。当椭球偏心率 $e = (1 - a^2/b^2)^{1/2}$ 已知时，它们分别由下式决定

$$A_1 = \frac{1 - e^2}{2e^2}\{(1 - e)^{-1/2}e^{-1}\mathrm{tg}^{-1}[e/(1 - e^2)] - 1\} \tag{9.22}$$

$$A_2 = 1 - 2A_1 \tag{9.23}$$

雨滴等效直径 D_e 与椭率 a/b 之间关系由风洞实验得

$$a/b = \begin{cases} 1.0 & 0 < D_e \leqslant 0.028\mathrm{cm} \\ [1 - (9/32)D_e\rho V_T^2/\mu]^{0.5} & 0.028 < D_e \leqslant 0.1\mathrm{cm} \\ 1.03 - 0.62D_e & 0.1 < D_e \leqslant 1.0\mathrm{cm} \end{cases} \tag{9.24}$$

式中 ρ 是饱和空气密度，近地面处 $\rho = 1.1937 \times 10^{-3}\mathrm{g/cm}$；$\mu$ 是水的表面张力系数，其值为 $7.275 \times 10^{-6}\mathrm{J/cm^2}$；$V_T$ 是雨滴下落末速度(cm/s)，可采用下式确定

$$V_T = [9.65 - 10.3\exp(-6D_e)] \times 10^2 \text{cm/s} \tag{9.25}$$

如果考虑前面(9.7)式 K_{DP} 与 K_h,K_v 的关系,并注意到在半导电介质中传播相位常数是一个复数。称为复波数,其实部代表相位常数,虚部代表衰减常数。则当 K_h,K_v 表示复波数时,(9.7)式就应改写为

$$K_{DP} = \text{Re}(K_h - K_v) \tag{9.26}$$

式中 K_h 与 K_v 可由下式给出

$$K_{h,v} = \frac{2\pi}{k_0}\int_0^{D_{e,\max}} f_{h,v}(D_e)N(D_e)\mathrm{d}D_e \quad (°/\text{km}) \tag{9.27}$$

有了以上这些可以用雨滴谱去计算 Z_{DR},K_{DP} 的关系式,就能对由双线偏振变量去确定的降水中的其它物理量及其准确度进行理论研究和模拟试验。

§9.4 用双线偏振变量估测降雨强度

常规单偏振天气雷达利用雷达反射率因子 Z_h 估测降水强度 I 时,由于 Z_h-I 关系随雨滴谱型变化较明显,使其普适性及稳定性均较差,而且假定雨滴是球形的,忽略了大雨滴非球形带来的影响,故其测雨准确度不高。采用双线偏振多普勒天气雷达后,可以获得更多的回波信息,理论研究及实验均证明,采用 Z_{DR}、K_{DP} 等偏振变量建立的测雨方程,由于这些变量对雨滴谱变化相对说来较不敏感,又考虑了雨滴非球形的影响,所以可提高测雨准确度。国内外在这些方面已做了不少工作,今将主要的研究方法和我们所做的试验结果作一扼要的介绍。

1. 几种测雨方程的形式

对于常规天气雷达,只能测得 Z_h 这一个量,其测雨方程的一般形式由理论推导可知为

$$I_h = a_0 Z_h^{b_0}$$

对于双线偏振雷达为

$$I_{DR} = a_1 Z_h^{b_1} Z_{DR}$$

而对于双线偏振多普勒雷达为

$$I_{DP} = a_2 K_{DP}^{b_2}$$

$$I_{DK} = a_3 K_{DP}^{b_3} Z_{DR}$$

2. 模拟雨滴谱资料所得的各测雨方程

根据雨强 I 的定义,用雨滴谱表示时可写成

$$I = 0.6\pi \times 10^{-3}\int_0^{D_{e,\max}} D_e^3 N(D_e)V(D_e)\mathrm{d}D_e \quad (\text{mm/h}) \tag{9.28}$$

对雨滴谱,我们采用能较好代表实际情况的 Gamma 型谱分布

$$N(D_e) = N_0 D_e^{\mu}\exp[(3.67 + \mu)D_e/D_0] \tag{9.29}$$

式中 $N(D_e)$ 是单位体积、单位雨滴直径间隔内的雨滴个数,N_0 是滴谱的浓度,D_0 是滴谱

的中值直径，μ 是谱的形状参数。对于小扁旋转椭球雨滴的旋转轴在空中作一致铅直取向时，入射水平与垂直偏振波形成的后向散射截面可以分别使用我们推导出的如下公式

$$\sigma_h = \frac{64\pi^5}{\lambda^4} g'^2$$

$$\sigma_v = \frac{64\pi^5}{\lambda^4} g^2$$

式中 g，g' 分别是整个椭球在旋转轴方向及相对轴方向上的极化系数。另外，我们取 $|U^2| = \left|\frac{m^2-1}{m^2+2}\right|^2 = 0.93$（这是气温零度时液态水的值）。

我们用 Gamma 型雨滴谱模拟实际降雨中的谱分布时，对其各参数 μ，D_0，N_0，$D_m = D_{e,\max}$，在如下范围内作随机取值：$30 \leqslant D \leqslant 3000(\mathrm{mm^{-1} \cdot m^{-3}})$，$-1 \leqslant \mu \leqslant 4$，$0.5 \leqslant D_0 \leqslant 2.5(\mathrm{mm})$，$2.0 \leqslant D_m \leqslant 8.0(\mathrm{mm})$。再根据前面(9.17)～(9.25)式，可以得到如下各组的样本序列：$(\log Z_h, \log I)$，$(\log Z_{DR}, K_{DP}, \log I)$，$(\log K_{DP}, \log I)$，$(\log Z_{DR}, \log I)$。然后进行统计回归确定各测雨方程的系数。在雨强处于 $0 < I < 200\mathrm{mm/h}$ 范围内，我们求得 S，C，X 各波段测雨方程的系数见表 9.1 中。对于 X 波段，我们还将雨强分档后再对各测雨方程的系数分别进行统计（见表 9.2）。在表 9.1、表 9.2 中的平均标准差定义为

$$\mathrm{ERR} = \left\{\left[\sum_{i=1}^{N}(I_t - I_e)^2\right]^{1/2} \Big/ \sum_{i=1}^{N} I_t\right\} \times 100\% \qquad (9.30)$$

用它可以表示出各测雨方程的准确度。式中 I_t 是雨强的理论值，I_e 是雨强的估算值，N 是取样的个数。

表 9.1　雨强范围 $0<I<200\mathrm{mm/h}$

测雨公式	波段	a	b	相关系数	平均标准差(%)
$I_H = a_0 Z_H^{b_0}$	S	0.011426	0.7986	0.992	36.8
	C	0.011426	0.7986	0.982	36.8
	X	0.011426	0.7986	0.982	36.8
$I_{DR} = a_1 Z_H^{b_1} Z_{DR}$	S	0.001964	−1.4253	0.998	11.9
	C	0.001964	−1.4253	0.998	11.9
	X	0.001964	−1.4253	0.998	11.9
$I_{DP} = a_2 K_{DP}^{b_2}$	S	44.806	0.9056	0.977	18.3
	C	23.918	0.9056	0.988	18.3
	X	15.060	0.9056	0.977	18.3
$I_{DK} = a_3 K_{DP}^{b_3} Z_{DR}$	S	51.111	−0.608	0.983	7.3
	C	25.556	−0.609	0.933	7.3
	X	15.334	−0.609	0.933	7.3

表 9.2　X 波段

测雨公式	雨强范围 mm · h^{-1}	a	b	相关系数	平均标准差(%)
$I_H = a_0 Z_H^{b_0}$	$0 < I < 50$	0.01103	0.805	0.977	26.1
	$50 < I < 120$	3.3347	0.286	0.585	36.8
	$120 < I < 200$	25.152	0.150	0.444	68.2
$I_{DR} = a_1 Z_H^{b_1} Z_{DR}$	$0 < I < 50$	0.00207	−1.349	0.976	9.0
	$50 < I < 120$	0.00193	−1.664	0.959	8.0
	$120 < I < 200$	0.00197	−1.696	0.943	11.9
$I_{DP} = a_2 K_{DP}^{b_2}$	$0 < I < 50$	14.972	0.904	0.998	11.8
	$50 < I < 120$	19.889	0.753	0.903	15.6
	$120 < I < 200$	35.973	0.567	0.794	20.3
$I_{DK} = a_3 K_{DP}^{b_3} Z_{DR}$	$0 < I < 50$	15.344	−0.614	0.984	6.0
	$50 < I < 120$	14.461	−0.462	0.872	4.8
	$120 < I < 200$	14.684	−0.491	0.850	5.0

从表 9.1 和 9.2 中均可看出：测雨方程 $I_{DK} = a_3 K_{DP}^{b_3} Z_{DR}$ 的测雨准确度最高，$I_{DR} = a_1 Z_h^{b_1} Z_{DR}$ 次之，$I_h = a_0 Z_h^{b_0} Z_{DR}$ 最差。

为了研究各测雨方程对雨滴谱变化的敏感性，我们对 X 波段时三个不同谱参数 D_m，D_0 和 μ 中某一个参数固定取某几个常数，看各测雨方程的变化情况。图 9.1～图 9.3 分别给出了这种关系曲线。由图中可以看出：

(1)对于相同的 Z_h 值，当 D_m，D_0 和 μ 为不同值时引起的 I_h 的变化幅度很大[见图 9.1(a)、9.2(a)、9.3(a)中]，这说明测雨方程 $I_h(Z_h)$ 对滴谱分布变化具有非常大的敏感性，即同一测雨方程用于不同雨型时会带来较大误差。

(2) K_{DP} 取相同值，μ 和 D_m 这两个参数变化时对 I_{DP} 值影响不大，只有 D_0 能引起 I_{DP} 一定幅度的变化[见图 9.1(b)、9.2(b)、9.3(b)中]，这说明测雨方程 $I_{DP}(K_{DP})$ 对雨滴谱变化的敏感性较差，而且 I_{DP} 与 K_{DP} 之间具有较好的线性相关。

(3)对于方程 $I_{DR}(Z_h, Z_{DR})$，D_m 对 I_{DR}/Z_h 的影响不明显，μ 对 I_{DR}/Z_h 的影响在 Z_{DR} 较大时不明显，在 Z_{DR} 较小时，I_{DR}/Z_h 随 μ 值的增大而减小；D_0 引起 I_{DR}/Z_h 变化较明显，且随 D_0 的增大而减小[见图 9.1(c)、9.2(c)、9.3(c)中]，但由于 D_0 变化会在 Z_{DR} 中得到反应，因此，滴谱分布变化时，D_0 对 I_{DR} 的影响将会得到一定的抵消。所以，该测雨方程总的说来对滴谱变化敏感性较差，测雨准确度较高(见表 9.1、表 9.2)。

(4)对于测雨方程 $I_{DK}(K_{DP}, Z_{DR})$，由于 K_{DP} 对滴谱参数 D_m，μ 变化不敏感，而 D_0 的变化又能反映到 Z_{DR} 中，因此该测雨方程对滴谱分布变化具有更好的独立性[见图 9.1(d)、9.2(d)、9.3(d)中]，它的测雨准确度比前面三个测雨方程更高。

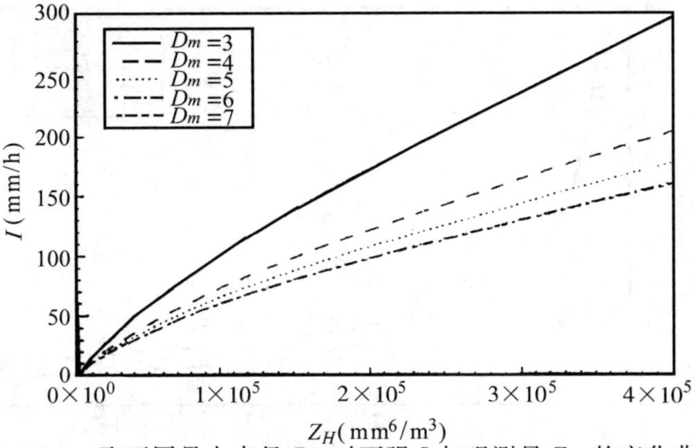

图 9.1(a) 取不同最大直径 D_m 时雨强 I 与观测量 Z_H 的变化曲线

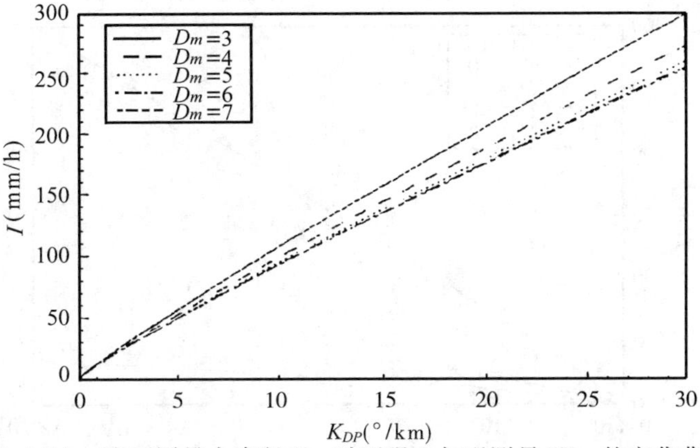

图 9.1(b) 取不同最大直径 D_m 时雨强 I 与观测量 K_{DP} 的变化曲线

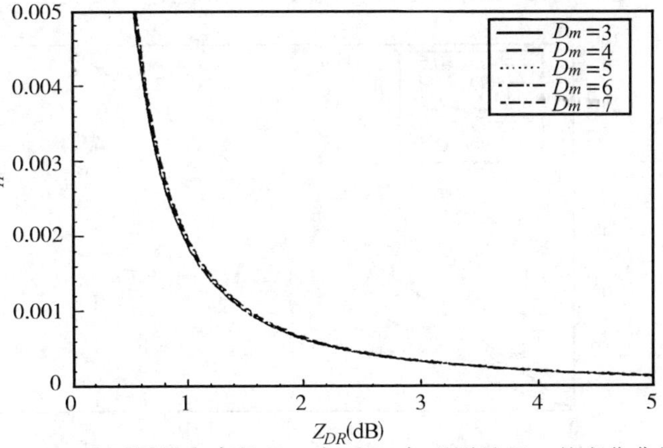

图 9.1(c) 取不同最大直径 D_m 时 I/Z_H 与观测量 Z_{DR} 的变化曲线

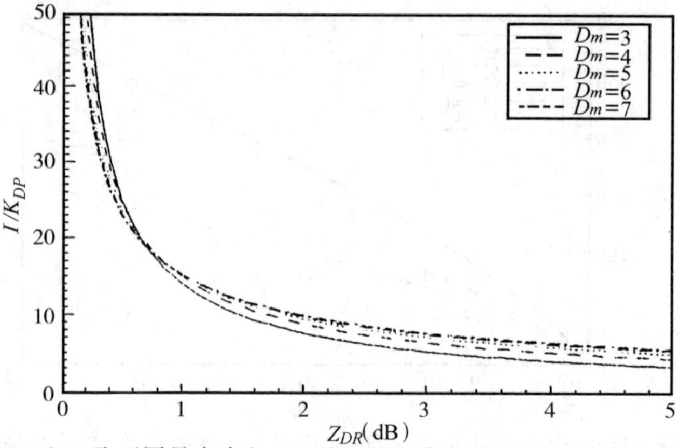

图 9.1(d) 取不同最大直径 D_m 时 I/K_{DP} 与观测量 Z_{DR} 的变化曲线

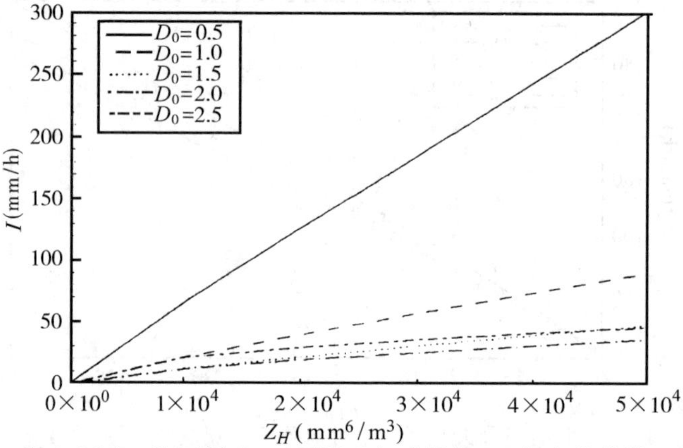

图 9.2(a) 取不同 D_0 时雨强 I 与观测值 Z_H 的变化曲线

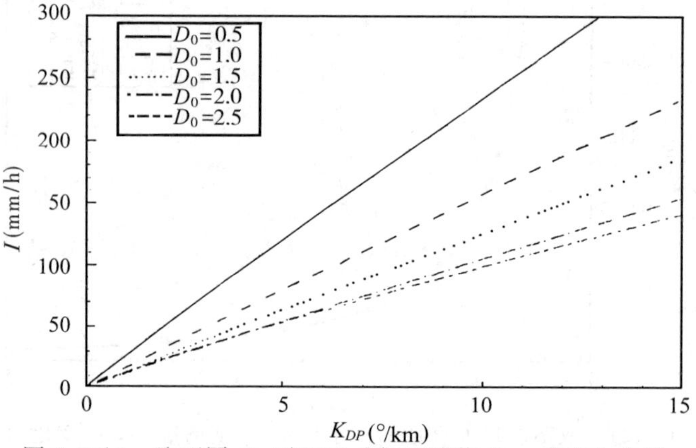

图 9.2(b) 取不同 D_0 时雨强 I 与观测值 K_{DP} 的变化曲线

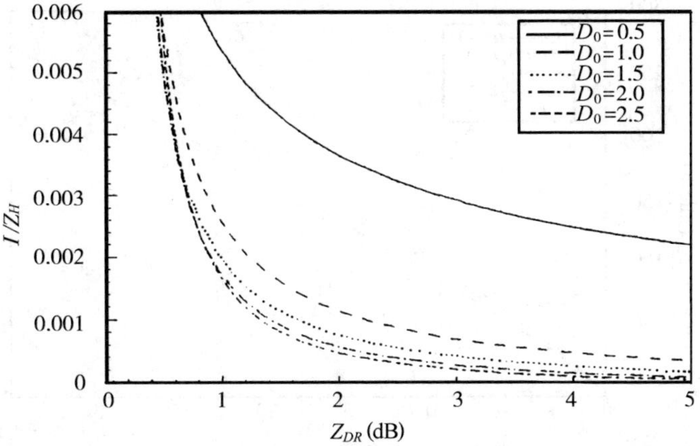

图 9.2(c)　取不同 D_0 时 I/Z_H 与观测值 Z_{DR} 的变化曲线

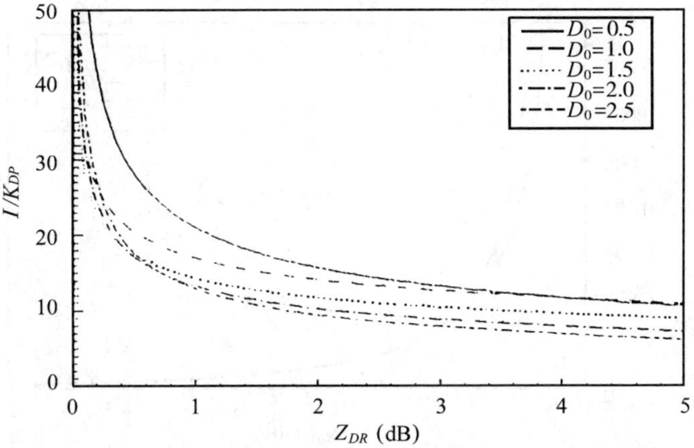

图 9.2(d)　取不同 D_0 时 I/K_{DP} 与观测值 Z_{DR} 的变化曲线

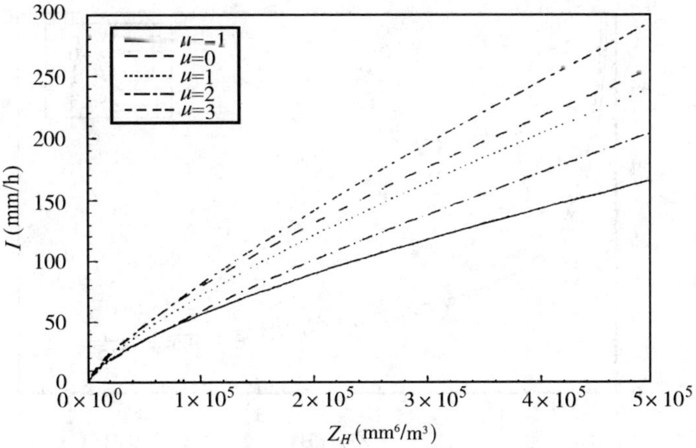

图 9.3(a)　取不同 μ 时雨强 I 与观测值 Z_H 的变化曲线

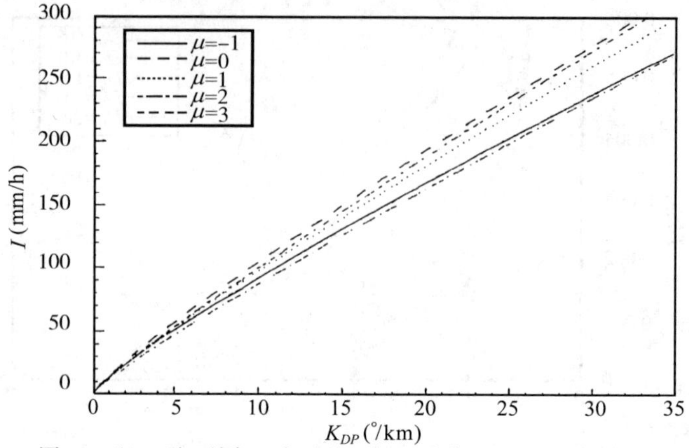

图 9.3(b)　取不同 μ 时雨强 I 与可测值 K_{DP} 的变化曲线

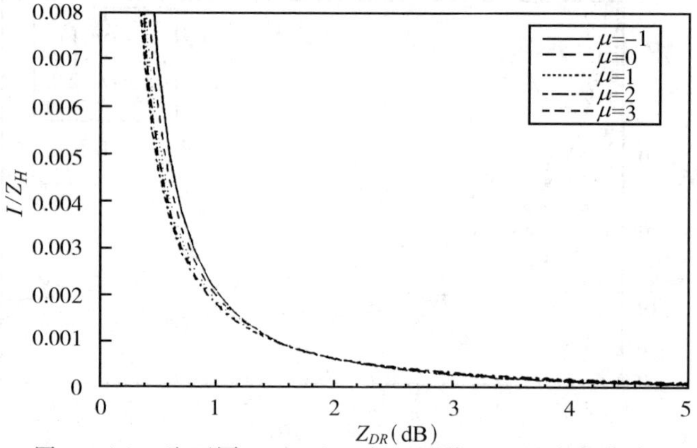

图 9.3(c)　取不同 μ 时 I/Z_H 与观测值 Z_{DR} 的变化曲线

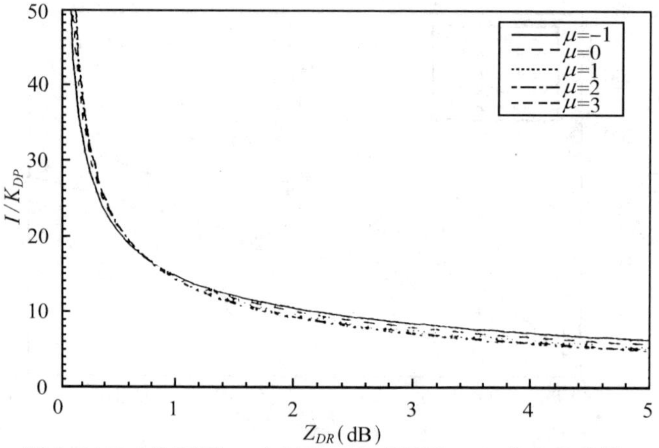

图 9.3(d)　取不同 μ 时 I/K_{DP} 与观测值 Z_{DR} 的变化曲线

§9.5　用偏振变量识别不同的降水粒子

1. 不同降水粒子时各偏振变量的情况

(1)对于纯降雨区(即在融化层以下的区)，Z_h 值随雨强增大而变大，Z_{DR} 为正值，当出现大雨滴时，Z_{DR} 可达 3 ～ 5dB。K_{DP} 一般小于 1°/km，但在含有未融化完冰晶的大雨滴时也可达 2.5°/km，Φ_{DP} 在波束通过广大的大雨区时可达上百度。ρ_{hv} 值在纯雨滴或纯小冰雹时是接近 1 的。这与理论计算结果基本相符。

(2)对于雨及冰雹共存区，会在同一个区中出现较大的 Z_h 值与较小的 Z_{DR} 值。如 $Z_h < 50$dBZ，$Z_{DR} \cong 0$dB。而 ρ_{hv} 变小，如小于 0.5 等。

(3) 中等大小且方向性很好的融化冰雹，可产生 Z_{DR} 为小的正值，并使 K_{DP} 值变大。湿冰雹还可使后向散射差示相位变化 δ 有很大变化，从而使 Φ_{DP} 值在空间发生振荡，造成 ρ_{hv} 迅速变小(如降为 0.4 等)。δ 最大可达－40°。

(4) 大的冰雹，将具有很高的 Z_h 值(如 >50dBZ) 及负的 Z_{DR} 值(如－1 ～－3dB)，K_{DP} 值也较大(但随机取向的冰雹除外)。

(5) 应指出，Z_h 值与 K_{DP} 值有着明显的相关性，对于纯雨滴在 M－P 分布时，可得到

$$Z_h = 13.86\log(K_{DP}) + 48.2 \tag{9.31}$$

的关系。若 Z_h 值对应的 K_{DP} 值过大，即点子偏离上述方程的曲线，则可能是 Z_h 值的系统误差，或者雨滴中有未融冰晶。K_{DP} 值的大小还可反映出液态水含量的多少。

2. 用偏振变量识别冰雹

理论计算表明，扁旋转椭球状或锥球状大冰雹 Z_h 值可以很大，而 Z_{DR} 为负值，ρ_{hv} 变小。大雨滴的最大 Z_h 值没有冰雹时大，更主要的是大雨滴 Z_{DR} 为正的大值，这样就可将两者区分开来。至于尺度较小的外包水膜冰雹，或雨滴与小冰雹共存时，主要表现为 Z_{DR} 变成小的正值，ρ_{hv} 也变小。大的外包水膜冰雹，当水膜较薄时，与干冰雹情况相同，但随着水膜增厚，大小冰雹的特性就趋近于雨滴时的情形。

图 9.4(a)是甘肃兰高所给出了在甘肃平凉 1990 年 8 月 9 日 14:40 方位 326°探测到一个雹暴在 RHI 上的 Z_h 和 Z_{DR} 分布情况。2km 高度上的强中心 Z_h 值达 55dBZ，其左下侧 Z_{DR} 为－1 ～－3dB。当时地面降下的是核桃大的冰雹。在 3km 高度上 Z_{DR} 突变成正值，这是小冰雹造成的。4km 高度上出现大的 Z_h 值区，Z_{DR} 值均匀地为＋1dB左右，估计它是由小冰粒和过冷水滴所造成的。图 9.4(b)是 15:06 方位 330°的情况。

图 9.5 给出了 1992 年 6 月 19 日在美国俄克拉荷马州诺曼城探测到一个强对流单体的情况。在一个最大 $Z_h > 50$dBZ 的区，它与 1.5°仰角时的 $Z_{DR} = 1.3$dB 及 2.5°仰角时的 $Z_{DR} = 0.3$dB 的区域是重叠在一起的，说明该处有冰雹与雨滴共存，且在较高的高度上(即仰角较大时)冰雹所占比例大。K_{DP} 值达 2～4°/km，表明那里有丰富的含水量。

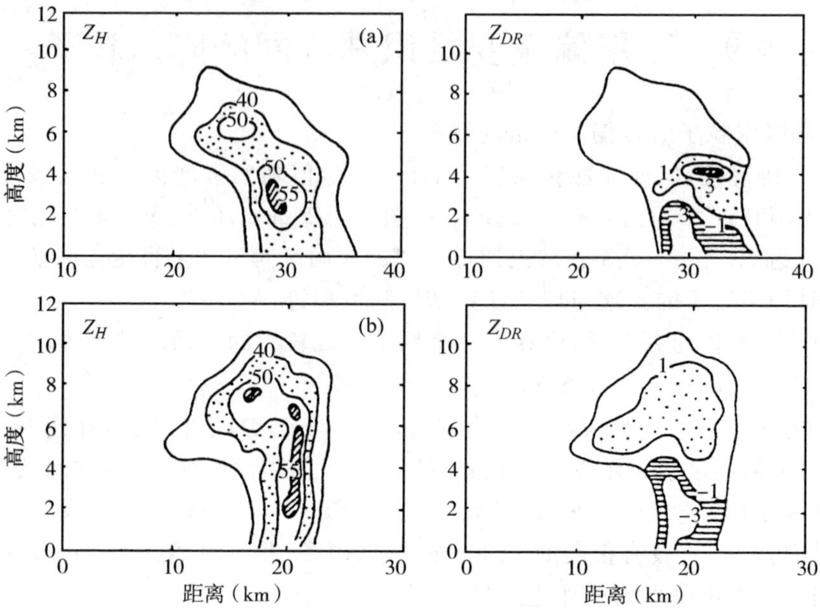

图 9.4　1990 年 8 月 9 日冰雹过程，不同方位、不同时间的 Z_H，Z_{DR} 的 RHI 图

(a)时间 14：40、方位 326°；(b)时间 15：06、方位 330°

Aydin(1986)提出用参量 H_{DR} 判别冰雹区，冰雹参量 H_{DP} 定义为

$$H_{DR} = Z_h - f(Z_{DR}) \tag{9.32}$$

当 $H_{DR} > 0$ 时，判为冰雹区。这种判别是建立在雨与冰雹的 Z_h 值及 Z_{DR} 值存在明显差异基础上的。例如，用甘肃平凉地区所取得的实际雨滴资料，再用理论公式计算得到的 Z_H，Z_{DR} 分布，如图 9.6 中所示，在 $Z_h \sim Z_{DR}$ 平面上用分段函数 $f(Z_{DR})$ 表示雨区边缘分布廓线。假设雹区的 Z_h 值及 Z_{DR} 值应处在雨区范围之外，则可获得 $f(Z_{DR})$ 的具体表示式为

$$f(Z_{DR}) = \begin{cases} 25 & Z_{DR} < 0 \\ 25 + 17.5Z_{DR} & 0 < Z_{DR} < 2 \\ 60 & Z_{DR} > 2 \end{cases} \tag{9.33}$$

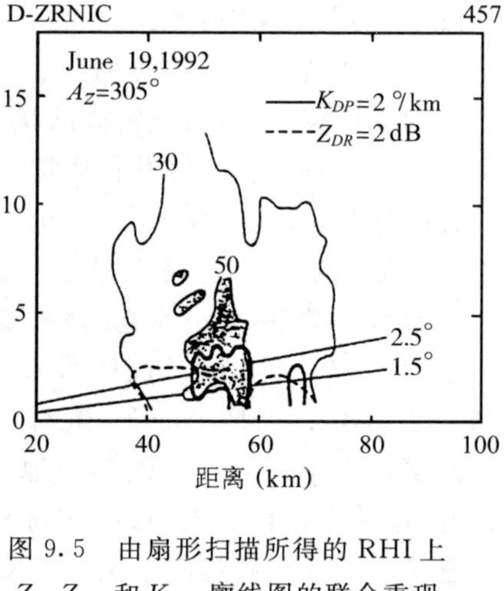

图 9.5　由扇形扫描所得的 RHI 上 Z_h，Z_{DR} 和 K_{DP} 廓线图的联合重现

应指出，$f(Z_{DR})$ 的具体函数形式与当地雨滴情况及雷达波长 λ 有关。

1991年9月9日甘肃兰高所用C波长双线偏振雷达探测了一次降雹过程。图9.7是15：19～16：21$H_{DR}>0$区扫过的面积图。图中▲号表示出现降雹的7个乡的位置。它们与$H_{DR}>0$的区域相吻合。其中有3个乡处在$H_{DR}>0$值区的边缘。

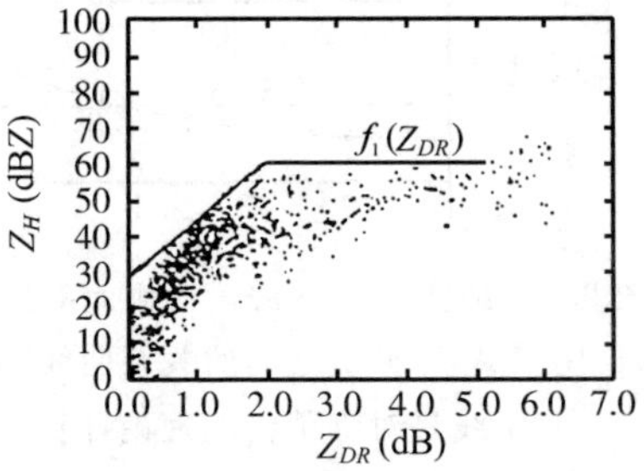

图9.6　利用雨滴谱资料计算得到的Z_H

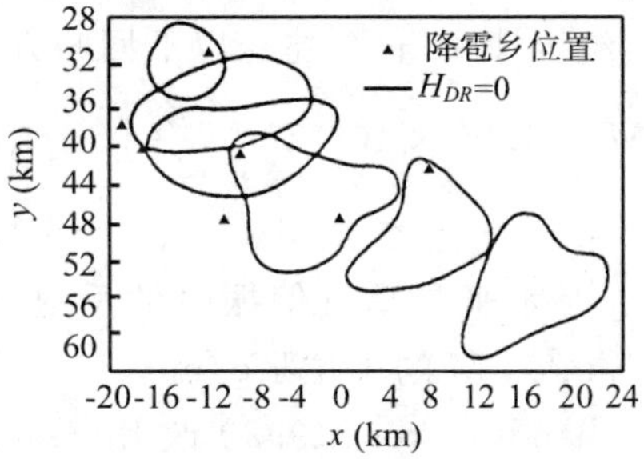

图9.7　1991年9月9日15：19到16：21 $H_{DR}>0$的廓线

§9.6　用偏振变量估算差示衰减及液态含水量

1. 差示衰减及对Z_{DR}的订正

当水平偏振与垂直偏振波通过非球形降水粒子区时，其衰减情况是不一样的，因此产生了特定差示衰减系数A_{DP}(dB/km)，同时也使经降水区后被探测到的目标的Z_{DR}值产生误差ΔZ_{DR}，显然有

$$\Delta Z_{DR} = 2\int_0^r A_{DP}(r)\,\mathrm{d}r \tag{9.34}$$

式中r是目标距雷达的距离。但是，若想用传播路径上每一点的雷达资料去估算出A_{DP}是有困难的。为此，Bringi等(1990)提出用r处测得的Φ_{DP}值去估算ΔZ_{DR}。在假设A_{DP}与K_{DP}之间存在线性关系

$$A_{DP} = CK_{DP} \tag{9.35}$$

时，可写出下式

$$Z_{DR} = C\Phi_{DP} \tag{9.36}$$

式中比例系数C既可由雷达实测资料确定，也可由理论推导求出A_{DP}/K_{DP}值而获得。如图9.8中线1,2,3是斜率$A_{DP}/K_{DP}=C$的理论值随雨滴等效直径变化情况，线4是实测估计值。后者约为0.0083，它比理论值大得多，这是因为实际的强对流单体中的雨滴谱分布中含有比理论模式时更多、更大、更扁的雨滴造成的。它们可能是融化的冰粒。

根据(9.36)式及(9.34)式，我们可以由实测的Φ_{DP}去估算降水区上的总差示衰减。

2. 偏振变量与液态含水量的关系

Sachidunanda 和 Zrnic 用改变指数分布雨滴谱参数 Λ 及 N_0 的方法，分别根据液态含水量 M 及 Z_v，Z_h 的定义式，获得一系列的样本，经统计回归后，建立以下回归方程

$$M = 1.06 \times 10^{-3} Z_h^{0.86} \left(\frac{Z_v}{Z_h}\right)^{4.18} \tag{9.37}$$

式中 $Z_{h,v}$ 是水平与垂直偏振时的反射率因子(mm^6/m^3)，M 的单位是g/m^3。

V. Chandraseker(1992)改用 Gamma 分布雨滴谱做同样统计后所得回归方程为

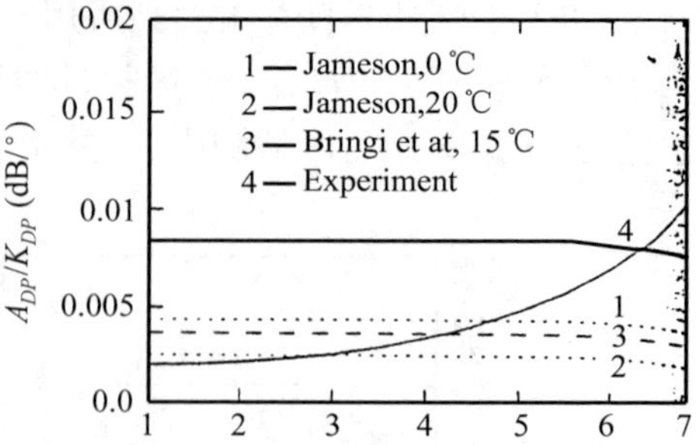

图 9.8 细实线为 S 波段时雨滴等效直径与比率 A_{DP}/K_{DP} 之间的关系曲线；其它几条线是对降雨情况理论计算与实验估算的结果

$$M = 1.13 \times 10^{-3} Z_h^{0.89} \left(\frac{Z_v}{Z_h}\right)^{4.62} \tag{9.38}$$

当计算统计的是 M 及 K_{DP} 这两个变量时对于指数分布及 Gamma 分布的雨滴谱分别得到下面的方程

$$M = 1.63 K_{DP}^{0.76} \tag{9.39}$$

$$M = 1.36 K_{DP}^{0.87} \tag{9.40}$$

式中 K_{DP} 的单位是°/km。

在雨滴谱指数分布的假定下，还可以推导出 M 与 Z，λ 之间的关系

$$M = \frac{10^{-3} Z\lambda^3 \pi}{720} \tag{9.41}$$

下面来证明当取阈值 $K_{DP} = 2°/km$，$Z_h = 50dBZ$，$Z_{DR} = 2dB$时，这三个值是协调一致的，即它们对应着基本相同的 M 值。将上述 K_{DP} 值代入(9.39)、(9.40)式后分别得到 M 值为 2.8 及 2.9g/m^3。假设降水强度 I 与 λ 之间的关系为 $\lambda = 4.1I^{-0.21}$(即雨滴谱满足 M－P 分布时)，且 $Z = 200I^{1.6}$，则当 $Z = 50dBZ$ 时，利用这些关系式，并代入(9.41)式后得到 $M = 2.6g/m^3$。因此，K_{DP} 与 Z_h 的上述阈值是相容的。再看 $K_h = 50dBZ$，$Z_{DR} = 2dB$ 时，由(9.37)、(9.38)式分别得到 $M = 3.0g/m^3$ 及 3.78g/m^3。若改变(9.37)、(9.38)式中的 Z_v/Z_h 值，如使 $Z_{DR} = 2.2 \sim 2.3dB$，则它们分别可得到 $M = 2.5 \sim 2.6g/m^3$。因此，舍掉小数后的 $Z_{DR} = 2dB$ 也应是一个可相容的阈值。这个值容易记忆和使用。

本 章 小 结

1. 双线偏振多普勒天气雷达可以获得以下新的信息：差示反射率因子 $\hat{Z}_{DP}$，双程差示传播相位

变量 $\hat{\Phi}_{DP}$ 或差示传播相位常数 K_{DP}，交替发射水平与垂直偏振波时所得回波样本之间得相关系数的模为 $|\rho_{hv}(T)|$，同时发射水平与垂直偏振时取得回波样本之间相关系数的模为 $|\rho_{hv}(0)|$。其中 $\hat{\Phi}_{DP}$ 是由于电磁波在非球形降水粒子区中传播时，水平偏振与垂直偏振的传播常数不相同造成的相位差。$|\rho_{hv}(T)|$ 的大小由取样体积内粒子径向速度分布、倾斜角及形状等变化的情况决定。

2. 影响 Z_{DR} 及 $\hat{\Phi}_{DP}$ 测量准确度的因素：一是雷达系统各部分在发射水平偏振波与垂直偏振波时性能不完全一致或因天线转动目标改变等引起的；二是非球形粒子降水区对水平与垂直偏振波的衰减不同，以及粒子散射对不同偏振波引起的相角改变不同造成的。

3. (9.18)及(9.19)式分别给出了用雨滴谱计算 Z_{DR} 及 K_{DP} 的公式。

4. 采用双线偏振雷达获得的 Z_{DR}，K_{DP} 等新信息组成的测雨方程，由于这些变量对雨滴谱变化较不敏感，又考虑了雨滴的非球形影响，故测雨准确度得到提高。

5. 我们不仅可用 Z_h 了解雨强，还可用 Z_{DR}，$\hat{\Phi}_{DP}$（或 K_{DP}）及 ρ_{hv} 了解雨滴和冰粒的形状。同时使用 Z_h、K_{DP} 或 ρ_{hv} 等值可以判断雨与冰雹共存区、融化冰雹区及是否存在大冰雹。湿冰雹使后向散射差示相位变化 δ 值有很大变化，从而使 $\hat{\Phi}_{DP}$ 在空间发生振荡，造成 ρ_{hv} 迅速变小。

6. 水平与垂直偏振波通过非球形降水粒子时，衰减情况不相同，故产生了特定的差示衰减系数 A_{DP}，并使经降水区后被探测到的 Z_{DR} 产生误差 ΔZ_{DR}，据(9.36)式可以用 $\hat{\Phi}_{DP}$ 去估算此 ΔZ_{DR}。

7. 液态含水量 M 与偏振变量之间的关系，在不同雨滴谱分布下，经统计回归分别可用(9.37)～(9.41)式表示。

第十章 多普勒天气雷达回波的识别和分析

§10.1 概 述

1940年代开始大气科学工作者已逐步认识到云和降水能散射回电磁波能量;山地、建筑物、飞机、舰船、海浪也能反射回相当强的电磁波能量;飞鸟、昆虫则能反射或散射回一定能量的电磁波;以上返回的电磁波能量均可被雷达接收机所接收,并在雷达显示器上显示出回波。此外,由于晴空大气状况的某些性质,以及由于雷达本身性能和探测方法上等原因,也会在雷达显示器荧光屏上出现一些气象回波和虚假回波。上述雷达回波的出现,对天气预报准确性的提高,尤其对预警强对流天气起到了一定的作用。但是这种常规雷达仅能探测到回波功率,并用雷达气象上常用的雷达反射率因子这个物理量来度量。

为了改进常规雷达的缺点,1980年代以后出现了脉冲多普勒天气雷达,并在大气科学研究、天气预报业务中得到了应用。由于它以多普勒效应为基础,通过测定接收信号与发射信号高频频率之间存在的差异得出所需的信息。用它可以测定散射体相对于雷达运动的速度,在一定条件下可以反演出大气风场、气流垂直速度的分布以及湍流情况等。我国政府已决定在全国各地配置一定数量脉冲多普勒天气雷达。

脉冲多普勒天气雷达可测量三个基本参数:除像常规雷达一样可测量雷达反射率因子,即回波强度以外,还可以测量在雷达取样体积内的平均多普勒速度和谱宽。

在雷达探测中,雷达显示器荧光屏上出现的回波是多种多样的,为了便于分析和应用,大致可分为气象回波和非气象回波两大类。气象回波又可分为降水回波和非降水回波两类。如何正确判断、分析各种雷达回波,不仅在大气科学,而且在国防军事、航空航天、交通、大气环境等领域均有重要意义。本章主要是识别各种雷达回波特征、回波形成的物理解释及其天气和气象意义以及它们在天气预报中的应用。在分析各种雷达回波时,同时讨论回波强度分布和回波径向速度场特征。对前者研究可以了解回波强弱和性质,从而可以知道属于什么类型和性质的回波;对后者研究,除了进一步证实上述回波强弱和性质外,还可以了解大气流场、气流垂直速度分布等。两者相结合,加上有时间序列连续探测资料,就可了解回波演变和移动规律。

下面对雷达荧光屏上显示出的两类回波形成原因作一简单说明,同时对它们包括哪些回波也作一介绍。

10.1.1 非气象回波

这类回波形成的直接来源是地物、飞机等非气象目标物对电磁波的反射以及由于雷达的性能而引起的虚假回波。但在这类回波中，有些回波的出现也和气象条件有关，如海浪回波的强弱与海面上大风强度有关，超折射回波和大气中逆温层的存在有关。这类回波包括：地物回波、超折射回波、同波长干扰回波、飞机、船只等的回波、海浪回波、由天线辐射特性造成的虚假回波。

10.1.2 气象回波

形成这类回波的直接因素是大气中云、降水中的各种水汽凝结(华)物对电磁波的后向散射和大气中温、压、湿等气象要素剧烈变化而引起的。按其地面是否有降水，还可分为降水回波和非降水回波两部分。降水回波包括：层状云连续性降水回波、对流云阵性降水回波、积层混合云降水回波、雪的回波、其它类型降水回波(冻雨、沙暴中降水、第二次扫描回波)。非降水回波包括：云的回波、雾的回波、闪电信号及其回波、晴空大气回波(点状或圆点状、窄带状、细胞状、层状、环状大气波动和湍流、海风)。

在雷达探测中，人们主要关心的是气象回波的识别、分析和研究，以期取得有关未来天气演变的信息。对于其它回波，雷达探测时也需要加以注意，因为这些回波现象有时也能提供一些有用的情况。

§10.2 回波强度和脉冲多普勒天气雷达径向速度场分析技术

10.2.1 回波强度分析技术

回波强度通常用雷达反射率因子 Z 值来度量，故由 Z 值大小即可判别回波强弱，其定义式见(1.29)式。可见该量仅与云、雨滴谱分布有关，因此用不同波长雷达探测到的云、雨可以进行比较。分析(1.29)式还可知道，雷达反射率因子 Z 和粒子直径的六次方成正比，这是一个很重要的结论，即说明少数大水滴能提供后向散射回波功率的绝大部分。雷雨回波较强就是这个原因。在无云、雨滴谱资料情况下，Z 值也可用雷达探测资料通过 $Z = C'R^2 10^{\frac{N}{10}}$ * 式求得，两者计算结果应该是一致的。

必须指出，上述 Z 值定义式和计算式均是在瑞利散射条件下得到的。若瑞利散射不满足，在米散射条件下，Z 值应该用等效雷达反射率因子 Z_e 值代替，并可用(1.32)式计

* 该式可由雷达气象方程得到，式中 C' 为雷达常数，由雷达机各参数决定，N 为中频衰减分贝数。

算得到。

从回波形态特征也可知道其回波强度。例如回波分布成片和早期非数字化模拟雷达回波纹理松散,回波则弱;相反,当回波分布成条、块状和早期非数字化模拟雷达纹理紧密,则回波强;介于上述两者之间或上述两种回波特征同时出现,回波呈棉絮状,则回波有强也有弱,分布很不均匀,地面上降水则有时强、有时弱,雷阵雨对流降水和均匀的层状云降水相继出现。又如由回波特殊结构和形态可知回波强度,一般在 PPI 上出现 V 型缺口、入流缺口、钩状、指状等和 RHI 上出现穹窿、旁瓣假回波等其中一个特征,即认为回波很强,甚至是雹云回波。再如从回波移动特点可知影响测站时风雨情况,当回波带移动方向与风向一致或交角很大,则回波带移速快,测站要出现大风,雨强大;相反回波带走向与风向平行或交角很小,回波带宽且移速慢,其回波带所到之处要出现持续大雨,但风速很小。

10.2.2 脉冲多普勒天气雷达径向速度场分析技术与方法

由于脉冲多普勒天气雷达能直接测量得到的是降水粒子群相对于雷达的平均径向速度,它与我们需要的实际水平风速有关但又不同。另外从雷达屏幕上得到的平均径向速度场分布十分复杂。因此如何从复杂的平均径向速度场分布特征提取二维风场结构,尔后有效地确定龙卷、下击暴流、阵风锋、中尺度气旋、反气旋、辐合线、锋面等强烈天气现象位置,以及得出降水区的垂直风廓线和冷暖平流难度很大,分析和预报人员必须经过专门训练,不仅要了解大气科学中有关方面知识,而且还要了解电子、信息、计算机等有关方面技术,同时还要有足够想象能力。这部分先介绍径向速度场分析技术和方法,为下文分析各种天气现象、天气系统等作一准备。对多普勒径向速度场基本特征的研究,可按零径向速度线;朝向雷达分量(负)、离开雷达分量(正)范围、分布及中心;强多普勒径向速度梯度带三个方面进行分析。

10.2.2.1 多普勒零径向速度线特征

第八章中已提到零径向速度线这个物理量,该量与实际风向始终正交,因此在雷达 PPI 屏幕上可以从任意高度上零径向速度廓线方位转过 $\pi/2$ 再配合负值区及中心、正值区及中心的分布迅速确定各高度上实际风向。

1. 零径向速度线是否与向径平行

若零径向速度线与向径平行,则表示风向不随高度增加而变化,这是因为如上所述风向和零径向速度线始终正交,在 PPI 上不同距离处代表不同高度,现零径向速度线与向径平行,说明不同高度处风向是一样的。同理,若零径向速度线和向径平行并通过原点(测站),则不同高度上水平风场与通过地面测站处风场一致。反之,若零径向速度线走向不与向径平行,即它是一条曲线,则表示风向随高度增加要变化。

2. 零径向速度线走向有无显著折角

若零径向速度线走向有折角,据上述同样理由,反映了水平流场中有不同方向气流存在。大气中可能存在锋面、辐合线、槽线等流场系统，则配合正、负中心分布和回波强度分布特征，又可区分属什么天气系统。

3. 零径向速度线走向是否和距离圈平行

若它们两者平行，这时可能会出现在远离中心（正）和朝向中心（负）沿径向排列的情形。风向和向径平行，零径向速度线即为辐合线或辐散线（见图 10.1）。有时零径向速度线为闭合曲线，则表征不同高度上存在风向辐合，即存在风的垂直切变。

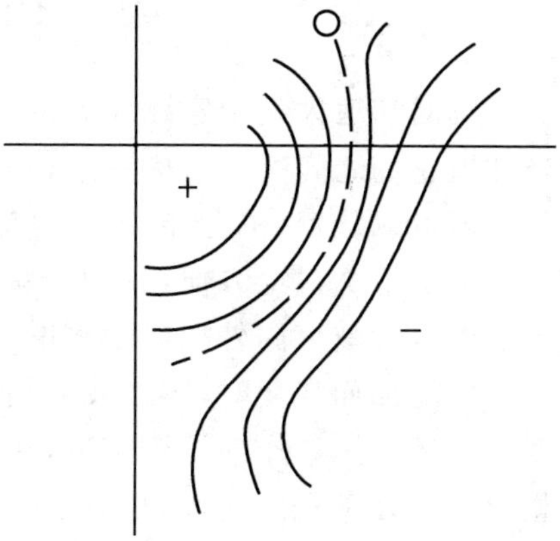

图 10.1　辐合线

10.2.2.2　朝向分量（负）和远离分量（正）分布特征

1. 大片正区和负区是否和原点（测站）对称，范围是否大致相等

若大片正区和负区与原点对称，范围大致相等，这说明不同高度上水平流场的基本气流是一致的；反之，若大片正区和负区与原点不对称，范围不相等，则说明不同高度上水平流场中存在着不同方向气流，甚至有中小尺度系统存在。

2. 大片正区和负区是否与向径对称

这条规则在分析锋面和切变线位置时很有用。因为在锋面存在时，正、负中心往往与向径对称排列。

3. 有无紧密相邻的成对强小尺度正、负中心存在

当有成对沿向径排列的相距较近的（20～50km）强多普勒速度中心或有成对强多普勒速度中心位于某一向径两侧，两个中心间相距很近，这就要分析有强中小尺度天气系统甚至飑线存在的可能。

4. 有无多普勒径向速度等值线密集带存在

通常在锋面和飑线附近存在径向速度等值线密集带。等值线愈密，锋面和飑线愈强，而且后者等值线更密。在分析时还要注意密集带走向是否与向径平行、是否与距离圈平行，这在确定锋面、飑线位置时很有用。

10.2.2.3　强多普勒径向速度梯度带

分析表明：径向速度切向梯度愈大，水平风速愈大，它往往与强对流天气，诸如快速移行冷锋、飑线、中尺度气旋相联系。

当它们成弧状排列，可能存在强辐合带或飑线，又当它们成近似圆形排列，则可能存在强中尺度气旋。

§10.3 几种典型流场和天气系统在 PPI 上的径向速度模式

我们知道大气中实际风场 V_h 与多普勒径向速度 V_r 有区别，但它们之间息息相关。当知道它们之间一一对应关系，并预先计算出各种风场模式情况下所对应的 V_r 模式，那么就可以从 V_r 的分布，迅速判断出实际风场是怎样分布的。

为了下文讨论方便，我们令雷达按一定仰角作 PPI 扫描取样，因此在每一个仰角上沿着雷达波束向外径向距离增加就代表了离开地面高度增加。这样，当环境风场只随高度增加而变化时，雷达波束扫描一周便能揭示出从地面直到雷达显示范围边缘高度上的环境风。作为一个实例，我们先引入图 10.2 讨论。该图是一个环境风场(a)和相应的多普勒径向速度(b)及其解释图(c)。在该实例中已假定风速随高度增加不变

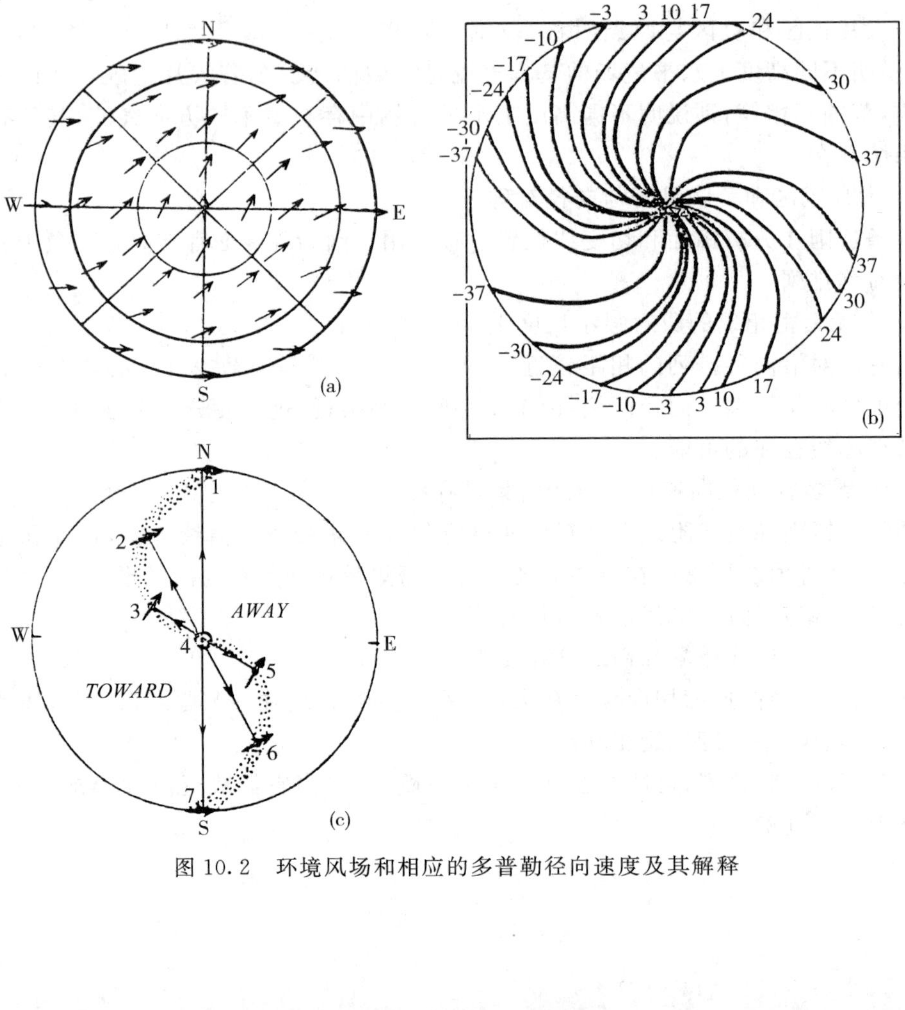

图 10.2 环境风场和相应的多普勒径向速度及其解释

化，均为 20.5m/s。风向则从地面上南风均匀地改变到显示边缘高度上西风。下面我们就用图 10.2(c)零值带来解释风向随高度变化。例如，在显示区的外缘，当雷达指向正北和正南时，多普勒径向速度为零。这意味着在该高度上风向是西风或东风。由于显示器西部边缘多普勒径向速度值为负(朝向雷达分量)，东部边缘的多普勒径向速度为正(离开雷达分量)，故很清楚该高度上为西风。

当雷达指向零值带上点 2 时，其方位是 330°，那点上的风向应是 330°－90°＝240°，依此类推，点 3、5、6 上的风向分别是 210°、210°、240°。在地面雷达站处零值带为东、西方向，风向为南风。另外，从 VAD 技术得知，一定高度上的风速是由该距离圈上多普勒速度极大值、极小值和雷达探测仰角决定的。综上所述图 10.2(b)的多普勒径向速度图像就能非常好地代表环境风廓线。

10.3.1　几种典型流场的 PPI 多普勒径向速度模式

假定雷达天线作固定的低仰角探测；粒子下落速度对多普勒径向速度无多大贡献，即 V_f 可略去不计；水平风速 V_h 在水平面上均匀，但随着高度增加，风速大小、方向可以有变化，即 V_r，V_h、风向 β' 均是向径 r 的函数。这样一来，由(8.81) 式，雷达探测降水粒子的径向速度 V_r 可写成

$$V_r(r) = V_h(r)\cos\alpha \cos[\beta - \beta'(r)] \tag{10.1}$$

为了研究 PPI 上等径向速度廓线的不同特征，令 $V_r(r)$ 取一系列固定的 C 值，这样 (10.1) 式又可改写为

$$\beta = \arccos\left[\frac{C}{V_h(r)\cos\alpha}\right] + \beta'(r) \tag{10.2}$$

下面讨论在不同的风层结情况下，等径向速度廓线的不同特征。

10.3.1.1　风向不变，风速随高度变化的各种径向速度图像

1. 风向、风速均不随高度变化

这时因为有 $V_h(r) = V_0$，$\beta'(r) = \beta_0'$，其中 V_0，β_0' 是常值，代入(10.2)式，径向速度廓线方程为

$$\beta = \arccos\left[\frac{C}{V_0\cos\alpha}\right] + \beta_0' \tag{10.3}$$

由(10.3)式可见：在一定 α 低仰角情况下，当我们取 C 值为 0，±3，±6，±9，±12，…，即可得到一系列径向线，如图 10.3 所示(图中纵坐标单位 kft 为千英尺；横坐标单位 n mile/h 为海里 / 小时，为使图像不变形，此处不做单位换算。下同。)。注意，β 是天线所在方位，即波束主轴所在方向。当 $V_r = C = 0$，即多普勒径向速度为零时(10.3) 式有 $\beta - \beta_0' = \pm\dfrac{\pi}{2}$。这就是说零径向速度廓线出现的方位与实际风向 β_0' 正交。例如当波束指向 30°时，那么实际风向为 120°或 300°。再从多普勒径向速度正、负中心分布特征和

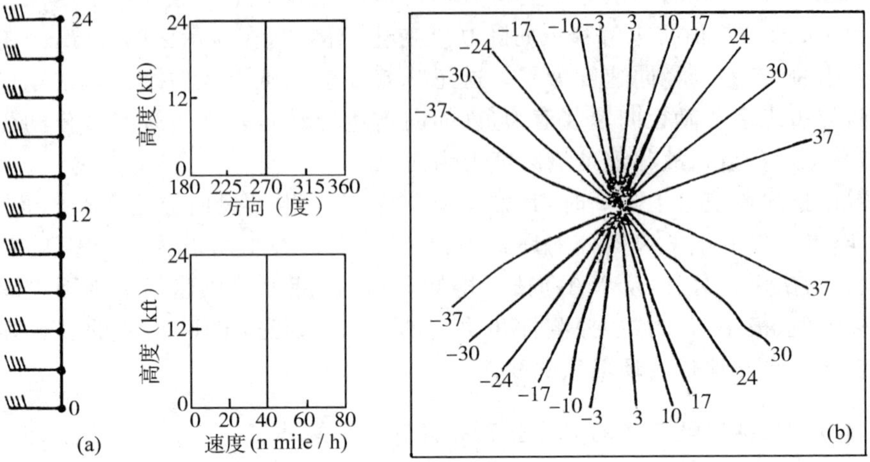

图 10.3 风向、风速均不随高度变化的垂直风廓线图(a)和相应的多普勒径向速度图(b)
(雷达位于图像中心)

地面风向,即可判断当时实际风向。在 PPI 上,当距离变远,即高度增加时,由于前述的重要结论,实际风向始终和零径向速度线正交。故我们可从任意高度上零径向速度廓线方位转过 $\pm\frac{\pi}{2}$,即可确定各高度上实际风向。显然这为我们分析实际风场带来了极大的方便。在图 10.3 中,由于零径向速度线在 PPI 上是一条直线,可见风向在所有高度上是一致的。分析图 10.3 还可以发现,所有径向风速线都是直线,而且所有直线均通过中心点,收敛于雷达站,即各高度上的风速与地面上风速是一样的。

2. 风向不变,风速随高度线性变化

这是因为有

$$\begin{cases} \beta'(r) = \beta'_0 \\ V_h(r) = V_0 + C_1 r \end{cases}$$

即风向随高度不变化,但风速随高度线性变化,一般可有两种情况:

(1)当风速随高度增加而增大时,C_1 取正值,径向速度廓线方程变为

$$\beta = \arccos\left[\frac{C}{(V_0 + C_1 r)\cos\alpha}\right] + \beta'_0 \tag{10.4}$$

相应多普勒径向速度图有:由图 10.4 可见,零径向速度线也是一条直线,其方位仍与实际风向正交,当地面风速为零时,它通过雷达站中心,其它非零值径向速度线即大小相等、符号相反的径向风速等值线对称地分布在零线两侧并收敛于图像中心,但不到达图像中心。

(2)当风速随高度增加线性地减少时,在(10.4)式中 C_1 取负值,其廓线形态如

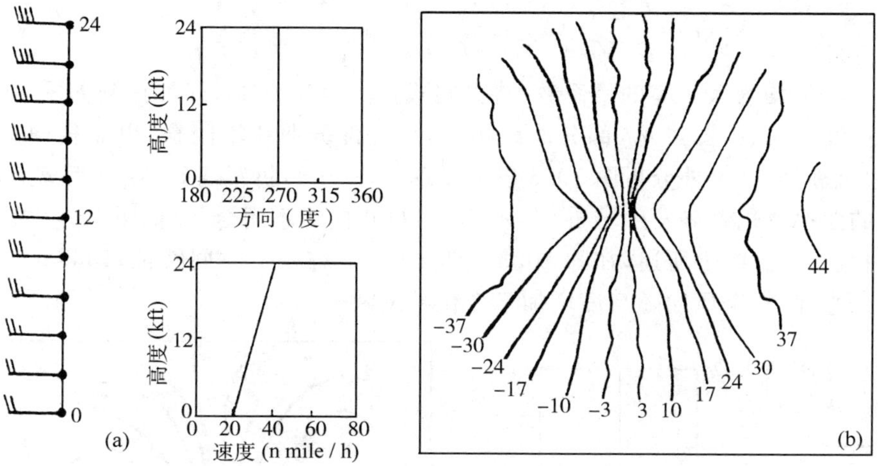

图 10.4　风向随高度增加不变化，风速随高度增加而线性地增大的垂直风廓线图(a)和相应的多普勒径向速度图(b)

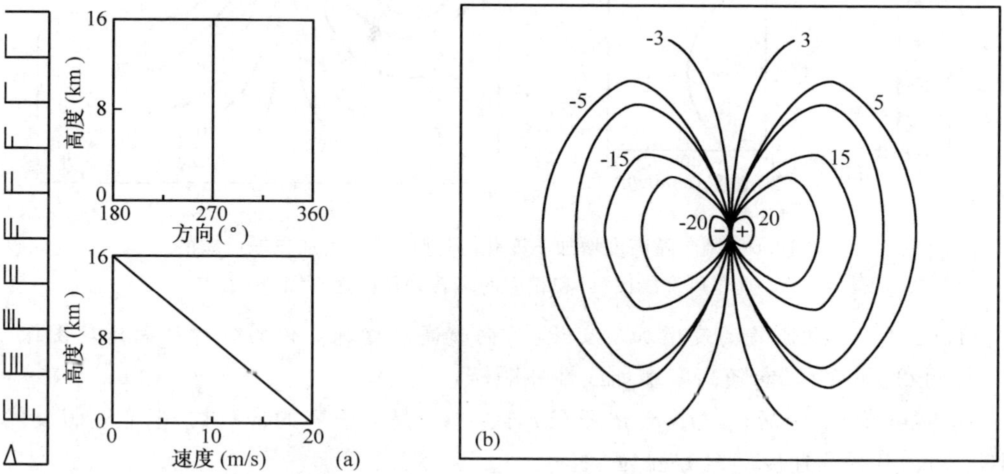

图 10.5　风向随高度增加不变化，风速随高度增加而线性地减少的垂直风廓线图(a)和相应的多普勒径向速度图(b)

图 10.5所示，由图可见，零径向速度廓线仍为一条直线，其两侧为非零值的大小相等而符号相反的径向风速等值线。在我们取地面风速为 20m/s 情况下，径向速度在 20m/s 时就闭合。

(3)风向不变，风速随高度增加先增后减，这时有

$$\beta'(r) = \beta'_0$$

$$V_h(r)=\begin{cases}V_0+C_1 r & \text{当 } 0<r\leqslant r_0\\ V_0+(C_1+C_2)r_0-C_2 r & \text{当 } r>r_0\end{cases}$$

式中 C_1 与 C_2 均为大于零的常系数。将上两式代入(10.2)式，即可得到如图 10.6 所示的径向速度廓线。由图可见，部分曲线闭合，另一部分曲线不闭合，以零径向速度线为轴，两边对称排列。另外分析图 10.6 还可发现，有一个转折距离 r_0。在该距离上，每条速度廓线的曲率变化趋势发生转折。在 r_0 距离以内，曲线不闭合，类似图 10.4。在 r_0 距离以外，曲线闭合。综上所述，在图 10.3～图 10.6 中有一个共同特征，即零径向速度线均为一条直线，它是风向随高度增加不变化的反映。

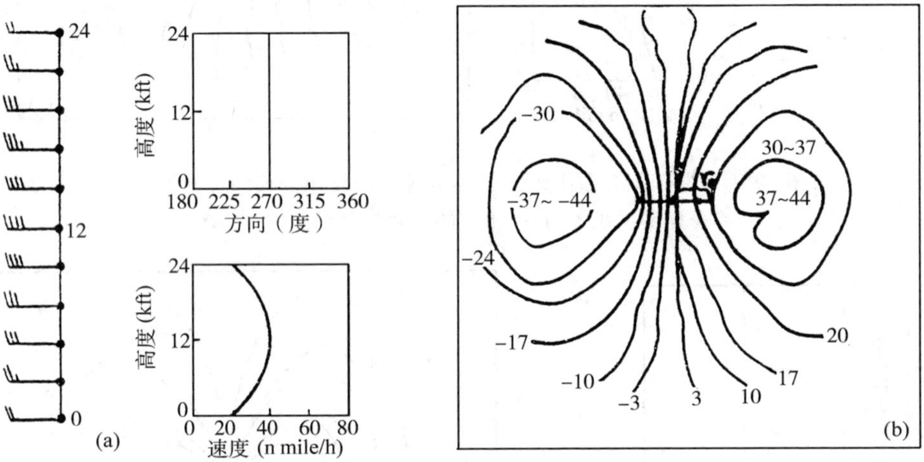

图 10.6　风向随高度增加不变化，风速随高度增加先增后减的垂直风廓线图(a)和相应的多普勒径向速度图(b)

10.3.1.2　风速随高度增加不变化，风向随高度增加变化的各种径向速度图像

1. 风速不变，风向随高度增加线性地顺转

这时可设 $V_h=V_0$，$\beta'(r)=\beta'_0+C_3 r$，式中 C_3 是大于零的常系数，把上述假设代入(10.2)式，其径向速度廓线方程为

$$\beta=\arccos\left[\frac{C}{V_0\cos\alpha}\right]+\beta'_0+C_3 r \tag{10.5}$$

相应多普勒径向速度形态如图 10.7 所示，可见它是一组阿基米德螺线，图的特征为，各种颜色的多普勒径向速度带都收敛于显示区的中心，即雷达站所在处，其曲线形状像 S 型。另外以弯曲的零径向速度线为轴，各条正、负径向速度带对称分布。再有零径向速度线的曲率表明了风向随高度增加而变化，例如图 10.7 中，我们看到零速度廓线是随距离增加(也即高度增加)顺转的，那么可以推测风向也是随高度增加而顺转的。

2. 风速不变，风向随高度增加线性地逆转

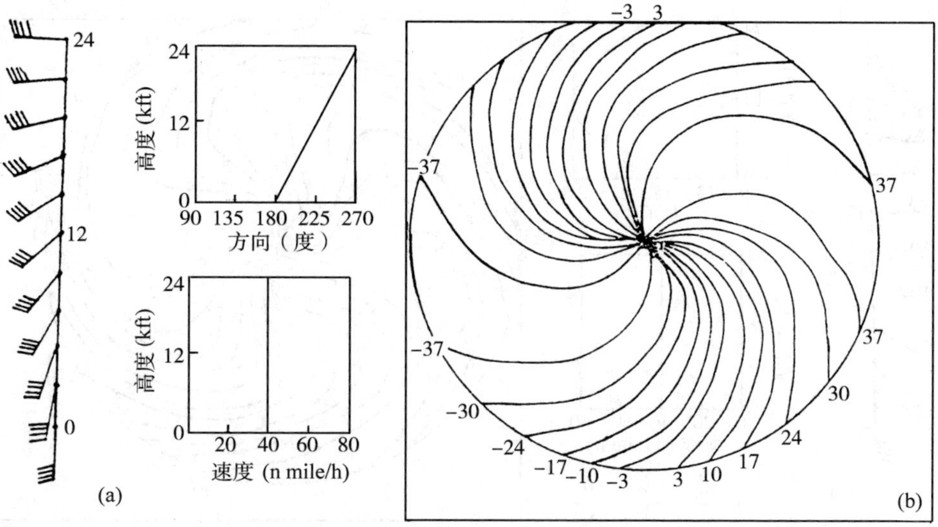

图 10.7　风速随高度增加不变化，风向随高度增加顺转的垂直风廓线(a)和相应的多普勒径向速度图(b)

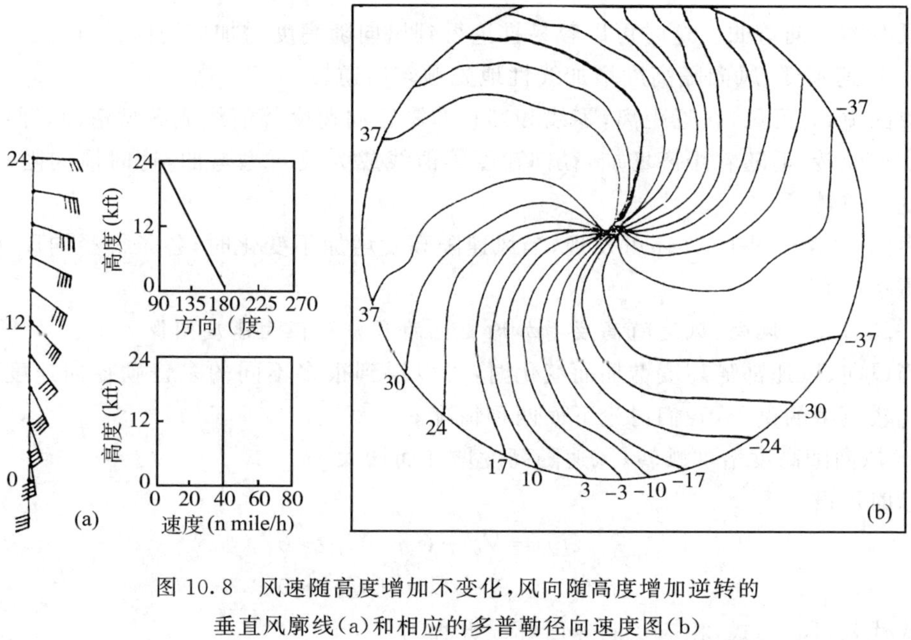

图 10.8　风速随高度增加不变化，风向随高度增加逆转的垂直风廓线(a)和相应的多普勒径向速度图(b)

在(10.5)式中 C_3 取小于零的负值，其它取值和(10.5)式相同。在这种流场情况下，廓线形态特征见图 10.8，它与图 10.7 相似，但零径向速度和其它非零值径向线方

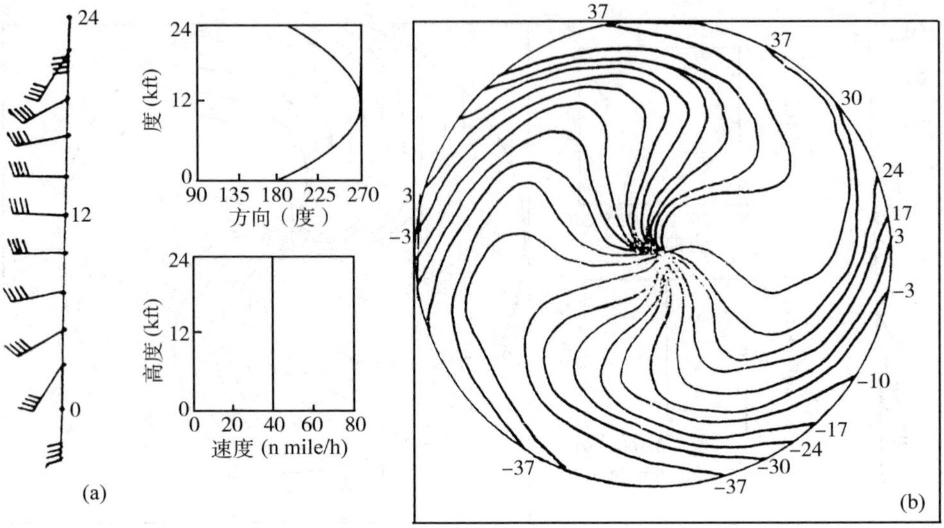

图 10.9　风速随高度增加不变化，风向随高度增加先顺转后逆转的垂直风廓线(a)和相应的多普勒径向速度图(b)

向成反 S 型方向弯曲。这时可以容易推论得到风向随高度增加成逆时针旋转。

3. 风速不变，风向随高度增加线性地先顺转后逆转

由图 10.9 可见，在近距离，零线和其它非零径向速度等值线成 S 型弯曲，即风向随高度增加顺转，但随着距离增加，径向速度等值线成为反 S 型弯曲，这时风向随高度增加已变成逆转了。

由图 10.7～图 10.9 还可发现，当风速随高度增加不变化时，各条等径向风速线均汇聚雷达中心。

10.3.1.3　风向、风速随高度增加均变化的多普勒径向速度图像

当风向、风速都随高度增加而变化时，可以得到很多不同的多普勒径向速度图像。作为比较典型的例子，我们讨论下面两种情况。

1. 风向随高度增加顺转，风速随高度增加而增大

这时可设

$$\begin{cases} V_h(r) = V_0 + C_1 r & C_1 > 0 \\ \beta'(r) = \beta'_0 + C_3 r & C_3 > 0 \end{cases}$$

把上式代入(10.2)式，相应径向速度廓线方程为

$$\beta = \arccos\left[\frac{C}{(V_0 + C_1 r)\cos\alpha}\right] + \beta'_0 + C_3 r \tag{10.6}$$

其径向速度图如图 10.10 所示。可以看出，此图像反映了图 10.4 和图 10.7 综合效果。

这是因为方程(10.6)是方程(10.4)(10.5)共同影响造成的。另外,由于地面上风速为零,因此只有零径向速度线穿过图像中心。

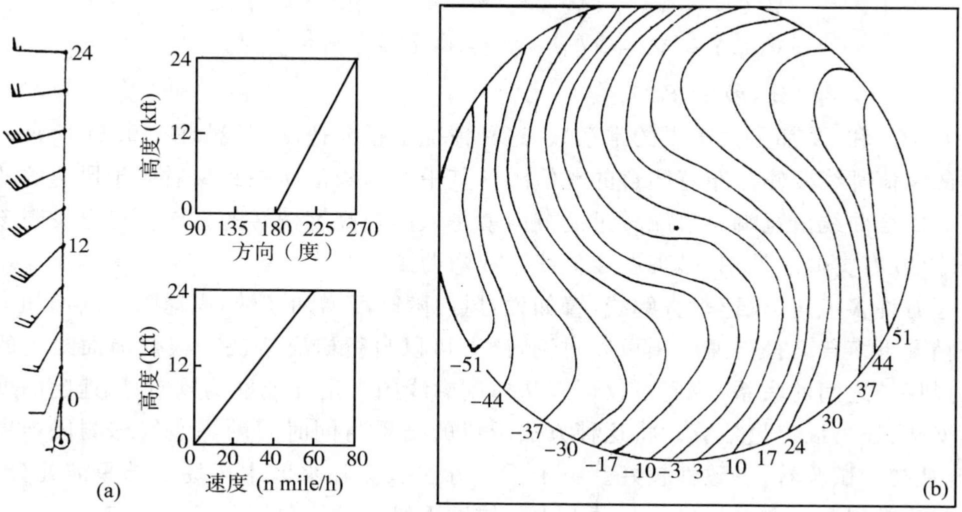

图 10.10　风向随高度增加顺转,风速随高度增加而增大(地面风速为零)的垂直风廓线(a)和相应的多普勒径向速度(b)

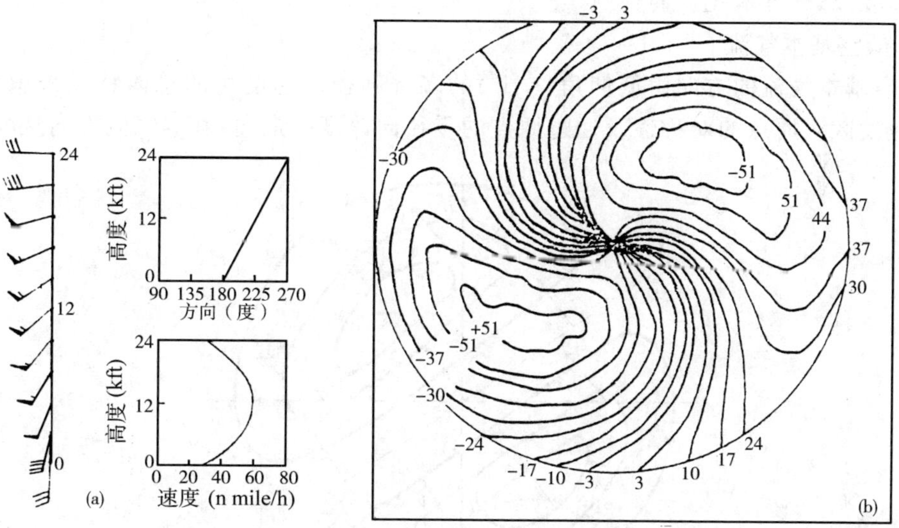

图 10.11　风向随高度增加顺转,风速随高度增加先增后减的垂直风廓线(a)和相应的多普勒径向速度图(b)

2. 风向随高度增加顺转,风速随高度增加先增后减

这时可设

$$\begin{cases} V_h(r) = V_0 + C_1 r & \text{当 } 0 < r \leqslant r_0 \\ V_h(r) = V_0 + (C_1 + C_2) r_0 - C_2 r & \text{当 } r > r_0 \\ \beta'(r) = \beta'_0 + C_3 r \end{cases}$$

式中 C_1,C_2 和 C_3 都是大于零的常系数,这种情况下径向速度廓线如图 10.11 所示。在弯曲的零值廓线两侧分布着闭合的等值线。其中心的极值所在距离对应于风速的转折高度。闭合曲线由宽端向窄端转过的方向就是风向随高度偏转的方向。可以发现该图与图 10.6 有类似之处,只是现在零值线变成弯曲了。

还有许多风向、风速垂直廓线,譬如说,风向随高度增加逆转,风速随高度增加减少等等情况下多普勒径向速度图可以讨论,读者可以自行研究解决。根据前面给出的廓线与风层结之间的联系,我们不仅可以从速度廓线图来定性地推测风向、风速随高度增加而变化,还可以定量估算。将这种方法所得的结果与同时间的探空气球测风结果相比较,从初步试验看,一致性较好。由于雷达方法探测降水区中风场层结只需几分钟,因此就为常规测风方法提供了一种有力的辅助手段。

10.3.2　几种典型天气系统、流场层结情况下 PPI 多普勒径向速度模式

10.3.2.1　基本气流的判别

1. 低空基本气流

低空基本气流的方向由低仰角(<1°)的多普勒径向速度场的总体特征来识别,即正、负速度区对原点的对称性及通过原点的零径向速度线走向,基本气流方向从朝向中

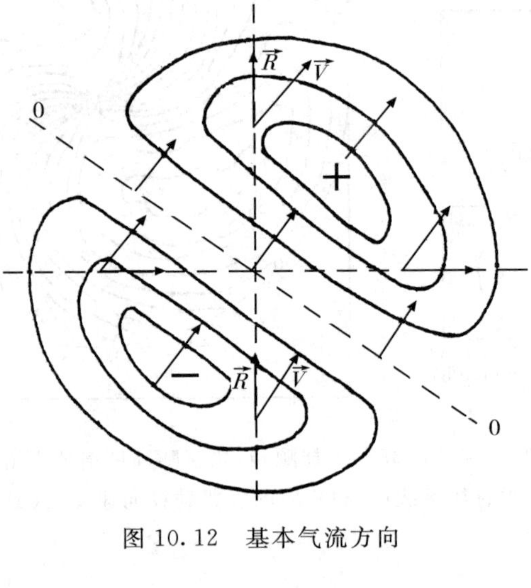

图 10.12　基本气流方向

心吹向远离中心并和零径向速度线所在向径垂直，如图 10.12 所示。图中由于零径向速度线是一条直线并通过原点，另外正、负中心完全和原点对称。因此，低空基本气流均为西南风。有时只探测到局部地区径向速度场，而且零径向速度线不是完全直线，也大致可判别基本气流方向，图 10.13 即为一例，由图可见，在测站 NW 方向正、负径向速度中心大致与 345°方向的向径对称，零径向速度线大体上和 345°方位的向径重合，反演得到的基本气流方向应为 255°。

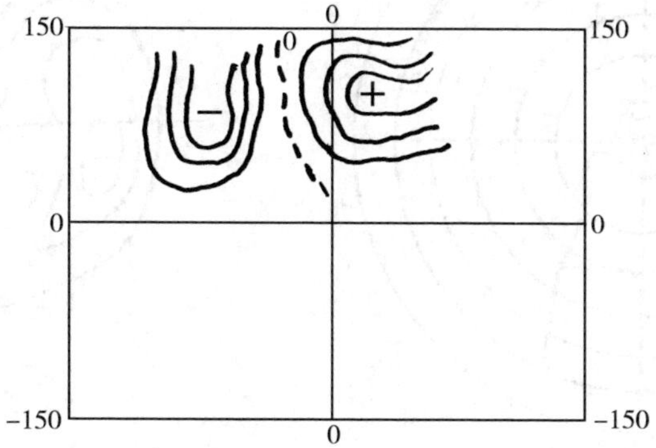

图 10.13　基本气流方向判别(北京，1989. 8. 10. 04 时)

需要注意的是，该图与下文分析的气旋流场稍有相似，但仔细分析仍有差别，加上在气旋流场分析时作了一些假定，这里没有这些假设。

2. 基本气流垂直廓线和温度平流

高空基本气流可用高仰角的多普勒径向速度场的总体特征来识别。因为在高仰角时，不同距离圈径向速度分量代表了不同高度上径向速度分量值。例如，在仰角为 10°时，距离每增加 10km，计算表明高度约增加 1.75km。因此 8.5km 的距离圈相当于850hPa高度，17km 的距离圈相当于700hPa高度，31.4km 的距离圈相当于500hPa高度。另外，从基本垂直廓线形态特征，可以判断高空温度平流，这在天气预报上有重要意义。

前文图 10.7 已经讲到，当风向随高度增加作顺时针旋转，即反气旋环流情况下，垂直廓线呈 S 型，这时有暖平流；而在图 10.8，当风向随高度增加作逆时针旋转，即气旋环流情况下，垂直廓线呈反 S 型，则有冷平流发生。作为典型例子，图 10.14 我们再给出高、低空基本气流方向不同的两类高仰角多普勒径向速度场分布特征，分别有冷暖平流存在。图 10.14(a)是在 1991 年 7 月 11 日江淮流域特大暴雨时南京气象学院多普勒雷达探测到的多普勒径向速度图。从分析可知在 20km 左右范围内负、正中心分别位于 15°和 210°方位，表示低层为东北风。而距离 100km 左右范围内，负、正中心分别位于 240°和 45°方位，表示高层为西南风，零线近似为 S 型，基本气流方向随高度增加顺转，表示有暖平流存在，图 10.14(b)情况相反，在距离为 10km 左右范围内，负、正中心分别位于

315°和 135°方位，零径向速度线呈 NE—SW 走向，表示低层为西北风；在距离 40km 左右范围内，负、正中心位于 250°和 70°方位，零线呈 NNW—SSE 走向，表示高层为 WSW 风，零径向速度线近似为反 S 型，基本气流方向随高度增加逆转，表明有冷平流。

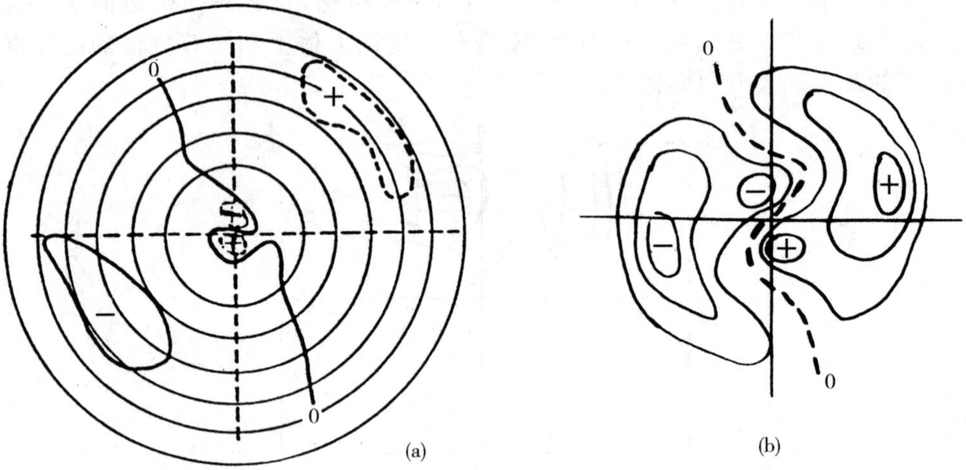

图 10.14　高仰角的多普勒径向速度场(南京)

(a)暖平流(顺转)　(b)冷平流(逆转)

10.3.2.2　锋面和切变线系统

1. 冷锋或冷锋式切变线的识别

从天气学知识可知，冷锋后一般吹偏北风，冷锋前则吹偏南风，锋前有暖平流，锋后则为冷平流。因此，冷锋过境前后，一定有相应的多普勒径向速度场特征。图 10.15 和图 10.16即为冷锋附近多普勒径向速度场。

由图 10.15、图 10.16，可以用下述方法识别、决定冷锋位置。

(1)开始有 NE—SW 走向然后折向 NW—SE 方向的零线，零线附近等值线密集，零线有明显折角。

(2)冷锋位于等值线密集带靠近远离速度中心一侧，并向零线折角方向延伸。

(3)折角位于测站以北，冷锋未过境，折角位于测站以南，冷锋已过境。

(4)有 NE—SW 走向的雷达回波带与冷锋相配合。

有时零线仅为 NE—SW 走向而无折角，也可能有冷锋存在。1999 年 3 月 19 日 18 时 21 分，在福建长乐探测到一幅冷锋附近多普勒径向速度场即为一例，当时冷锋在测站以北约 30km 处，与图 10.17 配合非常好。

2. 暖锋或暖切变的识别

由图 10.18，对暖切变大致有如下多普勒径向速度场分布特征。

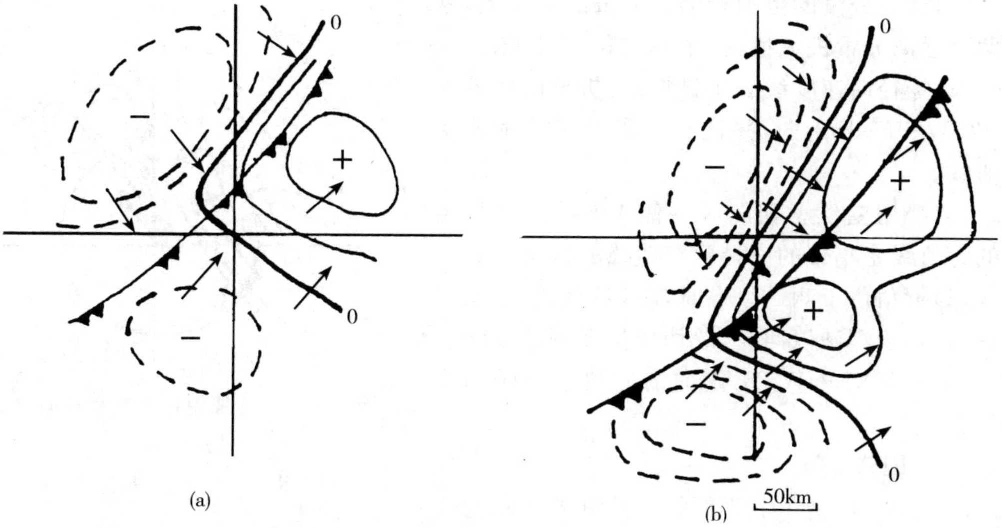

图 10.15　冷锋附近的多普勒径向速度场

(a)冷锋位于测站以北　(b)冷锋位于测站以南

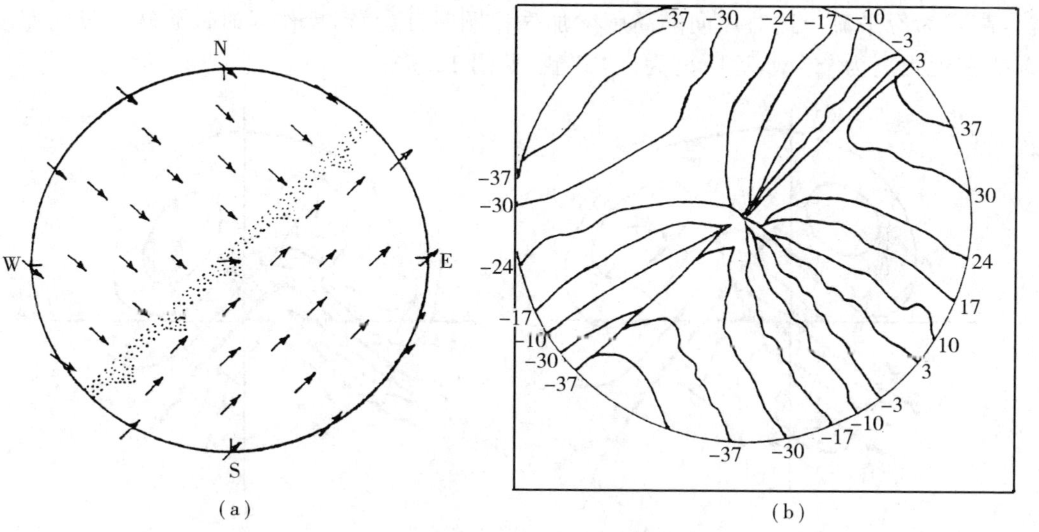

图 10.16　冷锋从 NW 方向移到测站，锋前为 SW 风，锋后为 NW 风，
风速从地面 10m/s 到图像边缘高度处为 20m/s

(a)冷锋位置和风场　(b)多普勒径向速度场

(1)多普勒径向速度分布大体具有对称性，东北和北方为远离区，西南方为朝向区。

(2)远离分量的范围较朝向分量的范围大，常有两个远离分量极大值，一个偏北，一个偏东。

(3)零径向速度线有明显折角，折角以西零线呈 WSW—ENE 走向，并且有密集的多普勒速度等值线。

(4)暖切变位于朝向区一侧 WSW—ENE 走向的等值线密集带的南沿到等值线的折角处。

(5)折角位于测站以东时，暖切变位于本站以南，折角位于测站以西时，暖切变位于测站以北。

(6)有 ENE—WSW 走向的回波带与暖切变相配合。

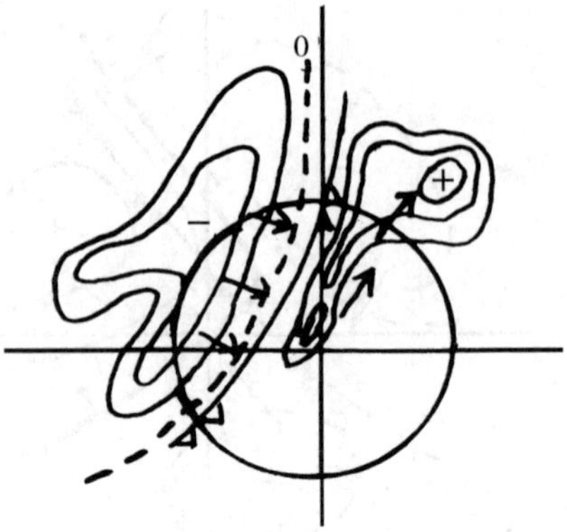

图 10.17 冷锋附近多普勒径向速度场(长乐)
(1999 年 3 月 19 日 18 时 21 分)

3. 锢囚锋

暖气团、较冷气团和更冷气团相遇时先构成两个锋面，然后其中一个锋面追上另一个锋面，即形成锢囚。最常见是冷锋追上暖锋，或两条冷锋迎面相遇形成的锢囚。因此在锢囚锋情况下，常常迫使冷锋前的暖空气抬离地面，锢囚到高空，由于再上一层按大气层结空气又较冷，这就形成了在低空为暖平流，高空为冷平流。这时风向随高度增加先作顺时针旋转，后作逆时针旋转。径向速度廓线在近距离为“S”型，远距离为反“S”型(见图 10.9)

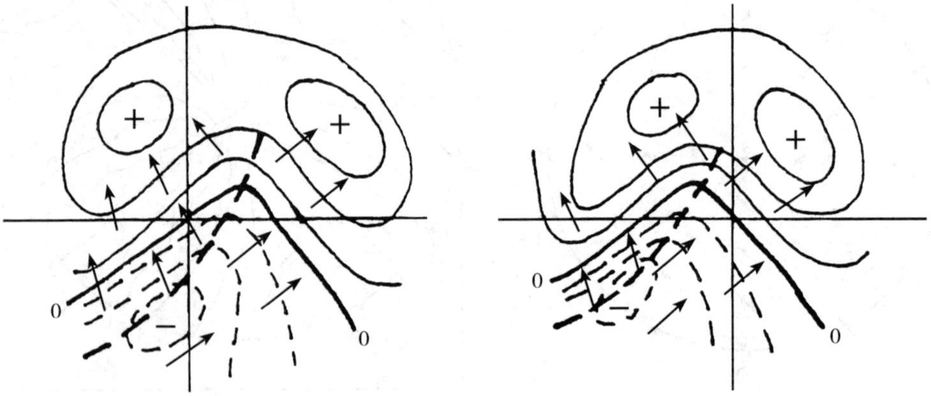

图 10.18 暖切变的多普勒径向速度场 (a)暖切变位于测站以南 (b)暖切变位于测站以北

必须指出的是锢囚锋还可分暖式、冷式、中性三类，实际情况大气层结很复杂，风向随高度增加旋转也很复杂，图 10.9 仅为一般情况。

4. 急流

当雷达显示高度范围内，存在某一急流，或有强风速切变时，则在此急流层以下风速随高度增加而增加，而在急流层以上，风速随高度增加而减少。这时径向速度廓线分布有两种可能，当风向随高度增加不变化时，如图 10.6 所示；当风向随高度增加顺转时，则如图 10.11 所示。

10.3.2.3　中小尺度流场系统

中小尺度流场系统多普勒径向速度图像与雷达站和流场系统相对位置有关，为此这里仅讨论一个位于雷达 120km 处的窗口（特殊情况另有说明）。对于垂直轴对称环流，还可以用一个兰金组合速度廓线来近似，即从环流中心（其速度为零）起，切向速度线性增加到“核半径”处达到最大值，核半径以外切向速度以与距环流中心距离成反比的方式递减。

1. 中尺度气旋与反气旋

假定中尺度气旋与反气旋在雷达北面 50km 以外，又设该天气系统没有附加环境风场和风暴运动影响，那么理想化气旋、反气旋多普勒径向速度图如图 10.19 所示。

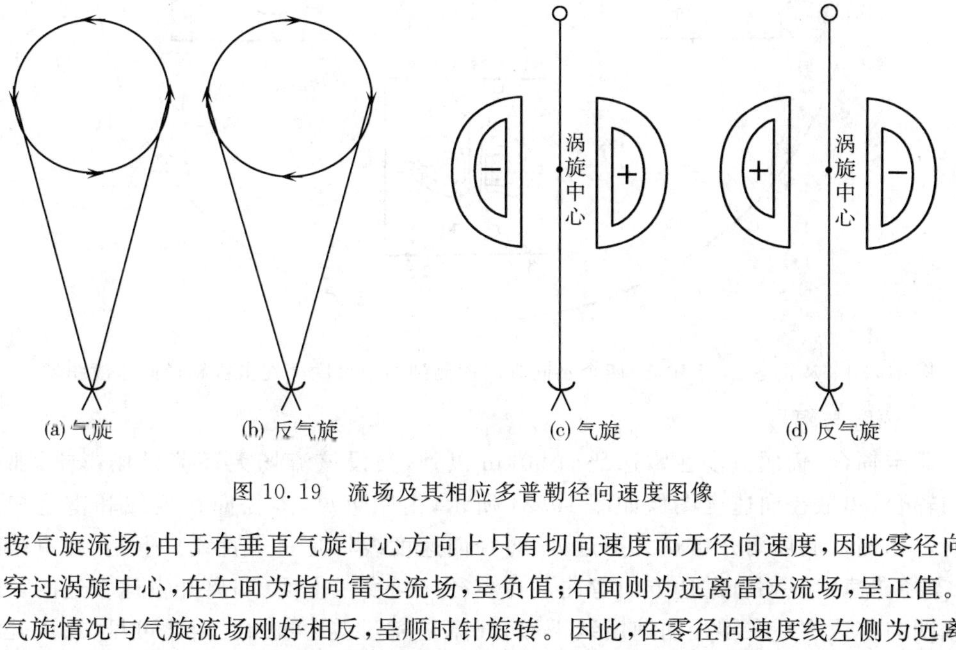

图 10.19　流场及其相应多普勒径向速度图像

按气旋流场，由于在垂直气旋中心方向上只有切向速度而无径向速度，因此零径向速度线穿过涡旋中心，在左面为指向雷达流场，呈负值；右面则为远离雷达流场，呈正值。由于反气旋情况与气旋流场刚好相反，呈顺时针旋转。因此，在零径向速度线左侧为远离中心呈正值，右侧为指向中心呈负值。需要注意的是，当气旋接近雷达站时，上述图像开始变形，零值线开始弯曲。另外，若有环境风场影响，不但径向速度数值发生变化，总的多普勒径向速度图像也发生变化，而且中尺度环流中心不再在零径向速度线上。

值得注意的是，用雷达在不同方向探测中尺度气旋，多普勒径向速度图像有特殊规律性，图 10.20 即为一例。由图可见，当雷达波束扫过一个中尺度气旋时，相对雷达视线来讲,离开雷达的气流(正值)总是在右边,而朝向雷达的气流总是在左面(负值),零径向速度线与雷达扫描线平行。因为形态完全一样,只是随着雷达波束旋转,整体图形也随之旋转。

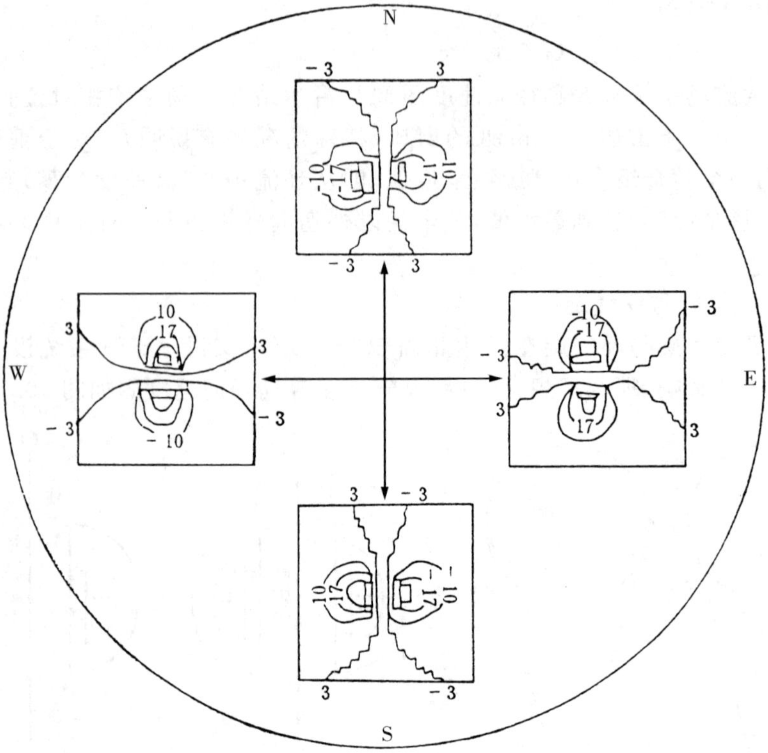

图 10.20　从雷达(位于中心)四个不同方向探测到的中尺度气旋多普勒径向速度图像

2. 辐合与辐散

假定辐合、辐散流场在雷达北面 50km 以外,又设该流场无环境风场影响,那么典型的辐合、辐散径向速度图像如图 10.21 所示,由图可见,零径向速度线和雷达扫描线垂直。当辐合流场离开雷达无穷远处,零径向速度线将是一条直线。但是,在有限距离处,零径向速度线朝向雷达方向弯曲。在零径向速度线上面(即离开雷达较远的一侧),气流朝向雷达吹。在零径向速度线下面,气流是离开雷达吹的。由此可见,在该处必定存在气流辐合。必须指出,该例中指的是风向辐合,若风速辐合,则无零径向速度线出现,可由径向速度线密集程度来判断。

在实际工作中,因为多普勒径向速度常用 16 种颜色表示。其中 8 种用棕黄、桔黄、红等代表暖色(负值),表示风朝向雷达吹;另外 8 种用蓝、绿色等代表冷色(正值),表示风离开雷达吹。故这两类颜色过渡地带就存在辐合(当暖色远离雷达一侧时)。

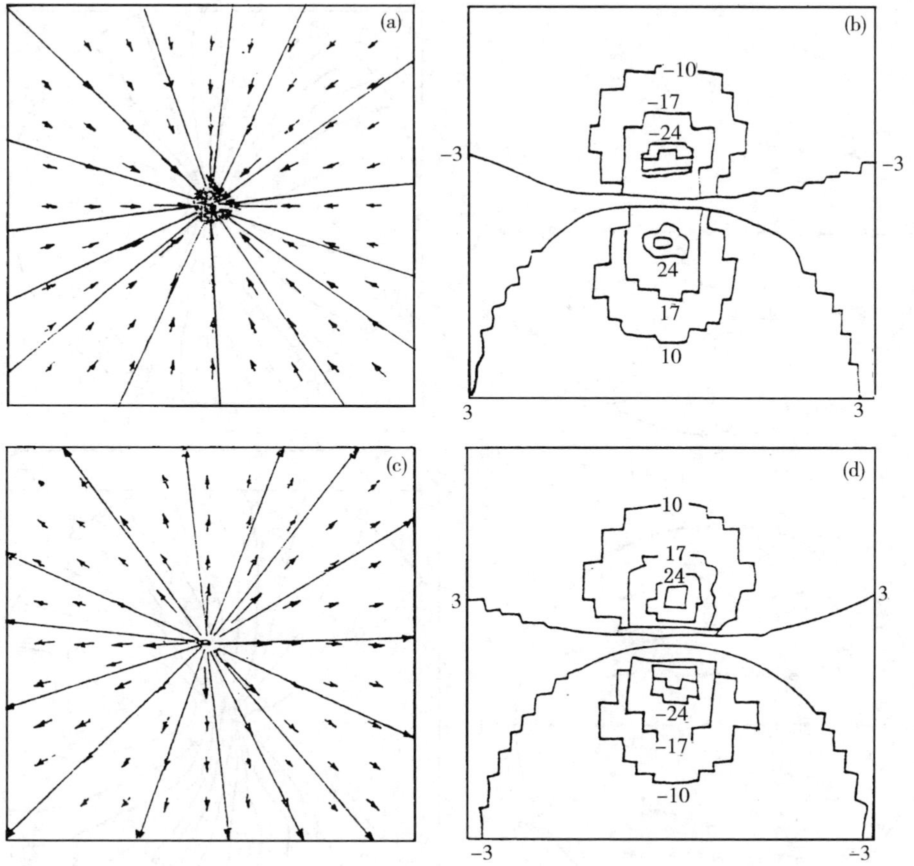

图 10.21　辐合(a)、辐散(c)、流场及其相应的多普勒径向速度图像:辐合(b)、辐散(d)

图 10.21(c)、(d)是辐散流场的例子,其径向速度图的形态与辐合完全一样,只是暖色(负值)与冷色(正值)正好相反。这种图像为何属辐散流场,读者可以自行解释。

在实际工作中,有时遇到冷色和暖色面积并非完全对称或一样大,这时也可判断辐合与辐散。图 10.22 就是这样的例子。可以发现,在(a)图情况下,冷色(正)面积大于暖色(负)面积,由于暖色表示风朝向雷达站吹,因此流入气流少于流出气流,故为辐散流场。在(b)图情况下,冷色面积少于暖色面积,流入气流大于流出气流,故属辐合流场。

必须指出,在讨论图 10.21 径向速度图像时,我们假定了辐散流场在雷达站北面 50km 以外时的情形,当流场逐渐接近雷达时,径向速度图像开始变形,零径向速度线愈来愈弯曲。再如当用雷达不同方向探测辐散流场时,多普勒径向速度图像发生变化,但有一定规律性,图 10.23 就是一例。由图可见,当雷达天线扫过一个辐散区时,朝向雷达的气流总是在靠近雷达一侧,而离开雷达的气流总是在远离雷达的一侧。零线与

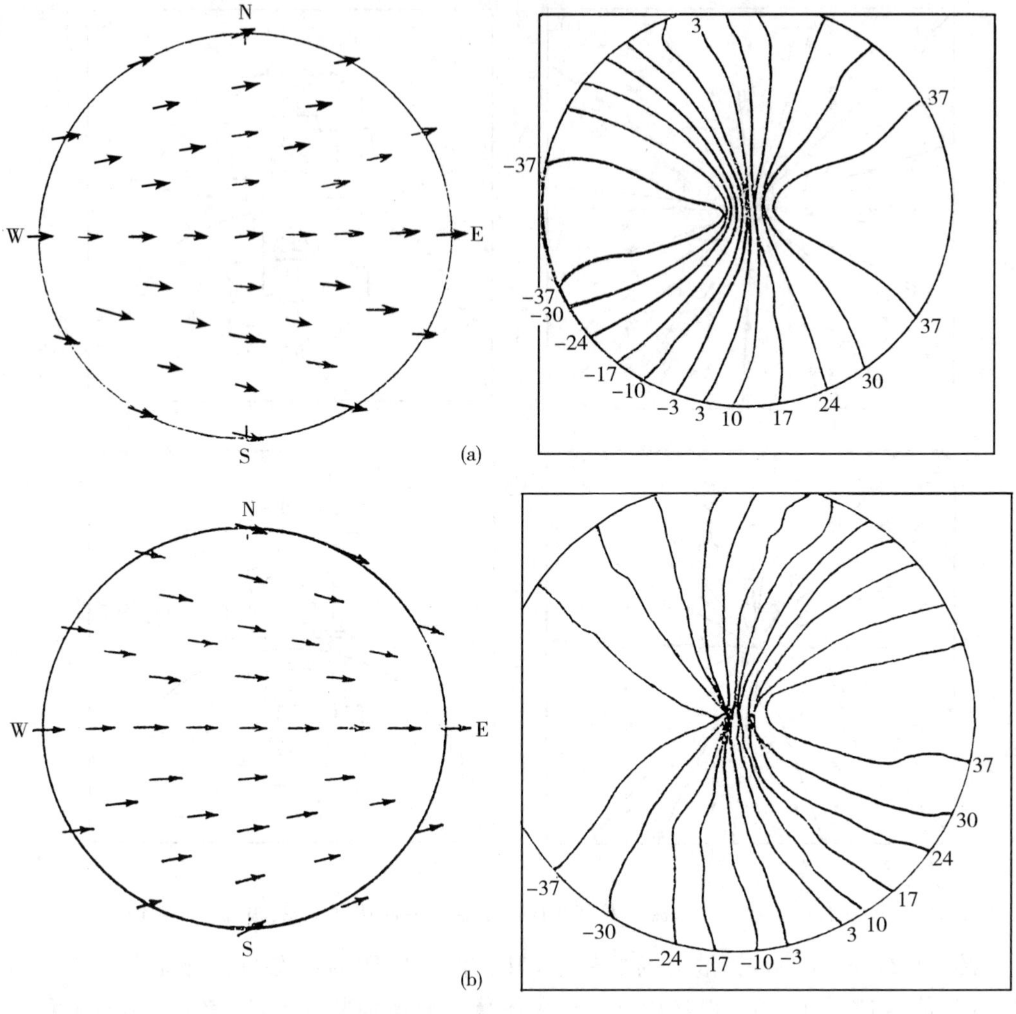

图 10.22　风速在所有高度上相同，风向水平辐散(a)、辐合(b)的流场及其相应多普勒速度图像

雷达扫描线垂直。比较图 10.20 和图 10.23可以发现，把图 10.20 逆时针转过 90°即可得到图 10.23。由此可见，当我们在分析径向速度图像时，必须要特别注意雷达的位置。如果不知道雷达相对显示区的位置，那么就不可能由径向速度图像正确判断出是什么流场。像图 10.23与图 10.20它们所代表流场完全不同，但径向速度图像若不考虑相对雷达的方位时，则可以是一样的。

对于从雷达四个不同方向探测轴对称辐合气流的多普勒径向速度图像只要把图 10.23正、负区的位置对换就可。这时朝向雷达的气流总是在远离雷达一侧，而离开雷达的气流总是在靠近雷达的一侧。

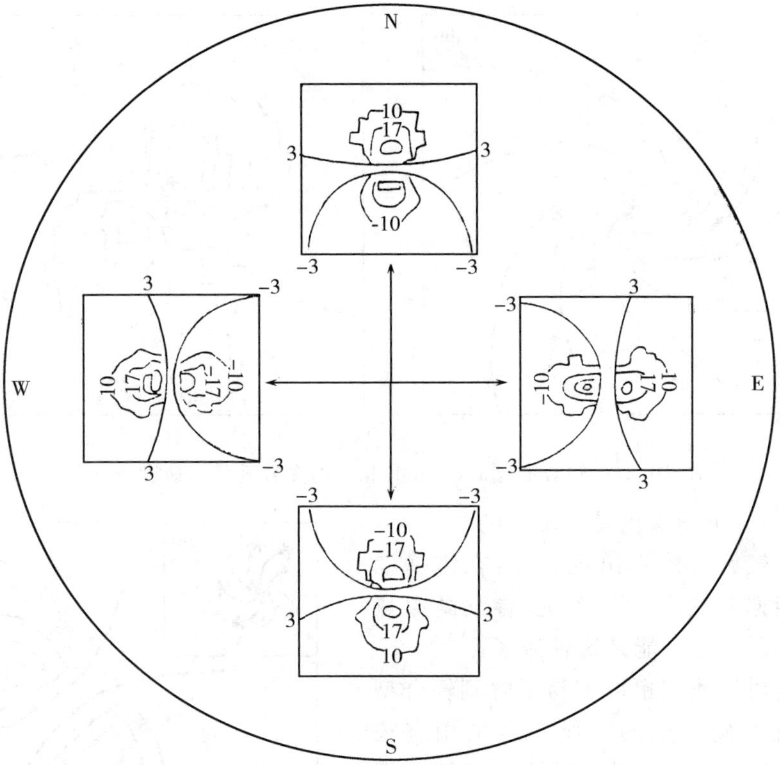

图 10.23　从雷达(位于中心)四个不同方向探测轴对称辐散气流的多普勒径向速度图像

3. 辐合/辐散中尺度气旋图像

若同时考虑中尺度气旋和辐合/辐散流场,就可得到辐合型气旋或辐散型气旋天气形势下的多普勒径向速度图像。其基本特征为:零径向速度线既不与雷达扫描线平行也不与其垂直,即存在着一个夹角,这个角度要依两个流场分量的相对大小和强度而定。在特殊情况下,两个流场大小和强度相同,那么交角为 45°。图 10.24 为辐合型气旋多普勒径向速度图,此时流场系统中心在雷达站北面约 120km 处。若流场系统从北面逐渐移近雷达站,径向速度图有所变化,这时零径向速度线开始向远离中心方向弯曲。仔细分析可以发现,图 10.24 是介于图 10.19(c)气旋流场和图 10.21(b)辐合流场的中间状态。

对于辐散型气旋多普勒径向速度图可以用图 10.25 来描绘。可以发现这个图像是在图 10.19(c)气旋流场和图 10.21(d)辐散流场的中间状态,它们与水平轴成 135°交角。此时雷达站在南面离开流场中心 50km 处。仔细分析即可发现,流场是辐散的,但

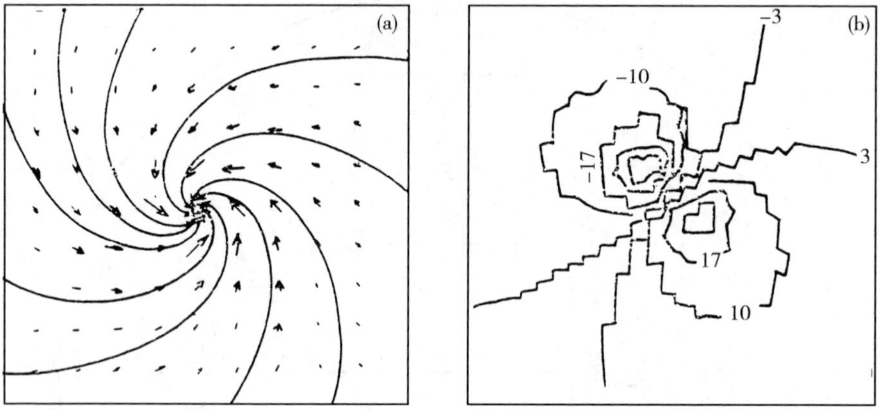

图 10.24　辐合型气旋(a)及其相应的多普勒径向速度图(b)

从整体上说,这个图像仍是气旋性的。

辐散型气旋自然界出现很少,在雷暴消散期有时能遇到这类天气系统,青藏高原热低压(晴朗天气)也可能是这种流场。

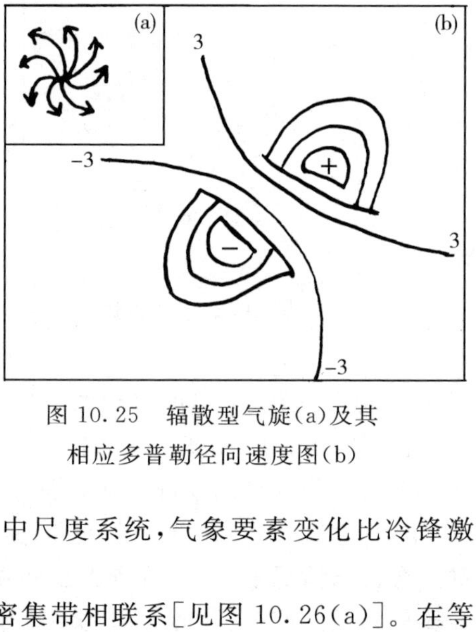

图 10.25　辐散型气旋(a)及其相应多普勒径向速度图(b)

从上面讨论我们也可容易了解到辐合型和辐散型反气旋产生的图像一定是相应辐合、辐散流场向反气旋流场图转换时的中间图,读者自己可以描绘。

4. 飑线(伪冷锋)

从天气学知道飑线处在风暴云下冷空气堆的前沿,酷似冷锋,但仔细分析它与冷锋有明显区别。锋面为气团之间分界面,属大尺度系统,而飑线则是在同一气团中形成和传播的中尺度系统,气象要素变化比冷锋激烈,尤其是风向、风速的强烈变化。

据个例分析,飑线常与多普勒速度等值线的密集带相联系[见图 10.26(a)]。在等值线与距离圈大致平行时,飑线位于零线附近。在等值线和向径大体平行的地方,飑线位于密集带的边沿。另外,常有正、负成对的强多普勒速度中心位于某一向径两侧,两个中心间相距 10～20km,飑线位于两个中心间等值线密集带的边沿[见图 10.26(b)]。若同时有回波强度资料配合,通常飑线位于 40dBZ 以上强回波中心前方回波梯度密集带处,分析确定飑线位置无什么困难。

5. 龙卷气旋中的龙卷涡旋特征(TVS)图

已经证实几乎所有典型的龙卷都生成于一个已存在的中尺度气旋中,由于龙卷尺

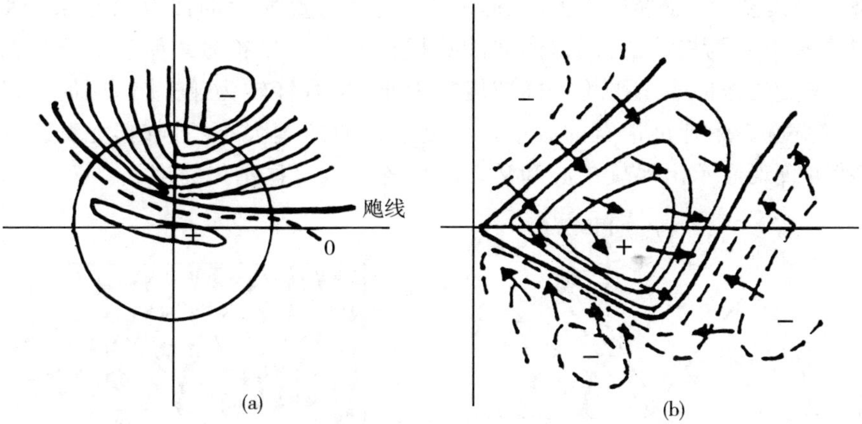

图 10.26　飑线多普勒径向速度场

度很小，一般均小于雷达波束宽度，故龙卷的强烈风速在雷达波束中已被平滑，这样要探测到龙卷真实天气特征非常困难。下面仅介绍特别大的龙卷，而且在雷达站附近探测到的多普勒径向速度特征。图 10.27(a)、(b)为在一个中尺度气旋核区中心 NE 方向模拟了一个强 TVS。由图可见，该图总体上讲径向速度场分布像图 10.19。但是由于在核区中心东北 4.5km 处存在 TVS，因此气旋中心径向速度梯度很大，各条径向速度线叠加在一起，难以区分。

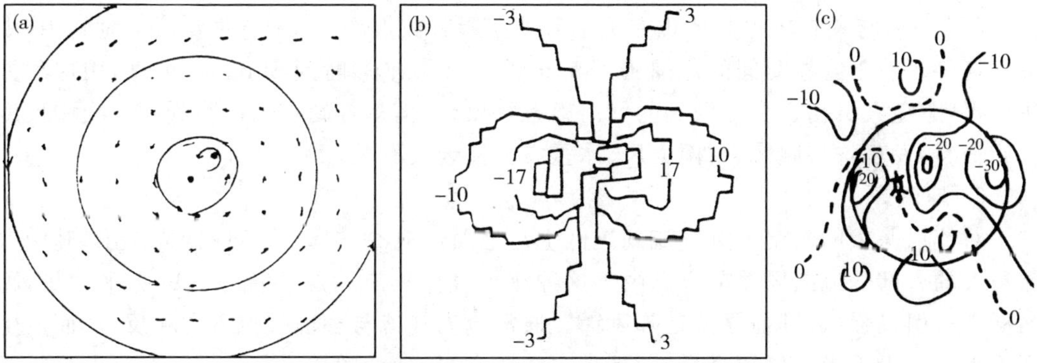

图 10.27　中尺度气旋中龙卷涡旋特征(TVS)(a)
与相应的多普勒径向速度图像(b)及其产生龙卷实例(c)

图 10.27(c)是另一次由中尺度气旋中心附近产生的龙卷实例，由于该系统在环境风场作用下移动，故模式不再呈圆形，但模式基本特征仍一样。

用一种多矢量显示方式可以很直观显示出强对流天气中的涡旋活动，而这种涡旋活动又往往与龙卷等剧烈天气相伴随，是一种识别龙卷涡旋的好方法。当然这时仍要求雷达波束宽度要窄，龙卷适当大。图 10.28 是多矢量显示的回波图。它是将探测区域划分成许多小的网格，每一网格的回波数据用一个矢量符号表示。矢量的长度表示回波强度，矢量的方向表示平均径向速度的大小，逆时针转为正速度，顺时针转为负速度。箭头的宽度表示速度谱宽的大小。可见当径向速度大小不同时，尤其当速度梯度很大时，就可直观显示出涡旋中心和活动的位置。也可显示出速度。

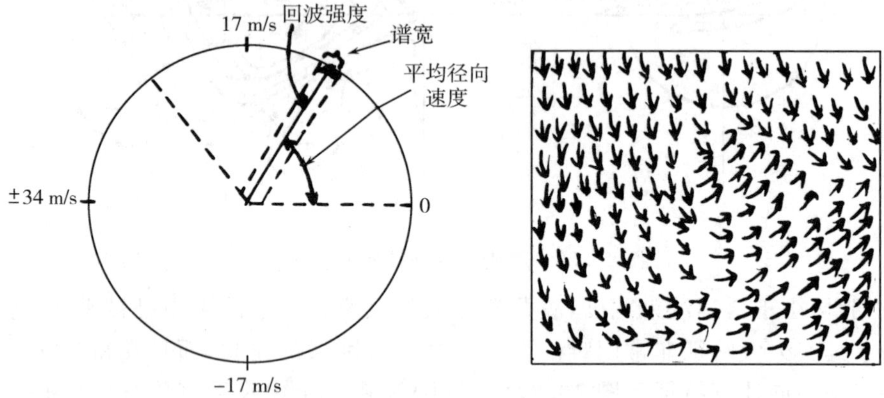

图 10.28　多矢量显示回波图像中的涡旋活动中心位置

龙卷发生与中尺度气旋存在息息相关，这已被大量探测资料所证实。国外探测资料表明，在已探测到 37 次中尺度气旋中，95％地面发生了灾害，而其中 62％与龙卷有关，剩下 38％与其它风灾和冰雹有关。另外在所有被报准的 16 个龙卷发生时间中，中尺度气旋超前于龙卷时间的范围从 13min 到 60min，平均时间 36min。可见，用这种方法预报，避免人员伤亡是能做到的。河南省气象台，据多普勒雷达探测到的 6 次中尺度气旋资料，发现均与飑线、雷雨大风、冰雹灾害性天气有关。

6. 阵风锋

对流风暴中的潮湿下沉气流到达低空与地面形成冷雷暴堆，并向四周流出，其中有相当大的一部分流向风暴前方。由于这种流出气流具有中层环境空气的水平动量，因而低空可引发强风，其前缘就是阵风锋。通常流出气流与环境气流方向相反，从而产生几千米到几十千米的风辐合带，而且是一个风向、风速急剧变化的区域，表现为阵风锋的形式。对于离地面高度较高的，则称强中尺度切变线。必须指出，出现阵风锋时，有时天气晴好，因此更要密切注意。阵风锋对航空、航天事业会带来严重威胁，飞机在起飞或降落过程中遇到它会脱离正常的航线或坠毁。

图 10.29 为阵风锋及其径向速度场分布图，其中(a)图为示意图，(b)图为雹云消散阶段及其阵风锋回波，(c)图为经过资料预处理及平滑后多普勒风场中某一径向速度分布。由图可见，阵风锋锋区位置上存在着风向和(或)风速辐合。在径向速度分布图上，

它是正、负径向速度过渡带[(c)图中 AB 段]。如同时有雷达反射率因子配合，阵风锋是容易识别的。

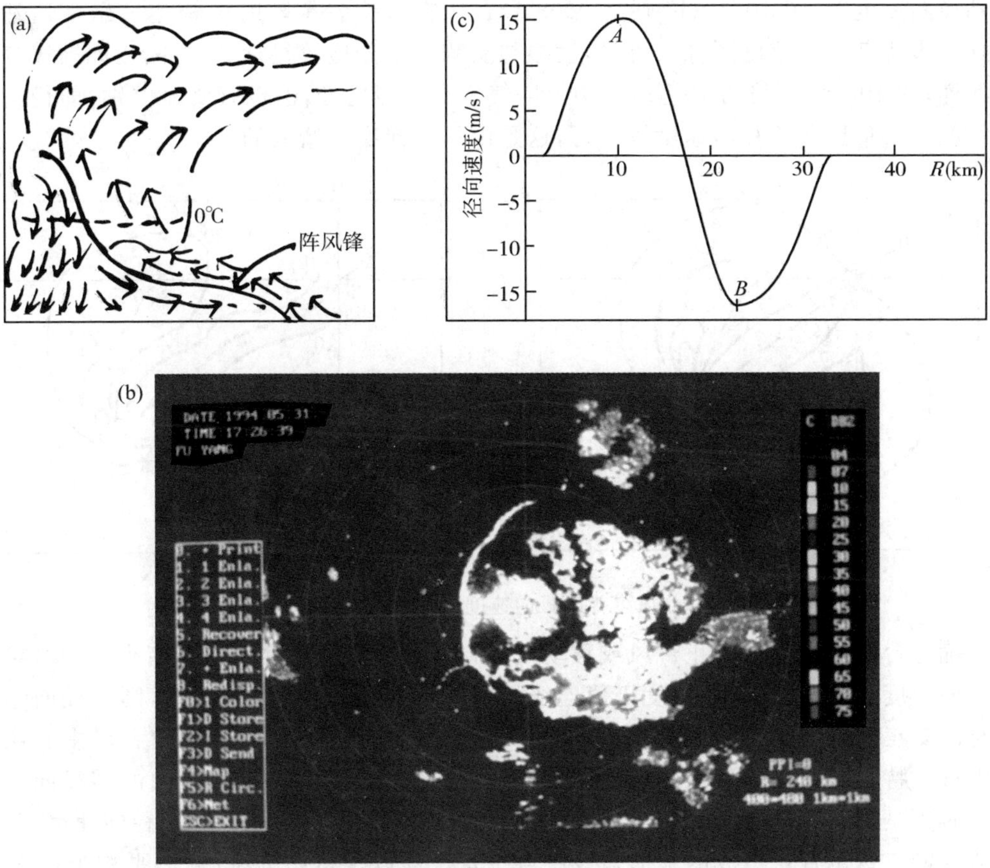

图 10.20 阵风锋(阜阳)

10.3.2.4 热带风暴、台风

在警戒和预报台风中，多普勒天气雷达比常规雷达发挥着更大作用。利用台风多普勒径向速度模式，也可以确定台风中心。特别当台风登陆岛屿或大陆受地形摩擦和山脉阻挡作用，雨带受阻、变形、结构混乱时，这时用雷达反射率因子定位误差大，但利用多普勒径向速度特征可以方便确定台风中心。

由于热带风暴是从比较均匀的热带海洋气团中发展起来的，其温、压、湿、风分布具有轴对称性，故可以近似地把台风看作轴对称气旋。因此，它的多普勒径向速度特征与中尺度气旋有相似之处。但是台风气旋涡旋天气比中尺度气旋更为强烈，中心为台风眼，该处气压最低，风平浪静，在其眼的周围眼壁回波处，天气最激烈，狂风暴雨在该处产生，破坏力极强，即从台风中心到眼壁几十千米范围内，风速梯度非常之大，故台风多普勒径向速度模式与中尺度气旋又有不同之处。图 10.30(a)是据台风结构模拟的多普勒径向速度图，图 10.30(b)则为 9608 号台风在台湾省登陆时由福建长乐雷达站探测到的多普勒径向速度图像。可见，模拟与实测两幅图比较接近。另外，正如前述分析的那样，图 10.30(a)与图 10.19(c)中尺度气旋有相似之处，但也有明显差别，即径向速度等值线密集地向零径向速度线靠近，这是由风速梯度大造成的。

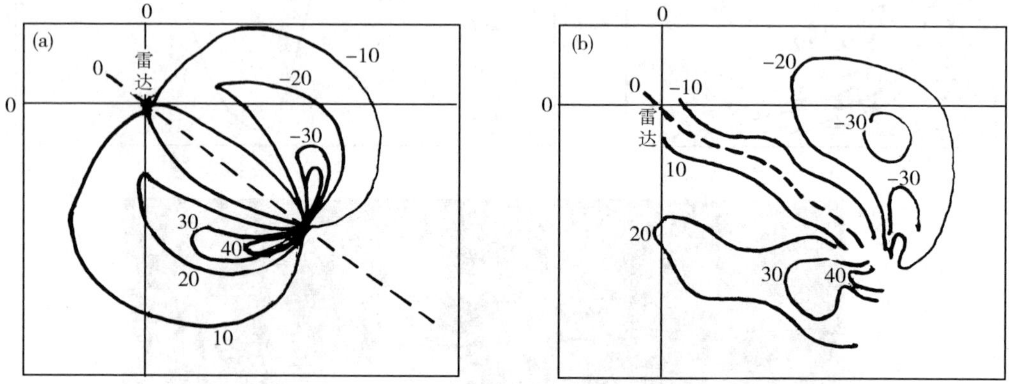

图 10.30　台风多普勒径向速度模式　(a)模拟　(b)实测

确定台风中心分准静止台风或移动缓慢台风和移动台风两类。前者台风中心可用零径向速度线与两侧正、负速度极值连线的交点确定，当有眼壁回波时，则零径向速度线与两则正、负速度变化梯度极值区连线交点即为台风中心。后者确定台风中心比前者困难。特别当变化的环境风场叠加其上时，台风中心并不一定在弯曲的零径向速度线上时更是如此。据福州气象台邓志的经验，此时台风中心可以确定在径向速度正、负极值区同雷达位置点组成的伞形弧线中点位置。即以雷达站为中心，以平均半径 $\bar{R}=\frac{R_1+R_2}{2}$ 为半径作圆弧与零径向线的交点即为台风中心。这里 R_1 为雷达站到正径向速度极值中心之间的距离，R_2 为雷达站到负径向速度极值中心之间的距离。

§10.4　非气象回波

10.4.1　地物回波

山脉、丘陵、岛屿、海(河、湖)岸线、高大建筑物、农作物，甚至高压电源、水塔等，对电磁波都有反射作用，会在雷达荧光屏上显示出回波。影响地物回波强度的因子很多，如雷达的波长、发射功率、有效照射体积、发射方向以及极化类型等；从下垫面的性质来说，又有复介电常数、地面粗糙度以及电磁波穿透到某一深度下的表面粗糙度等。

图 10.31 是南京气象学院 711 雷达探测到的地物回波，它是在晴空标准大气条件下探测到的。可以发现这些回波的边缘特别清晰，位置固定不变，且回波和地物所在的地理位置是一致的。据探测经验，辨认地物回波的方法一般有下面几种。

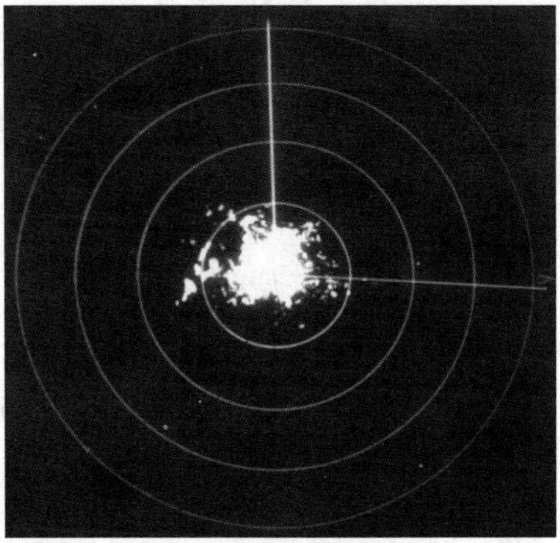

图 10.31　地物回波
（711 雷达 PPI 显示）

1. 比较法

由于降水回波的变化较大，而地物回波图像比较固定（有异常折射时例外）。故可熟记不同仰角和距离档的 PPI 上地物回波图像，这样就可以识别地物回波了。

2. 用 PPI 探测来判断

由于地物回波的高度比较低，故抬高仰角后地物回波将逐渐消失，而降水回波仍旧存在。

3. 用 RHI 探测垂直剖面结构来判断

由于地物回波高度一般都较低，而降水回波的垂直高度则较大，个别对流云甚至可穿过对流层顶。因此回波的铅直高度可用来识别回波的性质，进而分辨出地物回波。

4. 在 A/R 显示器上判断由于气象回波信号是由许多水滴或冰粒所散射的信号合成的，这些粒子随大气中流场变化而迅速地运动，因此反映在 A/R 显示器上的回波幅度具有迅速脉动的特征，而地物回波通常是固定的，反映在 A/R 显示器上的地物回波具有相对稳定的特征，且回波中心呈空心状，并有轮廓清楚的纹理结构。因此可从回波涨落的情况来识别出地物回波。

另外气象目标物通常具有一定的移动速度，而地物回波常是不动的，为此也可以从回波随时间是否有位移来辨认它们。在实际探测工作中还发现降水回波特别强时，在雷达 A/R 显示器上常发现回波呈饱和状态，很像是“空心”结构，但若进行增益衰减，则降水回波迅速脉动的特征立即显示出来，而地物回波无这种情况。

顺便指出，因为潮湿的下垫面的介电常数比干燥的下垫面要大，而介电常数较大的目标物所反射的雷达回波又较强，所以地物回波强度将因此而受到影响。如农作物反射雷达回波的强度随生长期而变化。这一结果在农业上很有意义，即可以利用雷达探测到的回波强度的变化来反演农作物的生长期。

10.4.2　超折射回波

在第四章中已介绍过超折射及其产生原因，由这种超折射现象所产生的回波称为超折射回波。当大气中发生超折射时，就会在 PPI 上平时无地物回波的距离上出现地物回波。由此可见，超折射回波实质上仍是地物回波，只是看到的地物回波的范围扩大了，数量增加了。既然超折射回波就是地物回波，因此当它与气象回波混杂在一起时，仍可采用前面识别地物回波方法加以区别。在雷达探测中，超折射条件下在 PPI 上探测到的地物回波有下面几种类型。

10.4.2.1　两层模式

当从近地面开始往上存在一超折射层，相应的折射指数为 $\frac{dn}{dh} < -15.7\times10^{-8}$ m^{-1}，而在超折射层之上为非超折射层时，就使得地物回波从本站开始，较连续地扩展到数十千米或更远。在这种模式中，有时在某些方位上还可探测到以雷达站为中心呈辐辏状分布的超折射回波，而在另一些方位上，则没有这些分布特征。其原因可能是：当雷达附近存在较多的高大目标物时，低仰角的射线必须穿过这些高大目标物之间的空隙才能到达远处地面，因此一部分射线被建筑物遮挡，使其后面的地物处在雷达"盲区"中，这就形成了在雷达屏幕上观测到地物沿径向排列的情况。

10.4.2.2　三层模式

这种情况是测站周围近处出现正常的地物回波，而在远距离处出现一片超折射回波。其相应的层结为：在近地面存在一层较薄的非超折射层，在此层之上有一超折射层，再往上又为非超折射层(见图 10.32)。这类超折射回波的特征是由于不同初始仰角的雷达射线可能比较集中地在某一距离附近返回地面，因此在该处的地物回波比较连续，粗看起来很像云、雨回波，但略抬高天线仰角或用 RHI 探测，就可分辨出它们仍是地物回波。

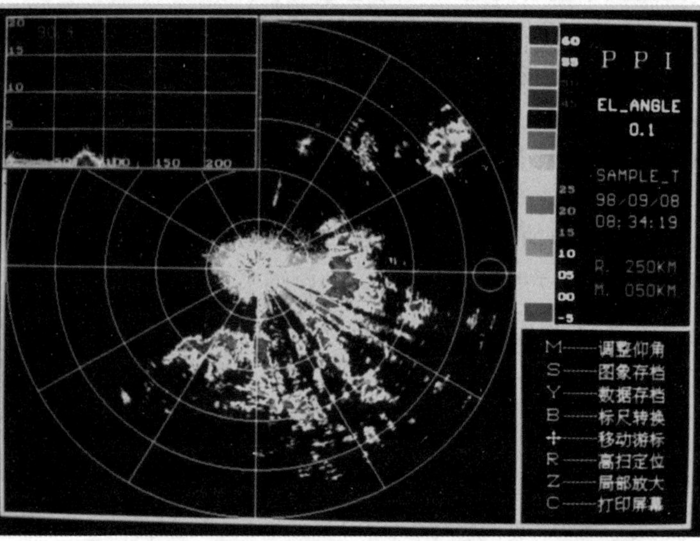

图 10.32　超折射回波(三层模式)

10.4.2.3　*四层模式*

在测站周围数十千米内出现大片超折射回波区，在远处也有大片超折射回波区，但在两者之间无超折射回波。其相应大气层结由近地面向上依次为：超折射层—非超折射层—超折射层—非超折射层。这种回波比较罕见。

超折射回波还具有明显的日变化和年变化。在大陆上，它多出现在晴朗的夜晚和清晨，尤其在夏季的晴朗夜晚和清晨最易出现大片的超折射回波，而在午后则很少出现，傍晚以后又开始出现，并逐渐增强。另外在降水减弱或消散阶段也常会出现超折射回波。

出现超折射回波时，预示着大气低层或中层存在逆温层，即大气比较稳定。在降水过程中出现超折射时，预示着对流已减弱，降水即将终止。

必须指出，当大气中逆温层很强，超折射回波一直维持，地面产生的污染气体无法向高空辐散，这就要发环境污染预报。同时若逆温层被强冷空气入侵而破坏，还可能出现强对流天气，这样的天气例子很多。

10.4.3　同波长干扰回波

当近距离内有两部以上波长相同的雷达同时进行工作时，就会在雷达荧光屏上出现几种特殊形式的回波图像。常表现为单条或多条线状，有时也呈点线状回波带，从中心以相等的间隔呈螺旋状向四周放射出来。图 10.33 就是雷达探测到的一次干扰回波的图像。在探测的同一时刻，相距 6～7km 处的另一部波长相同的雷达也在工作。出现同波长干扰回波原因是：一部雷达发射出来的电磁波能量通过地物或降水等的散射，

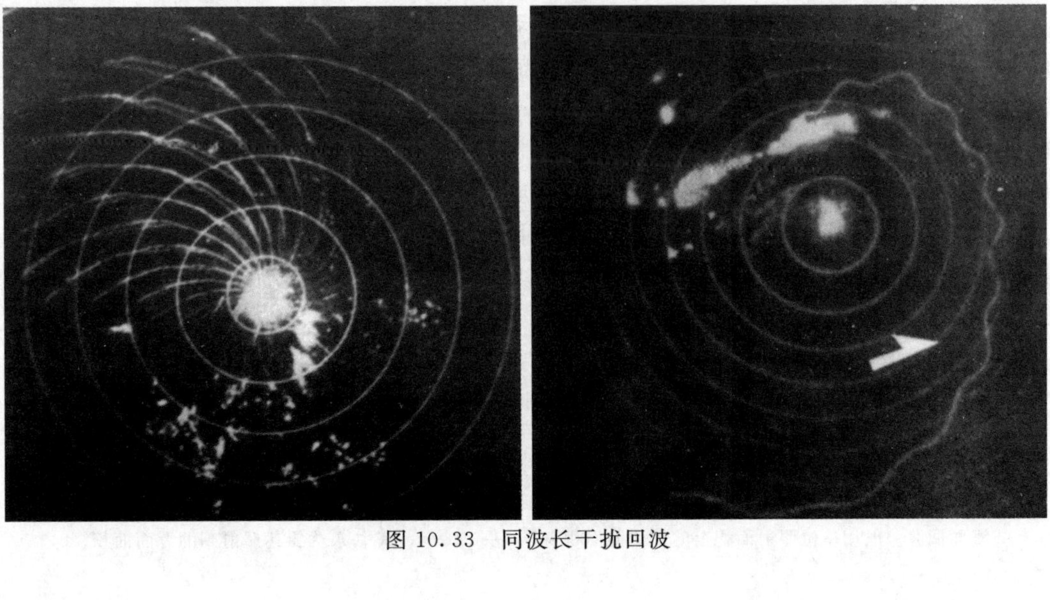

图 10.33　同波长干扰回波

进入另一部雷达的接收机，由于两部雷达的触发脉冲不同步，重复频率也不是完全一致，故在荧光屏上就显示出一个快速移动的亮点，天线转动后即成为各种形状的亮线。因此在出现同波长干扰时，受到干扰的雷达不论发射机工作与否，只要它的接收机工作，荧光屏上就会出现同波长干扰回波。

同波长干扰回波一般容易在测站附近有高大地物、降水或超折射等现象的情况下出现，当这种回波出现时，仍可以透过它的线状回波，探测到降水回波。

10.4.4 飞机、船只等回波

飞机、船只等的回波，相对说来是点状目标，它们在雷达 PPI 上的回波呈圆点状或“—”字形，所以对探测气象回波无影响。另外，它们移动速度快，也比较容易识别。实际上，由于测雨雷达的天线转动速度比较慢，天线垂直波束宽度比较窄，如又没有自动跟踪设备，则一般不易探测到飞机目标。船舰由于高度低，测雨雷达也只能在较近距离时才能探测到。

10.4.5 海浪回波

沿海的测雨雷达可以探测到海浪回波。这种回波在 PPI 上和地物回波、降水回波有着明显的区别，它由许多针状的回波体组成，呈扇形向外辐散，强度较弱且均匀。由于浪花到达的高度很低，故雷达只有在天线仰角为 0°或 0°以下时才能探测到。通常海浪回波出现的距离比较近，但随着风力的增大，回波出现的距离将会增加，范围也会加大[见图 10.34(a)]。

形成海浪回波的原因一般认为是：海水表面张力波*和重力波**所引起的水波对电磁波产生的散射和反射所致。当雷达发射频率在 X 波段或更高时，前者是主要的散射体，而当发射频率较低时，则两者都有作用。只有当发射频率足够低时，前者的作用才能被忽略。另外经研究，海浪回波的散射机制与入射余角***有关，在接近垂直入射时，属于准镜面反射区[见图 10.34(b)]。这时反射目标物主要是那些比雷达波长长的小平面，它们所产生的雷达回波很强；随着入射余角的减小，逐渐进入到平直区，这时的散射体主要是那些尺度可以和雷达波长相比拟的小平面或表面张力波；最后进入到干涉

---

* 波长小于 2.4cm，周期为 0.1s 的水波，它的传播速度受液体表面张力的控制。

** 波长大于 4.8cm，周期约 1～30s 之间的波，它的传播速度主要受重力的控制。

*** 入射余角比入射角更常用，前者从水平方向算起，后者从垂直方向算起。俯角也是从水平方向算起，但这是指雷达天线处的波束与水平线的夹角，而入射余角则指目标所在处的波束与水平线的夹角。如果是平的地面，则此两个角度相等，但考虑到地球曲率时，此二个角度不等。

海面回波一般用单位照射面积上的雷达截面积 $\sigma_0 = \dfrac{\sigma}{A}$ 来表示，其中 A 为雷达照射到的海面面积。

区，这时直射波和水面反射波的矢量和起主要作用。

图 10.34(a)　海浪回波

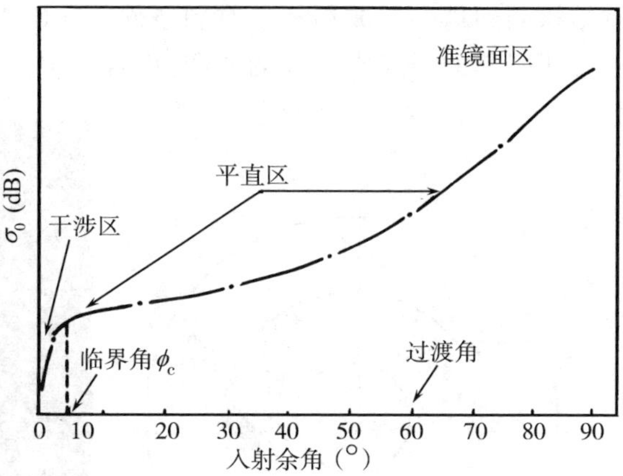

图 10.34(b)　σ_0^* 值与入射余角的关系

影响海浪回波强度的因子是多方面的，一般有：

1. 雷达机的性能，如发射波长、发射功率、偏振方向等。

2. 海面及风浪情况，如风速、风向外，洋流、油类污染、远处风暴所引起的海面扰动、海底变化及当地气候等。

3. 雷达探测条件，如入射余角等。

因此当已知雷达机各参数和一定的探测条件，利用适当的雷达方程即可知道海面风浪情况。另外一些探测资料证实，海浪回波强度随风速增大引起浪高的增大而增强，在风速相同的条件下，波束逆风探测时的回波强度比顺风时要强。

10.4.6　由天线辐射特性造成的虚假回波

由于雷达天线向外辐射出去的电磁波能量除了主瓣外，还有旁瓣、尾瓣等，即使主瓣也存在着一定宽度。当有旁瓣、尾瓣发射出去电磁波在近距离遇到一些特别强的降水中心时，也能产生为雷达接收机所能接收到的回波来。另外由于雷达荧光屏上的扫描线是按和天线辐射的主瓣中的主轴同步进行扫描的，故主瓣存在的一定宽度，也会在显示器上造成一些虚假回波。

尾瓣造成的虚假回波常出现在 PPI 上。由于尾瓣和主瓣的方向相差 180°，故尾瓣造成的假回波和真实的降水回波的方位相差 180°，但距离相同。一般雷达天线尾瓣辐射的电平要比主瓣低得多，所以假回波也要弱得多。尾瓣假回波的形状和真实降水回波的形状相似。它们以测站为中心呈对称分布，(见图 10.35)并随真实降水回波的移动而移动。

旁瓣假回波偶尔也可在 PPI 上出现，图 10.36 就是上海雷达站在 PPI 上探测到的一次旁瓣假回波的典型例子。当时在测站东北近处出现一块孤立的强降水回波，因此就给探测到这种回波创造了有利条件。在图 10.36 中两块小而弱的回波对称地分布在主瓣所引起的强降水回波的两侧，而且随主回波的移动而相伴移动。

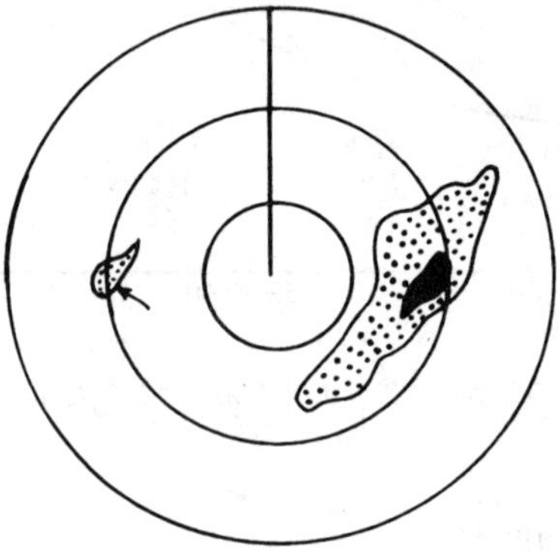

图 10.35　在 PPI 上尾瓣假回波

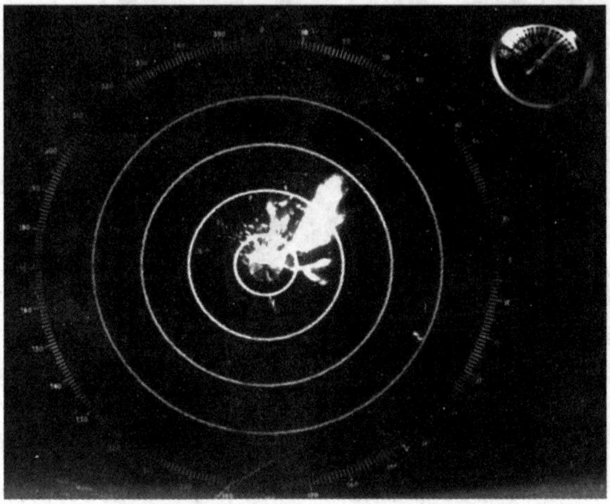

图 10.36　在 PPI 上的旁瓣假回波

旁瓣假回波出现在 RHI 上的机会较多，当测站附近出现强降水回波时，常在回波顶上出现一条细长的回波，并延伸很高，图 10.37 上的细长回波就是由于旁瓣作用造成的。这种假回波的形状和衰减后的强回波区的形状相似。显然，在判断这类强降水回波的顶高时，需要除去旁瓣所造成的假回波。

测雨雷达旁瓣和尾瓣的辐射能量很小，只有在近距离目标物有强回波时，才会出现虚假回波现象。反之，从荧光屏上出现假回波就可判断出强烈天气即将出现。

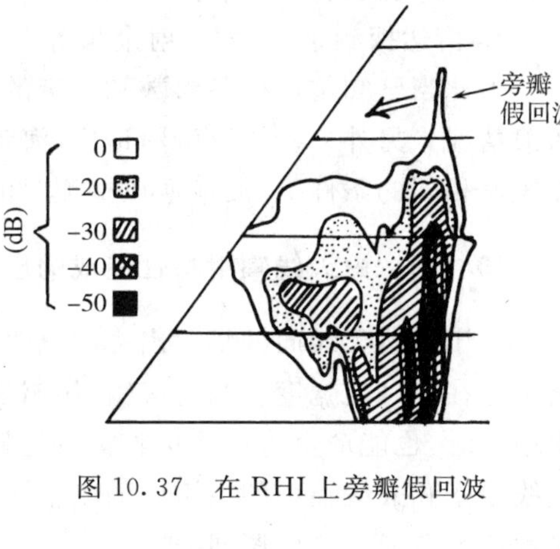

图 10.37　在 RHI 上旁瓣假回波

在 RHI 上往往探测到降水回波延伸到地平线以下，这种在荧光屏上出现地平线以下的回波就是虚假回波，它是由于天线的主瓣具有一定的宽度造成的。当雷达天线的仰角低于 0°时，荧光屏上的扫描线已扫到 0°线以下，但只要主瓣仍有一部分在 0°仰角以上，就有部分电磁波能量向地平线以上的空间辐射，它遇到目标物后在荧光屏上就会出现伸到地平线以下的回波。

§10.5 降水回波

10.5.1 层状云连续性降水——片状回波

10.5.1.1 回波强度特征

1. 回波强度一般特征

通常层状云连续性降水在 PPI 上的回波特征是分布成片，面积较大，故也称片状回波。尽管这种降水对 3cm 的雷达波长有较强的衰减作用，但探测距离仍可达几十千米以上。考虑到干雪对电磁波的衰减作用较小，因此探测距离更远。10cm 的雷达波长由于对降雨衰减作用小，探测距离可远一些。对早期非数字化的模拟雷达，在雷达接收机增益没有减小的情况下进行探测，在 PPI 荧光屏上可出现比较均匀、呈弥散状分布的回波。回波边缘由于受到降水区的衰减作用和脉冲宽度等的影响，看起来比较模糊而发毛；对数字化和多普勒雷达，由于 DVIP 等的作用，回波边缘仅有破碎而无发毛现象。另外在该雷达中仍可以看到在大片弱回波中夹有一个个强度较强的回波团。回波强度一般在 20dBZ 左右，通常不会超过 30dBZ。

在 RHI 上，层状云降水回波的特征是：结构较均匀，顶部有时虽有起伏，但相对于对流云降水来说，顶部比较平整，不出现明显的泡体，垂直厚度不大，一般在 5～6km 左

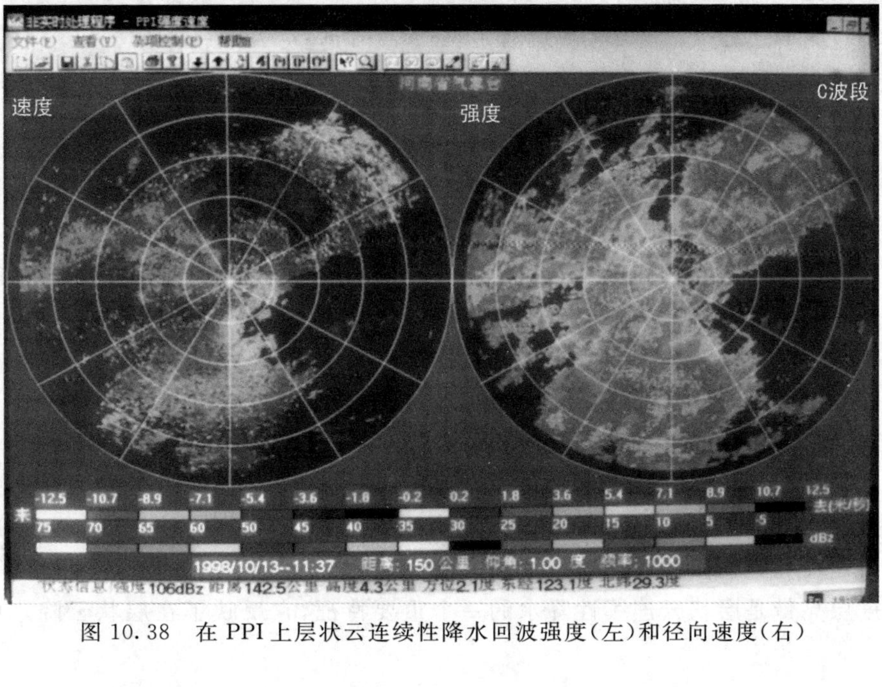

图 10.38 在 PPI 上层状云连续性降水回波强度(左)和径向速度(右)

右,但随地区、季节等的不同而变化。另外,回波的水平尺度比垂直尺度大得多。对早期非数字化模拟雷达,若对接收机增益进行衰减,那么仍可发现有像在 PPI 上的类似特征,即回波强度分布不均匀和顶部不平整的回波结构,但数字化雷达此现象不明显(见图 10.39)。在 A/R 显示器上,回波虽有涨落现象,但比对流云降水回波的涨落要小,这一方面反映了层状云连续性降水回波强度没有对流云降水回波强,另一方面也反映了前者垂直速度比后者小。

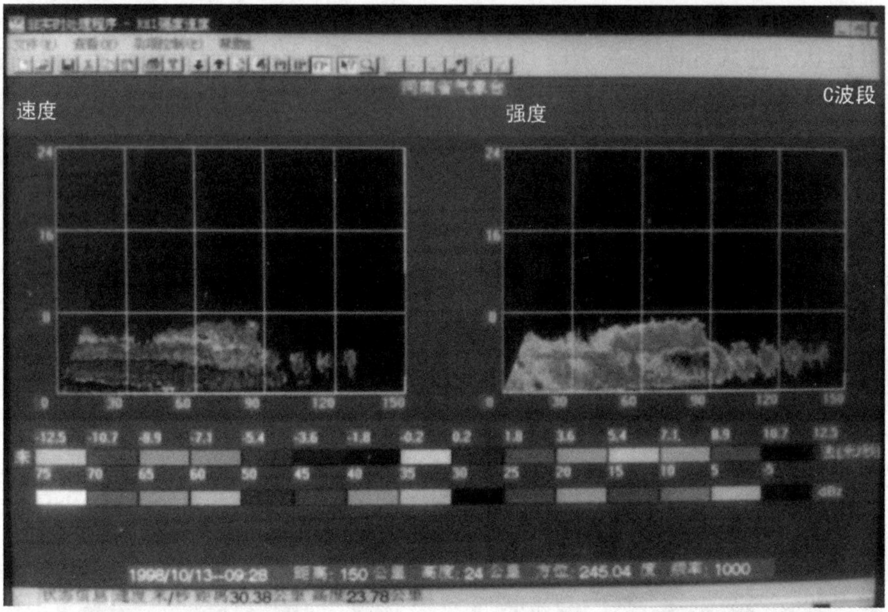

图 10.39　在 RHI 上层状云连续性降水回波强度(左)和径向速度(右)

2. 零度层亮带

(1)亮带回波强度特征

当数字化雷达或多普勒雷达对层状云连续性降水进行铅直扫描探测时,在 RHI 上就会出现一条平展而且比较强的回波带(见图 10.40)。它的高度通常在零度等温线以下几百米的地方,视降水型和地点等而异,详细可参阅雷达气象学有关章节。在 PPI 探测时,抬高天线仰角,对非数字化的模拟雷达,还要衰减接收机增益,在大片降水回波中也会出现一个环状或半环状的亮圈,环的半径与天线仰角和亮带高度有关,它比周围回波都强(见图 10.41)。上述亮带,也就是雷达气象学中常说的零度层亮带或强回波带,有时也称为融化带。在秋末冬初,当零度层高度降低到 1km 附近时,在 RHI 上零度层亮带回波和地物回波往往连在一起,难以辨认。

零度层亮带是层状云连续性降水的一个重要特征,它反映了在层状云降水中存在

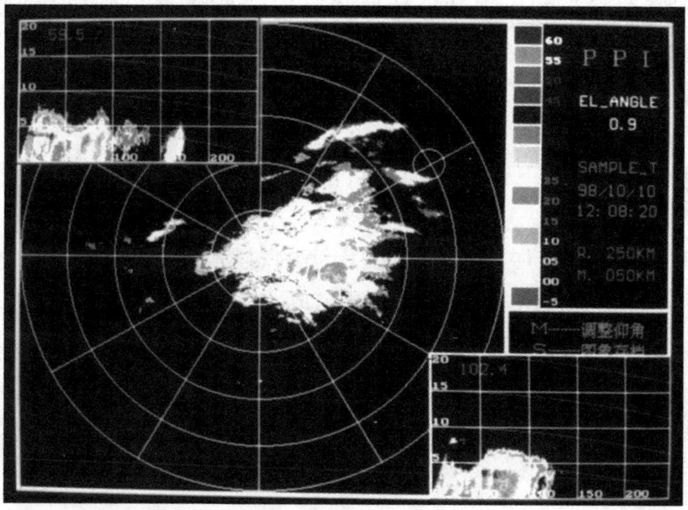

图 10.40　在 RHI 上零度层亮带

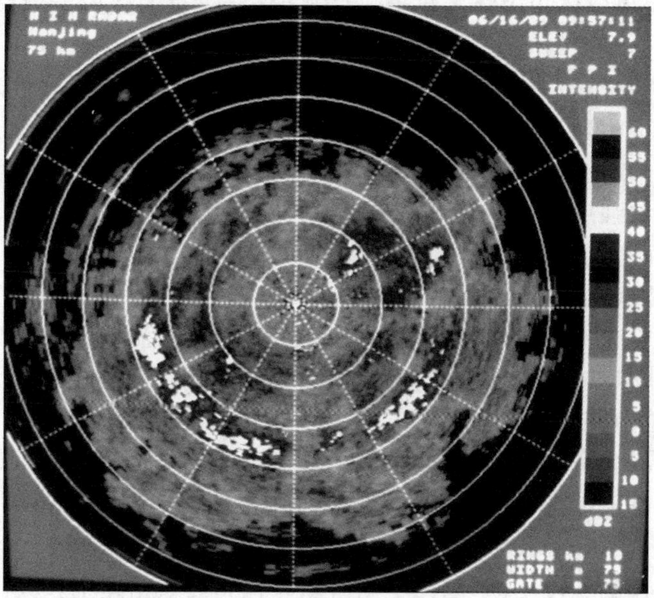

图 10.41　在 PPI 上零度层亮圈

着明显的冰水转换区，即亮带上面的降水粒子以冰晶为主，通过亮带后，全部转化为水滴。亮带的出现，也表明了层状云降水中气流稳定，无明显的对流活动，为亮带的维持创造了条件。零度层亮带的出现和冷性层状云连续性降水* 回波顶温度一般在－10℃到－20℃之间这一客观事实，十分有力地表明了 Bergeron－Findeisen 的水汽凝华碰并过程是启动层状云降水的主要机制，而水汽凝结碰并机制只能引起毛毛雨或小雨。

(2)亮带形成的物理原因

为什么会形成亮带，以下四个原因是目前比较统一的看法。

A. 融化作用

在冰晶或雪花掉到 0℃层以下融化成水滴的过程中，表面常先融化并形成有一定厚度的水膜，其介电性质与水相同。由冰融化成水，介电常数大约增加 20 倍左右，经计算这个作用可使雷达散射能力增加 5 倍左右。

B. 碰并聚合效应

粒子在下降融化过程中，有强烈的碰并聚合作用，在大多数情况下，能碰并聚合 50～100 个粒子，甚至更多。由于粒子尺度增加，从而使其散射电磁波的能力也大大增强。

C. 速度效应

冰晶或雪化在完全融化后，由于表面张力的作用，迅速转变成球形水滴，降落速度也增加，从而使得单位体积内降水粒子数目减少，导致总的散射能力减小，于是亮带以下的回波减弱。

D. 粒子形状的作用

冰雪粒子在下降融化过程中，常不呈球形，绝大多数情况下，非球形粒子的散射能力比球形粒子大，致使散射返回雷达接收机的能量增加。由图 10.42 可见，总的效应可使亮带中心的回波强度比其上部干的冰晶、雪花大 20 倍，比其下面雨滴的回波强度也要大好几倍，因而亮带就形成了。

E. 粒子的破碎效应

大雨滴合并后直径增大，当雨滴增大到一定尺度后，雨滴落下时或受空气阻力作用，或突破表面张力极限，破碎为小雨滴，导致亮带以下的反射率因子 Z 减小，突出了亮带。

(3)亮带的雷达探测结果

据大量雷达探测资料证实，亮带中心的雷达反射率与其上面约 500m 处雪中雷达反射率之比和与其下面雨中雷达反射率的比值，多数情况下分别在 15～30 倍(约 12～15dB)及 4～9 倍(约 6～10dB)之间。但是，可能由于不同亮带的并合、破碎、融化及形状因子效应等作用的程度不同，因此不同研究者得到的数据差别较大。

利用偏振理论，可以了解到融化层及其上下粒子变形的程度。这是因为在第一章已讨论过降水粒子的后向散射的平行偏振分量和正交偏振分量。因此就可得到关于降水粒子的形状和取向的一些信息。因为在已知正在融化的雪片可以近似地当做扁椭球

* 除冷性层状云降水以外，还有暖性层状云降水，后者回波顶温度在 0℃以上，故不会出现零度层亮带。

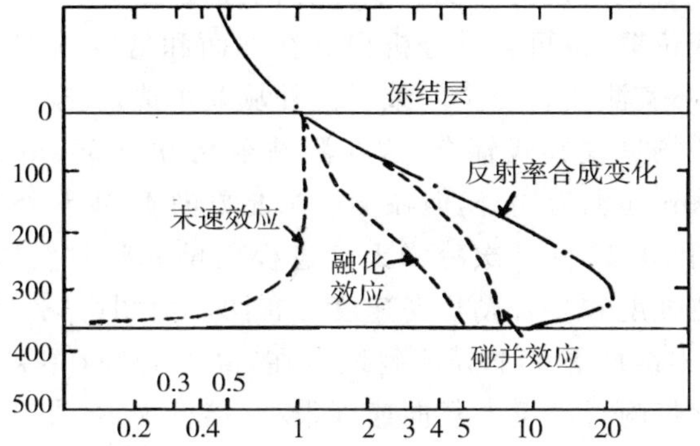

图 10.42　零度层亮带形成图

体来处理，如果雪片取向是随机的，就会产生一个正交偏振分量。若雪片是以中心轴线垂直于地面取向的，则就不会引起正交偏振分量。在实际探测中，常要求雷达发射的电磁波是水平偏振波，即这时无论仰角改变与否，都不会改变接收到后向散射强度。于是只要设法测量正交偏振分量，由正交偏振分量的大小，就可了解到粒子非球形和随机取向的情况，以及非球形的程度。经实测和分析表明，融化区粒子非球形程度比雨区大。

(4)研究零度层亮带的意义

国内外大量探测资料表明，在雷暴消散阶段可以探测到亮带。这说明此时对流已经减弱，降水性质已从对流性质逐步转化为层状云连续性降水了。

研究亮带形成的微观物理机制对于探讨降水机制，以及人工影响局部天气均有意义。因为亮带的出现，说明在这个高度上降水粒子的增长已从凝华增长转变为碰并增长了。

亮带的存在，表明了亮带上面是雪花和冰晶，而不是过冷水滴；它还表明了大气中不存在强烈的对流和湍流活动。因此，亮带的存在对飞行活动是一个有用的指示。

另外，从亮带出现的位置可以大致确定零度等温线位置。在混合性降水过程中，零度层亮带的出现，可以作为识别雹云指标之一。此外，从雷达探测得到的零度层亮带和探空资料得到的 0℃层比较，可以判断雷达仰角标定是否正确，以及所测得的回波高度是否准确。

最后必须提及，在台风的雷达回波中，常常会出现亮带，一般出现的部位是在台风回波的“雨盾”中。

10.5.1.2　回波径向速度特征

由于层状云降水范围较大，强度与气流相对比较均匀，因此相应其径向速度分布范围也较大，径向速度等值线分布比较稀疏，切向梯度不大。在零径向速度线两侧常分布着范围较大且数值不大的正、负径向速度中心，另外还常存在着流场辐合或辐散区。

图 10.38(b)为一次被郑州 C 波段多普勒雷达探测到的由中等强度冷锋引起的层

状云降水 PPI 多普勒径向速度分布图。从零径向速度线分布和正、负径向速度中心配置可以容易定出冷锋位置，也可容易分析得到在地面和低空吹偏北风，而在 500hPa 高空以上吹 SW 风，这与实测资料完全一致。另外从几个成对正、负径向速度分布图也可分析得到测站以北流场呈气旋式辐合，这在测站东北方向 50km 处尤为明显。再有在测站 SSW 方向 120km 处也为辐合，但在测站东北方向 110km 处为辐散流场。

图 10.39 为与图 10.38 同一次冷锋天气过程稍早一些时候探测到的在 RHI 上层状云连续性降水回波强度和多普勒径向速度分布图。由图可见，回波顶较平整，其高度约为 6～7km。图中零度层亮带十分清楚地存在，高度大约在 4km 左右。其径向速度场分布特征为在融化带附近高度上径向速度很小，接近为零，在其上层和下层径向速度也不大，这充分说明了在融化带附近无明显对流和湍流活动，为亮带形成提供了极为有利的条件。这从另一侧面也说明了该次确实为一次由中等强度冷锋引起的大范围比较稳定的层状云连续性降水。

图 10.43 为一次用 *X* 波段脉冲多普勒雷达垂直指向探测得到的粒子下落均方根速度随时间变化图。该次为层状云连续性降水。由于在 3800m 处铅直速度有明显的梯度，因而亮带位置很清楚。在亮带上方，粒子下落速度通常少于 2m/s；在亮带下方，粒子下落速度通常为 5～6m/s。图中也可发现，层状云连续性降水事实上也是变化的，云顶也有起伏，不过比对流云变化要小得多。

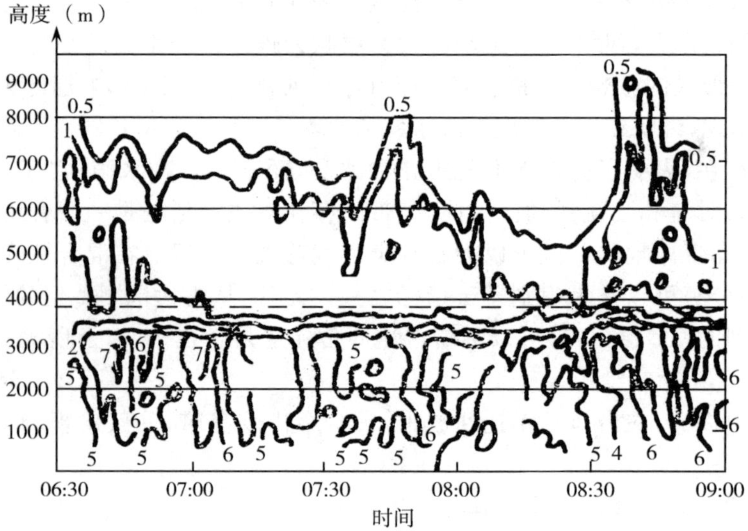

图 10.43　粒子下落均方根速度随时间变化

10.5.1.3　降水发生层和雪尾——雷达高带

利用雷达天线铅直指向并扫描探测连续性降水，还可发现在融化带上面一些有趣的雪的回波图像，见图 10.44。其结论是：除少数例子以外，连续的地面降水是上空不均匀降水造成的。另外还发现这种回波图像呈长而倾斜的“下垂回波带”，其顶部有相当集中的回波单体，这些单体称为降水“发生单体”或“降水发生源”。随着高度减低，回波的尾部变得比较水平。当这些弱回波从上空下降与融化带合并时，就暂时增加了融化带的回波强度。经过 1～2min 以后，地面降水强度会出现短时的增加。对这种强的下垂回波带，为了便于和融化带区别，人们给它定名为雷达高带。它们在暖锋情况下经常可以看到，一般出现在锋面以上几百米处，单体的直径达数千米，有时排列成行。而在冷锋降水中则较为少见。雷达高带一般总在－16℃层（这个高度常称为“降水发生层”）附近出现，其生命史可达几小时，并以 1.7～2.2m/s 的速度向融化区降落，当接近融化区时，速度减慢，大约每隔 20min 就重复一次这种过程。有人对 22 个例子作出的分析指出，在高空大气稳定的情况下经常会出现这种雷达高带，而且也仅仅是在稳定的情况下才会出现，因此不稳定性似乎不是这种雷达高带起动机制。

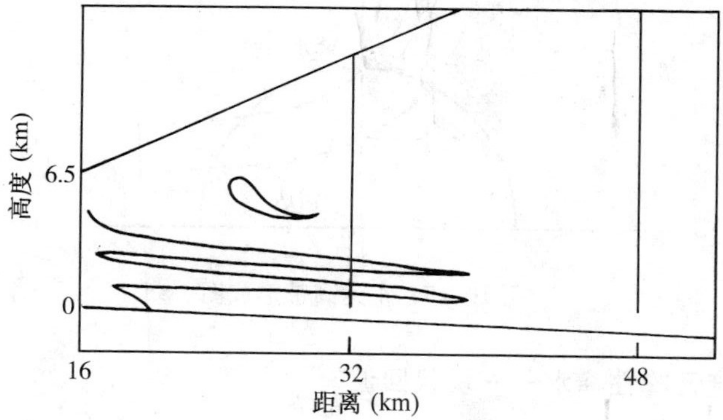

图 10.44　雷达高带

曾有人研究过雷达高带形成机制，他们认为：一旦在单体内的冰晶开始形成，水汽就会在冰晶上凝华而放出热量，并发动对流。这种对流又转而将冰晶维持在降水发生单体中，当它下落时，就形成雷达高带。我国雷达气象工作者也对高带形成机制作了分析，除了同意上述说法以外，还提出了高空水分累积区会形成雷达高带的观点。

通常降水发生单体随相应气层的高空风而移动，其回波一般常表现为钩状的下垂回波带，但也经常呈弥散的碎片状。下垂回波带或称雪尾的形状决定于雪的降落速度和风的垂直分布。这样任意一个粒子的轨迹微分方程为

$$\frac{\mathrm{d}x}{\mathrm{d}z}=\frac{u(z)}{w_t(z)} \tag{10.7}$$

如图 10.45 所示，其中 x 是回波幡所在铅直平面内的回波幡水平距离，z 是回波幡的铅直高度，它们都是以降水发生单体为原点来计算的。取 z 值向下为正，$w_t(z)$ 和 $u(z)$ 分别为粒子的下落末速度和风在 x 方向的速度。积分上式，得轨迹方程

$$x - x_0 = \int_0^z \left(\frac{u}{w_t}\right) \mathrm{d}z \tag{10.8}$$

当风随高度线性增加时，以 $u = az$ 和 $w_t = b$ 代入(10.8)式，即可得

$$x - x_0 = \frac{a}{2b} z^2 \tag{10.9}$$

把从观测所得的适当的 a 值代入上式，并令 $b = w_t = 1.2\mathrm{m/s}$，就发现计算值和观测的回波幡值的一致性较好。因此有人就认为在降水发生单体中，有雪的并合是正确的。

从回波幡的照片中有时可看到雪粒和下落到较低高度上的过冷却云中的现象，这就使回波幡中的雪片和冰晶因凝华和结淞作用而继续增长，当经过过冷却云以后，这些冻结粒子就融化了，有时还能因碰并作用而继续增长。

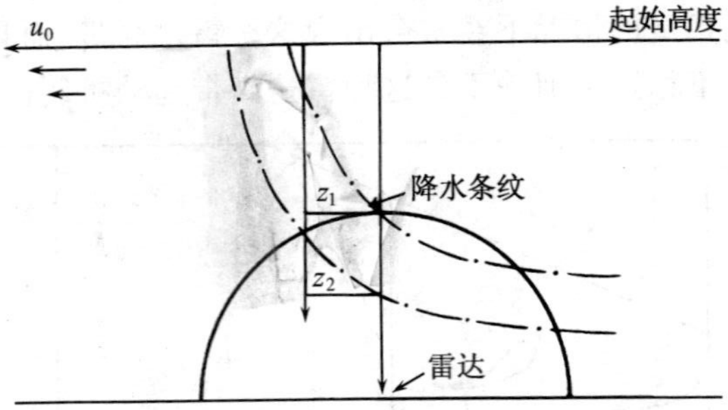

图 10.45　雷达高带形成图

10.5.2　对流云阵性降水——块状回波

由于积状降水云中对流强烈，因此积状云降水也称对流降水。对流云阵性降水包括阵雨、雷雨、冰雹、暴雨等。无论从回波强度特征来看，还是从多普勒径向速度特征来分析，它与层状云连续性降水回波有着明显的差异。对流云阵性降水回波一般出现在快速移行锋面上、冷锋前暖区、气团内部、副高边缘、台风外围等地方。考虑到雷阵雨、冰雹、暴雨雷达回波强度、形态及多普勒径向速度场既有相同又有不同之处，因此我们先讨论它们共性，然后分别研究它们个性。

10.5.2.1　回波一般特征

1. 回波强度结构等特征

在 PPI 上，对流云阵性降水回波通常由许多分散的回波单体所组成。这些回波单体随着不同的天气过程排列成带状、条状，离散状或其它形状。回波单体结构紧密，边界清晰，棱角分明，回波强度强，持续时间变化大，单体水平尺度从几千米到几十千米都有。若抬高仰角并细心观察，可以看到回波单体本身包含有许多尺度更小的回波泡。

在 RHI 上，回波单体呈柱状结构。一些强烈发展的单体，回波顶常呈现为砧状或

花菜状。还有一些强烈发展的对流云在发展成熟阶段，也即降水还未降落到地面前，常呈纺锤状，对流云阵性降水回波一般发展得比较高，多数在6～7km以上，但随地区、季节和天气系统不同差异很大，最高可达对流层顶高度。

探测表明：对流云阵性降水回波生、消变化很快。一个单体回波的生命期也就是十几分钟到几十分钟，平均持续时间约为20～30min。另外，雷达回波持续时间与单体尺度的大小有关。一般说，回波单体水平尺度愈大，持续时间也愈长。但上述所有这些平均持续时间都是对单个雷暴单体而言的。由于有些大雷暴在生存期中可能包含许多这样的单体，故雷暴的平均持续时间可几倍于上述平均值。例如对特强的超级单体回波，其持续时间可达1.5～2.0h或更长。

对对流云回波顶增长速度的观测表明：回波顶平均上升速度比云顶平均上升速度要快，由于回波顶高常常低于实际云顶高度，这就说明了对流云上部的垂直上升速度要比对流云顶部的垂直上升速度要快。例如有人研究发现，最大上升速度常出现在云顶以下1～2km的地方，其值可达20～25m/s，而云顶平均最大上升速度约为12m/s。用铅直指向的脉冲多普勒雷达的探测也表明：对流云中空气的垂直上升速度从云中部到云顶确实是递减的。在一般情况下，对流云阵性降水回波中观测不到零度层亮带。

在A/R显示器上回波有明显的涨落现象，回波愈强，涨落愈大，特强回波涨落可大到使A/R显示器荧光屏垂直尺度上饱和。

2. 回波径向速度场特征

在PPI上由于对流云降水回波单体成块状分布，水平尺度较小，因此相应其径向速度场分布尺度也很小，在比较小的单体中一般仅为正或负中心，这说明小单体里可能仅存在上升或下沉气流分量。但在比较大的单体中，仍可同时出现正、负径向速度中心，故径向速度等值线分布较密集，切向梯度也较大。这表明该单体内同时存在上升和下沉气流分量，也正是这个原因，使这些单体可维持一段较长的时间。当不稳定能量积累到一定程度，强对流天气就一触即发。

在RHI上对流云阵性降水回波径向速度特征，与回波强度分布大致相同，即呈柱状、纺锤状、砧状、花菜状等。通常在回波下部(低空)为负径向速度，说明可能有下沉气流分量存在；而在回波上部为正径向速度，说明可能有上升气流分量。在回波强度较强处，径向速度等值线分布比较密集，甚至正、负径向速度紧挨着，说明该处可能存在辐合或辐散流场。

10.5.2.2 雷阵雨降水回波

1. 回波强度等特征

雷阵雨回波是对流云阵性降水回波之一，因此它具有上述对流云阵性降水回波特征，不再重复，这里仅讨论它本身另外的特征。

在PPI上，雷阵雨回波水平尺度常小于20km，个别特别强的雷雨回波水平尺度也往往小于30km。需要指出的是，上述指标仅是相对而言的，各地应根据天气形势、下垫面特点，另找指标。雷阵雨回波强度往往小于40dBZ[见图10.46(左)]。但要注意的是，由于等效雷达反射率因子 Z_e 与雷达波长有关，因此不同雷达波长这个指标是不同的。另外还要判断是否满足瑞利散射条件。探测资料还证实，这个指标与地区关系不大。国外，甚至西半球国家该指标与我国接近。雷阵雨回波持续时间一般小于60min。

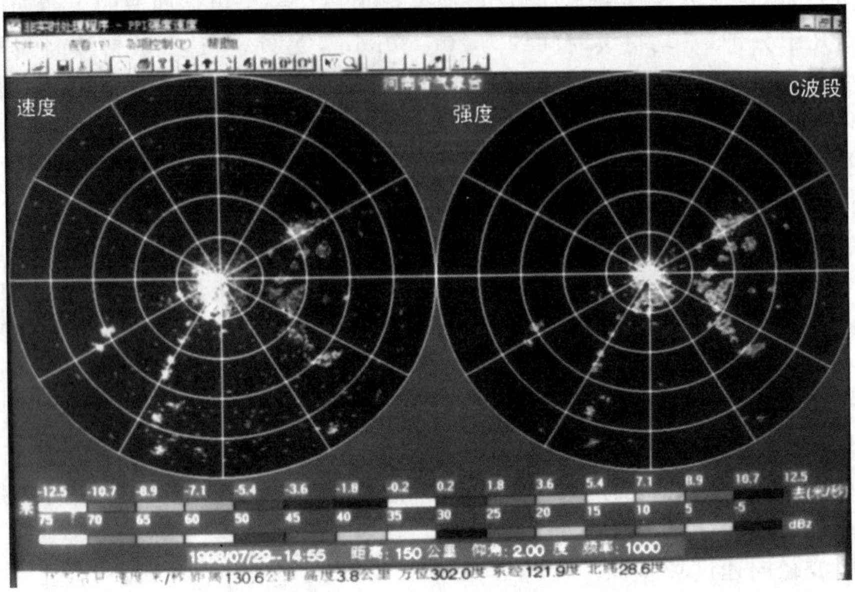

图 10.46　在 PPI 上雷阵雨回波强度(左)和径向速度场(右)分布图

在 RHI 上雷阵雨回波高度一般小于 7～8km，强回波顶高度通常在 5～6km 左右[见图 10.47(左)]回波顶呈多峰结构，这就可以解释雷阵雨降水为什么阵性大的原因。

2. 回波径向速度场特征

图 10.46(右)为雷阵雨块状降水回波在 PPI 上径向速度场特征。由图可见，它们具有块状结构，多数单体水平尺度小于 10km，仅为正或负径向速度中心，说明该单体里仅有上升或下沉气流分量，属阵雨回波。少部分单体水平尺度较大，约为 20～30km，单体内同时存在正、负径向速度中心，说明单体已发展成熟，上升和下沉气流分量共存，属雷雨回波。

另外从回波排列和测站周围正、负径向速度区分布整体分析可知存在气旋环流。这与当时天气背景，气旋中心在武汉和南京之间，郑州受外围气旋环流控制是完全吻合的。

再从负、正径向速度分布，负值区在测站 NE→SE 方向，正值区在测站 SW 方向，故测站地面吹偏东风，低空为 NE 风，这与当时实测风资料也完全一致。

图 10.47(右)为雷阵雨块状降水回波在 RHI 上径向速度场特征。由图可见，地面附近及低层为负径向速度，可能存在下沉气流分量，它是由于地面已出现降水引起的。而在 4km 以上为正径向速度，且一直延伸到 8km 以上高空，说明上升气流还相当旺盛，对流云正在发展。配合回波强度图 10.47(左)分析可以发现：在强回波附近，径向速度梯度较大，

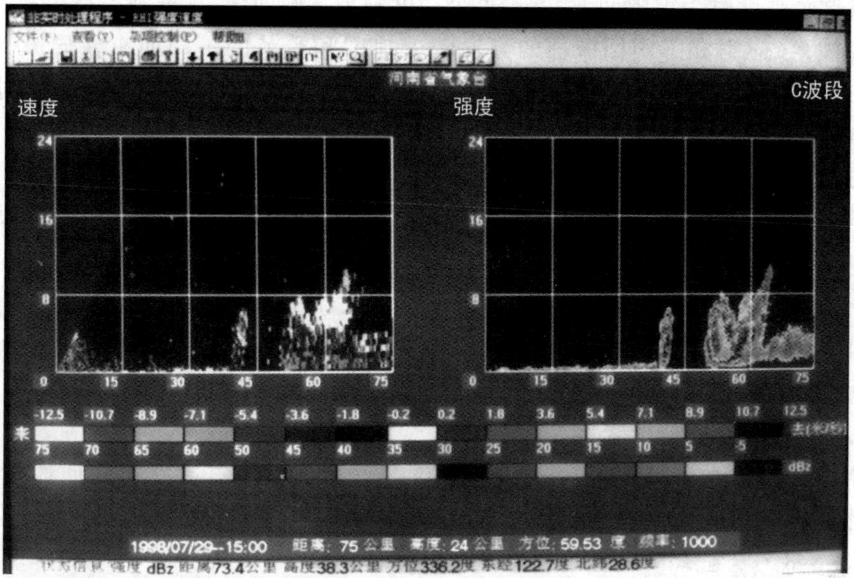

图 10.47　在 RHI 上雷、阵雨回波强度(左)和径向速度场(右)分布图

另外雷、阵雨回波呈多峰结构，这与下文要谈到的雹云回波呈单峰结构完全不同。

3. 雷阵雨回波区别

雷雨和阵雨都是积状云对流降水，它们在 PPI 上都为块状回波，在 RHI 上表现为柱状回波等特征，两者主要区别是：雷雨有电闪雷击，而阵雨没有该天气现象。因此 10cm以上波长雷达可以据能否探测到闪电回波来区别是雷雨还是阵雨。但是一般天气雷达的波长却不能探测到云内闪电，因而不可能用此方法来辨认雷雨和阵雨。在实际探测中，通常据回波结构、强度和径向速度特征等方面差异来进行区分。

(1)从外形结构和水平尺度上来区分雷雨和阵雨。

雷雨回波结构紧密，边缘清晰，云体内泡体活动明显，水平尺度通常在 10～20km 以上，而阵雨回波结构比较松散，其水平尺度在 10km 以内。

(2)从回波强度来区分雷、阵雨。

雷雨回波强度通常在 40dBZ 以上，而阵雨回波强度常不到 40dBZ。

(3)从回波垂直发展高度来区分雷雨和阵雨

雷雨回波顶通常较高，一般在 6～8km 以上，盛夏时有的可达到对流层顶，然后云砧向四周延伸；而阵雨回波通常在 5～6km 以下。由于这个指标随地区、季节有所不同，因此有人曾用探空层结曲线上－15.6℃ * 所在高度作为区分雷雨和阵雨的指标，当降水回

* 这是指云内温度，若取云外温度，应为－22.4℃

波顶超过这个高度时为雷雨回波，低于这个高度则为阵雨回波，其准确率高达 90%。

需要注意：雷雨和阵雨回波顶的高度随着地区和季节的不同而有差异。一般南方高于北方，夏季高于春秋天。为了提高识别雷雨和阵雨的准确率，各地应据本地的实际观测资料，得出各个季节和月份的高度判据。但是，最好应综合上述几方面指标，用概率统计方法得到判别方程解决。

雷雨回波又可分为：锋面雷雨、飑线雷雨、热雷雨等，可以从排列结构、移动规律等来区分。

在雷雨回波以及在其周围常伴随着强烈的湍流，加上雷鸣电击，容易造成飞行事故。因此飞机应尽可能远离发展中的雷雨回波飞行。一般说来，飞过大的弱回波区，比飞过强回波区附近处的无回波区要安全，比飞过两个以上强回波泡包围的无回波区更安全。

(4)从径向速度场特征来区别

阵雨回波由于水平尺度小，探测资料已证实单体内仅存在正或负径向速度，而雷雨回波单体大、回波强，单体内常同时存在正、负径向速度，故常存在风向、风速切变。

10.5.2.3　冰雹云降水回波

1. 回波强度等特征

在 PPI 上，雹云降水回波水平尺度可达 30～40km 以上[见图 10.48(左)]。当然这仅是相对而言，当天气背景符合降雹条件，就可从带状或雷暴群中抓住大的单体，例如条状回波、超级单体、相对大的单体等。

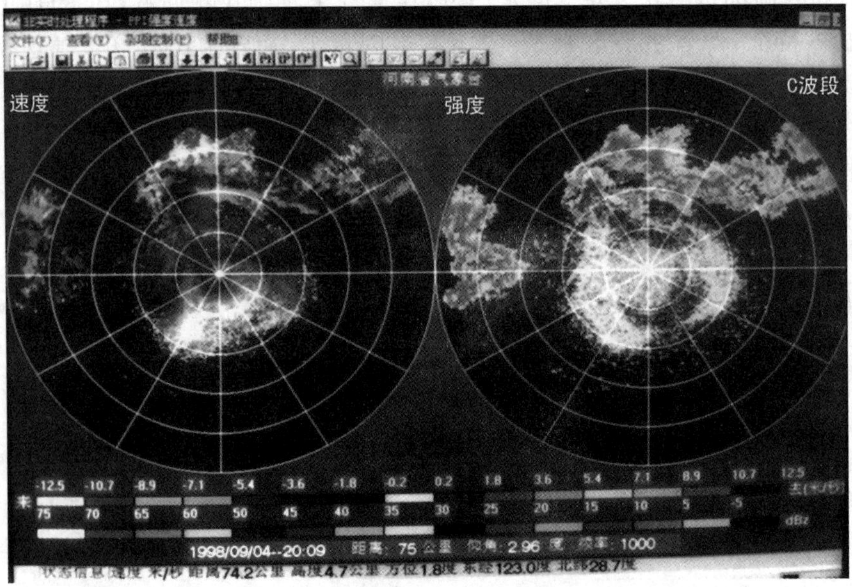

图 10.48　在 PPI 上雹云回波强度(左)和径向速度场(右)

雹云降水回波强度对 X 波段雷达一般在 50dBZ 左右。由于冰雹粒子大，瑞利散射不满足，Z_e 值又与雷达波长有关。因此对 C，S 波段雷达讲，回波强度还要大于50dBZ这个值。雹云降水回波往往是超级单体引起的，因此回波单体持续时间比雷、阵雨降水回波持续时间要长，常常在 1～2h 以上。

雹云降水回波形态特征十分特殊，据大量探测资料证实，它常常会出现 V 型缺口、入流缺口、钩状、指状和空洞等，这给我们判别雹云极为有利。

在 RHI 上雹云回波顶高度往往超过 10km[见图 10.49(左)]。但需特别注意：考虑到雹云中冰雹粒子增长所必须具备的物理条件，因此这个回波顶高度指标不是绝对的。该值随月份、地理位置、天气系统不同而异。一般说，在 4、5 月份这个指标可降低，7、8 月份这个指标要提高；在北半球，地理位置偏北的地方，这个指标可降低，而在地理位置偏南的地方，这个指标要提高。各地应根据大量雷达探测资料，用概率统计方法，自己找指标，才能提高判别雹云回波准确率。

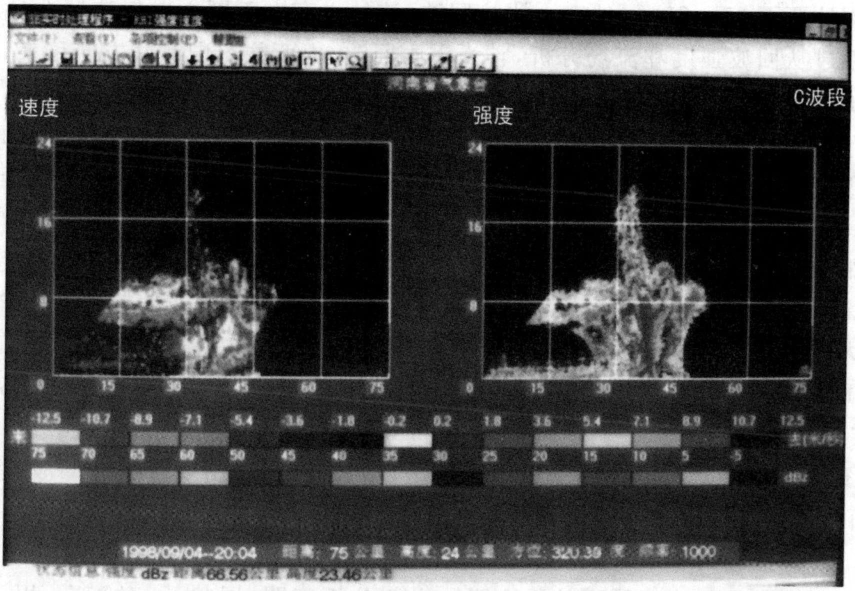

图 10.49　在 RHI 上雹云回波强度(左)和径向速度场(右)

由图也可发现，雹云强回波顶高度达 8km 左右，比雷雨强回波高度高得多，而且回波顶呈单峰结构，云砧很明显，说明高空风速切变大。图中还可发现在强回波中心上面，出现细长的回波结构，它是由天线发射波束中的旁瓣引起的。确定回波顶高度时，应除掉这些细长回波，俗称旁瓣假回波。上述指标和结构均可用来识别雹云回波。此外雹云在 RHI 上还常会出现穹窿结构，但在图 10.49(左)中不太明显。

2. 回波径向速度场特征

图 10.48(右)为雹云降水回波在 PPI 上径向速度场。由图可见，在该例中冰雹云在条状回波中形成，条状回波长度约 60～70km，从整体上分析，条状回波受负径向速度控制，即可能有下沉气流分量存在。但在整个条状回波内出现几个闭合零径向速度线，其中在 NW 方向 25～40km 处闭合零径向速度线范围最大，其中心还出现正径向速度线，意味着该处仍可能存在着上升气流分量。由于实际风向与零径向速度线垂直，加上 PPI 上不同距离反映不同高度，因此在闭合零径向速度线附近必定存在着垂直风切变。与图 10.48(左)回波强度图对比分析，发现确实在闭合零径向速度线附近回波最强，达到 50dBZ，因此可判断该处为雹云，与实况完全一致。

再从水平流场方面分析，据测站附近负、正径向速度场配置可分析得知为气旋流场。另外，测站地面应为南风，但风速很小。在稍高的低空，则为北风，再往上为西北风，故整个系统往东南偏南方向移动，与实况也吻合很好。

在测站西面 45～75km 处有一块状回波，该处也存在不同方向气流辐合，故回波也较强。不过从回波强度和流场分析，它为雷雨回波，由西往东向测站方向移来。

为了再详细了解测站 NW 方向 25～40km 处回波强度和径向速度场结构，我们在方位 320.39°方向作了 RHI 探测，结果如图 10.49(右)所示。由图可见：从地面到高空相继出现负值区→正值区→负值区，说明整块雹云已是下沉气流分量为主，即已处于成熟阶段。但在 2～7km 高空出现正径向速度区，即仍存在上升气流分量。

仔细分析还可发现在正径向速度区中间插入负值区，并与地面负值区相接，说明在该高度区间下沉气流分量已突破上升气流分量，在此部位风向垂直切变和径向速度梯度均很大。由图 10.49(左)配合分析可知，这里正是强回波中心区，冰雹可能就在这个部位随下沉气流分量而降落。另外，从整体上分析，该中尺度系统已处于成熟到消亡阶段，与实况符合。

与图 10.49(左)一样，在图中雹云顶部平整，云砧明显，出现旁瓣假回波，呈单峰结构，后面会讲到，这些特殊结构，正好与暴雨能区分开来。

10.5.2.4　暴雨降水回波

通过一定数量能形成暴雨的雷达回波个例分析表明；层状云、对流云、积层混合云均可能形成暴雨，其中以后者为主。但无论那一类型降水，从降暴雨角度分析有其共同特征。内容很多，详细可参阅本章后面列出的参考文献，这里仅简单介绍一些重点内容，目的是辨认暴雨雷达回波。

1. 回波强度、结构、移动等特征

当雷达 PPI 屏幕上出现停滞型或缓慢移动的强且宽回波带向测站移来；当回波单体移向近似和带的走向平行或交角很小；当产生回波单体的源地继续不断产生回波并向测站方向移近时，本测站就可能会引发暴雨。

另外当单块强回波移速突然减慢，兼并周围小回波单体，同时暴发型增长，就要警惕暴雨发生。

对于积层混合型降水系统，特别要注意积状云和层状云回波交界处常常会形成暴雨。图 10.50(左)为产生暴雨的积层混合云降水在 PPI 上的回波强度分布图，由图可见，从整体上讲回波呈片絮状结构，强回波带显示十分清楚。

图 10.51(左)为比图 10.50(左)早 1 小时 25 分在 309°方位作 RHI 探测得到的回波强度分布图，由图可见，暴雨回波呈三个峰结构。大体上每一个峰顶在低空对应有一个呈柱状的强回波高度。离测站 25km 左右地方强回波顶高仅为 3km 左右，但回波强度达 45dBZ 左右。离测站 43km 处强回波顶高达 5km，但回波强度只有 35dBZ 左右。与前文讲的雹云回波比较，可知暴雨强回波高度比较低。当这些强回波移到测站，引发一次次雨强大的降水，累积这些降水量，最后形成暴雨。

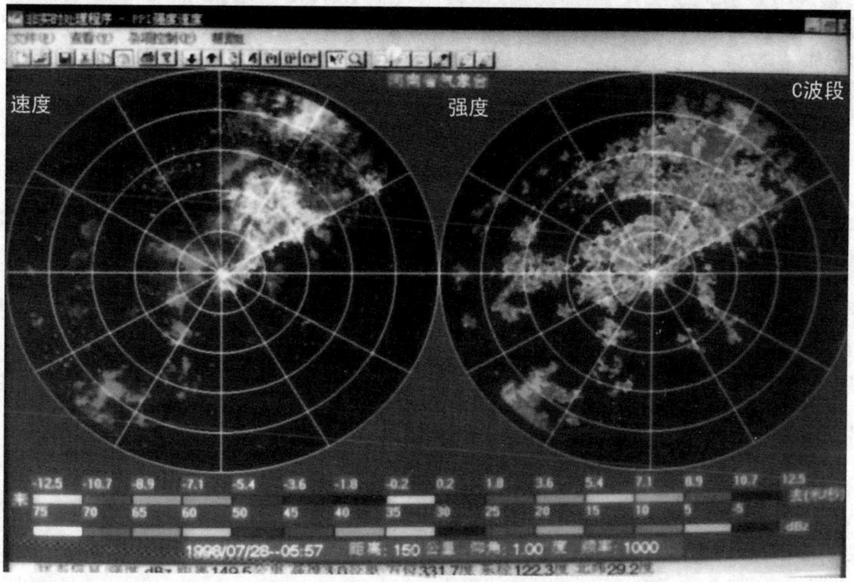

图 10.50　在 PPI 上暴雨回波强度(左)和径向速度场(右)

2. 回波径向速度场特征

探测资料证实，当带状回波移到原先就存在的流场辐合中心处，不论该地原先是否有回波单体存在，就均为引发暴雨。而流场辐合中心在前文已经提到，在 PPI 径向速度图上特征十分清楚。这就给判别暴雨是否会出现创造了有利的条件。

图 10.50(右)为一次暴雨降水回波在 PPI 上的径向速度场，它是一次由冷锋南下被郑州 *C* 波段多普勒雷达探测得到的，这时冷锋刚到测站。从径向速度场分析，郑州地面已吹北风，而郑州 SW 方向地面测站仍刮南风。由地面往上的高空则为 SW 风。

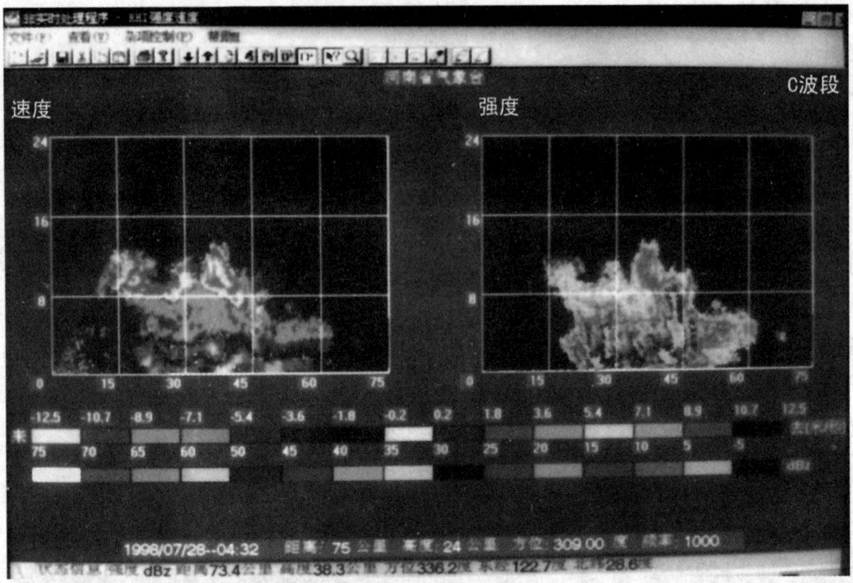

图 10.51　在 RHI 上暴雨回波强度(左)和径向速度场(右)

另外从正、负径向速度场整体配置,可以判断测站附近由辐合气旋环流控制。冷锋位置可以据零径向速度线分布和回波强度分布确定(见图 10.50)。在冷锋附近,也就是正、负径向速度交界处,存在风向辐合,对流旺盛,对应在回波强度分布图上,该处存在强回波带,暴雨就在该处发生。

再从零径向速度线走向看,它低空呈 S 型,说明有暖平流;高空呈反 S 型,说明有冷平流。在这种不稳定大气层结下,为降暴雨创造了条件。

图 10.51(右)为上述同一次暴雨在 RHI 上径向速度分布图,但时间比图 10.50(右)提前约 1.5 小时。由图可见:在 2～3km 高空出现"逆风区",范围较大,据国内有关文献报导,它的存在是识别暴雨的重要判据。因为逆风区的存在,说明在该高度区间存在着垂直风切变,辐合气流强。与图 10.51(左)对比分析,可知在该位置附近确存在强回波柱,说明该处地面雨强大。

进一步分析暴雨回波顶不仅呈多峰结构,而且云砧不明显,说明高空风并不大,故降水回波区移动缓慢,降水效率高,容易形成暴雨。这与冰雹云回波高空风速切变大,云砧明显,有时云砧可伸展离母体云很远的地方,故降水效率低,回波顶呈单峰结构有十分明显的差异。

10.5.3　积层混合云降水——絮状回波

混合性降水回波常常表现为层状云降水回波和积状云降水回波混合。它往往与高空低槽、低涡、切变线和地面静止锋等天气形势相联系。从回波外形来分析，它们像棉絮状，故称絮状回波。

10.5.3.1　回波强度和结构特征

在 PPI 上，它的特征表现为在比较大的范围内，回波边缘呈现支离破碎，没有明显的边界，回波中夹有一个个结实的团块，似一团团棉花絮，强度可达 40dBZ 或以上，达雷雨标准，有时强回波团块可形成一条短带[见图 10.52(左)]。

对模拟雷达，絮状回波按照其排列和结构特征，又可分为片絮状、带絮状和块絮状。在片絮状回波中，偶尔还会出现零度层亮圈。

在 RHI 上，回波特征是：柱状回波高低起伏，犹如破土而出的雨后春笋，高峰部分常达雷阵雨高度，较低的平坦部分，一般只有连续性降水所具有的高度[见图 10.53(左)]。有时还能呈现出对流云阵性降水回波特征——柱状回波和层状云连续性降水回波特征——零度层亮带共存的回波图像，不过这种亮带大部分具有不均匀结构。

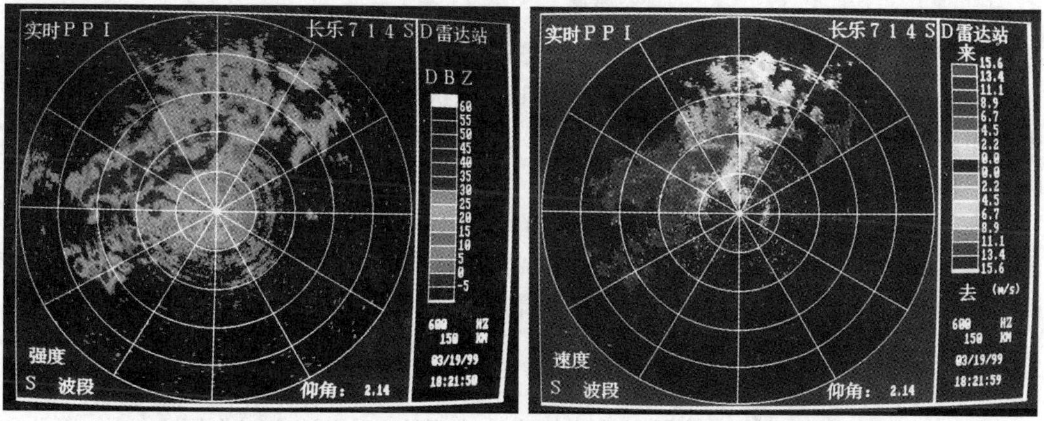

图 10.52　在 PPI 混合性降水回波强度(左)和径向速度场(右)

S 波段　　福建长乐

10.5.3.2　回波径向速度场特征

图 10.52(右)为在 PPI 上混合性降水径向速度场分布。从整体上看，回波结构仍呈絮状特征，在 NW 和 WSW 方向为负径向速度值，属朝向区，吹 NW 风。NNE 方向则为正径向速度区，属远离区，吹 SW 风。在高空则逐渐由 NW 风变为 W—SW 风，基本气流方向随高度增加逆转，表明有冷平流。冷锋位置可以由正、负径向速度交界处确定。因此从正、负径向速度配置分析与冷锋前后风向分析，其流场结构是完全一致的。

与图 10.52(左)对比分析还可发现，在回波较强处，径向速度切向梯度就大，也就是说，在正、负径向速度交界处，即零径向速度线所处位置，冷锋附近，回波较强。

图 10.53(右)为在 RHI 上混合性降水径向速度场分布，与图 10.53(左)对比分析

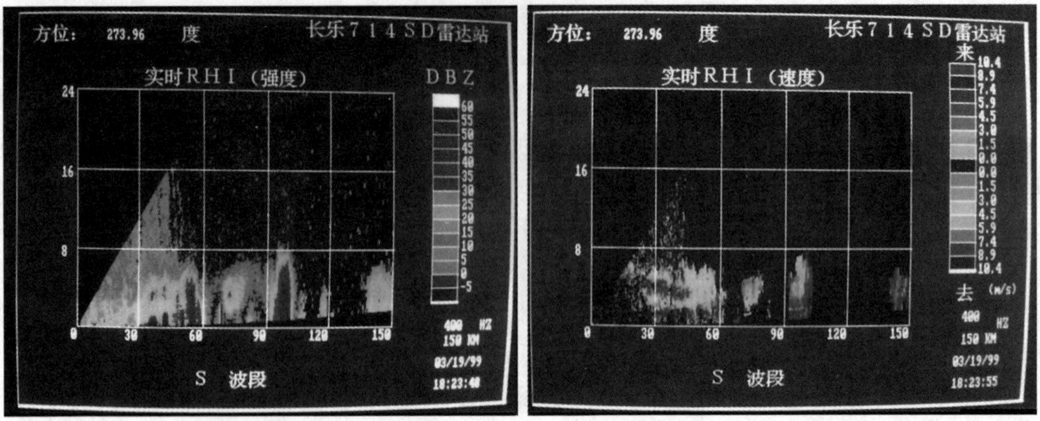

图 10.53　在 RHI 上混合性降水回波强度(左)和径向速度场(右)

S 波段　　福建长乐

可以发现,在对流活动较强处径向速度场也呈柱状结构,以正径向速度场为主,说明上升气流分量可能仍占主导地位。在 20～60km 层状回波和在 100km 柱状回波处,同时出现正、负径向速度区,前者分层出现;后者上部为正值区,下部为负值区,表明它们之间有风向辐合,故有一定强度对流。

在该图中零度层亮带不太清楚,可能由于对流较强,融化带不易形成。

絮状回波常是出现连阴雨天气的征兆,这类回波出现时,由于冷暖空气交汇,雨带准静止存在,某地降水时间长,可能会出现暴雨。

10.5.4　雪的回波

由于冰晶和雪片对微波的散射能力比水滴小得多,对微波衰减作用也较小,因此雪的回波强度通常比连续性降水回波弱,但短波长天气雷达都能探测到它们的细微结构,且探测距离较远,取得较理想和完整的回波图像。

10.5.4.1　回波强度和结构特征

在 PPI 上雪的回波与连续性降雨回波有着许多类似的特征。例如回波分布比较均匀,丝缕状纹理结构明显,对非数字化的模拟雷达,雪的回波还有边缘模糊不清,没有确定的边界等特征。但是雪的回波水平范围比连续性降雨回波大,回波强度弱,一般在 10～15dBZ 左右[见图 10.54(左)]。

在 RHI 上雪的回波高度比层状云连续性降水回波高度稍低,比较平整。

初春,天气变暖,雪的回波有时也较强,可接近于层状云连续性降水回波强度,这是因为雪晶和雪片外面溶化成一层水膜或雨夹雪引起的。

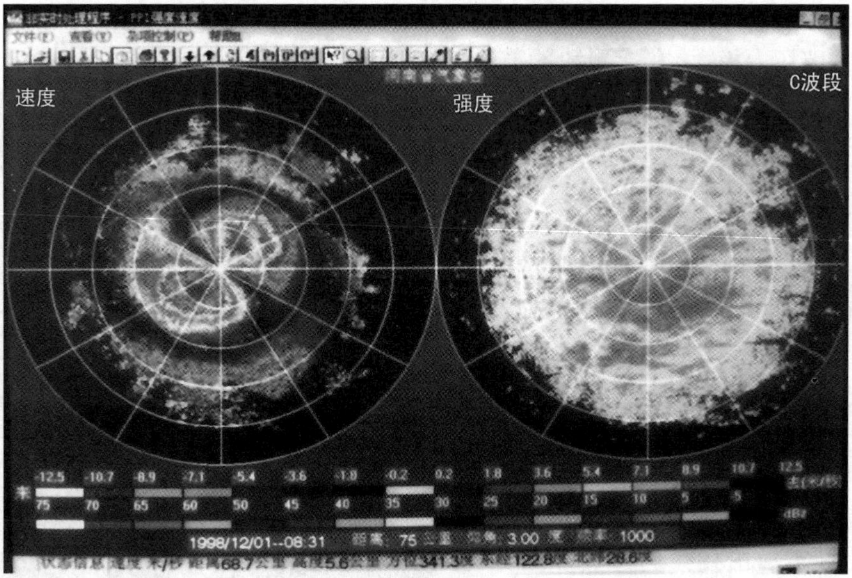

图 10.54　在 PPI 上雪的回波强度(左)和径向速度场(右)

C 波段　　郑州

10.5.4.2　回波径向速度场特征

图 10.54(右)为在 PPI 上雪回波径向速度场特征。该图呈现为在弯曲零径向速度线两侧,各有一个正、负径向速度中心存在,即与前文提到的图 10.11 相似,即风向随高度增加顺转,风速随高度增加先增后减。具体可作如下分析:

首先由零径向速度线走向和正、负径向速度配置可知,地面为 NE 风,随高度增加,风向逐渐顺转到 SW 风,即有暖平流,且地面为反气旋流场。另外,由于径向速度等值线密集,切向梯度又很大,出现了测速模糊,故可分析高空风速很大。上述分析与当时探空和地面实测资料,天气实况完全吻合。这次降雪就是在这样天气背景下发生的。

10.5.5　其它类型降水回波

10.5.5.1　冻雨* 回波

冻雨这是指温度低于 0℃,而未冻结的雨滴,即过冷水滴,大气中有时存在这种天气现象。按此定义,冻雨回波类似于春秋季层状云降雨回波,即回波较强,有时回波中夹有一个个结实的团块,回波顶高约 6～7km。因此在冬季严寒日子里,当地面温度低于 0℃,探测到不像干雪而与层状云降雨类似的回波时,就要警惕可能会出现冻雨回

* 气象上冻雨是指雨凇,但我们这里所说的冻雨回波,是指温度低于 0℃而未冻结的雨滴。

波。由于该类过冷水滴回波下落到电线、铁轨和地面上会立即结冰，严重地影响电信、交通运输，破坏力极大，在探测和预警中要特别引起注意。

10.5.5.2　沙暴中的降水回波

当沙暴天气伴有微量降水时，在雷达荧光屏上就会有回波出现。在PPI上回波特征为蜂窝状结构（见图10.55）。这样的结构反映大气极不稳定，上升与下沉气流共存。回波中的空洞地区，说明该处有着强烈的上升运动，带起沙尘造成沙暴，而回波区则是下沉气流造成的微弱降水区。

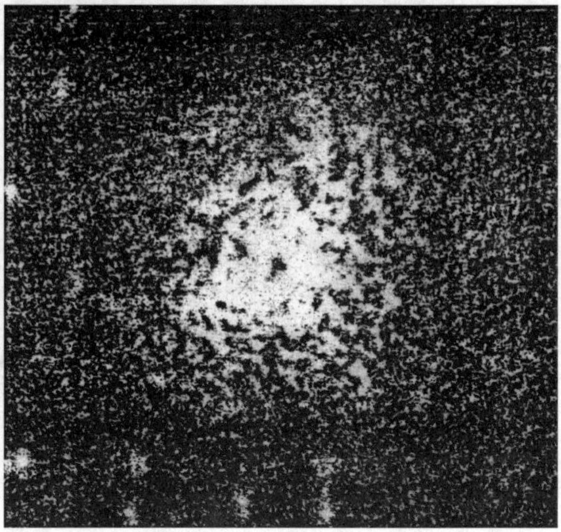

图10.55　沙暴中降水回波

10.5.5.3　第二次扫描回波

偶尔在PPI上可以探测到呈向外伸展的椭圆状回波，其主轴沿径向伸展。它们通常在近距离出现。其形成原因是由于在比雷达最大探测距离 $R_{\max}$，更远处的降水所产生的后向散射引起的。我们知道，由脉冲重复频率 F 所决定的雷达最大探测距离为 $R_{\max}=\frac{1}{2}\frac{C}{F}$。因此若强目标在大于 $R_{\max}$ 的距离 R 处出现，则由第 n_i 个脉冲发出的后向散射信号只有当第 n_i+1 个脉冲已从发射机发出以后才能被雷达接收到，即在距离 R 处的目标物所产生后向散射信号将在距离 $(R-R_{\max})$ 处出现。考虑到回波对雷达站所张的圆心角 $\Delta\theta$ 保持不变，而回波又出现在比 R 距离小得多的 $(R-R_{\max})$ 距离处，即 $(R-R_{\max})\Delta\theta$ 线宽度比原来 $R\Delta\theta$ 线宽度大为压缩。若目标物是在距离 R 处的圆形阵雨，那么它的回波在距离 $(R-R_{\max})$ 处就近似为一椭圆。这种回波就称为“第二次扫描回波”*。通常根据它们的形状和取向就容易辨认出来。

§10.6　非降水回波

10.6.1　云的回波

已经产生降水的云，在雷达荧光屏上由于云体的回波和降水回波联结在一起，从回波上很难区分，只能根据云回波所在的高度来判断云和降水回波。

* 由于一般雷达在PPI上只能探测 $R_{\max}$（由 F 决定）范围内回波，因此这种回波探测不到。

对于一些还未形成降水的云，由于云体内云滴的粒子比较小，含水量也少，一般厘米波雷达不容易探测到，只有含水量增加到比较大的时候，在较近距离内，雷达才能探测到。至于那些含水量较小，不造成降水的云，一般厘米波雷达很难探测到。只有用超高灵敏度的测雨雷达或波长很短的 0.86cm 雷达才能探测到。另外，由于云距地面有一定高度，故只有当天线仰角抬高到适当的角度时，才能在 PPI 上探测到它。

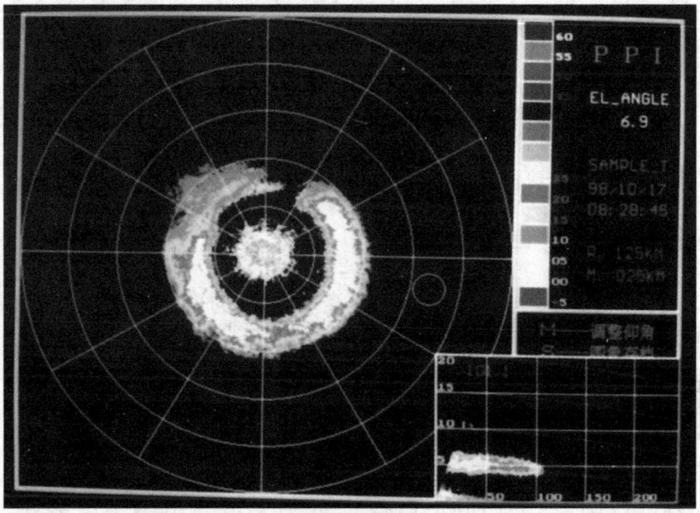

图 10.56　在 PPI 和 RHI 上层状云回波(阜阳)

层状云回波在 PPI 上，一般呈片状或薄膜状，回波强度较弱，丝缕状结构清楚，回波边缘比较模糊，没有确定的边界(指非数字化的模拟雷达)。在 RHI 上，常平铺成一长带。云底、云顶较平缓，回波带的垂直厚度大致为云的厚度。依据回波底所在的高度即可区分出高、中、低云。有时还可以观测到云底部降水造成的雨幡回波。图 10.56 为中、高云在 PPI 和 RHI 上的回波图。它们回波强度在 20dBZ 左右。

对流云回波在 PPI 上通常呈小块状，零散、孤立、尺度小，犹如天上的星星。在 RHI 上呈柱状，底部不及地，发展迅速，若条件许可，在很短时间内就可由云发展成阵雨或雷雨。图 10.57 就是从出现初始回波到产生地面降水的例子，可以看到对流单体是先从中空形成，然后同时向高、低空发展。它们发展迅速，从形成初始回波到地面降水只用了 10 分钟时间。

10.6.2　雾的回波

雾滴和云滴一样，粒子较小，回波很弱，只有用波长较短、灵敏度较高的雷达才能探测到。同时，由于雾的高度较低，而且在雷达附近有多而强的地物回波，因此不易将雾的回波区分开来。只有范围较大，高度较高的平流雾雷达才能探测到它的回波。在

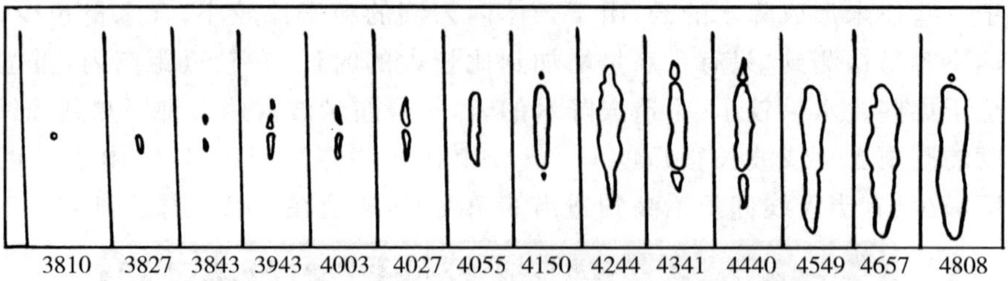

图 10.57 积状云降水形成过程

PPI 上，雾的回波呈均匀弥散状，像一层薄纱罩在屏幕上。在 RHI 上，可看到雾的回波高度很低，顶高只有 1km 左右。

10.6.3 闪电信号及其回波

闪电是大气中常见的大气物理现象，已经有足够的资料证实，闪电偶尔也能在雷达荧光屏上产生回波图像。另外理论上也已证明，3cm 波长的雷达一般探测不到闪电回波。下面对闪电回波形成物理机制、探测闪电回波方法以及闪电回波具有那些特点等作些简要讨论。

10.6.3.1 天电信号的探测

由大气中的放电(闪电)而引起的电磁波称为天电。由于天电频谱范围很广，一般在几赫兹到几千兆赫兹之间。其信号功率约在 7×10^{-12} W 左右。频率在 10kHz 附近的闪电功率最大，此时用高灵敏度的接收机就能接收到天电信号。当闪电过程中所产生的电磁频谱中的某一频率若刚好与雷达发射频率相同，那么就能被雷达接收机接收，并在雷达荧光屏上有信号出现。必须注意，由于这时天电信号是发射源，因此在雷达荧光屏上所指示的距离不代表实际距离。至于天电方位，也只有当天线波束中心轴线方位指向闪电方向，且闪电光亮正好处于雷达波束的有效照射体积内时，才能代表闪电真正方位。

利用雷达探测微波天电表明：闪电信号是由许多脉冲组成的，平均为 10.5 个，其平均持续时间为 27.5μs。脉冲之间的平均间隔为 20μs 左右。另外，闪电回波辐射场强度与闪电频率成反比。例如，当频率为 2×10^{2} MHz 时，辐射场强度为 60μV/m，而当频率为 1.1×10^{4} MHz 时，辐射场强度为 4μV/m。

10.6.3.2 闪电回波的探测

形成闪电回波的物理原因最初认为是：当出现闪电放电时，直径为 $n$cm 的窄通道被高度电离，同时在约 $n\mu$s 的时间里通道内温度强烈地增高，于是入射到这种介电常数不连续的热通道上的电磁波就产生后向散射信号。以后又认为：闪电、放电发生时，在闪击的路径上产生大量自由电子，当无线电波投射到这种自由电子上时，会引起它们振荡，从而产生电磁辐射，这就产生了可以探测到的后向散射信号。

为了测定闪电回波的持续时间，雷达天线通常要指向预期闪电会发生的地区。若闪电出现在天顶附近，可使雷达天线指向天顶，让天线围绕波束轴旋转，一般取 6s/r。因为在 PPI 上扫描线与波束轴线同步旋转，这样对固定目标，在一定距离处，就会出现圆环状回波。当短暂的闪电通道出现在天线波束中时，也就会在 PPI 上适当距离处出现圆弧，回波持续时间即与 PPI 上圆弧长度成正比。用这个方法已测得闪电回波持续时间约为 0.3s 左右。进一步研究闪电回波形成机制表明：闪电回波持续时间的长短与电子和离子的复合速率有关。假定自由电子浓度为 n，复合系数为 a_e，那么 n 随时间减少的关系由下式决定

$$\frac{\mathrm{d}n}{\mathrm{d}s} = -a_e n^2 \tag{10.10}$$

积分上式，即得

$$\frac{1}{n} - \frac{1}{n_0} = a_e t \tag{10.11}$$

式中 n_0 是初始时刻的电子浓度，这个值可以超过 $10^{17}\,\mathrm{cm}^{-3}$。而 a_e 值约等于 0.9×10^{-6} 或 $0.9\times10^{-7}\,\mathrm{cm}^3/\mathrm{s}$。因此利用(10.11)式计算得电子浓度在 10^{-1} s 时间里将减少到 $10^8\,\mathrm{cm}^{-3}$ 左右。由于电磁波产生临界反射所需要的自由电子浓度与波长有关，(见表 10.1)，所以采用 3 或 10cm 波长的雷达探测到闪电回波的概率是十分小的，只有使用波长较长的雷达才有可能探测到闪电回波。而且这种回波变化迅速，在相隔 1 分钟时间内回波就可能观测不到。

表 10.1　电磁波临界反射所需要的自由电子浓度　(引自 Ligda)

波长(cm)	电子浓度(cm^{-3})	波长(cm)	电子浓度(cm^{-3})
3	1×10^{11}	23	1×10^{9}
10	1×10^{10}	50	3×10^{8}

对闪电回波的进一步研究将能更好地了解雷暴起电过程。闪电出现的位置和时间不仅与对流云温度及发展阶段有关，而且还与降水机制问题有关。

10.6.4　晴空大气回波

在没有云、雨的晴空，或者虽然有云，但因云体稀薄，显示不出其回波的晴空，雷达荧光屏上有时也会出现某种回波，早期由于寻找不出这些回波的形成原因，便取名为“神仙波”、“安琪尔回波”或“奇异回波”等。近年来随着高功率、高灵敏度雷达的应用，并配合其它探测手段进行研究，对这些用视觉无法发现的目标物所产生的回波，已逐渐形成了一致看法，并定名为晴空大气回波。

在雷达 PPI 和 RHI 上所呈现的晴空大气回波形状具有多样性，它们常表现为圆点状、窄带状、细胞状、层状、白炽状、环状、波状等。尽管如此，人们仍把它们分成两大类：第一类称为圆点状回波，第二类是具有很大水平尺度呈窄带状或层状的回波。第一类

回波多半是由于鸟和昆虫所造成，但也可能由热对流引起；第二类回波主要是由于大气中强折射指数梯度区对电磁波产生的反射或后向散射造成的，另外还有人认为此种回波是由间隔小于雷达距离分辨率的大量昆虫群所引起的(见表 10.2)

表 10.2 产生晴空回波的可能原因和对应的气象条件

回波类型	产生回波的原因	对应的气象条件
点回波	由鸟群、昆虫、植物种子、粒子等造成的反射 由强而稳定的空气折射指数梯度区域造成的反射	积状云发展时的热对流
水平尺度很大的回波	由可维持较长时间的有着很强的空气折射指数的水平气层或者垂直气层造成的反射 折射指数的小尺度湍流起伏区的散射 气溶胶、昆虫、种子聚集气层的散射	逆温和空气湿度随高度增加而增加 湍流起伏区边界上的湍流逆温和湿度随高度增加而增加

10.6.4.1 点状或圆点状晴空回波

这种回波在 PPI 上的特征是呈点状亮点、圆形亮点或短线状，见图 10.58。飞机和

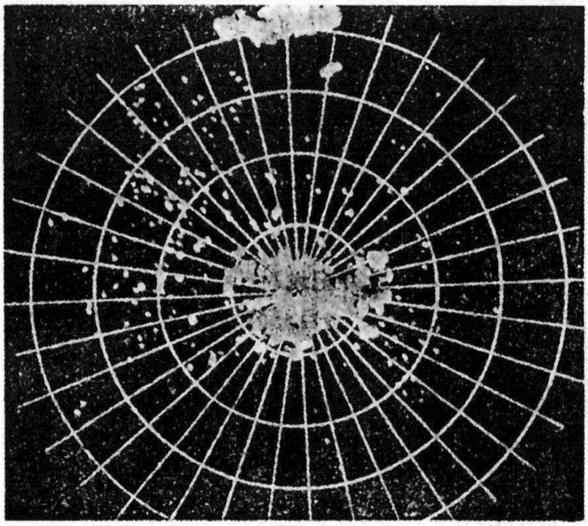

图 10.58 在 PPI 上点回波

船只也呈这种形状回波，但飞机移动速度快，而这类回波移速小。它的大小基本上由雷达的脉冲长度和波束宽度决定。为了探测到这种回波，采用 K,X,C,S 波段的雷达都可以，只是由于在 S 波段或更长一些波段，雷达的单个目标物的后向散射截面很小，所以要提高雷达灵敏度才能探测到。

为了证明点状晴空回波是由鸟群、昆虫群等所引起，可以对它们的 σ 值进行一些理论计算和雷达定量测量，结果发现两者相当一致。考虑到鸟群、昆虫群的形状和内部结构十分复杂，要从数学上直接求出它们的雷达截面 σ 是很困难的。但是如果在一级近似

中，把昆虫看做是球形或者旋转椭球形，那么便可应用米散射理论或近似的瑞利散射理论计算 σ 值。这时，昆虫的介电常数可用水的介电常数来代替。对于鸟，只要假定它的形状是一个长轴在水平面上的长椭球，其 σ 值也可用米散射理论计算，这时鸟的介电常数仍可用水的介电常数代替。图 10.59 就是由一些雷达气象工作者对点状晴空回波进行雷达定量测定得到的。由图可见，由昆虫和鸟引起的点状晴空回波雷达截面 σ 与波长有关。另外，因为不同的鸟，其由体积、形状和取向所决定的 σ 值变化很大，所以图中鸟的曲线只是一个近似，而两条昆虫曲线是对不同大小昆虫可能的取值范围。由图还可以看到，波长在 3～50cm 波段中，鸟的 σ 值为 10^{-1}～$20cm^2$，而昆虫的 σ 值多在 10^{-2}～$10^{-4}cm^2$ 之间。

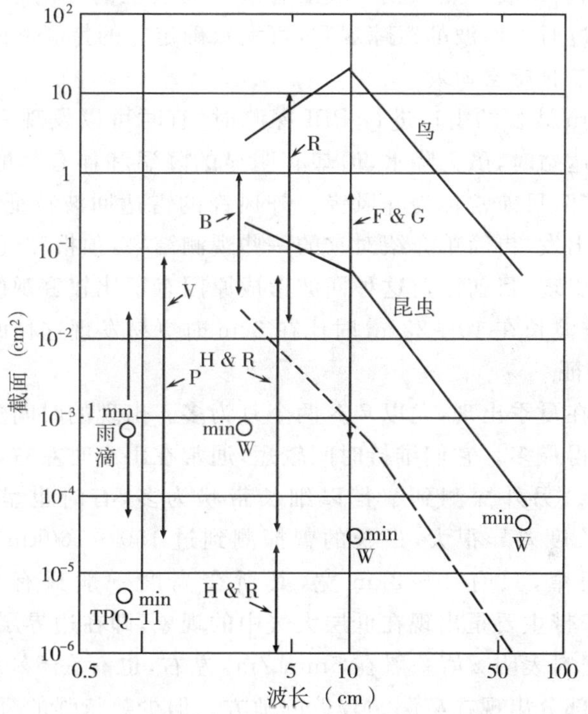

图 10.59　由昆虫和鸟引起的点状晴空回波雷达截面 σ 和波长的关系

（图中 B,H,P,R,V 为人名，min TPQ-11 及 min W 为雷达名）（引自哈迪和卡茨）

为了进一步证明点状晴空回波确实是由昆虫群和鸟群所引起，还可以对这种回波进行退偏振分析和脉冲多普勒雷达测量。结果表明：正交偏振分析支持了多数点状晴空回波是由鸟和昆虫群所引起的说法。而多普勒雷达测量却不能证明这一结论。

总之，绝大多数研究都认为点状晴空回波多数是由鸟群和昆虫群所引起。但是也有部分研究者指出，若把所有点状晴空回波都归结于昆虫群和鸟群，可能不太合适。这是因为目前也有一些探测资料证实，热对流泡上的折射指数梯度可以形成这种点状回波。由于从春季开始地表面受热后就出现一些上升的热对流泡，泡内的暖湿空气和泡外的环境空气间形成了一个界面，界面附近湍流混合很强，折射指数变化很大，这就造成了对电磁波的散射，在泡的顶部散射最强，形成了点状回波。

点状晴空回波有明显的季节变化，5 月和 10 月的回波浓度（回波数/km^3）最小*，6 月到 7 月回波浓度最大。可见回波出现的概率随着气温和湿度的增加而增大。这些回波的日变化也很明显，在 13～14 时回波具有最大的浓度、强度和高度，但存在回波的高度一般不超过 2～3km。另外，下垫面的性质对回波的形成也有很大的影响。例如有雪时，通常不会出现点回波。点回波一般沿着所在高度上的风向移动，当风速小时，点回波容易看到。通过对点回波的跟踪观测，可大致确定它的持续时间为几十分钟。

10.6.4.2 窄带状晴空回波

当采用 3～72cm 波长的雷达进行 PPI 探测时，有时可以发现一种细长的回波带。当这种回波经过雷达站时，虽无降水，但却有明显的降温和伴有强的阵风，习惯上已把这种回波称为"窄带"，目前常称为阵风锋。阵风锋的雷达回波特征，前文已有介绍，这里从晴空回波角度出发，再简单介绍对它的一些观测结果，预报和气象意义。该类回波在我国各地均可能出现，目前已对这种回波形成原因有了比较客观的认识。另外，探测已证实：当雷达工作波长在 10～25cm 时比在 3cm 时更易发现这种回波。

1. 窄带回波特征

这类回波多半在夏季出现，尤以 7、8 两个月为多。出现的时间多半在下午到傍晚，尤以 16、17 时出现得最多。它们维持时间较短，通常在 1 小时左右，个别维持得比较长的可达 2 小时以上。另外探测到窄带以细长带状为多，有时也呈圆弧状弯曲[见图 10.29(b)]。带的长度差异很大，最长的曾探测到过 150～160km 长，短的仅为 20～30km。带的宽度很窄，只有 1～2km 宽，其所在高度一般只有 1km 左右。（见图 10.60）由此可见，窄带主要是出现在低层大气中的现象，即在边界层中活动。窄带回波强度比较弱，探测资料表明 z 值一般在 $5mm^6/m^3$ 左右，也有在 $5\times10^1 mm^6/m^3$ 的。因此探测到的窄带大部分出现在离测站较近的地方。但少数特强的窄带在离测站较远的地方也能探测到。例如北京地区曾探测到窄带出现在离测站 160km 远的地方。

在 A/R 显示器上，窄带回波信号的涨落类似于云的回波信号。

2. 窄带回波出现位置

窄带回波出现的位置绝大多数和降水回波有着密切的关系。从降水回波类型和窄带回波特征可把它们分成两类：一类是在两种降水回波之间和雷雨带之前出现；另一类

* 这是前苏联欧洲部分的资料，由试验知，回波只有在地面气温和湿度达到某一最小值时才能出现，这个值分别是 10℃ 和 6hPa。

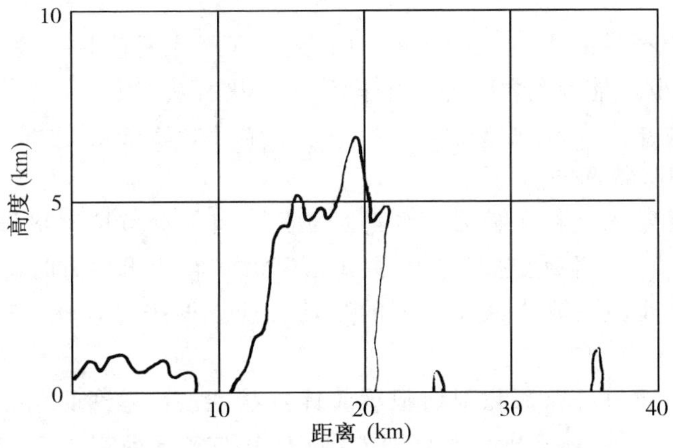

图 10.60　在 RHI 上窄带晴空回波

则是在单块雷雨或雷暴群周围出现。不论哪一类，均有共同的特点，就是：

(1)窄带均出现在雷雨回波移动方向前方，一般距雷雨带为 30～40km。对于第二种类型，窄带常“紧贴”在雷雨回波的周围，通常离雷雨回波不超过 20～30km，好像雷雨回波的一层外壳。国外探测资料表明，窄带也常在飑线之前 10～40km 的地方出现，并和飑线一起移动。

(2)窄带出现后，雷雨回波很快降低高度、减弱、直至消失。

雷达探测资料还表明：并不是只有雷雨才伴有窄带出现。例如北京地区曾探测到一块浓积云的前面出现了窄带。探测资料还表明，当雷达荧光屏上没有出现云和降水回波时，也可看到这种窄带。当它们经过测站时，通常伴有气压增高、气温降低和风向突变及风速急变。

3. 窄带回波的形成原因

雷达和大气探测资料多次证实，当窄带经过测站时，地面阵风骤起，一般可达20m/s左右。温度急降，几分钟内可下降 4～6℃。湿度相应加大，但不产生降水。窄带经过后，气象要素又恢复到原状。由此可见，窄带确实反映了大气中温、压、湿、风不连续面。总之，出现在雷雨移动前方的窄带在很大程度上是由于雷雨云消散时强烈的下沉气流把空中的冷空气带到地面，并向四周辐散，于是在冷空气和环境的暖湿空气之间形成温、压、湿、风不连续面，这就造成了折射指数的突变，导致了对电磁波的散射或反射。

窄带出现在雷雨云移动方向的前方，这与雷雨云的气流结构有关。一般说，在雷雨云前进方向上有倾斜上升向云体的、比较温湿的辐合气流。在雷雨云后方，则有伴随有降水的下沉气流，它温度较低，并向四周辐散。这样，雷雨云强烈的下沉气流和四周空气之间造成的不连续面，显然在雷雨云前进方向上比较强，所以窄带经常出现在这个地方。

必须指出关于窄带的成因，国内外大多数大气科学家看法是一致的，但也有一些学者认为，该类回波也可能由鸟群和昆虫群排列成线状所造成。

10.6.4.3　白炽形和细胞状晴空回波——晴空对流的研究

1. 白炽形、细胞状回波特征

白炽形回波常常出现在积云云顶和边缘部分。由于它呈拉丁字母的倒U形，好像遮盖着积云一样，于是人们把它取名为“白炽形回波。”它的出现有时是降水回波云出现的前兆。这种回波也具有降水回波相似的脉动特征。据报导，3cm波长的雷达一般看不到这种回波。

3cm波长的雷达只可以探测到细胞状或蜂窝状回波。这种回波的特征是：回波较弱，常出现在测站附近20～30km的范围内，回波由许多直径在1.5～3.0km左右的泡体组成。泡的中心无回波，顶高仅几百米，许多这样的泡体联在一起就形成了细胞状结构，见图10.61。早期这种泡体明显，但呈无规律排列，到后期，由于受低层风的影响，逐渐排列成带状结构，随之泡体渐渐不清楚。一般这种回波在夏季的下午对流强盛时容易出现，维持时间为2～3h。当对流减弱，回波随之消失。

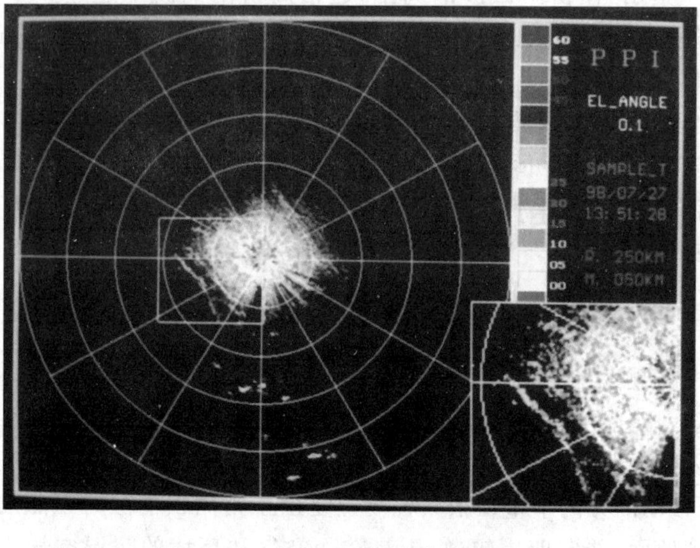

图10.61　在PPI上细胞状晴空回波

2. 白炽形、细胞状回波的形成原因

从这两种回波出现的气象要素分析，白炽形和细胞状回波是由于近地面受热不均匀而形成的热对流泡所引起的。国外雷达气象工作者用雷达和飞机综合观测已表明这类回波是在对流泡体周围出现的。至于这种由晴空对流引起的泡体怎么会产生细胞状

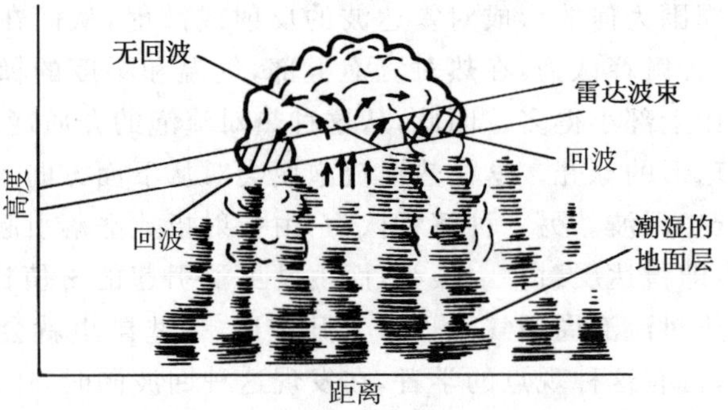

图 10.62　对流泡体结构垂直剖面示意图

回波，可作如下解释。首先百纳在实验室里观测到了这种对流模式，他认为：只要细心地在流体的底部加热，顶部冷却，就会观测到细胞状的对流模式，其环流情况是中心的运动和其周围的运动方向相反。另外从雷达回波和卫星云图资料分析，在实际大气中这种晴空的细胞状对流也是常见的。图 10.62 是根据不同天线仰角在 PPI 上以及在固定方位的 RHI 上显示图像进行综合分析而得到的铅直剖面结构示意图。由图可见：泡体中心是上升运动，泡体四周是下沉运动。而在刚开始下沉运动的地方，由于泡体内外气象要素差异较大，故形成了回波。图中还可以发现在近似圆形的无回波区中，该尺度随高度增加而减少。另外，也有很多观测资料证实，在积云边缘处，折射指数有突变，回波就产生在该处。

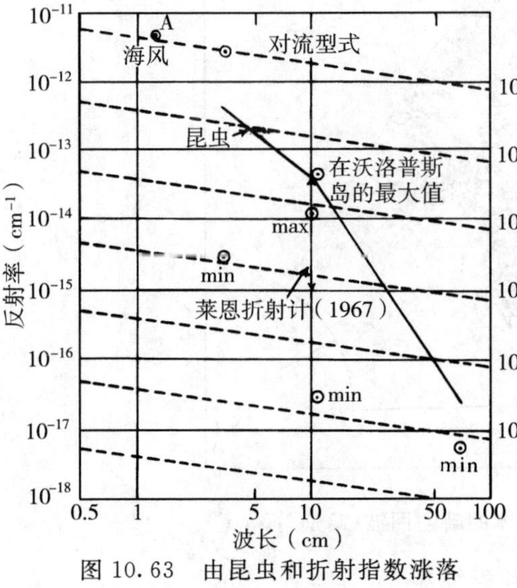

图 10.63　由昆虫和折射指数涨落引起的雷达反射率比较

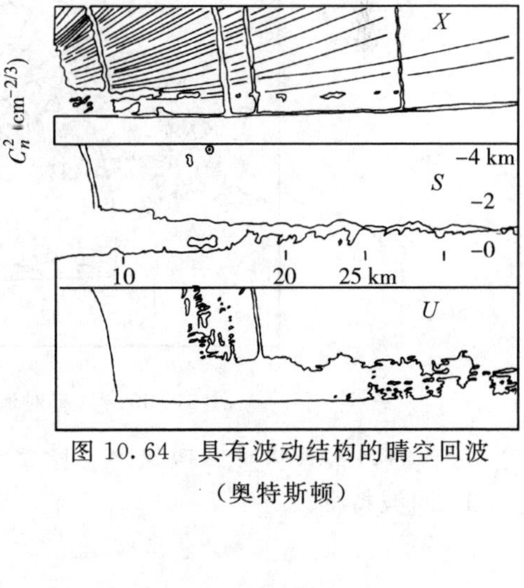

图 10.64　具有波动结构的晴空回波（奥特斯顿）

至于对流泡体周围为何能形成对雷达波的反射或散射，从而在雷达荧光屏上能反映出回波，目前有一种解释认为：在热对流泡上部，气温和湿度的梯度很大，而在下部，气温和湿度梯度要比上部小得多。因此，从这种热对流泡的介质性质考虑，可假定是一凹面指向下方的半球形的球壳。这样热对流泡便会对从下面方向入射的雷达波产生聚焦作用，经反射而产生回波。另一种解释认为：由折射指数涨落引起的雷达波反射回到天线的能量不太大，即雷达反射率 η 很小，而由昆虫群引起的 η 值比较大，见图 10.63。因此他们认为由于热对流泡周围气流辐合上升作用，一些昆虫就会比较紧密地集中在泡的上升气流区中，持有这种观点的学者，在发现这种回波同时，作了实地调查，结果证明确有昆虫群在飞翔。

3. 白炽形和细胞状回波形成的天气和气象意义

从对我国各地区出现的细胞状回波分析来看，这类回波具有一定的天气预报价值。人们发现这种回波出现后不久常形成热雷雨。利用探空资料进行分析表明：当出现这种回波时低空常存在着逆温或等温层。若对流发展得足够强，冲破逆温层，热雷雨天气过程就随之发生。相反，如热对流不太强，逆温层阻挡了对流进一步发展，回波将随着热力条件的消失而消失。国内外学者指出，若雷达观测能辨认晴空强对流区位置，就可预报雷、阵雨发生位置，且具有一定准确性。利用一种超灵敏的雷达，可以明显地探测到晴空时的对流运动，并发现此类回波具有波动结构，见图 10.64，有时还可以探测到对流泡体，直径约 1～3km，高度几百米，回波持续时间约 20～30min。（见图 10.65）

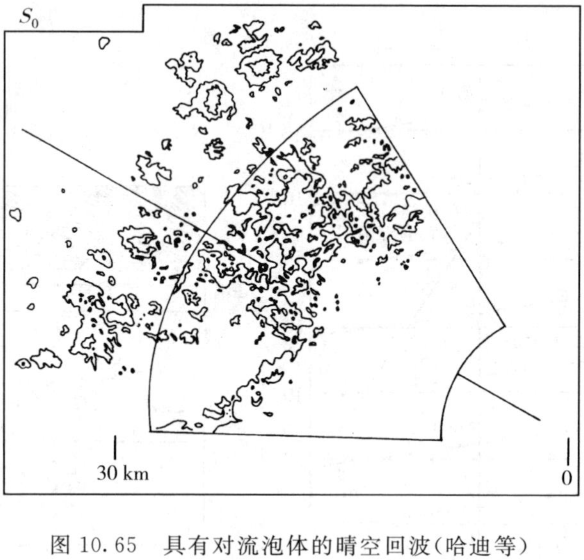

图 10.65　具有对流泡体的晴空回波（哈迪等）

10.6.4.4　层状晴空回波——晴空湍流的研究

1. 回波特征

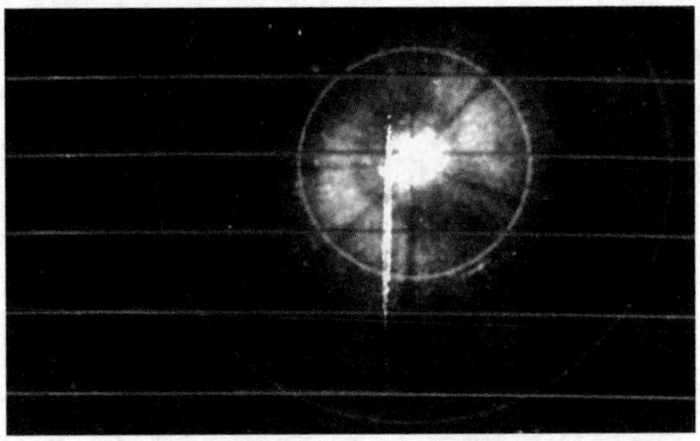

图 10.66　在 PPI 上层状晴空回波
（南京气象学院）

层状晴空回波是一种常见的雷达回波，只要仔细观测，用一般 3cm 波长的雷达就能探测到它，国内、外用几种波长的雷达都发现了这种回波。探测到这种回波的当时，常常是晴空或不下雨的。但是在它们出现后不久，有时会有降水，在春末夏初尤其如此。这种回波在 PPI 上特征是：在靠近测站周围 10～20km 范围内出现像雾一样的弱回波，（见图 10.66）若改用 RHI 观测，可看到离地面一定高度上有一层呈水平层状形式的回波。在合适的条件下，偶尔还能看到有两层、甚至三层这样形态的回波（见图 10.67）。当只有一层时，它们一般离地数百米到 1.5km 左右。回波厚度约 200～400m，水平伸展 10～20km。

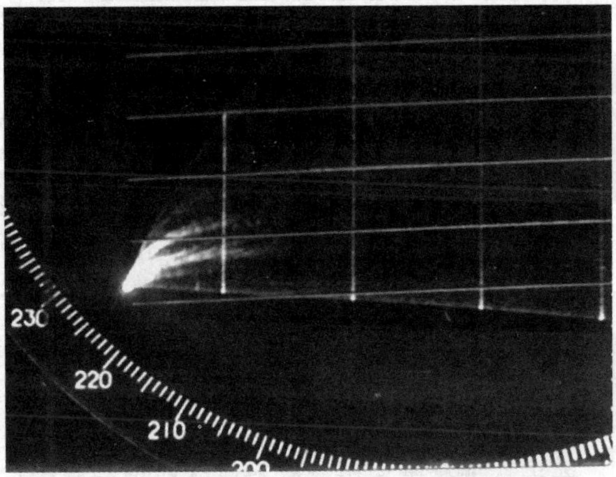

图 10.67　在 RHI 上层状晴空回波（南京气象学院）

从已收集到的资料来看，我国各地出现层状晴空回波的机会有较大差异。湖南、江西、江苏、河北、青海、黑龙江、浙江、上海等省市常常能探测到它。从南京地区（南京气象学院雷达观测资料）、湖南常德、青海西宁所探测到的层状晴空回波出现频率分析，可以发现，这种回波一年中几乎各月都可以发生，但以春夏两季出现频率高。一天中各个时刻都可以出现，但以上午稍多。从我国南方和北方地区比较来看，似乎南方出现的频率较高。例如湖南常德统计了两年 7、8、9 三个月的资料发现，出现层状晴空回波的日子占总日数的 30%。南京地区在 1980 年 3～9 月的 214 天中出现层状晴空回波的日子达 40 天。而北京在 1967～1971 年的 5 年中据报导仅观测到一次这种回波。

为了详细了解层状晴空回波形成的气象条件，国内外学者均做了很多工作。现已知道这种回波常常发生在逆温层、增湿层、伴随有折射指数突变的气层附近，（见图 10.68）。

实际上对(4.23)式求微分，并令 $t=15℃$，$p=1013\text{hPa}$，$e=10.2\text{hPa}$，$f=60\%$，即可得

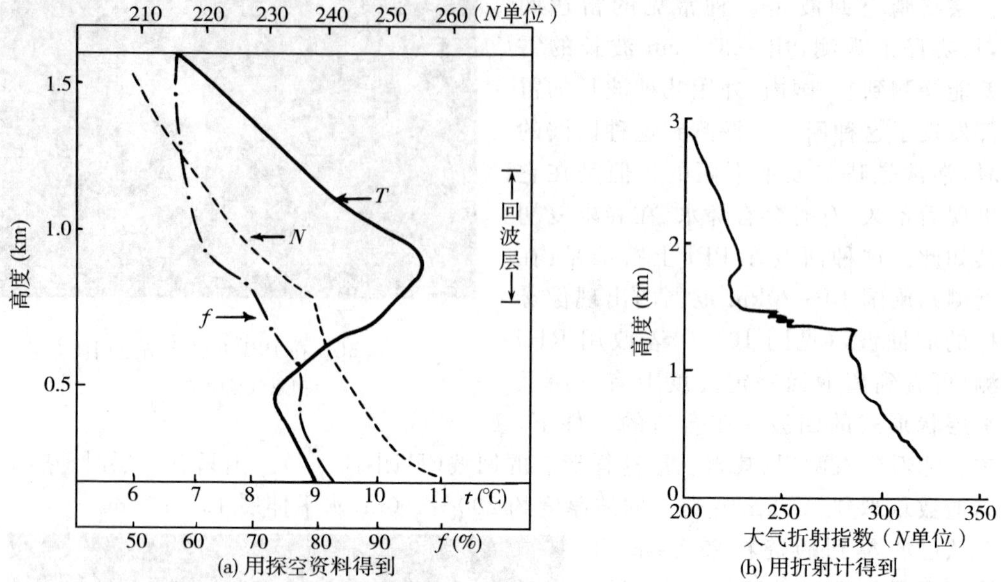

图 10.68　层状晴空回波与温、湿、折射指数关系图

$$\Delta N = -1.27\Delta t + 4.50\Delta e + 0.27\Delta p \tag{10.12}$$

由(10.12)式可见：e 的变化对折射指数的变化影响最大，其次是温度，而气压变化一般可不考虑。N 值多少才能在雷达荧光屏上看到层状晴空回波，主要由雷达灵敏度等雷达参数决定。

从(10.12)式还可知道，由于湿度变化对折射指数的影响最大，这可能就是潮湿的南方比干燥的北方容易形成层状晴空回波的原因之一。

2. 形成的原因

新近从大量雷达探测资料已证明层状晴空回波的形成不但和折射指数平均的梯度或它的涨落有关，而且也与湍流强度有关。当初始的折射指数平均梯度愈强烈和湍流混合愈厉害时，造成的非均一性就愈强，雷达散射能力也随之增加。这样，根据电磁波在湍流介质中的散射理论，可求得雷达反射率 η 的数学表达式有

$$\eta = 0.61(\overline{\Delta n^2})k_0{}^{2/3}\lambda^{-\frac{1}{3}} \tag{10.13}$$

式中 $K_0 = \dfrac{2\pi}{L_0}$ 称为波数；L_0 是宏观湍流团尺度，它表示这样一个尺度，当超过这个尺度，湍流团就不再各向同性了。从(10.13)式也可以看到湍流介质散射能力的强弱与波长的 1/3 次方成反比，这与第一章中讲到的瑞利散射和米散射理论完全不一样。为了证实理论公式(10.13)式的准确性，可以用几种波长的雷达同时对层状晴空回波进行测量并比较。结果证明：测量对流层顶反射率的雷达波长从 10.7cm 变到 71.5cm 时，回

波强度减少 2～4 倍，而用(10.13)式计算的减少为 1.84 倍。两者差异可认为在实验误差范围内。

晴空湍流区有时可以产生雷达回波，但不是所有晴空湍流区都能探测到回波。在探测中湍流强度可用飞机在指定飞行途中，驾驶员定性地估计扰动剧烈程度而得到，分平稳、很轻微和轻微、大于轻微三个等级。雷达回波是用三部雷达同时观测到的，结果如图 10.69所示。图中综合了 176 个例子，横坐标代表高度和三种间隔排列的湍流强度。纵坐标代表个例所占百分数，其中空白区表示飞机和雷达同时探测到晴空湍流；斜线区代表飞机观测到晴空湍流但雷达没有探测到。由图可见：所有低于 6km 的晴空湍流，不管强度如何，雷达都能探测到。但雷达很难探测到 12km 以上的晴空湍流。这个观测事实表明水汽对折射指数梯度的影响较大，若又是飞机可感觉到的湍流，则雷达更容易探测到回波，但在高空，由于水汽少，折射指数梯度也小，即使有明显的扰动，雷达也不易探测到。

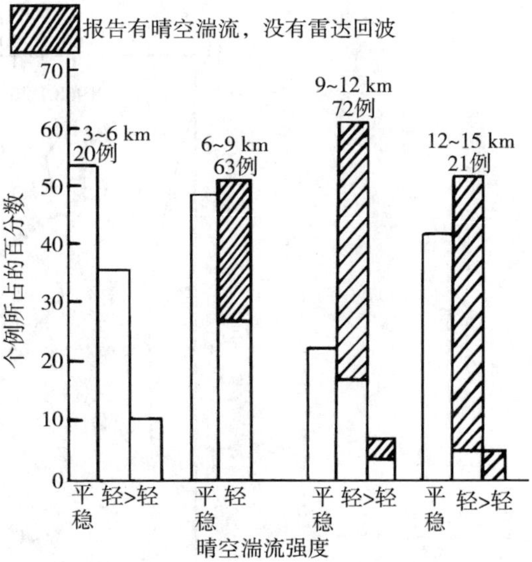

图 10.69　晴空湍流强度和雷达回波的关系

图 10.70 可使人们大致了解晴空湍流与某些气象要素以及雷达回波的关系。图中纵坐标为高度，以千米为单位，横坐标为速度、温度、方位，图中细实线为温度曲线，其上面的粗实线表示用来计算里查逊数 Ri 的层，黑圆点线是风速曲线。由此可计算得到垂直风切变 β 值。必须指出：所有 Ri 数和 β 值都是用特种探空仪所获得的详细探空资料再计算得到的。图中小点层表示雷达已探测到了回波。晴空湍流强度分无、轻度、中等三级(探空曲线右面的粗线)。由图可见：在探测到 10.5km 和 11.2km 之间中等强度湍流的同时，雷达也探测到了回波，在这个高度间隔内，Ri 数等于 0.60，β 值为 2.53。另外在图中还可看到在该晴空湍流层中，同时也出现了较强的垂直风切变和等温层。在 12km 的高度上，晴空湍流强度属轻微等级，但由于高空湿度小，所以反射不出雷达回波。

3. 晴空湍流的估计

既然折射指数不均匀和晴空湍流能形成层状晴空回波，因此当用雷达探测到层状晴空回波时，反过来就可了解到该区域是晴空湍流区。可以证明，在低空不能用 Ri 数的大小来定量判断湍流强度，但是在较高层用 Ri 数可以大致估计湍流强度。另外从(10.13)式可知，当雷达回波强时，必定有强的折射指数突变存在，而强的折射指数突变又往往和强晴空湍流联系在一起。因此从雷达上探测到的层状晴空回波的强弱，可以

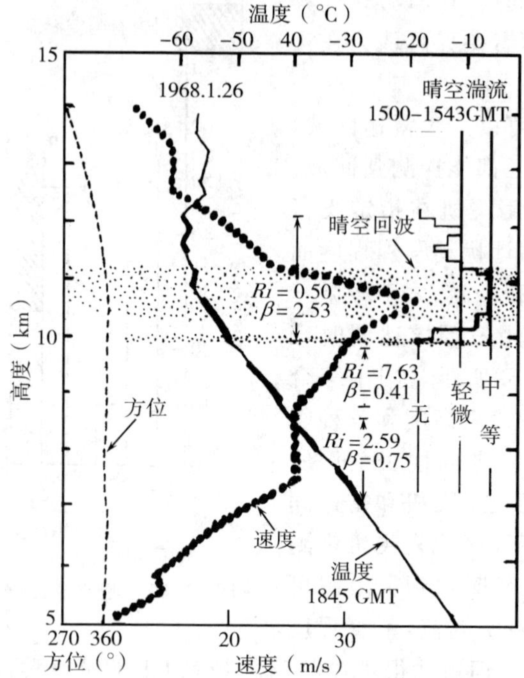

图 10.70 晴空湍流、温度、风速垂直廓线与雷达回波的关系

大致判断晴空湍流强度。并由此发出预报，就可能避免一些因飞机颠簸引起的飞行事故，因此很有实用意义。

10.6.4.5 大气波动和湍流

已知用厘米波雷达可以探测到与大气中强切变和湍流区相联系的层状晴空回波。考虑到湍流散射与波长的 1/3 次方成反比，因此为了更细致的探测晴空湍流以及与它们相联系的大气波动，通常采用超灵敏的 10cm 或更长一些波长的雷达进行探测。例如有人用分辨率高达 1～2m 的超灵敏的 10cm 雷达探测到大气波动，见图 10.71 和图 10.72，并且指出晴空大气回波与长周期的重力内波和短周期(1～5min)的不稳定 K-H 波的关系。K-H 波是在两种不同密度的大气交界面上，存在着水平风速切变时由于动力不稳定而产生的一种波动。大气中出现的波状云和晴空湍流就是这种波动引起的。国外用一种调频连续波雷达(FM-W)探测已证实 K-H 波开始在逆温层底部正 Ri 数小的地方，即在紧接不稳定层上面的动力稳定层内形成，当波动振幅增大，波破碎后就形成湍流。

另外在探测中还发现由 K-H 波引起的晴空回波层有时只有几米厚，而由这几米厚

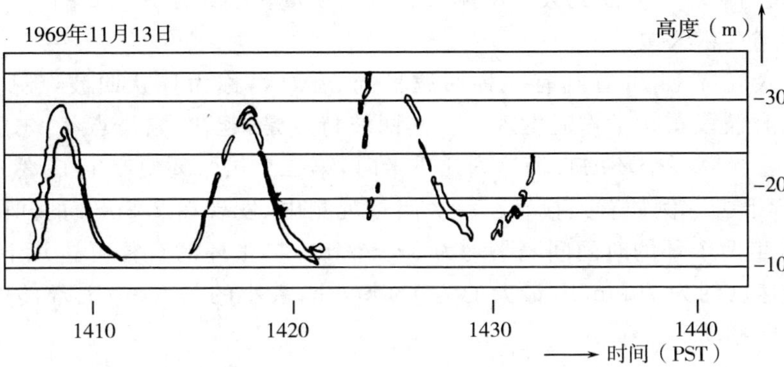

图 10.71　大气中的重力内波(戈萨德和里克特)

用垂直指向 S 波段 FM-CW 雷达探测(圣迭戈,美国)

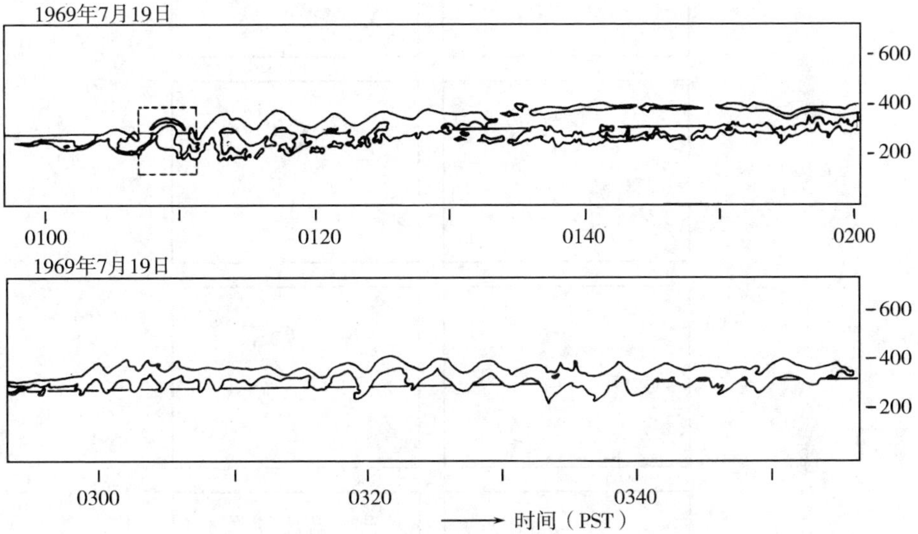

图 10.72　晴空大气中的 K-H 波(戈萨德和里克特)

用垂直指向 S 波段 FM-CW 雷达探测(圣迭戈,美国)

所产生的雷达反射率比以前记录的最强的晴空回波反射率还强 10 倍,偶尔可强到 300 倍。原因是后者是在体积较大的气层内取平均,而前者却在体积很小的气层内取平均。另外还发现强的雷达反射率有时几乎是由厘米尺度的扰动引起的。

综上所述,为了要对大气中波动以及伴随的湍流进行仔细的观测,就必须采用超灵敏、高分辨率的雷达。目前这些研究工作正在进行,预计在不久的将来,随着新一代多普勒偏振雷达的使用,在折射场、波动场、湍流场方面可提供许多更有意义、更有价值的资料，而这些知识对于涉及到大气中能量、质量、动量转换是极其重要的。

10.6.4.6　环状回波

在 PPI 荧光屏上，可看到有一种回波呈同心球状，称为环状回波，(见图 10.73)。它是在使用 L 波段雷达工作时发现的。其回波特点是：起初，它呈点状，尔后迅速向外扩张为圆环。当第一个环的直径达到几千米时，第二个扩张环便产生了，然后出现第三个，如此继续下去。例如有人报导在一次偶然观测中，发现在 2.5min 的间隔内形成了 18 个环。产生两个环的时间间隔平均为 3～5min。扩张环的直径可达几十千米，扩张的平均径向速度约为 70km/h，最大的为 180km/h，最小的是 5km/h，环的中心绝大多数是沿着风向移动的。

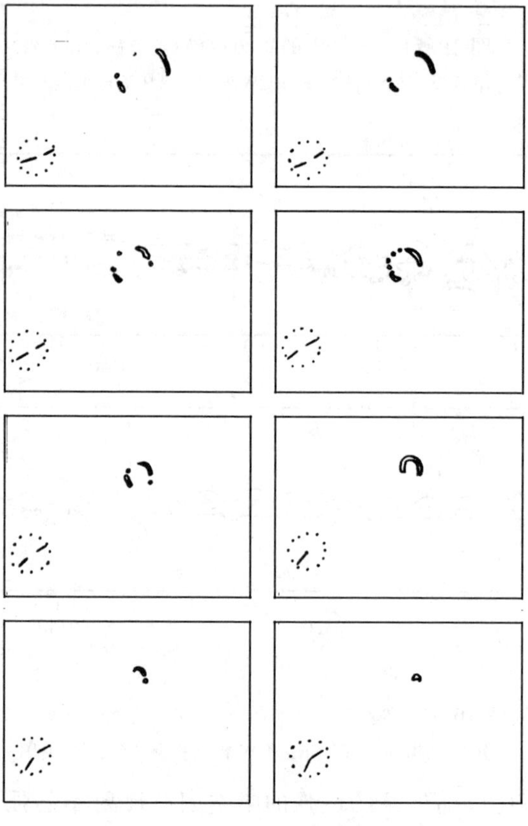

图 10.73　在 PPI 上环状回波

对环状回波的研究表明：出现这种回波时，在 600～1500m 的高度上有逆温层存在。其形成原因目前有几种看法：一种看法认为，当单个源或者是爆炸波引起重力波时促使空气密度突变，造成对雷达波的反射；另一种则认为是与晴空大气中产生的热对流泡有关。因为前面已提到热对流泡可以看作是一个凹面指向下方的半球形球壳，当雷达波投射到半球形球壳上时，便会在水平面上形成一个环状回波。至于形成回波的机制，可以是由强折射指数梯度对雷达波的反射，也可以是由热对流泡边缘上湍流起伏所造成，也可能是两者共同作用的结果。第三种，还有人认为是昆虫群或鸟群排列成弧形，集体飞行造成了对雷达波的散射。

10.6.4.7　海风回波

第一次对这种回波进行详细研究的是利用安装在海岸上的 1.25cm 波长的雷达。这时要求雷达既能进行垂直指向下的观测，也能进行在水平指向下的观测。图 10.74 是用高度-时间传真记录器进行记录的回波图。

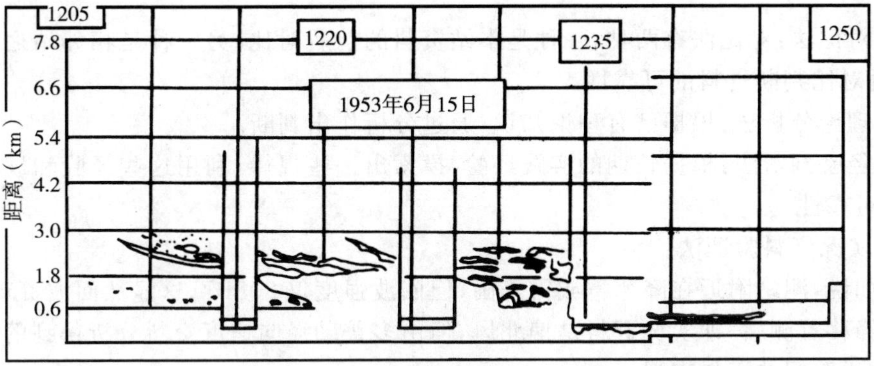

图 10.74　海风回波距离—时间记录

当海风出现在海外 3.2km，而雷达离海岸 4km 时，雷达作了探测，并发现了这种回波。其回波基本特征与降水回波类同，但当时气象观测证实天气是晴朗的。当这种回波移到靠近海岸的雷达站附近时，测站地面温度迅速下降，风向转变，相对湿度增加，微波折射计读数也迅速增加。约经过 45min，折射指数增加了 30 个 N 单位。上述气象要素的变化正好反映了典型的海风特征。另外从回波倾斜，可以计算出海风锋前进速度约为 4m/s，这个数值与气象观测得到的风速数值基本一致。

海风回波形成的原因，一般认为是由于海上移来的湿空气气团和从陆地向海上移动的干空气气团相遇形成的海陆风锋面造成的，但也有人认为是由在海风中夹有足够浓度昆虫所引起的。

§10.7　雷达回波资料可靠性检查

当收到一张雷达回波图后，首先要分析它的真实性及准确性。雷达回波资料的可靠性与雷达探测方法有关，也与雷达工作是否正常有关，再与雷达定标（包括雷达机各参数,坐标和彩色等级定标)和数据处理是否正确有关。

10.7.1 雷达回波可靠性检查内容

1. 回波强度 Z 值是否可靠。

2. 回波高度 H 值和强回波顶高度值是否可靠。

3. 回波多普勒径向速度场是否合理。

4. 回波面积及分布是否可靠。

5. 各种参数值是否正确,如时间、仰角、方位、产品名称、单位、地点等。

10.7.2 检查的主要方法

1. 对比法:对比法有两种,一种是本站资料的前后对比;另一种是相邻站之间的对比,通过对比判断资料的可靠性。

2. 理论分析法:根据已有理论知识,通过分析作出判断。

3. 经验判断法:根据长期的实践经验,摸索出一些规律,利用这些经验和规律检查资料的可靠性。

4. 实况资料验证法

譬如说,测站附近在降冰雹或雷阵雨,但回波强度仅 20dBZ,这显然回波资料有误。再如冷锋移近测站,即实况资料是偏北风,但由多普勒径向速度资料分析得到的却是偏南风,这说明回波资料有误。

在实际工作中,雷达回波资料可能出现以下几个问题。

1. 回波强度值偏弱

(1)通过前后资料对比,某一次或几次回波强度值明显偏弱。出现这种情况,很可能是雷达自动跟踪没有跟上,这时应对雷达进行调整。

(2)与邻站资料对比。本站回波资料一直偏弱,造成上述情况的原因可能有磁控管老化;雷达参数数值有误;雷达标定有误;数据处理不正确或其它雷达故障。

(3)暴雨区应该是强回波区。但个别站探测到的暴雨区的回波强度只有 20dBZ,说明回波强度值偏低很多,出现这种情况原因除(1)、(2)点原因外,还应考虑探测方法上的问题,例如仰角太高或地物阻挡等原因。

2. 回波强度值偏高

个别测站经常探测到 70dBZ 的回波强度,有时在降小雨时,探测值也达到50dBZ,引起回波强度值偏高的原因可能有:

(1)信号处理单元处理有误。

(2)计算机处理方面有错误。

(3)雷达标定有问题。

3. 近处回波强度值偏高，远处回波强度值偏弱

对以前非数字化的模拟雷达且又无距离订正设备的雷达回波资料，在一张回波图上，近距离处回波都很强，但随距离的增大，回波逐渐减弱，这种情况很可能是在定标过程中没有进行距离订正。显示出的不是反射率因子 Z 值，而是雷达接收功率值，即以 dB 值代替了 dBZ 值造成的后果。

4. 回波高度值偏高或偏低

(1)雷达标定仰角有误差。

(2)实际大气偏离标准大气，从而由折射造成的测高误差，当大气中产生异常折射时，这个误差常常达到千米量级。

(3)垂直波束宽度引起，其误差值还与回波强弱有关，详细情况在第五章中已有介绍。

(4)信号处理单元或计算机处理有误。

5. 多普勒径向速度场资料出现速度突变折叠区

通常多普勒径向速度增加或减少是与大气风场同步均匀变化的，遇到速度切变区也是有规律的，至于风向切变在径向速度图上显示十分清楚，很容易识别。若在一定距离以外，特别在较远距离出现测速模糊区，这是由于收发谱线重叠造成的，前文已经提到，只要知道每一部雷达脉冲重复频率和雷达波长，这个临界模糊速度是一定的，就可以用退模糊方法进行订正，这是分析多普勒径向速度场前必须事先要做的工作。

6. 回波面积缩小

在雷达探测中，有时通过对比或据经验可判断出，探测到的回波面积偏小，这种情况多数是较弱的回波没有显示出来或其它原因。

(1)雷达的灵敏度下降。

(2)显示的阈值偏高。

(3)探测仰角偏高。

对于 3cm 波长测雨雷达，当测站及其附近降强降水时，由于强衰减作用，探测得的回波面积也偏小。

7. 回波分布位置不对

通过与邻近站的回波资料对比或通过实际调查，探测到的回波位置与实际产生降水区域的位置不符合。造成以上问题的原因可能是：

(1)天线的机械定标有问题。一种是指北线方位定得不对，即正北方向方位应为0°，现在却不在0°线上，而是在340°线上，这样就会造成所有回波顺时钟转动了20°。另一种情况是天线底座不水平，天线扫描时不在同一仰角上，造成一侧回波偏少，另一侧回波偏多，即出现回波分布上的差异。

(2)显示方法的错误。目前数字化雷达的显示，都是通过软件实现的，在软件处理

过程中出现错误,原来在东方的回波,可能显示在南方。

(3)坐标变换引起。雷达采样是以极坐标形式进行的,以便在PPI上显示。而计算机为了便于数据处理,是以直角坐标显示的。从极坐标转换为直角坐标,在变换过程中不细心,可能会出现差错。

(4)大气折射影响。在第四章中已经提到,大气水平分布有时也很不均匀,在强锋面两侧,往往会造成由于大气异常折射造成方位和距离探测误差。

8. 显示参数错误

在一张回波图上,除了显示回波外,各种参数的显示也是必不可少的。例如观测时间、仰角(或方位角)、产品名称、色标、显示物理量单位及站名等也可能出现差错。

(1)时间错误。

(2)仰角或方位角显示错误。角码采样错误和编程错误,都可能造成仰角或方位角显示错误。

总之在分析回波之前,首先对雷达资料的可靠性作出判断是很重要的。

为了确保雷达资料可靠性,建议每一次探测降水回波前先探测一张地物回波图。据当地已知的地物回波特征来判断回波强度,回波高度值是否准确,回波面积大小和分布是否可靠,时间和仰角参数显示是否有误。若发现问题,应及时解决,确保回波资料的可靠性。

本 章 小 结

雷达显示器屏幕上随时可以发现各种回波。但是,这些回波并非都是降水回波,其中有一部分是非降水回波,还有一部分则是非气象回波。识别各种降水回波,非降水回波,非气象回波,以及了解它们的成因和特征,是雷达气象探测和分析的基础。

天气脉冲多普勒雷达除了能测定回波强度以外,还能测量在雷达取样体积内的平均多普勒径向速度和谱宽。进一步能分析和在一定假设条件下反演得到流场。

本章首先介绍了回波强度、结构和多普勒径向速度场分析技术及基本法则,它们是回波分析的基础。尔后重点介绍了几种典型流场、天气系统、流场层结情况下PPI多普勒径向速度模式。由于各种模式与实际流场、天气系统息息相关,因此,从径向速度场分布特征可以识别基本气流。各类中小尺度流场及锋面系统。在分析中特别要应用零径向速度线和正、负径向速度区中心分布特征。

非气象回波有:地物回波、超折射回波、同波长干扰回波、海浪回波等。它们形成原因各不相同。有的是地面上各种目标物造成的,有的与邻近地区设置有相同波长的雷达有关。但其共同点是与气象条件没有直接关系。

降水回波可分为:层状云降水回波、对流云降水回波(包括雷阵雨、冰雹和暴雨),积层混合云降水回波,雪的回波和其它类型降水回波数种。它们在PPI及RHI上的回波强度、结构和多普勒径向速度场特征各不相同,很容易区别。其中零度层亮圈或亮带是层状云连续性降水一个重要特征,尽管在积层混合云中有时也会出现亮圈和亮带,但常常不完整。至于对流云降水,通常不会出现零度层亮带，只有在台风雨盾中才会遇到。关于第二次扫描回波，它是由于在比雷达最大探测距离更远之处存在特别强的降水而引起的。

非降水回波包括云、闪电、雾、晴空大气回波等，其形成原因也各不相同，通常很容易与降水回波区分。闪电回波的形成，一般认为在发生闪电、放电时，在闪击通道上将产生大量自由电子，当雷达波投射到其上时，自由电子即引起振荡，产生二次辐射，于是就出现后向散射信号。

在 PPI 和 RHI 上晴空回波出现的形状很多，常表现为圆点状、层状、细胞状、窄带等。圆点状回波一般认为是由鸟类、昆虫对雷达波反射或散射所造成。后三类回波分别与大气湍流、热对流泡，温、压、湿不连续有关，第一章里部分内容已有论述。

最后一节讨论了雷达回波资料可靠性检查，这是很重要的一项工作，否则会导致分析工作失败。作为一个有理论知识又有实践经验的雷达气象工作者，在分析工作之前，首先要进行这项工作应该说没有多大困难，关键是认真、细心。

第十一章　多普勒雷达探测对流云

§11.1　概　　述

11.1.1　一般雷暴(积雨云)

受雷达灵敏度、波瓣宽度和目标物与雷达之间距离的限制,大多数常规雷达探测到的不是与上升气流相伴的云粒子,而是云中的质点群。因此,对于中纬度陆地上的云来说,典型的情况是:大气中0℃层高度之上大的冰粒子最早产生回波,而后降水发展,回波加厚,并出现一个标志着强降水的强回波中心(核)。

对流单体是最为简单的一类对流风暴(Byers and Braham,1948)。图11.1从雷达回波的角度表现了典型对流单体的生命史。对流单体从最初的有雷达回波到地面产生降水大约需要10～15min。对流风暴的移动方向往往与对流层中层的平均风向一致,而移速则小于平均风速。一般说来,如果对流单体没有充满整个对流层,它们将沿从云底往上到云顶三分之一处的引导气流方向运动。

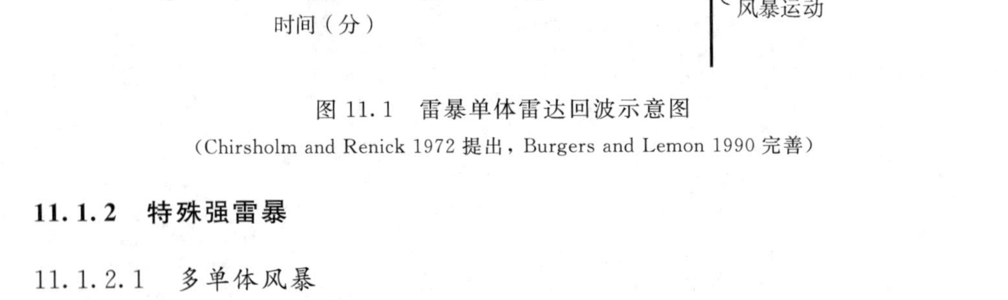

图11.1　雷暴单体雷达回波示意图

(Chirsholm and Renick 1972 提出，Burgers and Lemon 1990 完善)

11.1.2　特殊强雷暴

11.1.2.1　多单体风暴

雷暴经常组织成复合系统,这种系统被称为多单体风暴(Marwitz,1972)。多单体风暴是强对流风暴中出现机会较多的一种,它由一个演变着的单体系列组成,每个单体能区分出大致的轮廓。雷暴的多泡特征早在 1949 年就被 Byers 和 Braham 辨认出来了，但真正搞清楚它的结构细节，则主要是依靠雷达回波，结合地面降水、气压等要素场的分析研究进行的。

图 11.2 是由雷达观测到的一个多单体风暴的结构和演变图。由图可见，水平尺度约 3～5km 的新单体即单体 3 以 10～15m/s 的速度在风暴的右侧合适的地方生长。图下部是每 3 分钟沿 AB 线作的剖面。由图可见，单体 3 正在发展，它有一个弱回波区，而其左侧的单体 2 则已到达成熟阶段。

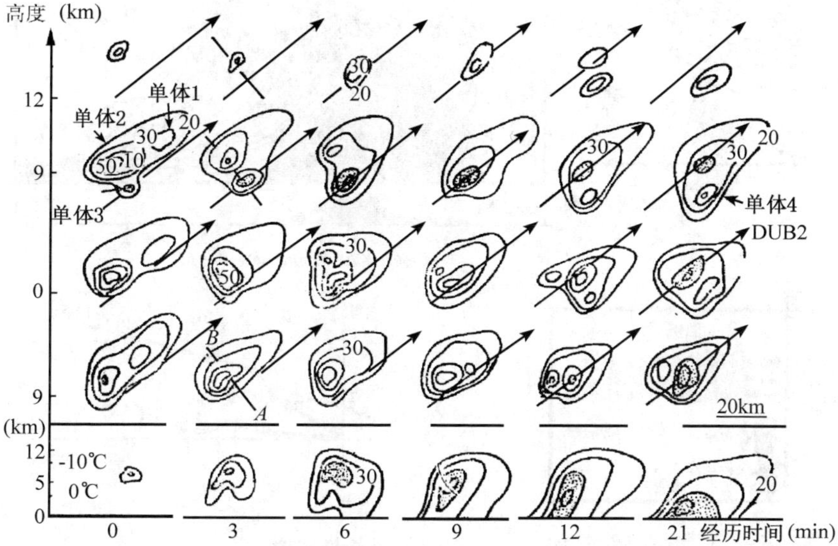

图 11.2　多单体风暴生命史各阶段的 PPI 及垂直剖面图

（粗箭头表示单体运动方向，同时也是图下部垂直剖面图的参考线；单体 3 用阴影区表示，着重说明它的生命史）

一般认为，多单体风暴的新生单体并不移入风暴内部，而是迅速发展成新的成熟单体，先前的单体如单体 2 则开始消亡，而别的新单体如新单体 4 又在形成，这样，风暴依次向最适合新单体生长的方向传播。但也有人认为，新单体在成熟雷暴中心上游约 30km处生成，当它接近并与先前存在的主要的雷暴合并时，每个云都迅速发展。就在它和先前存在的主要雷暴完全合并前，正好观测到新单体的初始雷达回波。在自然界中，这两种情况可能都存在。在很多情况下，一个多单体风暴的生命史中可以有多达 30 个这样的单体依次得到发展。

对多单体风暴爆发前典型的稳定度和风切变的研究表明，多单体风暴的云下气层中风速都比较小，平均为 5m/s。因此，云下弱风是多单体风暴生成的一个重要先兆。此时平均的热力稳定度是＋4℃，云层中平均垂直风切变是 $2.6\times10^{-3}s^{-1}$。一些研究指出，垂直风切变对强风暴来说虽然重要，但它仅出现在一定的区域内。

美国国家冰雹研究试验(NHRE)利用常规天气雷达和多普勒雷达、飞机等多种探测工具仔细研究了多单体风暴的特征,提出了一个多单体风暴的气流和云结构模式,如图 11.3 所示。这个图既可以把它看作 4 个不同单体处在不同发展阶段的典型结构的一个瞬间剖面,也可以看成一个单体发展的 4 个阶段。

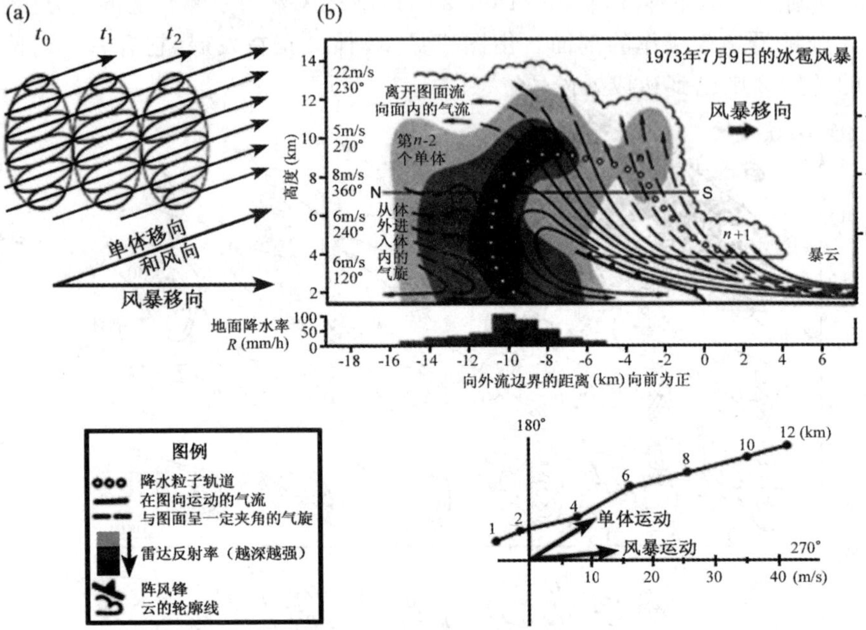

图 11.3　多单体风暴模式图

(a)平面图,表示 t_0,t_1,t_2 三个时刻由于风暴南端不断有新单体生成而带来的风暴传播(Marwitz,1972),箭头表示每个单体的运动轨迹。(b)穿过风暴的垂直剖面图;单体用 $n-2$ 到 $n+1$ 表示(Browning 等,1976)。右下角为相对应的速矢端迹图(Chirsholm and Renick,1972)

1. 多单体结构

如图 11.3 所示,单体 n 刚发展到出现初始的雷达回波。它在 10~15min 前还处在图中 $n+1$ 的位置,以后逐渐增长成清晰的积云塔。单体 $n-1$ 已达到成熟阶段,它虽然还保持着强大的上升气流,但由于降水拖曳作用,单体的一部分已出现下沉气流。这时候它的雷达回波强度达到最大。单体 $n-3$ 正处于消亡阶段,它的雷达回波已减弱,云中大部分是下沉气流,仅在上部还有一些上升气流的残余。各单体发展的时间间隔约 15min,包括出现初始雷达回波前的 10~15min 在内,每个单体的整个生命史约 45min。

如果存在充分的风垂直切变和对流不稳定,多单体风暴的发展就会转向更强的对流单体——超级单体。

2. 云下入流

整个云下入流起源于一个贴近地面、距离风暴约 20km 的浅层,这个浅层的厚度约

500m。云下入流在下沉辐散冷空气流(雷暴外流边界)的顶上以大约 20°的仰角倾斜上升。随着入流逐渐进入风暴底部，它的厚度也逐渐加大，在上升过程中也不与环境大气混合。

3. 上升气流

在云底，上升气流的水平尺度约为 8km，在对流层中层即 7km 高度上则减小到大约 5km。在云底和云底以下，每个单体对应着一支上升气流，它们被一些弱的下沉气流分隔，但在云内特别是在云的上部，它们是合在一起的，形成统一的环流，这是多单体风暴与多泡雷暴在结构上最重要的区别之一。

表 11.1　多单体风暴中上升气流速度(Atkinson,1981)

资料来源	上升气流速度 (m/s)	测量高度 (km)	备注
Auer 和 Marwitz(1968)	3～5	3.3，接近云底	10～172km² 的一个上升气流区
Auer 和 Sand(1966)	6	接近云底	层流，一小时平稳的上升气流
Battan 和 Theiss(1966)	5 20	8.0 9.5	倾斜上升气流
Browning 等(1976)	6～8 20	7，接近云底	入流 3km 宽，500m 厚
Byers 和 Braham(1949)	25	7	最大观测值，上升气流直径 1.5km
Davies—Jones 和 Henderson(1974)	1.3(34) 3.6(34) 6.6(33) 8.3(33) 5.1(29) 3.8(16) 3.0(9) 0.4(6)	0.9～2.1 2.1～3.3 3.3～4.5 4.5～5.7 5.7～6.9 6.9～8.1 8.1～9.3 9.3～10.5	平均值，括号内是观测次数
Dennis 等(1970)	11	接近云底	最大观测值
Easterbrook(1967)	4	6	
Ellrod 和 Marwitz(1976)	4～10	1.2	雷达回波前 5～10km
Hart 和 Cooper(1968)	2.5～4 26	7，接近云底	最大观测值
Ludlam(1959)	27		
Marwitz(1972)	4	接近云底	
Musil 等(1973)	20	4～6	
Roach(1967)	25	云顶	穿入平流层 7km
Saunders(1962)	50	云顶	穿入平流层 2.5km
Sinclair(1973)	26	9.1	最大观测值
Steiner 和 Rhyne(1962)	63	12.2	风暴 15.2km 高
Wichman(1951)	2～6 20～30	8，接近云底	

多单体风暴上升气流速度的值对于不同的风暴是不一样的。对于同一风暴，在它不同的部位和生命史的不同阶段其数值也不同。表 11.1 归纳了离地面不同高度上上

升气流速度的许多观测值。由表可见，上升气流速度的变化幅度很大，在云底或云下，通常为 5m/s。在云顶，20～30m/s 的上升速度经常可以观测到。在现行的概念模式中，上升气流朝风暴的后部倾斜，它的出流形成积雨云的砧，砧主要指向风暴的左后方。

4. 下沉气流

多单体风暴中的下沉气流一部分起源于对流层中层，大约在 6km 高的地方。它从风暴的右后侧进入，然后无混合地下降到地面。另一部分下沉气流可能由上升气流转变而来。在成熟单体的云底附近，雷达回波最强，观测到过 15m/s 的下沉气流。在宽约2km、高度 2～6km 的区域内，下沉气流普遍大于 10m/s。根据观测，在风暴下面2km 左右厚的一层内，大于 1m/s 的下沉出流可能延伸到 40km 以外的地方。

风暴降水前沿的下沉气流外流即阵风锋，也称飑锋。当它离开风暴母体后，称为外流边界。强阵风锋经过时，阵风陡起(可能超过 12 级)，气压急升(2～4hPa)，温度急降(可达 5℃以上)。

5. 多单体风暴中冰雹的增长

飞机测量表明，多单体风暴中初始雷达回波附近的上升气流里过冷却水含量最多。在成熟单体 ($n-1$) 里，7km 的高度上直径 8～10μm 的粒子的浓度是 0.5m^{-3}，它们几乎全是水，强雷达回波主要就是由这些粒子产生的。

多单体风暴中冰雹粒子的增长轨迹如图 11.3(b)中的一连串小圆圈所示。从云底的小水滴开始，直到它长成直径 1.5cm 以上的雹块并降落，大约需要 30～35min。在多单体风暴中，由于上升气流的值不是很大(相对于超级单体而言)，冰雹粒子降到上升气流中后，一面上升一面在过冷却水区长大。它在湿增长区经历的时间和经过的路程都不长，所以地面雹块一般不是很大，雹谱也较窄，地面雹击带也比较连续。

6. 天气

多单体风暴产生的地面降水强度可达 100mm/h，但降水持续的时间不长，大约 20min 降水的降水量约 10～20mm。但当多单体风暴系统运动缓慢并伴有强降水时，可能出现局地暴雨(暴洪)。多单体风暴常伴有强地面风、冰雹和龙卷等恶劣天气。多单体风暴的另一个特征就是若干由消散着的对流云单体所产生的层云区经常会合并成一大片大面积的层云降水区。

图 11.4 是在甘肃省平凉地区观测到的一次多单体风暴过程。由图 11.4(a)可见，这块冰雹云由 $n+1$，n，$n-1$，$n-2$ 四个单体组成。图 11.4(b)是它们的回波剖面图。由图可见，单体 n 刚发展到成熟阶段，降水回波已经及地，但强回波中心还在云体中部。$n-1$ 已处于消散阶段，回波高度已降低，强回波中心已在地面附近。$n-2$ 则行将消失，而$n+1$ 还处在发展阶段。图 11.4(c)是这块冰雹云的连续演变过程。在 17 时 30 分，单体 b 与雹云 a 合并，18 时 01 分发展成最强的单体；单体 c 在 18 时 17 分以后并入，在 18 时 41 分发展成最强的单体。由图可见，新单体不断在冰雹云的右侧生成、并入，然

后在左侧消散。图 11.4(d)是当天 19 时的高空风，可见单体移向与 5km 左右高度上的高空风相近，而冰雹云整体移向则偏右于高空风方向。

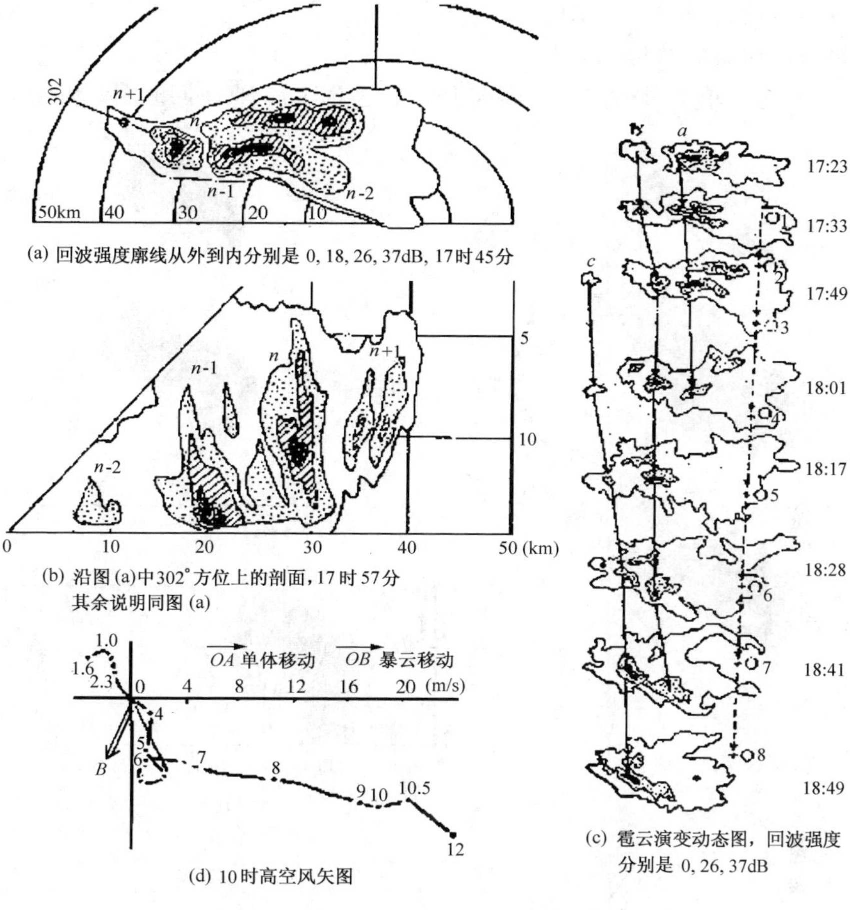

(a) 回波强度廓线从外到内分别是 0, 18, 26, 37dB, 17时45分

(b) 沿图 (a)中302°方位上的剖面，17时57分
其余说明同图 (a)

(c) 雹云演变动态图，回波强度分别是 0, 26, 37dB

(d) 10时高空风矢图

图 11.4　多单体风暴(1977.06.25　甘肃平凉)

11.1.2.2　超级单体风暴

超级单体风暴是一种有特殊结构的强雷暴，它虽是单体风暴，但比正常的成熟雷暴的水平尺度要大得多，在云体的中低层，雷达回波的水平尺度可达几十千米；它维持的时间也很长，可达几个小时；出现的天气现象也严重得多，常伴有强风、局地暴雨、冰雹、下击暴流甚至龙卷。在超级单体风暴的稳定阶段内，风暴除了有高度组织化的内部环流外，还不断地作不连续传播。

超级单体风暴出现的典型环境是：

(1)大气层结强烈不稳定。气块理论指出，在 500hPa 处热力浮力要超过＋4℃；

(2)云下的平均环境风较强，达 10m/s 左右；

(3)通过云层,有强的垂直风切变,其值从 $2.5\times10^{-3}s^{-1}$ 到 $4.5\times10^{-3}s^{-1}$;

(4)风随高度强烈顺转,可超过 90°。

下面分别讨论超级单体风暴的特征。

1. 超级单体风暴的结构

图 11.5 是超级单体风暴在不同高度上的雷达 PPI 和 RHI 回波图。由图可见:

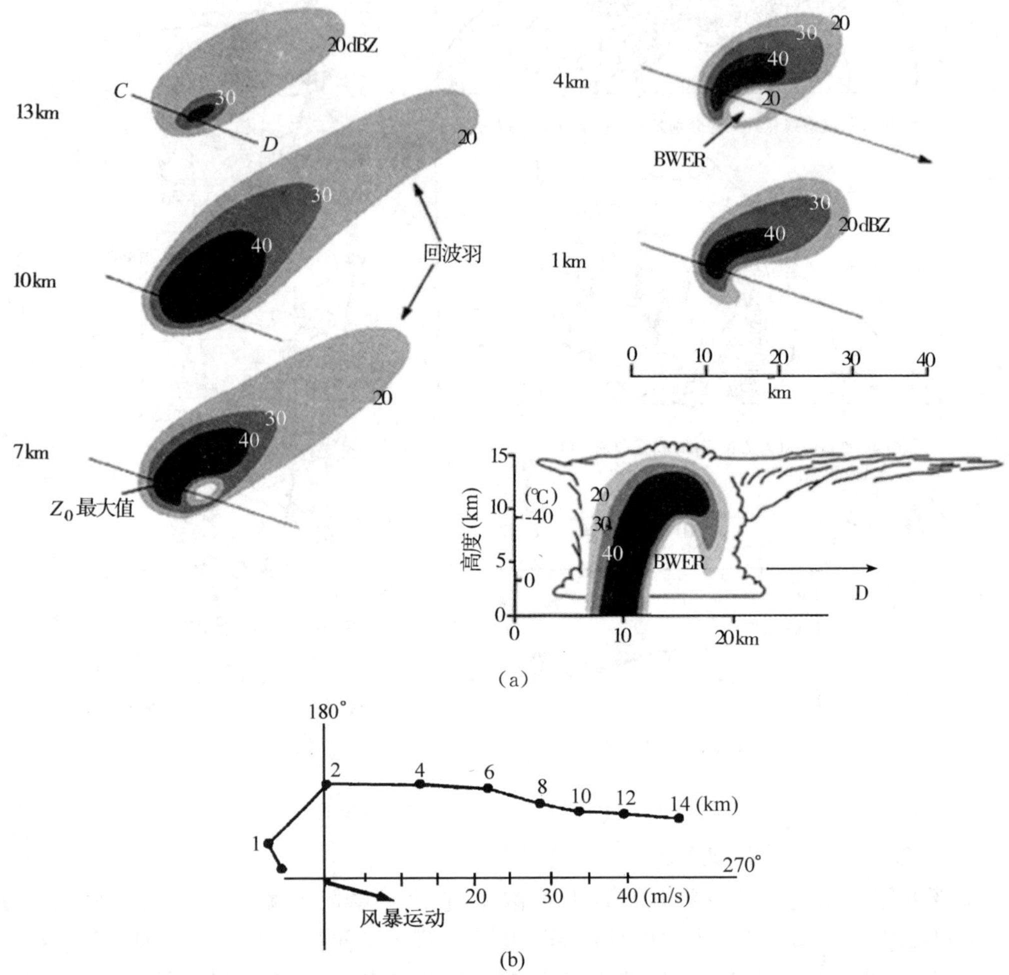

图 11.5 超级单体风暴模式

(a)超级单体风暴的 PPI 和 RHI 回波图;Z 的等值线单位 dBZ

(b)相对应的速矢端迹(Chirsholm and Renick,1972; Burgers and Lemon,1990)

(1)在平面位置显示器(PPI)上,超级单体是一个单泡结构,形状呈圆形或椭圆形,典型的水平尺度是 20～30km 长,12～15km 宽;

(2)在风暴的右侧有一个持久的有界弱回波区(BWER)，它的水平尺度约为5～12km。这个有界弱回波区经常呈圆锥状，延伸高度约为风暴宽度的一半到三分之一。有界弱回波区的存在表示风暴的强上升气流区，它在低层有时被称为入流缺口，这里的垂直速度可达25～40m/s；

(3)最强的雷达回波出现在有界弱回波区的左侧，包括冰雹在内的强降水就发生在靠近有界弱回波区的一侧；

(4)在低层，有界弱回波区的右侧经常可以观测到一个钩状的附属物，即钩状回波，它是超级单体的一个特征性回波；

(5)在主要的回波强中心的下游，有一个伸展达60～150km甚至更远的砧状回波，以及一长达100～300km的可见砧状云区。

图11.6是发生在福建的一次超级单体风暴过程。据福州雷达站探测，1983年4月14日13时34分，福州西北240km外就已出现强冰雹云。14时36分，雹云面积80×30km^2，形似椭圆，强度55dBZ，回波顶高在14km以上。这时地面报告除了有冰雹外，还出现了龙卷，死亡22人。15时33分后，由于冰雹云距雷达站较近，雷达分辨率较高，钩状回波等特征性回被都很清晰。超级单体在它经过的地区常常造成大片的冰雹、局地暴雨、大风和龙卷等灾害性天气。

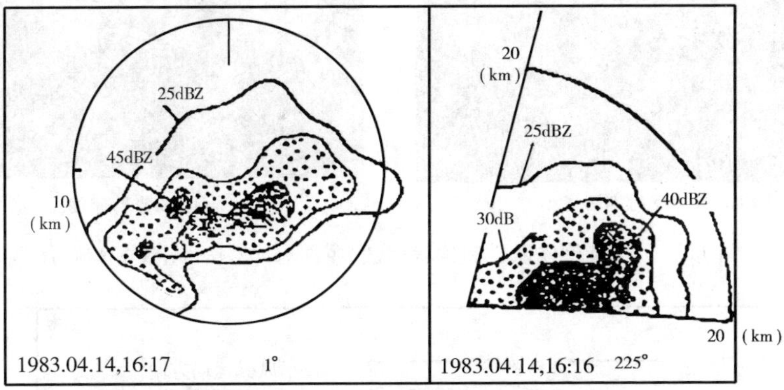

图11.6　超级单体风暴(1983.04.14，仰角1°，福州)

图11.7是发生在甘肃平凉的一个超级单体风暴。当天平凉位于冷锋前暖区里，低层有较强的东南风，高空为西北风。在近一个半小时内，超级单体风暴稳定地维持如图中所示的结构，水平尺度50km左右，地面最大冰雹直径4～5cm。

图11.8是发生在美国俄克拉何马的一次由对流尺度相互作用(CSI)形成的超级单体回波。图中H1，H2是清楚的钩状回波，这个超级单体产生了两个龙卷和一些下击暴流。

2. 超级单体风暴中的气流

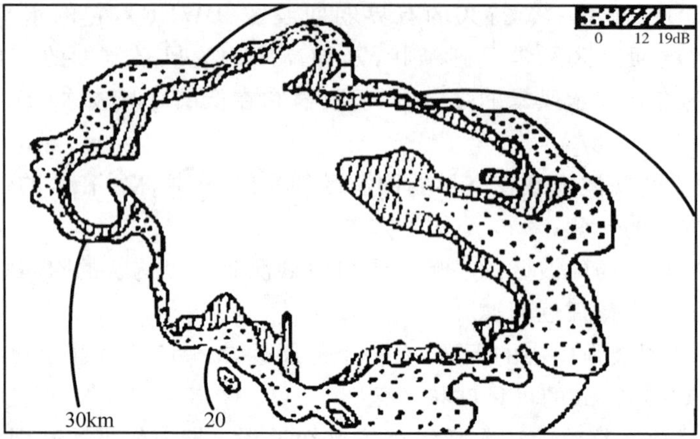

图 11.7　超级单体风暴(1976.06.04,19:50,仰角 3°,平凉)

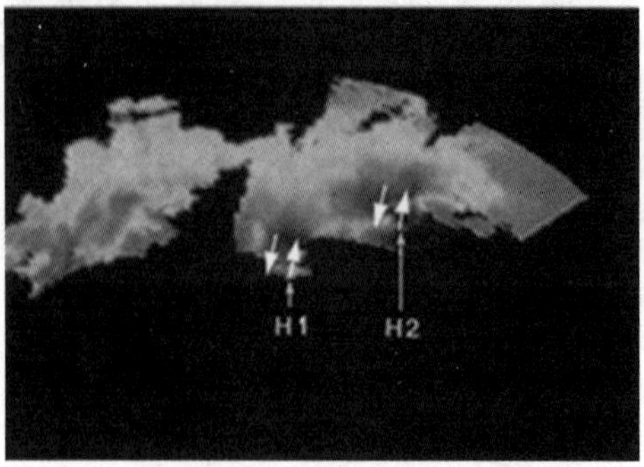

(a)雷达反射率因子

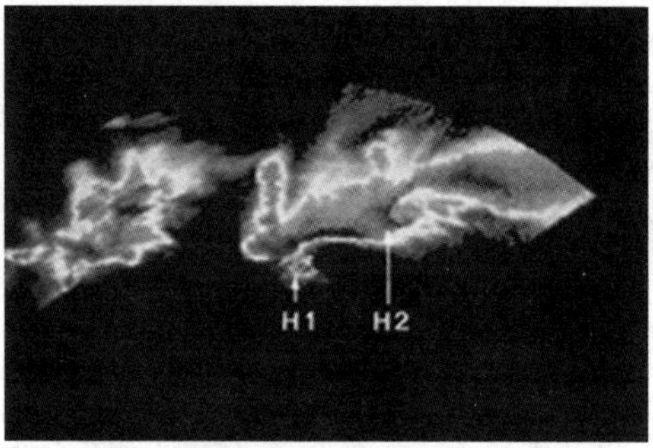

(b)多普勒速度图

图 11.8　超级单体风暴和钩状回波(1979.05.02,16:54,俄克拉何马)

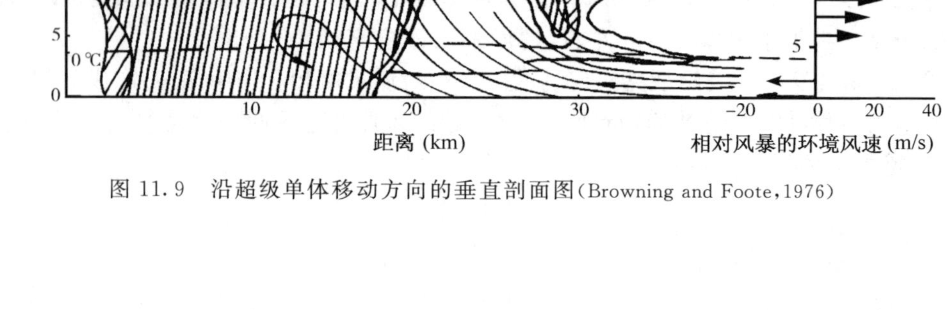

图 11.9　沿超级单体移动方向的垂直剖面图(Browning and Foote,1976)

超级单体风暴内部气流如图 11.9 所示。在超级单体风暴的内部及周围有如下特征：

(1)上升气流从地面附近起沿逆切变方向倾斜,它们来自风暴的右前侧；

(2)上升气流速度远大于多单体风暴；

(3)下沉气流从对流层中层进入风暴,以很小的曲率下沉。在地面附近,它们主要流向风暴的后侧；

(4)对流层中层的环境风比风暴的移速大,环境气流“追”上风暴后发生绕流。

图 11.10 是郑州雷达探测到的一次超级单体风暴的剖面图。在图中,超级单体的各种特征结构清晰可见。

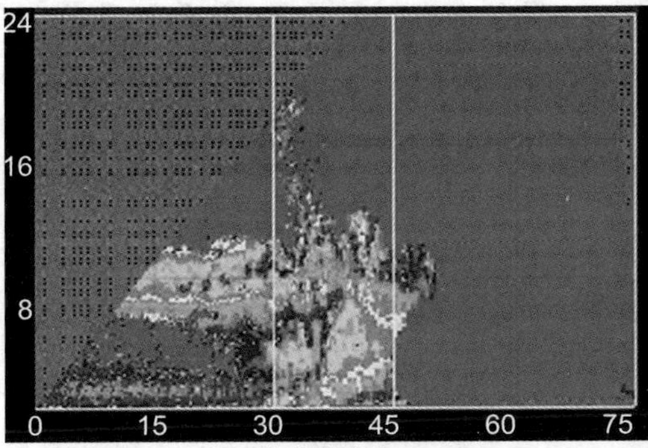

(a) 多普勒速度

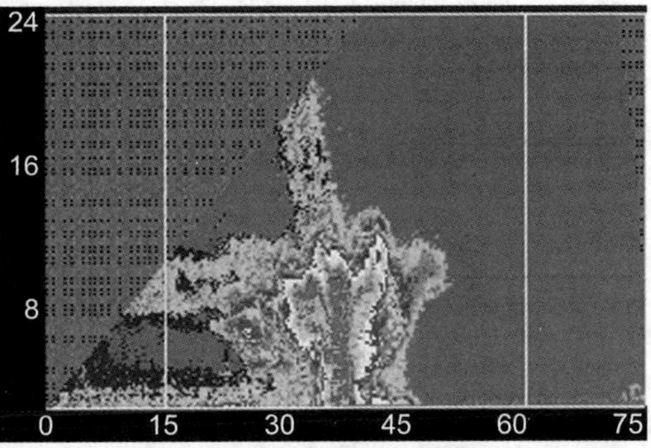

(b) 雷达反射率因子

图 11.10 超级单体风暴的剖面(1998.09.04,20:04,郑州)

11.1.3 中尺度对流系统(MCS)

有组织的 MCS 在雷达回波上形态各异,它们能够带来什么样的天气以及它们为什么具有这样的形态取决于下述因子：

(1)大气不稳定度；

(2)水汽的垂直分布；

(3)垂直风廓线的特征。

相对于风暴来说,云砧是向前伸展还是拖在母体的后面取决于相对于风暴的垂直风切变。此外,随着垂直风切变的增加,会有不同类型的风暴和相应的雷达回波结构特征,这些特征可以归纳为：

(1)随着垂直风切变的增加,对流以单体风暴、多单体风暴和超级单体风暴的形式组织在一起,风暴的外流(云下出流)是影响对流组织的重要因素(Rotunno,Klemp and Weisman,1988)。

(2)单体风暴沿对流所在层的平均风移动。

(3)新单体通常在多单体风暴的一侧发展,这可使多单体风暴的移动(这种移动含对流的传播)与风暴单体的移动很不相同。

(4)由于多单体风暴由许多处在不同发展阶段的单体风暴组成,所以多单体风暴的生命史可长达数小时(Foote and Frank,1983)。

(5)超级单体风暴在强垂直风切变和极其不稳定的环境中产生,它们内部有强的准稳定的旋转上升气流,可持续数小时。

(6)超级单体风暴一般沿对流层平均风的右侧传播,它们也可能一分为二,其中一个向左传播。

对流单体、多单体风暴和超级单体风暴以各种形式组织成中尺度对流系统(MCS),包括飑线和中尺度对流复合体(MCC)。现在也有一种看法,认为这些强大的对流风暴本身就是一个中尺度系统。

MCS中的降水型可以呈现多种形状和大小。卫星云图提供的线索能够帮助我们将砧状云罩中伴有强上升气流(因而伴有诸如强降水等重要天气)的部分从小雨或无雨区中区分开来,如图11.11所示。

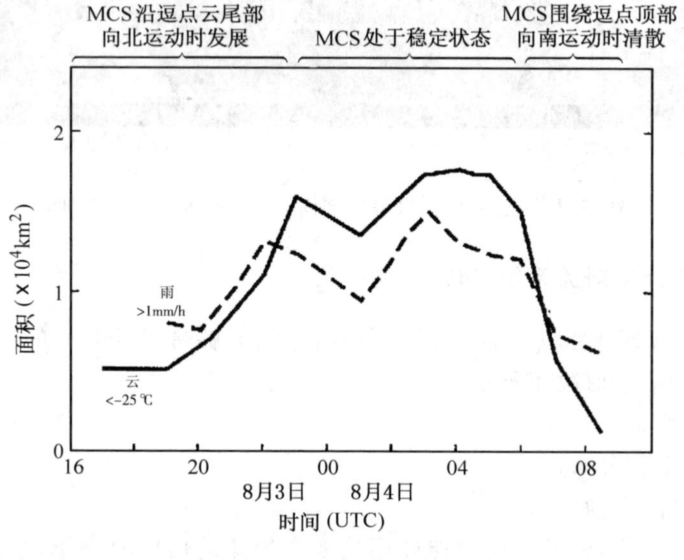

图11.11 一个MCS的冷高云区范围,以及与之相伴的中等强度降水区的时间变化曲线

(英国上空,1984.08.04 03:00) (Browning,1985)

利用天气雷达回波,特别是雷达网回波合成图往往能更清楚地显示出降水型,图11.12是MCS的一个雷达回波剖面图,表示了MCS在生命期内的变化。由图可见,在MCS的生成阶段(a),系统由强对流单体组成。随着系统的发展,在它的成熟阶段(b)、(c),MCS的主要特征为对流云降水和层状云降水的混合体。而在MCS的最后阶段

(d),系统中层状云降水已占了主导地位。

随着 MCS 生命进程的变化,系统中积状云降水与层状云降水的比例有显著的差异。表 11.2 给出图 11.12 中的 MCS 的雷达 DVIP 各级对流云和层状云覆盖区的百分比。MCS 的总回波的 39%是对流云区,61%是层状云区。

图 11.13 显示了 MCS 降水云面积变化的主要特征,这些特征概括如下:

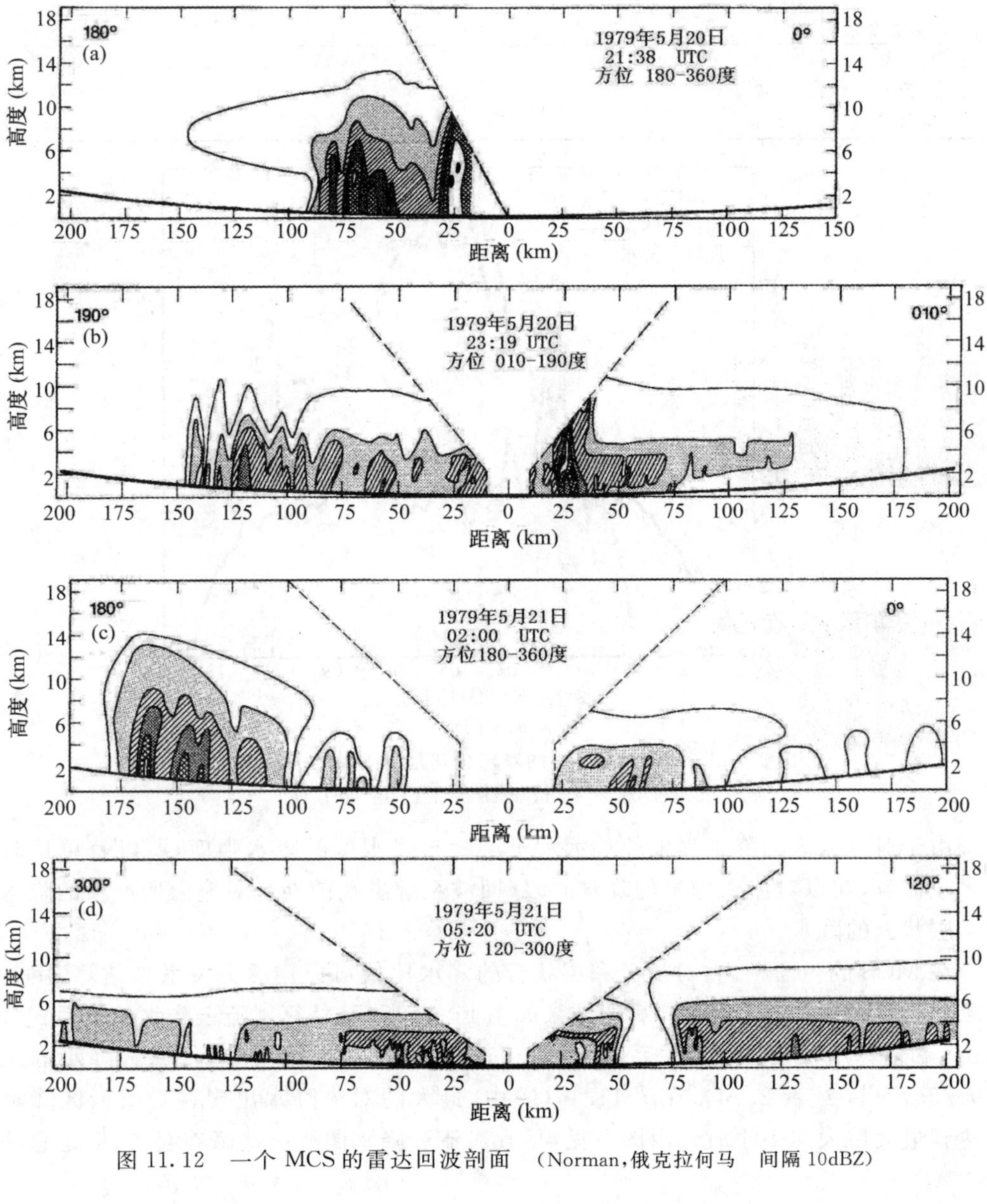

图 11.12　一个 MCS 的雷达回波剖面　(Norman,俄克拉何马　间隔 10dBZ)

(1)降水前沿以对流降水为主；

(2)不久层状云降水区便与对流降水区相当；

(3)在成熟阶段，层状云降水区的面积常常扩张到 3 倍于对流云降水区的面积。

(4)消散阶段以层状云降水为主。

表 11.2 DVIP 各级区域百分比

回波类型	级别					
	1	2	3	4	5	6
总　数	71	28	1	0.15	0.01	0.005
对流云	24	14	1	0.15	0.01	0.005
层状云	47	14				

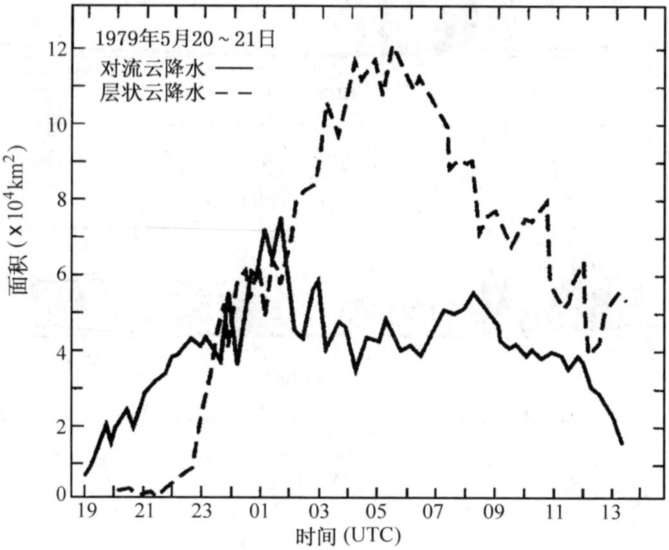

图 11.13 一个 MCS 中的对流云与层状云降水区面积变化
(1979.05.20 19:00 UTC～05.21 14:00 UTC)

由于对流云区的降水强度往往远大于层状云降水区的降水强度，所以就单位时间降水量而言，在以对流云为主的降水时段（回波系统影响前期），对流云所产生的降水要大于层状云的降水。

在 MCS 的生命期内，对流云和层状云的降水比值可以用 *Z-I* 关系来估算。用美国气象局推荐的两种 *Z-I* 关系计算的结果如图 11.14 所示。估算对流云降水的关系式 $Z = 55I^{1.6}$ 和估算层状云降水的关系式 $Z = 200I^{1.6}$ 得到对流云降水与层状云降水的比为 $(200/55)^{0.625}$，或者 2.24。在图 11.14(b)中，最大的对流降水出现在对流云区降水面积达到最大后大约 1 小时。由图可见，尽管对流云降水曲线有些峰谷起伏，但是总的说来保持相对平稳。层状云降水曲线变化幅度较大。系统生命期的前后对称很好。从图中用 M-P 关系估算的层状云和对流云降水曲线可以看出，层状云降水的峰值比当时的对流云降水量大 1 倍，这与 Leary 对热带对流系统所作的研究结果相当一致。

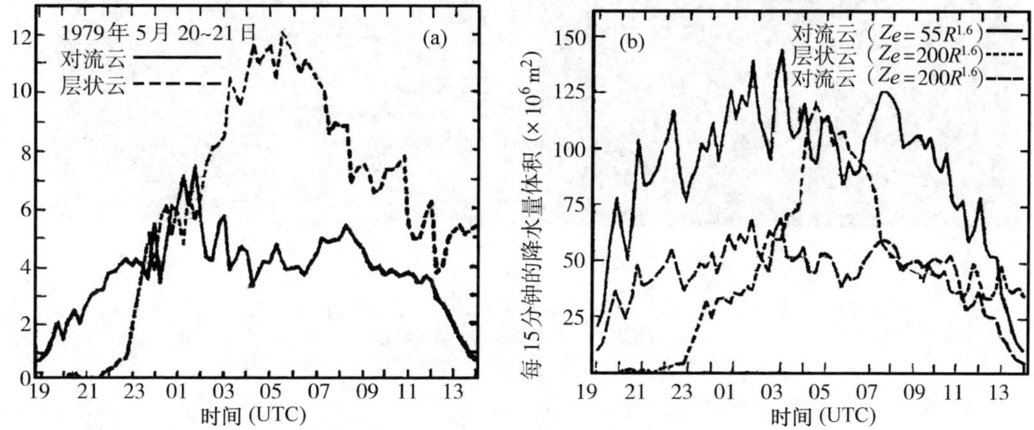

图 11.14　对流云降水和层状云降水的比较

(a)MCS 生命期间每 15min 的对流云和层状云降水面积变化

(b)雷达资料估算的每 15min 的降水积率(体积单位)的变化

11.1.4　中尺度对流辐合体(MCC)

当大气极度不稳定而天气尺度的强迫作用相对较弱时，一种被称为中尺度对流辐合体(MCC)的高度有组织的 MCS 便可形成(Maddox，1980)。MCC 是春季和夏季出现的一类重要的风暴，它最常出现在夜晚，且在大陆中部，比如在美国的中部尤为常见。在我国，则以长江以南出现较多。

图 11.15(a)是出现在美国密苏里和堪萨斯的 MCC 图像。图 11.15(b)是相应的雷达回波特征。这个 MCC 是在强烈的低空暖平流(WA)与 850hPa 图上 θ_W 高值区相配合的区域发生的，这一区域同时伴有弱的垂直切变。虽然 MCC 会以各种形态出现，但它们有一些共同的、公认的特征：

在雷达回波中：

(1)最强的回波呈窄带状分布在冷空气外流边界的前沿；

(2)沿冷空气外流边界前沿有显著的低层风切变和强的低层辐合；

(3)活跃的回波区会呈现出弓形且伴有地面强风；

(4)伴随其后的是宽广的层状云降水区。

在卫星云图上：

(1)在红外云图上，MCC 表现为大的椭圆形对流系统；

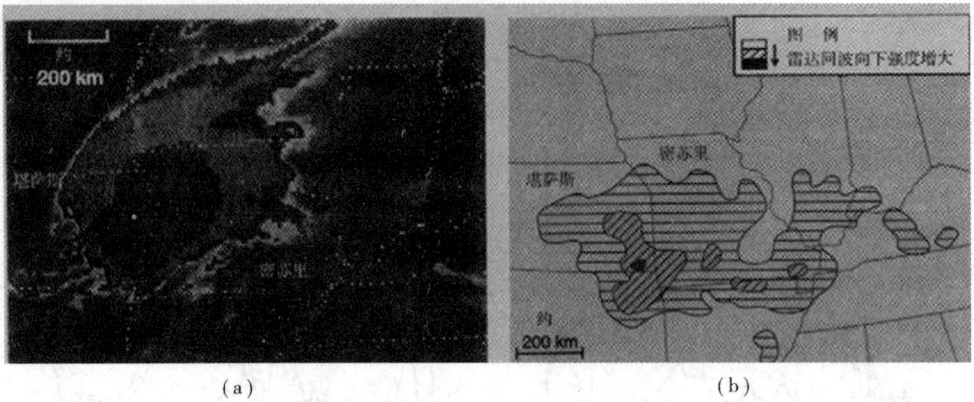

图 11.15　MCC　(1979.05.20,09:30(UTC))

(a)GOES 红外增强图像(MB 增强)

(b)同一复合体在 11:35 时(UTC)的雷达综合图(Maddox,1980)

(2)活跃的对流云区通常在 MCC 的前沿;

(3)卷云砧(它常常掩盖了其下的中云)向活跃云区的下风方扩散;

(4)最冷的云顶有时出现在 MCC 的中心附近,但是较冷的云顶主要在前沿一带。

图 11.16 是 MCC 的概念模式。在成熟的 MCC 中,对流层上层经常会有相对于复合体的运动反向的垂直风切变。在图 11.16 中可见:

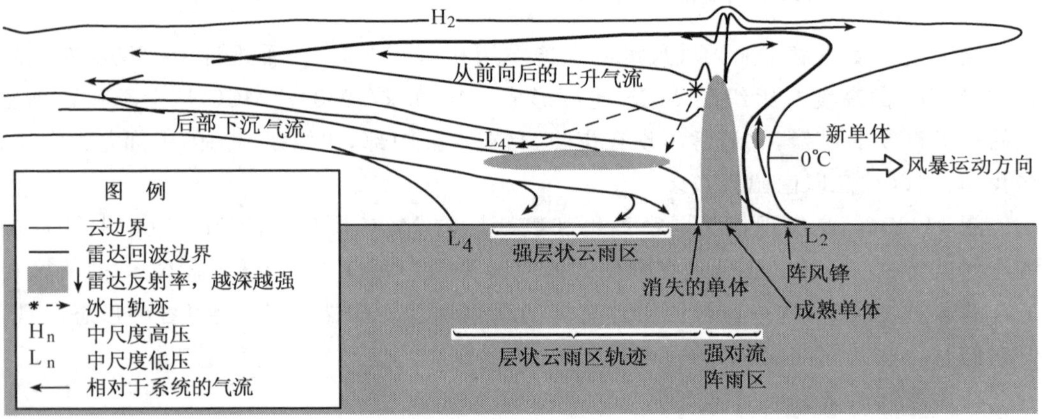

图 11.16　成熟的 MCC 内部的天气和气流(H_1,L_4,H_2 是最显著的中尺度高压和低压区)

(Houze et al,1989)

(1)单体:新生、成熟、衰亡单体并存,自身处于新陈代谢过程中

(2)气流结构:

1)入流:包括前部的低层入流和后部的中层入流

2)上升气流:新单体内部较弱的上升气流和成熟单体内最强的上升气流

3)出流,包括

A. 成熟单体下向前推进的下沉气流(阵风锋,或飑锋)

B. 老单体尾部由中层入流转化成的强下沉气流上层向前的出流(云砧)

C. 上层向后的出流(云砧)

(3)天气

1)降水,包括

A. 前部强对流阵雨区,在成熟对流和老单体下面,从前向后依次为:稀大雨滴(小冰雹)、中阵雨、强阵雨(中、大冰雹)

B. 中部老单体处的混合降水

C. 系统后部的大范围层状云降水

2)阵风(一般的雷雨大风、强阵风、龙卷、下击暴流)

图 11.16 也可以作为一个完整的积雨云降水模式,所以有时也称积雨云为积雨云系统。

MCC,特别是那些大而活跃的 MCC,经常会与它们所处的大尺度环流相互作用而使环境大气特征有所改变,这一改变经常会在 MCC 消亡后的很长时间内影响到其下游地区的天气。上述相互作用的过程主要是通过热量和水汽的传输来完成,作为结果,在成熟的 MCC(图 11.17)中一般有下述特征:

(1)一个由冷空气倾泻在地表而产生的边界层中的中尺度高压;

(2)一个由上层加热、下层降温、空气柱被拉伸而产生的中层中尺度低压;

(3)一个由于层状云降水区中大范围的上升气流使对流层顶抬升和冷却、而在靠近对流层顶的地方产生的中尺度高压。

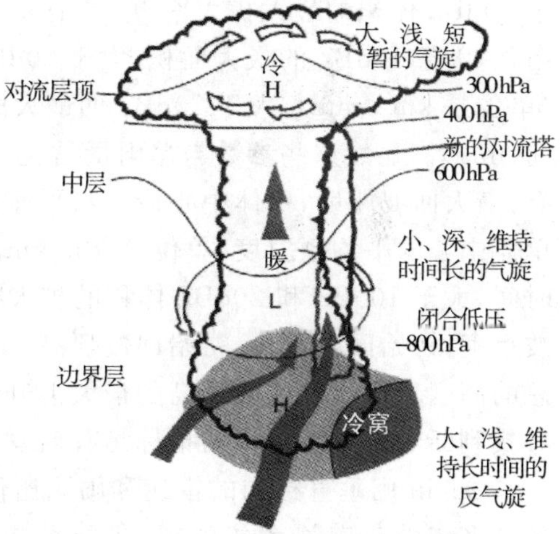

图 11.17　成熟 MCC 垂直结构的简图

(H 和 L 分别是高压和低压)

对于那些特别巨大的 MCC,上述特征以及与之相伴的环流常常能够在 MCC 已经消散后还滞留在原地,并且会导致下列现象:

(1)边界层中的高压产生一条大的外流边界,它能够触发二次对流,而且经常是强雷暴,即对流尺度相互作用(CSI)。

(2)位于中层的低压发展成一个典型尺度为 100～300km 的气旋性环流,这种环流能够维持数天。

(3)在 MCS 的北部边缘,高层的高压会使环境西风增加 9～36m/s;在 MCS 的南部边缘,高层的高压降低了西风的风速。

通常,有组织的 MCS 能够维持数小时,它们具有典型的生命周期。

§11.2 积云降水物理过程的雷达探测

在环境大气中,积云能否形成和发展,取决于大气稳定度、水汽、触发机制等基本条件。此外,还有一些大气环境条件和其它因素与积云的发展密切相关。

11.2.1 降雨与雷达回波参数的关系

云的雷达回波参数反映了云的宏观和微观结构。例如,回波顶的高度、回波的体积、面积等反映了云的特征尺度,回波强度反映了云中粒子的大小和浓度,回波强度在空间和时间上的变化反映了云内微物理过程的结构和演变特征等。所以,通过对雷达回波的分析,我们可以了解产生降雨的一些过程。

Pritchhard 和 Nelson 寻找了与对流单体有关的 26 个雷达回波参数,并且根据 132 块对流云的观测资料,统计了对流云的总降雨量与其他 25 个参数之间的相关系数,结果如下。

相关系数 $\alpha \geqslant 0.80$ 的参数有:大于 10dBZ 的最大体积,大于 20dBZ 的最大体积,大于 10dBZ 体积的最大扩大率(单位是 km^3/min),大于 20dBZ 体积的最大增大率,最大雨强,大于 10dBZ 的最大面积,大于 20dBZ 的最大面积,大于 10dBZ 面积的最大扩大率(单位是 km^3/min),大于 20dBZ 的最大面积的最大扩大率和大于 20dBZ 面积的扩大时间(min)。显然这些参数与总雨量是直接有关的,相关系数在 0.50～0.80 之间的参数有:最大回波厚度,单体中心最大水平速度,最大回波顶高,单体中心最大的回波强度,单体中心的平均倾斜度(单位是 km/km),大于 10dBZ 面积的扩大时间,回波总的生命时间,大于 10dBZ 和 20dBZ 体积的扩大时间。相关系数在 0.40 以下的参数有:初始回波尺度,初始回波面积,初始回波顶高,单体中最大回波强度所在的高度,最大回波强度总的高度变化以及回波顶高的最大上升速率。这个统计结果对我们研究降雨的产生,寻找判断对流单体降水的指标是有启发的。

Gagin 用垂直指向的雷达和雨滴谱仪对积状云进行了联合观测,取得了 74 份回波顶高度与雨滴谱关系的资料,进行分析后得出,云顶高度与平均雨强的相关系数为 0.84,与最大雨强相关系数为 0.81,与雨的平均含水量相关系数为 0.77,与平均雨滴体积直径相关系数为 0.73,与 $d \geqslant 0.6$mm 雨滴的平均浓度为 0.75,与 $d \geqslant 0.6$mm 的最大雨滴浓度为 0.75。可见回波顶高度(即云厚)与降雨关系密切。

陈历舒和刘甫成等在湖南芷江地区对孤立的对流云进行了雷达观测,并把雷达回波参数与实测的最大降雨强度和降雨量进行了统计。分析结果表明，单块对流云的降雨持续时间（T）与在移动方向上的回波水平尺度（L）和移动速度（V）有关，其关系式为$T=0.03+1.50\frac{L}{V}$，计算值与实测值的相关系数为0.65。对流云的最大雨强（I）与回波最大顶高（H）和雷达回波最大雷达反射率因子（Z）有关，分别得到以下经验关系式，如表11.3所示。

表11.3 最大雨强与回波顶高和雷达反射率因子的关系

关系式	计算值与实测值相关系数
$I=2.908\times10^{-4}H^{4.780}$	$r=0.716$ $\alpha<0.01$
$I=1525.14\exp(-42.68/H)$	$r=-0.871$
$I=0.4758Z^{0.293}$	$r=0.598$ $\alpha<0.05$
$I=4.2\times10^{-4}H^{4.225}Z^{0.087}$	$r=0.840$

表11.4 对流云降水量与雷达回波参数的关系

关系式	计算值与实测值相关系数
$R=-3.9+0.919H$	$r=0.74$ $\alpha<0.01$
$R=-4.54+0.934H+0.048410^4Z$	$r=0.73$ $\alpha<0.01$
$R=-13.2+0.76H+0.34\frac{L}{V}$	$r=0.93$ $\alpha<0.01$
$R=0.3\left(0.03+1.50\frac{L}{V}\right)(2.903\times10^{-4}H^{4.78})$	$r=0.97$ $\alpha<0.01$

对于单块对流云的降雨量（R），得到以下关系式（见表11.4）。这些结果表明，利用观测到的雷达回波参数估算孤立对流云的降雨量和雨强是可能的。这反映了有关雷达回波参数间存在着一定的内在关系。当然对于不同地区，关系式及其系数会有不同。

11.2.2 湍流状况对积云降水的影响

湍流交换在积云发展中具有十分重要的作用，湍流强度必然要影响到降雨状况。但是湍流在云发展中的作用过程以及处理方式是一个复杂问题，需要进一步研究。下面介绍一些初步的数值模拟结果。

表11.5 湍流与积云降雨的关系

湍流交换系数 K (m^2/s)	700	400	250	150
最大降雨强度(mm/h)	0	64.4	64.2	72.0
最大雨强出现时间(min)	1	35	24	21
云的生命史时间(min)	20	64	36	31
云中最大上升气流(m/s)	1.3	11.0	13.6	15.7
云中最大含水量(g/m^3)	0.7	2.7	3.0	3.3
总降水量(t/m)	0	31.6	26.1	23.4

徐华英等用二维模式讨论了湍流对积云降雨的影响，在计算中取了不同的湍流交换系数值（K），而其他条件相同。结果如表 11.5。

由表 11.5 可见，一般随着湍流交换系数增大，减缓了云的发展速度，延长了云与降水的生命期。最大降雨出现的时间也推迟，虽然瞬时最大雨强小一些而降雨总量却增大。但当湍流交换系数太大时，云发展不起来，也不能产生降雨。例如在大气层结 $\gamma = 0.6$ 的条件下，当 $K = 700\text{m}^2/\text{s}$ 时，积云发展受到阻碍，不能产生降雨。这个极限湍流交换系数值随大气层结条件而异，当 $\gamma = 0.5$ 时，$K = 500\text{m}^2/\text{s}$ 时云就发展不起来。而当 $\gamma = 0.7$ 时，在 $K = 700\text{m}^2/\text{s}$ 时计算的云和降雨发展都比较强。可见随着大气不稳定度的增加，与积云降水发展相适应的湍流交换系数值也增大。其实在大气中湍流交换系数值一般也是随大气不稳定度而增加的。Kogan 和 Mazin 用三维积云模式讨论了湍流对降水过程的影响，他们不把湍流交换系数作为常数，而表达为

$$K = CL_T^{\frac{2}{T}}\left[\sum_{i,j=1}^{3}\left(\frac{\partial u_i}{\partial x_j}\right)^2\right]^{\frac{1}{2}}$$

式中 C 为无因次常数，约为 1，L_T 为湍流特征尺度，约 250m。研究结果表明，如果不考虑湍流，云中含水量较大，降水形成和结束的时间较早，云中云滴浓度显著地增大，降水强度也增大。比较了湍流对全部云滴有影响和只对 $r > 25\mu\text{m}$ 的云滴有影响的两种情况，结果发现最大降水强度相差 20%。因此认为，湍流交换的量严重影响云的微物理结构。

11.2.3 层状云对积云降水发展的影响

在用雷达观测梅雨锋云系降水时，经常看到层状云降水、对流云降水以及层状云降水和对流云降水并存的混合型降水回波，梅雨锋中的大雨和暴雨几乎全部是由混合型降水回波产生的。观测还表明，周围有层状云的对流云回波生命期一般较长，降水持续时间也长，降水量也比较大。可见云与云之间的相互影响对云的发展和降水量变化有重大影响。

黄美元等考虑积云是在一定高度和有一定厚度的层状云中产生和发展，利用二维非定常平面对称积云降水模式，把初始时给定的层状云只作为有一定含水量的饱和层，不考虑它内部的上升气流和微物理过程。计算时分别取在低层（1.5～3.5km）、中层（3.0～5.0km）、高层（5.5～7.5km）和整层（1.5～5.0 和 1.5～7.5km）加层状云的四种情况。为了更接近实际，层状云顶部加一层逆温层，分别讨论强弱两种积云在层状云中的发展情况。

表 11.6 给出了有层状云及无层状云时原来较弱积云中的主要参量值。为了便于比较，同时给出顶部有（分母上的值）和无（分子上的值）逆温层时的层状云中积云的参量值。分析结果表明，总的来说，不论层状云顶部有无逆温层，它对积云发展和降水都有明显的促进作用，这时候的积云各参量值明显比孤立积云大。

云中心轴上的最大上升气流速度 W_{max} 是反映积云发展程度的重要参量。从表 11.6 看到，孤立积云中，$W_{max} = 2.1$m/s，中层和整层有层状云时，W_{max} 都加大，层状云愈厚，加大值愈大。虽然逆温层对上升气流发展有阻碍作用，但此时层状云中积云仍比孤立积云发展强大。层状云中的积云处在一种饱和且有含水量的环境中，积云侧边界上的湍流和挟卷作用，不再使积云损失水汽和热量而耗散其发展的能量，积云云顶也不会进入非饱和空间造成云滴蒸发而使云中浮力减小。另外层状云存在也使流入积云内的空气比较潮湿。所有这些因素促使积云凝结量增加，因此释放出的潜热增多，上升气流加强，入流水汽量加大，从而进一步增大凝结量、云水和雨水量。由于存在这种正反馈作用，积云发展旺盛，降水量增加。

表 11.6　有及无层状云时弱积云的发展情况

积云参量	孤立积云	所加层状云高度及厚度(km)				
		1.5～3.5	3.0～5.0	5.5～7.5	1.5～5.0	1.5～7.5
最大上升速度(m/s)	2.1	2.2/1.2*	2.6/2.2	2.1/2.1	3.8/2.2	4.3/4.0
最大云水含量(g/m³)	1.2	1.6/1.4	1.7/1.6	1.2/1.2	1.7/1.6	1.7/1.7
最大雨水含量(g/m³)	0.2	1.0/0.4	1.2/0.9	0.2/0.2	1.8/1.3	2.1/2.0
最大回波强度(dBZ)	29	42/35	43/42	29/29	47/44	48/48
最大雨强(mm/h)	1.3	12.7/4.5	13.0/10.1	1.3/1.4	24.0/17.2	28.1/27.7
总凝结量(t/m)	291	2115/2698	2069/2994	291/291	3744/4327	5235/5824
总降水量(t/m)	70	1311/824	1436/1176	70/70	2841/2232	3982/3875
降水效率(%)	24	64/31	69/39	24/24	76/52	76/76

* 分母为有逆温层时的值。

图 11.18 是不同层状云情况下积云中心轴上最大上升气流速度 W_{max} 随时间演变情况。由图可见，除低层有层状云并有逆温层情况外，层状云中积云的 W_{max} 峰值比孤立积云大。另外上升气流随时间的分布形式也有不同。孤立积云中，上升气流增大和减小很快，最大上升速度维持时间很短；而在有层状云时，往往强上升气流能较稳定地维持一段时间，特别明显的是云生命期延长，一般延长 2 倍。有逆温层时，虽然 W_{max} 的峰值小于无逆温层时的情况，但积云寿命都差不多。

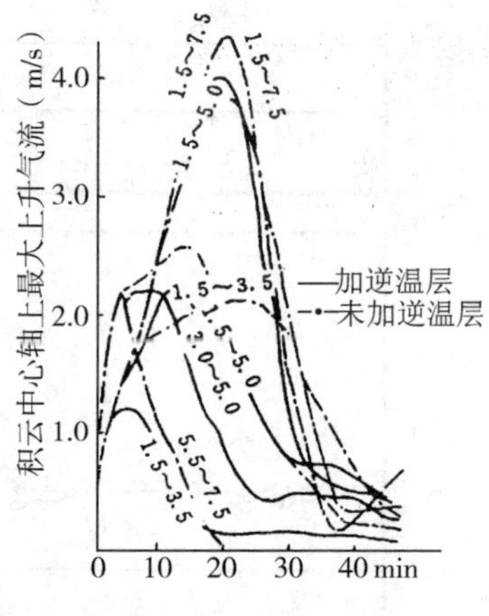

图 11.18　不同层状云情况下积云中心轴上最大上升气流速度的时间变化（黄美元等，1987）（曲线上的数字是层状云所在高度）

逆温层高度不同对 W_{max} 影响也不同。数值试验的结果表明，中层有逆温层时对嵌入层状云的积云发展有明显抑制作用，但此时的积云仍比孤立积云强。逆温层高度低，会严重地抑制积云的发展。

观测表明，有层状云时云内积云容易发展，生命期长，降水效率极高，但由于层状云中含水量的拖带作用，以及稳定度、垂直风切变等的差异，层状云内积云不能发展成中纬度强风暴那样的壮观积雨云。

11.2.4 中尺度辐合对积云发展的影响

许多观测事实都表明，强风暴天气的发生和暴雨的产生，往往出现在有一定强度的中尺度辐合场的天气形势下。Ulanski 和 Garstang 对美国佛罗里达两个夏天的强风暴资料分析后指出，在产生降水之前 90min，常常有较强的地面风辐合（约 $10^{-4}\,s^{-1}$）。1972 年 6 月 9 日 Black Hills 下暴雨时，低空辐合强度达到 $5\times10^{-4}\,s^{-1}$。观测事实也指出，当产生低层辐合后，可以改变原来的大气层结，使原来的逆温层减弱，水汽向上输送，从而有利于对流云的发展。

环境和云是相互影响的。中尺度气象场对积云的发展有很大影响，而积云的发展

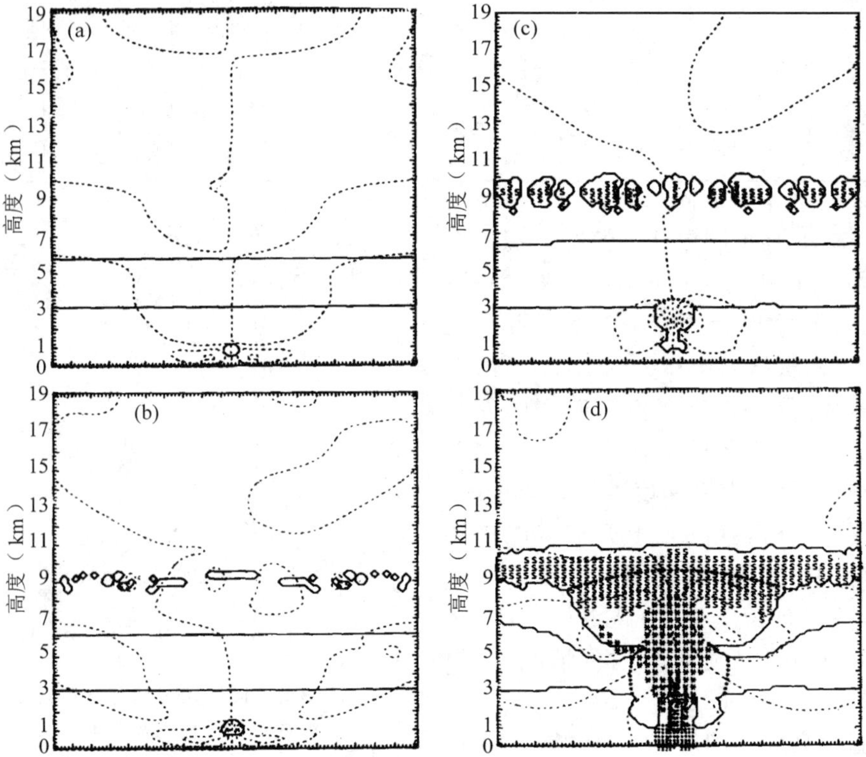

图 11.19 有辐合时积云发展情况(Chen and Orville,1980)

a. 45min 时；b. 54min 时；c. 63min 时；d. 78min 时

反过来对中尺度气象场也有反馈作用。这里讨论中尺度辐合场如何影响积云的发展。Chen 和 Orville 采用二维非定常积云模式进行了研究。

1973 年 7 月 21 日在美国 Kimball 的情况(低层有逆温)。这天的层结是条件性不稳定,近地面有一浅薄的湿层,从 740hPa 起有一强逆温层,且很干。计算结果表明(图 11.19),在 58min 时开始有云,到 63min 时云中最大上升速度只有 2.02m/s,逆温层对积云发展有强烈的抑制作用,云发展不起来,没有产生降水。如果在开始时就加入中尺度辐合场,这时大气层结发生显著变化,原来的逆温层大大减弱,同时该层的湿度明显增大,可见近地层的辐合对大气增湿和破坏稳定性方面有重要作用,而这两方面对触发对流都是很有利的。当计算到 9.5min 时,在 3～5km 处有一层由中尺度辐合上升产生的层状云。30min 时加入扰动,45min 时在凝结高度上产生一块小积云,78min 时对流云已成熟,雨和冰雹已降到地面,云中最大上升速度为 28.8m/s,这块云的总降水量为 $2.8\times10^3\,m^3/km$,降雹量 $11.2\times10^3\,m^3/km$。这例的计算结果表明,中尺度辐合对积云降水发展有着很大的促进作用。

1972 年 7 月 21 日在美国迈尔斯城的情况(很不稳定)。这天的层结很不稳定,凝结高度为 700hPa,在此高度以上有大面积的正能区。利用这天的探空资料计算时,在 21min 时分别加入中尺度辐散场、不加和加入辐合场。在这三种情况下,云顶最大高度分别为 8,11.8 和 11km,云的水平尺度分别为 6,7.4 和 12.2km。可以明显看出(图 11.20),在有中尺度辐合时,云发展最强盛,在有辐散流场时,云发展最弱。从云中最大上升气流速度随时间的变化看,在有辐合情况下,云中最大上升速度峰值最大,约比有辐散时的相应值大 50%,峰值出现时间也最早。这三种情况下总降水量(降雨量和降雹量之和)分别为 26.2×10^3,51.1×10^3 和 $75.3\times10^3\,m^3/km$。由此可见,辐合对于积云的发展和降水的加强都有非常明显的作用。

多普勒雷达能清楚地探测到中尺度辐合线。

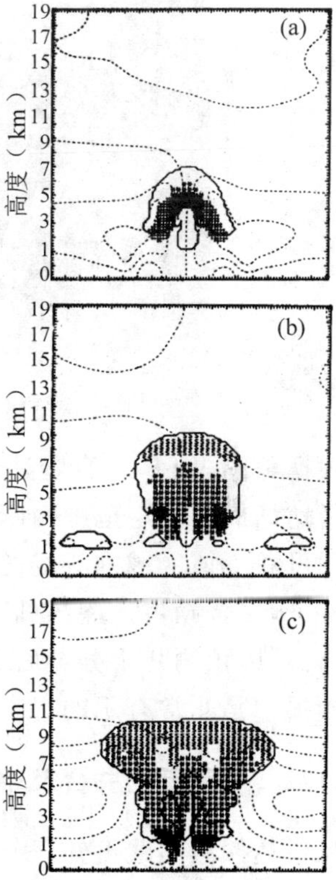

图 11.20　30min 时积云发展情况
(Chen and Orville,1980)
(a)加入辐散场;(b)不加辐散场;(c)加入辐合场

图 11.21 是在一条辐合线附近的多普勒雷达速度分布图像。图中朝向和背离雷达测

站的风矢已叠加在图上，在雷达西北角的四分之一显示屏上清晰地显示了零风速线。径向指向的箭头很好地反映了雷达波束轴线所在高度处真实的流场特征。当雷达天线仰角为1°时，辐合线所在距离处雷达波束轴线的高度为600m。

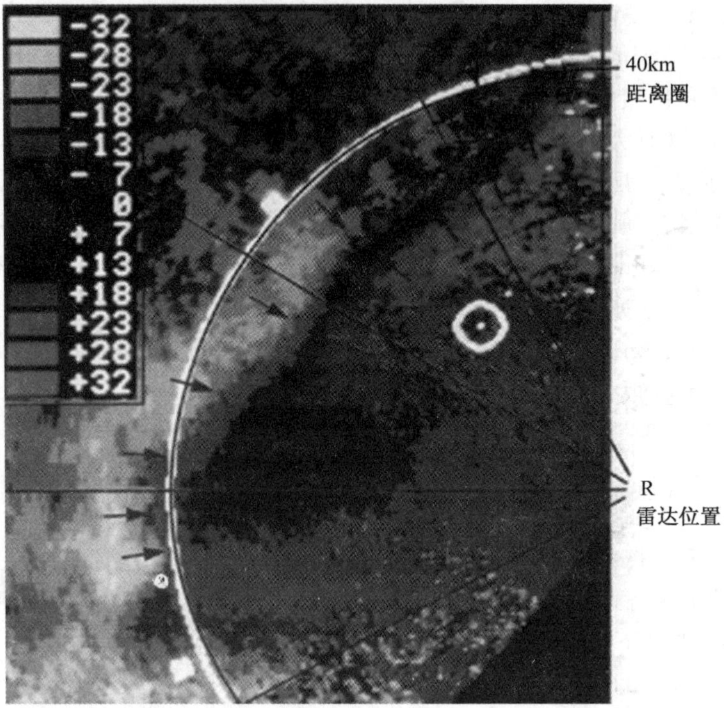

图 11.21　有低层辐合线的多普勒雷达径向速度分布图(m/s)

根据美国 WSR-88D 雷达的探测实践，在每年暖半年的六个月内，多普勒雷达能探测到雷达站周围一定范围内晴空大气的风回波，在一定的假设条件下，由径向速度经处理后即可获得该区域内流场的中尺度辐合辐散情况。根据上述研究结果，在一定的天气条件下，多普勒雷达探测到边界层出现中尺度辐合线(区)后，跟踪这个中尺度辐合线(区)，就可以预测几十分钟后可能出现的积云和它今后的发展和降水，这在对流天气的临近预报中是非常有用的。

11.2.5　积云的并合及相互影响

从雷达探测实践可知，积云回波合并是强对流风暴形成的主要方式之一，因此用雷达研究与积云合并有关的问题非常重要。Simpson 等在美国佛罗里达对积云合并进行过专门的雷达观测研究，对三天的雷达回波进行统计，发现发生积云合并的次数虽然只占10.4%，但合并回波产生的降雨量占全部雨量的比例却达到84%，这说明该地区的降水主要来自少数合并积云的降水。表 11.7 是观测到的一些统计特征值。由表可见，合并后的积云生命时间显著延长，回波面积显著增大，合并积云产生的降水量比单块积云产生的增大了 10～67 倍。

Orville 和郭英华(1980)通过数值模拟，讨论了云合并的条件及合并后对降水和云发展的影响。结果发现，只有在(1)两块云相距比较近；(2)两块云的强度有不同，且两块云强度之间要有一个合适的比率；(3)两块云的发展阶段要有差别，但也要合适时才发生两块积云的合并。当两块云处于相同强度和相同发展阶段时，不管其间距离怎样近，它们都不会合并，因为它们之间水平压力梯度为零。当两块云处于不同阶段不同强度时，两块云之间出现水平压力梯度，促使两块云接近；如果两块云距离较近，则造成两块云的合并。

表 11.7 3 天中各种回波和雨量的平均值

	单块回波(615 次)	一级合并回波(60 次)	二级合并回波(60 次)
生命时间(min)	24.2	58.4	132.5
平均面积(km^2)	31.9	183.5	851.8
最大面积(km^2)	44.5	266.6	1415.3
平均雨量($10^5 m^3$)	0.14	1.4	9.5
累积雨量($10^5 m^3$)	1.1	14.7	302.0

Turpeinen 等利用三维滞弹性积云模式进行的云合并的数值模拟结果表明，同时发展、强度相同的两块积云发生了合并，而非同时发展或强度不同的积云却不易发生合并。对于云合并的原因，Turpeinen 等指出，在合并前云的低层为高压脊，二云之间是低压槽，空气向低压槽辐合，两块云之间形成“云桥”并逐渐合并。

Turpeimen 和 M. K. Yau(1981)通过雷达观测进一步研究了积云间的合并问题。研究结果表明，面积大于 50km^2 的回波实际上都是通过合并过程而形成的，但它只占总回波数的 10%。另外他们对 9 块合并云的情况作了统计(见表 11.8)。由表可见，合并的两块云绝大部分处在平行于风切变的方向，只有少数情况才垂直于风切变方向。发生合并的两块云大约有 50%是几乎同时出现的，只有很小的概率发生在两块云出现时间相差 20min 以上。另外，发生合并的两块云的强度，绝大部分是相当接近的。这些观测事实与数值模拟结果有时似乎是矛盾的。

表 11.8 9 块云合并的情况统计

排列方向		相邻回波出现的时间差别(min)				相邻回波最大强度差别(dBZ)	
平行于风切变方向	垂直于风切变方向	0～5	10～15	20～25	≥30	0～5	>5
8	1	5	2	1	1	8	1

注：最后一行的数字为云块数。

黄美元、徐华英、吉武胜(1987)进一步研究了积云之间的相互影响和合并，他们采用二维非定常暖积云模式，分别讨论了无环境风切变和有环境风切变条件下，不同强度或不同发展阶段的两块积云发生合并和不合并的情况，研究了合并机制和几种相互影响的后果。结果发现：

(1)当强度相差较大的相邻两块云共存时，弱云受到邻近强云的影响提前消散，而强云生命时间延长，且强度增大。两块云强度相差愈大，两云间距离愈近，这种作用愈明显。

(2)当两云强度接近但间距较大时，两云独立发展，相互影响很小，30min 时两云的相邻面各伸出云脚但并未合并，到 70min 前后两云基本上同时消散。

(3)当两云强度接近且间距较小时，观测表明这种情况下云合并的可能性较大，数值模拟也有类似结果。

数值模拟还表明，合并后延长了云的生命时间约 50%，增加降水量一倍多。但由于采用的模式中水汽只能从两个侧面进入模拟空间，限制了水汽来源，因此所得降水情况要比实际观测的降水量小数倍，生命时间的延长也小于观测结果。

关于云合并的机制，Orville 等认为是由于云下层的水平气压梯度力分布所致，他们指出，只有在两块云强度有一定差异时，下层的气压场分布才能引起弱云向强云移动，导致两块云合并，当两云强度相等时，扰动气压场分布对称，两块云距离虽近也不能合并。黄美元等认为，云的合并应有两方面的作用：一是气压梯度力，二是相邻两云的下沉气流引起的辐合抬升作用。计算结果表明，扰动气压场与 Orville 及 Turpeinen 的研究有着不同的分布形式，且气压梯度力只是在云开始合并初期起作用。此时云处于发展阶段，两个云区都被上升气流控制，在两支上升气流共同抽吸下，使两块云之间的中下层区域成为低压区，在水平气压梯度力的作用下，两块云的下部相互靠拢，引起合并。当积云发展到 20min 以后，由于降水不断加大，两块云的下部均为下沉气流，因而两云之间下层区域的空气辐合量逐渐增加，致使该区域出现上升气流，由于云下降水区的维持，该上升气流得以持续，成为积云合并的流场基础。

可见，两块积云能否发生合并与两云强度比和相互之间的距离有关，只有两块云相距较近(间距小于 2.1km)，且两云强度接近(强云与弱云的初始扰动温度之比小于 1.4)时，两块云合并。而当两块云强度相差较大时，无论云之间距离是否接近，均不能合并，弱云提前消散。当两云强度接近但间隔距离较大时，两块云之间相互影响较小，各自独立发展。显然对于不同层结条件，结果会有所改变，但它说明了云发生合并的条件是与云的相对强度和间隔距离有内在联系的，这些结论对预报云合并及降水量变化等是有参考意义的。

在实际大气中，邻近的积云往往不是同时形成的，Turpeinen 等已经从观测上指出，形成时间接近的云合并的可能性也较大。

吉武胜等还研究了环境风随高度有切变情况下云合并问题。在 0～12km 范围内风速相差 10m/s 的条件下进行了试验。计算结果表明，一般情况下（即两初始扰动强度接近时），有风切变条件时，右云（下风方向的云）要先消失。上风方云（左云）为强初始扰动时比上风方云为弱扰动时形成的云强，生命时间和总降水量都明显加大。这是由于风场的作用，有气流从下风方云的下部湿度较大区进入上风方云，使得上风方云水汽来源丰富，加速了上风方云的发展，同时上风方云对下风方云的压制，又加速了下风方云的消散。

对于相同的两块积云，在不同风切变强度下的发展情况，分析表明：在有一定风切变条件下云虽不易合并，但在适当的（中等的）风切变条件下，下风方云的水汽供应给上风方云，使得上风方云发展强大，生命期延长，产生与合并过程相同的效果。在观测中常见到的一些强大的积雨云往往发展于中等强度的风切变环境中。

11.2.6　垂直风切变探测及其在对流（系统）发展中的作用

研究表明，风的垂直切变对积云发展有重要的作用。由于垂直风切变的存在：

(1)能形成有利于强雷暴发展的潜在不稳定。

(2)提供潜在不稳定能量释放和强雷暴发生的触发机制。

(3)使对流中的上升气流发生倾斜。从云物理的角度看，上升气流倾斜后，

1)可以尽可能避免因降水大质点的下落而抑制（破坏）了上升气流。

2)倾斜上升气流对不同尺度的小冰雹进行水平分选和垂直分选并使之再进入上升气流的多次循环是冰雹的重要增长机制。

3)向雷暴云后部输送冰晶是造成对流系统后部的层状云有高效率降水（约占系统总降水的 40%～50%）的重要机制之一。

(4)有利于维持一个上升—下沉气流偶，形成雷暴维持的自激励机制。下沉气流出流（外流边界）与环境气流间的辐合区是对流新单体的生成区，而不断有新单体的生成和补充是对流系统维持的重要机制。

(5)风垂直切变造成的动压力产生垂直加速度，使对流运动加强和维持。

由

$$\tilde{\omega} = \frac{1}{2}\rho v_R^2 \tag{11.1}$$

式中 v_R 是相对速度，根据

$$\frac{\mathrm{d}w}{\mathrm{d}t} = g\left[\frac{T'}{T_s} + \frac{1}{G\rho_1}\frac{\partial\tilde{\omega}}{\partial z}\right] \tag{11.2}$$

式中 T' 为增量，T_s 为平均值。在 1974 年 6 月 17 日的华东地区强飑锋过程中，地面风速 20m/s，在 900m 高度上，风速 8m/s，风垂直切变 $-1.2\times10^{-2}\,\mathrm{s}^{-1}$。由 $\tilde{\omega} = \frac{1}{2}\rho v_R^2$，$\tilde{\omega}_{地面} = 2\mathrm{hPa}$，$\tilde{\omega}_{900\mathrm{m}} = 0.3\mathrm{hPa}$，$\frac{\mathrm{d}w}{\mathrm{d}t} = 0.17\mathrm{m/s^2}$，相当于 $T' = 5$ ℃。由湿绝热理论，虚温

1℃ 相当于 $W_{max}=28m/s$,3 ℃ 相当于 $W_{max}=49m/s$,5℃ 相当于 $W_{max}=67m/s$。可见这种动压力产生的垂直速度非常显著。

(6)决定风暴的组织方式和风暴移动。

1)风随高度顺转并有强切变,是北半球超级单体风暴的典型环境条件。Weisman 等人的数值试验表明,低的风垂直切变下产生的是短暂的孤立对流,中切变形势下出现多单体风暴,强切变情况则出现超级单体风暴。

2)当风垂直切变大时,新生的小单体随低层风移动。当回波达到一定的高度后,引导气流有了变化,回波的移动方向也发生变化,使对流云回波的移动路径可能出现 S 型弯曲。在中等强度以上的环境风切变中的多单体风暴、超级单体风暴就经常出现这种 S 形移动路径。

3)当风随高度出现逆切变时,对流的发生和移动如图 11.22 所示。

新生的小单体随低层风移动。当回波达到一定高度后,引导气流有了变化,如果这时在环境中出现"合适的环境场",如特殊地形(山脉迎风坡)、特殊流场(涡旋辐合区、切变线)等,回波移动会出现所谓的"停滞"现象,大对流回波被"锁"在某地准"静止",且有小单体不断卷入,造成当地持久的对流性大暴雨甚至特大暴雨,引发山洪、泥石流等严重灾害,例如 1976 年美国 Big Tanpuson 风暴的情况。

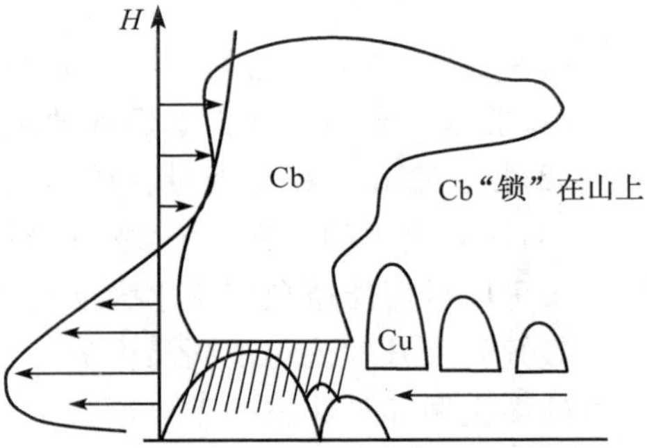

图 11.22　风随高度出现逆切变时对流单体移动示意图

4)如图 11.23 所示,当风随高度顺转时,大单体 A 受偏西气流引导向东移动,发展不高的的小单体群向东北方向移动,它们的移动方向、移动速度都不同,H 是它们可能的合并处。对流回波合并后,一般都会有强烈发展,产生各种强对流天气。

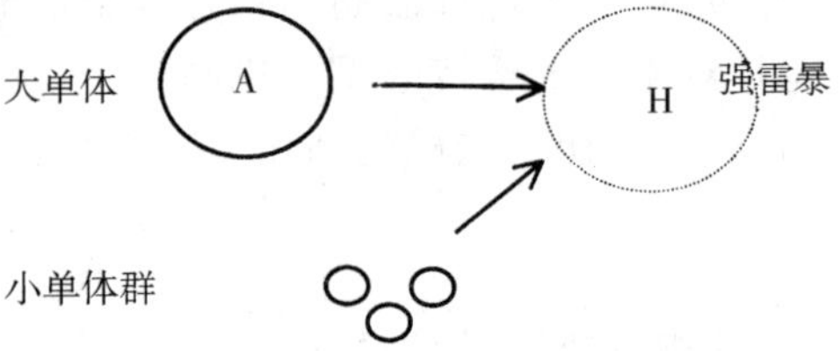

图 11.23　不同大小对流单体的合并

观测表明,风速的垂直切变对云的发展是有影响的。Browning,Marwitz 等人指出,一种强烈冰雹云常常形成于风在垂直方向有较强切变的环境中。在温带地区,一般水汽的含量在低、中空大,而风速垂直切变在高空急流附近最大,因此有人认为,对流云在中低空主要靠凝结潜热维持,在高空则由盛行风供给能量。但是当风切变很大时对对流云的发展也是不利的。

黄美元等对昔阳地区 42 块冰雹云的分析表明:比较强烈的冰雹云多出现在中等强

度的环境风切变条件下，风切变值多在 3.0～4.0m/(s · km)，大多数较弱的冰雹云是发生在较弱的风切变环境中，平均值为 2.2m/(s · km)。观测到很强的风切变不利于冰雹云的形成，例如，1977 年 8 月 11 日，风切变值达到 6.4m/(s · km)，主要单体与水平面的倾斜夹角达 40°，这块云虽然在过境时造成罕见的大风灾害，但只降了一些很小的冰雹。

1973 年 Schlesinger 用二维非定常模式研究了低层湿度和中层风切变对积云发展的影响，模式中的微物理过程是很简化的，只考虑液体水含量，没有区分云水和雨水。在计算中分别用不同的环境情况，对于近地面湿度(从地面到 2.8km 高处)分别取 70%，80%和 90%三种情况(表示为 1，2 和 3)，对于中层(即 3.5～8.4km)风速切变也有三种情况，分别为 0，14，28(m/s)，表示为 L，M 和 H。对上述 9 种情况下计算得出的云中上升气流速度见表 11.9。从表 11.9 可以看到，环境湿度加大，云中最大上升气流也加大，但是当风切变增强时，云中上升气流减小。对云中垂直气流结构的进一步分析指出，在湿度很大的情况下，风切变愈大，云发展愈持久。在云湿度较小的情况下，强切变并不能支持一个持久的风暴，这时中等强度的风切变条件下云发展得最持久，在 H_1 (低湿度，强切变)时，所形成的云最弱，生命时间最短。

表 11.9　不同湿度和风切变条件下云中最大上升速度(m/s)

	L	M	H
1	14	8	4
2	15	12	8
3	8	15	10

Schlesinger 分析了风切变对云中环流和降水的影响。研究表明，在有中等强度风切变时，低层湿度愈大，云发展愈强烈，云砧伸展愈大，降雨强而且范围大，但是云的生命时间短。在低层相对湿度为 80%的条件下，没有风切变时，云体对称发展，降雨也对称，云发展较强，雨也大。当有较强风切变时，云向一边倾斜，云不容易发展起来，所以降雨也小。在无风切变和中等风切变时，云的入流区，在云的前部和后部都有。但在强切变时，只有前部有入流，入流区一直延伸到云体的后部边缘。

Takeda 在 1977 年也研究了风切变对积云发展的影响，他用二维非定常积云模式，对无风切变、风随高度呈线性切变及风随高度呈非线性切变三类情况进行了数值模拟计算和分析。结果指出，在风随高度呈线性切变的情况下，风切变的存在对降水积云的发展都是不利的，云的生命史不长，他称之为“短寿命的”云。但在风随高度呈非线性切变时情况有所不同，当中低空有 5m/s 的东风时，在上升速度达到极大值后的一定时间内，上升气流仍保持或只略低于最大值。其最大上升速度和降水强度维持了较长时间，所以 Takekda 称之谓“长寿命的”云。由此他认为急流高度太高或太低时，云的生命期都短，只有急流高度适中时(如在 2.5km 高)，云才持久。

§11.3 雷暴的运动和分裂

风暴的运动由三部分组成，一是单体受环境引导气流作用而造成的位移（平流），二是风暴自身机制伴随的单体生消过程所引起的风暴自动传播，三是通过较大尺度外力强迫引起的强迫传播，这类外力强迫包括锋面、气旋中的雨带辐合带、海陆锋、地形辐合、消散雷暴的出流辐合带等。三部分的向量和就等于风暴相对于地面的移动速度矢。

在日常分析中常常用云底到云顶的平均环境风速向量来确定单体的平流分量。为了简单起见，实际工作中也可以直接选取某高度上的风矢作为引导气流。引导气流层随季节和地区而变。在平原地区，春末夏初可以取 700～500hPa 层作为引导层。盛夏及海拔较高地区要用 500～300hPa 层。一般风暴的平均移速要慢于整层平均风速，移动方向与 1～6km 气层平均风向相当。小一些的积雨云回波大约按中层（3～6km 层）平均风移动，而强回波移速较慢并多偏向于平均风右侧（约 30°）。

由于风暴中旧单体不断衰亡，新单体不断形成，从而使风暴的重心位置发生的变化，称为风暴的传播。多次重复这种过程，风暴就能维持几小时并传播很长的距离。

风暴的移动速度与风暴类型、风暴所处生命史阶段、引导气流速度、地形等有关，范围在 10～70km/h 之间。气团雷暴移速较慢，约 10～15km/h。锋面冰雹云移速在 15～30km/h。成熟阶段的雹暴运动速度较大，达到 40～50km/h，最大 60～70km/h。这样的移速一般都大于引导气流，超过部分即是传播速度。一般来说，直径为 10km，生命期为 1h 的冰雹云单体，传播速度可达 20km/h。

当环境风随高度有垂直切变时，冰雹云低层入流空气的风速较小，水平动量也小，而高层入流空气的风速较大，水平动量亦大，两者在云内混合的结果，冰雹云以高低空平均风速向前移动，同时造成冰雹云前方低层辐合，高层辐散，在云后方的低层为辐散，高层辐合。于是，低空环境空气从冰雹云运动方向的前侧流入云内，云内上升空气随气流从冰雹云前侧高空流出。冰雹云后侧高低空空气的流入和流出与前侧相反，结果云前方不断有新的云体产生，后方不断有旧的云体消亡，整个云体向前方传播。

对于环境风来说，冰雹云是一个障碍物，在其上风方环境气流分支，在冰雹云的两侧气流加速，在障碍物下风方背风区右侧出现气旋性涡旋，左侧出现反气旋性涡旋。气旋性涡旋有利于新单体产生，反气旋性涡旋不利于新单体的产生。结果在右前方产生新单体，所以雹暴向右前方传播，发生运动方向的变化。

另外，冰雹云移动方向还受马格努斯力的影响。在密度为 ρ，流速为 u 的作平直流动的流体中，当有一刚体圆柱在其中自转时，若旋转体周围的环流强度为 Γ，则会出现马格努斯力（F），其大小为 $F = \rho u \Gamma$，其方向指向旋转运动和平直流动的合速度较大的一方。所以冰雹云按其本身具有的气旋性或反气旋性旋转而向平均风的右方或左方偏转移动。

关于风暴的自动传播，目前主要有两类理论。一种是对流翻转模式，即将风暴传播速度与对流理查逊数 Ri 联系起来，风暴移速

$$C = u_s + \Delta u \frac{1 + (1 + 4Ri)^{1/2}}{3 + (1 + 4Ri)^{1/2}} \tag{11.3}$$

式中 u_s 是地面风速，Δu 是低层与对流层顶的风速差，Ri 定义为

$$Ri = \int_{-H/2}^{H/2} g\delta\varphi_p \mathrm{d}z \bigg/ \left[\frac{1}{2}(\Delta u)^2\right] \tag{11.4}$$

式中 H 是对流深度，$g\delta\varphi_p$ 是上升气块内外位温差的对数。上式中的分子项是有效对流位能，分母项是风切变值度量。另一种理论是CISK(第二类条件不稳定)波模式。该模式强调风暴传播与重力波活动的密切联系，这类重力波扰动本身通过对流活动在稳定大气中激发出来，又反过来对积云系统提供大尺度水分供应以及组织和传播对流系统。

上述理论模式对研究预测风暴传播有一定意义。不过两种模式都十分简化和理想化。前一模式要求定常假定成立，且忽略了风暴的三维特征，在预测左、右移风暴的传播方面效果不好。第二种模式采用了线性假设，用于描述复杂的非线性问题时会引起误差。

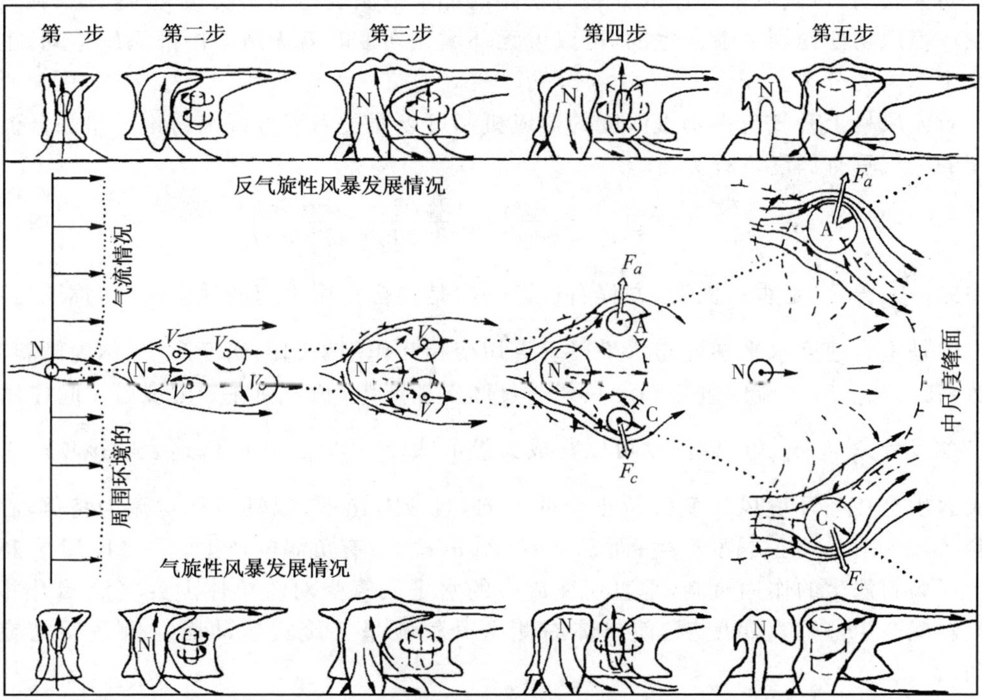

图 11.24　雹暴分裂过程示意图(Fankhauser,1971)

图中为平视图，上、下分别为分裂后反气旋性和气旋性风暴的垂直剖面图

根据以上影响风暴运动的因素，可以讨论实际观测到的冰雹云分裂过程。据研究，雹暴分裂过程可以分为以下三个阶段，首先是孤立积雨云阶段，即图 11.24 中的第一、第二步。由于存在着阻塞作用，在孤立积雨云的下风方向环境气流分支，并在云体前侧的尾流区出现一连串气旋性和反气旋性涡旋，由于这些涡旋尺度还较小，发展还不强，所以在环境气流的拖带下，以环境风速运动。第二是强烈发展阶段，这时孤立积雨云已成熟，即图中的第三步，云中上升气流和下沉气流并存，阵风锋很快移动到小涡旋的下方，并将低层空气水平动量输送给小涡旋。在水平动量的混合作用下，小涡旋的运动速度和环境风速之间，出现了明显的差异。第三是分裂阶段，在小涡旋移速和环境风速出现明显差别之后，由于马格努斯力的作用，在母云左前方的反气旋性小涡旋上产生一个向左的偏转力，即图中的 F_a；在母云右前方的气旋性小涡旋上产生一个向右的偏转力，即图中的 F_c，如图中第四步所示。当图中小涡旋发展强大，环流不断加强时，马格努斯力也不断增大，F_a 与 F_c 越来越大，母云最终分裂为二，如图中第五步所示。新生的一对风暴后部的下沉气流所造成的辐散，使老风暴 N 迅速消失，两个风暴之间的中尺度锋面也逐渐消失，环境气流也渐渐恢复到孤立积雨云阶段的情况。如果条件合适，新生的风暴可以重复发生上述分裂过程。

研究表明，对流风暴单体的分裂与单体内部水平涡旋运动密切相关，这种涡旋运动是在环境风切变作用之下产生的，可以说无环境风切变时就无风暴内部涡旋运动，也就不发生单体的分裂。

对流风暴上升气流中垂直涡度的形成机制可以通过涡度方程来讨论。略去湍流混合项的大气垂直涡度方程为

$$\frac{\mathrm{d}\zeta}{\mathrm{d}t} = -\zeta\left(\frac{\partial u}{\partial x}+\frac{\partial v}{\partial y}\right)+\left(\frac{\partial w}{\partial y}\frac{\partial u}{\partial z}-\frac{\partial w}{\partial x}\frac{\partial v}{\partial z}\right) \tag{11.5}$$

式中 $\zeta=\frac{\partial v}{\partial x}-\frac{\partial u}{\partial y}$ 是垂直涡度。方程右边第一项是辐合作用引起的涡度改变，称压缩项。第二项是垂直速度水平梯度与水平风垂直切变相互作用引起的涡度产生，称为倾斜项。显然，在初始上升气流中垂直涡度只能通过倾斜项产生，辐合项在 ζ 出现后才起作用。

令 $\vec{S}=\frac{\partial u}{\partial z}\vec{i}+\frac{\partial v}{\partial z}\vec{j}$，倾斜项可以写成矢量形式 $(\vec{S}\times\nabla_H w)\cdot\vec{K}$。这表明该项产生的最大涡生是在与环境风切变矢量正交的方向，且成对出现。以轴对称对流为特例，在 $\vec{S}$ 右侧 $\nabla_H w>0$，有正涡度产生；而 $\vec{S}$ 左侧 $\nabla_H w<0$，有负涡度产生。图 11.25 直观地给出了倾斜涡生的作用机制，垂直切变流中的水平涡管受对流单体上升气流抬升并发生倾斜就产生一垂直涡度耦，使单体右侧上升气流呈气旋式运动而左侧呈反气旋式运动。

垂直涡度方程中两个涡生机制作用的结果主要在风暴中下部建立起涡耦并加强，涡耦向风暴上部的穿透是通过上升气流的垂直平流作用实现的。在初生涡耦形成之

图 11.25　倾斜涡生过程示意图

后，压缩项作用增强，但主要作用集中在涡核部位。在上升气流轴的中心部位，涡度贡献主要来自压缩项，倾斜项作用接近于零。

本　章　小　节

详细描述了主要由天气雷达探测获得的一般雷暴、多单体风暴、超级单体风暴、MCS、MCC的气流和降水结构，以及它们的主要雷达回波特征。讨论了湍流强度、层状云、中尺度辐合、积云的合并、垂直风切变等积云的环境状况和云物理过程对积云发展的影响。讨论了引导气流、风暴自身的生消引起的传播、大尺度外力作用引起的风暴的强迫传播对风暴运动和分裂的作用。

第十二章　多普勒雷达探测强风暴

§12.1　多普勒雷达探测冰雹云

雷达是探测冰雹云的一种极为有效的工具。雷达探测发现，在冰雹云发展的不同阶段，其回波特征是不相同的。

12.1.1　冰雹云形成阶段的雷达回波特征

从积云单体生成、出现初始雷达回波到地面降雹前的这一阶段，称为冰雹云的形成阶段。

绝大多数冰雹云是由两块以上的对流回波合并形成的。它可以是几块新对流回波合并形成，也可以是由新单体与老单体合并形成。积(雨)云合并的方式，可以是不同移向、移速的回波做辐合运动而合并，也可能是几块相距不远的回波各自发展、面积扩大而合并。图 12.1 是新生单体合并并发展成冰雹云的一个实例。由图可见，在 12 时 43 分，3 个单体做辐合运动，12 时 58 分有两个单体已合并；到 13 时 22 分，它与第 3 个单体合并，13 时 30 分地面出现降雹。

图 12.2 是积云单体经过多次合并形成冰雹云的一个例子。在这次冰雹云形成的过程中，先后参与合并的小单体有十多个。15 时 30 分左右地面出现降雹。

对流单体回波合并的过程相当迅速，从分离的单体到完全合并成一块回波，快的十几分钟，慢的一小时左右。从回波合并到地面降雹，也只要十几分钟。云体的合并意味着能量的集中，辐合上升范围扩大。计算和实测都表明，合并后的云体几乎都能得到迅

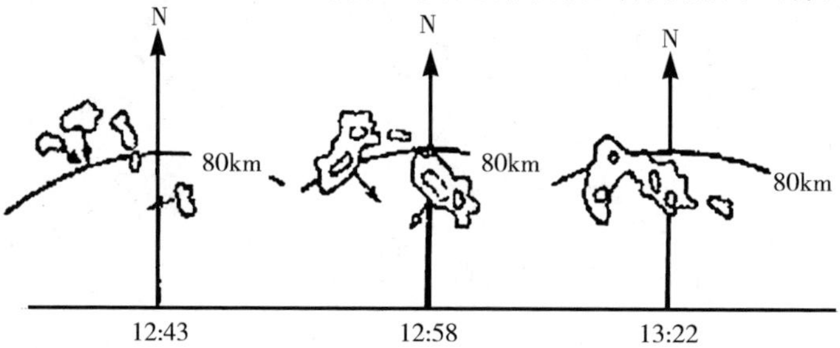

图 12.1　单体合并形成冰雹云(1974 年 6 月 29 日，仰角 3°，北京)

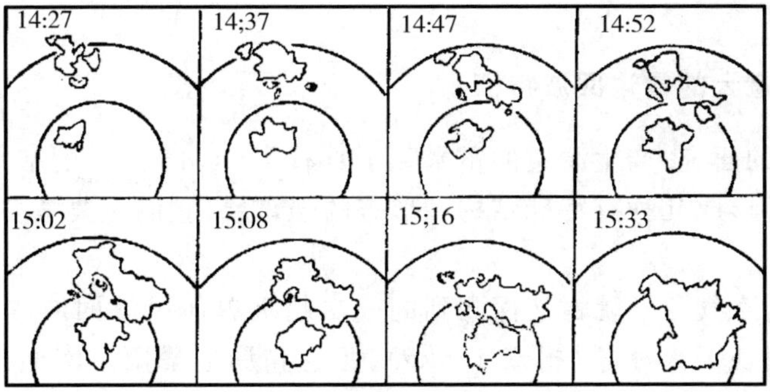

图 12.2　单体经过多次合并形成冰雹云的过程

(1976 年 6 月 29 日,平凉)

速发展。与合并前相比,合并后的回波强度强,高度升高,面积扩大,产生的天气也严重。美国的研究指出,5～10km² 的较小的对流单体几乎完全受初始的地面辐合情况所支配,而 50km² 面积的大风暴,表现出有能通过增强地面辐合而改变所在环境的能力。低层水汽的辐合对于风暴的降水量和发展强度是非常重要的。决定某一风暴产生的降水量的最关键的因子是地面辐合区的大小。一旦几个单体合并,更大范围的水汽和热量向一个地区集中,这时云发展所需的浮力由于凝结潜热的释放而增加,但同时产生了阻力。根据 Leyine 的研究,云泡中的垂直加速度与浮力、形状阻力和云泡同环境空气之间的交换结果有关,这时对流加速度公式应修正为

$$\frac{\mathrm{d}w}{\mathrm{d}t}=\frac{\theta'}{\theta_s}g-\frac{3}{8}\left(\frac{3}{4}K+C_D\right)\frac{w^2}{r} \tag{12.1}$$

式中 w 是云泡质量中心的垂直速度,C_D 为阻力系数$\left(\approx\frac{9}{8}\right)$,$K$ 表示云泡与环境大气的交换系数($0\leqslant K\leqslant 1$),r 为云泡半径。

由(9.1)可知,对流发展的阻力来自两方面:一是对流挟卷,二是形状阻力。挟卷率 $\mu=\frac{1}{M}\frac{\mathrm{d}M}{\mathrm{d}z}$,(12.1)中的挟卷率应为

$$\mu=\frac{1}{M}\frac{\mathrm{d}M}{\mathrm{d}z}=\frac{9}{32}\frac{K}{r} \tag{12.2}$$

式中 M 为对流云中上升气流在单位时间内通过水平截面的空气质量。显然,挟卷作用随云体半径的增大而减小。

对于单位质量对流云块的形状阻力,有

$$f=\frac{3}{8}C_D\frac{w^2}{r}$$

可见当云体半径 r 增大时,形状阻力也要减小,对流云合并从阻力减小来说,也是有利

于积云发展的。

12.1.2　冰雹云的雷达回波特征

根据国内外的研究，产生冰雹的雷暴除了具有图 11.16 所示的基本特征外，由于环境条件的不同，还形成几种有特殊结构和形态的强雷暴，它们主要是多单体风暴和超级单体风暴。

图 12.3 是南京气象学院雷达探测到的一次超级单体风暴回波。这个超级单体风暴经过的地方，出现了大冰雹（报载 1.6kg）、龙卷和局地暴雨。南通气象台 1983 年 7 月 1 日探测到的超级单体风暴也出现了大冰雹、龙卷等强烈天气。

图 12.3　超级单体风暴

（a）南京气象学院 1981.5.1，17：02，0dB 20dB 30dB　　（b）南通 1983.7.1，　16：58 0dB 20dB

由于雷达波束在云体内的位置以及分辨率等原因，多单体风暴或超级单体风暴的一些典型特征并不总是能被探测到，冰雹云也并不仅仅是这两种强风暴。但在天气雷达上看起来，冰雹云回波还是有一些共同的特征：

（1）冰雹云的雷达回波强度特别强。根据微波散射理论，由于云中冰雹的尺度较水滴来得大，加上其它原因，冰雹云的雷达回波强度总是大于同地区、同季节时出现的普通积雨云的回波强度。根据江苏省气象台的统计，每年 4 月、5 月、6 月份冰雹云的平均回波强度为 50.7dBZ，53.8dBZ 和 54.1dBZ，而同期普通雷雨回波的平均强度只有 41.2dBZ。超级单体风暴的雷达回波强度是所有对流云回波中最强的。

（2）回波顶高度高。由于冰雹云中的上升气流强于普通雷暴，所以冰雹云雷达回波的高度也高。根据江苏省气象台的统计，每年 4 月、5 月、6 月份冰雹云回波顶的高度为 10.5km，13.6km，14.2km，平均 13.4km，而同期普通雷雨的回波顶高度只有10.3km，两者差异显著。

（3）上升气流（下沉气流）特别强。云中的冰雹形成区，即含水量累积区内因含有大量的过冷却水滴及冰雹，因而也是强回波区。支撑这个冰雹形成区需要比普通雷暴强得多的上升气流。冰雹云同时也有比普通雷暴强得多的下沉气流，形成云下地面强风。向外辐散的地面强风与向雷暴低层辐合的环境风之间的阵风锋（外流边界），它们在雷达反射率因子图上能反映出来，在多普勒雷达速度图上也有非常明显的特征：一组方向相反的密集等风速线，如图 12.4 所示。

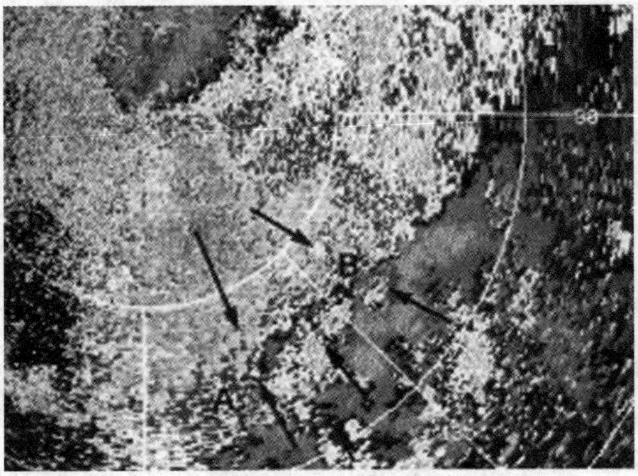

图 12.4　雷暴外流边界的多普勒速度场

(1984.07.25　22:14　科罗拉多)

如果强雷暴中出现旋转上升气流，在多普勒速度图上可能出现类似于龙卷气旋的中尺度涡旋，即一对方向相反、速度相近的速度中心，这时首先考虑的是龙卷。一般来说，龙卷母云除了产生龙卷外，通常都有冰雹。

(4)PPI 上冰雹云回波的形态特征。

1)"V"型缺口。由于云中大冰雹、大水滴等大粒子对雷达波的强衰减作用，雷达探测时电磁波不能穿透主要的大粒子(冰雹)区，在大粒子(冰雹)区的后半部形成所谓的"V"型缺口。图 12.5 是芜湖气象台和南京气象台探测到的"V"型缺口冰雹云回波。应该注意的是，这种"V"型缺口通常只有用波长较短的雷达，例如 3cm 波长的雷达探测时才可能出现。对 10cm 波长的雷达，由于衰减作用小，一般不易看到这种回波形态。

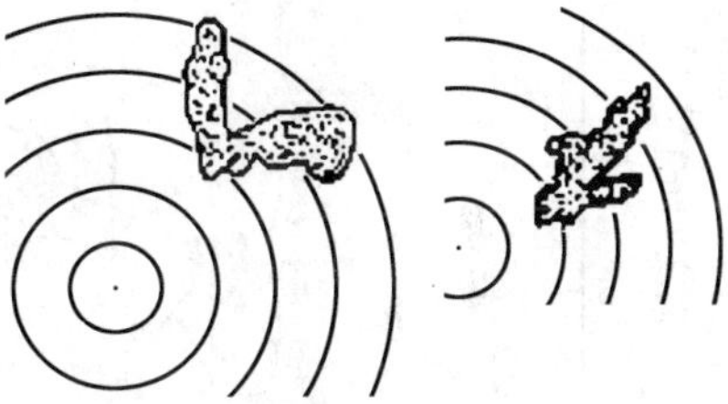

(a)　　(h)

图 12.5　冰雹云的"V"型缺口

(a)芜湖　(b)南京　距离每圈 10km

2)钩状回波。它们通常是超级单体风暴回波型的一种识别标志，所以只要确认探测到了钩状回波，结合回波体的强度、高度和尺度，一般应能够辨认出超级单体风暴，从而确认它是冰雹云。图 12.6 是钩状回波的一个例子。但是雷达能否探测到超级单体的钩状回波，还与雷达波束在超级单体中的位置、当时的分辨率等有关。对于确认的超级单体风暴，同时还要注意到它会出现其它强烈天气。在数字雷达资料中，由于对回波信号进行了平均,以及分辨率的原由,钩状回波的形态特征有时并不很明显。

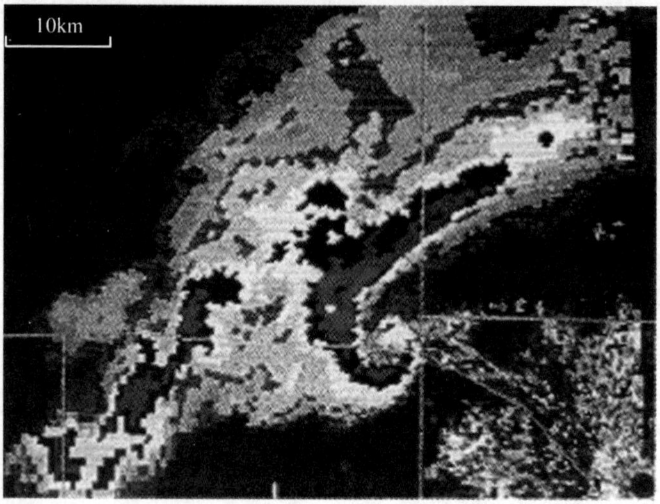

图 12.6 钩状回波

(1988 年 3 月 28 日,美国,雷达站位于图像右下角)

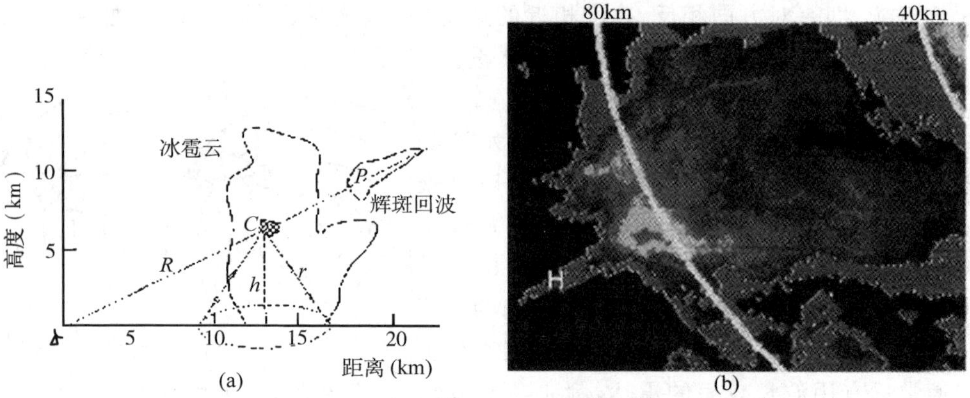

图 12.7 辉斑回波形成原理及实例

(a)冰雹和地面对雷达电磁波的多次反射(Wilson and Reum,1988)

(b)辉斑回波 1985.06.02 20:53 UTC

3)辉斑回波。雷达探测冰雹云时,由于冰雹(强回波中心)和地面的多次反射使电磁波传播距离变长,产生异常回波信号,如图 12.7(a)所示,回波返回所用的额外时间被雷达显示成更远处的回波,表现为从冰雹云中沿强回波中心径向方向延伸出去的尖峰,称为“冰雹尖峰”回波,也称辉斑回波(TBSS,three－body scatter spike,或 flare echo),即图 12.7(b)中 H 处的回波。图 12.8 是另一个冰雹云辉斑回波的例子。这是冰雹云在 0.5°(左上)、2.40°(右上)、3.4°(左下)、6.0°(右下)仰角上的雷达反射率因子 Z 的 PPI 显示(雷达站在 PPI 的右下角)。由图可见,在 2.4°、3.4°、6.0°三个仰角的 PPI 上都可以看到辉斑回波。辉斑回波主要在云体的中层 4.3～9.8km 高度上。在这个例子中,地面首次记录到 1.9cm 直径的冰雹,是在 7.3km 高度的上升气流中强回波中心外第一次探测到 TBSS 的大约 14 分钟之后。许多研究指出,冰雹在云中的增长时间约在 10～35min 之间,这个时间越长,冰雹越大。这个强风暴在出现一个短暂的龙卷和地面强风后,又降下直径 4.4cm 的冰雹。在以后的 15min 内,伴随着几阵灾害性强风,地面出现直径 7.0cm 的大冰雹。在地面上,大冰雹主要位于阵风锋后,BWER 附近的上升气流里。图 12.9 是辉斑回波的另一个例子。1995 年 9 月 2 日,在美国南达科他州的东南部,一个强雷暴复合体向西南移动。这个强雷暴复合体先后产生了四阵直径超过 6cm 的冰雹,造成了大面积的灾害。在每一阵 4.5～11cm 的大冰雹出现前大约 15min,雷达都探测到清楚的辉斑回波。产生辉斑回波的强雷达回波在云体内的 2.0～7.6km 高度上,强度从 2.0km 高度上的 64dBZ 到 7.6km 高度上的78dBZ。在出现大冰雹的同时还伴有灾害性强风。根据雷达观测,在图 12.7(a)中 C 处,回波强度都在 60dBZ 以上。

(5)RHI 上冰雹云的回波特征。在冰雹云回波的垂直剖面上,还有一些明显的特征:

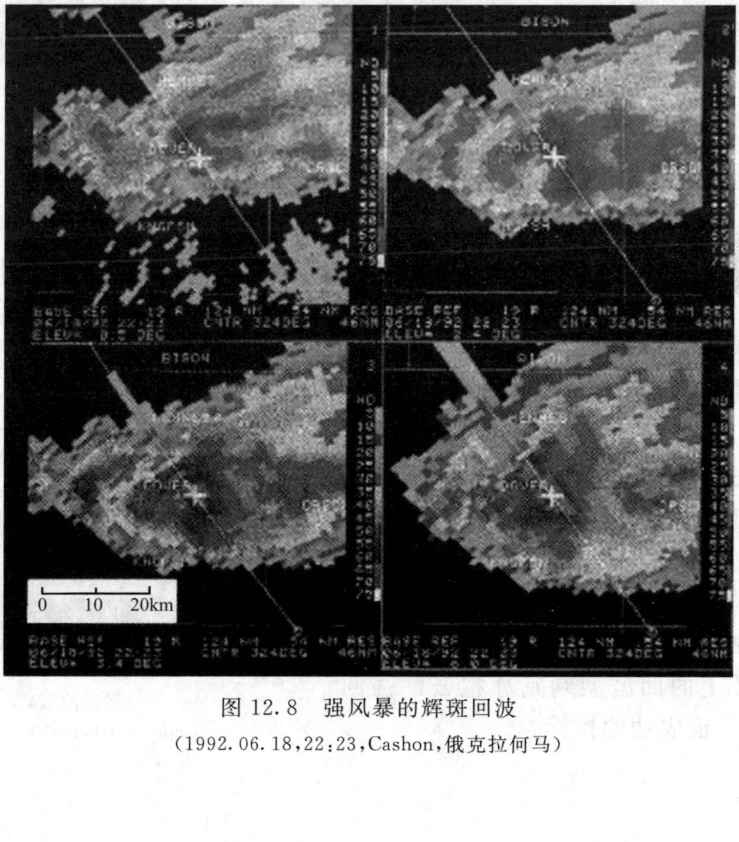

图 12.8　强风暴的辉斑回波

(1992.06.18,22:23,Cashon,俄克拉何马)

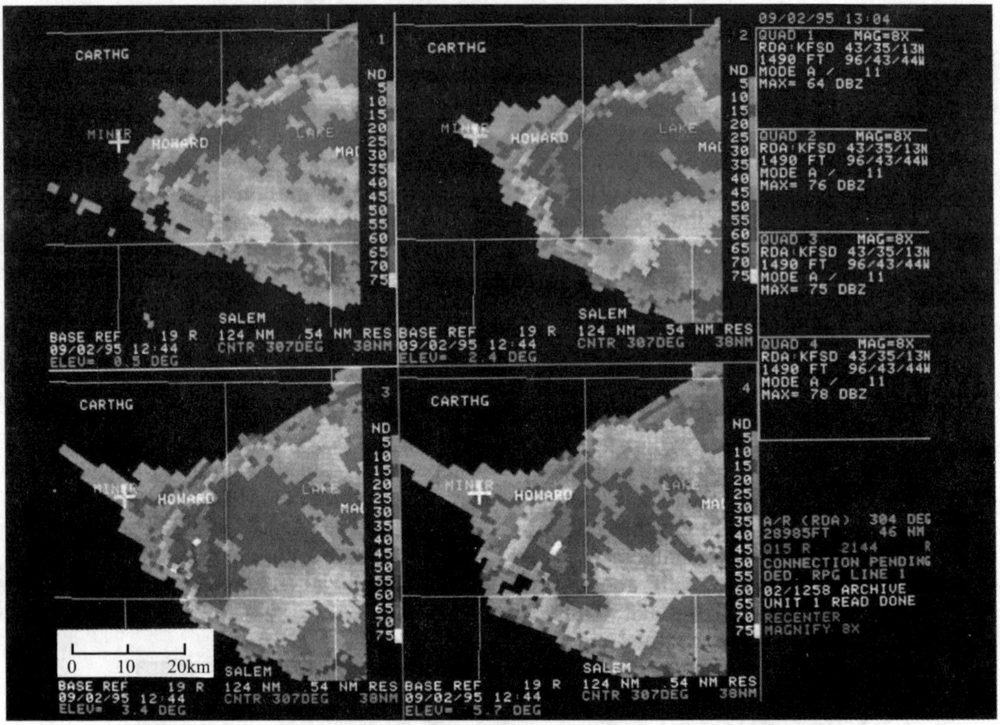

图 12.9 辉斑回波(1995.09.02,12:44,南达科他)

1)超级单体风暴中的穹窿(弱回波区,BWER)、回波墙和悬挂回波。由于超级单体风暴中上升气流特别强,在其上升运动区出现了相对弱的回波区;在降雹区,由于雹块集中降落,形成了垂直方向的特强回波区(墙);在其前沿,小冰雹循环上升的区域构成了悬挂回波,如图 12.10 所示。

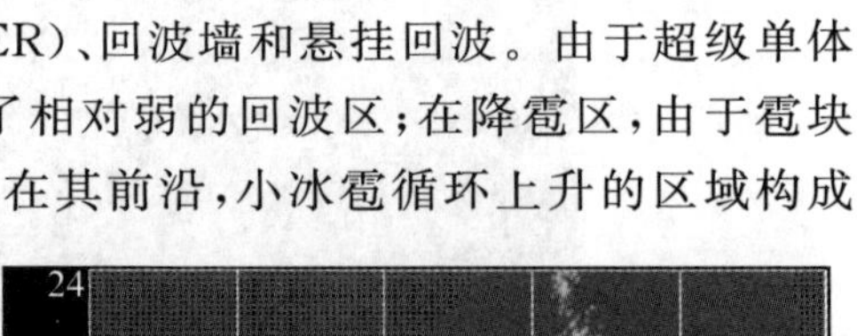

图 12.10 超级单体风暴中的穹窿(弱回波区)(1998.09.04,19:34 郑州)

2)由于冰雹云中的强上升气流能迅速把大粒子抬升到 0℃层以上较高的高度,在那里形成"含水量累积区"。"含水量累积区"内大量的大冰雹、过冷却水滴的雷达反射率因子特大,在冰雹云回波的垂直剖面上构成强回波中心。在 RHI 上,冰雹云的强回波中心的高度远比普通雷暴的强回波中心高,这就是雷达探测冰雹云时常用的所谓"强回波高度"。实践证明,用 RHI 上的回波型判别冰雹云,"强回波高度"是一个很成功的指标。

3)旁瓣回波。雷达天线向外发射电磁波,电磁波能量绝大部分集中在主瓣内。对一般的散射目标物,旁瓣产生的回波太弱,以至于显示不出来,得到的回波都是主瓣产生的。但是当云中的冰雹形成区(含水量累积区)回波特别强,在雷达作垂直剖面观测时,RHI 上的强雷暴回波顶上会出现一尖锐回波,即旁瓣回波,如图 12.10、图 12.11 所示。

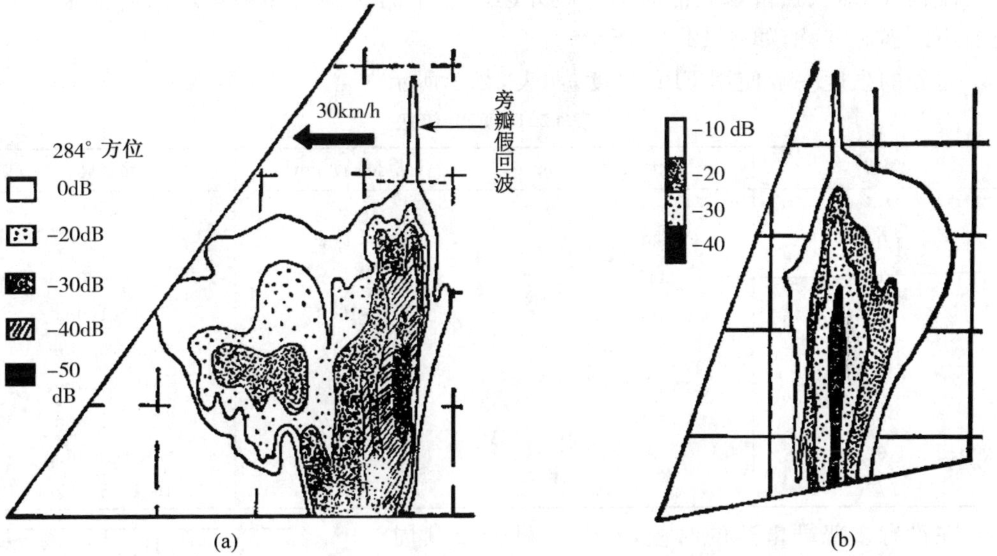

图 12.11　冰雹云的旁瓣回波

(a)北京　1970.6.21,15:4　　(b)南京气象学院　1984.6.4,7:08

4)辉斑回波。如图 12.12 所示。这是沿图 12.8 中的强雷达回波中心(游标十处)作剖面的雷达反射率因子和平均径向速度图。图中辉斑回波清晰可见。

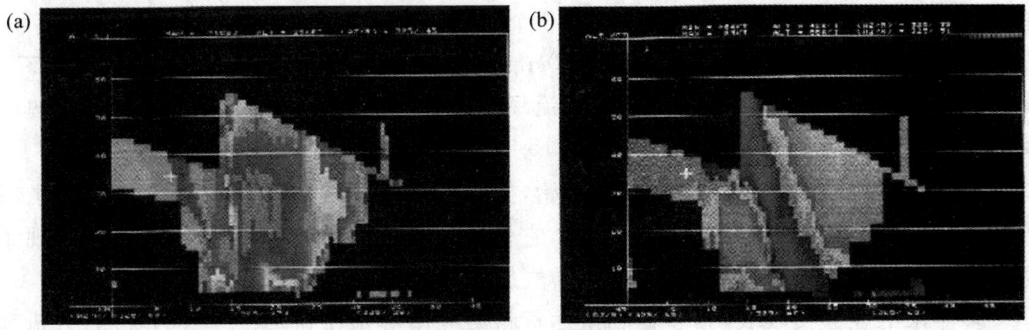

图 12.12　冰雹云的辉斑回波

(1992.06.18,22:23,Cashon,俄克拉何马)　(a)雷达反射率因子 Z　　(b)平均径向速度

§12.2 多普勒雷达探测龙卷

龙卷是强雷暴中产生的破坏力极大的中小尺度灾害性天气。它的直径一般从几十米到几百米。龙卷漏斗是从强雷暴中伸下的尚未及地的高速涡旋，它由内层气流和外层气流构成，即从强雷暴底部向下伸展并逐渐缩小的涡旋漏斗和从地面向上辐合并逐渐缩小的涡旋气柱，如图 12.13 所示。

龙卷的强度一般使用 FPP 尺度，如表 12.1 所示。

表 12.1　FPP 等级

等级	F（最大风速 km/h）	P（路径长度 km）	P（路径宽度）
—	<60	<0.6	<5m
0	60～116	0.6～1.5	5～15m
1	117～181	1.6～5.0	16～50m
2	182～253	5.1～16.0	51～160m
3	254～332	16.1～50	0.2～0.5km
4	333～419	51～160	0.6～1.5km
5	420～512	161～307	1.6～5.0km
6	—	—	5.1～16.0km
7	—	—	16.1～50.8km

在没有多普勒雷达的时候，对龙卷母云及其周围各种资料的分析推测，在龙卷母云内应该有一个中尺度气旋。多普勒雷达探测结果证实了这种推测。在龙卷母云中，中尺度气旋在径向速度场上表现为一对对称的正负速度中心，如图 12.14 所示。在图 12.14(a)中，龙卷母云是一个高降水型的超级单体风暴，它产生了灾害性风、大冰雹和 3 个龙卷。

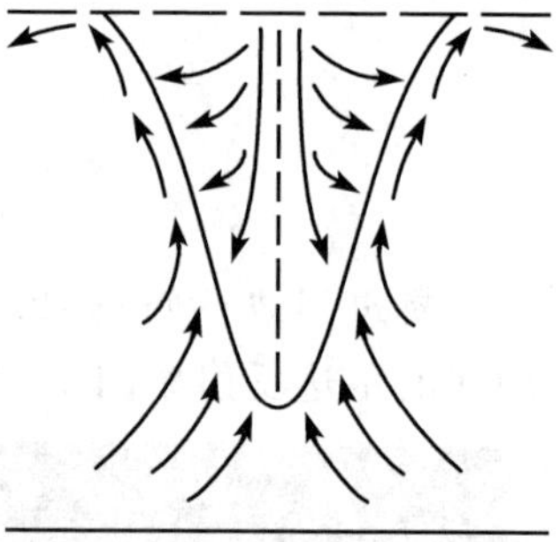

图 12.13　龙卷漏斗中的气流结构

图 12.15 是 1972 年 4 月 19 日用 10cm 多普勒雷达探测得到的龙卷母云（超级单体）的流场和雷达反射率因子。在 0°仰角上，钩状回波从 15 时 45 分持续到 17 时以后，龙卷在 16 时 58 分开始，持续到 17 时 35 分。由图可见，在 17 时 02 分，云中 6.7km 高度上有两个龙卷气旋，它们的直径大约 5km，相应地，地面上出现了两个龙卷，这两个龙卷的位置都不在龙卷气旋的中心。

多年来的业务实践表明，多普勒雷达资料的应用对龙卷和龙卷母云的观测、分析和预报起了极大的促进作用。在多普勒雷达上，龙卷（龙卷母云）回波的主要特征有：

在雷达反射率因子上：

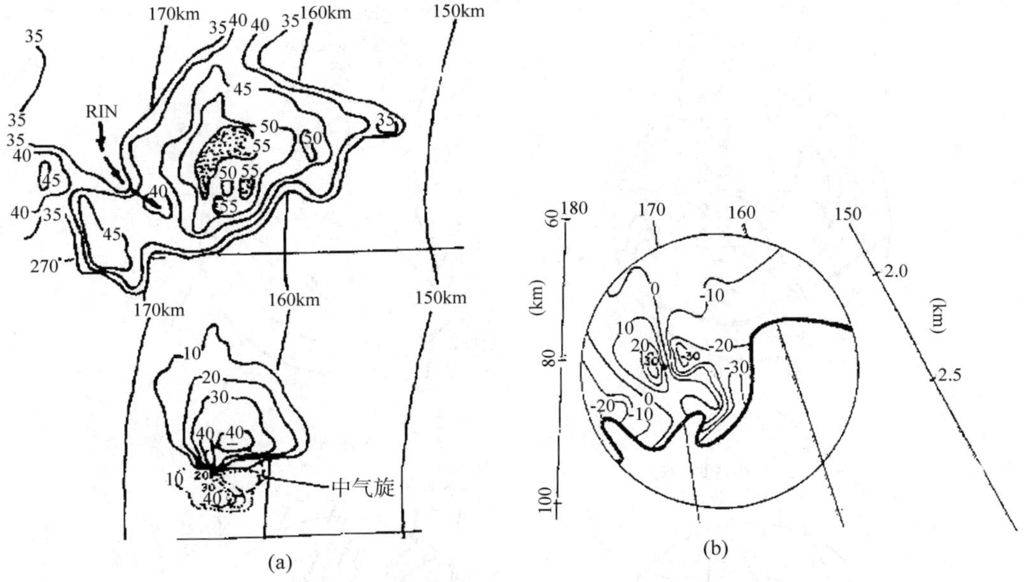

图 12.14　龙卷母云回波和龙卷气旋

(1)龙卷母云的雷达反射率因子都很强，Z 通常都在 50dBZ 以上；

(2)龙卷母云常常是超级单体风暴，因而也经常显示超级单体的各种形态特征，如钩状回波，BWER 等。

在径向速度场上，龙卷母云常常有 1～2 个中尺度气旋(龙卷气旋)，即有一对相邻的、对称的正负速度中心。中尺度气旋的尺度在几千米到几十千米。

图 12.16 是多普勒雷达探测到的龙卷附近的雷达反射率因子和多普勒速度资料。图中可以看到，在穹窿中近地面无回波，有较弱回波区上部是强回波区。在多普勒速度图上，有界弱回波区正好是强上升气流区，回波墙处有下沉气流，龙卷母云回波前方向穹窿处的辐合非常明显。

探测表明，在地面龙卷出现前，中尺度气旋就已在龙卷母云中存在。一般情况下，多普勒雷达探测到龙卷母云中的中尺度气旋，要比地面出现龙卷平均早 21min。在这 21min 内，凭借先进的通信和警报系统，可以避免龙卷造成的许多财产损失和人员伤亡。

现代探测技术已经获得了许多有关龙卷母云的特殊云(回波)型，超级单体的存在和识别是最重要的依据之一。其它的特殊云(回波)型还有如下几种。

12.2.1　楔状云系

12.2.1.1　楔状云系的形成

图 12.17(a)是一幅显示出 V 型云或叫做楔状云结构的红外图像。这种云型的形

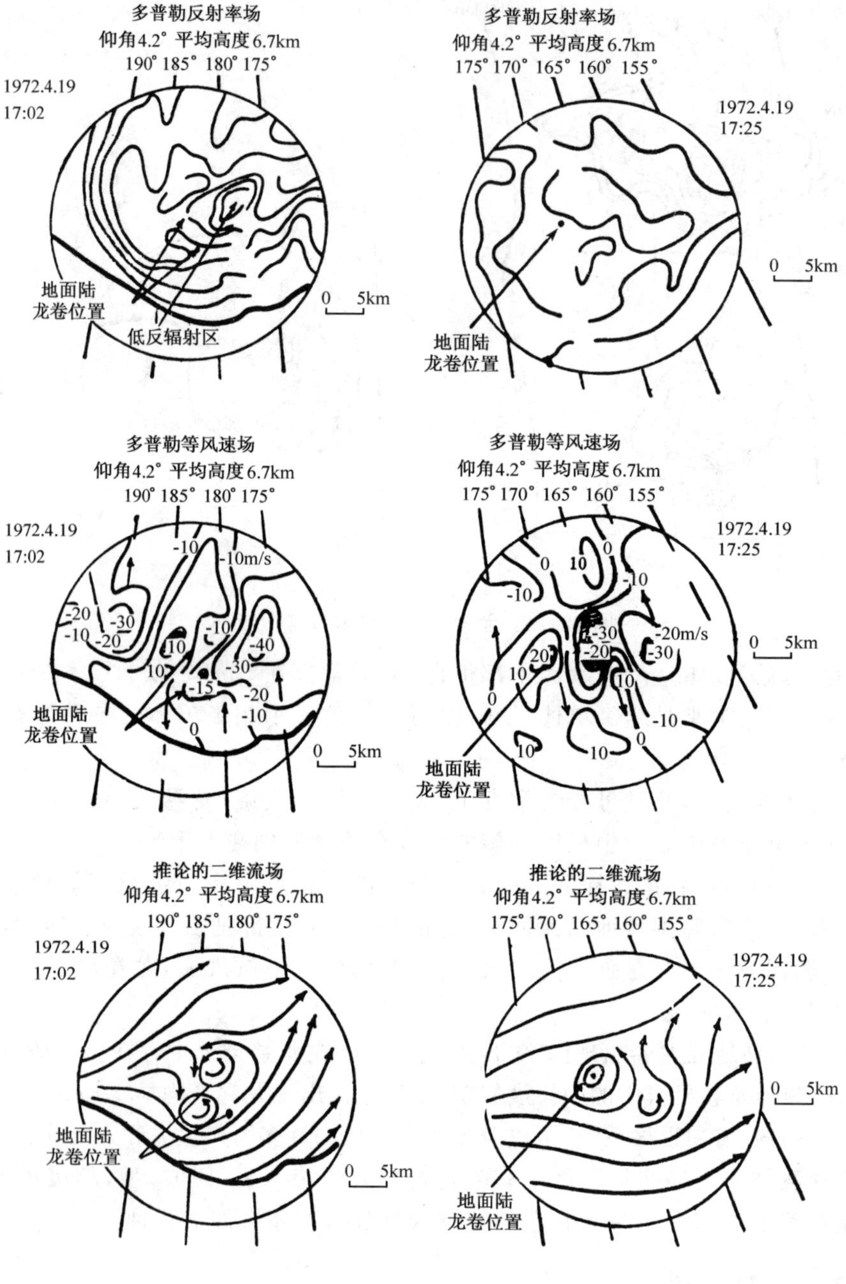

图 12.15　6.7km 高度上的多普勒雷达资料　(引自 Brawn 等)

成是由于上层气流出现了分支,这种分支引起了高空辐散,从而出现了强烈的垂直运动强迫机制。图 12.17(b)是 200hPa 流场。楔状云系的楔尖逆风而指,靠近楔尖上风方

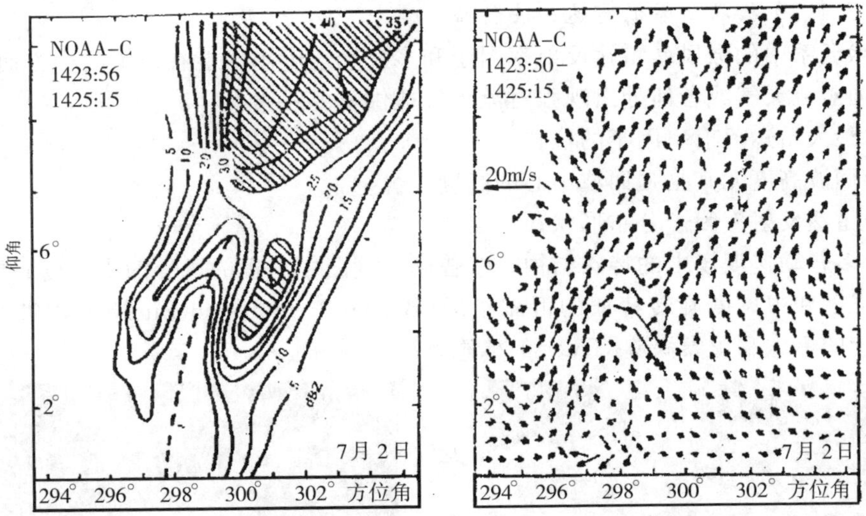

图 12.16　龙卷附近的雷达反射率因子和多普勒速度

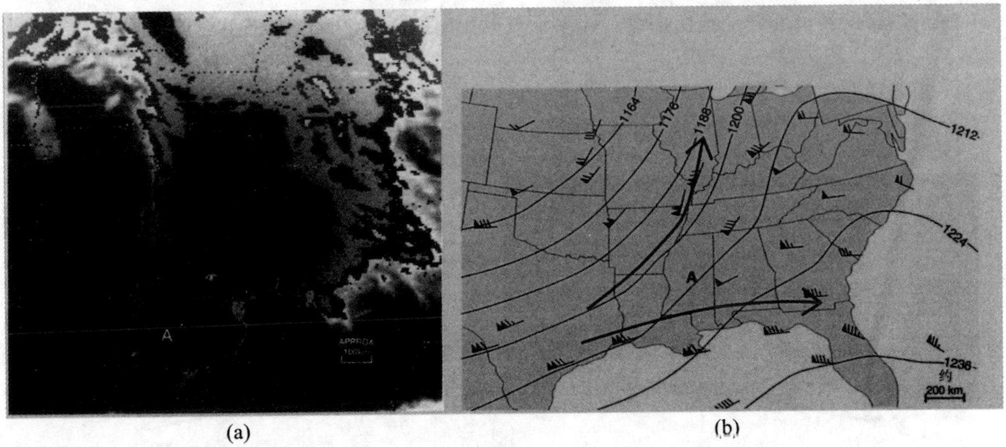

图 12.17　楔状云系(1979.04.12,04:30(UTC))

(a)红外图像(MB增强),图中A处有一个楔状云罩。

(b)1200时(UTC)的200hPa高度(单位:位势什米)。图中可见两支急流分离开来(箭头表示)

的区域有利于新对流的产生。

由于楔状云型经常与诸如强地面风以及龙卷这样的剧烈天气相伴出现,所以它是一种重要的需要认识的云型。楔状云罩内部的一些细微结构(如上冲云顶、冷暖云配对)常常能为我们提供一些有关可能产生剧烈天气的线索。

12.2.1.2　楔状云系的雷达回波特征

楔状云系中的强风暴雷达反射率因子和多普勒速度图像能在以下几个方面为判断是否有强对流天气或者何处出现强对流天气提供重要线索：

(1)最大雷达反射率因子的位置；

(2)回波高度尤其是强回波中心的高度；

(3)雷达反射率因子分布形状；

(4)多普勒速度场中的特殊结构。多普勒速度图中出现的风暴的中尺度涡旋标志，是雷暴强度和中尺度旋转特征的可靠指示(Brown，Lemon and Burgesrs，1978)，即中尺度气旋的标志和龙卷涡旋(TVS)的标志。

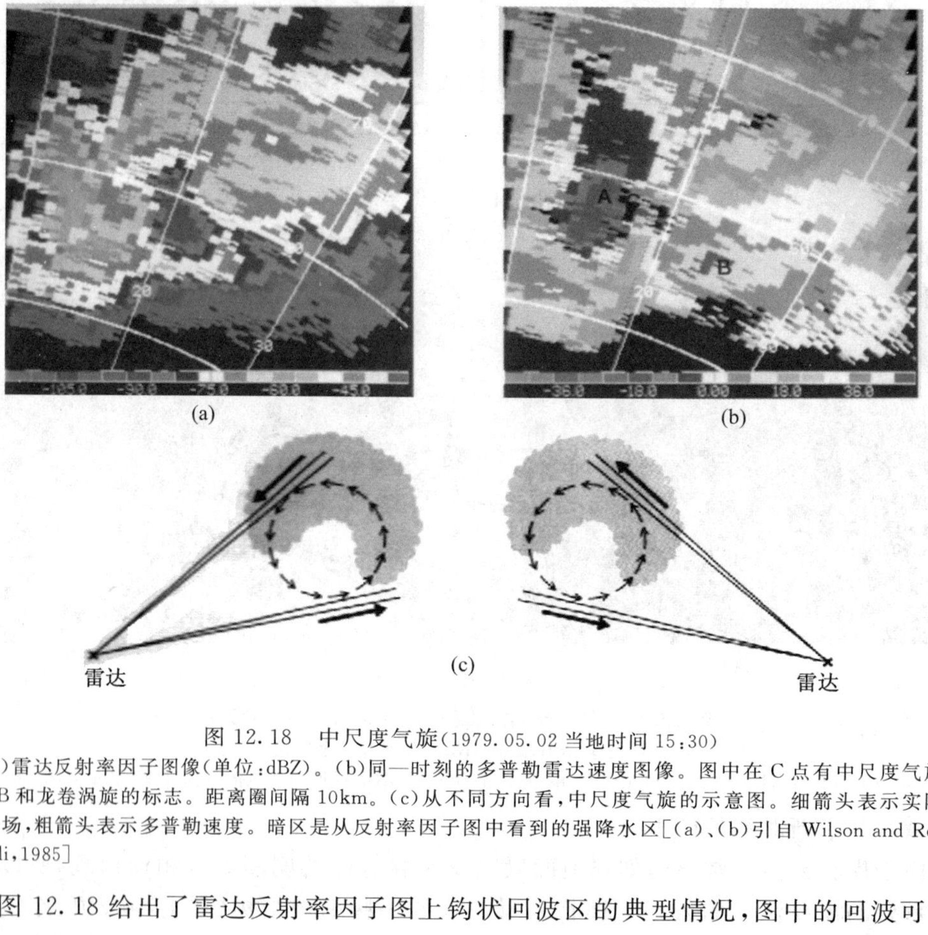

图 12.18　中尺度气旋(1979.05.02 当地时间 15:30)

(a)雷达反射率因子图像(单位:dBZ)。(b)同一时刻的多普勒雷达速度图像。图中在C点有中尺度气旋AB和龙卷涡旋的标志。距离圈间隔 10km。(c)从不同方向看，中尺度气旋的示意图。细箭头表示实际风场，粗箭头表示多普勒速度。暗区是从反射率因子图中看到的强降水区[(a)、(b)引自 Wilson and Roesli，1985]

图 12.18 给出了雷达反射率因子图上钩状回波区的典型情况，图中的回波可能是由中尺度气旋环流产生。钩状回波不是经常能探测到的，它与雷达探测时波束轴线在强暴中的位置以及与雷达的距离(分辨率)有关。另外，一些与中尺度气旋无关的短暂

回波形状也会酷似钩状回波，所以要注意对钩状回波的鉴别。真正的钩状回波经常出现在特别强大的风暴中，雷达反射率因子通常在 50dBZ 以上，且与有界弱回波区（BWER）相伴出现，在雷达反射率因子垂直剖面图（RHI）上最为清楚（图 12.10）。

在图 12.18(b)中有一对闭合反向的多普勒速度等值线，这是中尺度气旋的标志。这对闭合等值线一般相距 4～15km。它们离雷达站的距离几乎相同，方位很接近（Wilson and Roseli，1985）。在这个例子中，中尺度气旋位于雷达站的北面，其西部（A 处）速度大于 27m/s，方向指向雷达；东部（B 处）速度超过 45m/s，方向背向雷达。在靠近中尺度气旋中心 C 处有一个龙卷涡旋的标志，即反向风速峰值出现在临近地区。借助于雷达图中速度对的方向，可以推断此龙卷是气旋性的。

当从多普勒速度中减去风暴运动的速度后，经常能够很容易地探测到风暴的上述标志。图 12.18(c)表示了中尺度气旋多普勒速度图是如何形成的。

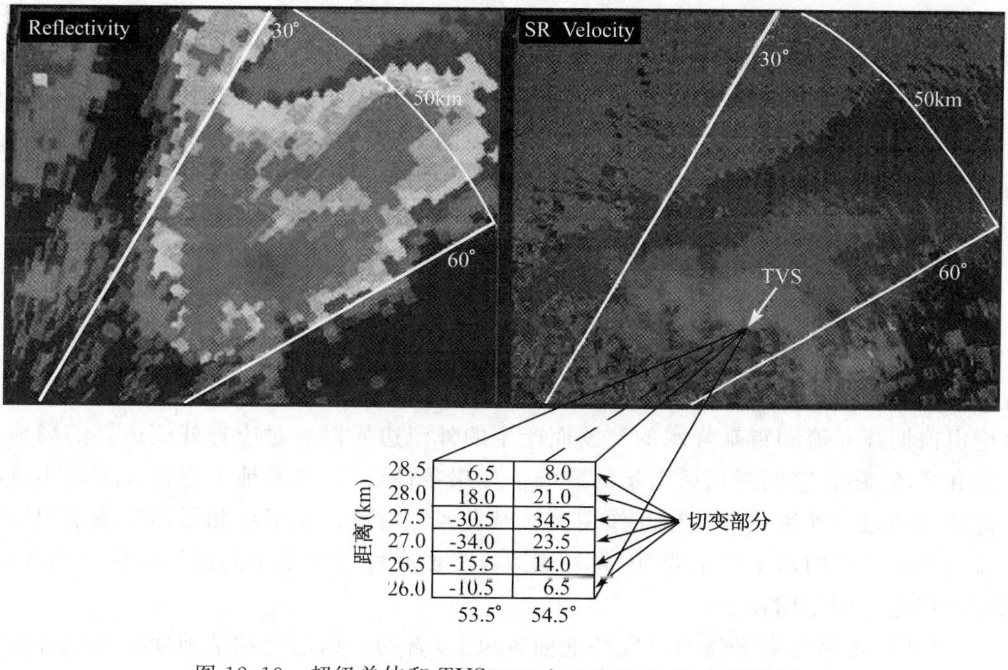

图 12.19　超级单体和 TVS(1996 年 5 月 31 日，23:20(UTC))
(Aberdeen，南达科他，仰角 0.5°)

多普勒速度可以用来编制龙卷涡旋标志 TVS（Tornado Vortex Signature）的识别软件。图 12.19 是美国南达科他州 Aberdeen 的 WSR-88D 雷达获得的一个有龙卷的超级单体，图中有明显的钩状回波、TVS，图的下部指出了识别 TVS 的基本原理。

龙卷涡旋的标志与之类似，不过尺度较小。反气旋性龙卷涡旋风场的旋转方向则相反。有中尺度气旋的雷暴与动力强迫作用相结合能够增大气团浮力，甚至可以在雷暴遇到相对较稳定的大气时仍能暂时保持其强度。这一过程实际上增大了上升气流的强度,也延长了上升气流的时间,而这种增大和延长对于产生大冰雹和诱发强龙卷是必不可少的。所以,当在雷达回波上看到伴有中尺度气旋标志的强雷暴(雷达反射率因子大于 50dBZ)时,我们可以判断:(1)极有可能出现剧烈天气(局地暴雨、冰雹、强风);(2)很可能会出现龙卷。由于龙卷涡旋的尺度常常小于雷达的分辨率,因而在雷达回波上有时可能看不到它们。与有界弱回波区(BWERS)相伴出现的钩状回波是超级强雷暴的象征。

12.2.2　旋转雷暴与龙卷

在图 12.6 中,雷达站位于图的右下角,在雷达站西北方向大约 30km 处有一非常明显的螺旋状回波。强降水的弯曲云墙,部分地环绕着一个直径约 3km 至 4km 的区域。这种回波型,即由一个大雷暴发展为这种类型的钩状回波及其相对应的非常强的降水区,强烈地预示着有可能爆发龙卷。龙卷本身通常比雷达的有效照射体积小,因此利用雷达反射率因子不能准确识别它。但是,在上例图像中,与形成暴雨的螺旋云带具有同等重要意义的是螺旋云带间夹杂着的无雨晴空区,它表示了与最强烈雷暴相对应的强垂直运动和动力发展机制。

§12.3　多普勒雷达探测外流边界

在弱的天气尺度强迫作用下,雷暴的发展和演变有一些特殊的规律。当大尺度垂直运动较弱时,原先存在的逆温无法被移去,中尺度抬升作用就变得很重要。这里着重讨论由前期深对流和雷暴降水的蒸发而产生的外流边界以及对应着外流边界的局地风切变和环流,还有它们对以后雷暴的影响。如果条件合适,在某地上空持续了数小时的弱对流会通过与外流边界的相互作用而被触发成深对流。从卫星和雷达图像上识别与外流边界有关的图形至关重要,因为外流边界形成在低层流场中的涡旋和辐合的区域,探测外流边界的作用在于:

(1)外流边界会带来强的突发性地面阵风、显著的强风切变和从地面扩展到外流冷空气顶部的湍流。突发性地面阵风是否造成灾害主要看它的强度;

(2)如果呈弧状分布的云线中有降水产生,那么强风切变和湍流会一直扩展到云底。强风切变和湍流都会对低空飞行的飞机造成毁灭性灾害;

(3)它们能够触发新风暴的发展;

(4)如果外流边界与现存的对流交汇,那么风暴会更猛烈,并很可能产生灾害性天气。

12.3.1　外流边界的雷达探测

在合适的环境条件下形成的对流风暴，在其生命史的后期，下沉冷空气出流在地面附近向外流出，与较暖较潮湿的环境大气之间的界面，称外流边界。而与较暖较潮湿的环境大气之间有辐合，在辐合区中形成新的积云对流。这些新的环绕老的对流云区排成一线的积云对流在可见光和红外云图上都能看到，称弧状云线。

Wilson 和 Carbone(1984)指出，常规的非相干雷达一般不能探测到外流边界。但是，灵敏的多普勒雷达即使是在无云情况下，一般也能在一定的距离内探测到这些外流边界。

当外流边界出现在雷暴强降水中时，常规雷达难以将它从降水回波中区分开来，而多普勒雷达可以从获得的径向速度型和速度谱宽的分布图像中将它识别出来。

当雷暴母云减弱消散后，外流边界没有降水而仍能为多普勒雷达探测到，是由于外流边界上折射指数的涨落对电磁波的散射。晴空大气中折射指数涨落对电磁波的散射与折射指数的结构常数 C_n^2 有关

$$\eta = 0.38\lambda^{-1/3} C_n^2 \tag{12.3}$$

式中 η 为雷达反射率，λ 为波长。在低层大气中，C_n^2 的估计公式为

$$C_n^2 = \frac{\alpha^2 \varepsilon^{2/3} T_L Ri}{(1-Ri)g}\left|\frac{K_\Phi}{K_\theta}\right| \frac{\left(\dfrac{\partial \varphi}{\partial z}\right)^2}{\dfrac{\partial \theta}{\partial z}} \cdot 10^{-12} \tag{12.4}$$

式中 ε 为涡旋耗散率，φ 是位势折射指数，θ 是位温，K_Φ 是位势折射指数的湍流扩散系数，K_θ 是位温的湍流扩散系数，T_L 是平均温度，α 是位温折射指数空间相关系数中的常系数，Ri 是理查逊数，有

$$Ri = \frac{g\dfrac{\partial \theta}{\partial z}}{T_L\left|\dfrac{\partial V_h}{\partial z}\right|^2} \cdot \frac{K_H}{K_m} \tag{12.5}$$

式中 K_H 是热能的湍流扩散系数，K_m 是动能的湍流扩散系数，g 是重力加速度，V_h 是水平风速。

另一方面，从多普勒雷达的探测理论出发，可以推导出，雷达测得的多普勒速度谱宽与涡旋耗散率之间的关系可以表示为

$$\varepsilon = \begin{cases} \dfrac{\sigma_v^3}{\sigma_r(1.35A)^{3/2}} \cdot \left(\dfrac{11}{15}+\dfrac{4}{15}\dfrac{r^2\sigma_\theta^2}{\sigma_r^2}\right)^{-2/3} & \sigma_r > r \cdot \sigma_\theta \\ \dfrac{0.73\sigma_v^3}{r \cdot \sigma_\theta \cdot A^{3/2}} & \sigma_r < r \cdot \sigma_\theta \end{cases} \tag{12.6}$$

式中 σ_v 是多普勒雷达测出的速度谱宽，r 是回波离雷达站的斜距，σ_θ 是和雷达天线波束

宽度有关的量，$\sigma_\theta^2=(\theta_1^2/16)\ln 2$，$\theta_1$ 是天线波瓣以 -3dB 定义的波束宽度，A 是常系数。σ_r 是和雷达发射参数有关的量，$\sigma_r^2=(0.35\tau c/2)^2$，$\tau$ 是脉冲宽度，c 是电磁波传播速度，因此有

$$\eta=\frac{0.29\lambda^{-1/3}\alpha^2 T_L Ri}{(1-Ri)A\cdot g\cdot\pi^5(r\cdot\sigma_\theta)^{2/3}}\left|\frac{K_\Phi}{K_H}\right|\frac{\left(\frac{\partial\varphi}{\partial z}\right)^2}{\frac{\partial\theta}{\partial Z}}\sigma_v^2\cdot 10^{-12} \tag{12.7}$$

换算成常用的雷达反射率因子 Z(dBZ)的表达，则有

$$10^{Z/10}=\frac{0.33\lambda^{11/3}\alpha^2 T_L Ri}{(1-Ri)A\cdot g\cdot\pi^5(r\cdot\sigma_\theta)^{2/3}}\left|\frac{K_\Phi}{K_H}\right|\frac{\left(\frac{\partial\varphi}{\partial z}\right)^2}{\frac{\partial\theta}{\partial Z}}\sigma_v^2\cdot 10^{-12} \tag{12.8}$$

图 12.20 是外流边界雷达回波的一个典型例子。在使用雷达资料的早期，当强雷暴周围出现这种窄带状的浅回波时，我们称它为窄带奇异回波。

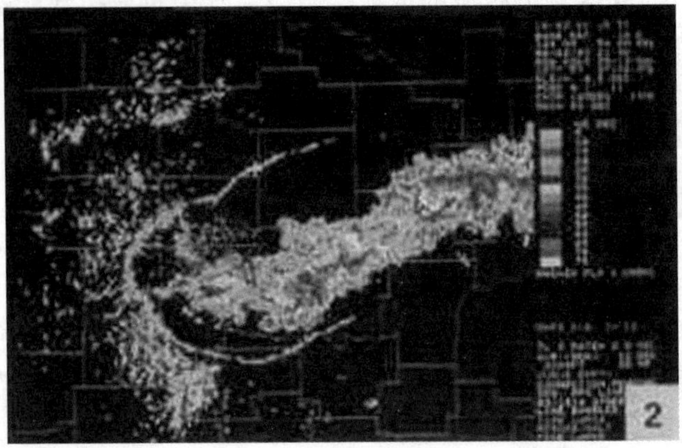

图 12.20　外流边界的雷达回波

12.3.2　对流风暴的低层外流和弧状云线

图 12.21 展示了雷暴和雷暴外流边界所具有的多尺度特征。图 12.22(a)给出了基于地面观测和卫星图像动画所得到的中尺度分析，图 12.22(b)是 500hPa 的分析图。在 500hPa 槽线的配合下，B 处存在有组织的中尺度对流系统(MCS)，与之相关，从 D 到 E 有明显的外流边界(图 12.21 卫星云图上的弧状积云线)。C 处有一较小的雷暴单体，它与 A 处由积云带组成的外流边界相对应。弧状云线描绘出了由雷暴产生的冷空气外流边界的前沿，这一前沿也经常被称为阵风锋，或飑锋。

综合起来由图可见：

(1)在可见光图像上弧状云线经常由排列成细线状的明亮积云组成，云线呈弧状，

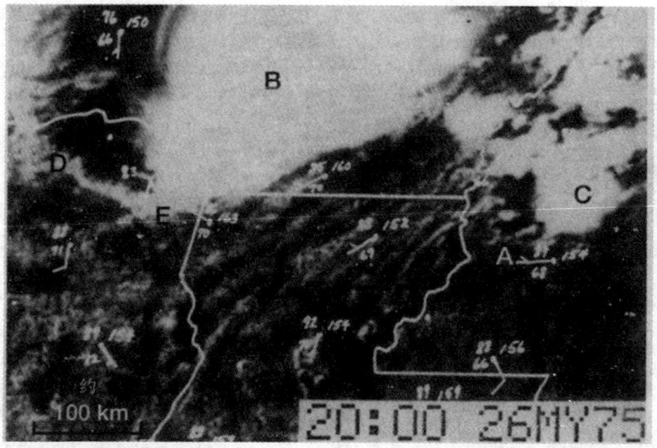

图 12.21　GEOS1km 分辨率可见光云图

1975.05.26 当地时间 14:00　图中叠加了地面观测结果

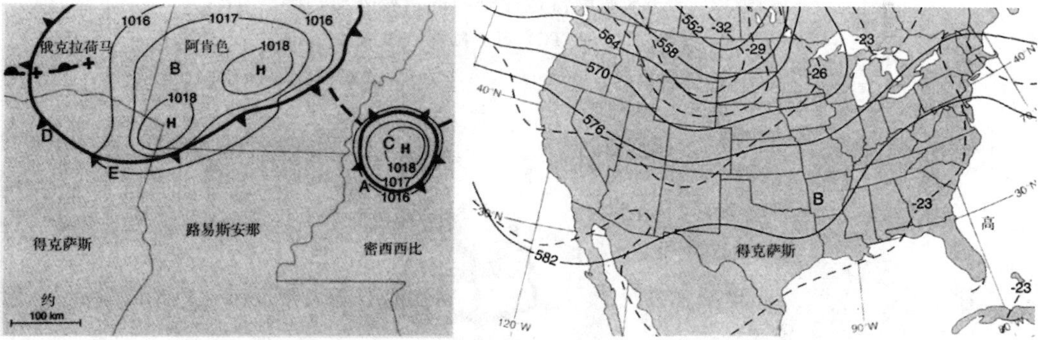

(a)　(b)

图 12.22　(a)地面中尺度分析结果(气压单位为 hPa;H 代表了中尺度高压区)

(b)1975 年 5 月 26 日当地时间 0600 时[1200 时(UTC)]的 500hPa 天气图

实线是等高度线,单位为位势什米,虚线是温度等值线,单位为℃。图中字母含义同图 12.21

并且不一定连续,弧线与雷暴母体之间有晴空区相隔(在某些情况下会有阵风锋有时出现,阵风锋有时会因上层卷云的遮盖而变得模糊不清)。

(2)在红外图像上,组成弧状云线的积云经常具有浅薄而温暖的云顶,它们也可能因为尺度太小而在卫星图像上无法辨认。在足够的强迫和不稳定条件下,它们会发展成新的深对流,并具有比原先冷得多的云顶。

(3)母体风暴消失后,云图上可识别的弧状云线能够维持数小时。

图 12.23 是雷达探测到的雷暴外流边界的一个例子,正如反射率因子和多普勒速度资料所表明的那样,外流边界 AB 是从云线 C 中产生的。同一时刻的多普勒速度场见图 12.4。由图 12.23 可见:

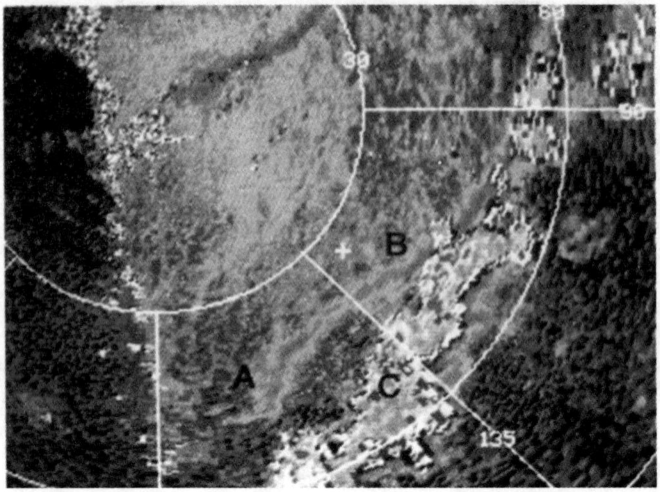

图 12.23　S 波段雷达探测到的雷暴外流边界

(1984.07.25,22:14(UTC),科罗拉多,距离每圈 30km)

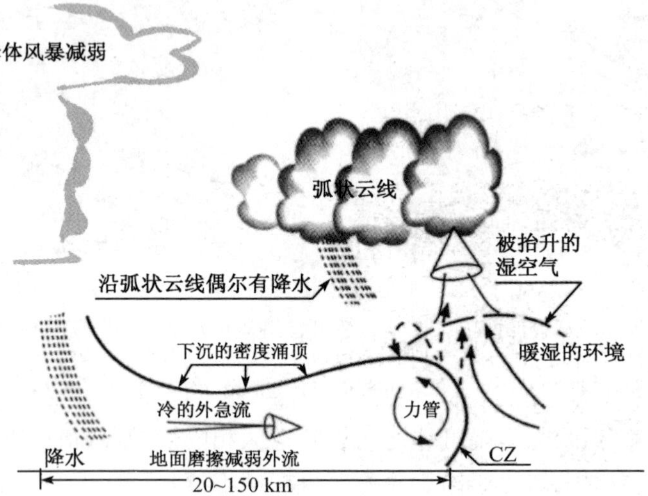

图 12.24　弧状云线形成的概念模式(CZ 是辐合区)

(1)在雷达反射率因子图中,外流边界是一条浅而窄的增强了的回波带。

(2)在多普勒速度图中,外流边界是一个低层辐合区。

图 12.24 是弧状云线形成的概念模式。它说明了辐合区(CZ)中的弧状云线在雷暴下沉冷的流出气流与较暖较潮湿的环境大气之间的辐合区中形成的物理图像。在弧状云线形成的同时,外流区中冷而稳定的大气经历着下沉、扩散、干绝热加热,从而使相

对湿度减小的过程。这种下沉在沉降的冷穹面上带来局地的稳定和晴空。云和晴空之间的突变使外流边界在卫星云图上分外醒目(Purdom,1973)。

12.3.3　外流边界和新雷暴的发展

利用卫星云图(Purdom,1976;1982)和高灵敏度的多普勒雷达回波(Wilson and Carbone,1984),我们能够看到,一个雷暴的外流边界与另一个外流边界之间或是与一个有组织的积云区之间的相互作用有利于雷暴的发展。Purdom(1979)把这种现象定义为"对流尺度相互作用"(Convective Scale Interaction——CSI)。

在弱的天气尺度强迫作用下,新雷暴发展的主要机制之一是雷暴外流边界与该区域内其它中尺度特征之间的相互作用。这一过程可以通过卫星云图中有组织的对流区或雷达回波图像上边界层中的辐合区的连续观测得到证实。

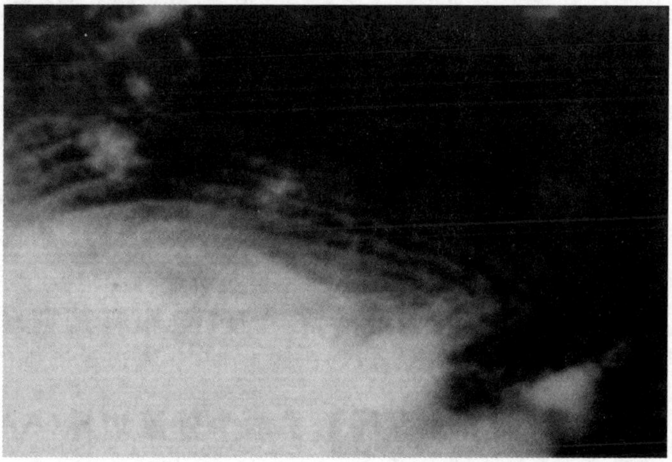

图 12.25　用 30 分钟间隔的 GOES 可见光云图所作的多次曝光图

用 30 分钟间隔的 GOES 可见光云图所作的多次曝光图(图 12.25)清楚地表明,外流边界离它的母体越远,沿外流边界线的对流就越弱,弧状云线的移动速度随时间减慢。从地面附近到冷外流边界顶的辐合导致了沿外流边界以及外流边界之上的垂直运动,它维持着该地区积云的产生。在弧状云线向外移动的同时,与云线相应的冷空气厚度也在降低。随着辐合深度的减小,沿外流边界的对流活动迅速减少,结果,垂直运动不仅比弧状云线产生时弱,而且对流所能达到的高度也有所降低。这就解释了为什么对流云的形态会沿弧状云线有所变化。同时也可看到,当弧状云线移出雷暴进入环境大气时,一定还有其它机制支持强对流的发展。图 12.26 的对流尺度之间相互作用概念模式说明了这个过程。

图 12.26(a)给出了一个外流边界移入无云环境时的例子,图中自由对流高度

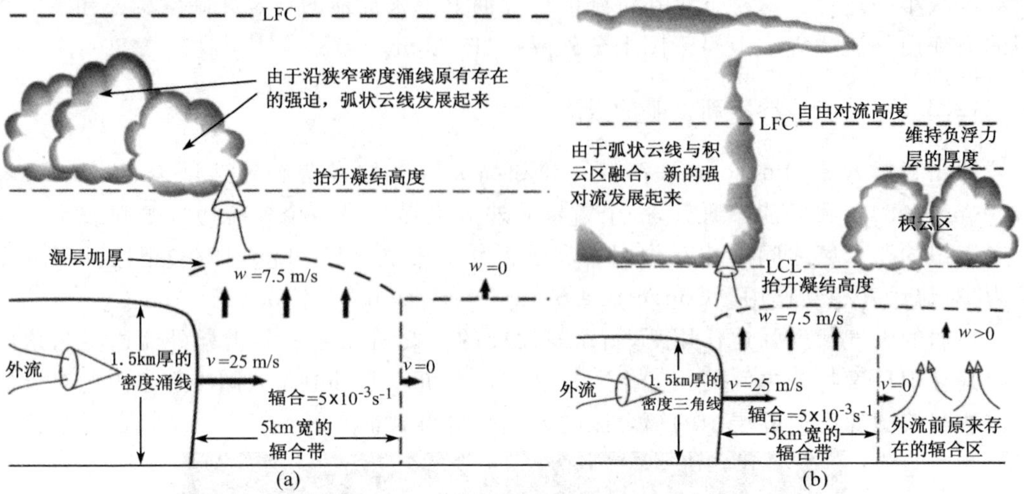

图 12.26 标有典型特征数值的外流边界

(a)移入没有对流的区域。在外流边界前面，地面和 LFC 之间有负浮力区。(b)移入原来存在对流的地区。LFC 是抬升凝结高度，其它缩写词的含义同(a)。在抬升边界前面，仅在积云顶到 LFC 之间有负浮力区

(LFC)之下的大气具有负的浮力。沿外流边界的垂直运动仅能克服部分负浮力，来自边界层的大气不会穿透自由对流高度，辐合区之上仅有一条窄的云线发展。然而，如果在外流边界之前是积云区[图 12.26(b)]，地面与抬升凝结高度(LCL)之间的负浮力以及抬升凝结高度与自由对流高度之间的部分负浮力已经被克服(可能是由于较多的水汽含量，局地加热或一些原先存在的辐合区)。因此，沿外流边界产生的垂直运动仅需克服其前面残存在周围环境当中少量的负浮力便可以产生深对流。

判断一个对流是否会触发深对流，首先要看沿弧状云线的对流的强度。

(1)如果强迫抬升区中的对流达不到自由对流高度，则新产生的对流仍然是浅薄的，产生弧状云线的雷暴将会消散。

(2)如果强迫抬升区的对流达到了自由对流高度，则新的深对流便可能产生，弧状云线将得以维持。

(3)外流边界(弧状云线)移过对流性不稳定区域时，容易引发新的深对流。它们主要发生在：(a)与已存在的积云区相会时；(b)与其它外流边界(弧状云线)相交的地方；(c)与其它低层辐合区如海风辐合区的融合处。

(4)外流边界(弧状云线)移入更加稳定的区域时往往会使风暴减弱，反之亦然。

(5)天黑以后，由于暖区气团变得稳定，外流边界(弧状云线)往往会变得不能维持深对流(除非有其它动力因素来弥补这一点)。

正如上面所指出的，利用高度灵敏的多普勒雷达可以探测到对流的外流边界。图 12.27展示了两个外流边界(AA 和 BB)在科罗拉多东部相遇后雷暴线(XY)的发展。

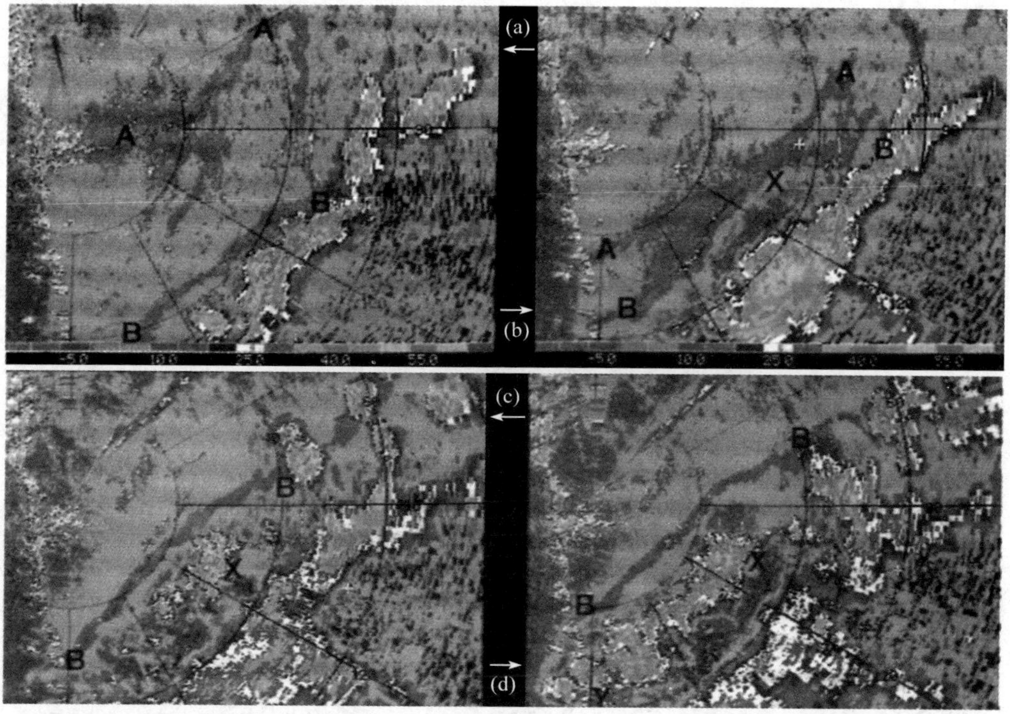

图 12.27　对流尺度相互作用(CSI)(1984.07.25)　(Wilson and Roesli,1985)
(a)2226、(b)2252、(c)2323 和(d)2340(UTC)科罗拉多上空 S 波段雷达反射率因子图,图中显示两个外流边界(AA 和 BB)在 X 点相遇形成一个新的对流线 XY 的情况。距离圈间隔 20km。雷达反射率因子 dBZ

由于高层云的遮蔽作用,从卫星云图上看不清外流边界(弧状云线)。

我们应该注意,多普勒雷达与卫星在对外流边界的探测上各有特色。一方面,当外流边界被云覆盖或缺乏对流活动时,卫星不易探测到弧状云线;另一方面,由于外流边界是大气层中的浅薄现象,通常仅 1~2km 深,经常会更浅,并且其厚度随时间减少,因此只有当它距雷达站很近时才能被发现。因此对外流边界、弧状云线的探测,多普勒雷达和卫星应同时进行,而且只要发现二者之一,就应是确认了外流边界的存在。

12.3.4　对流尺度相互作用(CSI)造成的强对流天气

通过观测卫星云图上云边界可能相交的位置,有时我们能够确定强对流天气可能出现的地域。可见光图像最适宜于作这种分析。在强的动力强迫作用下,当沿天气尺度锋面或辐合区产生的风暴与其它有组织的天气尺度边界相互作用时,这种雷暴便会发展成强风暴且常伴有龙卷,用天气雷达观测就可以确定强对流天气出现的具体位置。

1975 年 5 月 6 日,有一个很强的动力强迫与美国大平原北部的不稳定空气相互作用。一般认为,这种形势是孕育包括龙卷在内的剧烈天气的典型情况。分析图 12.28

(a)和相应的天气图，发现一条冷锋正处在地面辐合区，这条冷锋表现为一条有组织的对流带，对流带的东部为暖湿空气区，西部是干空气区。另一条有组织的对流云带是一条静止锋，它将地面偏南气流中暖湿的积云覆盖区与偏东气流支配下的干冷空气及稳定云区隔开。

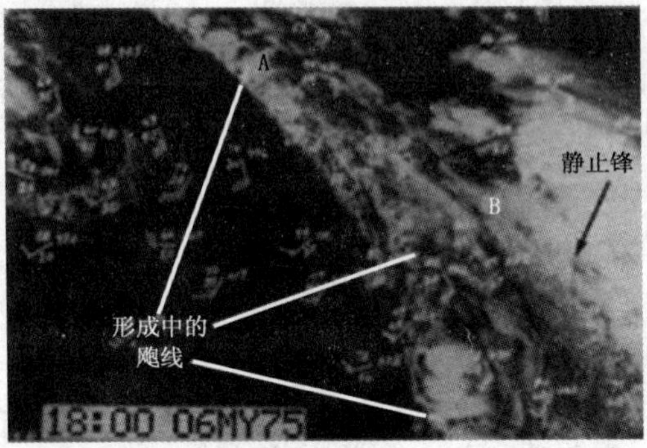

(a)

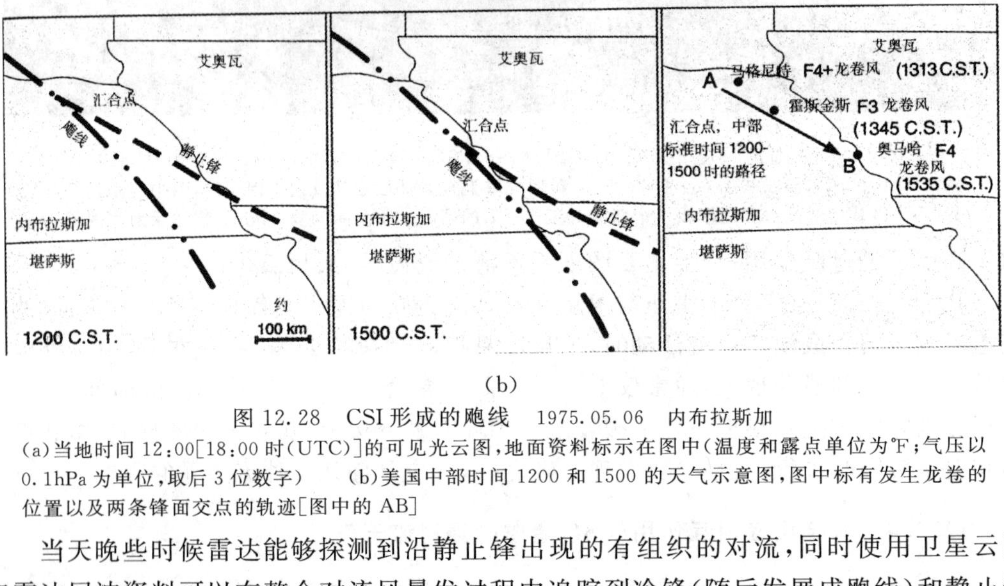

(b)

图 12.28　CSI 形成的飑线　1975.05.06　内布拉斯加

(a)当地时间 12:00[18:00 时(UTC)]的可见光云图，地面资料标示在图中(温度和露点单位为℉；气压以 0.1hPa 为单位，取后 3 位数字)　(b)美国中部时间 1200 和 1500 的天气示意图，图中标有发生龙卷的位置以及两条锋面交点的轨迹[图中的 AB]

当天晚些时候雷达能够探测到沿静止锋出现的有组织的对流，同时使用卫星云图和雷达回波资料可以在整个对流风暴发过程中追踪到冷锋(随后发展成飑线)和静止锋的位置及其移动。我们需特别注意两条锋面的交点，在交点处发展的风暴(通过对已有涡度的倾斜和拉伸)极易获得涡度，产生龙卷。图 12.28(b)表明：

(1)当地时间 1200 时，锋面的交点位于内布拉斯加州东北部靠近 A 点处；

(2)当地时间 1500 时，飑线已经东移而锋面几乎末动；

(3)交点向东南移向奥马哈市(B)，并伴有龙卷。

由原先的对流活动产生的低层外流边界与飑线或强雷暴区相交的地方也是强风暴的易发区。外流边界是低层边界的一种形式，由于它们与强涡度及辐合相伴，所以常常成为灾害性风暴和龙卷发生的地方。

图 12.29 是外流边界相互作用产生强对流天气的另一个例子。一个稳定气团 B（由先前的雷暴产生）覆盖着低层的层云及波状云，而另一个潜在不稳定气团 A 中有白天形成的积云。稳定大气中的波状云与不稳定大气中积云的交界区有一条边界。沿这条边界有由下垫面不均匀加热而产生的低层辐合、垂直风切变以及正在演变着的力管环流。西俄克拉何马一条有组织的辐合线 CC 与上述边界正在相互作用，相互作用形成的大雷暴 T 至少产生了两个龙卷以及一些下击暴流。

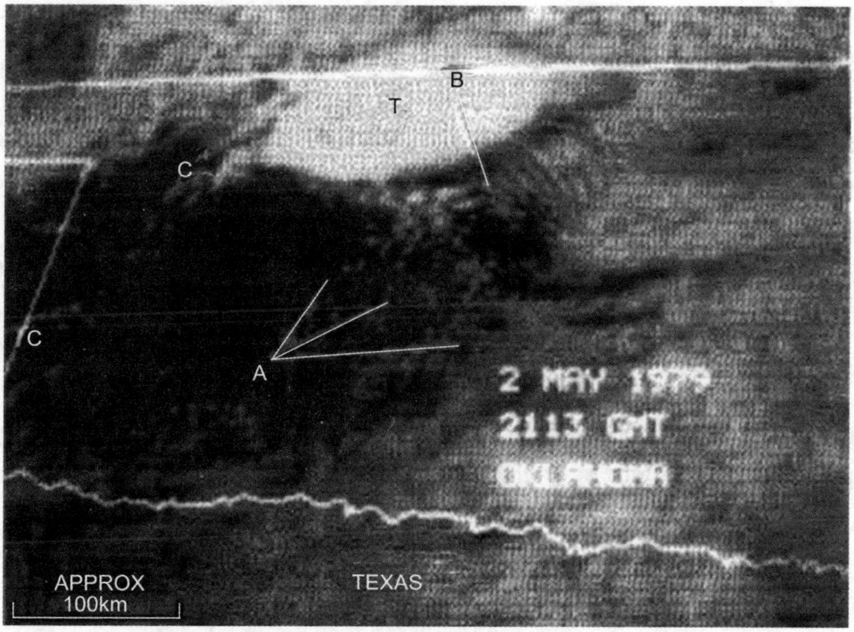

图 12.29　GOES 可见光图像（1979.05.02，地方时 15:13，分辨率 1km）

A 为不稳定区域，B 是稳定区。在 A 与 B 的交界线与辐合线 CC 相交时，产生了大雷暴 T

大雷暴 T 的雷达反射率因子图和多普勒速度图见图 11.8。在雷达反射率因子图中清晰地表明有钩状回波 H_1 和 H_2，与多普勒速度图中强的径向风切变相对应，这是一个强大的超级单体风暴。在日常业务工作（警戒及预报）中，我们可以：

（1）利用卫星云图和地面资料，确定雷暴边界的大致相交位置。

（2）利用高灵敏度雷达进行观测，当雷达与雷暴相距很近时能够确定雷暴的类型及其外流边界的位置。

（3）一定时间间隔的卫星云图可以用来追踪相交区域。

（4）利用这些信息，我们能够确定强对流天气如龙卷、冰雹、地面大风等可能出现的大致时间和狭窄地区。

§12.4 多普勒雷达探测下击暴流

通常情况下，云体中下部的下沉气流是由云体内部降水粒子的重力拖曳作用和云下的蒸发冷却过程共同引起的。这类下沉气流速度范围从热带海洋性积雨云的1m/s左右到中纬度强风暴的大于20m/s，水平尺度范围从无降水积云的几百米到强降水风暴的十几千米。一般情况下，对流风暴下部下沉气流的出现都与地面降水过程密切相关。但当地面以上存在深厚的近于干绝热的大气时，由云底较高的积云中降下的雪幡也可以造成直到地面的强下沉气流。

强下沉气流在达到地面后受阻向四周水平辐散，形成强烈的阵性水平出流，所造成的低空风切变，可能对飞行安全构成极大的威胁，还可能对农作物、林木、建筑物等造成严重破坏。在美国，已确定有多起重大空难事故与风暴的强下沉气流及其辐散出流造成的强低空风切变直接有关。

下击暴流是一类较强的下沉运动，这类下沉运动可在地面附近产生破坏性辐散出流暴流。Fujita等从1970年代中期开始，利用飞机、多普勒雷达及地面监测网对下击暴流进行了系统的研究，在下击暴流的结构、类型、母云种类、灾害特征等方面作了奠基性研究。最早的外场观测计划"北伊利诺伊下击暴流气象研究（NIMROD）"开始于1978年夏季，该计划使用了三部多普勒雷达和27个便携式自动气象站（PAM），在42天的观测中共获得50份下击暴流资料。另一次有影响的外场计划"联合机场天气研究计划（JAWS）"1982年在科罗拉多州的丹佛实施，在86天中取得186份资料。

12.4.1 下击暴流的一般概念

12.4.1.1 下击暴流的定义及分类

下击暴流定义为能够产生近地面破坏性水平辐散出流的风暴下部强下沉气流。根据破坏性水平出流的尺度又分为两类：

（1）宏下击暴流：最大出流水平尺度超过4km的较大下击暴流。这类下击暴流的水平出流速度峰值可高达60m/s，持续5～30min，在地面引起范围宽广的龙卷状破坏。

（2）微下击暴流：最大出流水平尺度小于4km的下击暴流，水平出流速度峰值可高达75m/s。其跨地面辐散中心的峰—峰多普勒速度差必须超过10m/s。由于微下击暴流水平尺度小，低层可出现相当大的水平风切变，因而这类下击暴流对飞行安全危害极大。

12.4.1.2　微下击暴流的基本分类

根据微下击暴流是否伴随显著地面降水，又可分为干、湿两类：

(1)湿微下击暴流：在微下击暴流生命时段地面累计降水超过 0.25mm。这类湿微下击暴流通常出现在潮湿区域，并与强降水相联系。在 NIMROD 计划中观测到的微下击暴流中 64%属湿型，而 JAWS 计划中(丹佛地区)只有 17%的湿型微下击暴流。

(2)干微下击暴流：没有降水到达地面或累计降水量小于 0.25mm 的微下击暴流。这类微下击暴流多发生在较干燥地区的云底较高的积云之下，云下环境通常是低湿度并有 3～4km 厚的近干绝热层。从云底掉出云外的冰晶雪晶在到达地面之前就已完全蒸发掉，下沉气流主要通过相变冷却过程驱动，并有足够的强度到达地面。

12.4.1.3　下击暴流的结构

下击暴流中的冷下沉空气在到达地面后向四周径向辐散开，形成近轴对称的出流。图 12.30(a)是下击暴流流场结构图，可以看到在出流前沿有一水平环状涡管存在，在涡环下方近地面水平速度达到极大值。图 12.30(b)中还同时给出了典型龙卷的结构特征，可以看到两者之间的显著差别。龙卷的涡管垂直，地面风呈涡旋状向内辐合，中心为低气压。而下击暴流地面气流向外径向辐散，中心相对为高气压。

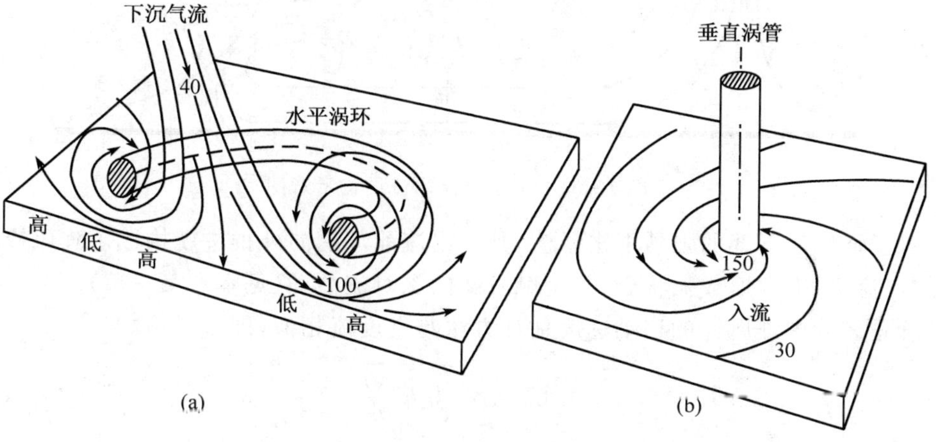

图 12.30　气流和涡旋结构模型(Fujita,1985)

(a)微下击暴流　(b)龙卷　图中数字单位为海里

下击暴流的水平出流运动多数情况下无旋转特征。但上方的下沉气流轴却经常会嵌在小尺度(4～40km)的涡内。Fujita 在 JAWS 计划中观测到这种涡旋运动有 90%是气旋式的，10%是反气旋式的，他称其为“Mesocyclones”。在图 11.30 中还标出了地面气压相对高低中心的部位，气压从中心向外呈现高—低—高的变化趋势，低压对应于最强的地面出流。Fujita 利用伯努利理论解释了这种气压型的成因。根据伯努利理论，在无摩擦流管中总气压等于静压与动压之和，其中动压与流体速度平方成正比。于是在地面强出流部位出现了静压极低值，而在中心静滞区以及强出流外部低风区则相对为高压。

一般来说，下击暴流会造成一个地面冷空气堆，其辐散出流要比环境温度低。JAWS 计划期间地面 PAM 站记录到的一次下击暴流过程，在地面最大风速达到之后的 2min 内温度降低了 2.5℃。该计划期间还观测到超过 −9℃的强地面降温。然而在实际环境中也有相当多的下击暴流造成的地面变温属暖性，干湿两类都有此种情况出现。这类暖性下击暴流出现在下部不利于有效蒸发的环境中，下沉气流借助向下动量到达地面，同时压缩增温。

12.4.1.4 低层辐散出流的细致结构

图 12.31 是一个典型冷性下击暴流的地面出流细致结构模型。出流层厚度 h 约在 500～2000m 之间，冷出流前部是一个卷轴结构。由于地面摩擦阻力，出流空气在前缘处向外突出，类似"鼻"状。"鼻"后部出流边界向上隆起，称为"出流头"，"头"后部是下沉尾涡。

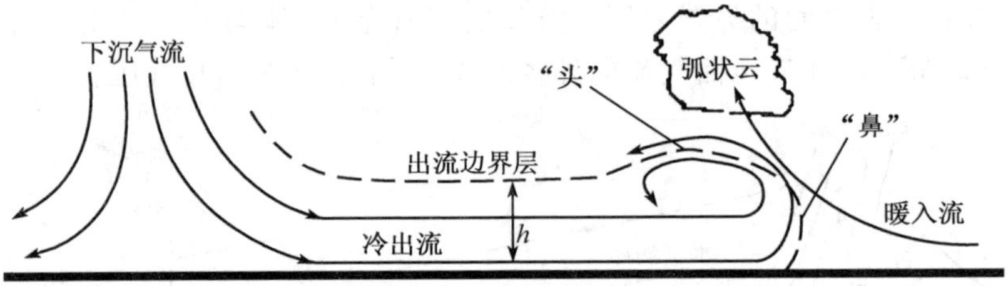

图 12.31 下击暴流出流结构示意图

对于强风暴下部的强烈下击暴流，其冷出流前部的向外推进就构成了阵风锋，并通常在"出流头"上方形成弧状云，甚至触发新的深对流活动(见本章第三节)。

静止环境中阵风锋的移动速度估计方法与密度流相似，即

$$C = K\sqrt{gh\frac{\overline{\Delta\theta}}{\theta_0}} \tag{12.9}$$

式中 $\overline{\Delta\theta}$ 是在出流厚度上平均的内外位温差，θ_0 是地面平均状态位温，h 是出流层厚度，K 是 Froude 数，取值范围在 0.7～1.1，典型值 0.8。C 的典型值约 10m/s，部分观测值可超过 20m/s。计算 C 的另一个更好用的公式是

$$C = K\sqrt{\frac{\Delta p}{\rho_0}} \tag{12.10}$$

式中 Δp 是出流内外地面气压差，ρ_0 是空气密度。

在有环境风存在时，C 的计算公式订正为

$$C' = C + \alpha\bar{u} \tag{12.11}$$

式中 $\bar{u}$ 是出流层(h) 平均的环境风在阵风锋移向上的分量，α 是一个经验常数，一般取 0.672。

12.4.2　影响下击暴流强度的因素

12.4.2.1　环境因素

影响下击暴流强度的环境因素主要是云下温、湿特性，以及云中 0℃融化层高度。Proctor 对一组实际风暴环境探空资料进行灵敏性数值试验后，概括出影响下击暴流强度的主要环境参数有 5 个，即云下干绝热层厚度、融化层高度、融化层以下平均温度递减率、融化层水汽混合比、以及 1km 高度水汽混合比。融化层高度可近似看作为下沉气流起始的高度，后两个参数实际上代表下击暴流顶层和低层的湿度。

Proctor 的试验结果表明，高融化层、高平均温度递减率和较厚的云下干绝热层都有利于增强下击暴流。此外，对于湿型下击暴流，在上述有利的温度廓线下，上层非常干而下层相对较湿的湿度配置亦对下击暴流有很大的增强作用。

12.4.2.2　微物理因素

除环境条件之外，降水粒子的种类、降水强度、以及粒子尺度都对下击暴流的强度有影响。一般而言，冰雹和较大雨水有利于驱动湿型微下击暴流。尤其是冰雹，可以在相对稳定的环境中有效驱动下击暴流。而在云底较高的云中降落的雪晶对产生干型微下击暴流最为有利。此外，较大的降水含量和较小的降水质点尺度对下击暴流都有增强作用。小滴由于其面积与体积之比超过大滴，故在相同的含水量情况下小滴群更有利于蒸发冷却。

12.4.3　下击暴流的雷达回波特征

下击暴流可以产生严重的灾害。当它出现时，常拌有龙卷那样的呼啸声。在强的下击暴流和微下击暴流中，建筑物常常遇到只有在龙卷中才能出现的灾害。飞机起飞或降落时遇上下击暴流，往往在 30s 内失去空速，造成意外的飞行高度下掉，使飞机坠毁。

研究下击暴流个例的各种雷达回波后发现，大多数下击暴流常伴有钩状回波和弓状回波，如图 12.32 所示。下击暴流的位置通常在钩状回波的钩内或钩的周围。弓状回波是一种对流雷达回波的中尺度结构，这种回波线从一端到另外一端有 60～100km。回波线(带)由一个个对流回波核组成，其间有弱回波区或无回波区。弓状回波常常伴有中尺度对流系统(MCSs)，如嵌在所谓的线状回波波动模式(LEWP)内。如果将地面灾害和弓状回波综合分析，可以发现下击暴流出现在弓状回波的前沿，而最强的下击暴流可能发生在弓状回波中心的前部附近。弓状回波的演变如图 12.33 所示。这是一个包括有几个单体的带状回波，凸出部分的回波比其它两边的回波移动得快，结果形成弧状结构。在弧状结构的顶端，即波动顶端，地面出现下击暴流。

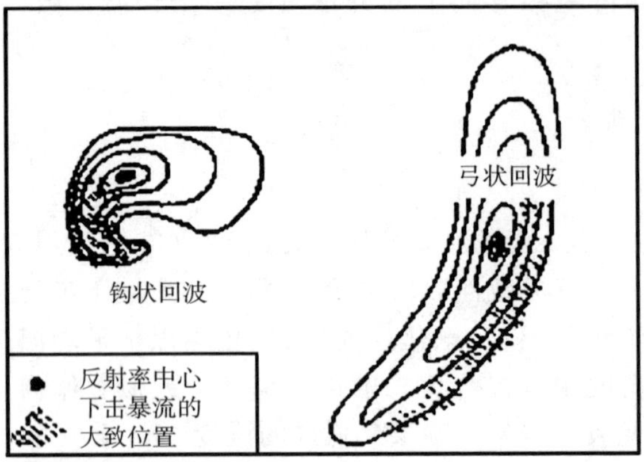

图 12.32 产生下击暴流的弓状回波和钩状回波示意图

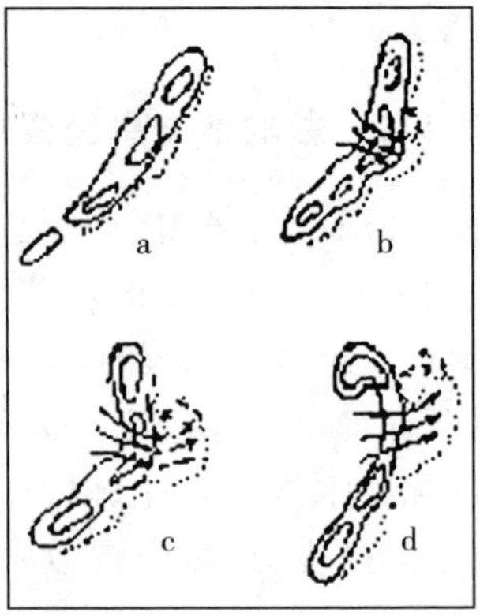

图 12.33 弓状回波的演变

图 12.34 是从一个强、大、高的对流回波逐渐演变成弓状回波、最后变成逗点状回波的过程，下击暴流在图中 A 时刻已在这个强大的单体内出现，强度随着弓状回波的发展而加强。当下击暴流达到最强时(图中 C)，回波的弓状就很明显了。由于回波中间向前突起，它的两端出现了气旋性和反气旋性运动。气旋性转动部分常常变成转动的头部，并且由于这种转动作用，经常诱导出伴随弱下击暴流的钩状回波(图中 E 时刻)。这时，回波整个看起来成逗点状，逗点的尾巴逐渐伸长，很像台风中的螺旋雨带。由于摆动很快，旧的尾部跟不上，因而在它的前面会有新的尾部形成，这时下击暴流已经减弱。

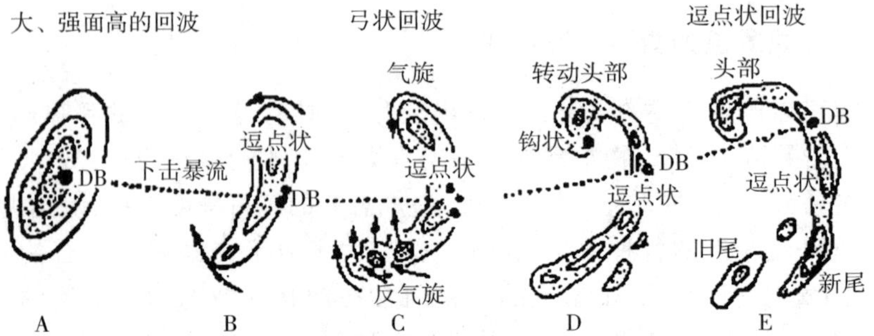

图 12.34 伴有强大下击暴流的雷达回波形态

图 12.35 是将弓状回波叠加在相应的红外云图上的图像。图中弓状回波非常清楚。

图 12.36 是图 12.35 中弓状回波的生命发展史。如同图中所示的典型情况一样，开始时回波呈块状或带状，而后是弓状，最后成为逗点状回波。这一过程前后持续几个小时。一般情况下弓状回波中部附近涌动的部分位于中尺度高压及地面强风区之前，它被认为与从尾部进入 MCS 的急流有关，而逗点头常常与中层中尺度气旋相联系。

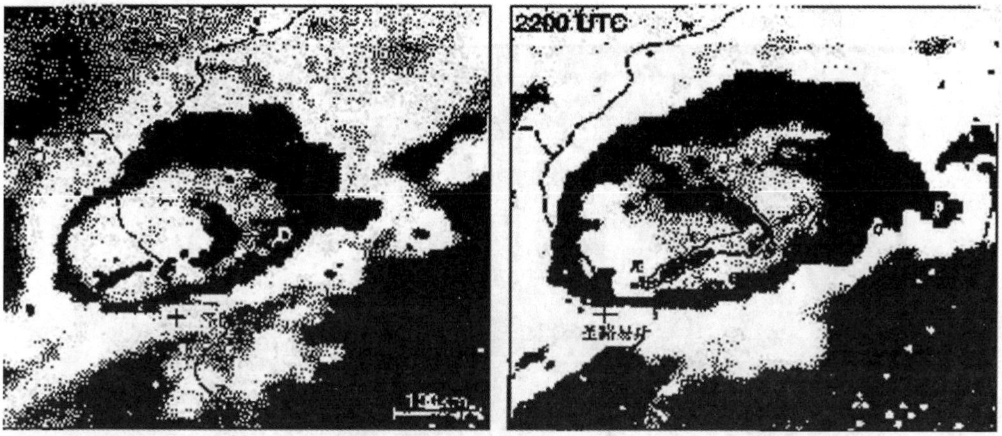

(a)　(b)

图 12.35　弓状回波叠加在相应的红外云图上　(1977.08.06,伊利诺伊)
(引自 Forbes and Wakimoto,1983)
(a)21:00(UTC,当地时间 1500)　(b)22:00(UTC,当地时间 1600)黑色部分是叠加上去的弓状雷达回波。被白色包围着的灰色区域是暖区,D 是下击暴流区的轴线

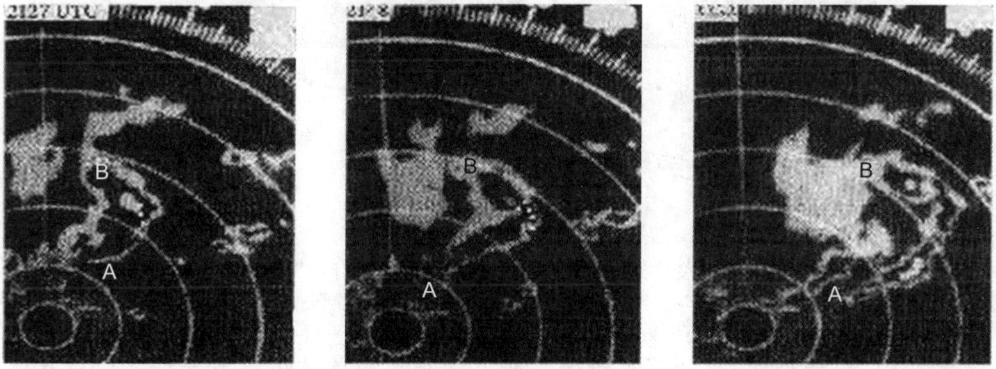

(a)　(b)　(c)

图 12.36　弓状回波的演变　(St. Louis,密苏里)　(引自 Forbes and Wakimoto,1983)
(a)21:27　(b)21:48　(c)22:22(UTC)。图中 AB 为弓状回波,白点是下击暴流和龙卷发生的地方。图中距离圈间隔 46km,仰角接近 0°

图 12.37 是一次微下击暴流在 7min 内(a,b,c,d)的演变过程实例。这个微下击暴流在多普勒速度图上是一对相距不足 4km 的方向相反的多普勒速度等值线圈。这对闭合等值线圈的方位几乎相同,正的径向速度离雷达站略远一些(Wilson and Roseli,1985)。下击暴流的这一多普勒速度特征结构与中尺度气旋(龙卷气旋)的多普勒速度特征结构的差异在于:下击暴流的一对正负闭合等值线圈沿雷达径向排列,而中尺度气旋(龙卷气旋)的一对正负闭合等值线圈沿雷达距离圈排列。图 12.37(e)表示了微下击暴流多普勒速度的形成机制。一般来说,速度随距离的增加(以离开雷达的方向为

正)意味着有疏散气流存在。

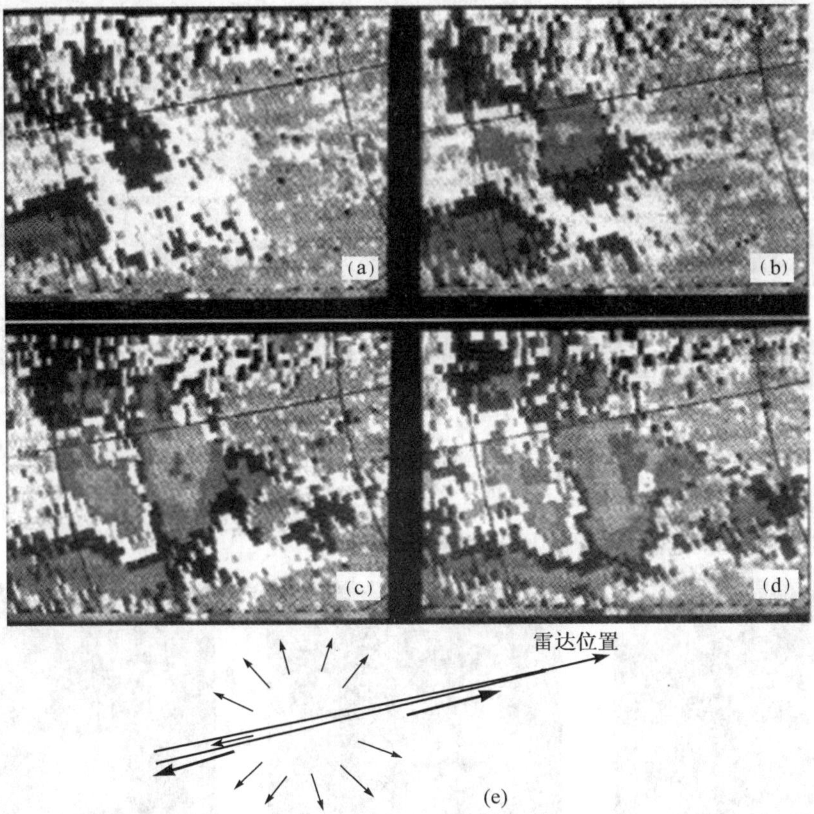

图 12.37 下击暴流的演变 (1982.7.14) [(c)和(d)引自 Wilson and Roesli,1985]
(a)15:41(当地时间,下同), (b)15:43, (c)16:46, (d)15:48 的多普勒速度图。AB 是下击暴流。图中距离圈间隔 10km。(e)多普勒雷达看到的微下击暴流,细箭头表示实际风场,粗箭头表示多普勒速度

当弓状回波出现时,可能伴有毁灭性强风和非超级单体风暴龙卷。所以弓状回波的探测及识别对于这类强天气的预报和警报十分重要。在雷达探测时,我们应特别注意到:

(1)与下击暴流相关的毁灭性强风有时会出现在弓状回波的涌区前沿,特别当这一区域与弓状回波中的活跃单体相对应时,情况就更是如此。

(2)与弓状回波相关的阵风锋会在雷达回波的前沿之前出现,这在弓状回波生命史的后期更是如此。当这种情况发生时,强风会先于强降水出现。多普勒雷达经常在弓状回波之前探测到强的阵风锋。

(3)伴随着强降水开始时出现的蒸发,微下击暴流很可能沿弓状回波的前沿出现(Wilson 等,1984)。

(4)当沿强阵风锋的涡度被个别对流单体的上升气流拉伸时会出现短暂的龙卷。

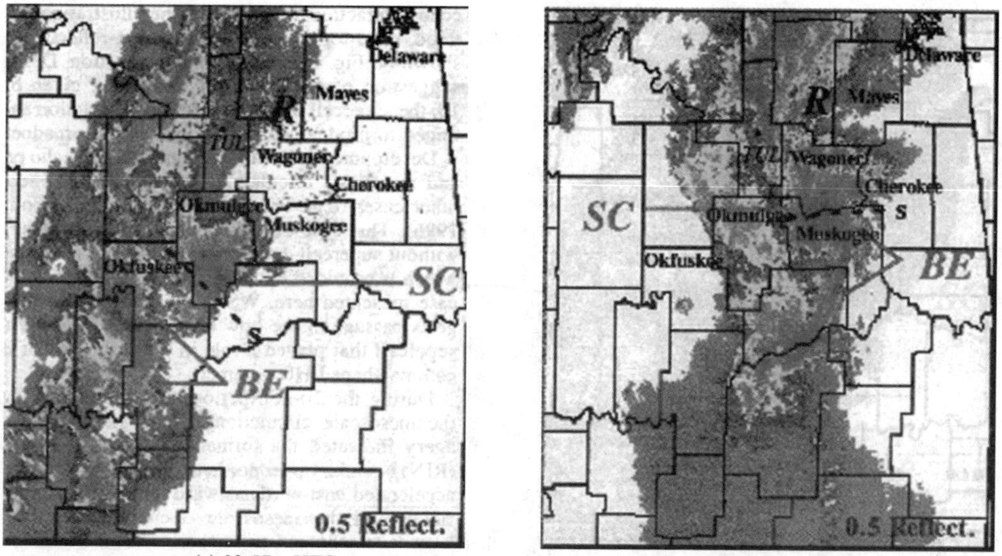

(a) 02:57　UTC　　(b) 03:30　UTC

图 12.38　弓状回波和超级单体相互作用(1995.4.17,Inola,俄克拉何马)
图中"SC"表示超级单体,"BE"表示弓状回波

这种龙卷常出现在微下击暴流的前沿和气旋性切变区。

最强的下击暴流和微下击暴流容易出现在弓状回波的中心区(穹隆区)(图 12.36(b)),这一过程往往发生在弓状回波发展的中期(涌潮期),而不是发生在清晰的逗点已发展起来之后。逗点回波的头部附近是个例外,那里中尺度气旋在高空发展。当强雷暴在这里发展并与中尺度气旋相交时,会出现形似超级单体的雷暴,这时出现下击暴流和龙卷的可能性大大增加。

弓状回波和超级单体也可能同时出现并相互作用,图 12.38 即是一个例子。在 1995 年 4 月 17 日,美国俄克拉何马州先是爆发二个产生龙卷的超级单体,以后一个弓状回波(图 12.38(a))追上前面的超级单体并相互作用(图 12.38(b)),超级单体迅速演变成一个大的、回波顶高度降低了的以强降水为主的超级单体(HP,high－precipitation),并有明显的逗点状特征回波,从而使强对流天气现象发生了实质性变化。

图 12.39 归纳了雷达回波和卫星云图上强对流天气出现时的特征。当这些特征出现时,强对流天气出现的可能性大大增加。图中的线状回波波动模式(LEWP)在许多方面与弓状回波相似,灾害性风常常出现在中尺度低压偏向赤道一侧的涌潮区。

从多普勒雷达探测到微下击暴流到其成熟仅有几分钟的时间,因此,对它出现的准确位置仅能作时效极短的临近预报。一般微下击暴流能够被跟踪探测的时间总共不超过 15min。在微下击暴流或较之稍大的下击暴流即将触地之前,在雷达回波上常常能

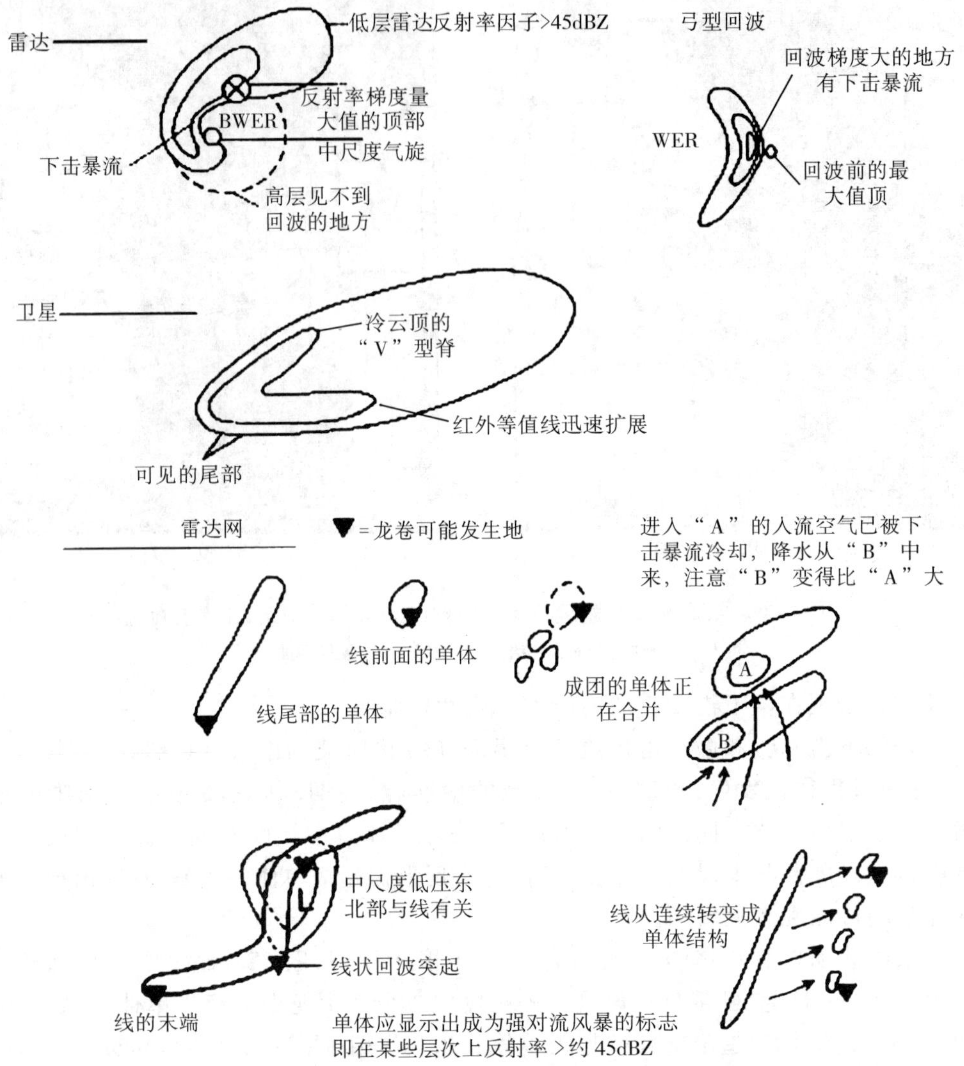

图 12.39 在雷达回波和卫星云图上看到的强雷暴示意图(McGinley,1986)

WER 是弱回波区,BWER 是有界弱回波区,它紧邻钩状回波区。LEWP 是线状回波波动模式

见到一些先兆,这些先兆包括:

(1)在多普勒速度图上有强的高空涡旋,中尺度气旋的加强便是其中最明显、最有指示性的一种;

(2)雷达反射率因子强中心位置急速下降;

(3)在下塌着的雷达反射率因子强中心顶部,多普勒速度图上出现辐合;

(4)多普勒速度图上辐散随高度的降低而减小。

§12.5　多普勒雷达探测飑线

12.5.1　飑线的雷达回波特征

飑线是一种带(线)状的中尺度对流系统,是非锋面的或狭窄的活跃雷暴带。它是一种深厚的对流系统,其水平尺度通常为几百千米,典型生命期约6～12h,远大于雷暴单体的生命期。它包括雷暴,以及非对流(层状)的降水区。镶嵌在飑线中的强雷暴常常引起局地暴雨和灾害性强风,在中纬度,强雷暴还常常产生冰雹甚至龙卷。因此,飑线,尤其是飑线上的强雷暴,是天气雷达探测中最受关注的回波型。

12.5.1.1　飑线的形成

根据雷达探测,飑线的形成大致可以分为四类,如图12.40所示。

1. 断续线型

在低层辐合带上,当对流发生的条件成熟时,在中尺度系统如切变线等的组织下,沿辐合带不断生成小的对流单体。这些小的对流单体一面发展,一面逐渐弥合组成一带状对流回波带并向前移动,成为飑线。这类飑线通常出现在大的理查逊数和弱的风垂直切变环境内,因此系统内的单体很少出现传播。

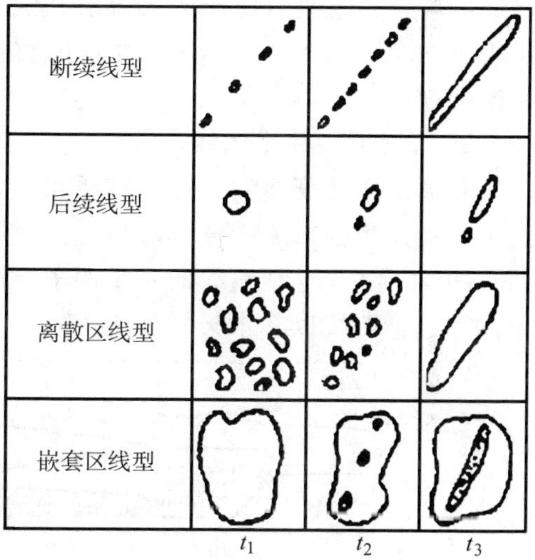

图12.40　飑线形成示意图

2. 后续线型

在低层辐合区的某一部分不断有对流单体生成,或在老单体后部生成新单体并与老单体合并,移出的单体不断发展、成熟,最后形成飑线。这种情况通常认为低层辐合区的某一部分是一个回波发生源。由于这里有持续的气流辐合,所以不断有新单体生成,然后沿引导气流移出。这时的环境特征是有大的理查逊数和强的风垂直切变,因而单体的传播作用明显。这种情况多发生于特殊的边界层气流辐合区,它可以是特殊地形,也可以是某些天气系统,包括中尺度天气系统的某些特殊部位。

3. 离散区线型

这种飑线多发生于中纬度斜压性较大的锋面气旋的暖区。由于暖区内层结不稳定,小的对流单体大片零星生成,一旦受到某种中尺度系统的组织,这些零星对流单体集合成带，向前移动或传播，成为飑线。

4. 嵌套区线型

中尺度对流回波带嵌在大片降水区中而形成飑线。这种飑线回波带上的对流发展不会很强，但对流回波带经过时地面气象要素有飑线的特征，因此仍然可以归之于飑线类。这类飑线较多地与强降水相联系，它类似于暖锋回波带或宽的冷锋回波带。

12.5.1.2　飑线的分类

1. 锋前飑线

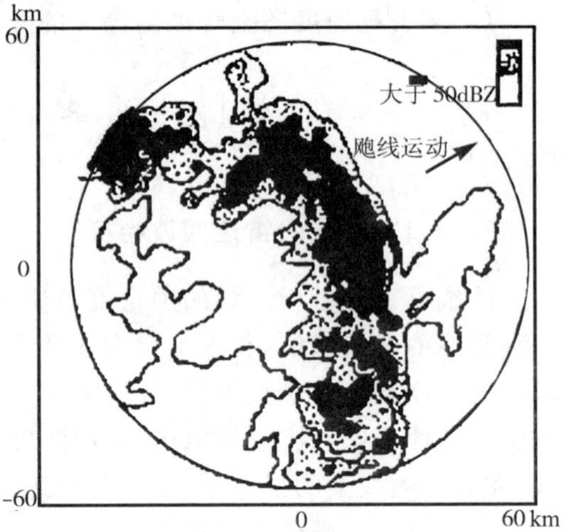

图 12.41　飑线的低层(0.5～1.5km)回波型

锋前飑线沿着一条与强的中纬度气旋相关联的冷锋或在冷锋前形成，它通常在气旋的暖区。这里有深厚的对流层和强的风垂直切变。图 12.41 是一条飑线的雷达回波图。由图可见，强的对流性回波集中于系统的前沿。

2. 普通的中纬度飑线

普通的中纬度飑线与锋前飑线相比，它的强度要弱，水平尺度小，生命期也短。它们也可能产生强对流天气，但出现的概率要小得多。它们可能与锋面气旋无明显的关系。图 12.42 是这种飑线的一个例子。从图中可以看出，回波系统前沿没有强的对流单体。这类飑线以降水天气为主。

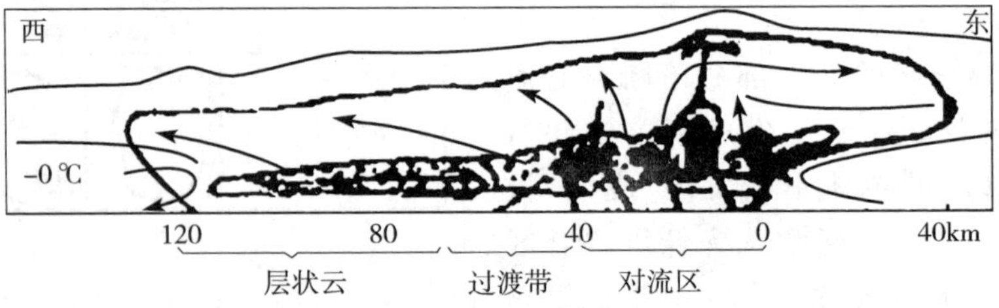

图 12.42　飑线系统垂直剖面图

12.5.1.3　飑线的雷达回波特征

当大气不稳定，风向随高度强烈顺转，风速随高度增加，高空同时有向东移动的强槽配合时，常常出现伴有强对流天气的有组织的飑线。在飑线形成之前在卫星云图上经常能够看到积云带在地面辐合带(区)中发展，而这种地面辐合带(区)可能是露点锋、锋区或锋前辐合区。图 12.43 是 1991 年 4 月 26 日美国堪萨斯州和俄克拉何马州出现

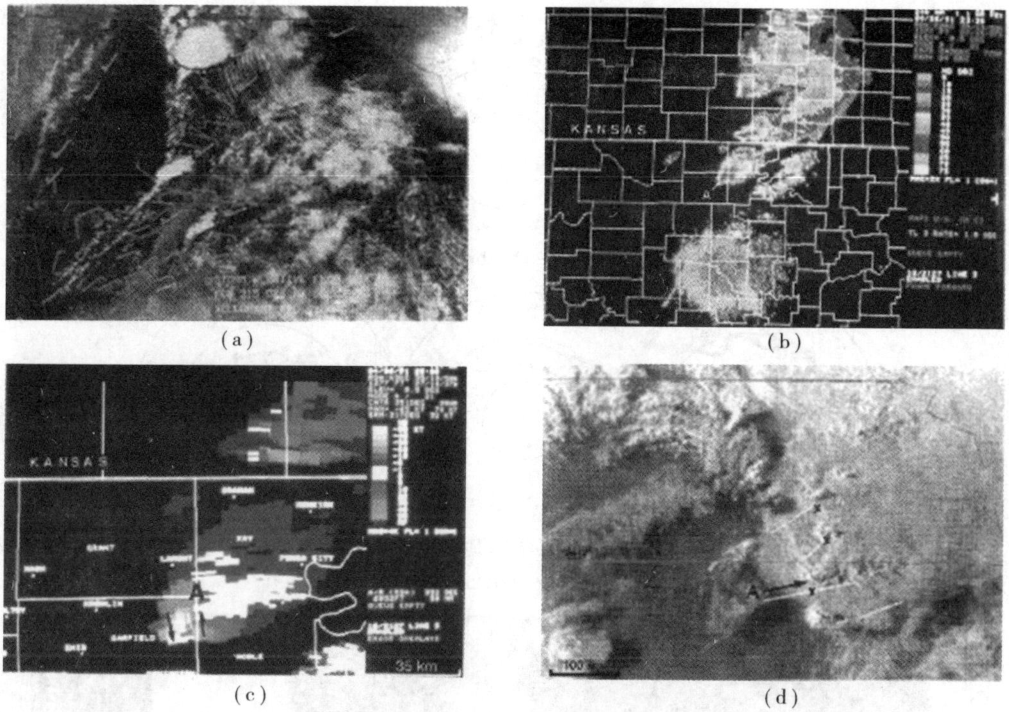

图 12.43　飑线(1991.04.26,俄克拉何马)

(a)12:46(UTC)时的可见光云图和相对于风暴的云迹风；　(b)17:28(UTC)时的雷达回波,A 点有一个大雷暴,强回波区 50～60dBZ；　(c)同一时刻的多普勒速度图,风暴 A 中有清楚的龙卷气旋(不同方向的箭头所示)；　(d)18:00(UTC)时 GOES 卫星分辨率 1km 的可见光云图上 A 的形态,×处是龙卷在地面上的位置,黄线表示龙卷轨迹

的雷暴,是典型的伴有地面露点锋、高空有支持强对流的机制(深槽)、有强的风垂直切变的形势。在图 12.43(a)上,露点锋西侧为晴空区,东侧为积云区,在飑线发展之前几小时,露点锋上辐合区中就有一个清晰的对流带。图 12.43(b)是这条飑线的雷达回波,飑线上的超级单体 A 的西南端有钩状回波。在图 12.43(c)上,钩状回波处有强的径向风切变,是龙卷气旋的标志。在图 12.43(d)上,超级单体 A 出现由强烈上升气流所产生的上冲云顶(A 处的亮点),产生的强龙卷路径也在图中标出。

如上所述,飑线是一条活跃雷暴带,它的总体特征和出现的强烈天气是带上单个雷暴的特征和天气的总和。对于飑线中的强风暴,其雷达回波特征主要有:特强的雷达反射率因子,与中尺度气旋以及超级单体相伴随的钩状回波,多普勒速度图上的中尺度气旋以及龙卷涡旋特征(TVS)等。

图 12.44 是 1974 年 6 月 17 日华东地区一次强飑线过程的雷达回波演变图。在当天的强不稳定形势(阶梯槽)下形成的这条飑线上对流活动强烈。雷达回波呈现典型的

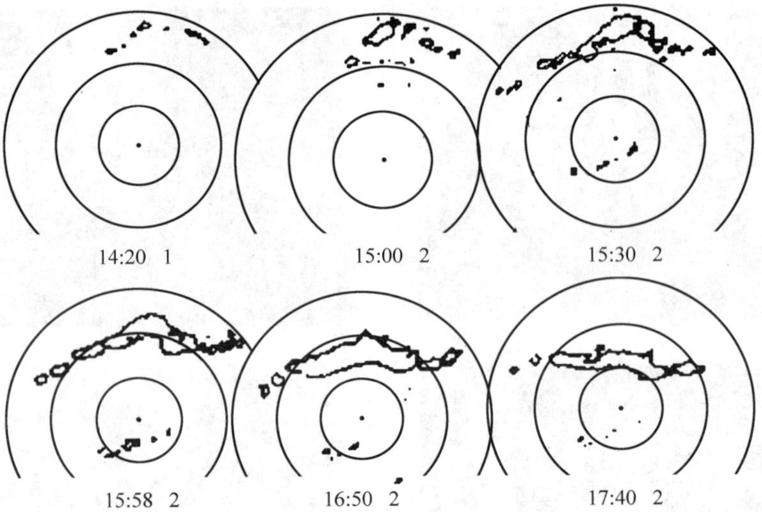

图 12.44　华东地区强飑线

（1974.6.17. 合肥　0dB　距离每圈 100km）

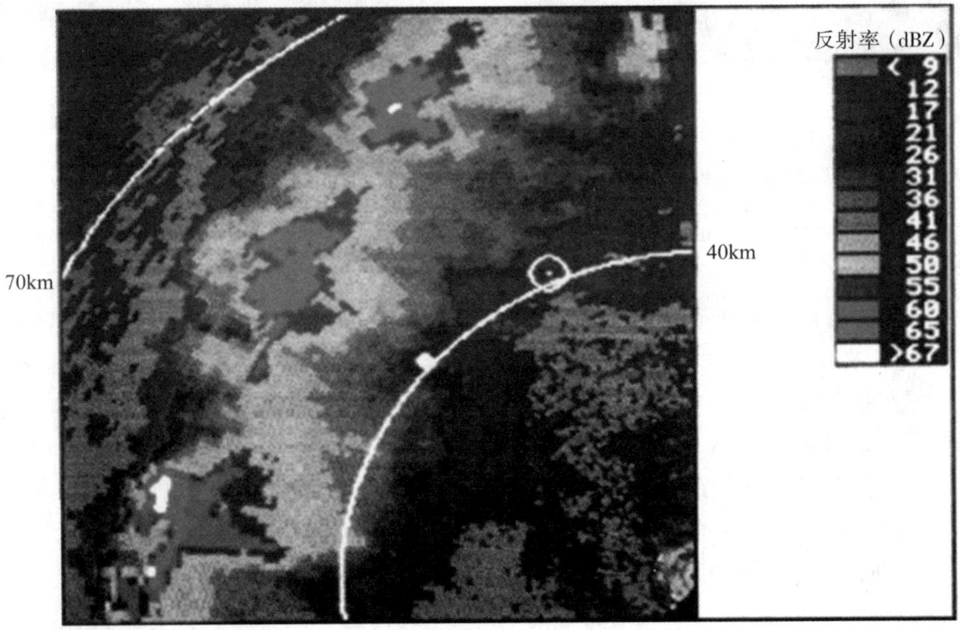

图 12.45　含有 3 个雷暴单体的飑线(1984.04.26,20:42,UTC)

“人”字形波动(LEWP)，在飑线上特强回波经过的地方，出现了冰雹、局地暴雨、灾害性强风(南京阵风超过 40m/s)等严重的灾害性天气，造成了巨大的经济损失。

图 12.45 是一条西南向东北运动的飑线，雷达距离圈的间隔为 40km。图中，3 个主要的雷暴单体的面积约 15～20km²。在少数几个地方有低层强回波沿雷达径向方向拉长，形成辉斑回波，表明可能有冰雹出现。比图 12.45 晚 10 分钟的多普勒速度图显示，飑线流出的下沉冷空气形成的辐合线位于距雷达站 30～50km、高 500m 处，辐合线在主要降水区的最东缘。

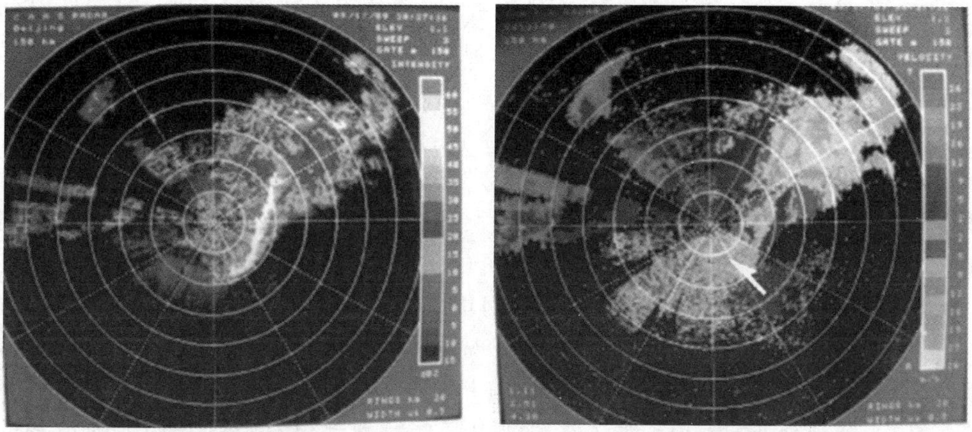

(a) 雷达反射率因子　　(b) 径向速度

图 12.46　飑线(1989.09.17，20:27:14，北京)

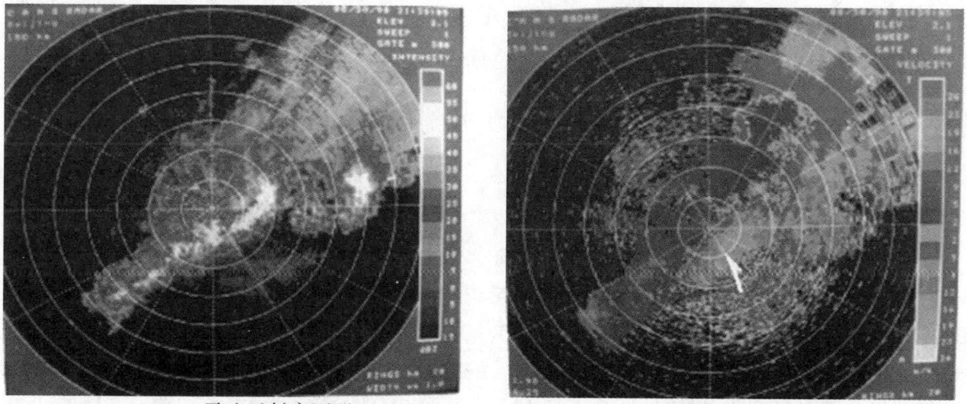

(a) 雷达反射率因子　　(b) 径向速度

图 12.47　飑线(1990.08.30，21:39:05，北京)

图 12.46 是一条飑线的带状回波。由图可见，回波带长 100km，宽 8km，中心强度 55～60dBZ。多普勒径向速度场表明，带状回波前沿的前部为 5m/s 朝向雷达的速度，后部为离开雷达的速度，沿回波带前沿是一强辐合区，在其带状西南端后部有一片 16～23m/s 的离开雷达的大风区(箭头所指)。当天北京地区和张家口地区出现了雷雨、大

风和冰雹天气。

图 12.47 是另一次飑线过程。飑线强度 Z_{max} 为 55～60dBZ,移向东南,移速 60～70km/h。与强回波区相对应,回波带前沿有强辐合区。在速度图上,16～23m/s 的大风区位于测站的东南方(箭头所指)。

飑线一般移动比较快,通常在 40～50km/h 左右甚至更快。但当大气处于不稳定状态,有移动缓慢或静止不动的高空深槽出现时,槽前水汽得以扩展到深层,此时的槽会逐渐演变成副热带系统,使深层水汽输送到飑线区。在这种情况下形成的飑线尽管有些时候一些单体沿飑线较快地移动,但总的说来飑线还是移动缓慢。

在环境大气中,只要具备了不稳定性、合适的水汽分布以及某种触发条件,就有可能出现对流并发展成雷暴,如果具备某些特定条件,则发展的雷暴就具有不同的特性,并产生相应的特殊强对流天气。例如,如果上升运动强烈和风垂直切变大,就有可能形成超级单体风暴,除了出现地面强风外,还可能出现大冰雹;如果上升气流出现旋转特征,雷暴中形成中尺度气旋(龙卷气旋),则可能有龙卷等更强烈的旋转风。由于大气中的水汽含量不同,超级单体风暴除了可能出现强风、冰雹、龙卷外,还可能出现局地暴雨(高降水的超级单体风暴,HP 型)。因此,在飑线的雷达回波分析中,除了应注意飑线的整体结构、特征外,还要更多地注意飑线上某些特殊部位有特殊结构的强雷暴的特征,如飑线前凸处(弓状回波,与地面强风,如下击暴流相联系);回波带的"人"字形顶部(强烈的气流辐合和可能的中尺度气旋形成区,与冰雹、地面强风、龙卷相联系),有钩状附属物的超级单体风暴(与冰雹、地面强风、龙卷、局地暴雨等相联系),有辉斑回波(TBSS,与大冰雹相联系)等,这里是出现地面强烈天气、造成重大灾害的主要区域。

本 章 小 节

详细描述了冰雹云的前期发展特征,以及冰雹云在 PPI、RHI 上的各种回波特征。给出了龙卷强度的 FFP 等级,龙卷母云内部的中尺度气旋一龙卷气旋的特征,典型的龙卷母云的雷达回波模式,以及产生龙卷的特殊云型一楔状云系、旋转雷暴特征。雷暴的边界层出流一外流边界除了直接产生地面强风外,还能在某些特殊环境中与其它中尺度系统相互作用形成新雷暴,产生更强烈的对流天气。讨论了这种外流边界的探测理论、与弧状云线的关系、新雷暴的产生,对流尺度相互作用过程。给出了下击暴流的定义、分类和结构,讨论了影响下击暴流强度的因素,归纳了产生下击暴流的强雷暴的回波特征。描述了常见的中纬度飑线的形成、种类和它的雷达回波特征。

第十三章　多普勒雷达探测暴雨

§13.1　概　　述

13.1.1　产生暴雨的雷达回波一般特征

13.1.1.1　雷达回波产生暴雨的条件(基本参数)

某一地区(点)的降水量 $R=$ 降水强度 $\times$ 降水持续时间。如果要降水量足够大并达到暴雨标准,则要么降水强度大,即降水回波强度大;要么降水时间长,即该地较长时间有降水回波覆盖;或者两者的综合。

在雷达探测上,要满足上述条件,从降水强度来说,必须:

(1) 有强回波($Z\geqslant 45$dBZ)。如出现对流大单体中的强雷暴,超级单体风暴,多单体风暴等。

(2)有一定降水能力($Z\geqslant 30$dBZ)、有特殊结构的中尺度回波系统。如出现中尺度对流回波带(包括飑线),涡旋状结构的螺旋雨带回波、涡旋带状回波等。

(3)回波的降水效率高(积层混合型回波)。

从延长降水时间来说。

(1)有降水回波多次经过该地。例如有多条对流回波带的回波场,多个雷暴单体聚在一起的弥合型雷暴群等。

(2)降水回波在该地长时间停留。例如对流单体移动缓慢、近乎停滞的时候,这种情况通常在风随高度有逆切变时容易出现。另外,在风随高度有逆切变时,对流单体形成后移入“合适的环境场”,由于这个特殊的“合适的环境场”的作用,使移入这里的对流单体得到强烈发展,形成大雷暴(群)并被“锁”在这里,同时还有新的小单体不断移来并入(如图 11.22 所示)。这时大雷暴(群)准稳定地维持,被它覆盖的地区暴雨如注,往往在 2 小时左右降水量达到 200mm 左右,造成山洪暴发、泥石流等灾难性天气。1976 年 7 月 23 日 10 时至 14 时,北京市密云县北部及与之毗邻的河北省滦平县南部发生的局地强暴雨,强降水中心最大过程降水量接近 300mm,一小时最大降水量超过150mm,就是由于当地有一个尺度约 40km 的涡旋,大对流单体在这里停滞时,还有小单体不断并入造成的。这种“合适的环境场”可以是特殊的地形,如山脉迎风坡上;也可以是准稳定的低层流场辐合中心。从雷达上回波的发生、发展来看,大气中好像有一个回波的发生源、汇存在，回波发生源中不断有新单体生成、移出，在它们并入大雷暴(汇)后产生持续(相对于对流单体降水)的强降水。

13.1.2 产生暴雨的主要天气系统

在天气系统内，有一定强度的各种回波单体，在天气系统的配合下，组织成各种中尺度回波系统，产生暴雨。在我国，产生暴雨的主要天气系统有如下几种。

13.1.2.1 锋面气旋暴雨

通常，与地面锋对应的主要是对流回波带。在锋面气旋的各个部位，都可能出现回波(系统)，它们是否能产生暴雨，要看当时的大气条件和回波的强度和组织情况。详细说明见第十五章雷达探测锋面系统。当冷锋南下变为准静止锋时，由于降水时间的延长，特别容易形成大的降水量，华南静止锋、梅雨锋暴雨是典型的例子，梅雨锋暴雨后面将要详细讨论。

13.1.2.2 台风暴雨

暴雨是台风的主要天气现象之一。在台风降水中，暴雨主要出现在：

(1)台风中心附近，台风的螺旋雨带(包括台风眼壁的强回波)区。

(2)在台风强降水区内，降水强度也不是一样的，暴雨在台风环流的切变线区尤其强。

(3)台风倒槽内。台风倒槽暴雨出现在远离台风中心的气压场的倒槽内，主要是对流性暴雨。

13.1.2.3 切变线暴雨

低空的切变线(包括沿切变线的低涡)是产生低空辐合的主要区域(系统)，切变线低涡是我国主要的降水天气系统。据多普勒雷达观测研究，暴雨主要出现在切变线低涡的东南气流里。

在其它天气系统中，只要条件适合，都可能出现强回波(系统)，产生暴雨。

因为暴雨都与对流活动或对流活动的增强有关，因此与对流活动最密切相关的低层辐合(切变)线(区)、涡旋流场等的探测成了预期对流是否发生、发展的关键。由于多普勒雷达能探测到降水区(有时候一定范围的晴空区)内的流场，因而在暴雨的研究和预报工作中，多普勒雷达的作用越来越受到重视。

§13.2 多普勒雷达探测梅雨锋暴雨

梅雨期降水通常包括梅雨锋降水和梅雨锋南侧的暖区降水，以及梅雨形势下的降水。暖区降水主要指暖区小范围对流单体(积云和积雨云)降水。我们这里主要讨论的是与梅雨锋有关的降水，特别是暴雨等强降水。在梅雨期，有时还有江淮气旋活动。当江淮气旋强烈发展时，江淮气旋暖区里有时还会出现飑线，但这种强对流天气不在这里讨论。

梅雨锋是天气尺度系统。在卫星云图上，它是长几千千米、宽几百千米的大型锋面云带。梅雨锋云系主要由层状云构成。它常常产生弱的准稳定性降水。当梅雨形势下或梅雨锋上出现中尺度系统，如 850hPa(700hPa)切变线、低涡，地面(或边界层)中尺度气旋(涡旋)、中尺度辐合线(区)、中尺度低压等中尺度扰动时，相应一些地区出现对流活动，在梅雨锋层状云系内形成对流云(积云和积雨云)，这些对流云降水在中尺度系统的组织下构成中尺度对流回波系统，与梅雨锋云系一起构成所谓的积层混合型降水，使梅雨锋降水增幅，降水量大幅度增加，产生暴雨甚至大暴雨，是我国影响范围最大、造成的洪涝灾害最严重的降水天气系统。

13.2.1　梅雨锋降水雷达回波的分类

从雷达探测的角度看，根据降水回波的形态以及组织化情况，梅雨锋降水回波型可以分成四类。

13.2.1.1　带状回波

(1)大型梅雨锋降水回波带

天气尺度的梅雨锋降水主要是层状云降水，它的范围与梅雨锋有关，大型降水带通常有几千千米长，几十到几百千米宽，需要多部天气雷达联合探测才有可能获得全貌。目前国内天气雷达对梅雨锋的探测研究，几乎都是对梅雨锋的某一部分，特别是主要的强降水区进行。在梅雨锋降水回波带内，层状云降水回波的强度大约在 10～30dBZ，它们虽然是准稳定性降水，但回波结构是不均匀的(图 13.1)，其地面降水也是不均匀的。

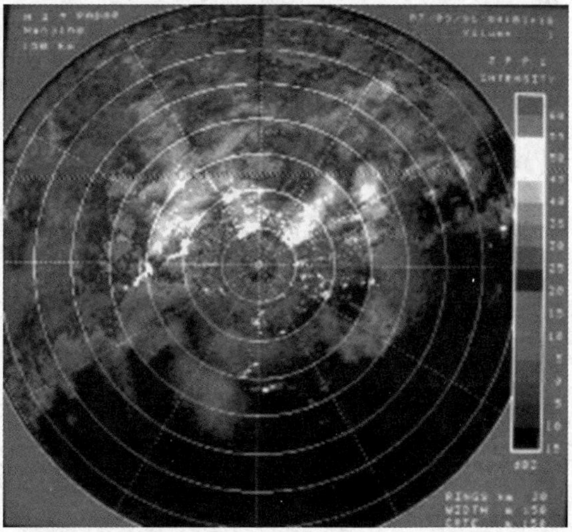

图 13.1　梅雨锋降水回波(1991 年 7 月 9 日，04:01:10，南京气象学院)

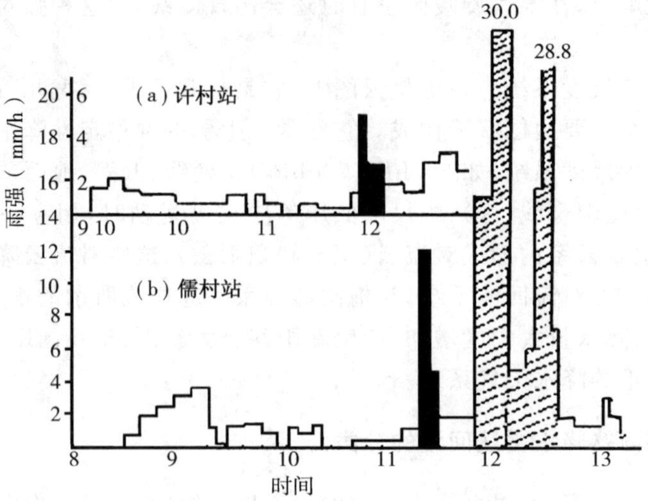

图 13.2　1980 年 7 月 5 日层状云降水的雨强变化

图 13.2 是两个雨量站一次层状云降水的雨强一时间变化情况。图中黑色区为强区 A 降水，点影区为强区 B 及其内对流单体降水，其它是层状云降水。从图中可以看到降水的时间分布是不均匀的，有明显的起伏。为了定量分析层状云的降水特点，黄美元等把层状云分成表 13.1 中的 A，B，C 三种情况。对这三种层状云各取一个降水过程；由单站自计雨量资料计算 10min 平均雨强 $R_i(i=1,2,3,\cdots,n)$。对于层状云 A，B，若序列 $\{R_i\}$ 的两端 R_i 与 R_{i+1} 相差不到 2.0mm/h，则舍去；对于层状云 C，若不到 0.5mm/h，则舍去。以 $\{R_i\}$ 为样本，求出单站下列各量：

最大雨强 $R_{\max}$：　$\{R_i\}$ 中最大者，即 $\max\{R_i\}$

平均雨强 $\bar{R}$：　$\bar{R}=\sum_{i-1}^{n}R_i/n$

雨强极差 S：　$S=\max\{R_i\}-min\{R_i\}$

起伏强度 μ：　$\mu=\dfrac{\sigma}{\bar{R}}$，其中 $\sigma=\sqrt{\sum_{i=1}^{n}(R_i-\bar{R})^2/n}$

列入下表的参量是一次降水过程的各站平均量（层状云 A、B）和单站值（层状云 C），雨强以 mm/h 为单位。作为比较，表中列入了 1962 年在南岳、泰山观测到的三次雷雨云降水的相同参量值，见表 13.1。

由表可见：

1）层状云降水是不均匀的，降水起伏强度 μ 可以超过 1.0，有时 μ 值可以和弱雷雨云差不多。

2）对流活动是产生强降水的主要原因。层状云中有对流单体，10 分钟平均雨强可达 15.0～20.0mm/h。

表 13.1　层状云降水起伏强度

	层状云 A (80.7.5)	层状云 B (80.7.6)	层状云 C 1980.6.18	层状云 C 1980.7.5	雷雨云		
R_{max}	20.1	15.8	1.8	7.8	44.5	133.2	47.6
$\bar{R}$	4.5	3.8	0.6	1.7	9.0	12.9	9.9
S	20.1	15.8	1.8	7.8	43.3	133.2	47.1
σ	5.02	4.33	0.43	1.74	10.09	30.65	13.66
μ	1.14	1.17	0.76	1.05	1.12	2.38	1.39
n	26.3	25.0	22.0	21.0	16.0	17.0	13.0
说明	* 云内有个别对流单体，亮带很不均匀，核强度大，为 30dBZ。 *6 站平均值：$\mu_{max}=1.42$，$\mu_{min}=1.00$，占 60% 的 $\mu=1.10$。	* 云内对流单体较多，无明显亮带，但有层强核，强度约 19.0dBZ。 * 14 站平均值：$\mu_{max}=1.75$，$\mu_{min}=0.83$，占 50% 的 μ 在 1.10～1.30 之间。	* 云内无对流单体，亮带不均匀，强度小，为 16.0dBZ。 * 单站（儒村）值。	* 云内无对流单体，亮带很不均匀，核强度为 30.0dBZ。 * 单站（儒村）值。	1962 年南岳、泰山观测资料，单站值。		

在台湾地区中尺度试验（TAMEX）期间，用多普勒雷达研究了 1987 年 6 月 8 日梅雨锋的中、小尺度结构，图 13.3 是垂直于锋面走向的有对流活动的梅雨锋雷达回波强度和径向速度分布。由图可见：

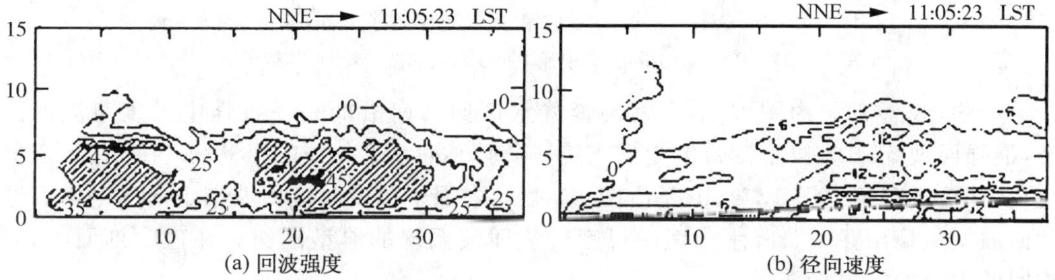

图 13.3　1987 年 6 月 8 日梅雨锋 RHI 上的结构

1）梅雨锋锋面较浅，在前部厚度仅 1km，5km 远处厚度 1.5km，然后变成准水平，高度约 7～8km，对流单体强度 45dBZ 左右；

2）VAD 显示表明，锋前南风 10m/s 突变为锋后强北风 13.5～17.5m/s。锋面抬升显然能触发和维持在有限条件不稳定环境中最大雷达反射率因子 40dBZ 的对流。

但是，1991 年 7 月 9 日的江淮地区梅雨锋暴雨情况与此不同。7 月 9 日 10 时后转为偏北风，梅雨锋内的对流回波明显减弱，梅雨锋只能维持 20～30dBZ 的层状云降水强度。少数例子表明梅雨锋有中纬度密度流的特征。

(2)中尺度对流降水回波带

根据 Rutledge 的定义,中尺度对流系统(MCS)是指持续时间至少几小时且在生命史内有明显对流活动的大范围降水系统(水平尺度 100～500km)。观测和研究表明,在梅雨锋(期)降水中,除了梅雨锋本身的降水外,主要的强降水都与梅雨锋的中尺度对流系统有关。

A. 中尺度对流回波带

a. 单带

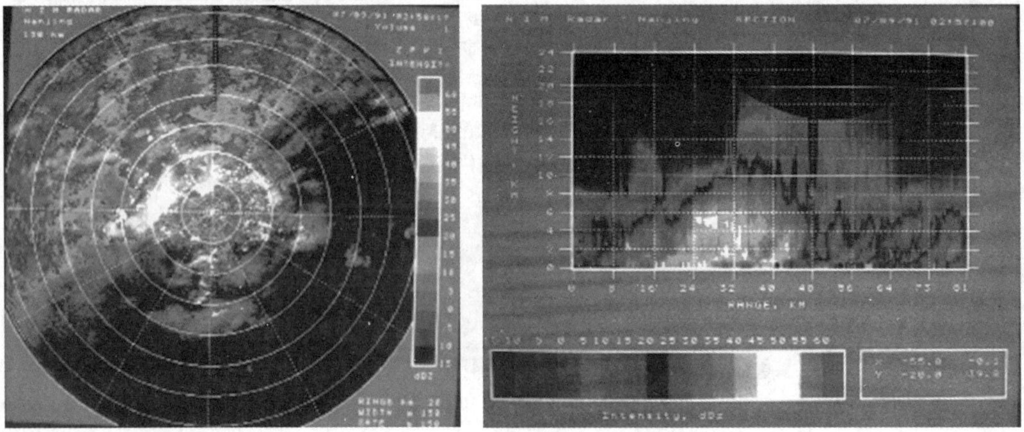

(a)　　(b)

图 13.4　1991 年 7 月 9 日 02:58:17 雷达反射率因子分布图(南京气象学院)

(a)ZPPI　(b)沿图(a)中强中尺度对流回波带走向的剖面

如图 13.4(a)。由图可见,在梅雨锋降水区回波南沿的是一条强中尺度对流回波带,最强回波 50dBZ 以上。带的走向与梅雨锋降水区南沿走向(WSW-ENE)有一定的交角,并缓慢东移。图 13.4(b)是沿图 13.4(a)中强中尺度对流回波带走向的剖面。这种回波型是梅雨锋(期)降水内强中尺度对流回波系统的典型剖面。在这个剖面上,对流回波主要的结构特征是:

a)这是一种积层混合型降水回波,图中可以清楚地看到积云(和/或积雨云)嵌在层状云降水区内,梅雨锋降水回波的强度在 10～30dBZ,最强对流回波在 45～50dBZ 以上;

b)层状云回波的高度在 7～9km 左右,大多数对流单体高度约 8～10km,强的对流回波高度可达 15km 以上(由于这个剖面是根据多普勒雷达体扫描资料生成的,其顶部稍有失真)。根据雷达回波型分析,这时中尺度对流回波带上的对流云应是雷暴,但当天暴雨区的地面天气报告没有雷暴纪录,表明对流活动比较弱,低层的辐合也不强。在多普勒雷达径向速度资料由 VAD 技术获得的风垂直廓线上(图 13.5),在这个时间的边界层风速比较小,但对流层低层有一定的风垂直切变,低层暖平流、上面冷平流明显,此时有雷暴出现应是可能的。

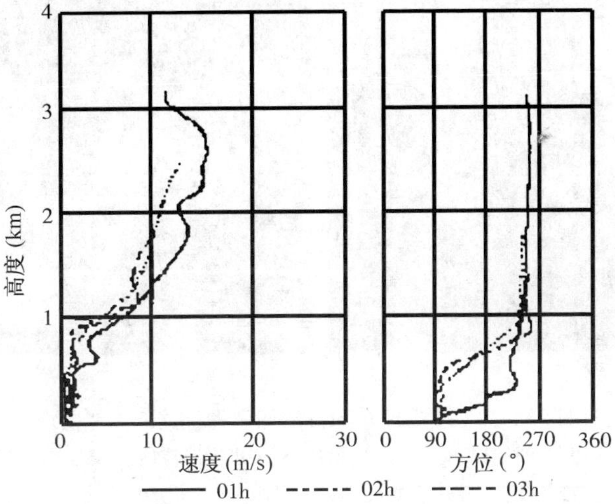

图 13.5　7 月 9 日由 VAD 技术获得的风垂直廓线

当梅雨锋出现大范围降水,梅雨锋降水回波强度达到 10～30dBZ,梅雨锋(区)中由于中尺度系统的活动而出现了对流回波时,这种对流回波在中尺度系统的组织下呈带状排列,构成梅雨锋降水区内的中尺度对流回波系统。梅雨锋降水区内的这种中尺度对流回波系统,是梅雨锋暴雨最主要的产生者,或者说,它是梅雨锋暴雨中最常见的,也是最重要的中尺度降水回波系统。在这种中尺度降水回波系统的积云和积雨云中,最大回波强度能达到 50dBZ 左右,它具有极高的降水效率,在它停滞或经过的地方,往往暴雨如注,洪水泛滥,因而它是梅雨锋雷达探测中最受关注的中尺度对流系统。

b. 多条回波带

在 7 月 9 日的 PPI 回波图上,还可以看到有不止一条中尺度对流回波带嵌在梅雨锋降水中,如图 13.6 所示。

由图 13.6 可见:

a)总体上来说,回波仍是对流单体(带)嵌在梅雨锋层状云内的积层混合型结构;

b)在梅雨锋降水中出现了多条中尺度对流回波带;

c)在沿中尺度对流回波带走向的剖面上,对流发展高度较低;

d)多条中尺度对流回波带沿梅雨锋东移;

e)多带状中尺度对流回波带经过的地区,一小时降水量可达 10～30mm 甚至更大。

B. 梅雨形势下的其它中尺度对流回波带

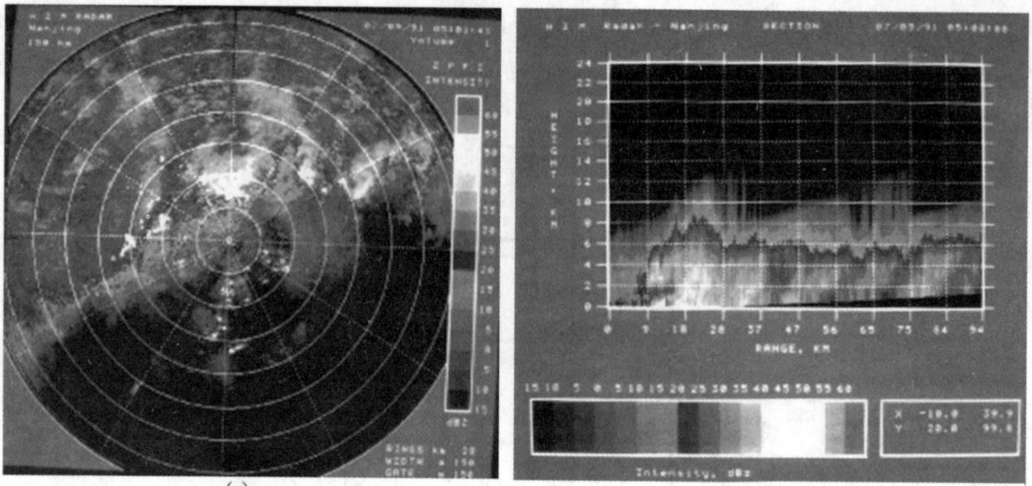

(a)　(b)

图 13.6　7 月 9 日 05h 雷达回波图(南京气象学院)

(a)ZPPI 图 05:01:10　　(b)沿图(a)中尺度对流回波带走向的剖面

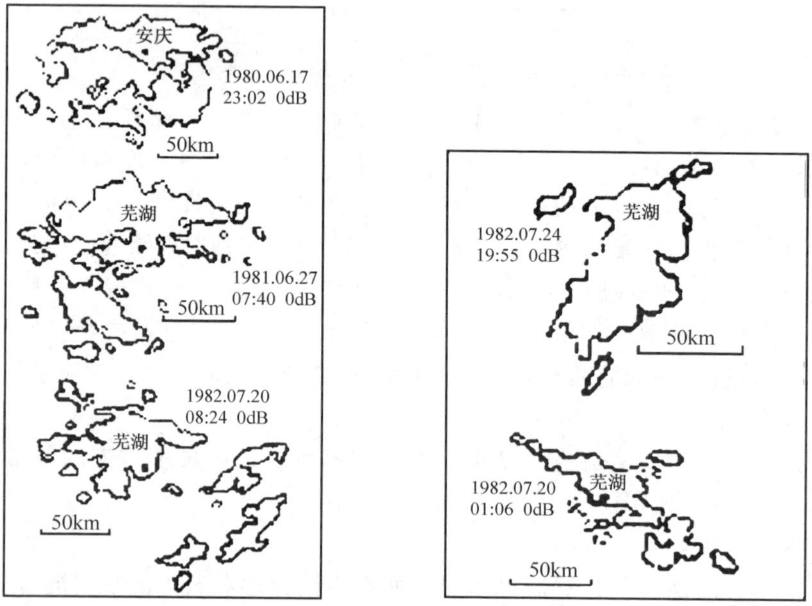

图 13.7　梅雨锋区的对流回波短带

在梅雨形势下,如果梅雨锋本身没有降水或仅有零星弱降水,梅雨锋附近仍可以形成中尺度对流降水回波带,出现不同强度的降水。这些中尺度对流降水回波带可以分成以下几种类型:

a. 中尺度对流回波短带

这是在梅雨锋区出现的对流回波短带。它们通常与地面辐合线(区)等有关,回波带上的对流单体强度一般,如图 13.7 所示。这种对流回波短带有时也出现在梅雨锋的南侧。

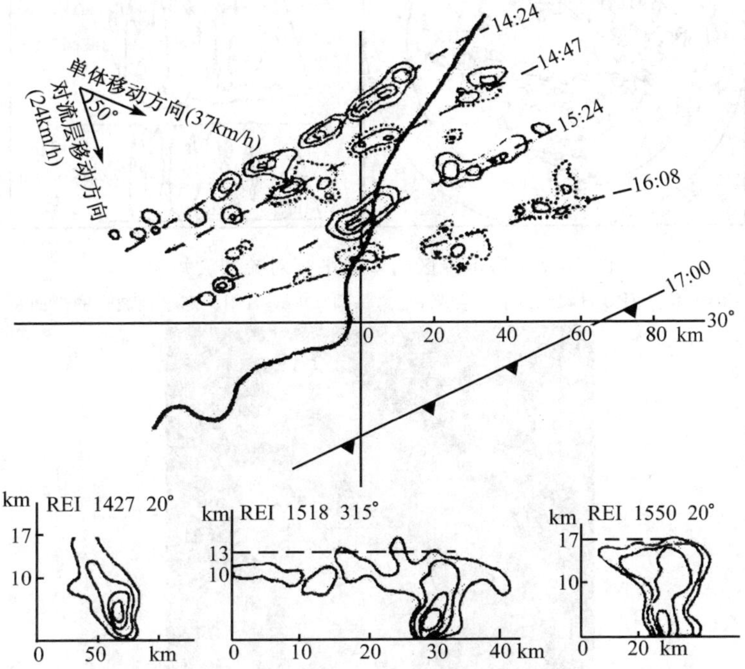

图 13.8　1982 年 7 月 15 日的对流回波短带(芜湖)

回波廓线间隔 10dB,虚线是回波带轴线,粗实线表示长江的位置,PPI 仰角 2°

图 13.8 是 1982 年 7 月 15 日洪延超等在芜湖观测到的一条对流回波短带。由图可见,在开始观测的 14 时 24 分,对流回波短带正处于强盛阶段,它由多个对流单体顺序排列而成,单体回波在 PPI 上呈椭圆状,雷达反射率因子的分布也比较均匀,边缘平滑整齐,回波顶高在 13~17km,带上单体排列比较有规律。对流回波短带在向东南方向移动时,带上大部分单体在过长江后强度有所减弱,形状也变得有点不规则。

这种对流回波短带由于处于梅雨锋区,尽管它的对流不强,但大部分短带具有相当大的降水能力,赵廷龙研究了类似的 9 条回波短带,它们的降水能力如表 13.2 所示。

表 13.2　对流回波短带的降水能力

6 小时降水量(mm)	$80 > RR \geqslant 50$	$50 > RR \geqslant 40$	$40 > RR \geqslant 20$
次　数	4	4	1
最大 1 小时降水量(mm)	49		
最小 1 小时降水量(mm)	20		

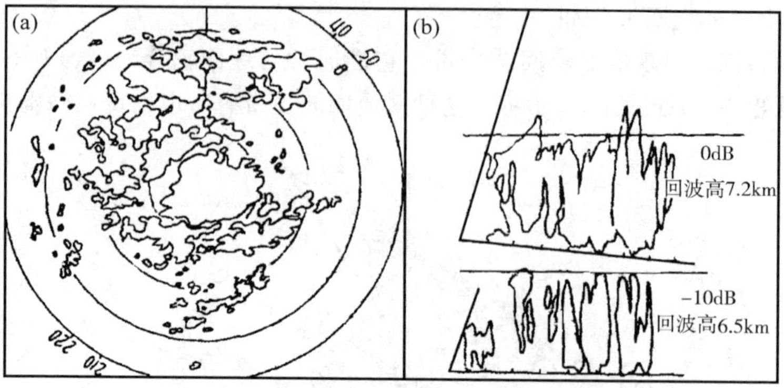

图 13.9　梅雨锋区的多条平行对流回波短带

1980 年 7 月 8 日，10:30，1°，合肥，距离每圈 50km，右图为穿过回波带的剖面

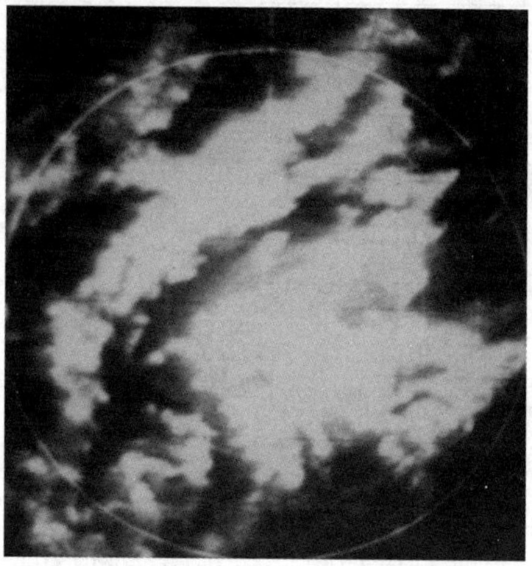

图 13.10　梅雨锋区的多条平行对流回波短带

1980 年 6 月 19 日，08:51，3°，六安，距离每圈 50km

b. 多条平行对流回波短带

在梅雨锋区，有时能观测到多条平行对流回波短带，如图 13.9、图 13.10 所示。

这些平行对流回波短带中某一条的降水能力并不强，但是当它们先后经过同一地区时，还是能累积几十毫米的降水量，能达到或超过暴雨标准。

c. 飑线

在梅雨期，雷达有时也能观测到飑线，图 13.10 是一次梅雨期飑线的例子。由图可见，雷暴出现在飑线的前沿，它的剖面结构与热带飑线和通常的中纬度飑线的结构十分相似，但它的总体降水能力远大于中纬度飑线的降水能力。

C. 梅雨期雷暴与其它强风暴的比较

比较研究表明，梅雨期暴雨中对流回波顶的高度明显低于同期（或相近时期）该地区(或相近地区)产生地面大风、冰雹等强对流天气的积雨云的回波顶高度,如表 13.3、表 13.4 所示。

表 13.3　湘中五次暴雨过程的比较

过　　程		1977 年 6 月 10 日 湘　中　暴　雨	1977 年 6 月 13 日 湘　北　暴　雨	1978 年 5 月 30 日 湘中、北暴雨	1978 年 6 月 14 日 湘　中　暴　雨	1978 年 6 月 14 日 湘中、北暴雨
过程最大降水量(mm)		112	427	137	123	>400
对流回波顶高度(km)	一般*	10	9	10	10	9
	最高	13～14	13	13	13	12
有否切变线**		有	不明	不明	有	不明
对流单体移速(m/s)		3～6	6	8	6	8
有否 0℃层亮带		有	有	有	不明	有
0℃层到层状云顶厚度(km)		1	1	1	不明	1

*　这里的一般顶高,指降水过程中绝大多数对流云的回波顶高度;最高顶高,指这次降水过程中观测到的最高回波顶高度。

**　低空风切变线由暴雨区或它周围 50km 内的实测高空风或高山站实测风资料确定。

表 13.4　相同(近)时间、地区暴雨天气和冰雹天气回波比较

天气现象		回波系统类型	最高回波顶高度(km)	强回波顶高度(km)	回波特征结构
1979 年 3 月 29 日	常　德 冰雹大风	块带状	14	10km (－40dB)	指状回波、"V"型缺口
	衡　阳 局部暴雨	带状,暴雨时弥合型	11	6km 以下 (－30dB)	积层混合型回波
1979 年 4 月 17 日	常　德 冰雹大风	块带状	14	12km 以上 (－20dB)	特强大单体
	衡　阳 暴　雨	弥合型	9	6km 以下 (－20dB)	积雨云群
1979 年 3 月 29 日 苏北冰雹		多条带状	15	8km 以上 (－20dB)	强烈伸展的卷云砧
1979 年 3 月 30 日 苏南暴雨		弥合型	13	8km 以下 (－20dB)	积雨云群

13.2.1.2　中尺度涡旋带状回波

梅雨锋区的对流受中尺度涡旋系统的组织,或受地形影响,带状对流回波有时呈涡旋状排列,构成所谓的中尺度涡旋带状。在热带气团内,具有涡旋结构的降水回波系统都有极大的降水能力,台风螺旋雨带是一个典型的例子。在中纬度,中(小)尺度涡旋带状回波也和强降水紧密相联,在梅雨锋区尤其如此。1982 年 7 月 19 日长江下游暴雨是一个例子,它是由地面中尺度涡旋(中尺度涡旋回波)产生的。

在 1982 年 7 月 19 日,长江下游地区的梅雨锋上有多个中尺度对流回波系统活动,造成长江下游沿江地带东西向长约 330km，宽约 70km 的暴雨带。在 19 日 14～15 时，南京附近地面形成一个中尺度涡旋。中尺度涡旋形成后稳定少动。受这个中尺度涡旋的影响（组织），原在巢县、滁县附近的降水回波移到江浦、南京附近，与中尺度涡旋内的降水回波合并，形成中尺度絮状回波团（弥合型），造成 14～18 时南京 109.4mm、江浦 87.3mm 的大暴雨。在中尺度涡旋东移过程中，以弱对流回波为主的短带回波产生中尺度涡旋左前方主要的降水。在结构上，这种中尺度絮状回波团总的说来表现出与中尺度涡旋相当一致的涡旋状（见图 13.11），涡旋回波内主要的中尺度弱对流回波带走向与地面气流大体一致，短带上弱对流回波的最大高度10km。这种弱对流短带回波的降水能力十分强，在其维持和东移时，1h 集中强降水可达 20～40mm。弱对流回波带的这种结构、组织特征和强降水能力，是梅雨锋内中尺度回波系统产生暴雨的典型型式。

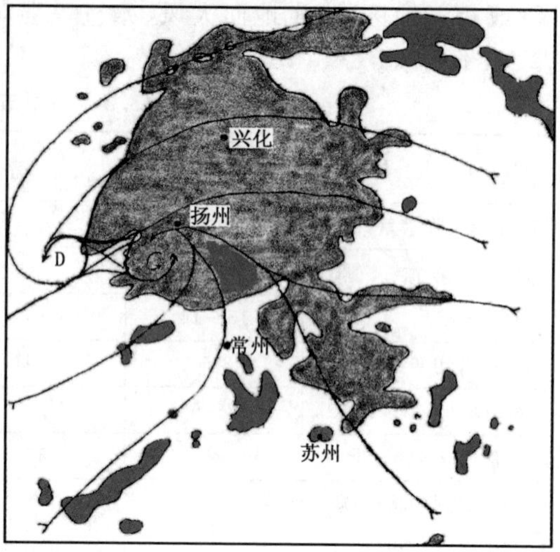

图 13.11　中尺度气旋与降水回波分布
（1983.07.19,20:00）
图中阴影区为回波区，带箭头的细线是流线

在这个中尺度涡旋内，地面一小时雨量大于 10mm 的集中强降水都出现在中尺度涡旋左前侧的偏东风、主要是东南风中，这种集中强降水通常能维持 2～5h；当东南风达到最大时，集中强降水在 1～3h 内基本结束，如表 13.5 所示。由此可见，梅雨锋内一场涡旋带状回波暴雨的出现、维持、结束的预报能力，基本上取决于对这种中尺度涡旋、中尺度涡旋带状回波的探测和分析能力。

表 13.5　东南风与集中强降水的关系

站　名	最大东（南）风 （风速(m/s)/风向/出现时间）	集中强降水维持时间
江　浦	6/东/16h	15h～17h(3 小时)
南　京	4/东/16h	15h～18h(4 小时)
扬　州	5/东南/17h	16h～20h(5 小时)
靖　江	5.5/东南/17h	18h～22h(4 小时)
南　通	6/东南/21h	23～24h(2 小时)

图 13.12 是涡旋带状回波的又一个例子。这个例子中，韶山附近地面出现了中尺度涡旋环流，在几百千米长的带状降水回波的韶山附近，强回波出现了类似于线状回波波动模式（LEWP）的扰动特征。在涡旋带状强回波区，韶山 1h 雨量超过了 50mm。图

中带箭头的实线是流线，强回波区－25dB。

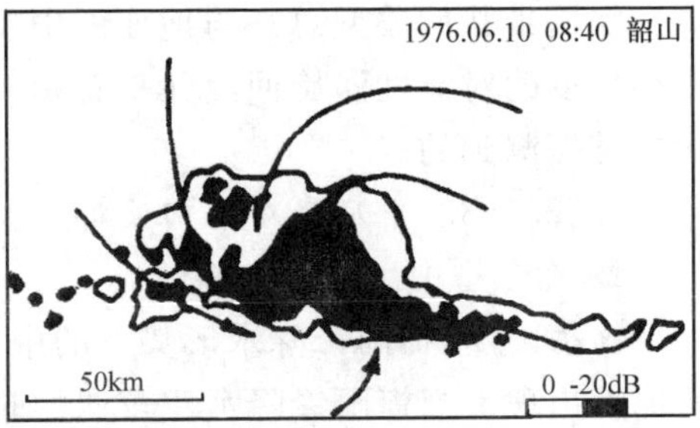

图 13.12　对流回波带上的涡旋扰动状回波

图 13.13 是中尺度涡旋带状回波型的其它两个例子。图 13.14 是槽前暖区暴雨的一个例子，当天 500hPa 在槽前的 SW 气流控制下。在图中，40dBZ 的强回波有涡旋特性，它持续了约 4h（8～12 时）。多普勒速度显示，在测站 SW 方向 40～90km 处有一向 ESE 方向移动的辐合区（逆风区），其西侧和南侧辐合明显。该涡旋回波区造成涿县、易县、紫荆关、涞源、保定、任丘等地大于50mm的暴雨，其中涿县 6 小时 86mm。

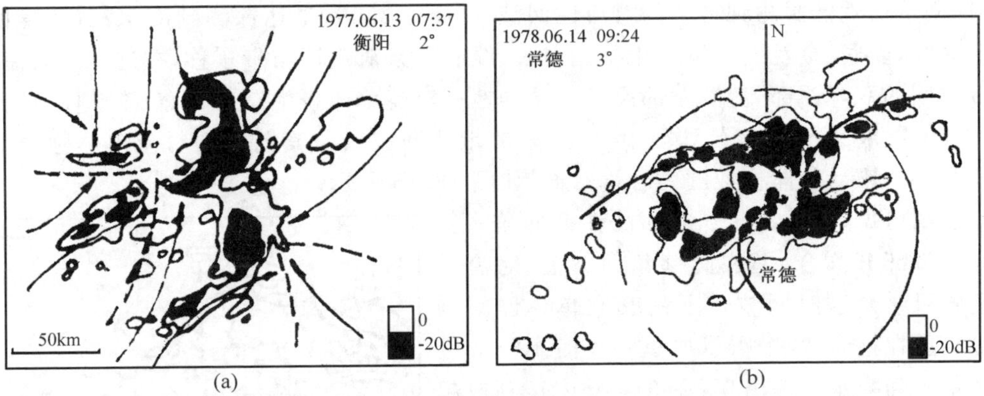

图 13.13　涡旋带状回波型（距离每圈 50km，实线为流线）

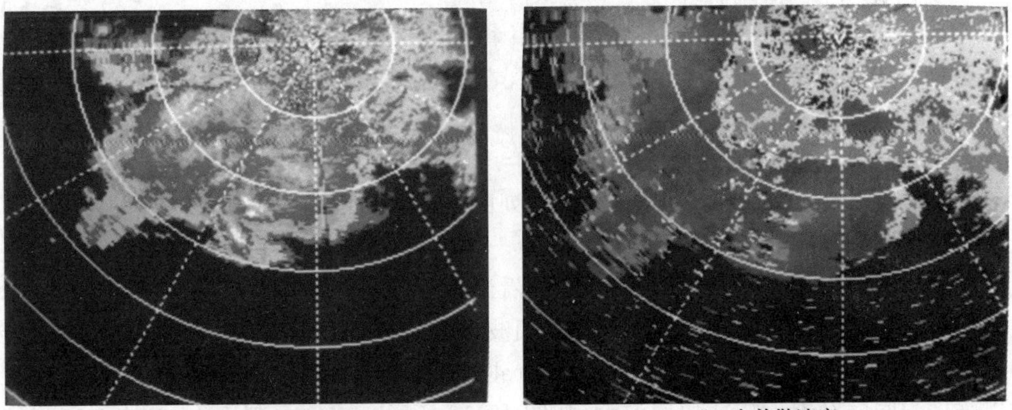

(a) 雷达反射率因子　　(b) 多普勒速度

图 13.14　涡旋带状回波型（1990.09.03，08:58:03，北京）

涡旋带状回波型总是与地面的中尺度涡旋流场有关。因此,从雷达探测的角度看,中小尺度的对流性涡旋回波几乎总是与暴雨、冰雹等强烈天气相联系。这是多普勒雷达能够探测到的。

13.2.1.3　中尺度对流回波群

1. 弥合型中尺度回波系统

在梅雨期,梅雨锋降水形势下的中尺度系统的活动可以在任何有利的时间和合适的地点出现。当梅雨锋降水比较弱的时候,与低层辐合流场、低值系统等中尺度系统相伴随的中尺度对流回波系统可以呈带状或涡旋带状,也可以是对流单体(积云和/或积雨云)不完全弥合构成的回波群,称为中尺度对流降水的弥合型回波。

1978 年 6 月 13～14 日,湖南湘中地区处于槽前的暖湿不稳定区域。从 13 日下午起,衡阳雷达就已探测到零星的对流性回波。14 日 3:09,雷达探测到冷水江市、隆回、新宁一线,娄底、金兰一线以及朱亭、石峡一线有三条对流回波带东移,在这三条对流回波带之间的双峰西部,涟源东部及衡山县等地有对流单体新生。4:40,对流单体有明显发展;50 分钟后,在双峰县和衡山县,原来的带状回波已与其前面的对流单体弥合,组成了由多个雷暴单体构成的弥合雷暴群,如图 13.15 所示。

由图可见,这个雷暴群的回波在低仰角时其边缘已大部分弥合,但在高仰角回波上,对流单体清晰可辨。这时回波带上的其它单体已减弱消散。就在这时,这个雷暴群里一小时 10mm 以上的集中强降水一齐出现,在 3～4h 内达到或超过暴雨强度。

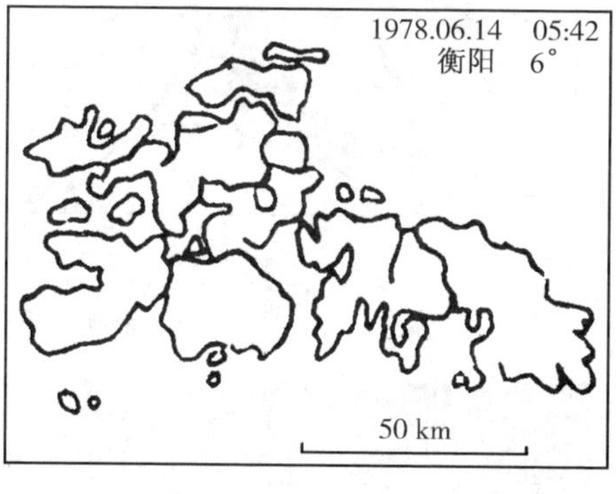

图 13.15　弥合型回波系统

在梅雨锋中,当梅雨锋本身有降水时,梅雨锋降水区有对流(积云和/或积雨云)出现并构成弥合型回波,梅雨锋也会出现暴雨。显然,在弥合型回波的环境场中,有辐合中心的低层(地面)流场是最主要的特点。而在很多情况下,中尺度对流回波带是沿低层(地面)辐合线(区)排列的。

2. 中尺度回波增强区(MEER)

在 7 月 9 日的雷达回波中,我们还可以看到另一种现象,即一些不均匀的相对较强对流回波。它们既不像通常意义下的中尺度回波带,也不是中尺度雷暴群(弥合型回波),我们称它为中尺度回波增强区(MEER,Mesoscale Convective Enhanced Region)。这仍是一种以强度不同的对流为特征的回波型,如图 13.16 所示。在它的剖面上,对流清晰可辨,但对流单体高度较低,主要的强回波在云中 0℃的层高度以下(图 13.16(b))。与前面时间的沿相对强对流回波的剖面图相比较,除了对流高度和强度有差别外,回波类型、特征等基本相同。在由 VAD 技术获得的风垂直廓线上，这时风的垂直切变已经变小，近地面偏东风也比较弱，地面实测风的计算表明，辐合确实不强，但辐合区与强降水区(MEER)的配合比较好。这是梅雨锋中弱对流也产生强降水的又一种对流回波型。

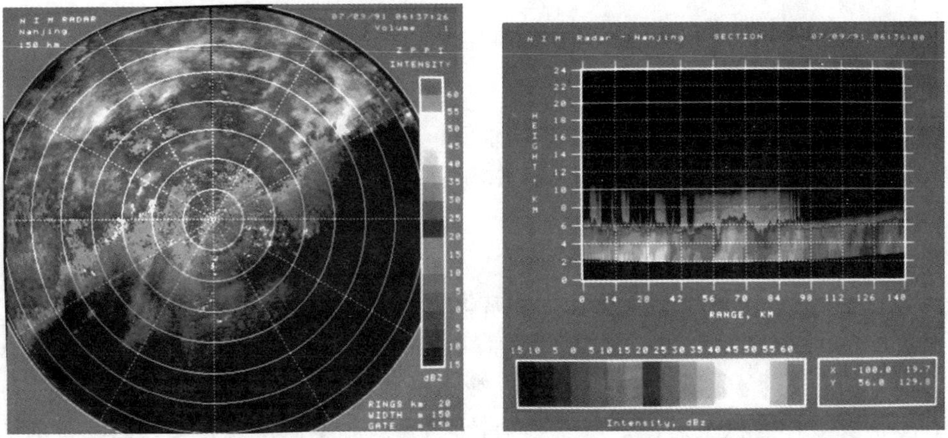

(a)　　　　(b)

图 13.16　1991 年 7 月 9 日 06:37:26 回波图(南京气象学院)

(a)ZPPI 图(等值线为 10、40、50dBZ)　　(b)沿图(a)中相对强对流回波的剖面

$\left\{\begin{matrix} X & 30.0 & 99.0 \\ Y & 30.0 & 99.0 \end{matrix}\right\}$ 单位 km

在梅雨锋的暖区，常有零星的对流云降水。在一些特殊的地形下，例如山区迎风坡，也常有零星降水发生。这种零星对流降水回波只要它们不组织成系统，不与梅雨锋的层状云降水相结合，一般情况下是小阵雨，或局地雷雨，不会出现十分严重的天气现象。

在没有明显的降水回波系统时，天气雷达探测要做的最重要的事是：

(1)注意梅雨锋弱降水回波是否发展，这里主要指降水回波的范围、强度、回波顶高度、层状云回波厚度的变化等。在层状云回波中，层状云中 0℃融化层高度下相对强下挂回波的演变尤其值得关注，它常常是层状云降水加强，有可能出现对流的一种标志，或者弱的层状云降水有发展成片的趋势；

(2)梅雨锋弱降水回波中是否有对流回波出现，以及这些对流回波是否出现组织化倾向。梅雨锋降水中出现对流降水，并向中尺度系统发展是梅雨锋降水将加强的可靠标志。

(3)梅雨锋降水回波的多普勒速度场上是否出现与气流辐合有关的特征回波，如清楚的辐合线、逆风区等。在梅雨锋区，通常不会出现由强烈不稳定引起的猛烈对流，但辐合的加强会引起弱对流，出现有对流特征的回波，这常常是出现暴雨的前兆。

实践和研究表明，尽管梅雨期中尺度暴雨准确的短时预报还是一个很大的问题，但是细心的多普勒雷达观测还是可以为梅雨期中尺度暴雨的出现或结束做出极为有用的临近预报。

在台湾地区中尺度试验(TAMEX)期间,Wang 等根据地面、高空资料,雨量资料,以及多普勒雷达的反射率因子和径向风资料,将台湾地区梅雨期降水的雷达回波分成七类:

(1)带状

1)锋前暖区雨带

它们出现在梅雨锋的暖区,雨带与锋面间的距离大于 50km,雨带走向 ENE—WSW,平行于梅雨锋。雨带由层状云回波构成,运动与锋面运动有关。这种雨带通常产生弱的降水。

2)暖区飑线

在台湾地区,梅雨期观测到的飑线非常类似于中纬度和热带的飑线。在飑线上,狭窄的对流前沿大约 10～20km 宽,飑线回波由不规则的雷暴组成,其砧部层状云区约 100km 宽,飑线长约 400km。这种飑线通常在梅雨锋的暖区发展,走向并不平行于锋面。许多情况下伴有低空急流。飑线移动较快,强风和暴雨出现在飑线回波带的前沿。

3)锋面雨带

这种雨带与锋面密切相关,降水回波前沿在地面锋面的 50km 以内,与锋面平行。很多情况下雨带出现波动,强的对流单体嵌在雨带上,有点类似于中纬度强雷暴带的线状回波波动模式(LEWP)。如果这种回波带移动缓慢,暴雨将会成灾。

4)锋后雨带

在很多情况下,地面梅雨锋后也会有雨带发展。这种雨带的宽度可达 80km,长 400km 左右,而且常常出现多条雨带,有点类似于冬、春季冷锋后的降水带。它最初出现在 850hPa 的切变区。它是一种连阴雨天气。

(2)大的降水区

5)大范围不规则降水区

在雷达回波上,这种中尺度对流系统可能有椭圆形,圆形或三角形的形状,15dBZ 的回波范围可达 200km×200km,在其内部,回波的组织程度较差。

6)中尺度涡旋雨带

由于台湾岛独特的地形影响,在沿海地带经常出现中尺度涡旋环流,与之相伴的中尺度涡旋回波带常常出现极大的降水量。

(3)小的降水区

7)小范围对流云降水

这种回波型在夏季十分常见,它们大都是一些普通雷暴。海陆风和地形影响是主要因子。当它们移动缓慢时,也能造成局地暴雨。

在上述各类降水回波型中,最易造成暴雨的是锋面雨带和中尺度涡旋雨带。在梅雨期，这两类回波型活动时，常常出现日降水量超过 100mm，甚至 200mm 以上的大暴雨和特大暴雨。Wang 等对 TAMEX 期间加密观测获得的中尺度降水系统的分析表明，产生强降水的中尺度对流回波系统的特征是：

(1)雷达反射率因子特征

1)强雷达反射率因子在 45dBZ 以上；

2)中尺度回波带有扰动；

3)回波(区)带内有新的对流单体形成；

4)对流单体有时呈多单体风暴的演变特征；

5)对流单体有周期性演变特征。

(2)多普勒速度特征

1)强的风切变；

2)强的辐合和形变；

3)深厚的积云对流；

4)旋转环流；

(3)系统运动

梅雨期降水回波系统的运动通常是缓慢的，一般移速小于 4m/s，即小于15km/h。

从 TAMEX 的科学研究结果可以看到，台湾地区的梅雨期降水回波与江淮地区的梅雨期降水回波基本上一样，尤其对中尺度对流回波系统的研究表明，尽管梅雨锋南北相差十几个纬度，但这些产生暴雨的中尺度对流回波系统的结构、特征以及降水机制等基本上保持不变。

13.2.2　梅雨锋中尺度对流回波系统的结构

13.2.2.1　PPI 上的结构

在台湾地区中尺度试验(TAMEX)中，利用 CAA 和 CP4 两个多普勒雷达自 1987 年 6 月 25 日当地时间 01:20 至 02:30 每 10 分钟一次、计 8 个时间的连续风场，研究了一条来自海上的中尺度雨带。风场合成区域见图 13.17。由连续资料分析可见，回波带略呈 NE—SW 走向，向东南方向移动，而带中强回波中心则沿回波带向东移动，与回波带移动方向有差异，而与江淮梅雨锋中的中尺度回波带的情况十分类似。如果定义回波强度大于 40dBZ、维持时间超过 20min、面积大于 $10\times10km^2$ 的回波区为一个“对流泡”，分析 3km 高度上时间间隔约 10min 的回波时间序列(图 13.18)后发现，在分析时间内可以分辨出 9 个对流泡，如表 13.6 所示。

由表可见：

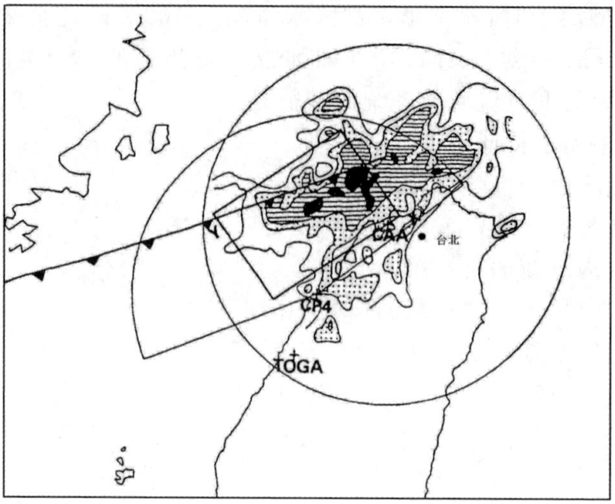

图 13.17　双多普勒雷达风场合成区域图
X 轴平行于低层急流方向，合成范围 100×70km
图中圆形和扇形分别为 CAA 和 CP4 雷达的扫描范围

表 13.6

对流泡名称	形成时间	消散时间	维持时间
A	2232	0040	大于 0210*
B	2232	0110	大于 0240*
B1	2230	0020	0050
B2	0040	0130	0050
C	2310	0220	0310
C1	0200	0230	0030
E	0000	0250	0250
F	0110	0250	大于 0140**

*　开始观测之前即已存在。

**　观测结束后还存在。

(1)中尺度雨带主要由较长生命史的对流泡(单体)组成，生命史大约 2h；

(2)对流泡(单体)沿回波带向东移动，与中尺度雨带的移动不一致。

图 13.19 是双多普勒雷达探测合成区域内 1km 高度上相对于系统运动的水平风场和垂直涡度分量 $\left(\frac{\partial v}{\partial x}-\frac{\partial u}{\partial y}=\zeta\right)$ 随时间的演变图。由图可见，在 1km 高度上有一个显著的风切变区 ($\zeta \geqslant 1\times10^{-3}\mathrm{s}^{-1}$ 的范围)，其涡度最大值达 $5\times10^{-3}\mathrm{s}^{-1}$，这里也是显著的辐合带。风切变区之前为强西南气流，最大风速达 20m/s 以上。

图 13.20 是双多普勒雷达探测合成区域内 3km 高度上相对于系统运动的水平风场和雷达回波图。图中的三个回波中心即图 13.18 中的对流泡(单体)F，E，C。对照

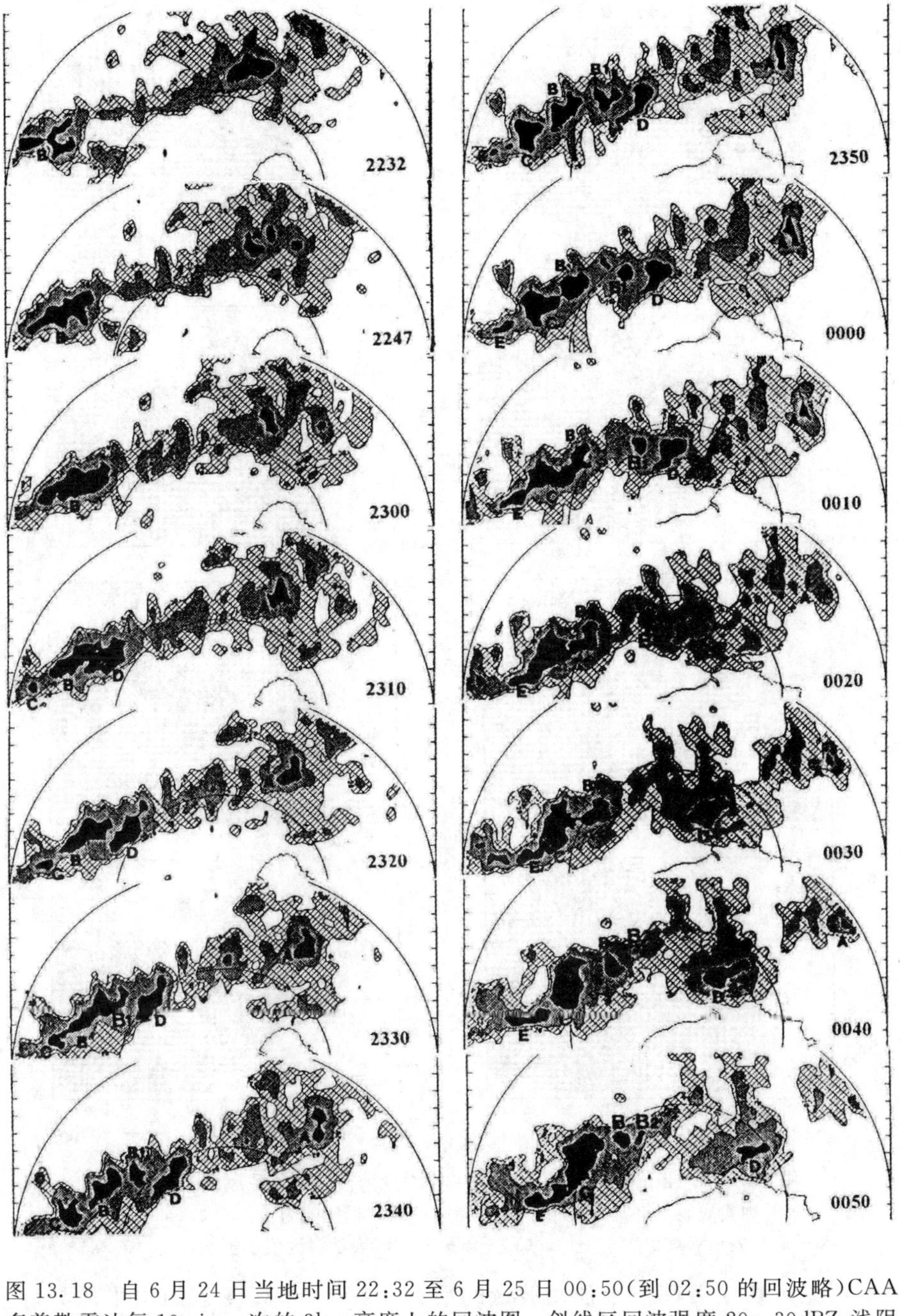

图 13.18　自 6 月 24 日当地时间 22:32 至 6 月 25 日 00:50(到 02:50 的回波略)CAA 多普勒雷达每 10min 一次的 3km 高度上的回波图。斜线区回波强度 20～30dBZ,浅阴影区 30～40dBZ,黑色区 40dBZ

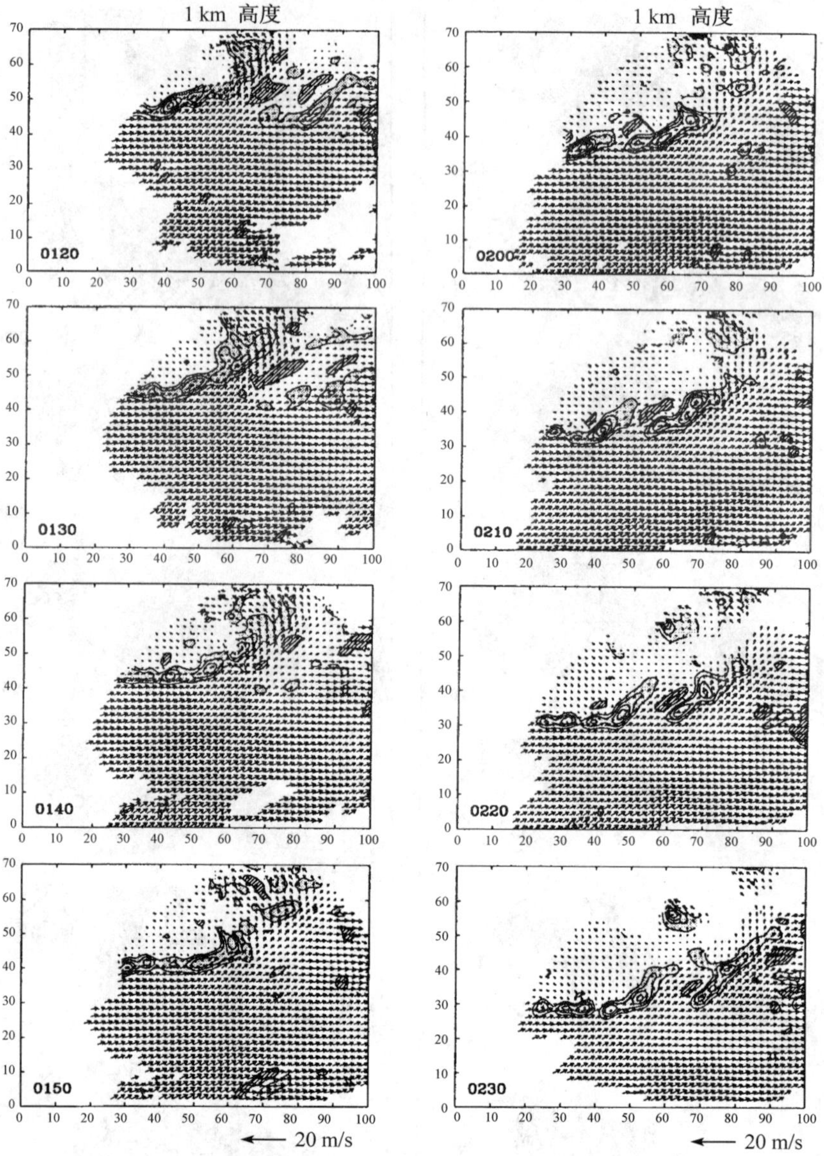

图 13.19　1km 高度上双多普勒雷达资料合成的水平风场和涡度场

细实线表示垂直分量相对涡度（ζ）的等值线，间隔为 $1.0\times10^{-3}s^{-1}$

深阴影区表示涡度值大于 $+1.0\times10^{-3}s^{-1}$，斜线区表示涡度值小于 $-1.0\times10^{-3}s^{-1}$

图 13.19，可见风切变区都位于强回波区的后方。在 5km 高度上的水平风场和垂直速度场上，上升气流区与风切变区位置相当吻合，上升气流位置与强度和图 13.18 中的对流泡（单体）之间有很好的相关（如图中 E，F，C 所示）。在分析时段内，对流单体 C 已处

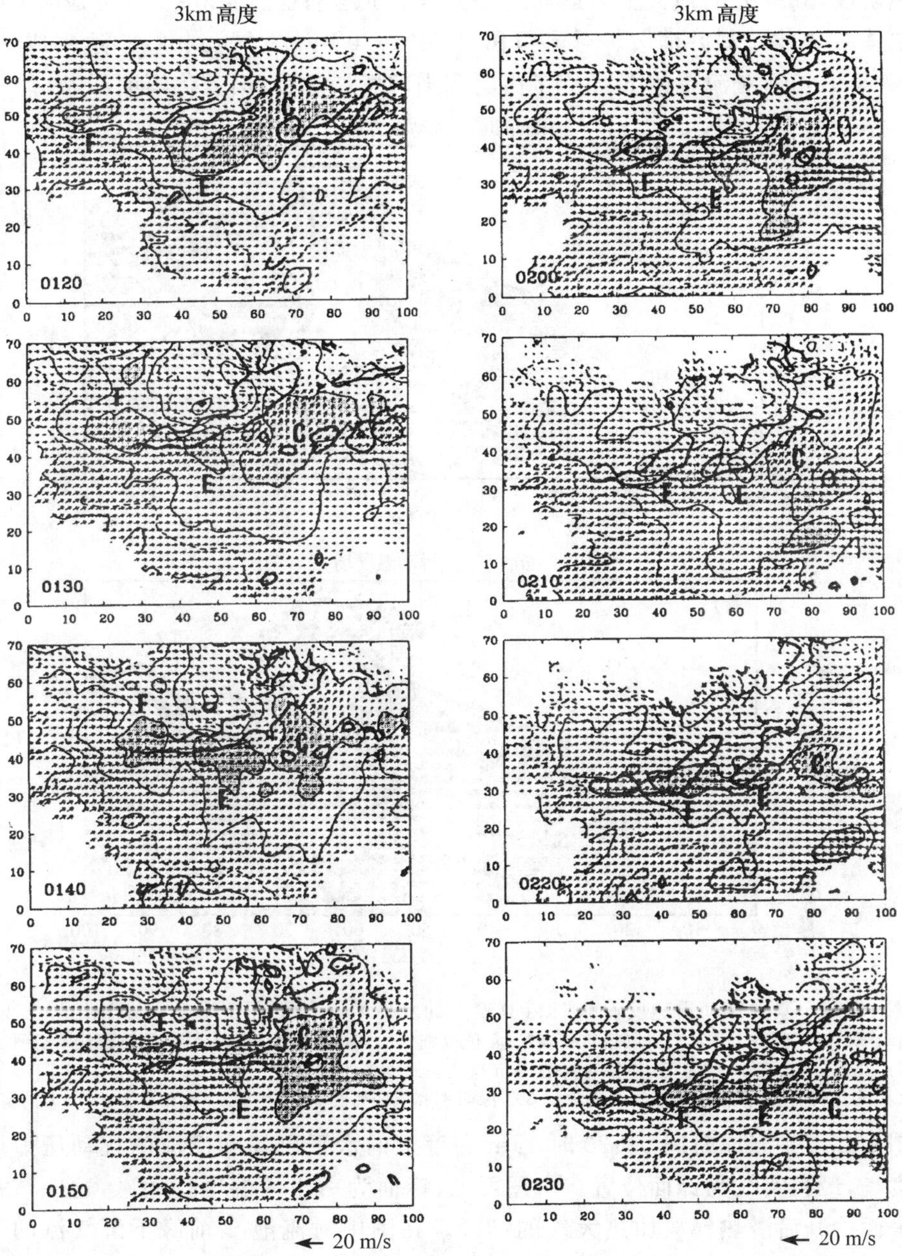

图 13.20　3km 高度上的水平风场和雷达回波图

细实线表示 10、20、30 及大于 40dBZ 等值线，粗实线为 1km 高度上相对涡度为$+1.0\times10^{-3}\,s^{-1}$的位置在成熟阶段，6km 处的最大上升运动达 9m/s，下沉运动也达 4m/s。到当地时间02:10，对流单体 C 很快减弱并消散。对流单体 F 在01:20开始发展，到02:30达到成熟阶段。在01:20至01:50，对流单体 E 经历了由弱到强的发展过程，但变化幅度不大。

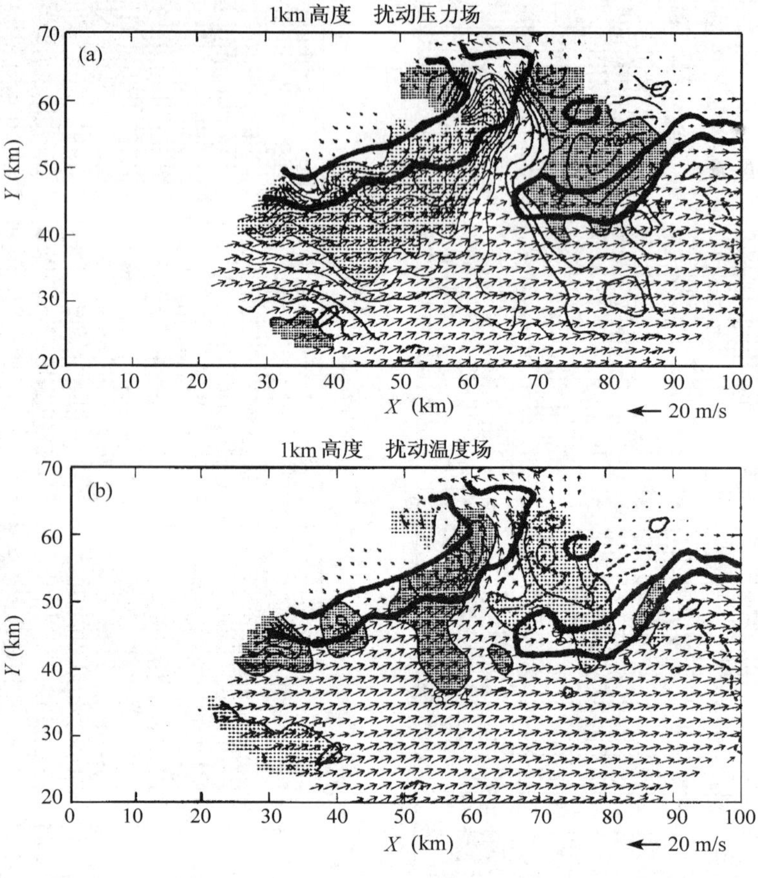

图 13.21 双多普勒雷达反演的 1km 高度上的水平风场和扰动压力场(1987.06.25,01:20)
(a)扰动压力场间隔 0.1hPa(正值以粗实线表示，负值以细实线表示)，零线未画。深阴影和浅阴影分别为大于 0.3hPa 和小于－0.3hPa 的范围，最粗实线是 1km 高度正涡度带的位置
(b)水平风场和扰动温度场，等值线间隔为 0.5K，深阴影和浅阴影分别为大于 0.5K 和小于－0.5K 的范围

图 13.21 是当地时间 01:20 时 1km 高度上的水平风场和反演的扰动压力场及扰动温度场，最粗实线为锋面位置。由图可见，锋面为一正的温度扰动区，这应该是空气块被锋面抬升后潜热释放加热大气的结果。在图中对流泡 C 前缘下沉气流的位置拌有一相对高压区[图 13.21(a)]，这个相对高压与低层辐散气流的位置相一致，因此图 13.21(a)中 $70 < X < 100$km 之间的 ζ 最大值区域应是下沉气流在低边界层的外流边界和环境风场辐合的结果。

上述过程是双多普勒雷达探测的一个例子，即通过双多普勒雷达资料的合成，可以反演扰动压力场和温度场等，获得其它相关的物理量，为多普勒雷达观测结果提供定性的动力学解释，为各种天气系统降水回波的分析、研究、警报和预报提供极为有用的参考。

13.2.2.2　RHI上的结构

图13.22是1981年6月27日的雷达回波图。图中可以清楚地看到中尺度对流(系统)的分布。图13.22(a)仅是梅雨锋降水的一部分，图13.22(b)是沿垂直于梅雨锋回波带的剖面(示意)图。图13.4是1991年7月9日02:58:17的梅雨锋降水回波，图13.4(b)是沿梅雨锋内中尺度对流回波带的剖面图。在图中，回波垂直结构非常清楚。

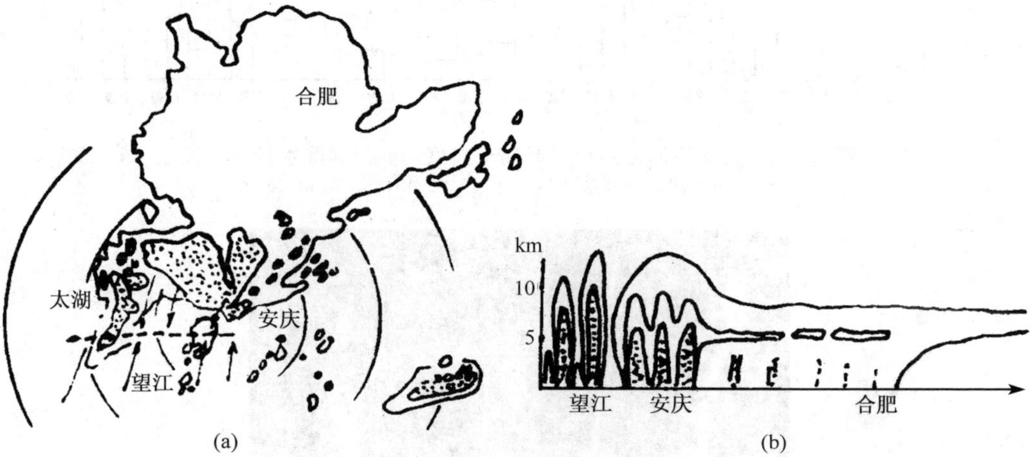

图13.22　梅雨锋回波结构

(a)1981年6月27日雷达回波和地面辐合线(距离每圈50km)

(b)沿图(a)中望江、安庆、合肥一线的垂直剖面(示意)图

图13.23是1981年6月27日安徽庐江县白湖农场711雷达观测获得的梅雨锋回波强度的时间一高度剖面图。由图可见：

(1)在层状云降水回波中嵌有许多对流单体。图中，6小时内8个对流单体通过本站。层状云回波大体高8.2km，对流单体高10km左右。

(2)零度层亮带高度约5km，对流单体的强回波区($Z_e \geqslant 48.45$dBZ)位于零度层亮带下方2～3km的高度，说明水滴在这个部位碰并作用加剧。强回波区愈接近地面，降水强度愈大。

(3)积层混合云降水在时间上基本是连续的。

13.2.2.3　梅雨期降水中的0℃层亮带

在梅雨锋降水回波中，无论是层状云降水还是积层混合云降水，包括中尺度对流回波系统内，出现0℃层亮带(融化带)是它的普遍性特征。图13.24是这种亮带的一个

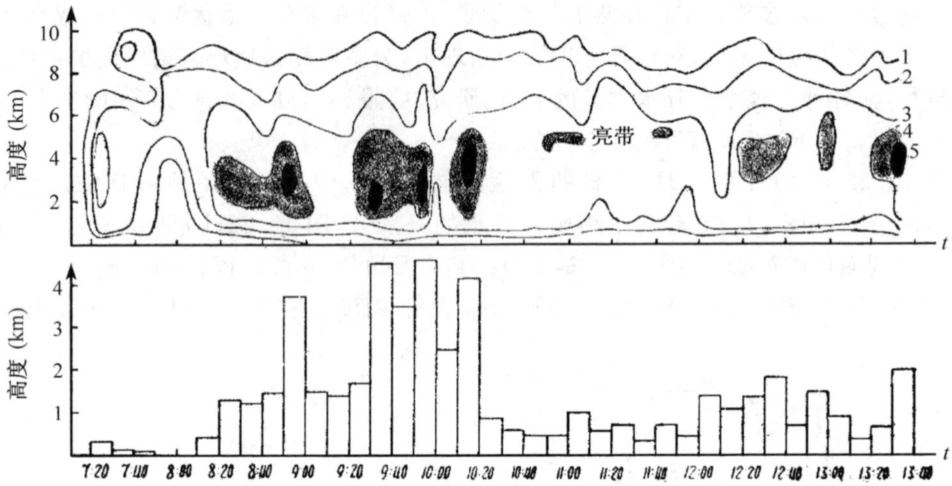

图 13.23　梅雨锋回波强度的时间一高度剖面图和降水量变化图

Z_e (dBZ)间隔分别是:8.45,18.45,28.45,38.45,48.45

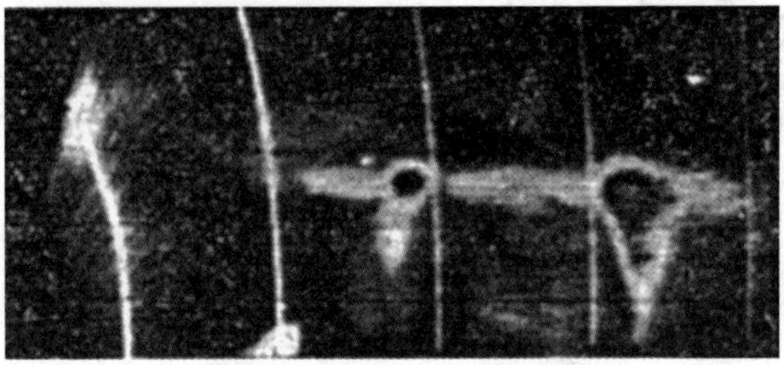

图 13.24　0℃层亮带(融化带)(REI　1980.06.18　14:36,方位 15°)

例子。

0℃层亮带(融化带)通常是指降水回波区内大气 0℃温度高度附近几百米厚度上回波比其上下方都强,形成水平带状的回波特征。亮带中心的雷达反射率因子比其上面 500m 处雪的回波要强 15～30 倍(12～15dB),比其下面雨的回波要强 4～9 倍(6～10dB)。通常认为,0℃层亮带(融化带)是由于冰晶或雪花下降到 0℃高度以下融化成水滴的过程中,由于融化作用、碰并聚合效应、速度效应和粒子形状的作用,以及它们的综合作用形成的。0℃层亮带(融化带)的结构多数是不均匀的,其不均匀性主要表现在:它是由若干短亮带组成,亮带的强度水平分布不均匀,在一条完整亮带中含有若干强回波核;同一亮带顶高和厚度不同,可以相差几十米。亮带核强度为 5～30dBZ,强核水平尺度多半在 1.0～5.0km 且向地面减少。梅雨云系中亮带较厚,均值为 850m。

黄美元、洪延超等从质量守恒方程出发得到讨论亮带不均匀性物理原因的公式

$$p_m/p'_m = \frac{v'}{v}\frac{v_i-u}{v'_i-u}\frac{v'_m-u}{v'_m-u}\frac{p_i}{p'_i}\left(\frac{1+\overline{\Delta m}/m_i}{1+\Delta m'/m'_i}\right)^2$$

式中 p_m，p'_m 分别为不同地区（水平方向）亮带的回波强度，m，u，v 分别为融化冰粒子的质量、浓度和下降末速度，下标 i，m 为紧靠0℃亮带上方和融化区中的量，$\overline{\Delta m}$ 是融化粒子与云滴碰并增长量，亮带最大强度上每个融化粒子由 v 个初始干的冰相粒子组成。计算结果表明，在亮带上方回波强度 p_i 分布均匀（$p_i=p'_i$）的情况下，冰粒子形状、质量 m、融化粒子粘并数 v、融化粒子碰并云滴的增长量 $\overline{\Delta m}$ 对亮带不均匀性都有影响。当这些因子对不均匀性贡献都为正（或负）时，亮带的不均匀性较大，其中 v 和 $\overline{\Delta m}$ 的贡献最大，没有这两个因子要形成亮带是不可能的。另外当亮带上方回波强度分布不均匀（$p_i\neq p'_i$）时，更容易形成很不均匀的亮带。常常观测到亮带中一处的上方回波强时，则此处亮带强度也大。这在上述公式中也可看得很清楚：若亮带上方存在高空对流泡，其极大雷达反射率因子可达25dBZ，因此亮带上方回波不均匀性可达 10～20dB，即 p_i/p'_i 相当于 10～20dB，这无疑会增大亮带的不均匀性（即 p_m/p'_m 的值增大），如果再加上 m_i，v，$\overline{\Delta m}$ 和冰晶形状的影响，亮带不均匀性可达 20～25dB。

Chung-Ming Liu 和 K. Kenneth Lo 在 TAMEX 加密观测的云微物理观测研究中指出：

（1）0℃融化层从 0℃延伸到 2～3℃（大约 4.5km 高），暖雨区在融化层和地面降水之间的 4.5km 高度以下。

（2）0℃融化层从顶到底

1）液态水含量（LWC）明显锐减，从 0.6g/m^3 降到 0g/m^3，这可能是由于粒子的碰并过程的影响，在融化的雪变湿时是如此。

2）水平风明显转变。

3）从融化层的雪到液态水滴，粒子末速度明显增加，导致粒子数密度随高度明显减少。

4）大粒子（2500～5000μm，2D～C；2000～10000μm，2D～P）的百分比稳步增加，而在融化层上面突然减少。

这些现象清楚地表明，雪花在 0℃内融化层聚集产生大粒子（这里，湿雪有充分的机会捕获其它粒子）。Willis 和 Heymsfield 指出：雷达反射率因子最大值（亮带）是由于这些相对湿的、非常大的粒子在较暖的温度下聚集而存活较长的时间才形成的。但在这些粒子到达融化层底前，既有碰并分裂过程又有自然分裂过程，由于破碎效率随粒子尺度增加而增加，从而引起这些大而湿的粒子快速消失。粒子尺度谱的演变也揭示聚合、融化和破碎的物理过程。从－1.7℃到0.2℃，雪花由较小的粒子聚合形成几个尺度大于 0.7cm 的粒子，并集中在－2～1.4℃之间。融化和破碎过程不利于大粒子存在，由冰转变为水则使粒子下落速度增加，导致总的粒子数明显减少。

13.2.3　梅雨锋区气流的探测

13.2.3.1　梅雨锋区边界层中尺度涡旋系统的探测

1. 单多普勒雷达反演降水区风场

早在1960年代初，美国就开始了多普勒雷达技术在天气雷达中应用的研究，在一些研究单位和实验室先后研制了多普勒天气雷达，用于强风暴、云物理及其它各种大气现象的探测、研究，以及灾害性天气警报和临近预报。由于多普勒雷达探测结果对改进天气预报和警报、尤其是龙卷警报的巨大贡献，美国现已将全部天气雷达更新为多普勒雷达，并已完成下一代天气雷达(WSR88－D)网的部署。

在理论上，要有三部多普勒雷达对同一空间严格同步探测，才能获得大气运动的三维风场。但实际上，三部多普勒雷达严格同步探测不但耗资巨大，而且技术难度也非常高。实际工作中，单多普勒雷达资料在一定的假设条件下反演出来的风场也能基本反映大气运动情况。

2. 边界层中尺度涡旋系统

1991年7月上旬，长江中下游梅雨锋暴雨产生的强降水，造成了江淮地区巨大的洪涝灾害。利用南京气象学院的多普勒雷达的径向风资料由VAD技术获得的风垂直廓线，分析发现这次大暴雨过程与600m高度上的中尺度涡旋活动密切相关。

图13.25是7月9日00时～22时边界层低层风的时间剖面图。由图可见：

(1)从风向来看，在边界层里，9时以前是东南风，东南风的高度仅达800m，再向上是西南风和偏北风；

(2)9时以后，1.0km高度以下风向顺时针由东南经西南转向偏北；

(3)8时以后，偏北气流高度下降；

(4)11时以后，西北气流到达边界层底部，其速度达13m/s，轴高度在400m左右；

(5)集中强降水出现在800m以下的东南气流中；当这一气层内的风顺时针转向时，强降水迅速减弱，11时以后转成偏北风时，已是明显的弱降水；

(6)边界层偏北气流(如果把它看成是边界层浅薄冷空气的话)在这次暴雨过程中并没有触发梅雨锋中的对流性强降水，尽管在本次过程中偏北气流的强度曾达到13m/s。

3. 边界层中尺度涡旋系统的水平结构

根据图13.25中风垂直廓线的特征，我们归纳了600m高度上的风连续演变情况，结果如图13.26所示。

由图13.26可见，我们可以把600m高度上的风演变看成是一次中尺度涡旋系统的活动。与7月9日的强降水时空分布对照，我们大致可以这样来描述这次的大暴雨过程：7月9日凌晨，边界层内600m高度上出现了一个中尺度涡旋系统，在它前部东北

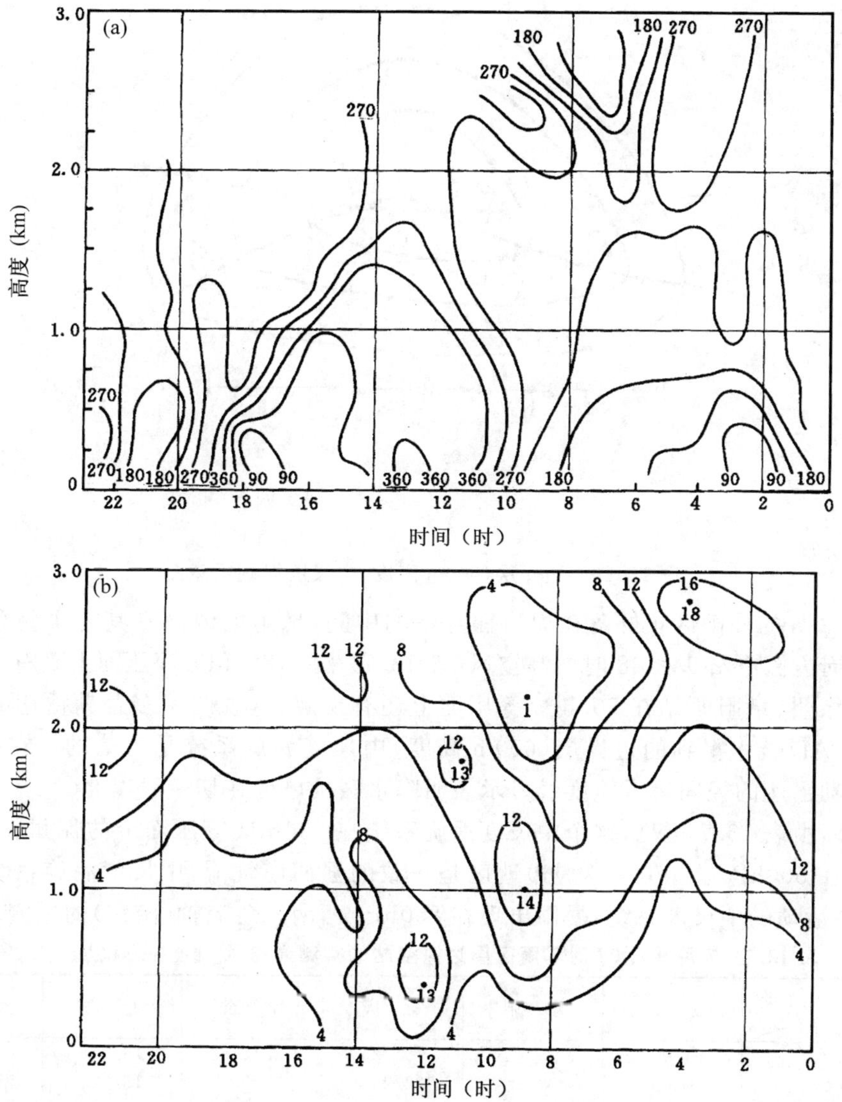

图 13.25 7 月 9 日大气低层风垂直廓线时间演变

a. 风向(度) b. 风速(m/s)

象限的东南风中出现了集中强降水，而且是在几乎整个暴雨区内同时出现。随着中尺度涡旋系统的东移，在中尺度涡旋系统的暖区(SW 气流中)和冷区(偏北气流)中没有强降水，只有雨强稍有起伏的每小时几毫米的降水。在中尺度涡旋系统中，东南风维持了 8h(0～8 时)，风向顺转经历了 2h(8～10 时)，维持偏北气流约 8h(10～19 时)，因此这个中尺度涡旋系统的生命史约 18h。

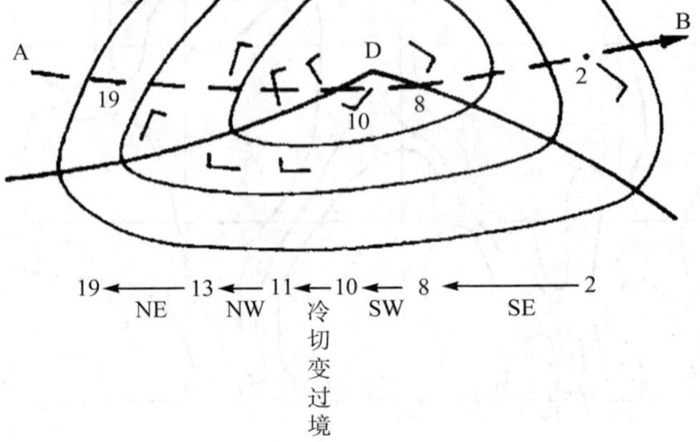

图 13.26　边界层(600m 高度)中尺度涡旋示意图

7 月 9 日的暴雨区正好落在周边探空站的中间,暴雨区内没有其它实测高空风资料,但从周边探空站 9 日 08 时的高空风(表 13.7)来看,850hPa 等压面上确有一个气旋性环流,徐州、阜阳两站在 700hPa 等压面上还有反映,这说明用多普勒雷达的径向风资料由 VAD 技术得到的边界层(600m 高度)中尺度涡旋系统是可信的。在图 13.27 上,多普勒雷达的径向风零速度线显示表明降水区确已处在切变线以北。

另外,由表 13.7 可见,这个中尺度涡旋系统在 700hPa 等压面上的徐州、阜阳还有反映;而在 500hPa 上,江淮及周边地区是一致的强西南气流,中尺度涡旋系统只是在大气低层活动的中尺度系统,暴雨出现在 850hPa 西南风急流轴(南京)的左侧。

表 13.7　7 月 9 日 08 时暴雨区周边探空站的实测高空风[速度(m/s)/方位(°)]

站名 / 压面(hPa)	徐　州	阜　阳	安　庆	南　京	上　海	射　阳
850	4/90	6/20	18/225	22/225	18/225	6/10
700	8/315	8/5	22/225	22/225	18/225	18/225
500	22/240	24/250	16/225	28/225	20/225	24/225
300	32/225	28/225	16/225	20/225	12/225	

在日本,据秋山等人的研究,梅雨锋内中尺度扰动也仅限于低层。

在 7 月 9 日这个中尺度涡旋系统活动的近 18h 内地面都出现了降水(梅雨锋在此期间位置基本上没有变化),但集中强降水在东南风出现后 1～2h 内出现;在边界层东南风转西南风转偏北风后,集中强降水在 1～2h 内迅速减弱,或者说,当梅雨锋中有中尺度涡旋系统活动时,强降水仅在它的东北象限的东南风中出现,这与过去的研究中认为梅雨形势下 850hPa 切变线上的西南涡暴雨多出现在西南涡的东北象限的结论相一

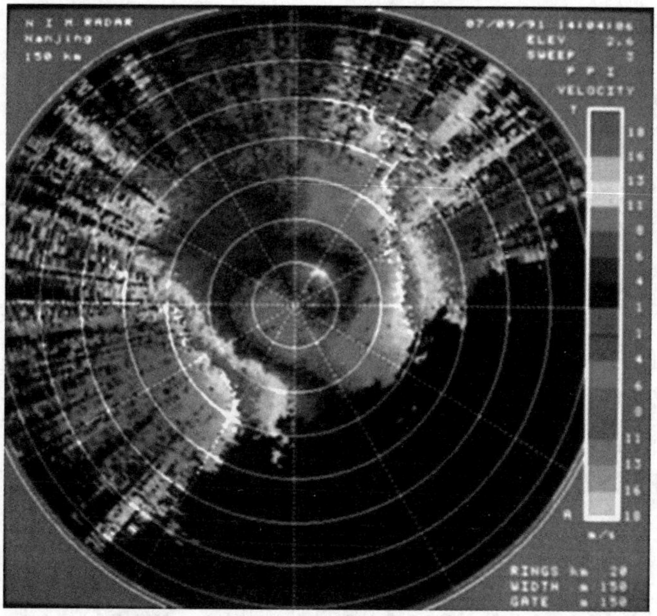

图 13.27　7 月 9 日 14 时多普勒径向速度图　(南京气象学院)

致。因此,用多普勒雷达风垂直廓线资料得到的梅雨锋低层的中尺度涡旋系统,也是梅雨锋降水中一场暴雨的组织者之一。在台湾地区中尺度试验(TAMEX)研究中,也发现在中尺度雨带内有气旋性环流,它的辐合作用对维持中尺度雨带中的对流有重要意义。不过,在雨带内的气旋性环流已经是 $\gamma(M_\gamma)$ 中尺度。

4. 梅雨锋暴雨过程中强降水区风场的垂直结构

暴雨是一种复杂的物理过程,它受到多种因素的制约。从 7 月 9 日上午集中暴雨时段的多普勒雷达资料,以及当天各县站的其它气象资料分析看,在集中强降水出现时,雨区内没有明显的雷暴活动,9 日 03 时沿中尺度强回波带的雷达回波剖面图上,回波型应是雷暴,但没有雷暴的地面

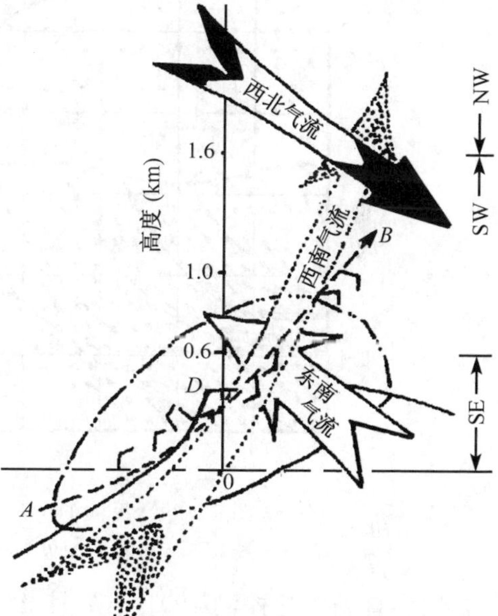

图 13.28　梅雨锋暴雨区低层流场的垂直结构示意图

报告,但在暴雨区,多普勒雷达探测资料表明,大气层下部有这样一些特征:

(1)600m 左右高度上是中尺度涡旋系统;

(2)边界层 800m 以下是东南风;

(3)东南风上面西南低空急流明显;

(4)西南低空急流上面出现偏北气流;

(5)大气层下部(3km 以下)风的垂直切变明显;

(6)边界层内有暖平流(风随高度顺转)。

归纳起来,7 月 9 日大气低层的垂直气流特征可以用图 13.28 来表示。

此外,我们还注意到:

(1)偏北气流中超低空急流的楔入并不抬升 SW 气流而产生对流活动及强降水;

(2)偏北气流高度的下降不利于强降水(风的垂直切变发生变化);

(3)低层暖平流,上部冷平流,大气层结的弱不稳定和适当的风垂直切变有利于梅雨锋中的弱对流活动和产生强降水。

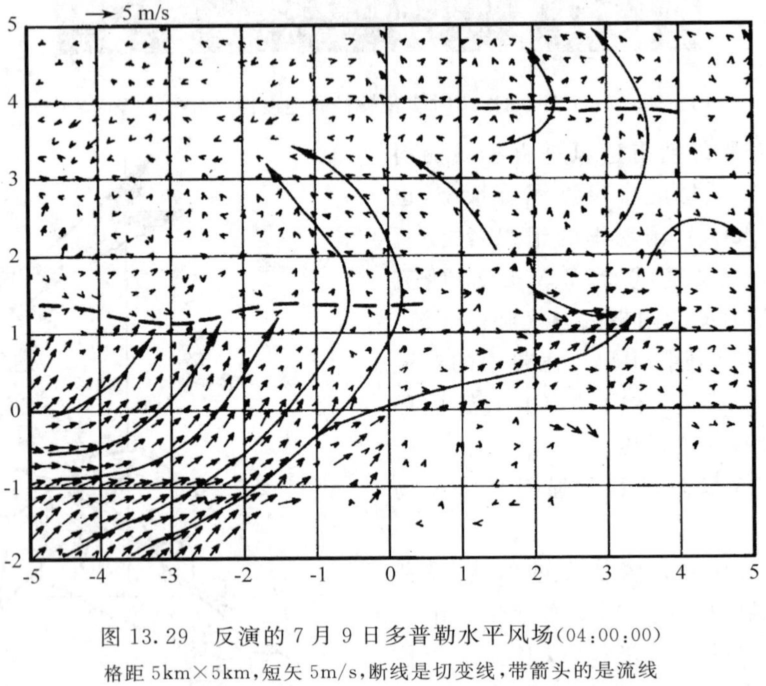

图 13.29　反演的 7 月 9 日多普勒水平风场(04:00:00)
格距 5km×5km,短矢 5m/s,断线是切变线,带箭头的是流线

用多普勒雷达探测 1991 年 7 月 9 日的江淮暴雨,第一次获得了梅雨锋中边界层(600m 高度)中尺度涡旋系统的活动情况,使我们有比较精细的实测资料来描述梅雨锋中尺度暴雨区内风场的水平和垂直结构,以及它们的连续演变情况。边界层内中尺度涡旋系统的存在及其与集中强降水的关系如果具有普遍性,将对暴雨的临近预报和

洪水调度、防涝抗洪具有不可估量的意义。

13.2.3.2　梅雨锋中尺度对流回波系统内的气流结构

图 13.29 是 1991 年 7 月 9 日 04h 经反演的降水区内多普勒水平风场。从图中，西南低空急流清晰可见，地面强降水区附近有一条切变线，切变线两侧的风速差异较大，气旋性切变明显。到 06h(图 13.30)，除了气旋性切变外，经本站附近的西南低空急流向东北方延伸。在图中，我们还注意到了强回波附近强西南气流向左右两侧的转向，其左侧正是气旋性切变区。Jou 等用双多普勒雷达资料对 TAMEX 的个例分析中也注意到了低空急流在强回波前向两侧分流，而在强回波区则是相对弱风区。在左侧，气旋性切变区是上升运动区，在右侧，则是下沉运动区。在这段时间内，中尺度对流回波系统(对流回波带、多条短带、中尺度回波增强区)正出现强降水。由此可见，降水区低层西南低空急流左侧的气旋性切变区是这类强降水形成和维持的关键。

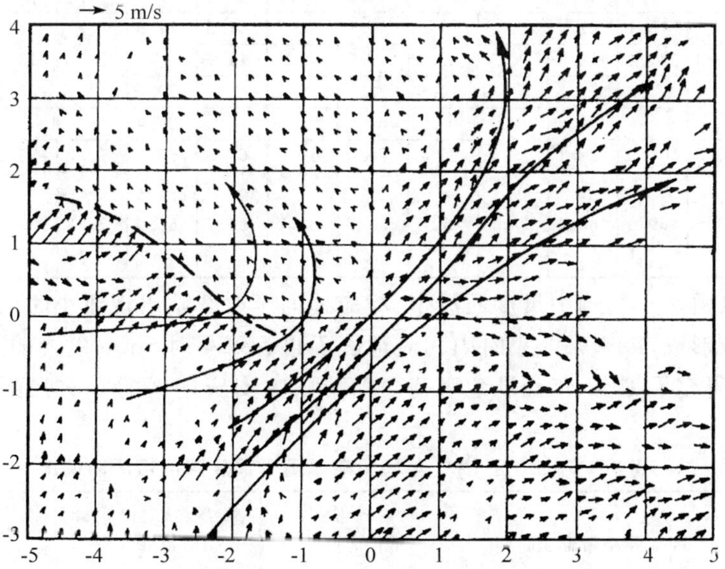

图 13.30　反演的 7 月 9 日多普勒水平风场(06:00:00)
格距 5km×5km，短矢 5m/s，断线是切变线，带箭头的是流线

§ 13.3　梅雨锋暴雨的降水机制

13.3.1　中尺度对流回波系统的降水能力

从天气系统降水能力和区域降水预报的角度看，我们更关心中尺度对流系统的降水情况。研究表明，梅雨期中尺度对流回波带(区)具有很高的降水效率。以 1991 年 7

月 9 日江淮地区大暴雨为例(表 13.8),24 小时雨量大于 100mm 的 13 站中,若以中尺度对流回波带(区)出现每小时 10mm 以上的降水量称为集中强降水,则在中尺度对流系统中,集中强降水通常能维持 2～5h,它的降水量占到总降水量的 32.6%～85.7%。如果以每小时 5mm 以上降水量称为梅雨锋的对流降水,则对流降水占总降水量的百分比将更为提高。

表 13.8　日雨量大于 100mm 各站集中强降水雨量及占总降水量的百分比

	长丰	定远	嘉山	来安	盱眙	洪泽	金湖	高邮	宝应	兴化	建湖	盐城	大丰
1													
2								12.9		14.4			
3										15.1			
4	13.1	14.4	11.7				15.9						11.6
5		17.5		39.4	13.9		12.8	13.2		21.2			
6		16.6	13.2		19.0	14.5	37.6	12.4		17.0			12.7
7		15.1	27.4			27.9	52.7	11.5	21.3	18.7		11.2	10.6
8	23.3	31.4	19.8		32.4	19.2		11.6		25.8	13.6	21.7	15.9
9	33.1				15.9	12.4			29.6		20.0	13.4	25.3
10									24.4			13.3	
累　计	69.5	107.0	72.1	39.4	81.2	74.0	119.0	61.8	75.3	112.2	33.6	60.1	76.1
占总降水量的百分比(%)	53.5	69.9	65.4	34.6	67.6	61.7	85.7	54.7	62.9	76.3	32.6	55.6	77.9

李云飞以雷达观测到中尺度回波带、相应地面至少 2 站出现每小时 5mm 以上降水量称为强雨带形成,以未来 3 小时内相应地区不再有每小时 5mm 以上的降水量为强雨带结束时间,研究了 1991 年江淮地区梅雨期暴雨中安庆地区的 6 次强雨带活动,结果见表 13.9。

表 13.9　安庆地区 1991 年梅雨期暴雨中尺度强雨带活动情况

日　期	强雨带形成时间	强雨带维持时间(h)	单站最大日降水量(强雨带降水量)(mm)	单站强雨带降水量占总降水量的百分比(%)
5.21～5.22	5.21.20h	12	125(105)	84
6.14～6.15	6.14.21h	20	210(207)	99
7.4	03h	11	125(115)	92
7.5	01h	13	192(144)	75
7.10	03h	16	185(176)	95
7.12	01h	13	88(85)	97

由表可见:

(1)以每小时 5mm 以上降水量定义的中尺度强雨带通常维持 12h 以上。而在 1991 年 7 月 9 日的江淮地区大暴雨中,造成强降水的中尺度涡旋生命史大约 18h,每小时 10mm 以上的集中强降水维持 2～5h。

(2)中尺度对流回波系统产生的降水占总降水量的比例非常高。

(3)中尺度对流回波系统基本上都在夜间形成。

很多研究人员注意到了暴雨的夜间多发性问题。在梅雨期暴雨中，这种特征尤为明显。李云飞统计了1972～1991年梅雨期安庆站6小时降水量50mm及以上，或连续2小时降水量35mm及以上的35个强降水日情况，发现强降水主要集中在凌晨到上午(2～10时)这一段时间。

13.3.2　梅雨锋暴雨的降水机制

图13.4(b)是沿图13.4(a)中强中尺度对流回波带走向的剖面，是1991年梅雨锋(期)降水内强中尺度对流回波系统的典型剖面。在这个剖面上，从降水机制的角度看，对流回波主要的结构特征是：

(1)总体上，这是一种积层混合型回波，其中梅雨锋降水回波的强度在10～30dBZ，对流回波的强度在45～50dBZ以上，图中可以清楚地看到积云(和/或积雨云)单体嵌在层状云降水区内；

(2)层状云回波的高度在7～9km左右，大多数对流回波高度约8～10km，强的对流回波高度可达15km以上(由于这个剖面是根据多普勒雷达体扫描资料生成的，其顶部稍有失真)；

(3)大的对流回波下部庞大，而中层以上迅速减小；

(4)对流云的强回波集中在云体的中下部，即在云中的0℃层高度以下；

(5)雷达反射率因子Z的垂直廓线在中空没有极大值，如图13.31所示；

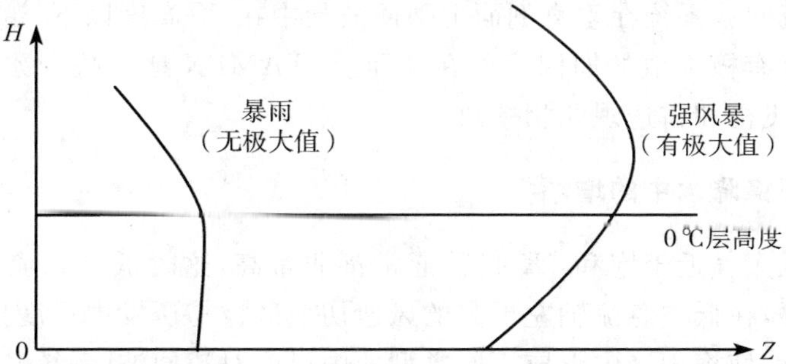

图13.31　对流云雷达反射率因子Z的垂直廓线示意图

对流云强回波集中在云体中的什么部位，雷达反射率因子Z的垂直廓线在中空有没有极大值，是以强降水为主的雷暴和以冰雹等强烈天气为主的雷暴的主要差异，它反映了对流云中完全不同的云微物理过程。通常，强风暴的Z的垂直廓线在云中负温度区的极大值表征这里存在过冷却水滴的大量累积，这种过冷却水滴累积区越高，体积越大，表明云中上升运动越强，小冰雹有足够的机会在这里上下循环长成大冰雹，因而地面强烈天气（冰雹、强阵风等）也将越严重。而在梅雨锋中，对流云的雷达强回波在0℃高度层以下，反射率因子 Z 的垂直廓线在0℃高度层以上迅速减小。根据微波散射理论，这种现象说明云中大水滴都集中在0℃高度下的暖区，地面强降水主要是由暖雨碰并过程形成的。观测表明，梅雨锋内的积雨云没有中纬度对流风暴的那种高耸、壮观的外形，即使地面记录有雷暴，也没有与中纬度对流风暴相伴的地面大风、强阵雨、冰雹等恶劣天气。台湾地区中尺度试验（TAMEX）期间，NCAR 的 P－3 飞机进行了 10 次飞行，航程 12841km，在 150m～6.8km 高度上共探测了 359 次上升气流和 416 次下沉气流，Jorgensen 和 LeMone 的研究结果表明：

（1）平均垂直速度、最大垂直速度、直径、上升气流和下沉气流质量输送大致呈对数正态分布，与其它地区对流特征的研究相一致。

（2）TAMEX 对流中的上升气流和下沉气流的尺度和强度与 GARP 大西洋热带试验（GATE）、夏季风试验（MONEX）和飓风试验相当，但比大陆雷暴弱。

（3）中等上升速度小于 3m/s，这说明从云底上升到冻结高度大约要 35min。小的上升气流的微物理意义通过 TAMEX 对流的雷达反射率因子垂直廓线和其它地区相比较得到了证实。这些结果说明，TAMEX 中的对流降水是一种暖雨碰并过程，0℃高度以下有大量雨滴冲刷发生，这与海洋对流以及在 GATE 和飓风中的情况相一致。

（4）0℃高度以上云中含水量和雷达反射率因子急剧减少，以及除了低于0℃的最强的上升气流中心区外观测到了大量的冰粒。这些观测事实表明，空气上升时穿过0℃高度后云中水和雨滴很快转变为冰和霰。根据微波散射理论，这些观测事实解释了梅雨期暴雨中尺度对流回波系统在垂直剖面上强回波集中在0℃高度以下、雷达反射率因子 Z 的垂直廓线上没有极大值的原因。而在地面上，TAMEX 地区缺少冰雹和其它恶劣天气报告，这也与飞机和雷达观测相一致。

13.3.3 梅雨锋降水中的增幅

由于梅雨锋区大气近于饱和，K 指数通常都非常高，这时低空急流的动力作用对产生降水特别重要，在低空急流轴左下方的风速切变区极易诱发中尺度扰动，触发各种强度的对流回波核，使梅雨锋内形成不同类型的中尺度对流回波（系统）。相应地，梅雨锋的降水能力也将发生变化。总体上来说，沿梅雨锋的层状云降水带是基本的降水场。在降水回波的这一部分，雷达反射率因子通常约 20～30dBZ，相应的雨强为 0.65～2.73mm/h（M－P 关系），即梅雨锋层状云降水带维持的地区通常大约有每小时 0.7～2.7mm 的降水量。

13.3.3.1 降水的第一次增幅

在梅雨锋区，低空通常盛行 SW 风（SW 低空急流）。当边界层出现偏东气流，层状云降水区内出现中尺度辐合区（～$10^{-4}s^{-1}$）时，雷达回波相应地出现 MEER，对流开始明显。这时的雷达反射率因子从 20～30dBZ 的基本回波强度增强到 40～45dBZ，即地面降水量可增加到一小时 10～25mm，雨量增长了约 10 倍，称为中尺度对流回波系统的集中强降水。因此，层状云降水区中出现对流是降水的第一次增幅。

13.3.3.2　降水的第二次增幅

由多普勒雷达资料的 VAD 分析看到，当边界层的垂直风切变大时，MEER 中可能出现雷暴。这时的最大雷达反射率因子达到 50dBZ 或以上，地面一小时雨量可达到 50mm 左右，这比降水第一次增幅后的雨量还大 2～5 倍。所以在梅雨锋中观测到雷暴，通常是相应地区出现暴雨或大暴雨的可靠标志。这是降水的第二次增幅。对于这种对流使梅雨锋降水增幅的过程，大致可以用表 13.10 表示。所以梅雨锋中的对流活动大大提高了整个降水系统的降水效率。

表 13.10

	基本降水场	第一次增幅	第二次增幅
每小时雨量	0.7～2.7mm	10～25mm	～50mm
说　　明	梅雨锋锋面降水	层状云中有弱对流	层状云中出现雷暴

每年的春夏之交开始，梅雨锋（期）降水从我国的南方随着副热带高压的季节性西伸北抬而逐渐北移。TAMEX 区在 22°N～25°N 左右，台湾地区的梅雨锋暴雨与大陆华南地区的前汛期暴雨实际上是同一天气尺度系统（梅雨锋）造成的。TAMEX 研究和江淮地区（30°N～35°N）梅雨锋研究的结果表明，造成台湾地区暴雨和江淮地区暴雨的中尺度对流回波系统的结构、特征以及降水机制都非常相似，甚至可以说基本相同，也与海洋对流以及在 GATE 和飓风中的情况相一致。这种结果清楚地证明，西太平洋副热带高压西北侧的梅雨锋降水（暴雨）是热带气团内的强降水。当梅雨锋降水（暴雨）从20°N左右北抬到 35°N 左右时，热带气团内强降水的降水属性未变，中尺度对流系统的降水机制也没有变化，仍然是一种热带气团内积雨云（积云）内 0℃ 高度下的暖雨碰并过程。

本　章　小　节

本章主要讨论产生暴雨、特别是梅雨锋暴雨的雷达回波特征。给出了回波产生暴雨的一般条件。指出，梅雨锋暴雨的中尺度回波型主要有：中尺度对流回波带，中尺度涡旋带状，中尺度对流回波群（弥合型回波），以及中尺度回波增强区。比较了在台湾地区中尺度试验（TAMEX）中获得的梅雨锋雷达回波与中纬度（长江流域）梅雨锋雷达回波的特征。详细讨论了梅雨锋中尺度对流回波在 PPI，RHI 上的回波结构、气流特征、多普勒水平风场、边界层内风的垂直分布特征等。从云降水物理的角度讨论了梅雨锋产生暴雨的降水机制。

第十四章　多普勒雷达探测台风

在广阔的热带洋面上，经常发展着强大的热带风暴，这种风暴发展到一定的强度，在太平洋上称为台风。每年夏秋季，台风是我国东南沿海经常出现的严重天气。当台风移近大陆，或者登陆后，台风中心附近或与台风有关的狂风、暴雨、龙卷以及有时出现的大海潮（台风增水）常常给沿海地区造成极大的损失。1922 年，一个强台风在汕头地区登陆，造成 6 万多人死亡；1969 年 3 号台风于 7 月 28 日在广东惠来县登陆，台风增水与天文潮迭加，增水达 3.2m，几层楼高的滔天巨浪冲毁海堤，涌进内陆，市内进水 1.5～2m；1975 年 8 月，3 号台风深入内陆，移到河南后停滞不前，台风形势加上其它条件，形成有名的"75.8"特大暴雨，给中原地区造成巨大的生命财产损失。

然而，台风也有其有益的一面。每年夏秋，随着西太平洋副热带高压的季节性西伸北抬，副高北侧的雨带北移到黄河流域，华南等地严重的伏旱主要靠台风降水来缓解。从短期预报的角度来看，如果能准确确定台风中心的位置，探测并跟踪台风中的强降水区、大风区及台前飑线，准确预报台风路径以及可能出现的台风中心附近的强降水、台风环流中的切变线强降水、台风倒槽暴雨，事先做好防台准备工作，就有可能减少损失，甚至变害为利。因此，加强天气雷达对台风的探测、研究，无论从哪一个角度看，都有十分重要的意义。

§14.1　台风的雷达回波结构

台风是在比较均匀的热带海洋气团内发展起来的气旋性涡旋，它的气压、温度和风常呈圆形对称分布，降水呈螺旋带状特征。台风涡旋的半径一般在 500～1000km，台风中强的对流云垂直伸展一般到对流层顶，约 15～20km，个别强台风的对流云顶可以穿过对流层顶进入平流层。台风的垂直尺度与水平尺度之比约 1∶50。

台风的雷达回波结构主要有：

1. 台风眼

台风眼是台风的最显著的特征之一，也是热带气旋与温带气旋明显的区别之一。台风眼区中心的气压很低，也没有降水，是一块晴空区。在红外云图上看起来，台风眼是密蔽云区中心附近的一个小黑点。图 14.1 是台风雷达回波图，在图上，台风眼是一个无回波的圆形区。

由于探测方法不同，台风眼的种类可以分为：

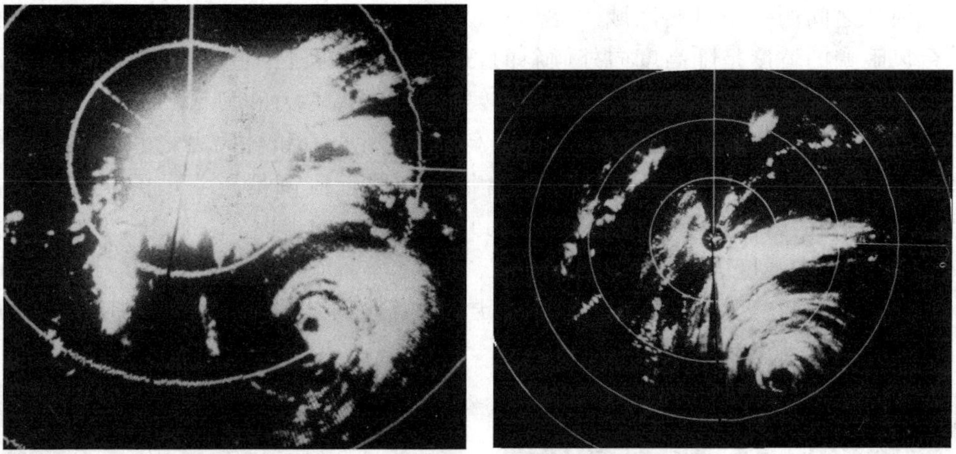

图 14.1　台风雷达回波图(上海)

(1)气压眼。它是地面天气图上海平面气压的最低点；

(2)风眼。台风环流圈内无风或风最小的地点；

(3)雷达眼。由雷达回波确定的眼，当眼壁回波清楚完整时，它是眼壁回波包围的无回波区的几何中心；当眼壁回波不完整甚至没有时，它是螺旋雨带的曲率中心；

(4)卫星眼。在可见光云图上，它是可见光照片上的晴空点，在红外云图上，它是一个无云的小黑点。

在实际工作中，用不同的方法确定的台风眼的位置常常有一些差别，例如，由雷达观测确定的台风眼与天气图上的低气压中心有一定的差别，而由卫星云图确定的台风眼位置由于受到卫星云图定位精确度的影响，与用别的方法确定的台风眼的位置也常有差别，尤其在台风发展的初期，台风结构的对称性还不完善的时候更是如此。在台风的成熟期，海面上的台风比较对称，这时定位误差比较小。

2. 台风的云墙区

从雷达回波上看起来，台风眼的外围是一个圆环状的强回波区，如图 14.1 所示。这里有强烈的上升运动，曾经观测到 5～13m/s 的上升气流。这里的强回波主要由一些高大的积雨云组成，其高度常在 15km 以上。1958 年 9 月 25 日台风 Ida 的眼壁云顶高达 19.8km，1964 年 10 月 14 日飓风 Isbell 北面的云系顶部高 19km。台风云墙区的宽度一般约 20～30km，云墙及其附近地区是台风风雨最激烈的地方，台风中心附近的最强降水和最大风速大都出现在这里。在台风云墙区有很强的上升运动，有大量的凝结潜热释放，这对台风暖心的形成有重要作用。

在台风眼区是下沉运动，而紧临着它的外面是上升运动，这种具有不同垂直运动的环流可以使温度梯度和动量梯度集中或加强，并维持眼区边界或眼壁，所以眼壁实际上是台风内外之间的一个过渡区域。

台风眼壁的坡度是随高度向外倾斜的，最后变成准水平。由于台风低压是暖心的，所以径向气压梯度向上减小。在低层，旋转空气环的离心力和科氏力如果与气压梯度力相平衡，当空气环上升到高空后，在某一高度上，离心力和科氏力之和超过高空较弱的气压梯度力，空气转向向外运动，因此台风眼和眼壁应该是漏斗形的。在许多台风中，雷达观测到的云墙是近于垂直的，但也并不都是如此。图 14.2 是 1990 年 8 月 30 日 9015 号台风中强度大于 32 dBZ 的回波。图 14.3(a)是沿图中 AB 的剖面。由图可见，台风眼壁回波在低层近于垂直，到了高层，却有倾斜。而在一个半小时前的剖面图[图 14.3(b)]上，眼壁结构还不明显。

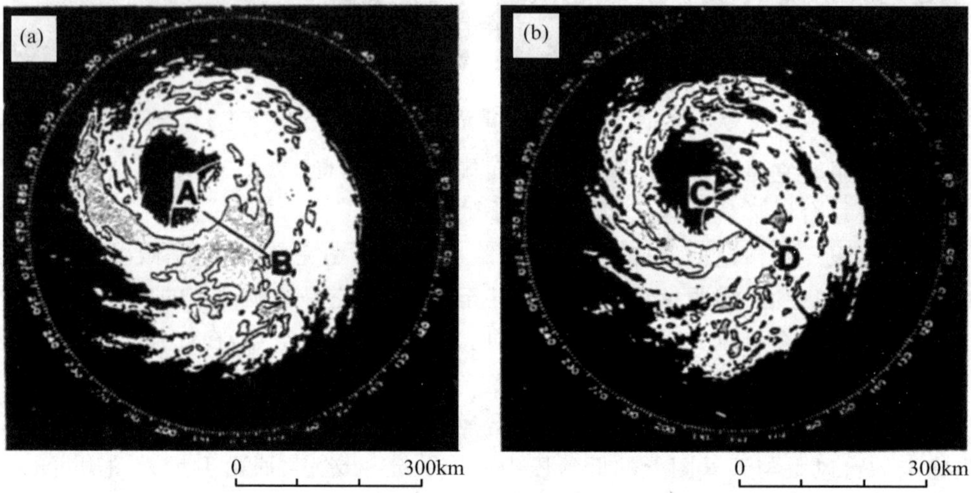

图 14.2　9015 号台风日本宫古岛雷达

(a)1990.08.30　09:31　JST　　　(b)1990.08.30　08:08　JST

一般成熟的台风都有云墙，但 1967 年 7 月西太平洋上台风 Bille 没有云墙。这个台风在离中心不到 180km 的地方观测到 35～40m/s 的强风，而在台风中心附近的云都是低云，云顶高度 1.2～1.7km，没有云墙存在，仅在台风中心有一个明显的暖心。这个暖心肯定不是由于积云对流的潜热释放造成的，因为在 1.7km 高度以上没有云，它是由狭窄的晴空气柱中的下沉增暖造成的，大约从 530hPa 下沉到 850hPa。由于这种暖心的形成，同样可以引起地面气压下降和风速增加。

3. 台风螺旋雨带

从台风云墙区向外到台风外缘是螺旋雨带区域。降水的带状结构是热带风暴的另一个主要特征，如图 14.1、14.2 所示。飞机观测和雷达观测都指出，台风内的云成环状或螺旋带状围绕着台风中心，卫星观测也进一步证实了这一点。

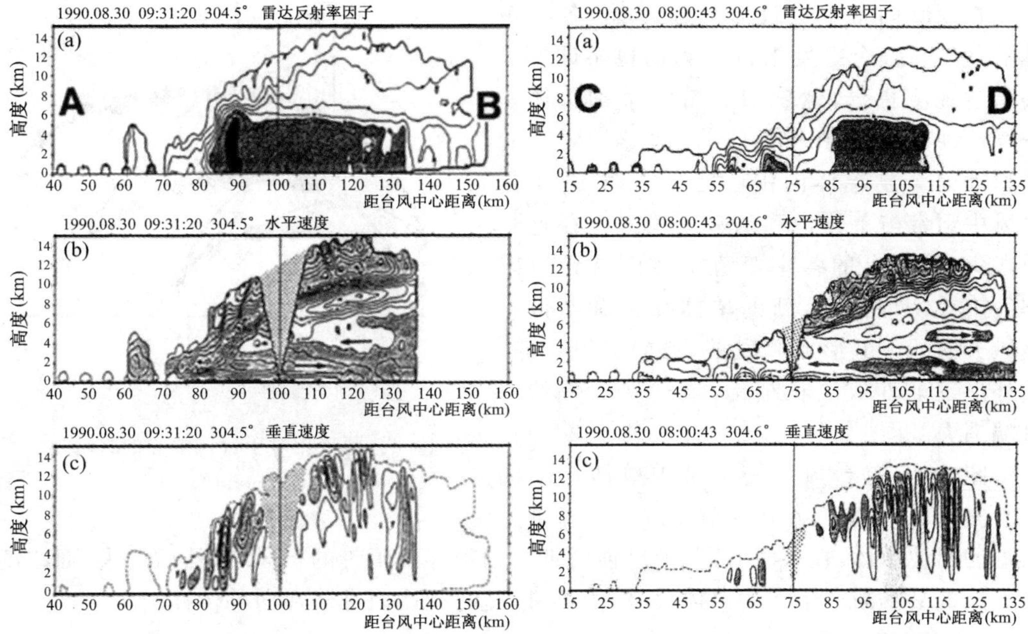

图 14.3　沿图 14.2 中 AB、CD 作的剖面图

每个台风的螺旋雨带的数目是不同的。在台风 Marge 中,就曾观测到六条螺旋雨带。这些雨带在风暴的成熟期大多围绕着台风中心对称分布,并呈气旋式旋转向内。但在风暴的发展和衰减期,或者受地形的影响,分布不大对称,常常表现为一条或几条螺旋雨带,从台风的某一部分卷入。台风的最外一条螺旋雨带和台风前飑线之间可有 80km 左右的间距。

螺旋雨带的宽度差别很大,一般为几十千米到上百千米,愈近中心愈宽些。各条雨带之间大致相距 30～40km,而在台风中心附近,向内旋入的螺旋雨带与眼壁云逐渐混合在一起,因而可以根据螺旋雨带的曲率来确定台风中心的位置。螺旋雨带是台风中的一个中尺度系统,这里常有显著的对流上升运动,一般情况下愈近中心对流愈旺盛,因此,它的云系,主要从近眼壁附近的对流云向外逐渐向层状云过渡。螺旋雨带经过时,常出现低空辐合、上升运动、中尺度低压槽、温度下降、风向风速改变等明显的特征。

螺旋雨带的运动有两种方式,一种是整条螺旋雨带的运动,一种是螺旋雨带内回波单体的运动。人们曾经认为螺旋雨带是产生在台风的前半圆,尤其是在运动方向的右前象限,因为这里辐合最强。人们还认为螺旋雨带是向内旋进的,最后围绕着眼区旋转,使云墙得到经常的更替。但观测事实指出,螺旋雨带并不向内运动,而是围绕中心顺时针运动的,并且许多螺旋雨带在风暴中心附近产生后是沿径向向外传播的,传播速度达 10m/s。螺旋雨带有着与对流层低层风相反的运动。

在螺旋雨带中有许多对流单体,各个单体的运动与整个螺旋雨带的运动也不同。天气雷达观测指出,螺旋回波带中个别单体是按气旋性环流向中心传播的,即螺旋雨带向外移动而个别单体向中心运动。图 14.4 是台风中雨带与单体运动的一个模式。在这个模式中,雨带上的各个对流单体围绕台风眼作气旋式切向运动,新的单体在螺旋雨带的上风方向的一端形成和发展,愈向下风方向,其外形逐渐变成层状结构,最后在雨带的下风端消失。

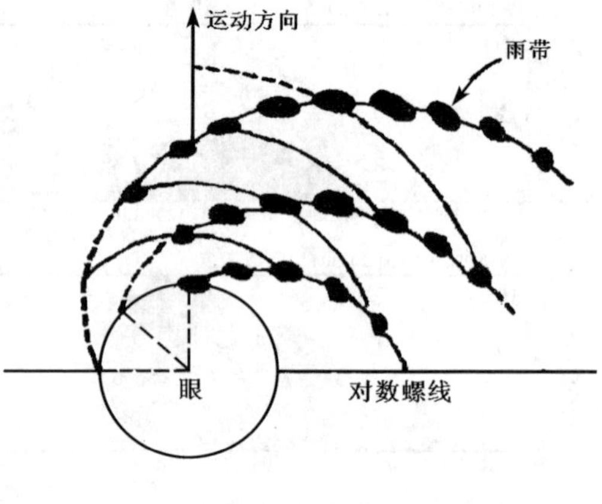

图 14.4　雨带相对于台风中心的移动模式(Tatehira,1962)

图 14.5 是台风螺旋雨带中单体运动的一个实际观测例子,在图中,6 时 30 分雨带上风端的回波单体,在 7 时 07 分就已逆时针沿雨带移到雨带的下风端,然后消失,而在雨带上风端又不断产生新的单体,并向内移进,此时螺旋雨带却在向外传播。

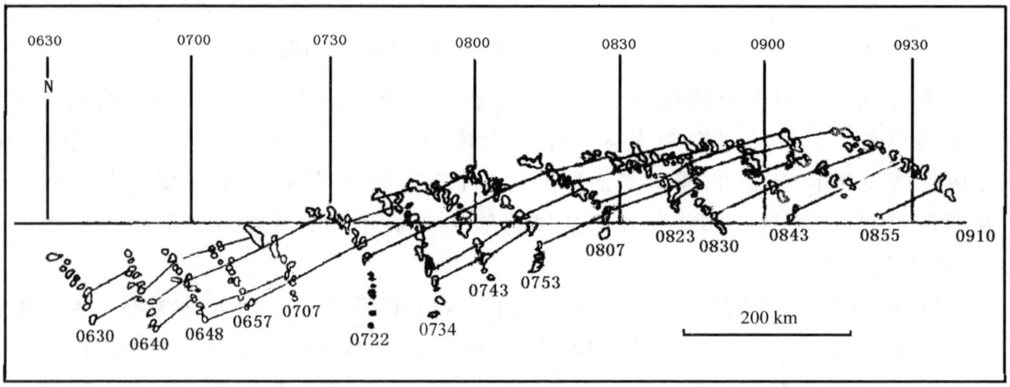

图 14.5　台风螺旋雨带里单体的运动(Tatehira,1962)

在台风的不同部位的雷达回波的移速是不同的,即使是同一条螺旋雨带中。各处的回波单体的移速也不相同,如图 14.6 所示。

由图可见,回波的 10min 位移(图中箭头)大小不一,它的规律需要有更多的观测研究。

图 14.7 是将雷达回波与卫星云图叠加在一起的合成图。由图可见,卫星云图的云区中,其实只有一部分有地面降水。可见,对于精确估计地面降水区的分布,天气雷达回波要比卫星云图更为准确。

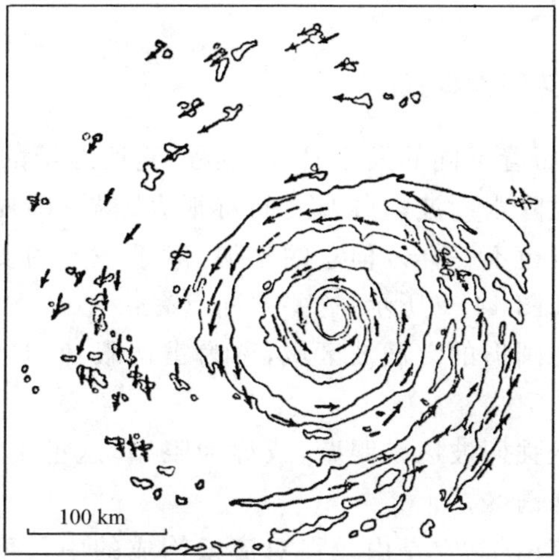

图 14.6　相对于飓风中心的回波速度(引自 Fujita 和 Black,1970)

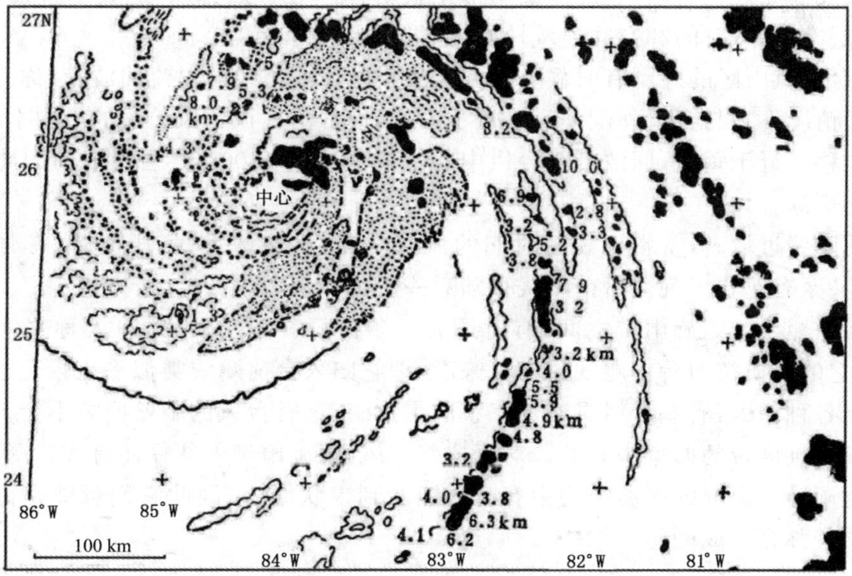

图 14.7　将雷达回波叠加到卫星云图上的合成图(引自 Gentry,1970)

§14.2　雷达探测台风

实践证明,在研究台风的结构、运动以及日常预报业务中,天气雷达是一个极好的探测工具。我国东南沿海已经建立了一个台风天气监测网,为台风研究和预报做了大量的工作。

14.2.1 台风的雷达回波模式

不同的台风由于经历着不同的发生、发展过程，它所经历的环境及下垫面的情况也各不相同，因此各个台风降水回波的分布之间有很大差异；即使是同一个台风，在它不同的发展阶段，降水回波也不一样。但总的来说，对于一定的发展阶段，台风降水回波分布仍有许多共同点，如图 14.1 所示，这些共同点有：

(1)台风中心是一个圆形的无回波区域，称为雷达眼，它与无雨弱风的台风眼基本一致；

(2)雷达眼外围环状强回波区是眼壁，或称为眼墙，这里由垂直发展旺盛的对流云构成，是台风中的狂风暴雨区；

(3)眼壁外面是螺旋雨带，它是由较强对流云构成的中尺度螺旋状回波带，向内与台风眼壁相连联；它大部分集中在台风的某一方位，一般在前半部分较多，后半部分较少。少数发展完好的台风，它的螺旋雨带比较对称。对于强台风，螺旋雨带强度强，结构紧密，层次分明，时间和空间连续性好，这里的风雨也最大。

(4)台风风雨区的外围有时候有一条类似于中纬度飑线的对流回波带，称为台前飑线。一般情况下它与台风外围等压线近于平行，最常出现在台风前进的方向上，带的走向与台风移向近于垂直，回波带距台风中心一般约 400～600km，强台风前的飑线距离台风中心更远。

台前飑线过境时，常常出现短时间的风向突变，风速增大，气压下降，有强对流天气，有的甚至有龙卷出现。台前飑线登陆后一般很快消散。

在台前飑线与螺旋雨带之间，有时还有一条甚至几条雷雨带，有人称之为外螺旋带，但从它的性质类似台前飑线这一点来看，把它归入台前飑线类似乎比较合适。

由于各种原因，有些台风具有不完整的雷达眼，这时台风的眼壁回波不全。台风中心应定在螺旋雨带的曲率中心处。对于这些台风，螺旋雨带外往往还有大片降水区，有时也称为雨屏。雨屏的回波结构中有时也能看到带状结构，因此它们可能是由较外面的螺旋雨带弥合而成的。

14.2.2 影响台风雷达回波分布和变化的因子

不同的台风之间，一个台风的不同发展阶段，雷达观测到的降水回波千差万别，有时台风回波分布很典型，而有时却残缺不全。造成台风回波的这种差异可能与下列原因有关：

(1)一个台风，处于不同的发展阶段和运动状况时，回波可能不同。一般情况下，在台风的初生阶段，回波松散，洋面上的积雨云团还不成螺旋带状，但已有一定的规律。

这时一般没有明显的台风眼。到台风的发展阶段，台风的各种特征结构如螺旋雨带、眼壁等逐渐明显，雨带分布渐趋对称。到台风的成熟阶段，一般也是台风雷达回波最典型的时候。在台风成熟后稳定维持的期间，台风的典型雷达回波分布也能维持。当台风减弱，或登陆后，首先是回波分布的对称性破坏，各种特征回波也逐渐不明显。由于台风的主要生命期大都在广阔的洋面上，很难用陆基雷达连续跟踪它们，因而在不同时间、不同地点取得的台风雷达回波图形可能出现各种各样的情况。

(2)地形对台风的影响。台风在不同的发展强度时降水回波是不同的，因而当台风受海上岛屿影响强度发生变化时，台风的降水分布也发生变化。

岛屿对台风的影响决定于岛屿的面积和地理特征。一般的山和岛屿对台风，尤其对成熟的强台风几乎没有什么影响，而面积大的岛屿对台风路径和强度都有明显的影响。在西太平洋和我国南海地区，对台风影响最显著的是菲律宾群岛，其次是台湾岛和海南岛。

1960 年至 1970 年期间有 30 个台风穿越菲律宾。台风在到达菲律宾之前 48～24h，强度是增加的，以后风速维持在46m/s左右。通过菲律宾岛区时，风速减弱到31m/s，即减弱了 33%；过了菲律宾进入南海时强度又增加。对于强的台风，这种影响尤其明显。一般风速大于45m/s的强台风，在通过该岛时风速减小 46%～50%，而对于较弱的台风(风速小于45m/s)，最大风速只减小 10%～15%。台湾岛和海南岛也有类似的作用。

台风通过岛屿时，降水回波的变化主要表现在：眼的直径变大，完整的眼壁回波断裂，形成所谓的“残眼”或“开眼”，完整的螺旋雨带结构也被破坏。岛屿对台风的这种影响，可能主要是由于向台风中输入的水汽含量大为减少的缘故。台风与陆地的摩擦作用也应该考虑。

(3)海水温度对台风降水回波分布的影响。现在已经确认，海水温度对台风的发生、发展、维持都有至关重要的作用。在判断一个热带风暴是否会发展时，第一个条件就是那里的海水温度至少应超过27℃。

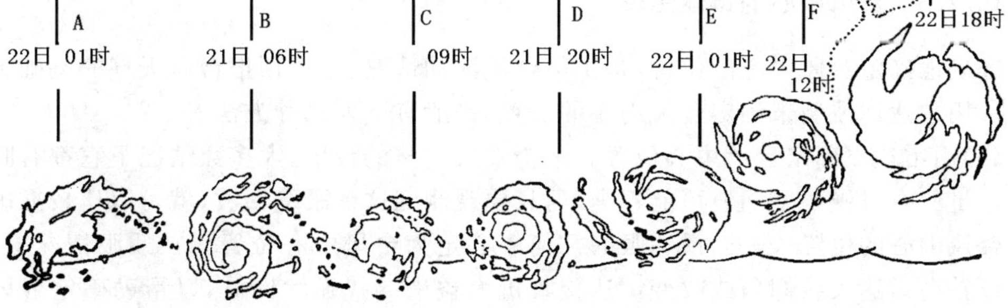

图 14.8　一个台风在日本南部洋面上的演变(引自 Tatehira 和 Itakura，1966)
1965 年 8 月 21 日 01 时到 22 日 18 时　富士山

图 14.8 是日本富士山雷达探测到的台风的降水回波分布。在 22 日 01 时以前，台风东北象限的降水回波一直在发展扩大，但到 22 日 12 时，在充满降水回波的地方出现了一个空洞，16 时后空洞进一步扩大，几乎占了台风雨区的一半范围。由于这是发生在海上，并且在雷达回波的远端仍然观测到了降水回波，因此这片无回波区显然不是由于地形遮挡或降水衰减造成的。事后分析当时的海水温度发现，这里原来是一个 22℃的低温区。

图 14.9 作为一个相反的例子，原来没有台风眼和眼壁的台风 Dora 进入 29℃高温的暖湾流时，眼区回波不断增长，螺旋雨带也逐渐完整，终于形成了一个典型台风的回波分布。

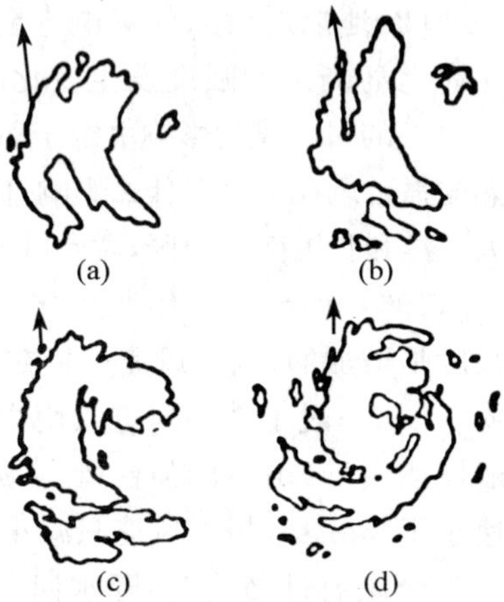

图 14.9　台风 Dora 移到高温海面时的回波演变

(4)雷达-台风的相对位置不同，观测到的台风降水回波分布有时也会不同。尤其在用机载雷达观测时，PPI 上回波图像在飞机飞近台风中心时有着显著的变化：螺旋雨带变得不明显了，在台风中心附近只看到一个孤立的环状回波。这是由于在飞机向台风中心飞近时，螺旋雨带被雷达波束照射的厚度越来越薄，散射体积变小了，接收功率和 dBZ 值也变小了，这使回波分布看起来变形了。

(5)台风所在区域大气的物理状况对雷达观测也有影响。台风中不同地区由于气象要素的分布异常造成的电磁波的不正常传播，可以使不同地点的两部雷达观测到的同一台风的回波图像很不相同，一部雷达观测到的台风回波可能显示得很好，而另一部雷达却可能几乎什么也看不到。

14.2.3　台风中心的雷达定位

准确地确定台风中心的位置，是了解台风活动情况、分析预报台风天气的基础工作之一。用雷达回波型来确定台风中心的位置，一般有下列几种方法。

(1)用雷达眼确定台风中心位置。一个发展完整的台风，大多数情况下它都有眼壁回波。虽然有时候眼壁回波可能不全，但只要观测到这种眼壁回波，就可以比较准确地确定台风中心的位置——以雷达眼的几何中心定为台风中心位置。在残眼情况下，有时可以抬高雷达天线仰角或改变雷达接收机增益来寻找弧状回波，以帮助确定台风中心位置。实践证明，绝大多数台风雷达眼的中心与实际的台风中心基本上是一致的，因此用雷达眼确定台风中心的位置是实际业务工作中使用最普遍的一种方法。用这种方法确定台风中心的位置，对于圆形的、较小的台风限，误差一般不超过 3～5km。但当雷达眼不规则时，往往很难确定它的几何中心，这时台风中心的定位就有一定的误差。

用机载雷达确定会风中心位置时，由于飞机飞行在一定的高度上，而且台风雷达回波的分布在垂直方向上有差异，特别当台风中心附近的雷达眼向上有倾斜时，用空中某一高度上雷达眼的几何中心位置确定的台风中心位置与地面上实际的台风中心就会有一定的差异。

一般说来，雷达眼定位方法简便、准确，误差大致小于雷达眼的半径。因此用雷达眼确定台风中心位置的方法只要能做到，就是一种比较好的方法。但当台风没有眼壁回波时，这种方法就不能用了。

(2)利用螺旋雨带回波确定台风中心的位置。

根据 5 个台风 443 条螺旋雨带，用最小二乘法得出大多数螺旋雨带能适用的方程是

$$\ln r = A + B\theta$$

式中 r 是螺旋线中心到螺旋线上任一点的径向距离，A,B 是常数

$$B = \tan\alpha$$

α 是螺旋线和以螺旋线中心为圆心的圆的交点的夹角，称为螺线角，它常表示台风辐合的强弱，台风辐合愈强，这个角愈小。θ 是向径 r 与参考坐标轴之间的夹角。

实际业务使用时，事先在透明纸上做好螺线角为 10°、15°、20°的三条螺旋线，根据实际的台风螺旋雨带分布，选取最适合的一条螺旋线，然后定出螺旋线中心位置，即台风中心位置。

用这种方法，在台风没有雷达眼时一般也能较迅速准确地确定台风中心位置，平均误差约 10～20km，这主要与某个螺线角的螺旋线选择有关。当台风降水分布比较零散时，雷达站最好使用多站资料的雷达综合回波拼图，然后再选择合适的螺旋线来确定台风中心的位置。

(3)可以用台风回波强度序列动画中旋转中心及多普勒径向速度图上的零速度线与止负速度极值的连线的交点来进行台风定位。首先根据反射率资料的序列动画，确定台风中心的大致范围，然后在同一时次的径向速度图上，找出径向速度梯度的最大处，将光标放在零速度线与正、负速度极值区连线的交点上。这样就能较快地确定台风中心的位置。

14.2.4 台风的不规则运动

在天气雷达和卫星云图使用之前，台风中心在海上的位置是由海上密度极小的观测点的资料来确定的，这样得到的台风中心位置的误差很大，再加上时间间隔长，因此这样的台风中心路径是一条平滑的线。当广泛应用机载雷达、海岸雷达来确定台风中心的位置时，探测密度大大增加，探测准确度也显著提高，这时将台风中心位置连接起

来,发现台风中心路径很不规则,如图 14.10 所示。这是将不同的人对同一台风以不同的准确度和不同的时间间隔得到的路径放在一起的比较图。由图 14.10 可见,在(a)图上,12 小时间隔的路径是一个摆动的抛物线;在(b)图上,40 分钟左右间隔的路径上台风打了三个弯;而在(c)图和(d)图的 5 分钟间隔的台风路径则很不规则,向各个方向的运动都有了。

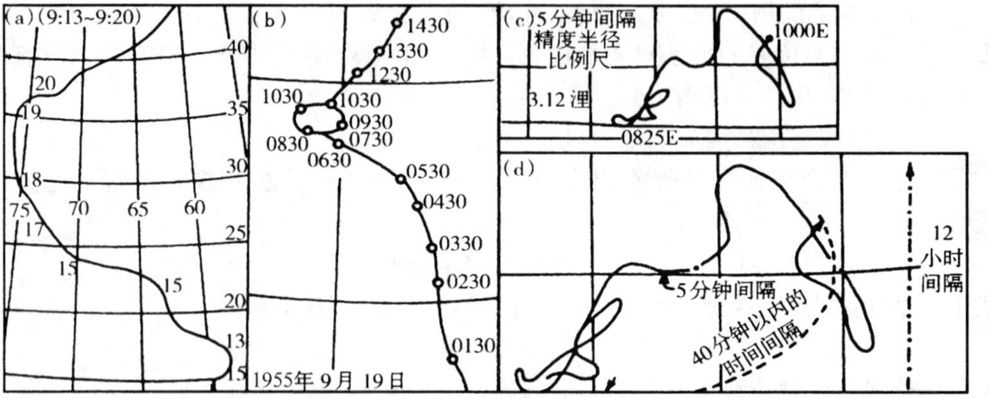

图 14.10　不同时间间隔观测的台风的不规则路径示意图

由于台风是一个天气尺度的系统,它受到地球上各种力的作用;在台风内部,还包含有不同尺度的系统,它们的运动也很复杂,因此台风有着自转、内力、牵引、惯性、偏心、吸附、趋暖等各种运动,使台风的运动十分复杂;用各种方法确定的台风中心位置又有一定的误差,因此台风路径的不规则现象是可以理解的。由于目前还没有一套包括所有影响因素的方程来有效地描述台风的发生、发展和运动,加强天气雷达对台风的监视,用各种手段获得台风结构演变的精确的情报,对揭示台风的客观运动规律是十分有益的。

14.2.5　台风移动的雷达标志

台风移向是台风预报中的一个重大问题,尤其是在台风的异常路径中,台风转向的预报更为重要。能否通过对台风的雷达探测,从台风降水回波分布和演变中寻找一些台风转向的先兆呢?

在台风的 PPI 回波模式中,发现台前飑线和螺旋雨带的分布常常与台风移向有关。

(1)利用台前飑线的分布来推测台风中心的移动。在许多情况下,台前飑线的走向近似地与台风的移动方向相垂直。因此,当发现不断移来的台前飑线的走向发生变化时,可能预示着台风中心的移向已经发生了改变。

(2)充分发展的雨屏,一般都在台风前进的方向上或稍稍偏右的地方,如果雨屏的位置起了变化,可能预示着台风中心移向起了变化。

(3)近眼壁的具有略为不同的交叉角的两条回波带的汇合常常发生在台风中心的前面,当螺旋雨带的这种分布发生变化时,预示着台风中心的移动可能已经发生了变化。

(4)在台风的眼壁回波中,有时可以观测到特别强的小回波亮点,称为高强度点。它一般出现在台风移去的方向上,我们可以追踪这种高强度点的位置,大致确定台风中心的可能移向。

14.2.6　台风雷达回波模式在天气预报业务中的应用

台风预报是一项比较困难的工作,台风路径的预报更是关键。近年来对台风的探测技术虽然有了长足的进步,但对台风的认识还有许多工作要做。

14.2.6.1　利用台风雷达回波定性地判断台风的强度及其演变

根据观测,由雷达眼的形状大致可以推断台风的强度。一般情况下闭合圆形眼,范围小的眼,或双眼都是强台风;由开眼向闭合眼发展的,或向双眼演变的,也说明台风正在增强。

台风眼壁的垂直发展与这里的垂直运动有关,一般情况下眼壁回波越高,台风强度愈强。台风眼壁区与台风近中心附近的狂风暴雨相联系,如果一个台风的眼壁愈厚,一般情况下这个台风也愈强。

台风螺旋雨带的区域也是台风中主要的风雨区,它的强度、范围,与台风的强度有关。一般情况下,如果螺旋雨带的回波强度强、范围大,则这个台风的强度也强,而且螺旋雨带的演变趋势也反映了台风强度的演变趋势。

螺旋雨带的连续性和对称性,也是台风强度和发展阶段的一个标志,一般在台风的成熟期,螺旋雨带的连续性好,分布对称,而且稳定。螺旋雨带的结构,也与台风的发展有关,在成熟台风中,这种螺旋雨带结构紧密,层次清晰。

此外,台前飑线是最先进入雷达探测范围、与台风活动直接有关的回波,它出现的条数多,离台风中心远,也是强台风的特征。

14.2.6.2　用雷达反射率因子资料定性估计台风中心附近的风力

在台风中,螺旋雨带内单体一般随台风中的气旋性环流向近中心运动,如果连续追踪这些单体的运动,就可以大致估计台风中近中心的最大风力。在实际业务工作中,有些雷达站选用多个与台风风力有关的量,如眼壁高度、厚度、眼区直径、眼的形状、α 角的大小、螺族雨带的紧密程度等,分别统计它们与台风风力大小的关系,然后再将它们综合起来建立预报方程,也能用以判断台风中心附近的最大风力的大小。

用单多普勒雷达的径向速度有时可以确定台风中的风速。如果用双多普勒雷达探测，则可以直接获得台风内水平风场。

14.2.6.3　警戒台风中可能出现的灾害性天气

台风引起的灾害性天气，主要是台风大风、台风暴雨和台风引起的海潮（台风增水），以及台风中的中小尺度的强对流天气，如龙卷等。在警戒这些灾害性天气时，天气雷达特别有用。

1. 用台风雷达回波特征来判断台风登陆后的大风范围

台风中的最大风速出现在台风中心附近的眼壁云墙处，宽度约 2～20km。台风最大风速的分布也是不对称的，通常在台风的右前象限最强。雷达警戒小而强的台风特别有效，这种小台风直径只有 200km 左右，但在它的眼壁附近存在一条很狭窄的强风带。这条强风带虽然影响范围不大，但破坏极其严重，有类似龙卷破坏的性质。1968 年 9 月 8 日夜间在广东湛江登陆的 11 号台风，在天气图上是一个在测站间漏网的小台风，台风中心附近二个纬距内没有强风被观测到，因而误认为它已经减弱。但在雷达回波上，这个台风有非常紧密的螺旋雨带结构，小而圆的台风眼，因而是一个强台风。当它登陆后，风速之强是罕见的，当时所有的测风仪器都被吹毁，以至无法获得实测风记录。在其中心经过的狭窄区域内，一片树林被齐腰拧断，十几头水牛被抛到海里。7413 号台风也是一个小台风，登陆时也吹毁了所有的测风仪器。这个台风于 9 月 14 日凌晨 4 点多在海南岛琼海登陆，2 点多琼海还是晴空无风，台风的强度在天气图上也看不出来，可是在雷达回波上看起来，雨带回波围绕台风中心呈同心圆分布，螺旋雨带几乎与同心圆相切（$<6°$），结构紧密，眼壁回波呈闭合圆形，据此可以判断这是一个风速大于 50m/s 的特强台风。事实上它登陆后横扫一切，所经之处犹如经历了一场强烈地震。

台风的多普勒速度场有时也可获得台风大风区。

2. 用雷达回波特征警戒台风暴雨

一次台风经过，一般可造成 150～550mm 的降水，个别台风在有利的条件下，可以降 1000mm 以上的特大暴雨，例如 7503 号台风在河南省造成的“75.8”特大暴雨。

台风暴雨主要有两种类型。第一类暴雨主要出现在台风登陆之前，台风中心登陆后降水很快减弱。第二类暴雨主要出现在台风中心登陆后，而在台风的前半圆没有什么强回波，主要强螺旋雨带集中在台风的后半圆。

我国从有气象水文观测以来，三场最大的暴雨都与台风活动有关。1967 年 10 月 17～19 日台湾省的新寮特大暴雨产生在 6718 号台风北侧的东风扰动里，6312 号台风造成 9 月 10～12 日台湾省百新特大暴雨，而 7503 号台风造成河南省的“75.8”暴雨，它是 3 号台风登陆后减弱成低气压，深入内地后停滞引起的。对于这些特大暴雨，有一些共同点：

（1）台风登陆后维持不消。台风环流系统在陆地上维持愈久，总雨量愈大。出现特大暴雨的台风，一般在陆地上维持 3 天或 3 天以上。

(2)台风停滞。

(3)源源不断的水汽输送。一个地区要连降暴雨,必须要有源源不断的水汽供应,持续的水汽供应既有利于登陆台风的维持,也是特大暴雨最根本的条件。

(4)中低纬环流的相互作用。台风登陆后由于离开海面,总趋势是减弱的。当潜热能源转为斜压能源时,台风变性,但环流可以重新加强,从而造成特大暴雨。台风与中纬度系统的相互作用,主要有:与冷空气作用,与西风槽作用,以及与低空急流作用。这时产生的暴雨,一般都不是在台风中心了。天气雷达的作用,主要在于监视台风以外降水回波系统与台风降水系统合并,并且得到加强,重新形成新的降水回波系统。这种过程在天气雷达上看起来既直观又比天气图及时而准确。

3. 用天气雷达警戒台风中的强对流天气

在台风中经常出现局地强对流天气,它们在小范围内狂风骤雨,造成灾害。这种强对流天气主要是由台风内的辐合线、飑线、雷暴、龙卷等造成。对于这类中小尺度天气系统,目前还主要依靠天气雷达来警戒。

在台风前 600～800km 左右的台前飑线,是由较强的积雨云发展组成的,尤其在海上,这种飑线比较强,它所经之处,也出现类似中纬度飑线的天气,如强雷暴、龙卷等。

台风中经常出现雷暴活动。在台风的发展阶段,雷暴常常很强。当台风成熟时,雷暴减弱到最少。在台风的衰减期,雷暴活动又趋增强。最多的雷暴活动位于台风的强风圈内,在台风经过以后,雷暴活动最易见到,因而雷暴活动的出现常常被认为是台风即将解体衰亡的标志。

台风内部的雷暴主要集中在两个部位:一是台风外圈孤立的积雨云团或台前飑线中,一是台风眼壁的强对流云环境中,如图 14.3 所示。台风外围的雷暴主要发生在台风倒槽和台风切变线中。

一般认为,龙卷并不是热带的天气现象。由于在台风中并不具备一般西风带天气系统中产生龙卷的那种天气条件,如极不稳定的大气层结,低空逆温等,所以很难解释台风中龙卷的成因。但事实上台风、飓风中经常出现龙卷。根据大西洋中 83 个到达美国海岸的飓风统计,有四分之一产生了龙卷(共 373 个),1967 年飓风 Beulah 产生了 141 个龙卷。而一般每个产生龙卷的飓风平均有十个龙卷发生。根据影响日本的西太平洋台风的统计,产生龙卷的台风在 1958 年至 1971 年中共有 29 个,平均每个台风产生 2.3 个(总数 67 个)龙卷。1971 年 8 月,台风 Tuix 最多产生了 8 个龙卷,这比大西洋中的飓风要少得多了。据上海气象台统计,1962 年至 1971 年间共有 23 个龙卷是在台风内产生的。

通常,龙卷产生在台风中一定的部位。如以地理坐标表示,则台风龙卷多发生在 350°～120°方位、37～460km 半径的范围内。龙卷出现位置离台风中心愈近,龙卷强度愈强。7503 号台风深入内陆在其右前象限曾出现了 11 个龙卷。

分析表明，大部分龙卷出现在台风开始上岸、强度迅速减弱的时期，分布在离海岸不到200km的沿岸地区。填塞最快的台风冷心结构最显著，垂直风切变大，因而也最易出现龙卷。

本 章 小 节

本章主要说明了在用天气雷达探测台风时的台风回波结构如台风眼、台风眼壁云墙区、台风螺旋雨带等；另外还叙述了两种不同的台风雷达回波模式；不同发展阶段台风雷达回波的差异以及产生这些差异的原因。

用天气雷达探测台风时台风中心的定位方法主要有三种：用雷达眼定位、用螺旋雨带回波的曲率中心定位和用台风回波强度序列动画中旋转中心及多普勒径向速度图上的零速度线与正负速度极值的连线的交点来进行台风定位。在台风有雷达眼时，首先应该用第一种方法，因为它简便、准确。

台风在移动时，它的雷达回波模式在不断变化，细心地观测这些变化着的特征，往往能确定台风中的灾害性天气区并找到一些预示台风中心未来移动方向的指标。

第十五章　多普勒雷达探测锋面系统

§15.1　多普勒雷达探测锋面系统

锋面气旋对中、高纬度的天气有着很大的影响。锋面气旋都伴随着云和降水，它们的演变和运动有一定的规律性，但也有其复杂性和多样性，因此锋面气旋历来是天气学研究的重要对象，近 20 年来也是云物理学和雷达气象学研究的重要课题。

锋面气旋是大、中、小、微各种尺度相互影响的复杂天气系统。大气科学中常用的各种尺度的特征量一般如表 15.1 所示。可见气旋中的尺度从微米到上千千米，时间范围从几秒到几天。要全面观测和研究这样时空范围内的物理量是很困难的，因此在锋面气旋研究的早期，只能研究其大尺度现象。进入 1970 年代以来，逐步开始较全面的对各种尺度现象综合观测研究，但到目前为止这种全面观测研究仍然是初步的。现在对锋面气旋进行全面观测可能的手段和工具如表 15.2 所列。但要做到全面应用各种工具并相互密切配合是非常困难的。

表 15.1　各种尺度的特征量

特征量 / 尺度	水平尺度 (km)	垂直速度 (cm/s)	辐散场 (s^{-1})	过程时间
大尺度	10^3	10^0	10^{-5}	$10^0 \sim 10^1$ d
中尺度	10^2	10^1	10^{-4}	$10^0 \sim 10^1$ h
小尺度(对流尺度)	10^1	10^2	10^{-3}	$10^0 \sim 10^1$ min
微物理尺度	$10^{-9} \sim 10^{-5}$	$10^{-2} \sim 10^0$		$10^0 \sim 10^3$ s

表 15.2　对锋面气旋各种尺度进行观测的手段和工具

天气尺度	中　尺　度	小尺度及微物理尺度
·气象卫星	·雷达站网	·飞机探测系统
·天气图和气象观测站网	·专门布设的稠密气象观测网	·多普勒雷达
	·每隔 1～3h 的探空序列	·各种微波、激光、声雷达
·探空站网	·飞机宏观物理量探测	·风速，温度等脉动测量仪
	·风廓线仪	·地面微物理和化学测量
	·微波辐射计	

15.1.1　锋面气旋的大尺度结构和天气现象

1. 古典的锋面气旋模式

早在 1920 年前后，以 Bjerknes 为代表的挪威学派在提出著名的极锋学说时，也总结出了锋面气旋的天气（云和降水分布）模式，大致如图 15.1 所示。在气旋前部，具有暖锋云系和降水，云系向前伸展很远，在靠近气旋中心部分，最远可达 1500km 左右，云系从前到后，依次为卷云、卷层云、高层云、雨层云。一般在 300km 范围内从雨层云中降下连续性降水。

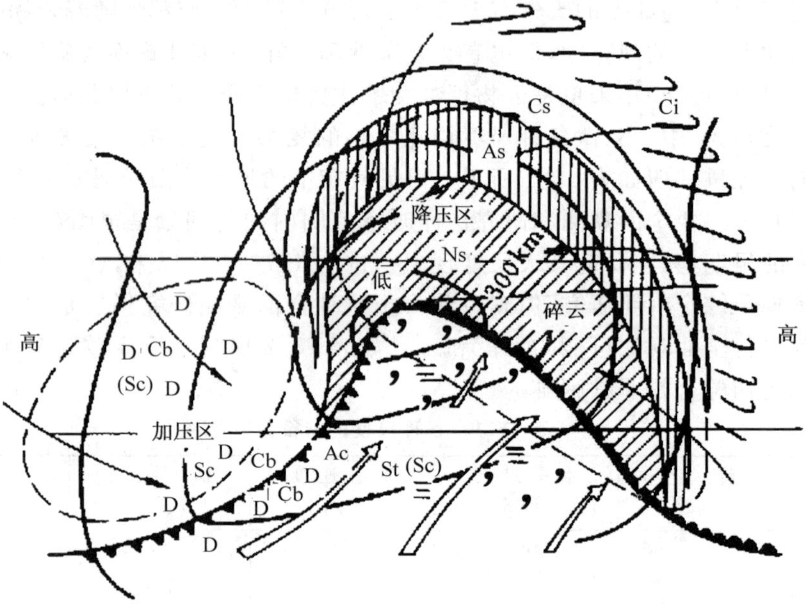

图 15.1　锋面气旋天气（云和降水分布）模式

气旋后部具有冷锋云系和降水特征。如为第一型冷锋，一般为层状云和连续性降水。如为第二型冷锋，则伴有积状云和雷阵雨。在气旋的暖区，其天气特征主要取决于暖气团的性质。如果暖气团比较湿，离中心较远的地方通常少云，靠近中心的地方则会有层云、层积云并下毛毛雨，有时还有雾出现。如果暖气团比较干，一般只有一层薄云。另外，当气旋强烈发展时，常常出现大风天气。

2. 锋面气旋中的大尺度气流及降水结构

1970 年前后，Browning 和 Harrold 等研究了气旋系统中的气流及其降水分布，认为气旋中有三股大尺度气流，并给出了气流的空间结构和降水分布的模式（见图 15.2）。第一股是暖湿气流，它来源于副热带高压的西北部，它从气旋的南部流入，

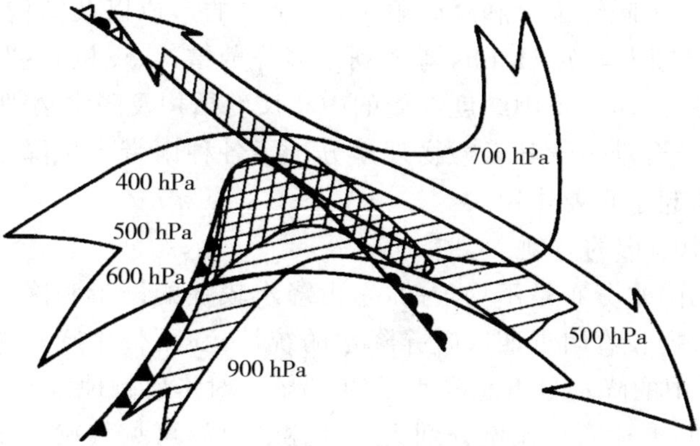

图 15.2　气旋中大尺度气流模式(Browning 等,1969)

宽度约 200km,起自地面冷锋前的低层,沿大致平行于冷锋的方向北上,到达暖锋上空时上升运动加强,并向右偏转,沿暖锋爬升到 5～6km 的高度。这股气流把来自低纬度的热量、水汽和动量输送到中层,形成大范围的云和降水,所以称为“暖输送带”。这股气流的形状、位置基本上决定了降水在气旋中的分布,据统计,气旋中约 75%左右的降水产生在暖输送带中。

第二股气流来自气旋后部的对流层中部,约 600～400hPa 之间,自西向东覆盖在暖输送带之上。这股气流的升降运动不明显,它的假相当位温小于第一股气流,空气比较干,因此在第二股气流覆盖处,气层呈位势不稳定,有时在暖区可以产生飑线、冰雹等天气。在暖锋上也有一些对流云发展,因此这股气流对降水性质影响较大。

第三股气流来自系统前部(暖锋前),从中层下降到暖输送带之下的低层,所以暖输送带中形成的降水在这里将蒸发。同时由于靠近锋面时这股潮湿的低层空气又上升、成云致雨,使暖输送带的雨区向北伸展。

这个模式强调了暖输送带对降水形成的作用,较好地解释了气旋暖区和暖锋附近的降水,以及一些对流性天气的发生。

15.1.2　锋面气旋中的中尺度结构及其降水物理过程

上面介绍了锋面气旋内大尺度的云和降水分布,但实际观测表明,一个气旋中云和降水的分布在 10^3km 以内是不均匀的,在大片雨区中,较强的降水常常以雨带形式出现。早在 1940 年代就有人指出,气旋中有中小尺度环流,到 1950 年代和 1960 年代初,Newton,Kessler 和 Wexler 等人发现,在大片冷锋回波中,有一强度极大的条状回波带,产生比四周更大的降水,他们指出这是由对流云组成的飑线。1970 年前后,Browning,Harrold,Nozumi 和 Arakawa 等根据雷达和雨量自记网的观测,除了进一步肯定冷锋雨带之外，提出了暖锋雨带和暖区雨带，并对它的形成以及结构特性进行了分析。1976～1983 年华盛顿大学的 Hobbs 等人利用多普勒雷达、飞机和稠密的雨量站网、卫星云图等，比较系统地研究了中纬度气旋的中小尺度结构及降水物理过程，提出了气旋中有六种雨带，并结合动力学和云微物理学分析了各种雨带产生降水的物理过程。天气雷达的广泛应用起了重要作用。

1. 锋面气旋中雨带的类型

锋面气旋中的降水分布是不均匀的，它由降水较强的雨带和降水相对弱而均匀的大片雨区组成。根据长春附近四次暖锋降水的统计，在雨带中降水的时间占总降水时间的 43%，而雨带中的降水量占总降水量的 75%。对华盛顿地区的一次锢囚锋降水的统计结果稍有不同，上述两个比例分别为 51% 和 79%，可见气旋中雨带对降水影响是很大的。Hobbs 等把中纬度气旋中的雨带分为 6 种，它们出现在气旋中的位置，见图 15.3，图中 1 是暖锋雨带，它位于地面暖锋前（图中 1a）或暖锋上（图中 1b），走向平行于暖锋，宽约 50km，长约 200～300km。图中 2 是暖区雨带，它平行于冷锋，有的暖区雨带也伸展到暖锋前，宽约 50km。图中 3 为冷锋雨带，它又分为两种，处于地面冷锋上的雨带称为窄冷锋雨带（图中 3a），它平行于冷锋，宽度大约只有 5km，但产生的降水强度很大。处于冷锋稍后较宽（约 50km）的雨带称为宽冷锋雨带（图中 3b），它也平行于冷锋。图中 4 为锋前冷空气涌雨带，它处在气旋的锢囚部分主冷锋前高空冷空气涌的前沿，平行于锢囚部分的高空冷锋。图中 5 是锋后雨带，它处于冷锋云系后冷空气中的对流区里，雨带走向也平行于冷锋。图中 6 是波状雨带，它是一种排列规则、形状如波浪的雨带，宽度在 3～15km，长约 40～80km，带与带之间的间隔在 5～15km。这种雨带可以出现在气旋的不同部位，已观测到有的出现在暖锋前、冷锋后、锋前冷涌雨带

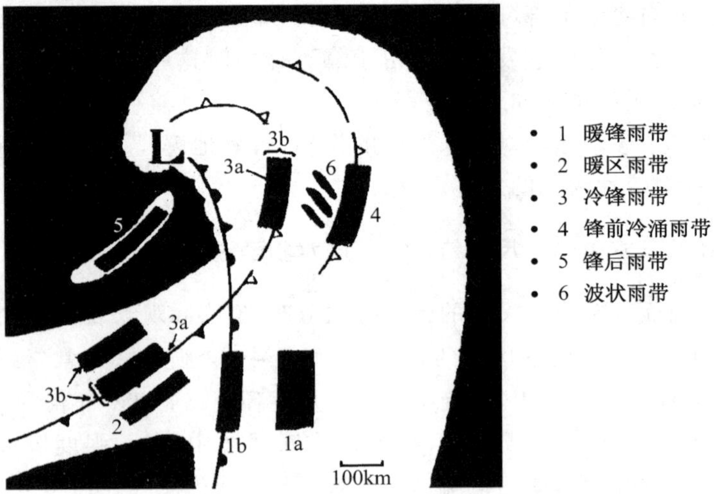

图 15.3　锋面气旋中各类中尺度雨带（Hobbs, 1980）

之后，有的出现在地面锢囚锋附近。

在实际雷达观测中发现，每一种雨带不只是一条雨带回波，常有 2～3 条，最多观测到 8 条。另外雨带的相对位置也不是固定不变的，例如宽冷锋雨带在运动中可以超过冷锋，进入暖区中，暖区雨带也可以伸展到暖锋前，只有窄冷锋雨带一直处于地面冷锋线上。

上述 6 种典型雨带可以大致包括了观测到的气旋中的雨带，但不同气旋中的雨带情况可以有很大不同，通常很少有 6 种雨带都出现在一个气旋中。吉林省气象科学研究所对长春附近地区的几种气旋雨带进行了雷达观测和统计分析，其主要特征如表 15.3所示。可以看到，不只是不同的雨带其物理特征量不同，就是同种雨带，由于处在不同性质的气旋或同一种气旋的不同部位，其物理特征有时也有较大的差别。

表 15.3　长春地区气旋中雨带特征

时　　间	78.5.23	79.4.28			79.5.5		79.5.15		79.6.29	
天气类型	内蒙古气旋	内蒙古气旋			贝湖气旋		内蒙古气旋		冷涡	
雨带类型	暖锋	暖锋	暖锋	暖锋	冷锋	冷锋	暖锋	暖锋	暖区	暖区
雨带宽度(km)	25	10	10	30	30	100	10	15	10	20
雨带长度(km)	>90	80	>80	>100	>200	>200	>100	>100	50	90
Z_{max} (mm^6/m^3)	5×10^3	15	15	>40	>40	1.5×10^3	6.5×10^4	6.5×10^4	10^2	3.4×10^2
I_{max} (mmm/h)	7.4	0.2	0.2	>0.3	>0.3	3.5	38	38	0.6	1.4
回波顶 高度(km)	9		2.7	2.7	2.2	4.2	5.5	5.5	5.7	7.2
回波顶 (℃)	−44		−9	−9	1	−11	−18	−18	−12	−21
地面雨情	稳定雨	稳定雨	稳定雨	稳定雨	阵雨	稳定雨	稳定雨 局地阵雨	稳定雨 局地阵雨	稳定雨 局地阵雨	稳定雨 局地阵雨

2. 暖锋雨带

暖锋雨带很早就被人发现，Browning 等(1969)根据在英国的雷达观测和雨量自计，提出了暖锋雨带水平和垂直结构模式，如图 15.4 所示。图中廓线是根据雷达回波强度计算出的等雨强线。从图中可以看到有两条明显的暖锋雨带，每一条雨带中又有一些降水较强的雨核。

Hobbs 等在华盛顿附近观测到一些暖锋前的雨带，如 1976 年 12 月 14 日观测到暖锋前有三条与暖锋平行的雨带，宽约 20～30km，长约 80～140km，雨带之间的间隔为 40～50km，雨带以 11.5m/s 的速度向东北方移动，雨带经过处地面最大雨强约 3～4mm/h。从雨带回波的垂直剖面可知，这些雨带几乎完全由浅薄的暖性层状云降水组成，雨带的 0℃层以上不稳定层中出现两个对流泡，冰晶从这两个对流泡中降落到下面的层状云中，在垂直方向产生较强回波。雨带中最大上升速度在暖锋面附近，约 20cm/s，暖锋面之下有微弱的上升气流。1977 年 12 月 13 日，在美国西海岸附近观测到三条云层较厚的暖锋雨带，其中有一条宽约 30km，长约 100km，回波顶高达 7.8km，在2km高度附近是 0℃亮带。亮带以下回波在水平方向较均匀，有明显的雨层云特征。

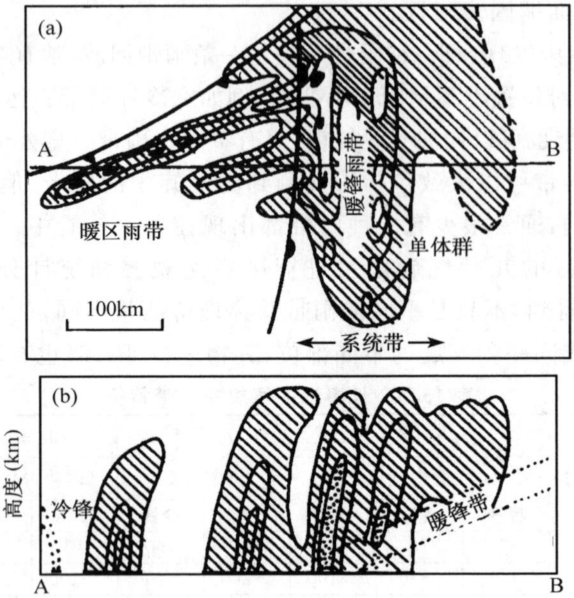

图 15.4　暖锋和暖区雨带的水平(a)和垂直(b)结构模式(Browning 等,1974)

在 3km 以上,24dBZ 的等值线在水平方向有三个扰动,反映出在 3.5km 高度上有一些对流泡发展。飞机穿云观测表明,在这些对流泡里冰晶浓度较大,含水量也大一些。

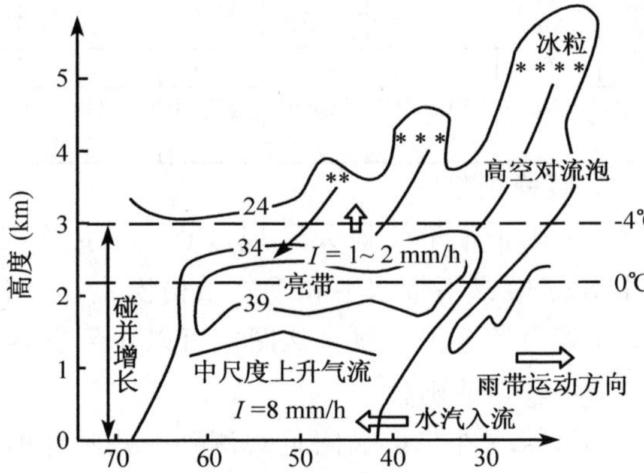

图 15.5　暖锋雨带结构模式(House 等,1981)

根据多种手段的观测资料,Hobbs 等提出了暖锋雨带的垂直结构和降水机制模式(见图 15.5)。在 −4℃层(约 3km 高度)以下是浓密的层状云,它是沿锋面爬升的中尺度上升气流形成的。起自 1.4km 高度的水汽辐合上升,产生了大量的凝结水,暖锋雨带降水中的 65%来自这低层的凝结水。0℃层附近存在着明显的亮带,表明 0℃层以上有大量冰晶降落下来,在 −4℃层以上由于位势不稳定的存在,在 3.5km 高度上有高空对流泡发展,来自低层的水汽在这里凝华,冰晶增长,其余 35%的降水就来自对流泡中的凝华冰晶。因此暖锋雨带降水的主要机制是贝吉龙最早提出的播种云-供应云机制,即高空对流泡中产生大量的冰晶,成为自然播种云,冰晶在 0℃层以上主要是通过凝华和淞附增长,然后降落到低层浓密的层状云(即供应云)中,低层暖云为降落下来的降水粒子的碰并提供了丰富的云水,使水滴能充分地增长,因此暖锋雨带中云的降水效率往往可以接近100%。

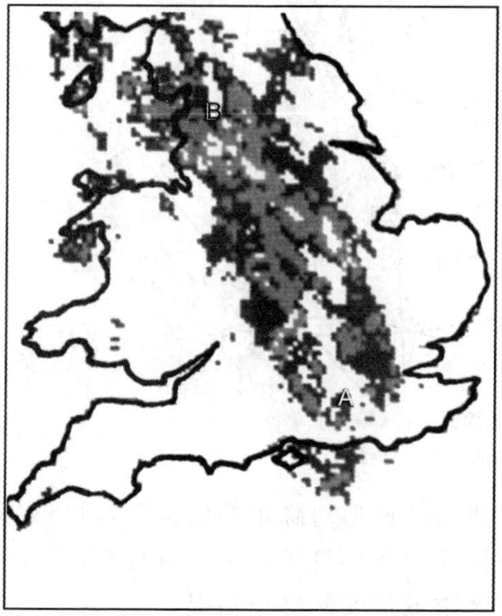

(a)雷达网回波图

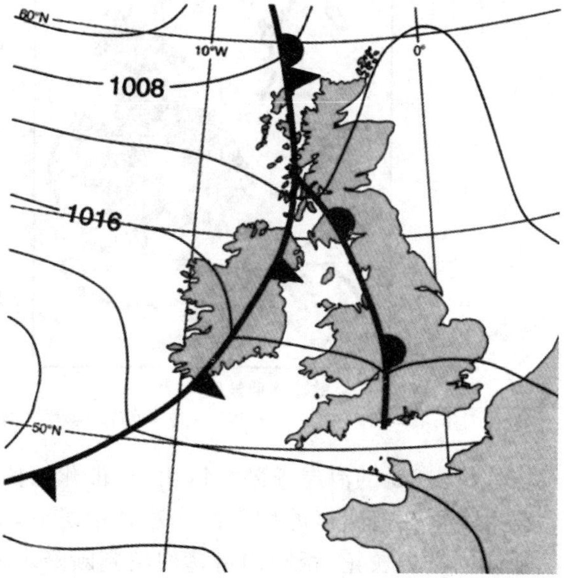

(b)地面天气图(等压线单位 hPa)

图 15.6　暖锋雨带(1988.7.16　18:00(UTC)　英国)

图15.6是暖锋雨带的一个实例,是一个正在向东移动的暖锋,回波与暖锋相对应。雨形成在地面锋面之前的中空和高空。雨带东部边缘处,雨滴在降落穿过低层的干空气时,部分蒸发。其结果是这一区域的地面降水比雷达回波显示的少。雨带具有清楚的带状结构。在英国东南部A点附近的雨强最低,带状结构最明显。更北一些的B点附近,由于山区的局地效应,带状形式有时不那么明显。在图15.6(a)中,暖锋雨带回波宽50～100km,与地面暖锋平行。这是暖锋雨带的典型特征。相对于地面锋面位置而言,这些雨带通常随时间缓慢向前移动。由于雨带经常被高层卷云所覆盖,因此在卫星云图上很难看到类似的结构。

3. 暖区雨带

暖区雨带一般平行于它后面的冷锋。Nozumi和Arakawa在日本的屋久岛上用5cm雷达观测了海上117个波动气旋,发现有96个(占82%)气旋的暖区里有条状回波(雨带),其中40个(占42%)只有一条雨带,其它56个(占58%)有两条以上雨带,最多观测到5条雨带。雨带一般是东北—西南走向,垂直于暖锋,长约50～500km。雨带具有对流性质,但比美国中部的冷锋前的雨带尺度要小。图15.7是暖区雨带的一个例子。在图15.7(a)中,回波带AA对应图15.7(b)中的冷锋,B对应于锋前暖湿带,即暖输送带。由图可见,B与冷锋有一个小的交角,由此可以大致确定暖区中高空气流的方向。

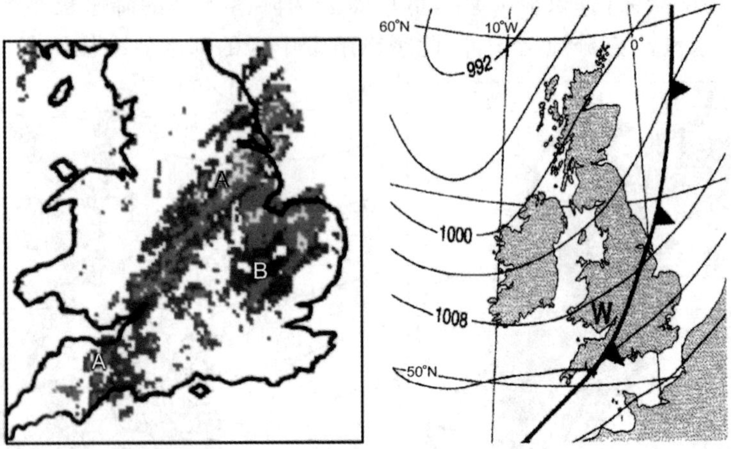

(a)雷达网回波图　　　　(b)地面天气图(等压线单位 hPa)

图 15.7　暖区雨带　(1988.7.10　英国)

但是,迎风的海岸丘陵地区由于"催化播撒"机制("地形对降水的增幅"),雨强在雷达波束下面会有明显的增强。在这种情况下,应该应用气候订正因子加以订正,或者用雨量计来进行校正,否则用雷达回波判断降水将严重低估实际降雨情况。

4. 冷锋雨带

冷锋雨带很早就被人发现,1960年 Kessler 和 Wexler 对冷锋进行雷达观测,看到在地面冷锋位置上有一条状回波带,回波具有飑线性质。冷锋过境时,气压跳动1hPa,地面风向从西南转为东北,风速从8m/s增大到20m/s。降温不是从转风向开始,而是从增大风速开始,降温约 6℃。原来雨强约 2.5mm/h,过境时增大到25mm/h,持续 3～4min。Browning 等(1973)在英国用雷达观测了很多冷锋上的线状回波,并指出,有时这些线状回波由许多排列很规则的雨核组成。Hobbs 更全面地进行了研究,指出冷锋雨带可分为在锋上的窄冷锋雨带及锋线稍后的宽冷锋雨带。图 15.8是观测到的两次窄冷锋

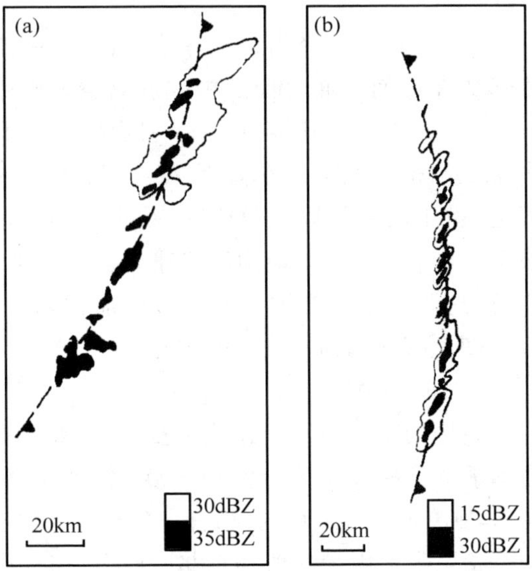

图 15.8　窄冷锋雨带回波

(Hobbs 等,1979)

雨带，可以看到这些回波都处在地面冷锋上，回波带上有许多回波强核，称为雨核，它们的形状和走向较规则。图 15.9(a)中 NN 是另一次窄冷锋雨带的例子，它对应图 15.9(b)中的地面冷锋。由于它非常窄，所以有时称之为“线状对流”。这种降水形成于相对低层(3km以下)，窄冷锋回波经过时地面产生突发性强阵雨。当这种对流发展得非常强烈时，也会产生雷暴甚至龙卷。宽的冷锋雨带，可能几条并存，并沿活跃冷锋分布，或在冷锋的稍后，如图 15.9 中的 WW 和 XX。

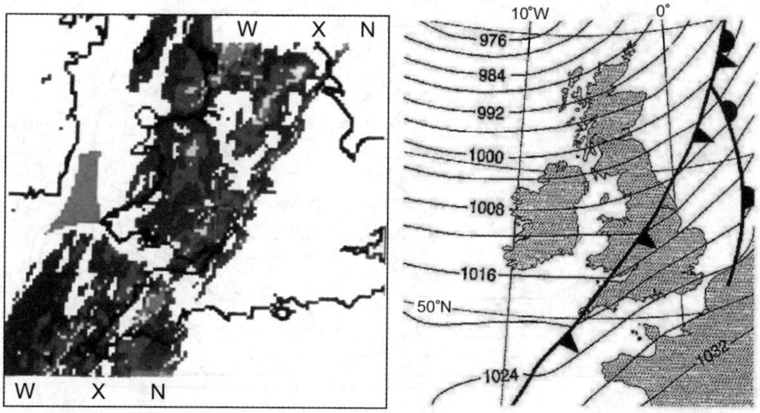

(a)雷达网回波图　　(b)地面天气图(等压线单位 hPa)

图 15.9　窄冷锋雨带回波(1989.1.14　00:00UTC　英国)

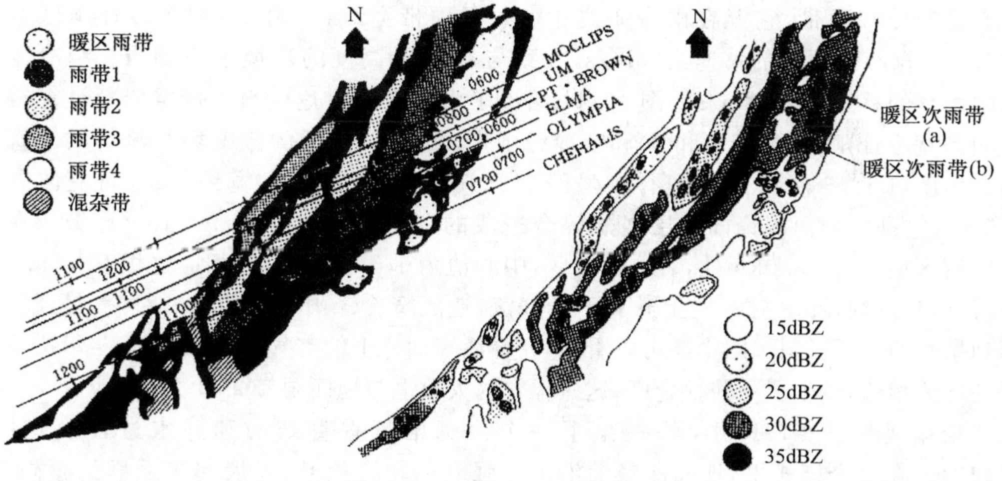

图 15.10　冷锋前后的雨带(Hobbs 等，1980)

图 15.10 是冷锋前后的多种雨带。锋前是暖区雨带，雨带 1～4 是宽冷锋雨带，它们分别处在锋线附近及锋后，走向都平行于冷锋，其中雨带 1 已部分地移到冷锋前。雨

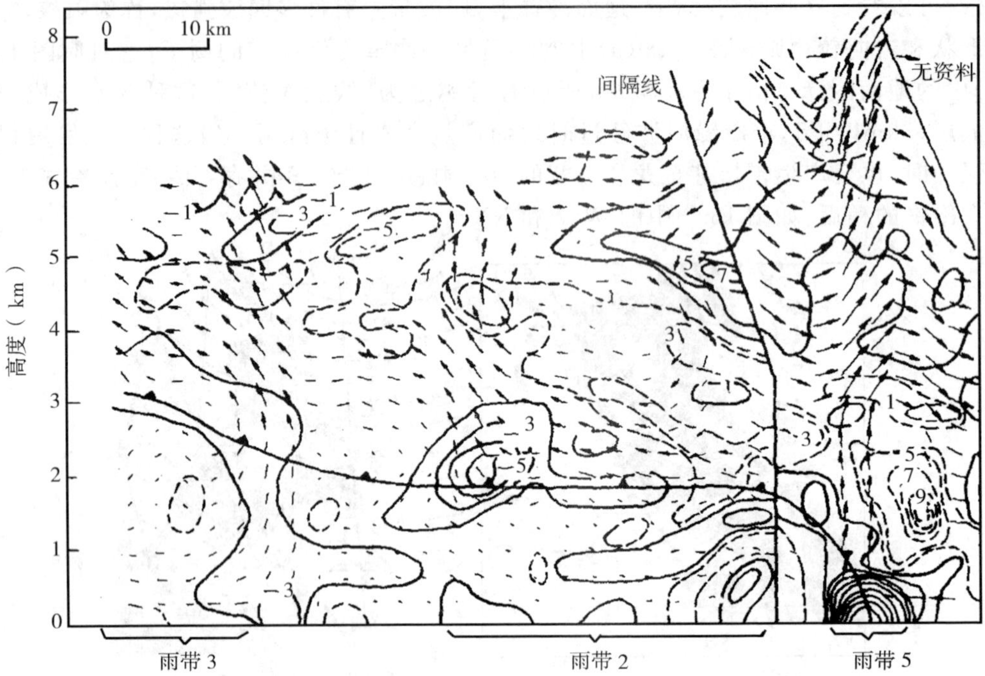

图 15.11　冷锋雨带中气流的垂直剖面(Hobbs 等,1980)

带 5 是窄冷锋雨带,它混在雨带 1 之中。每条雨带宽约4～50km,整个冷锋雨区宽达125km。宽冷锋雨带的移速为29m/s,大致与3～6km高度的环境风速相当。窄冷锋雨带中雨核的移速只有18m/s。图 15.11 给出了由多普勒雷达资料和探空资料计算得到的两条宽冷锋雨带(雨带 2 和 3)和窄冷锋雨带(雨带 5)附近的散度场和流场的垂直剖面。由图可见,窄冷锋雨带中有较强的上升气流区(1.2m/s),宽约5km,向上伸展到1.5km,它是由地面冷锋前低层强烈辐合造成的(其辐合量达$-1.9\times10^{-3}s^{-1}$)。在上升气流区前 1.5～3.0km处,有一辐散区,中心值为$1.1\times10^{-3}s^{-1}$,相应这里有0.5m/s的下沉气流,宽约5km。这一对上升和下升气流,造成窄冷锋雨带上的强烈对流,是产生大雨到暴雨的主要机制。图中还可以看到,在锋后锋面之上的空气有下沉回流,与沿冷锋上升的气流相遇,产生了一些辐合区,这些辐合区大致上与地面雨带 2 和 3 相对应。

根据观测事实,Hobbs 等提出了一个冷锋雨带垂直结构和降水过程模式(图 15.12)。在这个模式里,地面冷锋前沿由于强烈的辐合抬升,发展起来强盛的积雨云,这就是窄冷锋雨带中的云。云中上升气流较大(约几 m/s),含水量也较大(约 1～$2g/m^3$),但小冰晶的浓度较低,云中常见有凇附过的冰晶、霜和各种聚合冰晶。在上升气流的旁边,有下沉气流,那里冰晶浓度较大但含水量较小,窄冷锋雨带(也是整个气旋)中最强的降水就发生在这里。沿着冷锋,空气以每秒几十厘米的速度上升,范围可以达几十千米，形成宽广的层状云系，产生大片降水，这就是宽冷锋雨带。由于锋面上位势不稳定，一些扰动得以发展，在中层产生一些高空对流泡，它们向下"播种"冰晶，以后在锋面上下的层状云中通过凝华、淞附和聚合长大，形成降水。

窄冷锋雨带的移动一直同步于冷锋，但宽冷锋雨带的移速常常快于冷锋，因此产生宽窄冷锋雨带之间的相互影响。已观测到三种情况：第一种情况是宽冷锋雨带追上并超过窄冷锋雨带，过后二者继续存在。宽冷锋雨带经过时，窄冷锋雨带暂时消失或减弱，约 10～75min 后窄冷锋雨带中的雨核排列得不像原来那样规则。第二种是当宽冷锋雨带追上并超过窄冷锋雨带时，窄冷锋雨带逐渐消失，锋面上的风切变明显减弱。第三种情况是宽冷锋雨带较弱，当它追上窄冷锋雨带时，宽冷锋雨带逐渐消失。

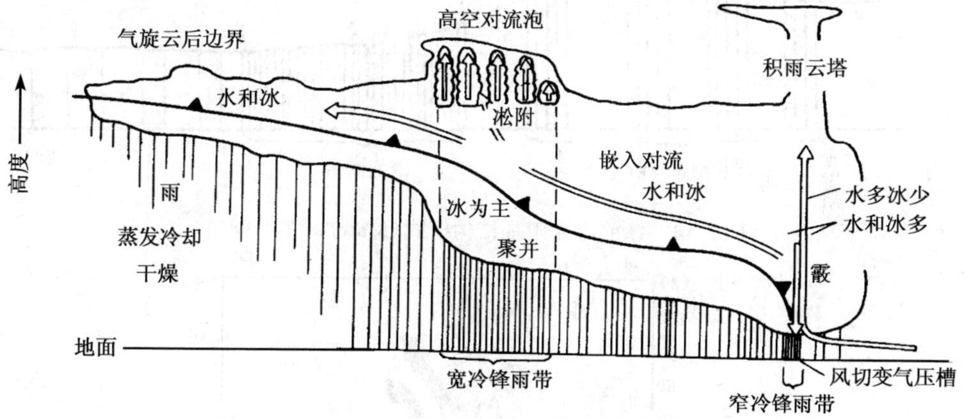

图 15.12　冷锋雨带结构模式（Matejka 等，1980）

5. 锋前冷涌雨带

对锢囚锋系统的中尺度分析指出，在冷气团前沿的锋区中，常有连续不断的冷空气波动（涌），其中最强的称为冷锋，而一些较弱的称为锋前冷涌，在这里常产生雨带。

Hobbs 等提出了如下的锋前冷涌雨带的垂直结构和降水物理模式（见图 15.13）。图中虚线冷锋表示锋前高空冷空气波涌的前沿，它的前面及暖锋面之上的层状云中，有强烈的对流云发展，那里冰晶浓度约为 1～60 个/L，同时也有液滴，所以降水粒子增长较快，在上部由于层结呈位势不稳定，有一些高空对流泡发展，起到播种云作用。暖锋面上下是宽广的层状云，上面产生的粒子在这里得到长大，在地面形成锋前冷涌雨带。在高空虚线冷锋之后，对应的地面出现波状雨带，降水来自高空小的对流云塔。

6. 锋后雨带

锋后雨带处在冷锋雨区边界之后的冷气团中，这种雨带一般是由对流云产生的。因为当极地冷气团移到中纬度以后，近地层空气逐渐加热并潮湿起来，以致大气低层的层结一般呈位势不稳定或条件不稳定。由于锋后雨带和冷锋云系及雨区是分开的，所

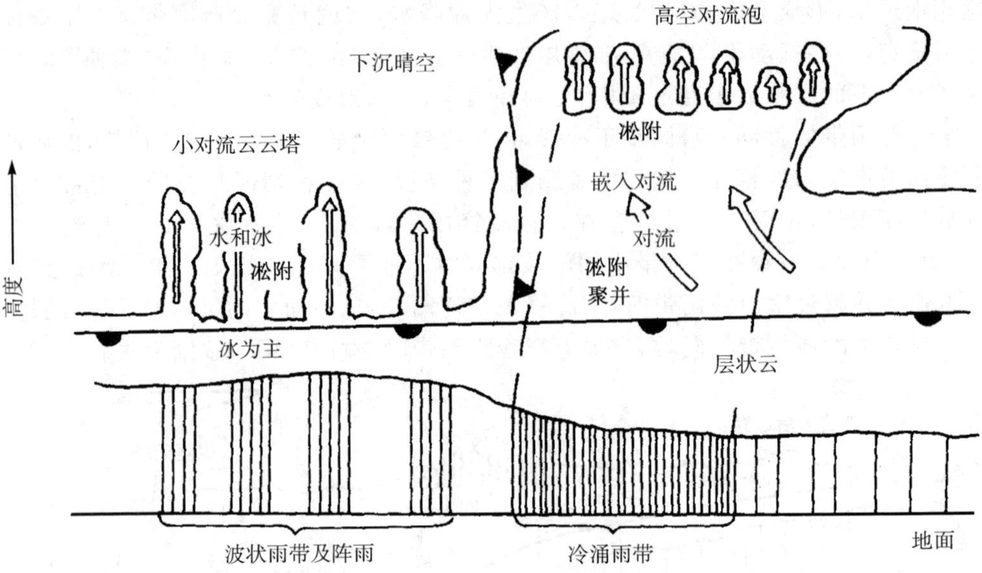

图 15.13　锋前冷涌雨带结构模式(Matejka 等,1980)

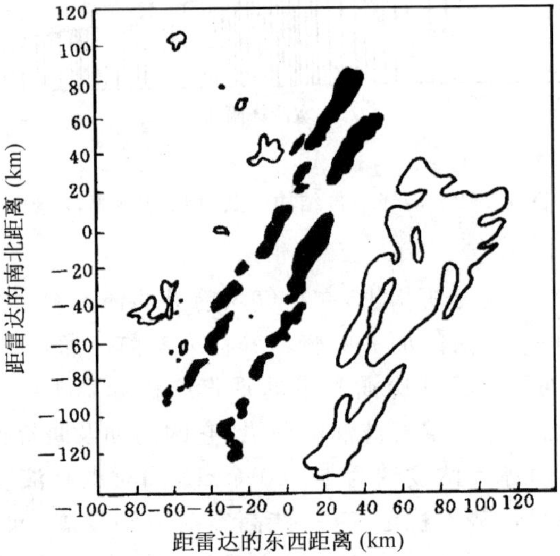

图 15.14　锋后雨带回波(Parsons 等,1983a)

以在云图上很易识别。图 15.14 是锋后雨带的雷达回波素描图。图中涂黑部分是两条锋后雨带,它们位于冷锋雨区之后约160km外,雨带移过时地面风速明显增加,温度稍降,产生大雨,雨带宽约10km,回波顶高在 3～4km,在观测的1.5h内,回波强度比较稳定,雨带走向平行于冷锋,雨带中有一些雷达反射率因子较强的雨核,其结构类似于窄冷锋雨带中的雨核。飞机在此雨带中飞行时，发现有闪电和明显的对流泡结构。一般在老的线状对流回波衰亡之后，又有新的线状对流回波产生，有时它产生在第二冷锋前，性质类似于冷锋前的飑线。

7. 波状雨带

与其它气旋中的雨带不同，波状雨带可以出现在锢囚气旋的多个部位，目前观测到的波状雨带有四种(见图 15.15)，第一种波状雨带发生在冷锋后的宽冷锋雨带附近或之中，所占面积约 50～200km^2。波状雨带垂直于冷锋，短带之间的间隔为10～15km，雨带回波顶高在 3～5km，这种雨带主要是由冷锋区中的切变不稳定引起的。第二种是暖锋前的波状雨带，雨带宽约8km，间隔约12km，它平行于暖锋，它的形成与高空对流泡有关。第三种是高空冷锋前暖锢囚区(即锋前冷涌之后)的波状雨带，它的排列一般垂直于这里的高空风向，宽约17km，产生原因可能与冷空气超越暖锋时潜在不稳定能量的释放有关。第四种产生在高空冷锋后锢囚锋区内的波状雨带，它平行于高空风向，宽 3～5km，长约80km，间隔在 5～10km，雨带回波高度约 2～3km，这种浅薄的波状雨带可能与边界层内潜热释放而加强的水平旋转涡度有关。

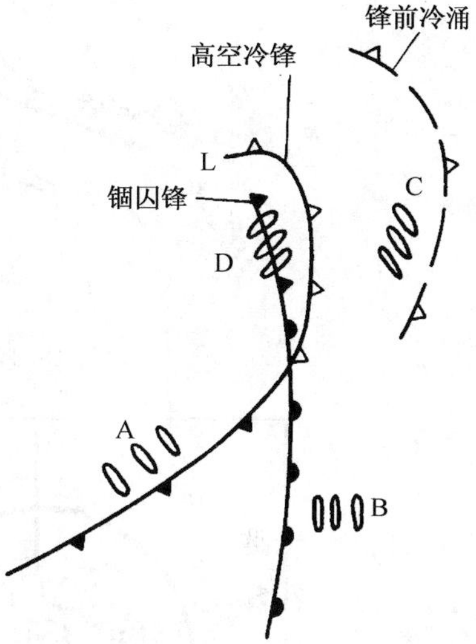

图 15.15　几种波状雨带出现位置
(Wang Penyun 等，1983a)

§15.2　江淮气旋的雷达回波特征

江淮气旋是发生在长江中下游和淮河流域的一种锋面气旋。在汛期，江淮气旋经常产生暴雨天气。

15.2.1　江淮气旋的雷达回波特征

江淮气旋的雷达回波分布如图 15.16 所示。在江淮气旋的前侧和中心附近，一般是积层混合型回波，它大致呈涡旋状结构，范围较大，直径可达 150～300km。在有较强的降水时，由于强降水对电磁波的衰减作用，对单部雷达来说有时降水的外围边界不明显，降水回波整体上看起来似乎不移动。但降水回波结构的涡旋特征一般比较清楚，降水以对流性降水为主。

在地面暖锋前，回波呈带状分布，并可能在暖锋的冷区中延伸 100～200km。在暖锋附近，降水多为积层混合型，而在暖锋雨带的最外围，则完全是层状云降水，一般很少

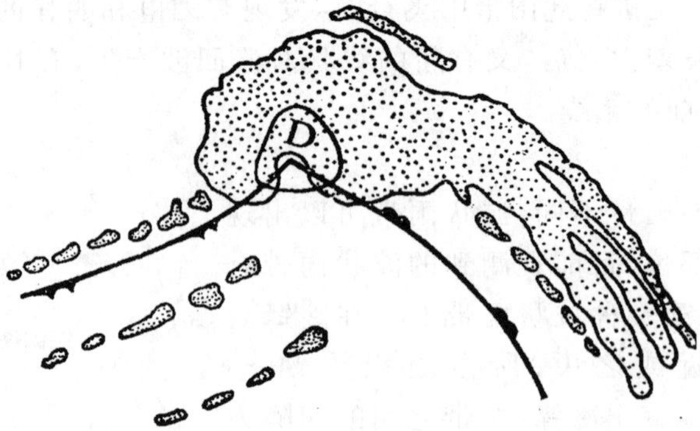

图 15.16　江淮气旋的雷达回波分布示意图

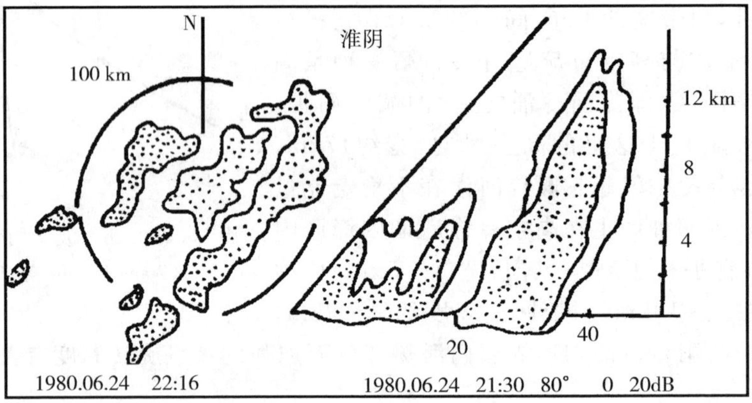

图 15.17　江淮气旋中的多条对流回波带

对流活动。暖锋雨带中对流的强度通常由暖湿气流的强度而定。

在地面冷锋附近，一般都有较强的对流回波带。这种对流回波带在冷锋附近生成后，往往离开冷锋在暖区里快速前移，尤其当冷锋移动较慢时，冷锋附近生成的雨带不断移出锋区，在暖区里形成多条平行对流回波带。这时，在暖区里如果有中尺度系统如中低压等与它相结合，往往会使雨带强烈发展，地面出现较强的降水，在个别地区甚至出现冰雹、大风等强对流天气。例如 1980 年 6 月 24 日和 5 月 24 日的两次江淮气旋过程，冷锋附近移出的对流回波带从安徽移入江苏后，它的上风方（西南端）开始消散，而回波带的另一端与那里的中尺度辐合线相结合后获得持续发展，如图 15.17所示。

§15.3　锋面降水的雷达探测

15.3.1　降水类型

降水可以简单地但确是很实用地分为层状云降水和对流云降水。一般来讲，第一类降水与锋面中的层状云有关；第二类降水与 Cb 云有关。对流云降水出现在体积相对小、局地强度大的对流单体或对流云簇中，小的对流单体其直径只有几千米。它们可以通过目测，对分散的对流云来进行识别，也可以用雷达对镶嵌在天气系统大范围云区中的对流云来识别。

事实上，降水类型的这种划分是很粗略的。雷达探测表明，即使在冬季，大范围锋面层状云降水中也时常有各种尺度的对流活动。

15.3.2　层状云降水

层状云降水常常呈带状，长达数百千米，宽约 2～100km。大范围层状云降水主要出现在冬季。但在中尺度对流系统降水的后期，或者在中尺度对流系统降水回波的后部，常常出现各种范围的层状云降水。在雷达回波上，层状云降水以出现连续或不连续的 0℃层亮带回波为标志。

在山区，降水强度常常发生变化。其原因是复杂的，一般说来，在山脉的迎风坡降水增强，而在背风坡降水减弱。

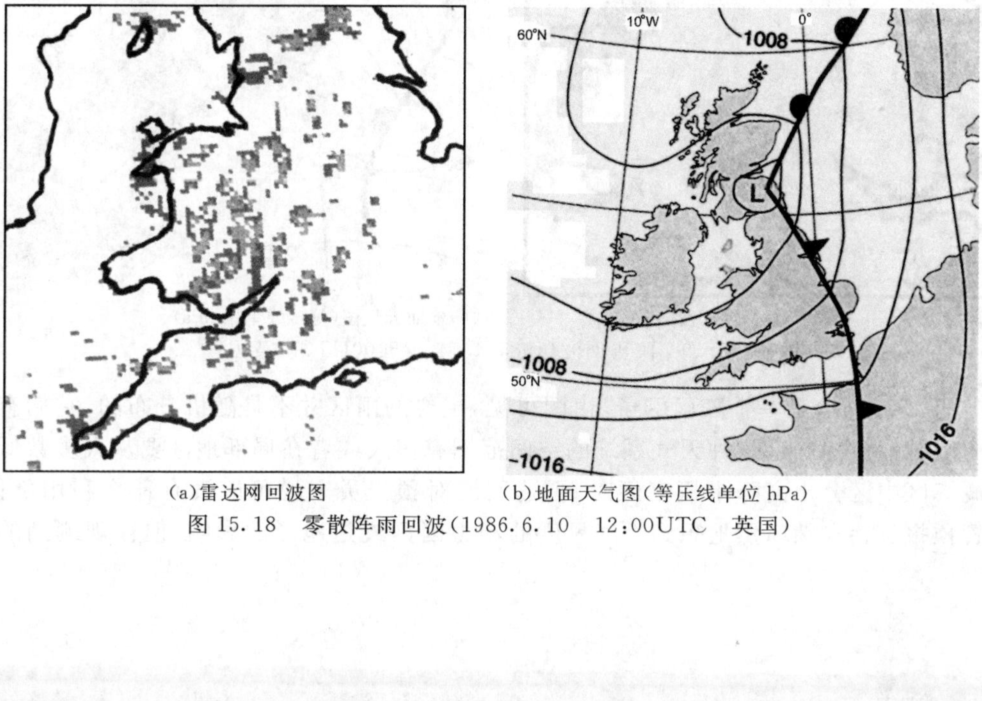

(a)雷达网回波图　　(b)地面天气图(等压线单位 hPa)

图 15.18　零散阵雨回波(1986.6.10　12:00UTC　英国)

15.3.3 对流云降水

在各种天气系统的降水中，对流云(性)降水无所不在，但对流天气的强度差异很大，从一般常见的小阵雨，到惊天动地的狂风、冰雹和龙卷。图 15.18(a)中，从英国的威尔士中部向南和向西两个方向上分散的回波区是在不稳定大气中发展起来，并延伸到冷锋后部的零散阵雨[图 15.18(b)]。图中雷达回波分辨率 $5km^2$，为预报员提供了切实可用的有关降水的细微结构。由图可见，虽然有些降水连在一起形成较大的降水区，但大部分降水都是几 km^2 面积，是阵雨回波。由于大多数实际阵雨的尺度都小于或类似于此分辨率，所以回波会产生一些形态细节上的畸变。当阵雨区在几个像素的边缘、部分覆盖了几个像素时，几个像素对降水回波的贡献与降水完全局限在一个像素内时的回波相比会显得更大。但对于快速移动的气团所产生的小到中阵雨，上述情况不会带来严重的预报问题，即误差不会太大。

锋面气旋的暖区降水很多是从零星对流、阵雨开始的，这种阵雨总的说来成带状。暖区降水作为一个整体它移动得比地面锋快。较大的对流单体，其运动受 3km 高度(约 700hPa)的高空气流控制，沿雨带移动得更为迅速。

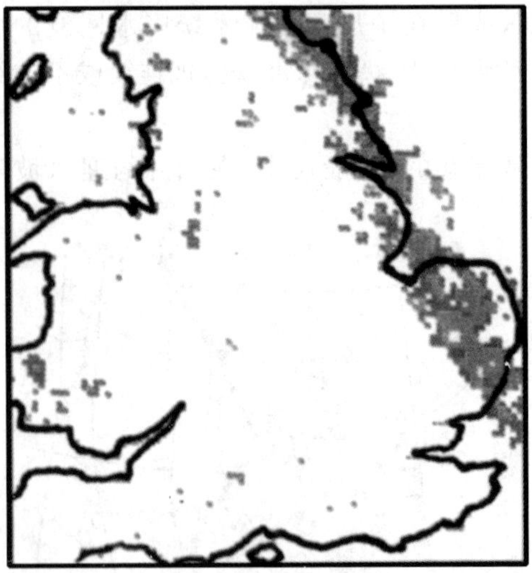

(a)雷达网回波图

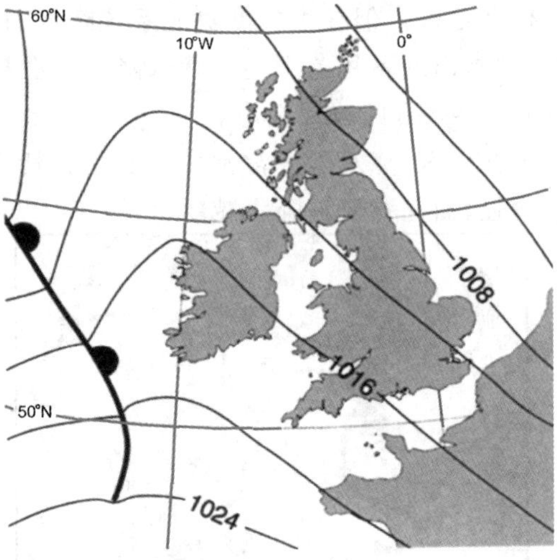

(b)地面天气图(等压线单位 hPa)

图 15.19 阵雨回波(1985.4.14 15:00UTC 英国)

图 15.19(a)是一个阵雨例子，由图可见，主要的雨区并不是随机分布的，它们有一定的组织性。在确定这种天气系统的空间范围有多大或者在局部地区要从大多数低降水概率区中区分出高降水概率区时，雷达回波对预报员来说可能没有什么利用价值。尽管预报员会自然而然地想到天气尺度的动力因素或是地形的影响，但被观测到的有

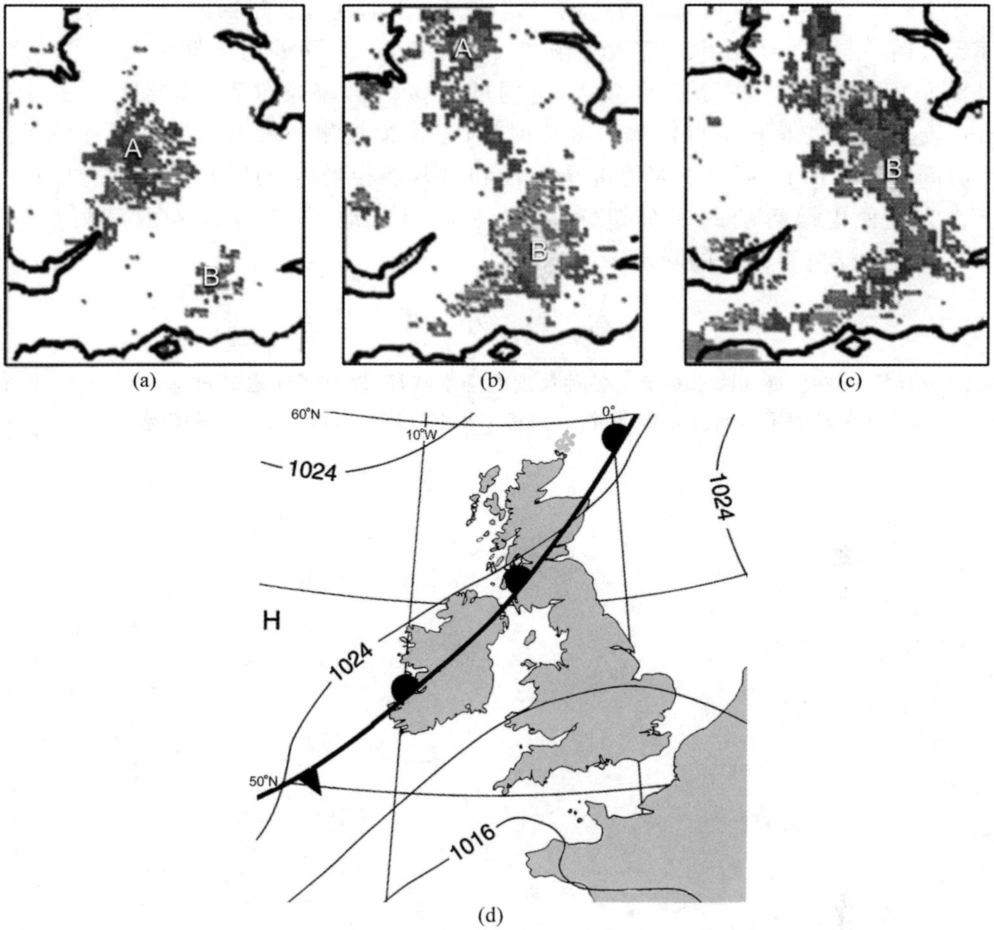

图 15.20　1989 年 5 月 24 日英国雷达网的连续观测

(a)12:00UCT　(b)15:00UCT　(c)18:00UCT　(d)12:00UCT 地面天气图(等压线单位 hPa)

组织回波的成因并不很清楚。在图 15.19(a)的北半部，阵雨线和沿海岸线吹的风之间有明显的联系。就临近预报来说，只要风在一个相同方向上连续地吹，阵雨线的走向就不会有明显变化。因此在现存阵雨线附近就可以经受到持续性降水，但同时其两边仅仅一小段距离处，就会是暂时无雨的艳阳天。

在日常气象业务工作中，特别关心的是雷暴。1989 年 5 月 24 日，强雷暴袭击了英格兰和威尔士的许多内陆区域，按西北欧海洋气候的正常标准来衡量，这一雷暴很强。尽管没有大陆尺度的对流系统，但还是产生了局地大冰雹，并且引发了一些地区的洪水。

图 15.20(a)～(c)是从英国雷达网得到的那一天的连续雷达回波。图 15.20(d)是地面天气图。与图 15.18 中的零散阵雨的尺度相比，A，B 两处的雷暴区大多了。这些雷暴区是由对流单体群组成的，在雷达网的图像分辨率条件下，雷暴尺度为 10～15km。这些图像之间的时间间隔为 3 小时，对于连续观测对流单体的发展过程而言，这一时间间隔太长了，但对于大的雷暴区 A 和 B 却能相当连续地跟踪其生命史的全过程。作为这种雷暴活动的一个指标，雷暴 B 经过某地时，在 90min 内降雨量达到 56mm，远远大于阵雨回波的降水。

本 章 小 节

本章给出了中纬度锋面降水系统中各种尺度的降水特征，以及暖输送带概念，指出了锋面系统中不同尺度降水系统的雷达回波分布、结构。描述了江淮气旋中可能出现的各种降水。

第十六章　中国新一代天气雷达系统简介

中国新一代天气雷达是采用相干体制的脉冲多普勒天气雷达，不仅具有常规天气雷达测定降水粒子反射率因子 Z 的功能，它还能测定降水粒子的径向速度 V。整个雷达系统由以下三部分构成：(1)雷达数据采集子系统（RDA），(2)雷达产品生成子系统（RPG），(3)主用户处理器子系统（PUP）。其结构框图见图 16.1 所示。下面分别对各子系统的构成及功能作一扼要介绍。

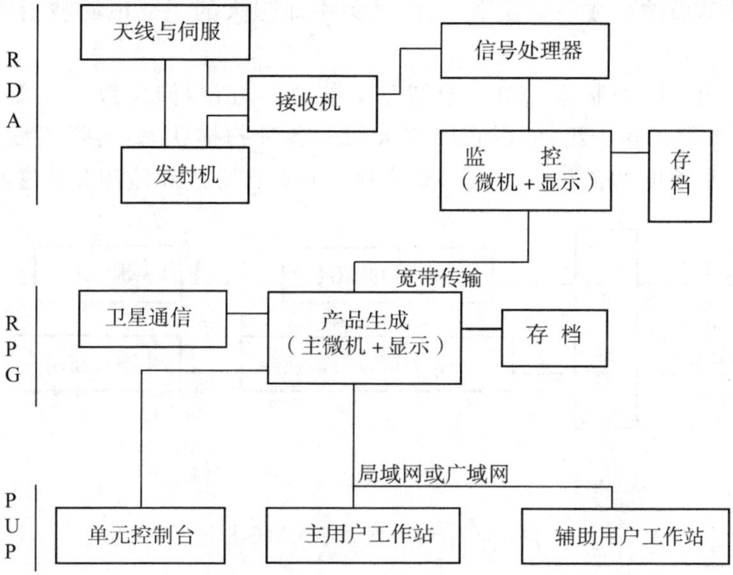

图 16.1　现代天气雷达系统框图

§16.1　雷达数据采集子系统(RDA)

雷达数据采集子系统是雷达的硬件实体部分。它由天线与伺服系统、定时器与信号源、发射机、接收机、信号处理器以及雷达监控等部分组成。

16.1.1　天线与伺服

雷达发射的电磁波经天线汇聚成一束方向性强、功率大的高频载波脉冲波束。通过伺服系统使波束能对准空间任意位置上的降水目标，并确定该目标相对雷达的仰角和方位角。再由探测到该目标相对脉冲间歇期起点的时延长度决定目标离雷达的斜距,这样就能实现雷达对探测目标的正确定位。

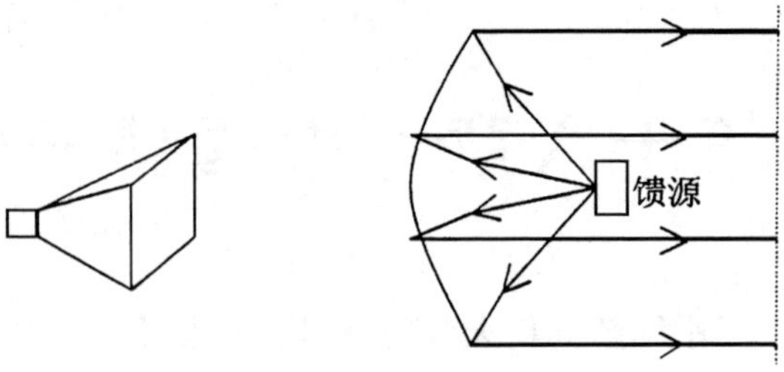

(a)角锥喇叭　(b)抛物面天线

图 16.2　微波雷达天线

现代天气雷达天线都安装在天线罩内,它由馈源(天线辐射器)和反射体组成(见图 16.2)。测雨波段雷达常使用抛物面反射体,馈源是由矩形波导管扩展成的角锥形喇叭构成,并将它置于抛物面反射体的焦点上。来自发射机的射频脉冲通过喇叭口辐射出去,射向抛物面反射体经反射后把准球面波变成一束狭窄的、能量集中而强大的平面电磁波沿着反射体轴线向空间传播。

伺服系统由天线控制器、方位/俯仰驱动装置和方位/仰角数据采集装置组成(见图 16.3)。控制器是核心组件,由它控制天线的各种扫描状态,传送天线的角码数据,完成天线位置和速度的全数字化的闭环控制。并有自身故障监测和传递功能。

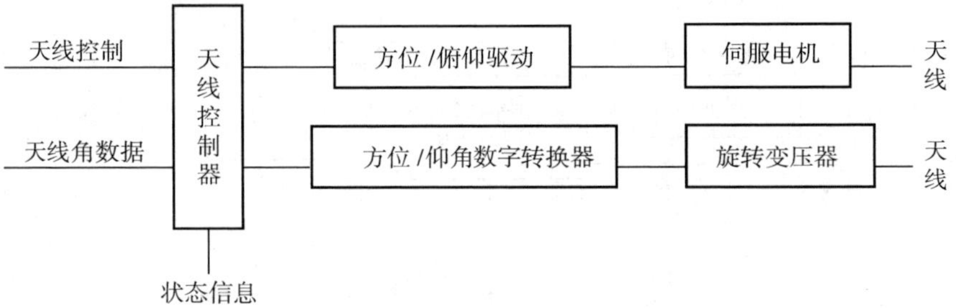

图 16.3　天线伺服单元原理框图

16.1.2　定时器与信号源

定时器在雷达系统中像一个指挥中心,它每隔一定的时间间隔 T 稳定地发出一个同步脉冲信号,送到雷达各有关部分使之能够协调一致的工作。定时器输出的脉冲叫定时脉冲或触发脉冲。定时脉冲可以由独立的电路产生,也可以由频率综合器产生。信号源是采用一个高稳定的固态信号源,由它产生一个基准电磁波,然后用频率合成技术(倍频或分频)分别形成发射机的射频信号 f_0、混频器的本振信号 f_c 和相位检波器的中频参考信号 f_m。由于这三路信号来自同一个信号源,且非常稳定,即其频率随时间几乎不变化,结果使这三路信号的相位关系始终保持稳定不变,这样就保证回波信号中的相位变化完全是由降水粒子相对天线具有的径向运动分量引起的。通过检测这个相位变化就能确定粒子具有的径向运动速度。

16.1.3 发射机

现代全相参多普勒天气雷达都采用全固态调制、固态激励(即放大)、速调管放大的发射方式(见图 16.4)。其工作过程是:由主控晶体振荡器经倍频器或由数字合成技术产生的高稳定的连续的射频信号 f_0,该信号经前置功率放大器(即固态激励)放大,以及由触发脉冲发生器、预调器和调制器产生的调制脉冲调制后,变成射频载波脉冲,再经速调管功率放大器放大,形成大功率射频脉冲,并通过收发开关转动铰链,送到天线处向外辐射。这种发射机是以功率放大器作为末端电路。在常规天气雷达中,发射机末级实际上只是一只在调制器控制下的磁控管大功率射频脉冲振荡器,在调制脉冲作用下振荡器产生大功率的正弦振荡射频脉冲串,然后通过收发开关转动铰链送到天线处向外辐射。

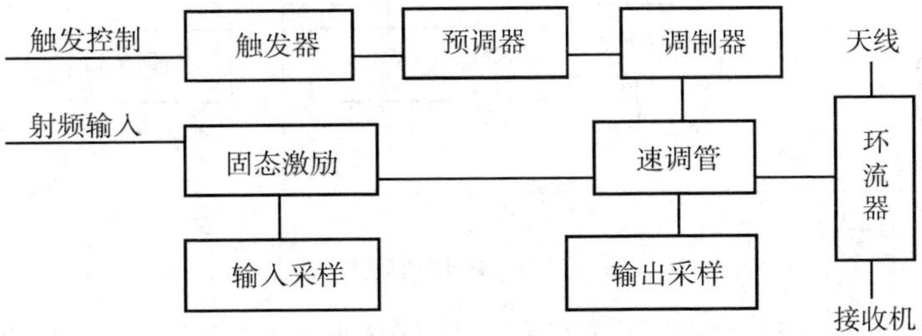

图 16.4　发射机原理框图

16.1.4 接收机

由天线接收到的回波信号,经收发开关送到射频接收机,雷达通常采用带有高频放大器的超外差接收机。其主要组成部分是高频部分(包括低噪声高频放大器,本地振荡器和混频器等)、中频部分(包括中频放大器,瞬时自动增益控制—IAGC)和视频部分(包括检相器、检波器和视频放大器等)。具体结构框图见图 16.5。

回波信号是一个十分微弱的高频信号,而且这种微弱的回波信号往往和干扰信号、噪声信号混杂在一起。因此在雷达接收机中总是把天线接收下来的回波信号由射频衰减器(即 STC)控制近处地物后,首先经过低噪声高频放大,再送入混频器。高增益低噪声高频放大器的作用一方面对回波信号进行放大,同时可能有效地抑制机内噪声。改善了回波信号的信噪比,提高接收机灵敏度。在混频器中,高频回波信号与来自本地振荡器的高频连续信号进行混频,输出两个高频信号的差频信号。这个差频信号就是接收机的中频信号。

从混频器输出的中频信号送到中频放大器进行充分地放大。中频一般选在

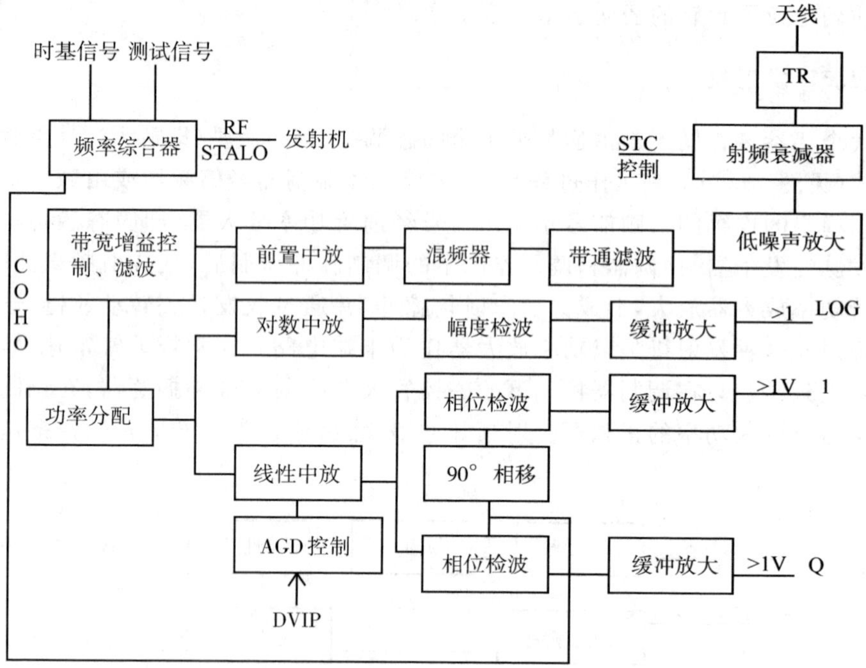

图 16.5　接收机原理图

30MHz或60MHz,增益可达100dB左右。雷达接收机增益主要是由中频放大器增益所决定。多普勒天气雷达中在前置中频放大后,经功率分配器变成两路中放,一路是对数中放,即放大能力随输入信号强度而变,输入强,则放大能力弱,输入与输出呈对数关系,实质上就是将回波信号幅度进行对数压缩,达到扩大动态范围的目的。在只测定回波功率 P_r 值的常规天气雷达的接收机中,就只包含这一路放大。另一路是线性中放。为了扩大动态范围,增加一路瞬时自动增益控制(IAGC)的衰减器。其信号输入来自对数支路(DVIP)输出。

对数中放后的信号再经过幅度检波和视频放大,就获得最终输出的回波功率。常规天气雷达能探测到的就是这一个量。另一路经线性中放后的信号被分别送到两个相位检波器,一个称为同相相位检波器,另一个称为移相相位检波器或正交相位检波器。相位检波实际上是将中频相参信号与中频回波信号相乘,输出的是零中频信号,即视频信号。同相相位检波器输出同相的视频信号为 $I(t)$,移相相位检波器输出移相 90° 的视频信号为 $Q(t)$。多普勒天气雷达正是从 $I(t)$,$Q(t)$ 序列中提取降水粒子造成的多普勒频移,从而决定粒子的径向运动速度。

16.1.5　雷达信号处理器(RSP)

由可编程数字信号处理芯片(DSP)及可编程逻辑器件组成。算法通过软件方式设置。图 16.6 给出了其主要结构框图。来自接收机的模拟信号 $I(t)$,$Q(t)$ 和 $\log P_r$，经 A/D 转换器转化成数字信号,并对 STC 进行恢复。其中 $\log P_r$ 通过对数/线性转换,数字视频积分(DVIP)处理,线性/对数转换及地杂波消除订正和距离订正后,得到雷达反射率因子的平均分贝值 dBZ。常规天气雷达只输出这一个物理量。多普勒天气雷达还要对 $I(t)$,$Q(t)$ 信号先进行 IAGC 恢复,在消除地杂波基础上送入脉冲对处理器(PPP)进行处理,以获得每个积分库内的平均多普勒(径向)速度 V 及速度方差 W。目前超大规模集成电路的出现已能在每个库内对 $I(t)$,$Q(t)$ 信号序列作实时的快速傅里叶变换(FFT),这样不仅能获得更精确的平均径向速度 V 及速度方差 W,而且还能进行全谱分析。这里地杂波消除一般用椭圆滤波器,其地物对消能力可达 50dB。当雷达可发射不同脉冲重复频率(DPRF)时,信号处理器还设计成具有相应的扩展不模糊速度的处理能力。最后,在完成数据合成和数据打包后,向下面的子系统(RPG)提供方位角、仰角、dBZ, V,W 的数据及时钟数据,以便对这些原始数据再作质量控制及预处理,并进行实时显示与生成二次产品。

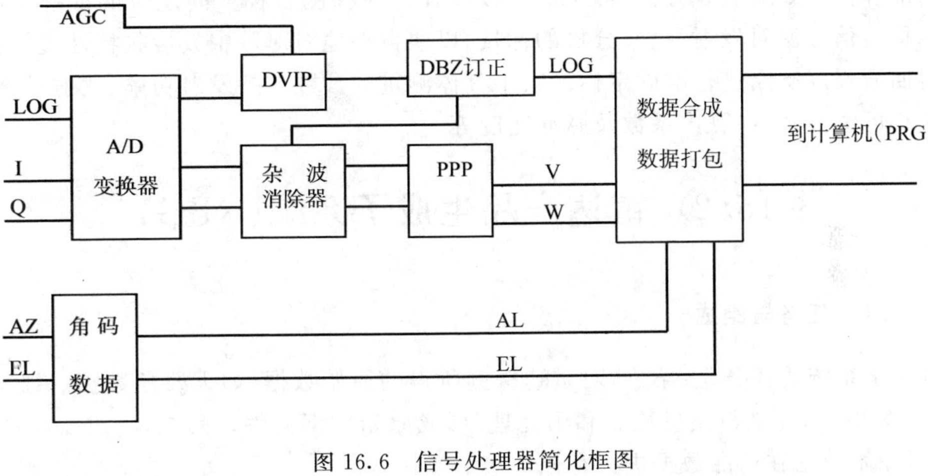

图 16.6　信号处理器简化框图

16.1.6　监控及标定

设置监控及标定部分的目的,是为了保证雷达系统运行正常,并且具有较好的可维修性。雷达内设置的检测装置(BITE)主要监测雷达各分机如天控、发射、接收及信号处理等部位的工作状况和工作参数,并在监控处理和显示部分显示出这些监测信息(见图 16.7)。当雷达工作不正常时将会发出警报,必要时还对工作状态进行记录。在重要部位设置有自动保护装置，以保护系统的安全。

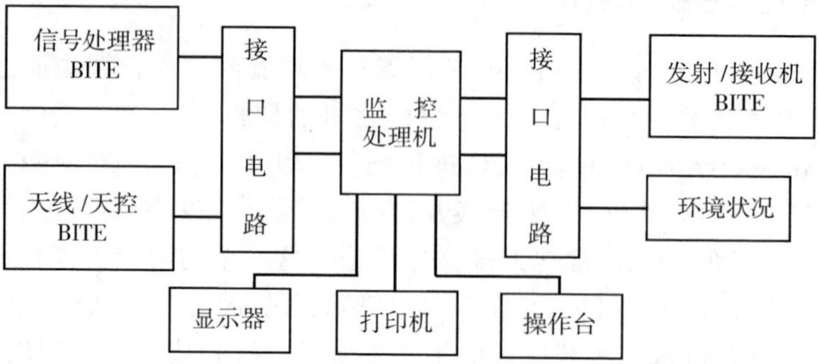

图 16.7　监控子系统原理框图

监测的具体内容包括各分机的环境温度、湿度、通风量以及烟火等情况。特别对发射机的调制器、速调管的强迫冷却状况进行监测尤为重要。对雷达工作状态的监视如天线扫描方式、扫描速度、发射机脉冲重复频率、脉冲宽度以及各分机供电电压、电流等。

另外，还设有专门的机内仪表和附属仪表对雷达有关部分随时进行标校，保证所获数据的准确性。如对天线方位、仰角的标校以保证对探测目标空间定位的准确。利用内设的稳定信号源对发射/接收分机的标校，以便自动地对对数中放接收特性进行检测以及对回波强度支路进行准确定标。其中具体测量的参数包括发射功率、发射频率、接收机最小可测灵敏度、噪声系数及脉冲宽度等。

§16.2　雷达产品生成子系统(RPG)

16.2.1　任务与组成

设此子系统的任务是：第一，对雷达探测所得的原始数据(如天线角数据、dBZ，V，W 等)采集下来，并进行质量控制和预处理，形成原始数据文件。第二，生成二次产品。第三，对原始数据和产品数据进行存档。

承担上述任务的硬件和软件是：(1)产品生成用高档微机或商用工作站，并配备有相应的开发环境(如 UNIX 或 Windows NT)以及与操作系统相适应的编程器和所需的库。系统控制形式以批作业形式编程，以便对原有处理及产品进一步开发、增添功能和作删改。各种参数和流程是以制表形式出现，并可根据需要重新设置和改变，以增强系统的可开放性。程序一般用 C++ 语言编写。(2)由高档微机、服务器构成的局域网采用开放结构，可用约定的网络连接协议，使产品可以传送到 PUP 去，显示终端一般设置在 PUP 部分，对基本产品与二次产品进行显示。其结构见图 16.8 所示。

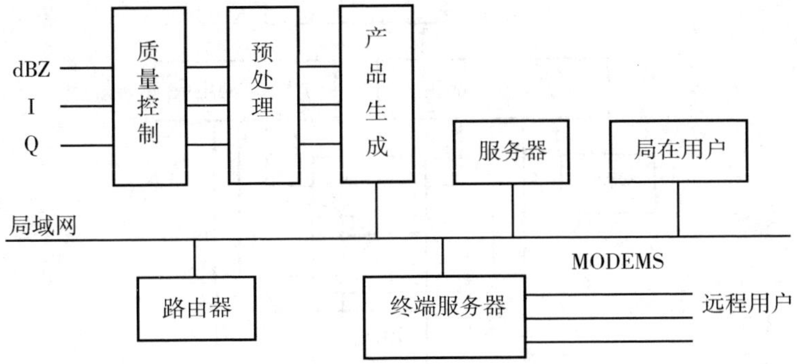

图 16.8　数据处理、产品生成及产品分发框图

16.2.2　功能

（1）可设置以下参数：脉冲重复频率、参差重复频率、脉冲宽度、天线扫描速度、库长、积分累加次数、地物抑制通道选择、噪声电平、SQI（信号质量指数）值以及天线扫描方式等。

（2）可控制以下情况：①雷达工作状态，如 PRF、τ、地物抑制通道、库长、探测模式（降水或晴空）。②扫描方式：如 PPI、RHI、体积扫描，选择仰角、方位角，显示距离的范围和高度范围等。③信号处理流程。④数据存档方式。

16.2.3　原始数据预处理及存档

以极坐标形式采集的原始数据，其中强度数据要经过噪声阈值以及标定后，以正确的 dBZ 数据存档，分辨率要小于 0.5dBZ。速度数据要经过 SQI 控制、退速度模糊以及消除二次回波等处理后存档。存档数据有四种类型：即单强度 PPI、三要素 PPI、三要素 RHI、体积扫描的数据。实时显示以极坐标形式进行，显示要尽量与天线转动同步，滞后时间应小于 10s。在采用 PPI 与 RHI 这两种方式显示时，dBZ 值一般用 16 彩色和色调表示，径向速度 V 用 15 彩色和色调显示，其中朝向和背向雷达方向各用 7 种色调表示不同的径向速度区间，另一种色调表示零速度区。谱宽 W 可用 12 或 16 个等级编码。

16.2.4　气象产品

经过质量控制和预处理后的原始数据，按设计要求再经处理、变换及计算等步骤得到的数据或图像称为气象产品。气象产品若按数据表示形式可以分为数据产品和图像

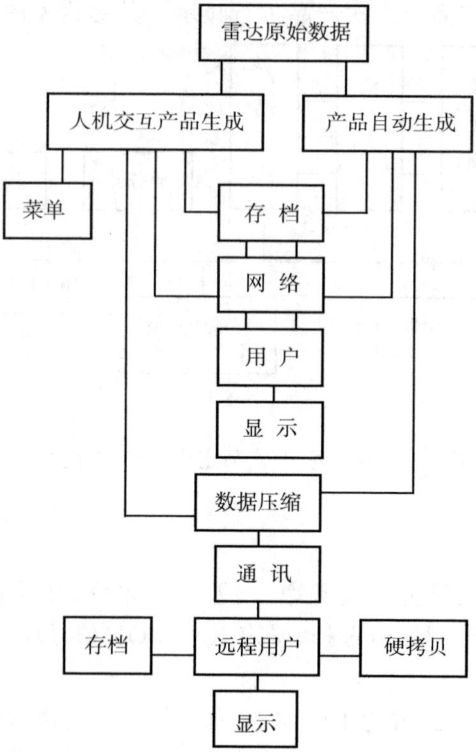

图 16.9　气象产品生成及传输框图

产品两类,两者分别以数的方式与图像方式存储和传输产品。产品的生成可以是全自动或者人机交互工作方式完成。产品的显示建立在如 UNIX、Windows NT 或其它先进而通用的平台上。储存的产品文件可以根据产品分发表传向用户。气象产品生成和传输框图如图 16.9所示。产品算法及具体内容如图 16.10所示。其中由反射率因子 dBZ 导出的产品在常规天气雷达上也能获得。

产品按它们在气象探测和反演成物理量的属性等,还可分成以下几类:

(1)基本数据产品　它是指不改变数据属性而用多种不同坐标形式表现出来的产品。如对 dBZ, V,W 这些基本数据采用 PPI,RHI,CAPPI,VSC(任意垂直剖面)等形式表现出来。

(2)物理量产品　是指由 dBZ, V,W 数据转化成气象物理量,并制成图像和图形产品。如 ETPPI(回波顶高显示)、RZ(雨强显示)、VIL(垂直累积液态含水量)、PA(降水累计显示)、RVD(径向散度显示)、ARD(方位涡度显示)、CTA(分层组合湍流)等。

(3)自动识别产品　根据灾害性天气系统结构模型及 dBZ, V,W 等数据分布特征,设计制作并经过检验的识别软件。如 M(中尺度气旋)、TVS(龙卷涡旋)、STI(风暴路

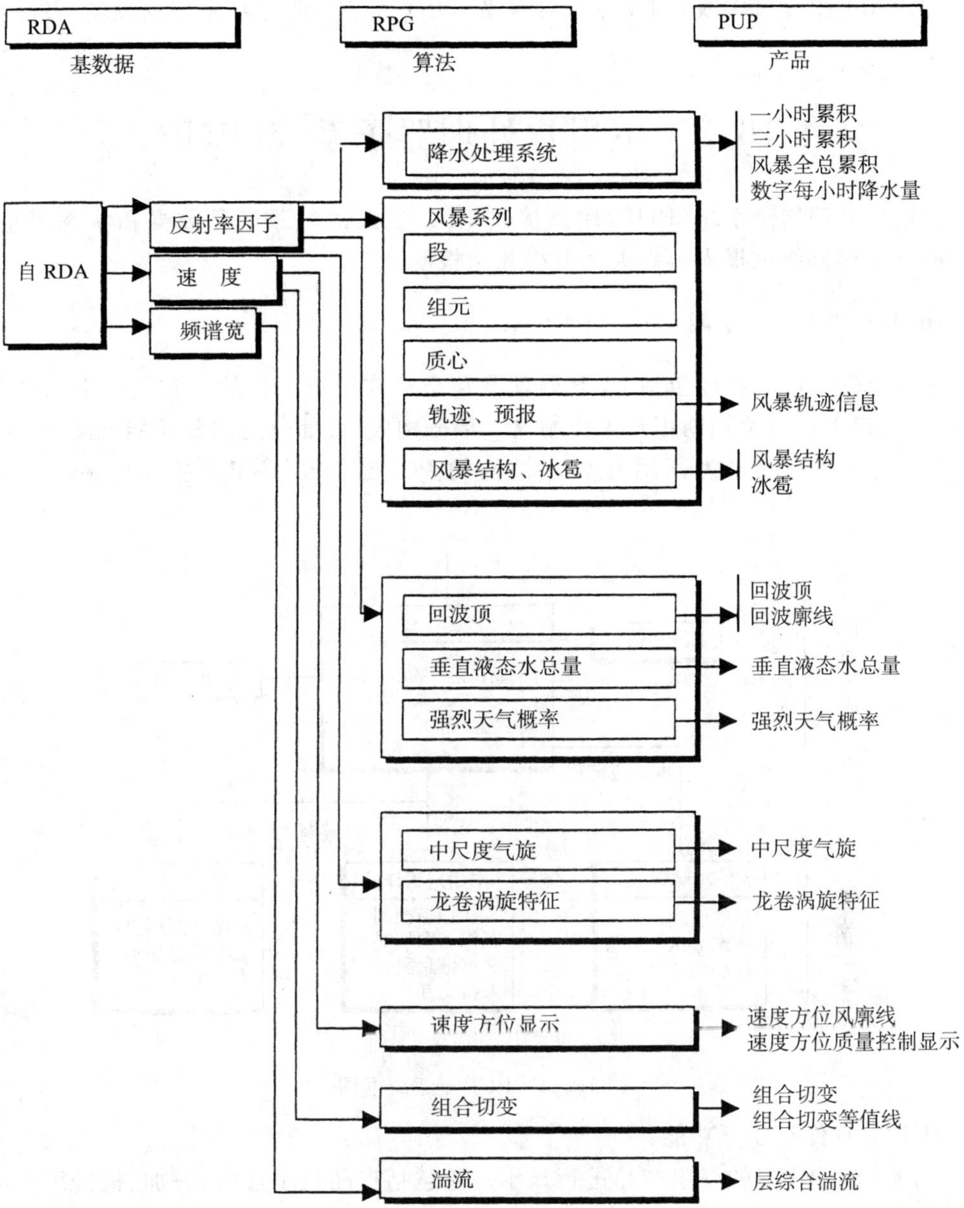

图 16.10　气象产品算法流程

径),以及雹云、暴雨、下击暴流等灾害性天气的自动识别软件。由于中小尺度灾害性天气局地性强,产品普适性差,使用时要谨慎。

(4)风场反演产品　用径向速度 V 的数据在一定假设条件下通过反演所得的产

品。如 VAD(垂直风廓线)、TVF(二维水平风场)、VVF(垂直剖面二维风场)及三维风场等。

§16.3 主用户处理器子系统(PUP)

主用户处理器子系统(PUP)用来接收 RPG 生成的气象产品数据和状态信息,并以图形方式提供给预报人员作天气分析和预报使用。

16.3.1 PUP 的功能

主用户处理器的组成包括 PUP 处理器和交互式用户工作站。它实际上由单元控制台、主用户工作站及辅助用户工作站这三部分构成(每部分的主要功能见图 16.11 中的说明)。PUP 处理器为商用开放式结构的 PC,运行在 UNIX 或 Windows NT 环境下。

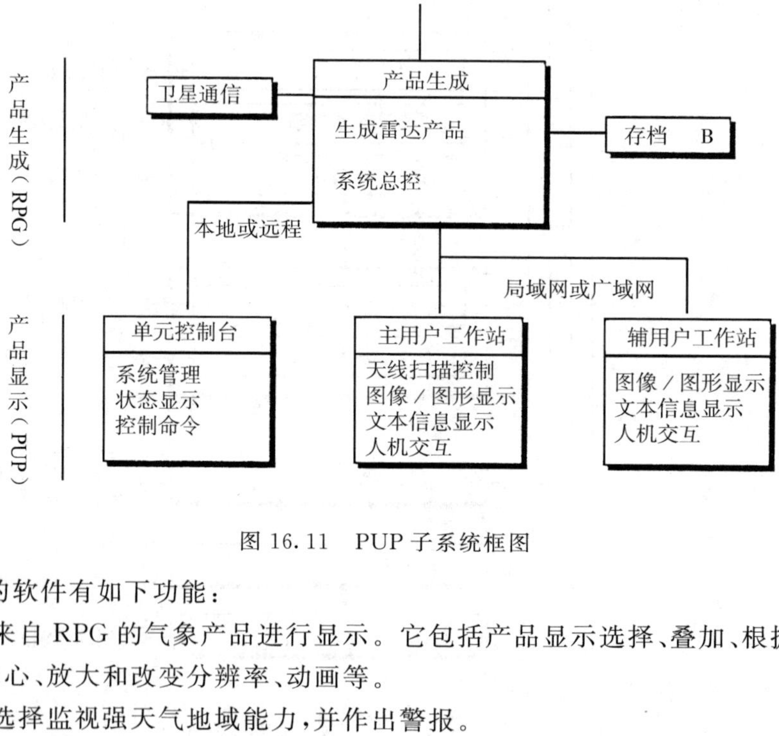

图 16.11 PUP 子系统框图

PUP 的软件有如下功能:

(1)对来自 RPG 的气象产品进行显示。它包括产品显示选择、叠加、根据用户地理位置重定中心、放大和改变分辨率、动画等。

(2)有选择监视强天气地域能力,并作出警报。

(3)在背景地图上显示天气状况。

(4)从 RPG 接收并显示其信息。如列出由 RPG 产生的当前产品表,向操作人员报告雷达系统当前状态及强天气情况,对 CAPPI 产品显示等。

关于用户图形显示系统，既可以是PC机的用户显示系统，也可以是工作站的用户图形显示系统。

16.3.2 PUP发送到RPG的数据的作用

(1)要求RPG提供的产品包括日常的或一次性的。即一种是用户预置的产品，每次有新数据后自动生成产品。另一种是人机交互式的选择气象产品。

(2)确定报警的标准。以便对RPG传送来的警报区域进行监视。

(3)对所有产品、地图及状态，可由PUP指令在RPG部分中存档。

(4)传递自由文本信息。即从某一个PUP发送到RPG，再转发到别的PUP。

16.3.3 三、PUP的控制及产品分发

PUP通过单元控制台(UCP)与RPG的交互实现对整个雷达系统的控制。控制主要包括冷启动、重启动、关机、开始/停止通信及修改数据等。当雷达安装在离气象台较远的地点时，只需将RDA、RPG这两部分都放在安装地点，PUP可设置在气象台，或者只将RDA放在安装地点也可。观测员通过PUP操纵整个雷达运行、调用各种产品及监控雷达各部分工作状态。

气象产品数据的传送，本地可采用局域的快速以太网，远程服务采用广域网联接。雷达组网拼图还可通过VSAT(即我国9210工程)实现。

本 章 小 结

现代天气雷达系统由以下三部分组成：一是雷达数据采集子系统(RDA)，二是雷达产品生成子系统(RPG)，三是主用户处理器子系统(PUP)。

(1)RDA 是雷达硬件实体。它由天线与伺服系统、定时器与信号源、发射机、接收机、信号处理器以及雷达监控等部分组成。发射的电磁波经天线作定向发射。伺服系统使天线作三维转动搜索降水目标，并采集方位/仰角数据。定时器使雷达各部分协调一致工作。信号源产生基准电磁波，通过频率合成产生相干的射频、本振及中频参考信号。功率放大式发射机将经脉冲调制的射频信号送入速调管作最后的功放，并通过收发开关送到天线向外辐射。接收机将微弱的回波信号经高放、前置中放后，由功率分配器分成两路，一路是对数中放经检波产生回波功率 P_r，另一路线性中放经正交相位检波产生 I，Q 视频信号。信号处理器将接收机送来的 P_r 信号经A/D转换、STC恢复、对数/线性变换、DVIP处理、线性/对数恢复、地杂波消除及距离订正后，得到雷达反射率因子的平均值dBZ。I，Q 信号经IAGC恢复、滤波器消除地杂波后，送入PPP或FFT处理器获得每个库内的 V 及 W 值。当雷达发射DPRT时，信号处理器还应具有扩展不模糊速度功能。将dBZ，V，W 及角信号数据合成与打包后，就送入RPG子系统去。监控和定标部分通过雷达内设置BITE检测雷达各分机的工作状况和工作参数，并显示这些监控信息。对重要部位设置自动保护及工作不正常时报警的装置，以保证系统安全及运行正常。定标部分对发射/接收分机的重要参数和特性自动进行定标。

(2)RPG　主要任务是:第一,对由前面送入 RPG 的原始数据进行采集后作质量控制和预处理,其中包括对 dBZ 值设置噪声阈值及标定,对 V 值要经 SQI 控制、退速度模糊及消除二次回波等后,形成原始数据文件。第二,生成二次产品,其中包括基本数据产品 dBZ,V,W 以各种方式显示出来:生成 ETPPI,RZ,VIL,PA,RVD,ARD,CTA 等物理量产品;根据灾害性天气系统结构模型,制作对 M,TVS,STI 以及雹云、下击暴流的自动识别软件。利用 V 的数据反演出如 VAD,TVF,VVF 等风场产品。第三,对原始数据及产品数据进行存档。

(3)PUP　其软件的主要功能是对来自 RPG 的气象产品进行各种方式的显示,监视强天气并作警报。PUP 可以要求 RPG 提供所需的产品,提出报警标准,指令 RPG 对有关产品信息存档,传递自由文本信息等。PUP 通过单元控制台可以对雷达进行控制,包括冷启动、重启动、关机、开始/停止通信及修改数据等。观测人员通过 PUP 操纵整个雷达运行、调用各种产品及监控雷达各部分工作状态。

参 考 文 献

巴德 M J 等. 1998. 卫星与雷达图像在天气预报中的应用. 北京：科学出版社

《冰雹云雷达回波图集》编辑组. 1982. 冰雹云雷达回波图像. 北京：科学出版社

杜秉玉等. 1999. 梅雨锋暴雨的 Doppler 雷达观测研究：中尺度对流回波系统的结构. 南京气象学院学报.（1）：47～55

杜秉玉，陈钟荣，张卫青. 1998. 梅雨锋暴雨的 Doppler 雷达观测研究：边界层中尺度涡旋系统. 南京气象学院学报.（2）：201～207

杜秉玉. 1985. 梅雨期暴雨的雷达回波特征. 南京气象学院学报.（3）：306～315

黄美元等. 1999. 云和降水物理. 北京：科学出版社

雷雨顺等. 1978. 冰雹概论. 北京：科学出版社

Mason B J. 中国科学院大气物理所译. 1978. 云物理学. 北京：科学出版社

汤达章，郭洪源等. 1978. $Z-I$ 关系初步讨论. 南京气象学院学报.（1）：91～101

张培昌等. 1989. 雷达气象学. 北京：气象出版社

张培昌，王振会. 1995. 大气微波遥感基础. 北京：气象出版社

张有为，李少洪. 1981. 雷达系统分析. 北京：国防工业出版社

中国科学院大气物理所雷达组. 1980. 雷达探测冰雹云. 北京：科学出版社

周仲岛等. TAMEX IOP13 锋面雨带之个案研究（一）：低层喷流和垂直风切变在激发、组织与维持雨带的角色. 大气科学. **23**（2）：179～208

朱乾根等. 1981. 天气学原理和方法. 北京：气象出版社

Atkinson B W. 1981. Mesoscale Atmospheric Circulations

Austin P M and S G Geotic. 1979. Raindrop Size and Related Parameters for Gate. *J. Appl. Meteor.* **18**：569－575

Battan L J. 1973. Radar Observation of the Atmosphere. The University of Chicago Press

Benham F C. H L Groginsky. A S Soltes and G Works. 1972. Pulse Pair Estimation of Doppler Spectrum Parameters. Final Rep. Contract. No. F－19628－71－C－0126. Raythen Co.. Wayland, Ma.. AD－744097

Benson C L and G V Ron. 1987. Convective Bands as Structural Components of an Arabian Sea Convective Cloud Cluster, *Mon. Wea. Rew.* 115

Borovikov A M et al. 1970. Radar Measurement of Precipitation Rate, A Moscona. Copyright Israel Program For Scientific Translations

Brown R A, R Lemon and D Burgess. 1978. Tornado Detecting by Pulsed Doppler Radar. *Mon. Wea. Rev.*. 29－38

Browning K A. 1983. Mesoscale Structure and Mechanism of Frontal Precipitation Systems. Research Report. Meteorological Office Radar Research Laboratory. (34)

Burdic W S. 1968. Radar Signal Analysis. Prentic－Hall Inc. Englewood Chffs N. J. 329

Byers H R. 1974. General Meteorology. Mcgraw－Hill Inc.

Chen T—J and Y—H Kuo. 1992. The Scientific Results of TAMEX, Preprints. International Conference on Mesoscale Meteorology and TAMEX

Du Bingyu and Chen Zhongrong. 1992. Doppler Radar Analysis on Precipitation Mechanism of Heavy Rainfall over Yangtze—Huaihe River Area on 9 July 1991. International Symposium on Torrential Rain Flood. Huangshan China

Groginsky H L. 1965. The Coherent Memory Filter. Electronic Progress. 97—13

Geotic S G. 1983. Characteristics of Rain in Pauama in November. Final Report Contract

Heymsfield A J and A G Palmer. 1986. Relationships for Deriving Thunderstorm Anvil Ice Mass for CCOPE Storm Water Budget Estimates. *J. Climat. Appl. Meteor.* 25

Houghton H G et al. 1957. Weather Radar. Massachusetts Institute of Technology

Houze R A. Jr. S A Rutledge. M I Biggerstaff and B F Smull. 1989. Interpretation of Doppler Weather Radar Display of Midlatitude Mesoscale Convective Systems. *Bull. Amer. Meteor. Soc.* 70:608—619

Houze R A and P V Hobbs. 1982. Organization and Structure of Precipitation Cloud Systems. *Advances in Geophysics*. **24**, Academic Press

Johnson R H and G C Young. 1983. Heat and Moisture Budgets of Tropical Mesoscale Anvil Clouds. *J. Atmos. Sci.* 40

Jorgensen D P and M A LeMone. 1989. Vertical Velocity Characteristics of Oceanic Convection. *J. Atmos. Sci.*. 46

Jou J D and S M Deng. 1989. A Preliminary Study of Convective Frontal Rainband During TAMEX. Preprints. TAMEX Scientific Workshop

Jou J D and S M Deng. 1991. Structure of a Low—level Jet and its Role in Triggering and Organizing Moist Convection over Taiwan: A TAMEX Case Study. International Conference on Mesoscale Meteorology and TAMEX

Kunpp K R and W R Cotton. 1987. Internal Structure of a Small Mesoscale Convective System. *Mon. Wea. Rev.* (115)

Leary C A. 1984. Precipitation Structure of the Cloud Clusters in a Tropical Easterly Wave. *Mon. Wea. Rev.* (112):313—325

Lemon L R. 1998. The Radar "Three—Body Scatter Spike": An Operational Large—Hail Signature. *Wea. Forecasting.* (13):327—351

Liu Chung—Ming and K Kenneth Lo. 1989. Cloud Microphysical Processes of TAMEX IOP—10A. TAMEX Workshop

Mitchell E D. V V Steven. J S Gregory. W Arthur. D E Michael. D Eilts. J T Johnson and W Thomas. The National Severe Storms Laboratory Tornado Detection Algorithm. *Wea. Forecasting.* (13):352—366

Probert—Joness J R. The Radar Equation in Meteorology. *Quart. J. Roy. Meteor. Soc.* **88**(378):485—495

Rogers R R and P L Smith. 1983. Radar Meteorology. Blackwell Scientific Publications

Sirmans D and B Bumharner. 1975. Estimation of Spectral Density Mean and Variance by Covariance Argument Techniques. Preprint 16th Radar Meteor. Conf.. Boston. *Amer. Met. Soc.*, 6—13

Wang T C and P L Lin. 1991. The Radar Characteristics of Mei—Yu Season Precipitation Systems in Taiwan Area. International Conference on Mesoscale Meteorology and TAMEX. 97—106

Wang T C. Y J Lin. R W Pasken and H Shen. 1990. Characteristics of a Subtropical Squall Line Determined from TAMEX Dual—Doppler Data. Part I: Kinematic Structure. *J. Atmos. Sci.* (47): 2357—2381

Waston A I. J G Meitin and J B Cunning. 1988. Evolution of the Kinematic and Precipitation Characteristics of a Mesoscale Convective System on 20 May 1979. *Mon. Wea. Rev.* (116):1555—1567